科学出版社"十四五"普通高等教育研究生规划教材

# 实验动物与比较医学

主　编　汪永锋　师长宏
主　审　陈民利　汤家铭
副主编　刘恩岐　张永斌　张延英　董鹏程
编　委（按姓氏笔画排序）

| | | | |
|---|---|---|---|
| 王维蓉 | 西安交通大学 | 王德军 | 浙江中医药大学 |
| 卞　勇 | 南京中医药大学 | 白　亮 | 西安交通大学 |
| 邢会杰 | 暨南大学 | 师长宏 | 空军军医大学 |
| 刘忠华 | 华南农业大学 | 刘恩岐 | 西安交通大学 |
| 杜玉枝 | 中国科学院西北高原生物研究所 | 李伊为 | 广州中医药大学 |
| 李自发 | 山东中医药大学 | 李秀霞 | 兰州大学 |
| 李宝龙 | 黑龙江中医药大学 | 吴曙光 | 贵州中医药大学 |
| 邱业峰 | 军事医学研究院 | 汪永锋 | 甘肃医学院 |
| 汪湛东 | 甘肃中医药大学 | 张　洁 | 江西中医药大学 |
| 张　薇 | 中山大学 | 张永斌 | 广州中医药大学 |
| 张延英 | 甘肃中医药大学 | 张彩勤 | 空军军医大学 |
| 张超超 | 上海中医药大学 | 苗明三 | 河南中医药大学 |
| 周正宇 | 苏州大学 | 赵保胜 | 北京中医药大学 |
| 段永强 | 宁夏医科大学 | 高俊宏 | 兵器工业卫生研究所 |
| 郭　超 | 甘肃中医药大学 | 葛　龙 | 兰州大学 |
| 董鹏程 | 中国农业科学院兰州畜牧与兽药研究所 | 蔺兴遥 | 甘肃中医药大学 |
| 魏　盛 | 山东中医药大学 | | |

秘　书　宋　冰　甘肃中医药大学　　　　　　陈　苑　广州中医药大学

科 学 出 版 社

北　京

## 内 容 简 介

本书是科学出版社"十四五"普通高等教育研究生规划教材之一。全书内容分上篇和下篇；共 15 章。上篇 3 章，包括：实验动物与比较医学绪论、比较医学研究中动物模型及其影响因素、现代实验动物与比较医学研究。下篇 12 章，包括：心血管系统的比较医学、消化系统的比较医学、呼吸系统的比较医学、免疫系统的比较医学、内分泌系统的比较医学、骨骼的比较医学、神经与精神系统的比较医学、肿瘤的比较医学、感染性疾病的比较医学、遗传性疾病的比较医学、药理毒理学中的比较医学、中医病证模型的比较医学等。全书特点是内容新颖、实用性强。同时，为体现新时代教育"立德树人"的根本任务，教材中还融入了课程思政内容。

本书由来自全国 20 余所医药院校一线教师共同编写，可供全国高等医药院校研究生作为教材使用。

**图书在版编目（CIP）数据**

实验动物与比较医学 / 汪永锋，师长宏主编. —— 北京：科学出版社，2025. 3. —— ISBN 978-7-03-081143-1

Ⅰ. Q95-33

中国国家版本馆 CIP 数据核字第 2025PG6684 号

责任编辑：郭海燕　王立红 / 责任校对：刘　芳
责任印制：徐晓晨 / 封面设计：陈　敬

**科学出版社** 出版
北京东黄城根北街 16 号
邮政编码：100717
http://www.sciencep.com
固安县铭成印刷有限公司印刷
科学出版社发行　各地新华书店经销

\*

2025 年 3 月第 一 版　　开本：787×1092　1/16
2025 年 3 月第一次印刷　　印张：20 3/4
字数：614 000
**定价：126.00 元**
（如有印装质量问题，我社负责调换）

# 前　言

比较医学（comparative medicine）是对不同种类动物（包括人）的健康和疾病现象进行类比研究的科学。在现代医学的发展历程中，比较医学已体现出非常重要的价值，是现代医学赖以发展的重要支撑条件。近二十年来，生命科学和生物技术已经成为新科技革命的重要推动力，是国际科技竞争的重点，比较医学在生命科学和生物技术研究中，是重要的基础学科，直接影响生命科学诸多领域研究成果的确立和水平的高低，同时它也是把生命科学中许多研究引入新高地的重要前沿学科，对整个生命科学研究发挥了极大的促进和推动作用，也正逐渐发展成为多学科交叉的前沿科学。

比较医学用比较的方法研究不同物种或同物种在不同时期解剖、生理现象，以及疾病发生原因、发生机制、发展规律和疾病过程中机体的形态结构、功能代谢变化和病变的转归；通过研究实验动物与人类的基本生命现象，特别是对各种人类疾病进行类比研究，建立各种实验动物模型，重点通过人类疾病动物模型开展发病机制、药物疗效、药理作用机制、毒性安全的比较研究。正如诺贝尔生理学或医学奖获得者 G. D. Snell 博士说："比较医学是推动人类健康研究的焦点学科，比较医学家将永远站在生物医学发展的基础线上。"我国细胞生物学家、中国科学院院士裴钢也曾言："比较是最好的研究方法，医学更是如此。人类与其他生物共同拥有这个世界，都存在健康与疾病问题。"因此，比较医学是生命科学的重要组成部分，也是多个相关学科相互融合、相互渗透的中心。

比较医学的重要性在于更深入、方便、有效地了解人类疾病发生、发展规律，找寻到预防、诊断、治疗疾病的正确途径，达到控制人类的疾病、衰老和延长寿命的目的。同时对开阔人们的视野、更新理论观念、拓展思维方式与空间、促进学术交流、加速生命科学发展起到十分重要的作用。

党的二十大报告指出，教育、科技、人才是全面建设社会主义现代化国家的基础性、战略性支撑。

本教材的编写，以满足高等教育事业的发展和人才培养为目标，本着以学生为中心，以能力培养为导向，创新教学方法的原则，将知识、能力、素质有机融合于教材之中。在编写思路上保持本学科的系统性与完整性，充分体现教材的科学性，遵照学科的发展现状，强调基础理论、基本知识、基本技能及素质教育的综合培养，为学生在知识、能力和素质协调发展方面打下良好的基础。为体现新时代教育"立德树人"的根本任务，教材中还融入了课程思政内容。本教材可供临床医学、中医、兽医、药学、实验动物学等相关专业研究生使用。本书由来自全国 20 余所医药院校的一线老师共同编写，分两篇，共 15 章。

本教材是我在甘肃中医药大学工作期间，立足于比较医学硕士学位点建设发展和学生培养的实际需要提出申请，并获得支持立项。因工作调动，我现已到甘肃医学院任职，仍兼任甘肃中医药大学比较医学学科带头人，博士生导师、硕士生导师。随着对比较医学硕士研究生一届一届的培养，深感人才培养责任之重大，更加珍惜学科团队的互相协作与支持，也深感编写出版本教材的必要。立项以来，在编写过程中，虽历经重重困难，但编委会全体成员以极大的热情，投入大量时间和精力开展编写工作，并查阅大量文献资料，期间多次召开编委会议，终编写成书。

　　本教材的编写，几易其稿，并得到了科学出版社的大力支持和精心指导，在此深表感谢！但由于比较医学发展迅速，新知识、新技术、新规范不断涌现，受编者时间和水平所限，难免有不足之处，希望广大师生在使用过程中提出宝贵意见，以便再版时修订完善。

汪永锋

2024 年 12 月 28 日

# 目　录

上　篇

# 第一章 实验动物与比较医学绪论

比较医学（comparative medicine）是对不同种类动物（包括人）的健康和疾病现象进行类比研究的科学。它包括用比较的方法研究不同物种或同物种在不同时期疾病发生的原因、发生机制、发展规律，以及疾病过程中机体的形态结构、功能代谢变化和病变的转归。它研究的范围包括所有的动物疾病。通过研究实验动物与人类的基本生命现象，特别是对各种人类疾病进行类比研究，构建各种实验动物模型及模型体系，其重点是通过人类疾病动物模型开展发病机制、药物疗效、药理作用机制、毒性安全的比较研究。

比较医学的发展历史可追溯到公元前 4 世纪，生物医学中许多里程碑式的研究成果都与比较医学紧密相关。早在 1929 年，诺贝尔生理学或医学奖获得者 August Krogh（奥古斯特·克罗）就提出比较医学的概念，他认为对于很多科学问题，总会有一种动物最适合于研究。在 20 世纪 50 年代初，随着实验动物科学的诞生和发展，比较医学成为一门独立的新兴学科。2007 年 7 月中国科学技术信息研究所发布的科技新词汇中，首次提到比较医学，确定比较医学是隶属于医学科学范畴的分支学科。比较医学与实验动物科学的联系非常紧密，其发展历程和水平表明比较医学是实验动物科学的一个分支学科。从现代生物学的角度对各种动物与人体进行比较研究，逐步形成了比较解剖学、比较生理学、比较组织学、比较胚胎学、比较遗传学、比较心理学、比较行为学、比较基因组学、比较蛋白质组学等多个分支学科。

## 第一节 比 较 医 学

比较医学是对人与不同种类动物的健康和疾病现象进行类比研究，从而揭示人类各种生命现象独特规律的科学。用比较的方法研究不同物种之间及生物体内部各器官生理功能特征相似和差异的学科称为比较病理学（comparative pathology）；用比较的方法研究动物的形态结构差异，找出它们在系统发育树上的关系，从而阐明进化途径和规律的学科称为比较解剖学（comparative anatomy）。由于动物的进化程度、生活习惯、解剖结构等与人体存在较大差别，其实验结果不能直接应用到人身上。因此，需要对各种动物的生长发育、生理功能、器官功能和解剖结构等多项指标进行系统研究，比较其与人体相应结构与功能之间的异同，在此基础上消除动物模型与人类种属差异对实验结果引起的偏差，最终完成从动物实验结果到医学应用。由此可见，比较医学与实验动物紧密联系，实验动物的大部分研究成果属于比较医学。与发达国家相比，我国比较医学研究仍处于发展阶段，提升比较医学的水平，加大比较医学的研发投入有十分重要的意义，它的提高和发展会极大地促进和推动生命科学研究。

### 一、比较医学的定义与研究内容

比较医学是利用分子生物学、生物化学、细胞生物学、发育生物学、遗传学、神经科学和免疫学等现代先进技术，以实验动物为替身，通过对个体、器官、细胞和分子水平的系统性类比研究，揭示实验对象与人体正常和疾病状态之间的本质联系，从而了解疾病的发生机制与规律、预防控制与治疗措施。比较医学研究的根本目的就是探索人类生命的奥秘，从而更好地控制人类疾病，延长生命，服务人类健康。

比较医学按照具体研究内容又可分为基础性比较医学、专科性比较医学和系统性比较医学。基础性比较医学是研究正常动物与人的生命现象之间的关系与区别的学科，如比较生物学（comparative biology）、比较解剖学、比较组织学（comparative histology）、比较胚胎学（comparative embryology）、比较生理学（comparative physiology）、比较病理学等；专科性比较医学包括比较免疫学（comparative immunology）、比较流行病学（comparative epidemiology）、比较药理学（comparative pharmacology）、比较毒理学（comparative toxicology）、比较心理学（comparative psychology）、比较行为学（comparative behavior science）等；系统性比较医学是研究不同种系动物与人类之间的生理病理，通过建立人类疾病的动物模型，来研究和了解人类疾病的诊断、预防和治疗的科学，这是比较医学最主要的部分，它可将各基础性和专科性比较医学融合到各系统疾病的比较医学之中。这已不是"动物实验"或"动物模型"所能概括的。

动物对于病原体的易感程度、疾病发展过程和症状与人极其相似，因此利用动物来研究人类疾病可克服将人类作为研究对象所面临的伦理和法律问题。将动物作为人类替身进行实验研究可较好地模拟人类疾病，很多人类疾病如糖尿病、肿瘤、高血压、冠心病等，往往受到年龄、营养、遗传或性别等多种因素影响，动物模型可排除多种因素干扰，研究单一因素的影响，但是由于动物与人类在进化程度、生活习性和解剖结构等方面存在差异，导致动物模型的结果不能直接应用于人类，还需比较动物与人类结构功能上的异同，选择恰当的实验动物，才能消除动物模型与人类间种属差异对实验结果引起的偏差。完成实验结果从动物模型到医学应用的桥梁就是比较医学的研究内容。通过将动物和人在组织、器官与整体水平的对比研究，在医学发展历史上，促进了人体血液循环、牛痘预防天花、狂犬疫苗的发现（表 1-1）。

表 1-1　通过动物实验进行比较医学研究促进医学发展的典型事例

| 发现人 | 发现 | 所用动物 |
| --- | --- | --- |
| 亚里士多德（Aristotle） | 比较动物解剖和胚胎 | 鱼、牛、羊 |
| 哈维（Harvey） | 血液循环 | 犬、蛙、蛇、鱼、蟹 |
| 劳尔（Lower） | 犬输血研究 | 犬 |
| 捷纳尔（Jenner） | 牛痘保护人不生天花 | 牛 |
| 罗伯特·科赫（Robert Koch） | 细菌和疾病的关系 | 牛、羊、其他 |
| 巴斯德（Pasteur） | 细菌致弱毒免疫 | 鸟类 |
| 巴斯德（Pasteur） | 狂犬病疫苗 | 鸟类、家兔 |
| 莱夫勒（Loffler） | 白喉毒素，抗毒素治疗 | 豚鼠 |
| 巴甫洛夫（Pavlov） | 心理生理，消化生理高级神经活动 | 犬 |
| 班廷（Banting） | 胰岛素与糖尿病 | 犬 |
| 洛伊（Loewi） | 副交感神经的神经递质为乙酰胆碱 | 蛙 |
| 佩蒂路易斯（Pantelouris） | 先天性无胸腺裸鼠 | 小鼠 |
| 斯纳尔（Snell） | 动物组织相容性抗原 | 小鼠 |
| 科勒（Kohler），米勒（Milstein） | 单克隆抗体技术 | 小鼠 |
| 威尔穆特（Wilmut） | 用羊体细胞克隆成功"多莉"羊 | 绵羊 |

应用人工培育的各种实验动物（包括近交系、免疫缺陷动物、无菌动物和悉生动物）建立各种模拟人类疾病的动物模型，可以帮助研究人员复制各种肿瘤动物模型，研究肿瘤的病理机制和治疗

措施。自发或诱发性人类疾病动物模型在比较医学基础研究和临床治疗领域发挥着积极的作用，但是自发性动物疾病模型的种类和数量远远不能满足医学临床研究和应用的需求，常规诱发性动物模型的制作手段有限，与人类疾病的发生发展表现差别较大，不能全面反映人类疾病的本质，从而制约了比较医学的发展。近年来，随着基因组学（genomics）和蛋白质组学（proteomics）技术、转基因和基因敲除（transgen and gene knock-out）技术、克隆动物技术（clonal animal technology）、胚胎工程技术（embryo engineering technology）、组织工程技术（tissue engineering technology）、生物芯片技术（biochip technology）、纳米技术（nanotechnology）等生物高新技术的发展和广泛应用，国内外比较医学的研究成果斐然，主要是应用转基因、基因打靶和克隆技术成功培育基因工程动物，构建疾病动物模型，使得比较医学得到了前所未有的发展。

比较医学研究的内容非常广泛，将任何种类的动物与人的健康和疾病进行类比研究都属于它的研究范畴。如某种疾病或感染在不同生物体（特别是在不同的哺乳动物）之间的反应，都可以互相比较，互为模型。它的研究范围大到疾病暴发流行的模式、大规模疾病增长的规律，小到超微结构的形态学变化。从比较医学的研究对象和方法看，其研究内容与实验动物和动物实验密切相关。比较医学的研究重点是建立各种人类疾病动物模型，如艾滋病动物模型、肝癌和糖尿病等动物模型，并通过这些动物模型研究疾病的传播途径、发病机制和药物的疗效等；利用简单的模式动物如斑马鱼、果蝇等进行比较基因学研究，为人类基因的功能判断提供有益的借鉴；现代比较医学凭借各种先进技术，特别是转基因技术和基因敲除技术实现对动物基因组的改造和操作，打破了不同物种之间的基因壁垒，实现了基因水平、细胞水平、组织水平和整体水平的统一，利用这些动物建立的疾病模型更加接近人类。当前，比较医学发展的当务之急是进行资源整合、优化配置，从而进行更专业和规范化的建设，解决生命科学的重大问题。

## 二、比较医学与实验动物学

比较医学与实验动物学的关系非常密切。实验动物学研究的大部分论文和成果都属于比较医学范畴，比较医学是实验动物学乃至现代医学重要的支撑学科之一。

### （一）实验动物学

实验动物（laboratory animal）是指经过人工饲养，对其携带的微生物和寄生虫实行控制，遗传背景明确或者来源清楚，用于科学研究、教学、生产检定及其科学实验的标准化动物。用于科学实验的各种动物，是经过人们长期家养驯化，按科学要求定向培育的动物，统称为实验用动物（experimental animal），包括实验动物、经济动物、野生动物、观赏动物。经济动物（economical animal）是指为满足人类社会生活需要而进行驯养、繁殖的动物。野生动物（wild animal）是指人类从自然界直接捕获、未经人工繁殖饲养的动物。观赏动物（ornamental animal）是指供人类玩赏或观赏而饲养的动物。

在生物医学的实验研究中，有四个支撑条件，即 AEIR 要素，其中：A 为 animal，实验动物；E 为 equipment，仪器设备；I 为 information，情报信息；R 为 reagent，化学试剂，它们占据着同等重要的地位。随着科学技术的发展，精密的仪器设备、高质量的化学试剂及必要的情报信息的获取不再困难，而实验动物的质量，将成为实验的决定性因素。科研人员也曾用经过驯化的经济动物、野生动物与观赏动物进行实验，但随着科学研究的不断深入，这三类动物的弊端不断显现：实验的敏感度低、重复性差，在浪费动物资源的同时，也致使结果的科学性及可信度降低。所以，科研人员也开始逐步提高实验动物的需求标准，采用国际上公认的标准化实验动物进行实验，开启了实验动物的标准化进程。繁育生产供应标准化的、等级合格的动物，是实验动物研究的主要方向。获得高品质的实验动物，是我国实验动物行业一直在努力的方向。

实验动物学是生命科学的重要组成部分，自 20 世纪 50 年代兴起，它不断融合生物学、动物学、兽医学、微生物学、医学、营养学、药学、生物工程等相关学科的理论与研究成果，并引用机械工程学、环境生态学、建筑学等学科对实验动物和动物实验相关法律法规进行改良和开发研究，逐步发展成为一门独立的、综合性的基础科学。

实验动物学是开展实验动物资源研究、质量控制和利用实验动物进行科学实验的一门综合性交叉学科，其研究内容主要由两部分组成，一是实验动物，二是动物实验（animal experiment）。前者以研究实验动物的生物学特性、遗传育种、饲养管理、质量控制、生产繁殖等为主要内容，以提供标准化实验动物为目的；后者则是指在实验室内，为获得有关生物学、医学等方面的新知识或解决具体问题，通过对实验动物施加科学操作，记录实验过程中的反应、表现及其发生发展规律现象，从中总结科学结论及推论，解决生命科学领域的研究问题。

由于实验动物学的学科交叉度高，研究内容丰富，涉及范围广泛，在发展过程中，已经衍生出多种支撑学科。

**1. 实验动物遗传育种学（laboratory animal genetics and breeding science）**

实验动物遗传育种学主要研究实验动物的遗传改良，利用遗传调控的原理控制动物的遗传特性，达到培育新的实验动物品种、品系的目的。

**2. 实验动物微生物学和寄生虫学（laboratory animal microbiology and parasitology）**

实验动物微生物学和寄生虫学研究实验动物微生物或寄生虫的感染和危害、分类学和生物学特性及与人类和动物之间的相互关系。

**3. 实验动物营养学（laboratory animal nutriology）**

实验动物营养学研究不同品种、不同生长阶段、各个发育时期的实验动物的不同营养需求，以此来制订科学的营养标准，研制科学的饲料配方。

**4. 实验动物模型（experimental animal model）**

实验动物模型对各种人类疾病进行类比研究，建立各种实验动物模型和模式动物，以达到控制人类疾病和衰老的目的。动物模型的研究还包括用比较的方法研究不同物种或同一物种在不同时期疾病发生的原因、发生机制、发展规律，以及疾病过程中机体的形态结构、功能代谢变化和病变转归，从而探讨和阐明人类疾病本质。总的来说，利用动物模型对人类疾病的机制和治疗进行探索是比较医学最好的诠释。

**5. 实验动物饲养管理学（laboratory animal feeding management）**

实验动物饲养管理学研究各种实验动物的繁殖、饲养、实验流程的特点，并对相关实验人员制订标准化和法制化饲养管理制度。

**6. 实验动物医学（laboratory animal medicine）**

实验动物医学是研究实验动物的疾病诊断、治疗和预防手段，包括疾病的发生发展规律，以及减轻实验动物在动物实验中的疼痛或不适的多功能学科。

**7. 实验动物环境生态学（laboratory animal environmental ecology）**

实验动物环境生态学是研究理化因素、营养因素、栖居环境、生物因素等对实验动物健康影响的学科。

（二）比较医学与实验动物、动物实验的关系

比较医学和实验动物、动物实验之间的关系具体可概括为：实验动物是实验工具，动物实验是实验手段，比较医学则是以实验动物和动物实验为基础的综合性生物医学学科，即实验动物是生物医学研究的载体，比较医学是推理验证机制的手段。动物实验的研究结果可以应用于人，也可将不同动物的实验研究结果应用于不同种类的动物，同时人的实验结果也可应用于动物，这也就形成了广义的比较医学。

生物医学的研究，主要是通过收集临床与实验室两个阶段的研究数据，推导总结出预防与治疗人类疾病的方法，达到保障人类健康的目的。而这些研究往往不能直接在人或者患者身上进行，所以实验动物与动物实验就起到了关键性作用，尤其是在比较医学的研究中，动物实验更是占据了重

要地位。实验动物作为人类探索、验证疾病治疗的"替身",为护佑人类健康做出牺牲,我们必须尊重实验动物、珍爱实验动物。

动物实验的对象一般是活的整体动物,通过对其施加适当的处理手段,观察其反应,收集数据获得全面、客观的结论。在此过程中,要减少由于非实验因素所带来的干扰,其中最重要的就是降低实验动物本身带来的差异,所以在实验处理阶段,应对其生存环境、营养及实验人员的操作流程、熟练程度进行规范;保障实验动物福利,关爱实验动物,才能保证动物实验的准确、成功。

总之,动物实验的应用及发展,既促进了医学科学的发展,也解决了以往很多无法解决的问题。医学上许多重大的发现均和动物实验紧密相关,尤其是那些具有划时代意义、里程碑式、开辟新领域的革命性发现,几乎都是最先在实验室通过动物实验发现的,如传染病病原发现、预防接种、抗生素、麻醉剂、人工循环、激素的使用、脏器移植、肿瘤的病毒病原和化学致癌物的发现等都离不开动物实验。

当今社会热门的细胞水平、分子(以至量子)水平、基因水平的分析性研究工作在实验动物科学研究中也发展迅速。但是这不能取代动物整体水平的综合性实验研究。因为动物实验的实验对象是一个复杂的活的生命整体,而不是一条基因链、一个细胞或一个细菌。我国的实验动物学和比较医学等学科的发展虽然起步比欧美等西方发达国家晚,但是我们奋起直追,努力探索新的知识和未知领域,不断更新和完善,弥补自己的短板和不足,一点点实现并跑和超越。目前我国的科研领域有诸多的研究成果已处于世界领先水平。

### 三、比较医学的发展概况

纵观生物医学的发展历史,许多里程碑式、划时代的研究成果,往往都与比较医学紧密相关。其中有很多科研成果和科学发现获得了诺贝尔生理学或医学奖。

古时候,人们利用动物对解剖实验进行探索。古希腊著名哲学家亚里士多德就已经开始使用活体动物做实验,其研究成果通过《动物志》《动物之生殖》《论动物部分》等著作记录下来。古希腊解剖学家埃拉西斯特拉图斯(Erasistratus)也曾采用猴子和猪进行实验。汉代医学家张仲景也使用实验动物进行医学研究。因罗马法明令禁止解剖人体,医生盖伦将解剖对象转向了动物。他解剖了猪、犬、猫、兔、羊、猴子和猿类等动物,不断丰富自己的解剖学知识,并将解剖动物的认知推论到人体的解剖结构。阿拉伯医生伊本·苏尔(Ibn Zuhr)将动物用于手术治疗试验。他在羊身上练习外科手术治疗方法,这是人类首次将动物实验作为一种测试外科手术程序的实验方法,并将其测试结果应用到人类患者身上。

威廉·哈维(William Harvey)等使用蛙、蛇等动物进行血液循环研究,成功证明循环系统是密闭的系统。此后科学家利用实验动物研究神经和免疫系统,开发新药治疗疾病,推动动物实验成为科学的方法。英国医生劳尔完成历史上第一次输血实验,将健康犬的血输入一只大量失血犬的体内,获得成功。医生和生物学家开始在实验动物身上进行显微解剖,以后随着化学、物理、显微镜及其他工具的发明创造,动物实验在医学各个领域中广泛应用,实验医学得到了更快发展。英国医生捷纳尔从牛身上提取了牛痘病毒,困扰人类几千年的瘟疫"天花"逐渐销声匿迹。人道主义者查理·马丁(Charlie Martin)提出的《禁止虐待动物法令》在英国国会顺利通过,这是著名的"马丁法案",是人类历史上第一部反对人类任意虐待动物的法令,也是人类与动物关系史上的一个里程碑事件。

达尔文(Darwin)提出进化论之后,人类开始广泛使用动物进行研究。德国医学家罗伯特·科赫将炭疽杆菌移种到小鼠体内,使小鼠感染炭疽病,最后又从小鼠体内得到炭疽杆菌。这是人类第一次用科学的方法证明某种特定的微生物是某种特定疾病的病原。他提出"科赫原则",作为判断某种微生物是否为某种疾病病原的准则,并获得诺贝尔生理学或医学奖。法国医生巴斯德在犬和兔子身上进行实验,研制出人类历史上第一支狂犬疫苗。他持续改进疫苗制备工艺并应用于人类,成功救治患者。巴甫洛夫在犬身上进行了"假饲试验",证明了条件反射,留下了传世经典——巴甫洛夫定律并因此获得诺贝尔生理学或医学奖。

20 世纪以后，医学研究的发展推动了实验动物的使用。1900 年左右，医学家巴斯德通过对鼠类的研究，成功验证了瘟疫的细菌学说，并发现了体内自身免疫系统的理论，为现代微生物学、医学打下了基础。1910 年，美国生物学家摩尔根的实验室中培育了一只白眼雄果蝇。不久他把这只果蝇与另一只红眼雌果蝇进行交配，下一代果蝇全是红眼的果蝇。后来摩尔根让一只白眼雌果蝇和一只正常的雄果蝇交配，其后代中雄果蝇全部是白眼，全部雌性都长有正常的红眼睛。1911 年，他首次在 *Science* 上发表了"染色体遗传理论"。1911 年，佩顿劳斯通过普利茅斯石鸡发现了病毒可以导致癌症，并在 *British Medical Journal* 上发表了研究成果。通过动物实验，还发现了化学致癌物质和致癌病毒，推动了肿瘤学的研究，为肿瘤的防治开辟了广阔的前景。洛伊采用简单的动物实验方法，发现了副交感神经的神经递质为乙酰胆碱，并在 *Heart Rate regulation* 上发表了研究成果。班廷等从犬胰腺中提取获得可供临床应用的胰岛素，为临床治疗糖尿病做出贡献，因此班廷获得了诺贝尔生理学或医学奖。

20 世纪 60 年代以后，实验动物在医学研究中的应用更加深入、广泛。在这个阶段实验动物特殊种系包括近交系、突变系、F1 动物、无菌动物、悉生动物、无特定病原体（specific pathogen free，SPF）级动物等概念被发展出来。动物学家罗塞尔和微生物学家伯奇通过大量的调查和研究，在合著的《仁慈实验技术原理》（*The Principles of Humane Experimental Technique*）一书中提出"3R"原则，即替代（replacement）、减少（reduction）、优化（refinement）。由英国反活体解剖协会（NAVS）发起，将每年的 4 月 24 日定为"世界实验动物日"，前后一周被称为"实验动物周"。诺贝尔生理学或医学奖得主 Mario Capecchi 发明了一种基因编辑技术，即基因敲除技术，它使科学家能够去除或者"敲除"整个基因并研究其功能。

比较医学真正成为一门独立的新兴学科，是在 20 世纪 50 年代初，它是随着实验动物科学的诞生发展起来的。特别是在 20 世纪 80 年代初，在美国首先兴起比较医学，在 20 多个医学院校建立了比较医学系或比较医学中心，使分散的各分科动物实验集中于比较医学这一新的学科中，发挥边缘学科杂交优势，综合了解疾病的发生发展过程，发挥比较医学在生命科学前沿的尖兵作用。

在我国，张仲景对多种外感病进行观察比较，发现了外感病的变化规律，并提出"六经"辨证论治法则，为中医辨证论治体系的建立做出了杰出贡献。隋唐以来，中外来往增加，医药交流渐广，促进了中外医学尤其是药物的比较研究。公元 16 世纪，明代医学家李时珍在其巨著《本草纲目》中，对不少中药进行多方面的比较研究，对比较药学作了初步探析。18 世纪，日本医学家也以《本草纲目》为基础，对草药进行比较研究，对现代日本药学的形成起了一定的奠基作用。16～19 世纪，西方医学逐渐传入我国，我国医学家对中西医进行了大量比较研究，形成了中国近代史上有名的中西医汇通学派，为中西医结合做了有益的尝试。

比较医学的发展可以分为三个阶段：第一阶段是早期比较医学，通过人与动物在组织、器官和整体水平上进行生理和病理异同的比较，从而揭示了人类各种生命现象的独特规律，这也是最早期的生物分类学和解剖医学；第二阶段是近代比较医学，应用人工培育的各种实验动物（包括近交系、免疫缺陷动物、无菌动物及悉生动物等）建立各种模拟人类疾病的动物模型，研究疾病的发生发展过程和开发治疗药物，这是近代病理学、生理学和药理学的基础。随着生命科学的进步，实验医学研究也从宏观世界逐渐向微观世界深入，以研究人类基因功能为核心内容的功能基因组学成为 20 世纪生命科学领域的热点之一，各种基因工程动物（包括转基因动物、基因打靶动物、类人化小鼠、基因调控小鼠及克隆动物等）的使用，标志着比较医学进入了第三个阶段，形成了现代比较医学。

现代比较医学通过转基因、基因打靶、基因编辑和克隆技术等，构建"类人化"的基因工程动物（人源化动物模型），便于与人类的生理与病理现象对应比较。基因工程动物的最大优越性在于能在动物整体水平观察基因的生物学功能，探讨其在动物体内的组织特异性表达或调控过程。基因工程动物技术具有在分子和细胞水平操作、在整体水平表达的特点，使得用于比较医学研究的这类动物模型能更客观、准确地反映疾病的本质。基于基因编辑技术得到的人类疾病动物模型已经在人类重大疾病（包括新发和再现的传染病、肿瘤、心血管疾病、代谢性疾病、老年性疾病、神经性疾病及遗传性疾病等）的发病机制和病因学研究，疾病早期诊断、预防和治疗，新药研发，以及生物与环境相互作用等方面起到了重要作用。在基因组学基础上发展起来的系统生物学手段被普遍应用于实验动物的研究，使实验动物模型与人类生理、病理的异同也日益清晰。同时，现代比较医学通过物理、化学、计算机和工程技术的融合，使实验动物建模和检测体系更趋于精准化。例如，脑科学研究中，生物医学与计算机和物理光学等多学科的融合更加紧密，实验动物建模和检测技术、手段的需求越来越精准，趋于数字化、信息化和网络化。

在人类基因组计划成功完成的基础上，一方面以高通量二代测序技术能力支撑的针对人类基因组更全面、更精细的各种大规模基因组测序计划不断发展；另一方面，以全面认识基因组功能为目的的各种生命"组学"，如转录组学及相关的表观基因组学、蛋白质组学、结构基因组学和代谢/代谢物组学的研究也迅速崛起。这一系列"组学"研究积累了与人类生理、病理相关的大量数据与信息。在这些数据基础上，比较医学的发展将会有前所未有的突破。

比较医学在国内外的发展极不平衡，目前只有少数发达国家设有规模较完备的现代化比较医学中心，如哈佛大学、麻省理工学院、耶鲁大学、斯坦福大学、约翰斯·霍普金斯大学等院校设有比较医学系或部。美国加州大学戴维斯分校（UCD）比较医学中心是最具代表性的人医、兽医联合教学科研中心。在20世纪80年代首次提出利用家养猫或恒河猴代替人类进行艾滋病研究，为艾滋病的攻克提供了新的思路。目前，国外已将常规实验动物的生产和供应交付专业化社会化公司来承担。大学主要承担新品系动物和各种基因修饰动物的培育与应用，同时围绕现有需要，加大人类疾病动物模型的制备工作，特别是利用各种先进的方法和生物技术手段开发理想的疾病动物模型。全球最大的小鼠资源中心——美国杰克逊实验室，近年来发展了一系列比较医学研究方向，形成了衰老生物学、心脏病、肿瘤免疫学、器官移植、生物信息学、自身免疫病血液学、肥胖症及传染病学等100多个扩展项目。

我国的比较医学研究起步较晚，但发展速度快，成绩突出，特别是在大动物（如猴和犬）基因编辑技术及其应用研究方面已经走在世界的前列，取得了突出的成绩。国内目前从事比较医学研究的单位以各大院校和研究所为主，主要承担实验动物生产、繁殖、动物模型的制备和研究。中国医学科学院实验动物研究所的"比较医学中心"、扬州大学的"比较医学系"等是少数比较医学开展得较早的动物中心。目前，比较医学研究工作大多在综合大学和农业院校的动物学、兽牧学和生物学等专业进行，硕士点主要设在临床医学、动物学、预防兽医学等二级学科专业，部分资深专家来自中医学、药学和医学等，随着各种新生力量的加入，将会促进和推动比较医学的发展。

## 四、比较医学研究的意义

通过相关事物的比较研究，可以发现其共同规律，为研究工作找出方向，摸索新的发展道路，从而推动科学研究和有关工作的发展。回顾比较医学研究历史可以发现，为了诊断疾病、鉴别药物、选择手段、判定疗效，人们很早就开始进行医学比较研究。公元前4世纪，亚里士多德就在解剖学等方面，进行正确观察和比较研究，从而被认为是比较解剖学的奠基者。公元2世纪，被誉为罗马医学高峰的医学家盖仑，进行脊椎动物解剖的比较研究，更使解剖学成就达到了前所未有的高度。随着临床医学和实验医学的形成与发展，医学比较研究日趋广泛，比较生物学、比较解剖学、比较胚胎学、比较心理学、比较系统学等学科纷纷建立，凸显了比较医学研究在科学研究中的重要性。

比较医学与人类健康长寿有着极为密切的关系，当今，随着经济的发展和社会的进步，世界性人口谱、健康谱、疾病谱发生了变化，医学模式也发生了变化，人类对自身的生命、健康和生活质量的要求越来越高，疾病已成为严重威胁人类生命和健康的最主要因素。通过动物与人的健康和疾病类比研究，才能多方位地探求外界因素与机体的本质联系，从而了解疾病发生的机制与规律，构成发病学的全息图像，进而找寻疾病治疗的正确途径与方法。

比较医学作为一门在实验动物学基础上建立的学科，已成为生命科学不可或缺的重要组成部分。人体作为医学研究对象有其不可克服的局限性。首先是伦理道德和法制上的原因，许多对人体能造成危害的试验绝不允许以人体做实验，如外伤、中毒、肿瘤、感染、辐射及行为学和心理学试验等；其次以人体做实验耗时长、投资多、研究难度大。动物实验的优势是能有意识地控制环境因素与遗传背景，可提供发病率低、潜伏期长和病程长的动物模型研究胚胎发育发展的变化，也可直接获取重要脏器的标本用作研究。所以比较医学在医学上是不可缺少的基本科研方法。

近年来，生命科学和生物技术是世界科技发展最为迅速的领域之一，并取得了一系列突破性进展。随着新技术和新学科的兴起，作为生命科学研究的基础学科，比较医学研究将会更加系统化和整体化，比较医学研究成果的应用将会充分揭示疾病的发病机制，深入了解疾病的治疗效果，对加快新药研发和增强药物使用的安全性等发挥重要的引领和驱动作用。

# 第二节　比较医学与相关学科的关系及作用

比较医学的出现是生命科学研究应运而生的结果，它与生命科学、医学、生物医学等领域的研究密切相关。比较医学的重要性表现在它不仅是生命科学研究的重要基础学科，直接影响着生命科学诸多领域研究成果的确立和水平的高低，而且它也是生命科学的重要前沿学科，是多个相关学科相互融合、相互渗透的中心，它的提高和发展会把生命科学许多领域的研究引入新的境地，将对整个生命科学研究发展起到极大的促进和推动作用。

## 一、比较医学与生命科学

比较医学的研究对象、手段、目的与生命科学完全一致，都是研究人类的生命奥秘，控制人类疾病和延缓衰老。因此，比较医学是生命科学的重要组成部分，也是重要的前沿学科。生命科学是研究生物体及其活动规律，以及生物体与环境关系的科学。生命科学可解决与人类生存、发展和提高生活质量密切相关的许多重大问题。生命科学本身既是自然科学，又是建立在数学、物理、化学、信息科学等学科深入发展基础之上的应用性较强的"中心科学"。生命活动是自然界最复杂、最高级的运动形式，尽管现代科学技术的发展使人类对生命现象和规律的认识越来越深入，但在生命科学的领域仍有许多未知和挑战。

生命科学的研究范围主要包括：①人类生命的奥秘：包括生命的起源和生命的本质，生命的生长、繁殖、原生质、细胞、新陈代谢、调节、应激性等特征。②研究人类健康、疾病和生存的环境与条件：包括人类的生老病死（医学）和人类的衣食住行（农业、环境）。③研究人类的前景和改造的可能性：包括充分利用基因工程、胚胎工程、组织工程、细胞工程、生态工程和生物信息工程等，通过提高技术来提高和改善人类生活质量。

现代生命科学研究正在由宏观向微观深入发展，分子生物学正在向揭示生命的本质方向迈进，即用化学分子的语言说明生命现象的统一性、复杂性和有效性，揭示无生命的糖类、脂肪酸、氨基酸和核苷酸等如何组成生命个体及产生生命现象的规律。从分子水平上认识核酸等生物大分子的结构特征、功能和变化规律，使人类有可能从本质上和机制上深入地揭示生物遗传、信息传递和代谢调控的奥秘，并有可能主动地重组基因和改造生命，从而造福人类。对生物大分子的结构和功能的研究最终需要体现在细胞和个体水平上，众多生物体分子生物学特征的差别决定了其个体结构与功能的差别。每一种生物个体的众多基因还与环境相互作用，从而促进了生物的进化。现代生命科学不仅研究单个生物体及其生命活动的过程，还研究众多生物个体之间的相互关系（即生物进化与生物多样性问题），研究这些生物体与环境的相互关系与相互作用（即生态问题）。因此，现代生命科学同时也正在向宏观方向深入。生命科学的微观与宏观领域是相互联系、相辅相成的。总之，需要从微观和宏观两个方面把握生命科学的基本概念与内容。

在现代科学飞速发展的今天，出现了各门科学整体化、整个科学数字化、科学技术一体化及科学中心转移的大趋势，生命科学由于自身的重要性，学科人才迅速增加，理论和技术不断出现重大突破，各学科的生物技术产业群迅速崛起，人类基因组（human genome）计划快速进展。总之，生命科学突飞猛进的势头远远超过其他学科，在当前的科学大动荡中逐渐占据主导地位，成为科学界的新中心。在科学发展的历史上，多门学科并非齐头并进，总有一门或一组学科走在其他学科前面，从理论观念、思维方式或科学方法上，对其他学科发展产生重要影响，人们称之为带头学科。19世纪的带头学科是化学，20世纪的带头学科是物理学，生命科学已经成为21世纪的带头学科。

社会对科学技术的关注日益聚焦于生命科学领域。生命科学与农业可持续发展、能源问题、地球生态平衡、伦理道德问题有密切关系，尤其与健康长寿有更加密切的联系，这是因为随着经济的发展和社会的进步，世界性人口谱、健康谱、疾病谱发生了变化，医学模式也发生了变化，人类对自身的生命、健康和生活质量的要求越来越高，疾病是严重威胁人类生命和健康的最主要因素。人与自然、人与健康之间的矛盾，主要依靠生命科学来解决。

生物技术的革命为功能基因组学的研究创造了前所未有的有利条件，生物信息学技术的应用为未知基因的功能研究提供了重要线索。DNA重组技术和大规模体外基因表达调控的研究已成为基因功能分析的重要技术手段，蛋白质组学（proteomics）的兴起和发展为基因功能的研究开辟了新的研究领域。但生命现象是复杂的，在生物机体内，生命现象实质上是各种基因及其表达产物在不同细胞内或细胞间相互作用、相互调控的综合结果，在个体发生和发育过程中，某些基因的表达及其功能的发挥又有其组织特异性和时相特异性。因此，利用模式生物体系在生物活体中研究未知基因，尤其是与个体发生和发育相关基因的功能，是上述技术手段不可替代的。另外，基因功能的体外研究结果与模式生物体研究结果常不尽一致，表明模式生物体是全面、准确解析哺乳动物基因功能的有效手段。近年来随着生物技术的快速发展，研究人员可以轻松地在动物基因组水平改变基因组结构或将外源基因引入动物基因组，产生在遗传上经基因工程改造的生物体。通过对生物体表型变化的分析，从动物整体、细胞或分子水平认识基因的功能。在模式生物体系中，小鼠因其基因组结构、组织细胞特征与人类相近，而且繁殖周期相对较短，被广泛应用于未知基因的功能和人类疾病动物模型的研究，成为标准化的模式动物代表。

生命科学研究关注的热点课题包括：生物物质的化学本质是什么？这些化学物质在体内是如何相互转化并表现出生命特征的？基因作为遗传物质是怎样起作用的？什么机制促使细胞复制？一个受精卵细胞怎样发育成由许多不同类型细胞构成的高度分化的多细胞生物及其过程中如何使用其遗传信息？多种类型细胞是怎样结合起来形成器官和组织的？什么因素引起进化？动物行为的生理学基础是什么？记忆是怎样形成的？记忆存储在什么地方？哪些因素能够影响学习和记忆？这些生命科学的难题均需要通过比较医学中的动物模型，来进行相关研究和分析。比较医学与生命科学的发展密切相关，两者相辅相成，比较医学的发展可有效促进生命科学的发展和进步。

（一）比较医学与医学的关系

比较医学主要是通过建立多种人类疾病的动物模型，来研究人类相应疾病的发生、发展规律及其预防、诊断、治疗的科学。它是西医、中医、兽医和实验动物学等多个学科聚焦的科学，常被称为"广义医学"。由此可见比较医学与医学的关系极为密切。比较医学和医学的研究目的、任务完全一样。医学的本质是促进人类健康、预防和治疗疾病、延长寿命。比较医学通过动物与人的健康和疾病类比研究了解疾病的发生发展规律，达到防治疾病、增进健康、延长寿命的目的。相比较而言，医学是直接防治疾病，比较医学是间接防治疾病。从医学科学研究过程分析，医学和比较医学都是研究健康和疾病这一矛盾的转化过程。医学的基本问题是防止发生健康向疾病转化（预防医学，preventive medicine），促进实现疾病向健康转化（临床医学，clinical medicine），认识健康和疾病相互转化的规律（基础医学，basic medicine），恢复健康功能（康复医学，rehabilitation medicine），医学研究的任务，在于揭示人体生命的本质和疾病机制，认识健康和疾病的转化规律，并按此规律创造防病治病的医学技术。比较医学的根本任务是通过动物与人健康和疾病的类比研究，了解疾病发生、发展规律，寻找疾病诊断、预防、治疗的新途径，使疾病向健康方面发展，所以比较医学是推动人类健康研究的焦点学科。

比较医学和医学研究的重要手段都是要建立各种人类疾病的动物模型。模型和模型系统是促进人类健康的生物医学研究的关键组成部分，它包括许多门类的个体动物、细胞和各种类型的培养物。这些模型可以成为实验研究有价值的替代物，特别是对那些在人体上无法完成的实验更为重要。总的来说，比较医学以其特有的手段和方式在促进医学的发展和进步。

（二）比较医学与生物医学模型

比较医学是研究实验动物的疾病和人类的基本生命现象，与人类疾病进行类比研究、建立动物模型，研究人类疾病的学科。比较医学的重要内容就是建立各种人类疾病的动物模型，包括自发性和诱发性动物模型，建立的动物模型在生物医学各个领域（学科）的广泛应用，解决了许多以往不能解决的临床实际问题和重大医学理论问题，促进了生物医学科学研究的迅速发展。

生物医学是现代生命科学的重要组成部分，也是比较医学密切相关的多个学科相互融合相互渗透的中心。生物医学之所以有如此快速、纵深的发展，受益于近年来人们对基因的了解和各种基因技术的逐渐形成。实际上人类基因组计划、基因重组（gene recombination）、生物技术、转基因技术等这些划时代的名词几乎成了现代生命科学包括医学、生物学等的概言。

人类疾病的发展十分复杂，以人本身作为实验对象来深入探讨疾病的发生机制，推动医药学的发展，不仅在时间和空间上都存在局限性，而且许多实验在道义上和方法上也受到限制。而借助于动物模型的间接研究，可以有意识地改变那些在自然条件下不可能或不易排除的因素，以便更准确地观察模型的实验结果，并与人类疾病进行比较研究，有助于更方便、更有效地认识人类疾病的发生发展规律，研究防治措施。

动物模型的优越性主要表现在以下几个方面。

（1）避免了人体实验所带来的风险　临床上对人的外伤、中毒、肿痛等疾病研究存在一定困难，如急性和慢性呼吸系统疾病研究很难重复环境污染的作用。辐射对机体的损伤也不可能在人身上反复实验。而动物可以作为人类的替代者，在人为设计的实验条件下反复观察和研究。因此，应用动物模型除了能克服在人类研究中经常会遇到的伦理和社会限制外，还容许采用某些不能应用于人类的方法学途径，甚至为了研究需要可以损伤动物组织、器官或处死动物。

（2）临床上平时不易见到的疾病可用动物随时复制出来　临床上平时很难收集到放射病、毒气中毒、烈性传染病等病例，而在实验室中可以根据研究目的、要求，随时采用实验性诱发的方法在动物身上复制出来。

（3）可以解除人类某些疾病潜伏期长、病程长和发病率低的制约　一般遗传性、免疫性、代谢性和内分泌等疾病在临床上发病率很低，如急性白血病的发病率较低，研究人员可以有意识地提高其在动物种群中的发生频率，从而推进研究。同样的方法已成功地应用于其他疾病的研究，如血友病、周期性中性粒细胞减少症和自身免疫介导性疾病等。临床上某些疾病潜伏期很长，疾病发生发展很缓慢，有的可能要几年甚至更长的时间。有些致病因素需要隔代或者几代才能显示出来。而许多动物由于生命周期短，在实验室观察几十代是容易的，如果使用微生物甚至可以观察几百代。

（4）可以严格控制实验条件，增强实验材料的可比性　一般说来，临床上很多疾病是十分复杂的，各种因素均起作用，如患有心脏病者，可能同时又患有肺脏疾病或肾脏疾病等，即使疾病完全相同的患者，因患者的年龄、性别、体质、遗传等各不相同，对疾病的发生发展均有不同影响。采用动物来复制疾病模型，可以选择相同品种、品系、性别、年龄、体重、健康状态的动物。动物模型不仅在群体的数量上容易得到满足，而且可以通过投服一定剂量的药物或移植一定数量的肿瘤等方式，限定可变性，获得条件一致的动物模型。

（5）可以简化实验操作和样品收集　动物模型作为人类疾病的"缩影"，便于研究者按实验目的需要随时取用各种样品，甚至及时处理动物收集样本，这在临床上是难以办到的。实验动物向小型化的发展趋势更有利于实验者的日常管理和实验操作。

（6）有助于更全面地认识疾病的本质　临床研究具有一定的局限性。已知很多病原体除人以外也能引起多种动物感染，其表现可能各有特点。通过对人兽共患病的比较研究，可以充分认识同一病原体（或病因）对不同机体带来的各种损害。因此，从某种意义上说，可以使研究工作升华到立体的水平来揭示某种疾病的本质，从而更有利于解释在人体上所发生的一切病理变化。

（三）比较医学与功能基因组实验动物模型

随着分子生物学和生物信息学的发展，多种原核生物和真核生物陆续完成基因组测序，大肠杆菌是研究细菌遗传学的主要模式生物，植物中首先完成基因组测序的是拟南芥，第一个完成基因组测序的单细胞真核生物是酿酒酵母，除此之外，鼠、兔、犬、猴、秀丽隐杆线虫、黑腹果蝇、斑马鱼等动物也进行测序研究。小鼠的基因组和组织器官与人类非常相似，疾病发生和进展也与人类近似，另外，小鼠的寿命短，生育周期短，在饲养和管理方面比较经济，因此小鼠是最常用来进行医学研究的动物模型。

21 世纪，随着人类基因组计划的完成，越来越多的科学家将视线从结构转移到功能研究上，并且意识到生物的表型变化和功能表达大多依赖于多基因协作，而非单基因调控，也更多地从外界环境的视角探索基因功能。Sanger 测序、基因芯片和高通量测序等生物学新型技术的发展加速了结构基因组学完善，为研究基因生物学功能奠定了基础。现在熟知的功能基因组学技术有 DNA 芯片、单核苷酸多态性（SNP）分析、RNA 干扰（RNAi）、基因表达的系列分析（SAGE）、微阵列分析、表达序列标签（EST）分析、亲和色谱和质谱法等。

20 世纪 80 年代，我国实验动物学方才开始发展，在实验动物资源总量、质量和管理上有非常大的上升空间。现在，我国实验动物年生产量和使用量超过 2000 万只。国家遗传工程小鼠资源库拥有超 3 万种基因编辑小鼠，包括 KO 模型库、CKO 模型库、Cre/Dre 工具鼠、基因人源化小鼠、免疫缺陷模型、报告基因工具鼠、荧光示踪工具鼠和遗传病模型等多种模型，覆盖多个热门领域。

（四）比较医学与传染性疾病的实验动物模型

理想的传染性疾病实验动物模型应该全部或基本上模拟人类疾病的临床表现、疾病过程、病理生理学变化、免疫学反应等疾病特征。但由于动物和人类存在种属差异，对于同一种病原，感染不同动物，可能会有不同表现。或者说，在某些方面接近人类疾病表现，而有些方面表现不明显或不表现人类特征。因此，对同一种病原，往往要建立多种动物模型，也就是说，需要选择多种动物模型，才能全面理解传染病特征。同时，研究的方向不同，应该针对性选择不同的动物模型。尤其是比较烈性的传染病和新发传染病的相关研究，需要建立各种不同的动物模型，通过动物模型与人类疾病的进程和临床症状的比较研究，更加深入全面地了解和研究这些传染病，更好地保证人类健康。

**1. 冠状病毒的动物感染模型**

严重急性呼吸综合征（severe acute respiratory syndrome，SARS）和新型冠状病毒（SARS-CoV-2）感染的暴发，其病原体分别为 SARS 冠状病毒（SARS-CoV 和 SAR-CoV-2）严重威胁人类的生命健康。根据研究得知血管紧张素转换酶 2（angiotensin-converting enzyme 2，ACE2）是新型冠状病毒及 SARS 冠状病毒的受体，研究人员制备了一系列动物模型，进行冠状病毒感染机制、发病机制、病理损伤和药物研发等相关研究。冠状病毒研究所使用的实验动物主要有小鼠、猫、雪貂、中国树鼩、金黄地鼠和非人灵长类动物等，这些动物被 SARS-CoV-2 感染后显示出了不同程度的病理变化。

SARS-CoV-2 天然感染动物模型主要有猫、雪貂、中国树鼩、金黄地鼠和非人灵长类动物，这些动物均可在感染 SARS-CoV-2 后，出现从无症状、轻症到重症等不同程度的病理变化，可分阶段模拟人类疾病进程，符合大多数人的临床症状，可作为 SARS-CoV-2 传播、致病和防治措施等研究的良好动物模型，为人类的健康事业做出贡献。

生物工程技术改造的 SARS-CoV-2 感染动物模型主要有通过基因编辑技术制作的 ACE2 基因人

源化的小鼠模型及复制缺陷的腺病毒高表达载体转染技术制备的人 ACE2 基因高表达（Ad5-hACE2）小鼠模型两类。ACE2 基因人源化的小鼠模型主要是在 KM、ICR、C57BL/6、C3H 等背景小鼠上使用不同的启动子系统，将人的 ACE2 基因序列在小鼠体内编辑表达，最终可使 hACE2 的转基因小鼠感染上 SARS-CoV-2，并能够表现一定程度的感染症状和病理变化，从而进行致病机制、药物和疫苗评价研究。Ad5-hACE2 转导的小鼠模型具有独特的优势，制备方法简便，且可使 hACE2 在小鼠的肺部高表达，感染 SARS-CoV-2 后出现肺炎症状，可用于抗病毒疗法和疫苗的评估研究中。

早在 2003 年的 SARS 暴发期间，我国相关研究单位就通过生物工程技术方法构建了冠状病毒的易感小鼠模型，其中中国医学科学院医学实验动物研究所研制了 ICR 背景小鼠机体上人的 ACE2 基因表达，而中国人民解放军军事科学院则是在 KM 小鼠上表达了人的 ACE2 基因，以及最近由中国食品药品检定研究院研发的表达人 ACE2 的 C57BL/6J 小鼠，均是进行冠状病毒感染研究的较好的易感小鼠模型。

**2. 高致病禽流感动物模型**

高致病禽流感动物模型种类较多，包括雪貂、非人灵长类动物、各种啮齿类动物模型等。雪貂感染模型可模拟患者的临床症状和呼吸道病毒分布、肺部病变特征，适合研究人类的相应症状机制；灵长类动物模型免疫反应接近人类，可重点研究免疫作用；大鼠和布氏田鼠模型能够模拟人类的 $H_5N_1$ 隐性感染，主要用于了解感染和致病的关系；小鼠模型表现出疾病和感染病毒的剂量依赖关系，可用于重症患者的死亡机制研究等。

因为各种实验动物模型都有其适用范围，这就要求在实验设计时选取最佳动物模型，以取得最科学的实验结果。所以对传染性疾病的研究，可以根据传染性疾病的实验动物模型的特点不同，进行传染性疾病发病机制、病理进展、病毒变异、天然宿主携带等多个领域的模型选择，进行针对性研究。

**（五）比较医学与中医证型模型**

中医学作为医学学科的一门分支，是比较医学重要的组成部分。中医证候是中医学几千年医疗实践中形成的理论核心。中医证候动物模型是以中医学整体观念及辨证论治思想为指导，运用藏象学说和病因病机理论，综合物理、化学、生物等多种应激手段建立的具有人类病证模拟性表现的动物实验对象和相关材料。中医证候动物模型独特的理论体系：辨证论治；独特的评价标准：证、病、症；独特的处置措施：中药、针灸、养生措施；独特的观察指标：舌、脉、汗、神、色；独特的认识特色：审证求因等。中医证候动物模型的创建以中医理论和实验动物学为指导，中医理论指导着中医证候动物模型的创建，并作为评价判断模型的理论依据；而实验动物学则更加具体地指导着动物模型创建的实施。因此，可以这样理解，中医证候动物模型的产生很大程度上来讲是中医理论与实验动物学有机结合的成果。

中医证候动物模型的制备方法应当以藏象学说和病因病机理论为准则，原则上既要符合中医的致病因素，又要符合临床自然发病的实际过程。目前中医证候动物模型的制备方法主要有以下几种：利用致病因素造模、通过改变动物的生理状况造模、采用人工方法、改变动物的生活环境造模及利用过量中药造模。中医证候动物模型的制作方法是多样化的，但总以藏象学说和病因病机理论为准则，以尽量符合临床实际为宗旨，并不断地验证、改进、充实和完善。

中医病因动物模型是模拟中医病因，创建的模型在病因、病机、症状和药物反证方面与中医理论较为吻合。但这种模型具有多方面缺点，如中医病因概念模糊、中医病因与疾病或证候的因果关系不明及造模时应激干预可控性差等。西医病理动物模型将化学、生物、物理等应激因子定性定量作用于实验动物，创制（建）的动物模型在症状、体征和理化指标方面上，其可靠性和稳定性较好。但这种模型也具有多方面的缺点，如与中医理论脱节、模型的真实性难以定论等。病证结合动物模型是指通过临床调查、选择有密切联系的疾病和证候，分别或同时复制病证特征，然后将这种病证特征用于实验的模型动物。与中医病因动物模型、西医病理动物模型相比，病证结合动物模型具有明显优势，已成为目前中医药实验的主流模型。特别是近年来，随着中医证候动物模型评价领域工作的深入，如通过舌象、唇象、爪象、耳轮、尾尖、眼球、皮毛、体质量及动物行为学等一系列生物表征来评价模型；基于"方证相应"原理，对创建的模型予以对证方药干预，凭借模型特定证型呈现状态以及四诊相关指标的改善评价模型；采集大小鼠四诊信息，实现大小鼠四诊标准化、计量化，便于对模型计量化辨证及计量化评价等，这些思路和方法的引入使病证结合动物模型渐趋成熟。

## 二、比较医学与药学

在新药的研发过程中，必须进行药物的临床前研究，包括药效学研究、药物安全性评价、动物代谢动力学研究等，均需用到实验动物模型，将动物实验的结果反映人体研究结果，是比较医学在药学研究中应用的极致体现。

### （一）比较医学在药效学研究中的应用

药效学即药物效应动力学（pharmacodynamics），主要研究药物对机体的作用及作用机制。药效学研究主要是在动物机体或器官、组织、细胞、亚细胞、分子、基因水平等模型上，采用整体和离体的方法，进行综合和分析的实验研究，以阐明药物对疾病的作用及其机制。其中，综合研究法是在完整的动物机体上，在若干其他因素综合参与下研究药物作用，而分析研究法是通过在离体的动物器官和组织，如离体肠管、离体心脏、血管、子宫、神经、肌肉等，单一地研究药物对动物某一器官和组织的作用。另外也可通过细胞水平、分子水平进行药效学研究。

通过药效学研究，可以明确新药是否有效、药理作用的强弱和范围。药效学研究的主要内容为药物治疗作用的效果，即药物改善患者生理、生化功能或病理过程，使患者的机体恢复正常作用，包含对治疗或对症治疗的效果，同时还需要研究药物为患者带来不适或痛苦的不良反应，包括药物本身固有的不良反应；药物体内蓄积过多时可能发生的危害性、毒性反应，以及停药后残存的药理效应、停药后疾病加剧的回跃反应、药物的特异性反应等。以上药效学研究的内容均要用到动物模型，通过动物在体或离体的组织、器官进行与人的比较医学研究，主要观测动物生理功能的改变、生化指标的变化和组织形态学变化，为新药的临床试验提供可靠的依据。

#### 1. 整体动物实验

整体动物实验一般使用小鼠、大鼠、兔、豚鼠、犬、非人灵长类动物等实验动物，可根据不同研究目的选用正常的实验动物或者疾病动物模型进行药效学研究。一般在进行中枢神经系统药物研究时选用正常动物，主要观测药物对动物行为的影响，观测药物对中枢神经是抑制作用或是兴奋作用，观测药物对动物的运动协调性影响，观测药物对动物的记忆力影响等。同时，测定药物的依赖性时也用正常动物进行实验。

当研究新药对疾病的疗效时，常用疾病动物模型观测药物的治疗作用。选择适当的动物疾病模型以评价药物的活性，探索药物产生药效作用的给药剂量、给药途径、给药频率和周期等，此时使用的动物模型需要尽可能地模拟人类相关疾病的临床症状或与人类发病的疾病进程具有一定的相似性，如此，新药的药效学研究结果才可能应用于临床研究，才可能造福于人类健康事业。例如，新型冠状病毒感染的药物研究，均需在各种病毒感染动物模型上进行药效学研究。新型冠状病毒感染药物研发中使用到的动物模型有小鼠、雪貂、金黄地鼠、非人灵长类的恒河猴和猕猴等，可模拟人类感染病毒后的肺炎、心肌炎等不同程度的疾病症状。另外，在不同疾病症状的治疗药物研究中，需要制备对应的疾病动物模型来观测药物的疗效，例如，使用戊四氮、苦味毒等制备动物惊厥模型来观测药物的抗惊厥疗效；使用电刺激小鼠尾部或用酒石酸锑钾腹腔注射造成小鼠的扭体反应，从而观测镇痛药的作用；用线结扎犬或兔的肾动脉，造成肾性高血压，或使大鼠长期处在噪声刺激中诱发神经源性高血压，在以上动物模型中观察抗高血压药的作用效果；制备小鼠、大鼠、兔、犬等动物的肿瘤移植模型，用来评价药物抑制肿瘤生长的作用，是目前进行抗肿瘤药研发使用最多的途径和方法。

**2. 离体组织器官实验**

药效学研究中也常使用离体的组织器官来验证新药的作用。常用的离体组织器官有心脏、血管、肠段、子宫和神经肌肉标本等，用离体标本可以比较直观地观测药物的作用。不同的动物标本也可用于测定不同类型的药物作用。

例如，离体蛙心和兔心常用于观测药物对心脏活动（包括心率、输出量、收缩力等）的影响；猫、兔、豚鼠和犬乳头肌标本制备比较简单，在适宜条件下，可较长时间保持良好的实验状态，常用于观测药物对心肌基本生理特性（如收缩性、兴奋性、自律性）的影响；由于兔主动脉对α受体激动药十分敏感，因此被广泛用作测定α受体激动药的作用，鉴定和分析拟交感药及其对抗药物的作用；豚鼠回肠自发活动较少，描记时有稳定的基线，可用来测定拟胆碱药的剂量-反应曲线；而兔空肠具有规律的收缩活动，可观测拟肾上腺素药和抗肾上腺素药、拟胆碱药和抗胆碱药对其收缩活动的影响；蛙的坐骨神经腓肠肌标本、大鼠膈神经标本常用来评价作用于骨骼肌的药物。

在离体器官实验中，不同动物的不同器官要想保持较好的生理功能，均需要最适宜的营养环境，而各种动物的人工生理溶液成分和配制都有区别。因此，在离体器官组织的实验中应特别关注需使用相应的人工生理溶液，必须关注生理溶液的渗透压、各种离子浓度配比、pH，以及器官组织生理活动所需的能量、氧气等。

**3. 药效学研究中动物实验需要注意的要点**

1）模型动物的选择：一般选用某一功能高度发达或敏感性较强的动物。如鸽、犬、猫的呕吐反应敏感，常用来评价引起催吐和镇吐药物的作用；家兔易发生冷损伤，适合用于冻伤研究；豚鼠对铜离子及汞离子的急性毒性很敏感，适合用于重金属离子的毒性研究。因此，要根据实验研究的目的选择合适的动物，同时还要注意动物的性别、年龄和品系。

2）药效学研究中动物实验的随机分组也是实验设计和临床观察的一个重要原则。其目的是使一切干扰实验的因素分配到各组时只受抽样误差的影响，而不受实验者主观因素的影响。在动物实验中常用随机数字表法分组，只有随机化的实验数据才能进行统计学处理。否则实验结果不可靠，统计学处理无意义。

3）实验中的观测指标是否能够客观反映新药的疗效水平，必须依靠客观性指标反映出来，如生理、生化的化验指标，病理切片，X线检查等。为使客观指标更精确，仪器应尽量先进，灵敏度高，每次药品应用同一批号，环境的温度和湿度都应控制在固定范围。

4）药效学研究中对照组的设立是否妥当非常重要。用生理盐水代替实验新药称阴性对照或空白对照；用已知开发的药或工具药代替实验新药称为阳性对照或标准对照。对照组应与新药的实验组同时进行，且需在相同条件下进行，否则将失去对照的意义。实验组和对照组动物数量应相等，忽视对照或使用少量动物作对照均不妥当。

5）药效学研究的报告资料应如实反映新药的特定治疗作用和其他药理作用（包括毒副作用），特别是毒副作用不得有意删减或隐瞒。为稳妥可靠，应尽量采用两种或两种以上的实验动物进行药效学评价。

（二）比较医学在药物安全性评价试验中的应用

药物安全性评价又称临床前药物安全性评价，是指通过实验室研究和动物体外系统对新研发药物的安全性进行评估，是新药进入最终临床试验和最终批准前的必要程序与重要步骤。其目的是向临床过渡，为临床研究和临床应用的安全性提供参考，指导各期临床试验的设计，包括受试人群的选择、给药剂量、给药方案、监测药物安全性和功效的指标选择等，从而减少临床研究和应用的风险性，发现任何潜在的未知毒性或靶器官。药物的安全性评价试验包括一般急性、慢性毒性试验，病理组织学试验，生殖毒性试验，遗传毒性试验，安全药理学试验，致癌性研究，毒性和安全性生物标志物的研究等。

在药物安全性评价试验中将动物实验的结果直接应用到人类，具有很大的局限性和不确定性。局限性主要体现在：人与实验动物对药物反应的敏感性不同；动物不能诉说主观感觉的毒性效应（包括疼痛、疲乏、头晕、眼花、耳鸣等）。不确定性则包括以下几个方面：药物在高剂量的毒性反应和低剂量的毒性反应规律可能不一致；从少量的动物实验结果向大量的人群用药外推存在不确定性；受试对象的健康指数不同，对药物的易感性不同。由于实验动物均为实验室培育，一般选择用成年的健康动物，实验结果反应单一，而药物的适用人群为不同人种、种族，包括年老体弱、患病个体等，对药物反应的敏感性存在较大差异。而要消除以上的局限性和不确定性，则需要大力发展实验动物学和比较医学两大学科，发展新技术、新方法，助力缩短实验动物疾病模型与人类疾病的差距。

药物的临床前安全性评价试验的目的在于解释人体研究启动前至整个临床研究过程中的药理学和毒理学作用，体外研究和体内研究都有助于确定以上作用。药物的临床前安全性评价试验必须考虑到以下几个方面：相关动物种属的选择、动物年龄、动物的生理状态、给药方式、给药剂量、给药途径和方案、药物在使用条件下的稳定性等，以确保药物的安全性评价试验结果真实、客观、可靠。

**1. 药物的毒性评价试验**

药物的毒性评价试验包括急性毒性试验和慢性毒性试验两部分，在药物的安全性评价中均需进行研究。急性毒性试验是研究实验动物一次或24h内多次给予受试药物后，一定时间内所产生的毒性反应，一般发生在药物毒理研究的早期阶段，对阐明药物的毒性作用和了解其毒性靶器官具有重要意义。急性毒性试验所获得的信息对慢性毒性试验剂量的设计和某些药物 I 期临床试验起始剂量的选择具有重要参考价值。慢性毒性试验则是指以低剂量的受试药物长期给予实验动物，观测其对实验动物所产生的毒性作用，其目的是确定受试药物的毒性下限，即长期接触该药物可以引起机体危害的阈剂量和无作用剂量，为进行该药物的危险性评价与制订人接触该药物的安全限量标准提供毒理学依据。

进行药物的毒性评价试验时，可根据试验目的及受试物的特点，选择合适类型和数量的实验动物，关注动物的性别和年龄，所用动物应符合国家有关规定的等级要求，来源、品系、遗传背景清楚，并具有实验动物质量合格证。同时还要选择合适的检测方法，对动物实验结果进行合理而科学的综合性评价，提高药物毒性评价试验的效率和可靠性。

**2. 药物的生殖和发育毒性评价试验**

药物的生殖和发育毒性评价试验是评价药物对哺乳动物（啮齿类大鼠为首选实验动物）生殖和发育的影响，并与其他的药理学、毒理学研究资料进行综合比较，从而推测新药对人的生殖和发育可能产生的毒性和危害。一般应根据受试药物、药物的临床适应证和目标患者人群来决定是否需要进行生殖和发育毒性试验，具体的评价试验方案可根据药物的种属特异性、免疫原性、生物学活性、消除半衰期等因素进行设计。

**3. 药物的遗传毒性和致癌性评价试验**

遗传毒性研究是药物临床前安全性评价的重要内容，与其他毒理学研究尤其是致癌性研究、生殖毒性研究有着密切的联系，是创新药物安全性评价和上市风险控制的重要组成部分。遗传毒性试验是指检测受试药物通过不同机制直接或间接诱导遗传学损伤的体内和体外实验，主要是检测DNA 损伤。遗传毒性试验主要用于致癌性预测，对可能引起可遗传效应的药物与可能引起癌症的药物给予同样的关注，这些试验的结果将有助于解释致癌性的机制和试验结果。应根据受试药物的结构特点、理化性质、已有的药理毒性研究信息、适应证和适应人群特点、临床用药方案、动物和人体药效动力学的相关剂量-反应关系等因素，选择合适的试验方法，设计合理的试验方案。遵循随机、对照、重复的原则，可在整体动物上进行体内试验，检测基因突变、染色体畸变、DNA 损伤与修复等。也可以通过哺乳动物细胞进行体外遗传毒性试验，主要观察细胞毒性作用或对细胞有丝分裂的抑制作用等。

（三）比较医学在药物代谢动力学研究中的应用

药物代谢动力学（pharmacokinetics，PK）简称药代动力学或药动学，主要是研究体内药物浓度随时间变化的规律，并运用数学原理和方法阐述药物在机体内动态规律的一门学科。药动学涉及ADME等方面，即药物在体内的吸收（absorption）、分布（distribution）、代谢（metabolism）和排泄（excretion）过程。ADME决定了药物在体内的生物利用度、作用时间长短和所需剂量大小。药物在作用部位的浓度受药物体内过程的影响而动态变化。药物的代谢与人的年龄、性别、个体差异和遗传因素等有关。在创新药物研制过程中，药动学研究与药效学研究、毒理学研究处于同等重要的地位，已成为药物临床前研究和临床研究的重要组成部分。

药物的体内过程是药物发挥药理作用、产生治疗效果的基础，是临床制订给药方案的依据。随着药物化学的发展及人类健康水平的不断提高，对药物的药动学性质的要求越来越高，判断一个药物的应用前景，不但需要疗效较强、毒副作用小，更需要具备良好的药动学性质。药物的药动学性质主要取决于药物的溶解性、脂水分配系数、电荷等药物分子整体的理化性质。优化药动学性质是药物设计的重要内容之一。主要通过结构改造或分子设计优化药物的吸收与分布，能够突破国外专利保护药。可根据药物代谢研究的结果，进行结构优化，实现药动学性质的可预测性或可控性，从而减少个体差异和药物相互作用。

不同种属间药物在体内的整体过程是一致的，不同的只是种属间机体对化合物的处置不同。以口服药物为例，包括经消化道吸收入血和入血后的消除两个过程，种属间PK的不同是因为种属间消化道环境、血流速率、代谢酶和转运体的丰度与活性等生理参数不同导致的，如果能用合适的方法将这些差别分别定义出来，即构建模型，便可实现准确的外推。

临床前药动学的评价已经越来越早地介入药物研发的过程，在进行体内药效学研究的同时即进行药动学研究，最后是药物的安全性评价。药动学研究一般选用合适的实验动物，进行整体动物试验，观测动物体内受试药物的吸收、分布、代谢及其排泄的规律。目前高通量药动学筛选的方法也正在建立并得到应用，尤其为了提高药物设计的科学性，发展了计算机辅助虚拟筛选技术，建立和优化数字模型，通过计算机模型进行虚拟筛选，该筛选技术已经受到药物化学家的重视。

## 三、比较医学与人兽共患病学

比较医学的热点在于建立各种人类疾病动物模型，早期的比较医学研究主要是把动物和人加以对比研究，如血液循环、牛痘预防天花、狂犬疫苗的发现等。近代比较医学主要是应用人工培育的各种实验动物，获得自发性或诱发性模拟人类疾病的动物模型，进而研究人类相应疾病的发生、发展规律和临床诊断治疗、宿主抗病机制、药物和毒物的作用等变化规律。但是动物和人一样会得病，而且很多动物疾病能够同时感染给人类，即人兽共患病。

（一）比较医学与人兽共患病的关系

人兽共患病（zoonosis）是指在脊椎动物与人类之间自然传播的、由共同的病原体引起的、流行病学上又有关联的一类疾病。据有关文献记载，目前世界上已经证实的人兽共患病有200余种，包括细菌病、病毒病、立克次体病、原虫病、真菌病、寄生虫病和其他种类疾病，其中有半数以上可以传染给人类，另有100种以上的寄生虫病也可以感染人类。从古老的鼠疫、狂犬病，到近年来肆虐全球的牛海绵状脑病（疯牛病）、口蹄疫和炭疽，疾病在动物世界传播的同时，也威胁着人类的健康乃至生命。

一些人兽共患病在人与动物之间不仅病原体是相同的，病原体的生物特性、传播方式、疾病发展过程、症状和体征等均极为相似，比较医学的发展也是从最早比较解剖学、比较胚胎学、比较生理学等发展起来的。由此可见，人兽共患病与人类医学和比较医学的关系非常密切，为医学和生物学的发展做出了巨大贡献。

（二）人兽共患病的危害性

人兽共患病病原体通常不依赖人类而存在，可通过吸血节肢动物等媒介感染野生兽类、啮齿类和鸟类等宿主动物，在自然界长期循环形成自然疫源地，人类介入该疫源地生物圈时可感染发病甚至引发流行。

目前，世界上有250多种动物传染病和150多种寄生虫病通过动物或动物产品直接或间接传给人类。世界卫生组织（World Health Organization，WHO）所分类的1415种人类疾病中62%属于人兽共患病，虽然有部分人兽共患病已经攻克，不会造成人类重大疫情的暴发，但是大部分还处于研究阶段，而且随时会发生病毒变异等突发状况，也随时会有新的人兽共患病出现。

我国现有畜禽传染病200多种，其中1/2以上为人兽共患病。在我国39种法定报告传染病中，有17种属人兽共患病，虽然报告发病总数远少于呼吸道和肠道传染病，但造成的死亡人数却占相当比例，对人群健康危害较大。另外，20世纪70年代至今新发现的60多种传染病中，有80%属于人兽共患病。

人兽共患病的社会危害十分严重，会造成巨大的经济损失，也威胁着公共卫生乃至国家安全，主要表现在以下几个方面。

**1. 危害人类健康和社会稳定**

人兽共患病的流行可造成人员残疾、死亡，给患者家庭带来极大的损失，同时对人们的心理健康也产生了巨大的影响，威胁到社会安定、和谐。WHO于2022年9月公布的数据显示：全球每年约有59 000人死于狂犬病。2019年全球仍有3800万艾滋病病毒感染者，69万人死于艾滋病相关疾病，仍有170万人新感染艾滋病病毒。疯牛病最早在英国发现，如今这一疾病已经在美国、澳大利亚等20多个国家和地区传播，全球约有14万人因为食用感染疯牛病的肉产品而导致感染。

**2. 对畜牧业影响严重，影响经济发展**

很多人兽共患病感染动物后可影响动物生产，使动物的生产能力下降20%～67%，极大地影响动物的经济价值。同时，一些国家会以人兽共患病为借口，设置各类贸易壁垒，阻碍养殖产品的出口供应，影响经济发展。

**3. 对食品安全构成严重威胁**

人兽共患病病原菌可通过动物性食品直接传染给人，从而引发疾病，其中食源性细菌感染是亟待解决的重要问题。在若干食源性疾病暴发事件中，食物中都检出了大肠杆菌O157∶H7或产单核细胞李斯特菌，虽然其发病率较低，但病情严重，常使患者丧失劳动力，有时可致命。

**4. 部分病原体可作为生物武器，影响社会安定**

炭疽杆菌作为生物武器进行恐怖袭击屡有历史记载，该菌可以通过常规的商用实验设备大批培养，最近的一次是2001年美国发生的炭疽芽孢杆菌信函事件，确诊炭疽患者22例，其中11例为吸入性炭疽，死亡5例。鼠疫传播速度快，病死率高，可以借染菌的鼠类和蚤类进行生物战，也可通过大量气溶胶的释放对人群进行攻击。其他一些病原生物如霍乱弧菌、斑疹伤寒立克次体、鹦鹉热衣原体等均被认为可用于生物武器。

**5. 细菌耐药现象严重，给疾病防控带来巨大挑战**

近年来，动物饲养过程中频繁使用抗生素且种类多于人用抗生素，致使动物性食品污染耐药菌的比例升高，潜在地增加了人类摄入耐药菌株或获得耐药基因的概率。以沙门氏菌为例，人源多重耐药沙门氏菌达60%以上，并检测到产NDM-1的沙门氏菌，且部分人源血清型耐药水平高于动物源性沙门氏菌。此外，人类因接触野生动物或饲养宠物，感染动物本身携带的沙门氏菌的概率也在增加，而许多动物携带的沙门氏菌为多耐药、泛耐药菌株。结核分枝杆菌耐药也是结核控制中的重要问题。

### （三）人兽共患病的分类

自 20 世纪 70 年代以来，全球范围内新出现的传染病和重新出现的传染病达 60 多种，其中半数以上是人兽共患病，这些人兽共患病不仅仅存在于人类与其饲养的畜禽之间，野生脊椎动物中也同样存在，并且后者传播给人的危害更有甚于前者。于是在 1979 年，WHO 和联合国粮农组织将"人畜共患病"这一概念扩大为"人兽共患病"，即人类与脊椎动物之间自然感染与传播的疾病。

人兽共患病种类比较多，病原体也复杂多样，按照常见的病原种类可将其分为寄生虫病、病毒病、细菌病等。

**1. 寄生虫病**

据不完全统计，已知的人兽共患寄生虫病将近 70 种，其中较常见的约有 30 种。按寄生虫的生物学种类可分为人兽共患原虫病、人兽共患吸虫病、人兽共患绦虫病和人兽共患线虫病等（表 1-2）。

表 1-2 常见人兽共患寄生虫病

| 疾病名称 | 病原 | 易感动物 |
| --- | --- | --- |
| 人兽共患原虫病 | 利什曼原虫、阿米巴原虫、巴贝虫、结肠小袋纤毛虫 | 各种脊椎动物 |
| 人兽共患吸虫病 | 血吸虫、并殖吸虫、片形吸虫、棘口吸虫、双腔吸虫、阔盘吸虫、异形吸虫 | 软体动物、甲壳动物、各种脊椎动物 |
| 人兽共患绦虫病 | 棘球绦虫、西里伯瑞列绦虫、司氏伯特绦虫 | 牛、羊、犬 |
| 人兽共患线虫病 | 旋毛虫、粪类圆线虫、毛圆线虫、广州管圆线虫、筒线虫、颚口线虫、结膜吸吮线虫、铁线虫 | 哺乳动物为主 |
| 其他 | 棘头虫、蝇蛆、蜱螨、舌形虫、水蛭 | |

**2. 病毒病**

病毒性人兽共患病种类繁多，其特点是传播迅速、极易造成大流行。这类疾病较难诊治，无特效疗法，只能对症治疗，且预防困难，致死率高，对人类的危害严重（表 1-3），如狂犬病、流行性出血热等。

表 1-3 常见人兽共患病毒病

| 疾病名称 | 病原 | 易感动物 |
| --- | --- | --- |
| 猴疱疹病毒感染 | 猴疱疹病毒Ⅰ型 | 猕猴类 |
| 马尔堡病毒病 | 马尔堡病毒 | 非洲绿猴、其他灵长类 |
| 猴痘 | 猴痘病毒 | 猕猴类 |
| 麻疹 | 麻疹病毒 | 灵长类 |
| 甲型肝炎 | 甲型肝炎病毒 | 黑猩猩、狨猴 |
| 流行性出血热 | 汉坦病毒 | 大鼠 |
| 淋巴细胞脉络丛脑膜炎 | 淋巴细胞脉络丛脑膜炎病毒 | 小鼠、地鼠 |
| 狂犬病 | 狂犬病毒 | 犬、猫 |

**3. 细菌病**

人兽共患的细菌可通过粪便、污染的器物、与人体的直接接触而发生感染，并且可利用外界条件进行繁殖（表 1-4）。主要包括：引起布鲁氏菌病的布鲁氏杆菌、引起鼠疫的鼠疫耶尔森菌、引起结核病的结核分枝杆菌、引起鼠咬热的小螺菌和念珠状链杆菌、引起钩端螺旋体病的钩端螺旋体等。这些疾病大多通过直接接触宠物或被其抓伤、咬伤，接触其排泄物而感染，有一些也可通过蚊虫叮咬而传播。

**表 1-4　常见人兽共患细菌病**

| 疾病名称 | 病原 | 易感动物 |
| --- | --- | --- |
| 布鲁氏菌病 | 布鲁氏杆菌 | 犬、牛、猪、羊 |
| 钩端螺旋体病 | 钩端螺旋体 | 各种脊椎动物，包括哺乳类、两栖类、爬行类 |
| 鼠疫 | 鼠疫耶尔森菌 | 啮齿类、猫、犬、兔、山羊 |
| 鼠咬热 | 小螺菌、念珠状链杆菌 | 大鼠、小鼠等啮齿类 |
| 结核病 | 结核分枝杆菌 | 牛、羊、猫、犬、兔 |

#### （四）我国常见的几种重要人兽共患病

我国农业部会同卫生部在 2009 年 1 月 19 日发布了《人畜共患传染病名录》，包括 26 种传染病：牛海绵状脑病、高致病性禽流感、狂犬病、炭疽、布鲁氏菌病、弓形虫病、棘球蚴病、钩端螺旋体病、沙门氏菌病、结核病、日本血吸虫病、猪乙型脑炎、猪Ⅱ型链球菌病、旋毛虫病、猪囊尾蚴病、马鼻疽、野兔热、大肠杆菌病（O157∶H7）、李氏杆菌病、类鼻疽、放线菌病、肝片吸虫病、丝虫病、Q 热、禽结核病、利什曼病。除了上述病原外，流行性出血热、淋巴细胞脉络丛脑膜炎和鼠疫也是动物实验中需要密切关注的人兽共患病。

**1. 弓形虫病**

弓形虫病（toxoplasmosis）又称弓形体病，是由刚地弓形虫（*toxoplasma gondii*）引起的一种人兽共患病，本病呈世界性分布，在温血动物中广泛存在。弓形虫可以广泛寄生于人、哺乳动物、鸟类及某些水生动物的有核细胞内，猫科动物是其终末宿主，人和其他动物是中间宿主，节肢动物可充当弓形虫的传递宿主。动物感染多数为潜伏感染或无症状的隐性感染，人感染后临床表现复杂，多由新近急性感染或潜在病灶活化所致，其症状和体征又缺乏特异性，易造成误诊。眼弓形虫病多数为先天性，炎症消退后视力改善，但常不能完全恢复，可有玻璃体混浊。后天所见者可能为先天潜在病灶活化所致，临床上有视物模糊、盲点、怕光、疼痛、溢泪、中心性视力缺失等，很少有全身症状。

**2. 狂犬病**

狂犬病（rabies）是由狂犬病毒（rabies virus，RV）所引起的急性人兽共患传染病，多见于犬、狼、猫等肉食动物，人因被病兽咬伤而感染。狂犬病潜伏期通常为 2～3 个月，短则 1 周左右，长则 1 年，这取决于狂犬病病毒入口位置和狂犬病病毒载量等因素。临床表现为特有的恐水、怕风、咽肌痉挛、进行性瘫痪等，故本病又名恐水症（hydrophobia）。患者最终死于咽肌痉挛而窒息或呼吸循环衰竭，病死率几近 100%。

**3. 流行性出血热**

流行性出血热（epidemic hemorrhagic fever）又称肾综合征出血热（hemorrhagic fever with renal syndrome，HFRS），是由流行性出血热病毒（汉坦病毒 hantaan virus，HTNV）引起的以发热、出血、充血、低血压休克及肾脏损害为主要临床表现的自然疫源性疾病，流行广，病情危急，病死率高，危害极大。

我国是 HFRS 疫情最严重的国家，本病为《中华人民共和国传染病防治法》规定的乙类传染病。黑线姬鼠和褐家鼠是各疫区 HTNV 的主要宿主动物和传染源。病毒能通过宿主动物的血液、唾液、尿液及粪便排出，野鼠向人的直接传播是人类感染的重要途径。人群普遍易感，一般青壮年发病率高，病后有持久免疫力。出血热潜伏期一般为 2～3 周，典型临床症状分为五期：发热期、低血压休克期、少尿期、多尿期及恢复期。体内病毒量高、肝肾等主要脏器功能损害严重者预后差，病死率为 20%～90%。

#### 4. 淋巴细胞脉络丛脑膜炎

淋巴细胞脉络丛脑膜炎是由淋巴细胞脉络丛脑膜炎病毒（lymphocytic choriomeningitis virus，LCMV）引起的中枢神经系统尤其是脉络丛和脑膜病变的急性传染病。本病在啮齿类动物中流行，小家鼠或仓鼠可终身携带病毒，可随尿液、大便、精液及鼻腔分泌物排出体外。人因食入病鼠尿、粪污染的食物或吸入被污染的尘埃而感染。多数患者出现类似感冒的症状，少数患者出现无菌性脑膜炎的表现，偶可表现为脑膜脑脊髓炎。此外，实验室工作者亦可受染。可出现皮疹、关节炎、睾丸炎或腮腺炎。绝大部分患者能完全恢复，脑膜炎患者恢复较慢，可延续数月之久，一般没有明显的后遗症，个别严重患者，可有持续性头痛、眩晕、疲乏、记忆力障碍等，偶尔有死亡者。

#### 5. 结核病

结核病（tuberculosis）是由结核分枝杆菌（mycobacterium tuberculosis）[俗称结核杆菌（tubercle bacillus）] 感染引起的以全身各种器官出现结核的慢性传染病。人与人之间呼吸道传播是本病传染的主要方式，传染源是排菌的肺结核患者。结核分枝杆菌可通过呼吸道、消化道或皮肤损伤侵入机体，引起多种组织器官的结核病，潜伏期为4~8周。病变80%发生在肺部，其他部位（颈淋巴、脑膜、腹膜、肠、皮肤、骨骼）也可继发感染。除少数发病急促外，临床上多呈慢性过程，常伴有低热、乏力等全身症状和咳嗽、咯血等呼吸系统表现。

结核病最常用的实验动物模型包括小鼠、兔和豚鼠。豚鼠被认为是目前为止非常好的结核病模型动物，它感染结核分枝杆菌后造成大量组织损伤，导致广泛的干酪化和组织坏死，发生钙化或空洞，临床表现为呼吸微弱、体重骤减，感染8~20周后死亡，与人体感染结核分枝杆菌在肺中造成的损伤相似，因而比较好地复制了人体感染结核分枝杆菌的病变过程，但就研究宿主的免疫反应而言，豚鼠模型相对滞后于其他动物模型。而小鼠模型能产生强烈的免疫反应。一般来讲，它们能抵制低剂量的感染并能抑制感染而不发展为活动播散性疾病。而且，它们同人类一样，当衰老时感染很可能复发。但小鼠比人更能耐受结核分枝杆菌的感染，疾病过程和病理改变明显不同于人的结核病，小鼠的肉芽肿很难发展为干酪样坏死和液化，而这些病理变化过程在结核病患者中经常发生。兔因能够复制出人类结核病的许多特殊阶段，所以它也成了研究结核病的良好动物模型之一。兔感染结核分枝杆菌后肺部形成的肉芽肿常可发展为液化，易形成结核空洞，是目前可用于空洞研究的最重要动物模型之一。感染结核分枝杆菌的兔发生的皮肤超敏反应可以精确地复制出人体感染后的皮肤反应，这些都显示出兔结核模型的优越性。非人灵长类与人类的遗传物质有75%~98%的同源性，在生理、形态和功能上与人类十分接近，显出了诸多与人类相似的生物学和行为学特征，成为解决人类健康和疾病问题基础研究及临床前研究的最理想的动物模型。建立非人灵长类结核病动物模型有助于进一步研究机体感染结核分枝杆菌后的免疫反应，尤其在评价结核新疫苗的有效性和安全性及提供临床前免疫数据方面具有独特优势，然而迟发型超敏反应在非人灵长类的皮肤反应相对较弱且结核菌素皮肤试验阳性率低。

#### 6. 鼠疫

鼠疫（pest）是由鼠疫耶尔森菌（Yersinia pestis，俗称鼠疫杆菌）感染，以鼠蚤传播为主，广泛流行于野生啮齿类动物之间的一种自然疫源性疾病。鼠疫是一种人兽共患的烈性传染病，属国际检疫传染病和我国法定的甲类管理传染病。

啮齿类动物是本病主要的传染源，包括鼠类、旱獭等。人类鼠疫的首发病例多由疫鼠的跳蚤叮咬而感染，或通过捕猎、宰杀、剥皮及食肉等方式直接接触染疫动物而感染，食用未煮熟的鼠疫病死动物（如旱獭、兔、藏系绵羊等）可发生肠鼠疫。人间鼠疫流行，均发生于动物间鼠疫之后，多发生在6~9月。鼠疫主要表现为发病急剧，寒战、高热、体温骤升至39~41℃，呈稽留热，剧烈头痛，有时出现中枢性呕吐、呼吸急促、心动过速、血压下降，病死率高达30%~60%。

#### 7. 布鲁氏菌病

布鲁氏菌病（brucellosis）简称"布病"，是由布鲁氏杆菌（Brucella）感染引起的一种人兽共患的全身性传染病。在我国，本病的主要传染源为牛、羊、猪等牲畜，其中以羊型布鲁氏杆菌对人体的传播性最强,致病率最高,危害最为严重。人通过接触病畜的流产物、分泌物、排泄物(粪、尿)、乳、肉、内脏、皮毛,以及被污染的水、土壤、食物、空气、尘埃,经体表皮肤黏膜、消化道、呼吸道感染布氏菌。畜牧业生产中,牧民接羔为主要传染途径,兽医为病畜接生也极易感染。此外,剪打羊毛、挤乳、切病毒肉、屠宰病畜、儿童接触羊等均可受染。本病主要损害人的生殖系统和关节,对人类健康及畜牧业的发展有较大的危害。

### 8. 沙门氏菌病

沙门氏菌病,又名副伤寒(paratyphoid),是由沙门氏菌属(Salmonella)不同血清型感染各种动物而引起的多种疾病的总称。本病流行于世界各国,多表现为败血症和肠炎,对幼畜、雏禽危害甚大,成年畜禽多呈慢性或隐性感染,也可使受孕母畜发生流产。

患病与带菌动物是本病的主要传染源,经口感染是其最重要的传染途径,而被污染的物品与饮水则是传播的主要媒介物。沙门氏菌也是一种常见的食源性致病菌,感染沙门氏菌的人或带菌者的粪便污染食品可使人发生食物中毒。沙门氏菌主要污染肉类食品,鱼、禽、奶、蛋类食品也可受此菌污染。据统计,在世界各国的细菌性食物中毒中,沙门氏菌引起的食物中毒常居榜首。

由沙门氏菌引起的食品中毒症状主要有恶心、呕吐、腹痛、头痛、畏寒和腹泻等,还伴有乏力、肌肉酸痛、视物模糊、中等程度发热、躁动不安和嗜睡,持续时间2~3天,通常在发热后72h内会好转,平均致死率为4.1%。婴儿、老年人、免疫功能低下的患者则可能因沙门氏菌进入血液而出现严重甚至危及生命的菌血症,少数还会合并脑膜炎或骨髓炎。

### (五)实验动物引起的人兽共患传染病应对措施

为防止实验动物引起人兽共患传染病的发生,动物实验管理中要制订相应的动物饲养管理、动物实验、设施设备维护、器材消毒、灭菌等的标准操作程序手册,还应制订传染病突发应急方案;加强对相关人员进行人兽共患传染病相关知识的普及,对操作人员进行动物抓取、固定、麻醉等相关实验方法的培训;发现有不明原因动物死亡时,尽快查明死亡原因;对新引进动物进行隔离检疫,定期对饲养动物进行病原微生物检查,确保饲养动物的质量。

总之,人兽共患病严重影响了人类健康和生命财产的安全,需要我们上下一心,联防联控,严防死守,从源头上防控人兽共患病,大力倡导"关口前移、人病兽防"理念,主动建立多个监测哨点,为国家生物疆域安全构建前沿屏障。

# 第二章  比较医学研究中动物模型及其影响因素

## 第一节  比较医学研究中动物模型的应用

### 一、人类疾病动物模型的概念与意义

**1. 概念**

人类疾病动物模型（animal model of human disease，AMHD）是指为阐明人类疾病的发病机制或建立诊断、预防和治疗方法而制作的，具有人类疾病模拟表现的实验动物，简称动物模型或疾病动物模型。

**2. 意义**

人类疾病动物模型的研究，本质上是比较医学的应用研究。目前，人体某些疾病发生、发展及其病理变化十分复杂，受伦理制约及临床研究中存在个体差异大、疾病病程长等问题影响，许多实验不能直接在人体中进行，必须借助人类疾病动物模型作为实验假说和临床假说的桥梁来开展人类疾病研究。人类疾病动物模型具有人类疾病模拟表现，为更准确地观察疾病动物模型的实验结果，研究人员有意识地限定实验条件，将各种动物的生物特征和疾病特点与人类疾病进行比较研究，从而更好地认识人类疾病的发生发展规律，研究防治措施。疾病动物模型已经成为现代医学、中医药学乃至交叉学科深入发展不可或缺的工具，且有良好的发展前景和很高的实用价值。

### 二、人类疾病动物模型的分类

人类疾病动物模型主要有自发性动物模型、诱发性动物模型、基因修饰动物模型、抗疾病型动物模型、生物医学动物模型和中医证候动物模型等。

#### （一）自发性动物模型

自发性动物模型（spontaneous animal model）是指实验动物未经任何有偏向性的人工处置，自然条件下自发的疾病，或者由于基因突变的异常表现，通过遗传育种保留下来的动物模型。自发性动物模型主要包括突变系的遗传疾病和近交系的肿瘤疾病模型。其优点是其完全在自然条件下发生疾病，排除了人为因素，疾病的发生、发展与人类相应的疾病很相似，应用价值很高。如自发性高血压大鼠、自发性糖尿病的中国地鼠、各种自发性肿瘤大小鼠、肥胖症小鼠、脑卒中大鼠、糖尿病大小鼠、癫痫长爪沙鼠、裸鼠、联合免疫缺陷动物等，这类疾病的发生更接近于人类疾病，为生物医学研究提供了许多有价值的动物模型。

#### （二）诱发性动物模型

诱发性动物模型（induced animal model）又称实验性动物模型（experimental animal model），是指研究者通过使用物理、化学、生物等致病因素作用于动物，造成动物组织、器官或全身一定的损害，出现某些类似人类疾病的功能、代谢或形态结构方面的病变，即人为地诱发动物产生类似人

类疾病模型，简称造模。

**1. 物理因素诱发**

可使用机械、放射线、气压、手术损伤等物理因素诱发动物模型，如结扎家兔冠状动脉复制心肌梗死模型、放射线复制大鼠萎缩性胃炎模型等。

**2. 化学因素诱发**

可使用化学药物致癌、化学毒物中毒、强酸强碱烧伤等化学因素诱发动物模型，如亚硝胺类诱发大肠癌、γ射线照射诱发粒细胞白血病等模型。

**3. 生物因素诱发**

使用细菌、病毒、寄生虫、细胞、生物毒素等生物因素诱发动物模型，如登革热小鼠模型等。

**4. 复合因素诱发**

使用两种或两种以上因素诱发动物模型，如使用细菌加寒冷或香烟加寒冷的方法复制大鼠或豚鼠慢性支气管炎动物模型。

诱发性动物模型的制作方法简便，实验条件可人工控制，且重复性好，从而可在短期内获得大量疾病模型样品，大量用于传染性疾病、免疫学、肿瘤学研究，以及药物筛选和毒理学等研究。但诱发的动物模型与自然产生的疾病模型在某些方面有所不同，如诱发肿瘤与自发肿瘤对药物敏感性有差异，而且有些人类疾病不能用人工方法诱发出来。

（三）基因修饰动物模型

基因修饰动物模型（genetically modified animal model）是指人为地运用转基因技术、基因敲除技术［同源重组技术、转录激活因子样效应物核酸酶（transcription activator like effector nuclease，TALEN）技术或规律性重复短回文序列簇（CRISPR/Cas9）技术］、转基因体细胞核移植技术和乙基亚硝基脲（ENU）大规模诱变技术等，有目的地干预动物的遗传组成，导致动物新性状的出现，并使其有效地遗传下去，形成新的可供生命科学研究和其他目的所用的动物模型。基因修饰动物也称遗传工程动物，是研究人类基因功能、人类疾病及新药研究开发极为重要的模型动物。

（四）抗疾病型动物模型

抗疾病型动物模型（disease-resistant animal model）是指某种动物不会发生特定的疾病，从而可以用来探讨这种动物对该疾病有天然抵抗力的原因的一类动物。如哺乳动物均普遍易感血吸虫病，而洞庭湖流域的东方田鼠却不能复制血吸虫病，因此可将该流域的东方田鼠用于血吸虫病感染和抗病的研究。

（五）生物医学动物模型

生物医学动物模型（biomedical animal model）是指利用健康动物的特定生物学特征来提供人类疾病相似表现的动物模型。如沙鼠缺乏完整的基底动脉环，左右大脑供血相对独立，是研究中风的理想模型；家兔的甲状旁腺分布比较分散，位置不固定，有的附着在主动脉弓附近，摘除甲状腺不影响甲状腺功能，是摘除甲状腺的理想模型；鹿的正常红细胞是镰刀形的，多年来被用作镰状细胞贫血的研究。此类动物模型与人类疾病存在一定的差异，应加以分析比较。

（六）中医证候动物模型

中医证候动物模型（animal model with TCM syndrome）是在中医学整体观念和辨证论治思想指导下，运用藏象学说和中医病因病机理论，把人类疾病的某些特征在动物身上模拟复制，从而具有与人体疾病症状和病理改变相同或证候相似的动物。自1966年肾阳虚证动物模型问世以来，中医证候动物模型的研制经历了50多年的发展，病证结合动物模型已逐渐成为中医证候动物模型研究的新方向，其根据中医病因病机、西医病因病理进行复制，既有西医疾病的特点，又有中医证候的特征。如应用烟熏、气管内注入脂多糖配合寒冷刺激，建立慢性阻塞性肺疾病寒饮蕴肺证大鼠病证结合动物模型。但由于中医药的特殊理论体系、评价标准和观察指标，中医证候动物模型在复制过程中尚存在缺乏造模标准、模型评价体系等问题。

## 三、动物模型选择的基本原则

### 1. 选择解剖结构、功能、代谢及发病机制等与人体相似的实验动物

疾病动物模型能再现人类疾病的真实性和外推人类疾病诊治的有效性，由于相同的造模因素对不同遗传性状的实验动物可能存在较大差异，因此，动物实验应该尽量选择结构、功能及代谢等与人体相似的实验动物。一般而言，实验动物的进化程度越高，其结构、功能及代谢就越接近人类，如非人灵长类动物猕猴、猩猩等。而对于非人灵长类的实验动物，研究者应了解它们有哪些器官的结构、功能和代谢比较接近人类。例如，犬的血液循环和神经系统发达，消化过程、毒理反应与人比较接近；猪的心脏、皮肤与人较为相似。不同实验动物对造模因素存在差异性，在动物模型选择中也应予以注意或加以利用。如人对阿托品高度敏感，而黑色或灰色家兔却不敏感，因此，做阿托品试验不能使用这些品种的家兔；犬、猴和猫呕吐反应敏感，而大鼠无呕吐反应，因此，呕吐动物实验应选用犬、猴或猫，不能选用大鼠。

### 2. 选择标准化的实验动物

理想的动物模型应是可重现的和具备标准化评价指标的。为此，应尽量选择经遗传学控制、微生物和寄生虫学控制、环境及营养学控制的并符合国家标准的实验动物。此类标准化动物排除细菌、病毒、寄生虫和潜在感染对结果的影响；排除因实验动物遗传因素导致的个体差异对实验结果的影响。

复制动物模型一般不选择曾经交配、已繁殖饲养的杂种动物，或在开放条件下繁殖饲养、微生物控制不达标的遗传工程动物。家畜标准化程度低，应慎重选择。野生动物在特定条件下可用作模型资源补充，适用于疾病自然发生率和死亡率的研究。

### 3. 选择符合实验要求的品系

近交系、杂交群动物存在遗传均质性，反应一致性好，因而实验结果精确可靠，广泛地应用于动物模型复制。不同的近交系动物具有不同的生物学特性，对同一刺激的反应差异很大，在选择时必须注意。如 C57BL 小鼠对肾上腺皮质激素的敏感性比 DBA 及 BALB/c 小鼠高 12 倍，A 系小鼠肝脏的β葡糖醛酸活性只有 C3H 小鼠的十几分之一。因此，在选择近交系、杂交群动物时，要考虑到不同基因型所致的生物学特性差异。封闭群动物保持群体遗传杂合状态，繁殖率高、抗病力强，在某些实验时可选用，其反应的一致性不如近交系动物。

### 4. 注意环境因素的影响

复制模型的成败与环境因素密切相关。环境因素是指影响动物的个体发育、生长、反应和生理生化平衡的所有外界条件，依据其来源、性质及对实验动物的影响程度，可将环境因素分为气候因素、理化因素、生物因素等。气候因素包括温度、湿度、气流和风速等；理化因素有光照、噪声、粉尘、辐射和有害气体等；生物因素有空气中的细菌数和动物饲养密度等。通常，环境因素对实验动物的影响作用不是单一因素，而是多种因素联合作用，它们可对实验动物造成"有利"或"有害"的影响。除此以外，动物实验操作如保定、麻醉、手术、给药等处置不当，同样会产生不良后果。因此，在复制动物模型时应充分考虑环境因素和操作技术的影响。

### 5. 动物模型的局限性

好的动物模型一般具备人类疾病再现性好、复制率高、专一性好等特点，但实验动物毕竟不是人的真实摹本，不能全部复制出人类疾病的所有表现，动物实验的毒性结论也有可能与临床结果不一致。因此，应正确认识动物模型的局限性，客观地评价动物实验，促进多学科的融合和发展。

# 第二节　比较医学研究中影响动物实验效果的动物因素

比较医学的主要任务是通过建立实验动物疾病模型来研究探索人类相应的疾病特征,其重点是通过人类疾病动物模型开展发病机制、药物疗效、药理作用机制、毒性安全的比较研究。动物实验结果的正确性、可靠性和可重复性直接影响比较医学研究效果,甚至关系到人类健康。实验动物作为一个活的有机体,和人一样存在着多样性、复杂性和变异性,并和环境因素一起共同影响动物实验结果。为了能够得到客观的、理想的动物实验效果和数据,就必须对影响实验结果的各种因素进行人为控制,使各种非实验因素的影响降到最低程度,使动物实验结果最大限度地反映出实验因素的影响。本节着重讨论与实验动物自身有关的各种影响因素。

## 一、种属因素

不同种属的哺乳动物,其基本的生命现象具有一定的共性,种属关系越近,其生命现象也越接近,这正是在医学研究中运用动物模型进行研究的基础。但不同种属的动物,其解剖、生理特点和代谢特征又各具特点,此种属差异导致实验动物对同一实验因素的反应性不同,甚至对一种动物是致命的病原体,对另一种动物可能完全无害;对动物无效的药物并不等于对人无效,对人有效的药物也不等于在动物身上有效。熟悉并掌握这些种属差异,有助于选择合适的实验动物并获得理想的实验结果,否则可能导致实验失败。例如,异烟肼和磺胺类药物在犬体内不能乙酰化,多以原型经尿排出,在兔和豚鼠体内多以乙酰化形式经尿排出,而在人体中可以部分乙酰化,但大部分是与葡糖醛酸结合后随尿排出。药物在肝脏乙酰化后不但失去了药理活性,而且不良反应也增加。可见这两种药物对不同种属动物的药效和毒性都有差别。又如,研究醋酸棉酚对雄性动物生殖功能的影响时,不同动物的反应很不一样,小鼠对醋酸棉酚很不敏感,不宜选用;而大鼠和地鼠就很敏感,很适宜。组胺使豚鼠支气管痉挛窒息而死亡,对于家兔则是收缩血管和使右心室功能衰竭而死亡。苯可使家兔白细胞减少及造血器官发育不全,却引起犬白细胞增多及脾脏和淋巴结增生。苯胺及其衍生物对犬、猫、豚鼠能引起与人相似的病理变化,产生变性血红蛋白,但在家兔身上则不易产生变性血红蛋白,在小鼠身上则完全不产生。不同种属动物的基础代谢率相差很大。常用的实验动物中以小鼠的基础代谢率最高,鸽、豚鼠、大鼠次之,猪、牛最低。因此,了解并掌握这些种属差异,有利于实验结果的分析,及时转变思路,寻找合适的动物进行实验。

为了避免动物种属因素对实验研究的影响,在药物药效学和毒理学试验中规定至少需用两种动物,它们的种属差异越大越好。

## 二、品系因素

同一种属不同品系的动物均有其独特的品系特征,不同个体间的基因型、表现型也不太相同。因此,同一种属不同品系动物对同一实验因素的反应也有很大差异。封闭群动物因保持群体的基因杂合状态,即使同品系、同年龄、同性别,动物个体间对同一实验因素反应的差异也比较大,表现为数据的离散度较大;而近交系动物因基因高度纯合,同品系动物个体间对同一实验因素反应的差异相对较小,表现为数据的离散度较小。不同近交系动物由于各自具有独特的基因型,对同一刺激的反应各不相同,甚至差异很大。例如,DBA/2 小鼠 100% 会发生听源性癫痫,而 C57BL 小鼠根本不出现此种反应;又如 C3H 小鼠乳腺癌自发率高达 90%,AKR 小鼠白血病自发率高等。

近交系动物因各具独特的基因型,其对实验刺激的反应不能代表种属的"共性",因而近交系一般不用于药理学、毒理学研究。

### 三、性别因素

性别亦影响实验结果，雌性动物在性周期不同阶段受孕、授乳时，机体对药物的反应性有较大的改变。例如，激肽释放酶能增加雄性大鼠血清中的蛋白结合碘，减少胆固醇值，但对雌性大白鼠，反而使碘减少；麦角新碱对5～6周龄的雄性大白鼠有镇痛作用，但对雌性大白鼠则没有镇痛效果。因此，科研工作中一般优先选雄性动物或雌雄各半做实验，以避免由于性别差异造成误差，但已知动物性别对动物实验结果不受影响的实验或一定要选用雌性动物的实验除外。药物反应性的性别差异见表2-1。

表 2-1　药物反应性的性别差异

| 药物 | 动物种 | 感受性强的性别 | 药物 | 动物种 | 感受性强的性别 |
| --- | --- | --- | --- | --- | --- |
| 肾上腺素 | 大鼠 | 雄 | 铅 | 大鼠 | 雄 |
| 乙醇 | 小鼠 | 雄 | 野百合碱 | 大鼠 | 雄 |
| 四氧嘧啶 | 小鼠 | 雌 | 烟碱 | 小鼠 | 雄 |
| 氨基比林 | 小鼠 | 雄 | 氨基蝶呤 | 小鼠 | 雄 |
| 新胂凡纳明 | 小鼠 | 雌 | 巴比妥酸盐类 | 大鼠 | 雌 |
| 哇巴因 | 大鼠 | 雄 | 苯 | 家兔 | 雌 |
| 印防己毒素 | 大鼠 | 雌 | 四氯化碳 | 大鼠 | 雄 |
| 钾 | 大鼠 | 雄 | 氯仿 | 小鼠 | 雄 |
| 硒 | 大鼠 | 雌 | 地高辛 | 犬 | 雄 |
| 海葱 | 大鼠 | 雌 | 二硝基苯酚 | 猫 | 雌 |
| 固醇类激素 | 大鼠 | 雌 | 麦角固醇 | 小鼠 | 雄 |
| 士的宁 | 大鼠 | 雌 | 麦角 | 大鼠 | 雌 |
| 碘胺 | 大鼠 | 雌 | 乙基硫氨酸 | 大鼠 | 雌 |
| 乙苯基 | 大鼠 | 雌 | 叶酸 | 小鼠 | 雌 |

### 四、年龄和体重因素

动物的解剖生理特点和反应性随年龄的增长而呈现明显的变化，处于不同生长阶段的动物对致病因素、药物和毒物的反应也各不相同。通常幼年动物要比成年动物敏感，如用刚离乳的幼鼠做实验其敏感性比成年鼠要高。这可能与机体发育不健全，解毒排泄的酶系尚未完善有关。老年动物的代谢功能低下，反应不灵敏，而且承受实验刺激的能力降低，易发生死亡，如不是特别需要一般不选用。因此，一般动物实验应选成年动物。常用成年实验动物的体重一般为：小鼠18～22g，大鼠180～220g，豚鼠350～650g，兔2～3kg，猫1.5～2.5kg，犬8～15kg。一些慢性实验，观察时间较长，一般应选择未成年实验动物，其体重一般为：小鼠15～18g，大鼠80～100g，豚鼠150～200g，兔1.5～1.8kg，猫1.0～1.5kg，犬6～8kg。实验动物年龄与体重一般呈正相关，订购动物时常用体重代表年龄，应注意动物体重除与年龄相关外，还与实验动物品系、性别、营养状况、饲养管理等有关，动物正确年龄应以其出生日期为准。此外，同批实验的动物年龄应尽可能一致，体重应大致相近，一般相差不应超过10%。

### 五、生理状态

动物处于特殊生理状态时，如受孕、哺乳，其对实验因素的反应性常较不受孕、不授乳的动物有较大差异。如非专门研究妊娠、哺乳等实验，应去除特殊生理状态的动物，以减少结果的个体差异。又如动物所处的功能状态不同也常影响对药物的反应，动物体温升高时对解热药比较敏感，而体温正常或较低时对解热药就不敏感；血压高时对降压药比较敏感，而在血压正常或较低时对降压药敏感性就差，反而可能对升压药比较敏感。

## 六、健康情况及潜在感染

健康的实验动物一般对各种实验刺激的耐受性要较不健康或患病的动物大，实验结果也更具真实性和可靠性。健康动物一般发育正常、体形丰满、被毛浓密有光泽且紧贴身体、眼睛明亮活泼、行动迅速、反应灵敏、食欲良好，患病动物或处于衰竭、饥饿、寒冷、炎热状态时，常使动物机体处于功能增强或功能抑制的状态，影响实验结果。如疾病状态或消瘦的家兔不易复制成功动脉粥样硬化模型；动物发炎组织对肾上腺激素的血管收缩作用极不敏感；犬长期饥饿，体重减轻 10%～20%后，麻醉时间明显延长；维生素 C 缺乏常使豚鼠对麻醉药敏感；动物发热可使代谢增加等。因此，科研实验中一般选用合格健康的实验动物，外购的实验动物应观察检疫 3～7 天或以上，证实其身体健康后方可开始实验。

动物潜在感染虽然不发生急性疾病，但潜在感染影响动物机体内环境稳定性或反应性，改变机体正常的免疫功能状态，或与其他病原体发生协同、激发或拮抗作用，对实验结果会产生很大干扰或影响。如选用家兔观察肝功能在实验前后的变化时，家兔如患有球虫病，肝脏上的球虫囊可影响肝功能检测结果；仙台病毒可严重影响体液或细胞介导的免疫应答，可抑制大鼠淋巴细胞对绵羊红细胞（SRBC）的抗体应答，减弱淋巴细胞对植物血凝素和刀豆素的促有丝分裂应答，对小鼠免疫系统可产生长期影响，抑制吞噬细胞的吞噬能力及在细胞内杀灭、降解被吞噬细菌的能力；泰泽氏菌、鼠棒状杆菌、沙门氏菌均可引起肝脏灶性坏死；嗜肺巴氏杆菌、肺炎链球菌、肺霉形体等均可引起肺部疾病；溶组织阿米巴侵入肠黏膜和肝脏时分泌蛋白溶解酶，使所在组织细胞大量破坏；肝片吸虫引起胆管堵塞、肝脏萎缩硬化等。因此，如选用潜在感染的实验动物用于实验，特别是进行病原微生物的感染实验，其结果会产生较大的偏差，实验结论的可信度较低。

# 第三节　比较医学研究中影响动物实验效果的饲养环境和营养因素

## 一、影响动物实验效果的饲养环境因素

20 世纪 50 年代，罗歇尔（W.M.S. Russell）和布鲁克（R.L. Burch）提出动物的遗传与环境之间的关系模式（图 2-1）。该模式认为，动物的基因型（染色体、基因、DNA 及构象）在发育环境（胚胎期和哺乳期）作用下，产生某种表现型（酶、蛋白质、动物形态与新陈代谢特征），而这种表现型在周围环境（生活或实验环境）作用下，导致不同的演出型（即生物反应现象）。

图 2-1　动物的遗传与环境之间的关系模式

实验动物长期生活在人为设定的有限环境范围内，食物、饮水、饲养笼具等一切条件均由实验者提供或控制，环境条件改变将引发实验动物产生一系列应激反应，引起演出型变化。动物实验即是对演出型施加实验因素，为了保证动物实验结果的可靠性和准确性，就必须要求每个动物的演出

型都保持稳定。而要求每个动物的演出型保持稳定，就必须对动物的遗传和生活环境进行控制。动物实验结果与环境因素的关系见图2-2。

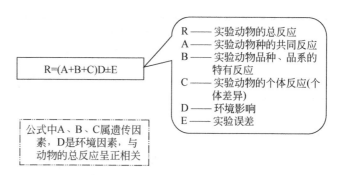

由图2-2可知，A、B、C属与遗传有关的因素，D是人为控制的环境因素，与R呈正相关而起重要作用。在实验动物的遗传性状相对一致的前提下，如果将环境因素D变化的影响控制到最低，那么动物实验的总反应也就越接近准确代表动物自身对实验处理的反应。如果环境条件控制不好，实验结果将产生偏差，甚至导致错误结论。

图2-2　动物实验结果与环境因素的关系

影响动物实验的环境因素必须在实验动物具备接触频率、接触方式、接触时间、接触强度等条件下才能对实验动物造成影响。如氨气对实验动物的影响主要表现为累积作用，短时间接触允许的浓度稍高，而较长时间接触时，允许的浓度就较低。此外，环境因素对实验动物的影响往往不是单一因素，而是多种因素联合作用。如环境温度、湿度、气流都影响实验动物的体温，在湿度较低、气流较强时，即使温度稍高，实验动物仍可接受。因此，实验动物环境控制必须综合考虑主要影响因素，将非实验因素影响降到最低，使得实验数据能正确反映实验动物对实验因素的反应。

## 二、饲养环境因素的控制要求

实验动物是为满足科学研究需要而人工培育的动物，其饲养在严格控制的人工环境中。在实际饲养及实验过程中，多种环境因素共存并相互作用，共同影响实验结果。国家标准《实验动物 环境及设施》（GB 14925—2023）规定了动物实验室环境技术指标，如温度、最大日温差、相对湿度、最少换气次数、动物笼具处气流速度、相通区域的最小静压差、空气洁净度、沉降菌最大平均浓度、氨浓度、噪声、照度和昼夜明暗交替时间等。标准规定的环境技术指标要求见表2-2。

表 2-2　GB 14925—2023 要求的动物实验室环境技术指标

| 指标 | | 小鼠、大鼠 | | 豚鼠、地鼠 | | | 犬、猴、猫、兔、小型猪 | | | 鸡 |
|---|---|---|---|---|---|---|---|---|---|---|
| | | 屏障环境 | 隔离环境 | 普通环境 | 屏障环境 | 隔离环境 | 普通环境 | 屏障环境 | 隔离环境 | 隔离环境 |
| 温度（℃） | | 20~26 | | 20~26 | | 20~26 | 20~26 | 16~26 | | 16~28 |
| 最大日温差（℃） | | | | | 30~70≤4 | | | | | |
| 相对湿度（%） | | | | | 40~70 | | | | | |
| 最小换气次数（次/时） | | ≥15[a] | ≥50 | ≥8[b] | ≥15[a] | ≥50 | ≥8[b] | ≥15[a] | ≥50 | — |
| 动物笼具处气流速度（m/s） | | | | | ≤0.2 | | | | | |
| 相通区域的最小静压差（Pa） | | ≥10 | ≥50[c] | — | ≥10 | ≥50[c] | — | ≥10 | ≥50[c] | ≥50[c] |
| 空气洁净度（级） | | 7 | 5 或 7[d] | | 7 | 5 或 7[d] | | 7 | 5 或 7[d] | 5 |
| 沉降菌最大平均浓度（CFU/0.5h·Φ90mm 平皿） | | ≤3 | 无检出 | | ≤3 | 无检出 | | ≤3 | 无检出 | 无检出 |
| 氨浓度（mg/m³） | | | | | ≤14 | | | | | |
| 噪声［dB（A）］ | | | | | ≤60 | | | | | |
| 照度（lx） | 最低工作照度 | | | | ≥150 | | | | | |
| | 动物照度 | 15~20 | | | | | | 100~200 | | 5~10 |

续表

| 指标 | 小鼠、大鼠 | | 豚鼠、地鼠 | | | 犬、猴、猫、兔、小型猪 | | | 鸡 |
|------|------|------|------|------|------|------|------|------|------|
| | 屏障环境 | 隔离环境 | 普通环境 | 屏障环境 | 隔离环境 | 普通环境 | 屏障环境 | 隔离环境 | 隔离环境 |
| 昼夜明暗交替时间（h） | 12/14 或 14/10 | | | | | | | | |

注1：表中"—"表示不作要求。

注2：表中氨浓度指标为动态指标。

注3：温度、相对湿度、相通区域的最小静压差是日常性检测指标；最大日温差、噪声、动物笼具处气流速度、照度、氨浓度为监督性检测指标；空气洁净度、最小换气次数、沉降菌最大平均浓度、昼夜明暗交替时间为必要检测指标。

注4：静态检测除氨浓度外的所有指标，动态检测日常性检测指标和监督性检测指标，设施设备调试和（或）更换过滤器后检测必要检测指标。

a 为降低耗能，非工作时间可降低换气次数，但不应低于 10 次/时。

b 可根据动物种类和饲养密度适当增加。

c 指隔离设备内外静压差。

d 根据设备的要求选择参数。用于饲养无菌动物和免疫缺陷动物时，洁净度应达到 5 级。

## （一）气候因素

### 1. 温度

不同动物适应的环境温度不同，如雏鸡的最适环境温度为 35～37℃，马的最适环境温度为 10～15℃，而啮齿类动物的最适环境温度则为 18～29℃。常用的实验动物多为哺乳类动物，以恒温动物为主，它们具有在某种外界温度变化范围内保持体温相对稳定的生理调节能力。若环境温度偏离动物最适温度过多，即环境温度过高或过低，动物生理、生化功能会发生变化，从而影响实验结果。温度对实验动物主要有如下影响。

1）影响代谢：温度明显影响动物的代谢水平。当环境温度低于正常体温一定范围内，实验动物的代谢增加，以补充热量。据观察，最适温度每降低 1℃，动物的摄食量增加 1%左右，以补充能量。而高温时，由于体内水分的蒸发，动物饮水量明显增加。由于啮齿类动物的体温调节能力较灵长类动物弱，因而啮齿类动物在高温情况下更易发生代谢障碍，甚至死亡。

2）影响生长发育和繁殖：观察发现，温度影响大鼠、小鼠尾巴的生长，低温环境下繁殖的小鼠其尾长明显缩短，而高温环境则使大鼠尾巴长得更长。动物在低温环境下发育延迟，生长速度亦放慢。气温过高或过低常导致小鼠繁殖力改变，在 21℃环境每年能产仔 5 窝，而在-3℃则仅能产仔 2 窝。高温对雄性动物的影响很大，如在超过 30℃环境中，雄性动物的生殖能力降低，睾丸萎缩，精子产生能力下降。

舒适温度下，正常的饲料消耗量便能较好地满足动物的生长需要，生长发育良好。温度过高、过低均影响家兔耳朵、大小鼠尾巴的生长，导致雌性动物性成熟推迟、性周期紊乱、产仔率下降、死胎率增加。在超过 30℃环境中，雌性动物泌乳量减少，甚至拒绝哺乳。

3）影响健康和抗感染能力：环境温度变化过急时，实验动物的抵抗力明显下降，某些条件性致病菌常引发疾病，影响实验结果的准确性，甚至导致传染病流行和动物大量死亡。如冬季暴发流行的鼠痘、小鼠仙台病毒病和小鼠肝炎，均与低温条件引起动物抵抗力下降有密切关系。巴斯德杆菌在冬季常引起受孕的金黄地鼠死亡，其主要诱因也是低温。因此，实验动物饲养室应有温度控制装置，通常控制在 16～29℃，可满足大多数哺乳类实验动物对温度的要求。但不同种实验动物，甚至同种不同品系动物，在不同等级环境内的最适温度可能有差别，应予注意。

4）激发应激反应：过高或过低的气温可激发实验动物产生应激反应，通过神经内分泌系统引起肾上腺皮质激素分泌增加。如长期处于过高或过低的温度环境，动物脏器可发生实质性改变。实验动物在不同温度处于不同状态，不适宜的环境温度可使动物处于应激状态，从而改变对化学物质的急性毒性反应。

5）影响实验结果：温度过高或过低会影响动物生理状态的稳定，从而对实验动物脏器系数、生理学指标、生理反应、体温测定实验、外科手术实验、感染辐射和化学反应强度及药物毒性实验等产生影响。如饲养繁殖在 12～18℃环境下的小鼠心脏、肝脏和肾脏系数，比在 20～26℃环境下的大，呈显著负相关；大鼠在低温或高温环境下，血液学指标如红细胞、白细胞、红细胞容量均增加，在 12～16℃的低温下，血液生化指标如血浆蛋白、尿素氮、碱性磷酸酶、谷草转氨酶和谷丙转氨酶等有增加的倾向。环境温度还可通过影响接种病原的繁殖力和毒性、辐射和化学反应强度而影响实验结果。

对雌性 Wistar 大鼠腹腔注射戊巴比妥钠（95mg/kg），测定在 12～32℃不同环境温度条件下的动物死亡率。结果发现，大鼠的死亡率在 18～30℃温度区间较低，差别无统计学意义，在较低或较高温度时，其死亡率均明显升高（表 2-3）。

另有资料表明，麻黄碱等三种药物在不同温度测得的半数致死量（$LD_{50}$）亦不相同（表 2-4）。致癌、致畸、致突变及免疫实验的结果也受环境温度的影响。因而，严格控制环境温度对毒理试验和其他动物实验都非常重要。大多数哺乳类实验动物的环境温度要求控制在 16～29℃。

**表 2-3　不同环境温度时戊巴比妥钠（95 mg/kg）腹腔注射导致大鼠死亡率比较**

| 环境温度<br>（℃） | 给药动物数<br>（只） | 死亡动物数<br>（只） | 死亡率（%） |
|---|---|---|---|
| 12 | 20 | 20 | 100 |
| 14 | 20 | 20 | 100 |
| 16 | 20 | 20 | 100 |
| 18 | 20 | 10 | 50 |
| 20 | 20 | 10 | 50 |
| 22 | 20 | 10 | 50 |
| 24 | 20 | 10 | 50 |
| 26 | 20 | 7 | 35 |
| 28 | 20 | 6 | 30 |
| 30 | 20 | 11 | 55 |
| 32 | 20 | 16 | 80 |

**表 2-4　不同温度对三种药物 $LD_{50}$ 的影响**

| 药物 | $LD_{50}$（mg/kg） | |
|---|---|---|
| | 15.5℃ | 27℃ |
| 苯丙胺（amphetamine） | 197.0 | 90.0 |
| 盐酸脱氧麻黄碱（methedrine） | 111.0 | 33.2 |
| 麻黄碱（ephedrine） | 477.1 | 565.0 |

**2. 湿度**

空气的湿度与动物的体温调节有着非常密切的关系，尤其是在高温环境下影响更大。一般认为，大多数实验动物能适应40%～70%的相对湿度，并以 50%±5%为最佳。环境湿度对实验动物的影响主要反映在体温调节和机体健康两个方面。高温高湿情况下，机体调节体温的主要方式——蒸发散热障碍，从而引起代谢紊乱及抵抗力下降，动物的发病率和死亡率明显增加。湿度过低时，室内干燥而灰尘飞扬，易引起实验动物呼吸系统疾病，亦对实验动物的健康不利；某些母鼠拒绝哺乳，甚至吃仔鼠。高湿环境下，小鼠仙台病毒发病率增高，脊髓灰质炎病毒、腺病毒 4 型和 7 型颗粒大量增殖，但流感、副流感 3 型、空中变态反应原降低。此外，湿度 85%～90%的高湿环境有利于病原微生物的存活和传播，垫料、饲料亦易于霉变，因而不利于动物的健康。

湿度对动物实验结果的影响在高温下更加明显。如温度 27℃，相对湿度低于 40%时，大鼠体表的水分蒸发很快，尾巴失水过多，可导致血管收缩，而引起环尾病。温度 35℃时，小鼠的心率、体温在不同相对湿度间差异显著。当环境温度达 30～35℃接近动物体温时，若湿度也增大，卵蛋白引起小鼠过敏性休克的死亡率也明显升高。因此，温度、湿度控制是整个环境控制的重点。

**3. 气流和风速**

实验动物设施内的气流指空气的流动，而风速则是指气流的速度。室内的气流和风速来源于通风换气设备。饲养室内的通风程度，一般以单位时间的换气次数（即旧空气被新风完全置换的次数）为标志。室内换气次数实际上取决于风量、风速、送风口和排风口截面积、室内容积等因素。合理组织气流流向和风速能调节温度和湿度，又可降低室内粉尘及有害气体和有害气溶胶污染，甚至可以控制传染病的流行。

气流速度主要影响动物体表皮肤的蒸发散热和对流散热。气流过大，即使环境温度和湿度适宜，动物体表的对流散热和皮肤汗腺的蒸发散热都增强，会引起动物的不适。大鼠、小鼠的体表面积与体重的比值较大，因此对气流更加敏感。国家标准 GB 14925—2023 要求，动物笼具处的气流速度 ≤0.2m/s，屏障环境最小换气次数 ≥15 次/时，隔离环境最小换气次数 ≥15 次/时。此外，送风口和排风口的风速较快，其附近不宜摆放影响送风和排风的设施，如实验动物笼具、垫料等。

### （二）理化因素

影响实验动物的理化因素包括光照、噪声、粉尘、有害气体和杀虫剂、消毒液等。

#### 1. 光照

作为环境因素的光照，其照度、光线波长及光照时间三个次级因素都对实验动物有影响。强光会损害实验动物特别是啮齿类动物的视力，使视网膜出现退行性变化；导致雌性动物坐窝性变差，出现吃仔或不哺乳现象。明暗交替周期影响动物的性周期，昼夜明暗交替时间为 12h：12h 或 10h：14h 的条件下，大鼠的性周期最为稳定。持续黑暗使大鼠卵巢和子宫的重量减轻，生殖过程受抑制；而持续光照则会过度刺激动物的生殖系统，可连续发情，但大鼠、小鼠可出现持久性阴道角化，并阻碍卵细胞成熟，多数卵泡达到排卵前期，而不能形成黄体。光照波长和灯光颜色也会影响动物的生理学特性，如大鼠在蓝光照明下，其阴道开口日期比红光照明提前 3 天。

对光照控制，一般要求光源合理分布，尽量使饲养室和实验室各处获得均匀的光照。工作照度要求在离地 1m 处，控制照度 200～300lx 较适宜，既方便工作人员观察和操作，又不影响动物健康。

#### 2. 噪声

实验动物的听觉音域比人宽，而噪声具有频率高、声压大、带有冲击性或复杂波形的特征，即使是短暂的噪声也能引起动物在行为和生理上的反应。如 DBA/2 幼鼠，在持续高分贝噪声环境中可发生听源性痉挛，甚至死亡。听源性痉挛的反应强度随音响强度、频率及动物日龄、品系而改变（表 2-5）。大鼠暴露在 95dB 环境中，中枢神经将出现损害，如暴露达 4 天，可导致死亡；大鼠每天在 107～112dB 环境待 1.5h，5 天后肾上腺素分泌明显增加。豚鼠等动物对噪声敏感，过强或持续不断的噪声可导致动物交配率降低，妨碍受精卵着床，繁殖率下降、母鼠流产、吃仔等。此外，噪声使动物受惊，影响实验者抓取、保定，从而影响实验操作。大部分实验动物比较适应 60dB 以下的环境，一般应将室内噪声控制在 60dB 以下。

**表 2-5　不同品系小鼠对听源性痉挛发作的感受性**（引自山内忠平，1985）

| 品系 | 年龄 | 音响刺激强度 | 雄鼠 | | 雌鼠 | |
| --- | --- | --- | --- | --- | --- | --- |
| | | | 测试数量 | 发生比例 | 测试数量 | 发生比例 |
| DBA/2 | 3～4 周龄 | 10kHz，100dB，持续 2min | 12/12 | 100% | 10/10 | 100% |
| J：ICR | 3～4 周龄 | 10kHz，100dB，持续 2min | 68/80 | 85% | 106/155 | 68% |
| JCl：ddn | 3～4 周龄 | 10kHz，100dB，持续 2min | 23/33 | 70% | 8/17 | 47% |
| DDD | 3～4 周龄 | 10kHz，100dB，持续 2min | 3/15 | 20% | 2/16 | 13% |
| C57BL/Db | 3～4 周龄 | 10kHz，100dB，持续 2min | 1/11 | 9% | 0/19 | 0 |
| BALB/c | 3～4 周龄 | 10kHz，100dB，持续 2min | 0/15 | 0 | 0/15 | 0 |
| C3H/HeN | 3～4 周龄 | 10kHz，100dB，持续 2min | 0/17 | 0 | 0/19 | 0 |
| TVCS | 3～4 周龄 | 10kHz，100dB，持续 2min | 0/14 | 0 | 0/13 | 0 |
| KK | 3～4 周龄 | 10kHz，100dB，持续 2min | 0/15 | 0 | 0/12 | 0 |
| NC | 3～4 周龄 | 10kHz，100dB，持续 2min | 0/16 | 0 | 0/17 | 0 |

**3. 粉尘及有害气体**

动物饲养室和实验室内空气中飘浮着粉尘颗粒物（微生物多附着在颗粒物上）与有害气体，既影响动物健康，又干扰动物实验过程。

1）粉尘：是指空气中浮游的固体微粒。动物饲养室的粉尘主要来自室内动物被毛、皮屑、排泄物，饲料和垫料的碎屑，以及实验人员活动等，也有来自未经过滤处理的室外空气。粉尘可作为过敏原，引起动物和人的呼吸系统疾病及过敏性皮炎等。也可作为病原微生物的载体，促使微生物如粉螨、真菌孢子、各种细菌及其芽孢和病毒扩散，而引发多种传染病。因此要严格控制粉尘。

屏障环境以上动物设施的空气必须进行有效过滤。目前一般通过初效、中效和高效三级过滤法去除颗粒物，使空气达到相应的洁净度。再通过抽风系统排出室内空气达到换气目的，从而降低粉尘，并使之符合洁净度要求。根据国家标准 GB 14925—2023 要求，屏障环境的空气洁净度要求达到 7 级，隔离环境的空气洁净度要求达到 5 级或 7 级。此外，对屏障环境设施的辅助用房（无害化消毒室、污物走廊、出口缓冲间）提出了洁净度 8 级的要求。

2）有害气体：在动物饲养室内，动物的粪尿可发酵分解为氨、甲基硫醇、硫化氢、硫化甲基、三甲氨、苯乙烯、乙醛和二硫化甲基，这些气体都具有强烈的臭味。如硫化氢具有强烈臭鸡蛋味并具毒性，空气中浓度达（1~2）×10⁻⁶ 体积比（$V/V$）即能察觉。氨是这些有害气体中浓度最高的一种，如氨浓度过高，将刺激动物眼结膜和呼吸道黏膜而引起流泪、咳嗽，甚至引起急性肺水肿而导致动物死亡。据观察，大鼠接触 140mg/m³ 浓度氨，4~8 天后，其支气管上皮出现轻度增厚，上皮纤毛脱落，并出现广泛黏膜皱褶，这种病理变化将严重影响吸入毒物的研究结果。此外，氨会加重鼻炎、中耳炎、气管炎和肺炎等疾病。目前认为，如果人每天 8h、每周 5 天工作于实验动物设施内，氨浓度必须低于 17.5mg/m³ 才无损健康，并认为低于 14mg/m³ 的氨浓度才能保证实验动物健康安全。国家标准规定实验动物设施中的氨浓度应低于 14mg/m³。实际上，氨等有害气体的浓度升高与室内高温高湿、换气不足，以及饲养密度高、垫料清除和笼具更换不及时等有关，应注意改善饲养环境，从而使氨浓度保持在正常范围。

**4. 杀虫剂和消毒液**

杀虫剂一般含有的有机磷、氨基甲酸盐等成分，会对周围的生物造成危害。小动物的呼吸道黏膜和体表的皮肤对杀虫剂特别敏感，暴露在杀虫剂中的小动物可能会出现呼吸困难、瘙痒、皮肤炎症等症状，因此，应该选择低毒、低残留的杀虫剂。按照使用说明正确使用。同时，要合理使用杀虫剂，已知有许多杀虫剂能诱导肝药酶，影响药物的代谢速度，从而影响药物毒性。

动物用消毒液中常含有氧化剂、酸和碱等物质，在使用过程中可能会对动物的皮肤和呼吸系统造成刺激，引起发痒、红肿和炎症等问题。需要选择正确的消毒液，并注意使用方法和浓度。

应合理使用杀虫剂，已知许多杀虫剂能诱导肝药酶，影响药物的代谢速度，从而影响药物的毒性。

**（三）生物因素**

**1. 空气中的微生物**

空气中的微生物有致病性和非致病性两类，其不能游离于空气中存活，一般附着于空气中的粉尘称为气溶胶。在湿度很高时，气雾微粒成为微生物的载体和良好的生存环境，随着气流扩散，可在实验动物中引发感染性疾病。进入屏障环境的空气经过初效、中效、高效三级过滤后，99.99％的 ≥0.5μm 尘埃颗粒被过滤掉，经初始消毒的屏障环境新设施在静态条件下，屏障系统内空气接近无菌；但在动态时（设施内有动物），虽然送入的空气是洁净的，但因人员活动及动物本身带有国家标准排除的特定病原体之外的微生物，随着尘埃飞扬，屏障环境并非无菌。2010 年颁布实施的实验动物环境及设施国家标准中，对实验动物设施的空气沉降菌最大平均浓度规定：普通环境不要求检测，屏障环境≤3 个菌落/皿（CFU/0.5h·Φ90mm 平皿），隔离环境无检出菌落。

**2. 社会因素**

社会性是指在某个动物种属中，动物个体间存在相互依存、相互制约的关系并存在个体的优劣和社会地位等。自然界中，动物个体的优劣通常决定了它在其社会中的地位，如在每群猕猴中，必有一只最强壮、最凶猛的雄猴为"猴王"，其他猴子都严格听从"猴王"的指挥。作为实验动物，其社会性发生了很大改变，其被实验者或饲养者人为划分群体，人为性别隔离、母子隔离、单笼隔离等，这对动物生理、精神和行为造成影响；不同种群来源的雄性动物并笼饲养时，常发生激烈争斗而被咬伤，甚至咬死。

不同种动物应分室饲养。有些病原体可以在不同动物种间进行传播，如豚鼠与患有隐性感染支气管败血杆菌的家兔一起饲养，常被感染。某种动物的气味、叫声都可能对其他动物产生不利的影响。豚鼠天生胆小，在高分贝噪声环境下会乱窜、尖叫。如小鼠和猫饲养在同一房间，小鼠性周期会出现不规则变化。

**3. 饲养密度**

动物饲养密度包括饲养室的密度和单个笼具的密度，其密度设置应符合国家标准和动物福利的要求，同时方便实验操作。如饲养密度过高时，动物活动受限，容易发生激烈争斗而被咬伤，同时可导致温度、湿度升高，排泄物增加，有害气体增多，影响动物健康。但动物单独饲养时，如猕猴长期实验时，会产生恐惧、无聊、寂寞等负面情绪，发生拔毛等异常行为。因而，应按动物种属和具体情况决定实验动物的饲养密度。

按照国家标准 GB 14925—2023 要求，饲养室每平方米面积收容的成年实验动物最大密度为：小鼠 100 只、大鼠 50 只、豚鼠 20 只、兔 5 只、犬 1 只、猴 1 只。用笼盒饲养时，每只实验动物所需的最小底板面积为：小鼠 $0.0067\sim0.0092m^2$、大鼠 $0.04\sim0.06m^2$、豚鼠 $0.03\sim0.065m^2$；而兔、犬、猴单养时，其所需的最小底板面积分别为 $0.18\sim0.20m^2$、$0.60\sim1.50m^2$、$0.50\sim0.90m^2$。

**（四）其他因素**

与动物饲养密切相关的饮用水、垫料、动物笼具、饲养方式等也会对动物实验结果造成影响。

**1. 饮用水**

目前，屏障环境多采用石英砂-活性炭和反渗透法制备的纯水机来提供动物饮用水，也可用自来水高压灭菌。但这些装置必须定期检测，滤材定期更换，定期监测水质量。饮用水一旦发生污染，对动物实验将造成巨大影响。此外，饮水瓶也应定期清洗消毒，瓶塞选用食品级硅胶塞。

**2. 垫料**

垫料以锯木屑、刨花、玉米芯等使用较多，垫料中可能含有杀虫剂、黏合剂、甲醛、农药和黄曲霉毒素等，均会对动物健康及其生理、生化指标产生很大的影响。应对垫料质量作定期检测并高温处理。

**3. 动物笼具**

某些有毒的塑料笼具可使大鼠肝、肾肿大，血清胆固醇和磷脂含量升高；钢丝底板的笼具长期饲养家兔时，会发生足跗部糜烂、溃疡，甚至全身感染而死亡。单笼饲养时，相邻笼具间动物应可以互相看见，以防止动物因孤独而产生心理和生理指标的变化。

**4. 饲养方式**

1）单养、群养方式：单养和群养的模式对动物实验结果可能产生影响。如小鼠在单笼饲养、室温 27℃ 条件下，苯丙胺的 $LD_{50}$ 是 $90\sim117.7mg/kg$，每盒 10 只群养的小鼠仅为 $7\sim14mg/kg$。如果单笼饲养 3 个月，异丙肾上腺素的 $LD_{50}$ 可从 800mg/kg 降至 50mg/kg。此外，采用塑料盒饲养大鼠，其对吗啡和氨苄哌替啶的耐受能力要强于用开放钢丝笼具饲养的大鼠。

2）摆放在不同空间位置的笼盒：开放笼盒或独立通风笼具（IVC）因摆放在不同的空间位置，其光线强度、气流速度会存在差异，可以影响慢性实验结果。如在小鼠视网膜萎缩慢性实验中，实验 24 个月时，位于笼架最高层的小鼠有 19.7% 出现视网膜萎缩，而其他层仅 0.2% 出现这种变化。因此，在慢性实验中，动物在笼架上的空间位置也应重视。

### 三、影响动物实验效果的营养因素

（一）动物的营养需要

实验动物的生长、发育、繁殖、增强体质、抵御疾病和有害刺激及一切生命活动均依赖于饲料提供的营养物质。保证足够的营养供给是维持动物健康和提高动物实验质量的重要因素，研究者必须注重营养因素对实验的影响。

实验动物品种不同，其生长、发育和生理状况都有差别，因而对各种营养素的需求也不一致。同属草食类动物的豚鼠和家兔，对饲料中粗蛋白、粗纤维含量的要求不同，豚鼠要求粗蛋白17%～20%，粗纤维5%；而家兔要求粗蛋白14%～17%，粗纤维10%～15%。豚鼠因体内缺乏左旋葡萄糖内酯氧化酶，需在饲料中添加足量的维生素C，而家兔体内可合成维生素C，则无须添加。即使相同品系动物，也常区分繁殖料和育成料，前者的粗蛋白含量高于后者约10%。我国实验动物配合饲料常规营养成分见表2-6。

**表 2-6　配合饲料常规营养成分指标**（引自 GB 14924.3—2010，单位：%）

| 指标 | 小鼠、大鼠 | | 豚鼠 | | 兔 | | 犬 | | 猴 | |
|---|---|---|---|---|---|---|---|---|---|---|
| | 维持饲料 | 生长、繁殖饲料 | 维持饲料 | 生长、繁殖饲料 | 维持饲料 | 生长、繁殖饲料 | 维持饲料 | 生长、繁殖饲料 | 维持饲料 | 生长、繁殖饲料 |
| 水分和其他挥发性物质 | ≤10 | | ≤11 | | ≤11 | | ≤10 | | ≤10 | |
| 粗蛋白 | ≥18 | ≥20 | ≥17 | ≥20 | ≥14 | ≥17 | ≥20 | ≥26 | ≥16 | ≥21 |
| 粗脂肪 | ≥4 | | | ≥3 | | ≥3 | ≥45 | ≥75 | ≥4 | ≥5 |
| 粗纤维 | ≤5 | | 10～15 | | 10～15 | | ≤4 | ≤3 | ≤4 | ≤4 |
| 粗灰分 | ≤8 | | ≤9 | | ≤9 | | ≤9 | | ≤7 | |
| 钙 | 1～1.8 | | 1～1.5 | | 1～1.5 | | 0.7～1 | 1～1.5 | 0.8～1.2 | 1～1.4 |
| 总磷 | 0.6～1.2 | | 0.5～0.8 | | 0.5～0.8 | | 0.5～0.8 | 0.8～1.2 | 0.6～0.8 | 0.7～1 |
| 钙：总磷 | 1.2：1～1.7：1 | | 1.3：1～2.0：1 | | 1.3：1～2.0：1 | | 1.2：1～1.4：1 | | 1.2：1～1.5：1 | |

GB 14924.3—2010 指《实验动物 配合饲料营养成分》。

饲料除提供营养保持动物健康外，还可通过各种营养物质的过量或不足改变机体的反应性，可通过混入饲料中的有毒成分或杂质，影响机体的功能状态，还能直接与药物起作用，影响其吸收或改变其性质等。

（二）饲料的营养因素

营养在实验动物的生命活动中具有极其重要的作用，良好的营养是维持动物健康的保障，而全价饲料是实验动物营养素的主要来源，饲料如有质量问题，必然影响动物实验结果的可靠性。

饲料中营养素含量过低或过高会影响动物实验结果。如饲料中粗蛋白含量过低，大鼠对杀菌剂克菌丹（captan）的急性毒性反应比正常喂养的大鼠高23.6倍，血红蛋白、血细胞比容、血清总蛋白、血清促甲状腺激素、胰岛素等降低。粗蛋白含量过高时，可引起谷丙转氨酶和山梨醇脱氢酶的活性增高。如饲料中维生素C缺乏时，豚鼠对乙二醇和汞的敏感性上升，维生素E缺乏可以增强小鼠对百草枯的敏感性。此外，重金属超标能损伤消化道黏膜，影响营养素或药物的吸收，亚硝胺及黄曲霉毒素可直接致癌。因此，饲料对动物实验，特别是长期毒性试验结果的影响是很大的。日常应加强饲料质量标准化管理，合理配比营养成分，严格控制各种有害污染物并定期监测。

用饮食诱发糖尿病、高脂血症等代谢性疾病动物模型时，研究人员配制特殊饲料时，未考虑特殊饲料中总体营养成分的合理配比，常影响实验效果。如研究者选用饲喂大鼠高脂高糖饲料来诱导

2 型糖尿病动物模型，基础饲料粗蛋白含量 20.41%，高脂高糖饲料由 18%猪油、20%蔗糖、1%胆固醇、2%蛋黄粉、59%基础饲料混合压制而成，经过计算可得出该高脂饲料配方中粗蛋白含量仅 12%，远远低于啮齿类动物生长发育 20%的需要。低蛋白含量的饲料导致模型组动物生长缓慢，甚至停止生长。低蛋白血症和免疫功能低下又反过来影响动物模型的成功和治疗效果。

# 第四节　比较医学研究中影响动物实验效果的动物实验技术因素

## 一、动物选择

正确选择实验动物是取得实验成功的第一步。不同种类的实验动物各具生物学特性和解剖生理特征，应按照不同实验目的和要求选择合适的动物，一般按种类、品种、品系特征及可获得性进行选择。如做肿瘤研究，就必须了解哪种动物是高癌种，哪种是低癌种，自发性肿瘤的发生率是多少。如 A 系、AKR 系、C3H 系、津白Ⅱ等小鼠是高癌品系小鼠，津白Ⅰ、C57BL 系等小鼠是低癌品系小鼠。不同动物对同一因素的反应虽然往往是相似的，但也常常会遇到动物出现特殊反应的情况。相同品系或品种在特定条件下出现高敏感特性。如 C3H/He 经产雌鼠有 80%～100%的乳腺癌自发率。5 岁以上的雌犬常自发乳腺肿瘤，如果给予雌犬孕激素，就更容易诱发乳腺肿瘤。

近交系动物的实验结果易于重复并能进行定量比较，但不同品系具有各自不同的敏感特性，在近交系培育过程中所造成的近交衰退与人体的正常生理条件差异很大，需慎重评价近交系动物的实验结果。

## 二、动物运输及检疫

实验动物运输途中的不确定性，如拥挤、高温、噪声等，常使动物恐惧并产生应激反应，从而影响动物生理生化指标及免疫功能，或造成微生物污染，甚至发生死亡。到达实验场所后，动物必须经适应性饲养和检疫后方可开展动物实验，适应性饲养和检疫的时间一般需 3～7 天，对于犬、猴等大动物，需要的时间更长，犬为 2 周，猴为 1～2 个月，并在此期间做好观察记录、微生物学检查等。

## 三、实验季节和时间的选择

自然环境是变化着的，如地球自转引起明暗、温度的昼夜变化，地球公转造成四季交替变化等。实验动物作为生物体，许多功能必然受到自然环境变化的影响，生命活动会发生相应的周期性变化。这种周期性变化也使得许多药物，如麻醉药、抗惊厥药、中枢兴奋药、自主神经药等在药效反应上出现昼夜、季节的节律变化，不同种属动物表现不尽相同。如在春、夏、秋、冬季分别给大鼠注入一定量的巴比妥钠，发现入睡时间以春季最短，秋季最长，而睡眠时间则相反。不同季节也影响实验动物对辐射效应的敏感性，如家兔对放射敏感性在春夏两季高于秋冬两季；小鼠在冬季、初夏显著升高，而初秋、夏季的敏感性则下降；犬在春夏两季照射后的死亡率高于秋冬季；大鼠对放射的敏感性则没有明显的季节性波动。因此，在长期实验中需注意这种季节波动对实验结果的影响。

实验动物的体温、血糖、基础代谢率、内分泌激素水平等常有昼夜节律性变化，如雄性大鼠血浆葡萄糖、催乳素及生长素的含量随时间发生周期性波动（表 2-7）。因此，在一天中不同的时间给药，有许多药物显示出周期性的规律，毒性反应结果也不同。例如，选用戊巴比妥钠（剂量 35mg/kg）麻醉大鼠，上午 9:00 的麻醉时间最短，约 55min，下午 6:00 麻醉时间最长，约 90min。再如，在不同的时间给大鼠注射震颤素（剂量 64mg/kg），下午 2:00 注射，150min 后才出现震颤；在晚上 10:00 注射，则仅需 35min 便出现震颤。在慢性实验中，如以巴豆油在夜间涂擦小鼠皮肤，可得到较高的肿瘤发生率；但如在中午（小鼠休息期），虽反复涂擦也很难获得预期效果。相反，二甲苯蒽如在白天用药，则可得到较高的乳腺癌发生率。

表 2-7 雄性大鼠血浆葡萄糖及内分泌激素含量的周期性变化

| 名称 | 时间 | | |
|---|---|---|---|
| | 8:00am* | 2:00pm** | 6:00pm |
| 葡萄糖（mg/dl） | 130±5 | 130±2 | 118±2 |
| 催乳素（mg/ml） | 15±3 | 33±4 | 14±2 |
| 生长素（mg/ml） | 170±31 | 66±22 | 109±29 |

*am，上午；**pm，下午。

动物某些功能也伴有昼夜节律性变动。如小鼠皮下重复注射 40%的四氯化碳溶液 0.2ml 后，小鼠肝细胞有丝分裂的昼夜变动十分明显（表 2-8）。动物对辐照的敏感性也存在昼夜差异。如小鼠在白天对放射的敏感性较低，主要表现在死亡率较低，体重下降较少，肝脏损伤较轻，而夜间的敏感性升高。同时，除了夜间 9:00～12:00 是反应高峰外，小鼠白天 9:00～12:00 也出现损伤加重的情况，下午和后半夜的放射敏感性最低。大鼠的放射敏感性虽也有昼夜间的明显波动，但较缓和。

表 2-8 小鼠肝细胞有丝分裂系数（‰）的昼夜变动

| 组别 | 昼夜的时间 | | | | | | | |
|---|---|---|---|---|---|---|---|---|
| | 0:00am | 2:00am | 4:00am | 6:00am | 7:00am | 8:00am | 9:00am | 10:00am |
| 实验组 | 2.4±1.2 | 2.6±1.2 | 1.02±0.17 | 4.11±0.27 | 0.26±0.06 | 1.36±0.25 | 0.66±0.25 | 0.57±0.08 |
| 对照组 | 2.8±1.86 | 2.6±0.16 | 0.2±0 | 6.3±1.48 | 0.46±0.07 | 0.26±0.07 | 0.97±0.05 | 0.66±0.04 |

## 四、麻醉方法和麻醉强度

为确保实验动物的安全和动物实验的顺利进行，需要对动物进行麻醉，消除手术等实验因素引起的痛苦或不适，同时，麻醉也是动物实验伦理的重要内容。不同的麻醉剂存在不同的药理作用和不良反应，应根据实验目的、动物种类、日龄及健康状况等因素选用合适的麻醉剂和麻醉方法。在整个手术或实验操作中，要求麻醉深度适合并保持恒定。麻醉过深或过浅，会引起动物死亡、术后难恢复、术中剧烈挣扎等情况，给实验结果带来难以分析的误差。

不同种属的动物对麻醉药的反应存在差异。例如，家兔对阿托品的耐受力极高，对巴比妥类药物的呼吸抑制作用十分敏感，吸入性麻醉常引起家兔呼吸抑制；幼猪对氯胺酮不敏感，猫却对其敏感，但可使猫的红细胞、血红蛋白及血细胞比容的数值急剧下降。阿托品用于绵羊减少唾液腺分泌时，用药量大而且效果差。选择麻醉方法，还应考虑手术时间长短、损伤的范围与程度，并使每只动物所用的麻醉方法和麻醉中的生理、药理状态相一致。

## 五、手术技巧或手术方法

动物实验操作会引起动物应激反应，动物遭受强行抓取、保定，施予手术等额外刺激，或突然改变饲养条件等因素时，会引起动物神经内分泌功能紊乱，循环功能、机体代谢及生理状态也会受到影响。因此，动物实验中良好的手术技巧，即实验操作技术的熟练和手术方法的得当可减少动物的应激、所受创伤及出血量，将会提高实验成功率和实验结果的正确性。要达到手术技巧的熟练，需要在动物身上反复练习，查阅资料深入了解动物的特征，组织、器官的位置，神经、血管的走行特点等，尽量减少对动物施加的不良刺激和痛苦。此外，给药途径也是影响实验结果的重要因素，如枳实中升压的有效成分辛弗林和 N-甲基酪胺只有在静脉注射时才起效；具有刺激性的药物一般选择经口给药或静脉注射；具有催吐作用的药物不宜经口给猫、犬、猴。最后，对动物亲近、安抚，增加信任感，可提高动物对痛苦的忍耐度和对实验的配合，并能促进外科创伤的愈合。

## 六、对照问题

动物实验研究一般应当设立对照组，遵循"齐同对比"的原则，即对照组具有可比性，在"同时同地同条件"下进行，通过对照可消除或减少非实验因素的干扰所造成的实验误差，增加实验结果的可信度。一个完整的实验除了实验组外，可根据实验需要设立正常对照组、阳性对照组、假手术对照组、模型对照组、标准对照组等，所有动物应根据随机原则分配到各组内。

### 1. 正常对照组

正常对照组是指除了不施加处理因素外，其他实验条件与实验组完全相同的受试动物。例如，在降压实验中，在对实验组动物灌服相关药物溶液时，也对正常对照组动物灌服不含该种药物的溶剂或赋形剂，以消除灌胃或注射刺激、溶剂或赋形剂对实验结果的干扰。与之相近的还有空白对照组，是在不给任何措施情况下观察自发变化规律的受试动物。

### 2. 阳性对照组

阳性对照组是指用已知的、取得共识的且预期能获得阳性实验结果的处理因素作用于动物，其他非处理因素与实验组完全相同的受试动物。阳性对照组除作为对照外，还是衡量实验体系是否正确的重要指标，如阳性对照组未出现预期的阳性结果，就必须审视实验设计哪里出了问题。

### 3. 假手术对照组

假手术对照组是指在含有手术操作的动物实验中，除了不做关键手术操作（切除、损伤、血管堵塞或结扎、注入药物等）和不施加处理因素外，其他实验条件和手术步骤与实验组完全一致的受试动物，目的是排除手术过程对结果分析的影响。

### 4. 模型对照组

模型对照组又称实验对照组，是指在研究过程中，给疾病动物模型施加部分处理因素，但不是被研究的处理因素。如给模型对照组动物灌服蒸馏水，实验组动物灌服治疗药物，其他非处理因素完全一致。

### 5. 标准对照组

标准对照组是以正常值或标准值作为对照，在所谓标准条件下进行观察的对照组。例如，在老年病学研究中，常设立青年对照组，该组大鼠月龄小（常为 4~5 个月龄），体重轻（常为 250~300g），在同样的环境条件下常规饲养，不给药物治疗，其实验数据对于模型对照组而言，相当于标准值或正常值。

此外，有的实验还可设自身对照，观察实验处理前后某种指标的变化，或同一动物的一侧施加实验因素，另一侧不施加实验因素作左右对照。如豚鼠的皮肤刺激试验，豚鼠背部皮肤左侧给药，右侧不给药，观察药物对皮肤的刺激作用。在中药复方的药理、药效试验中，实验组还进一步分成高、中、低剂量组，以此观察不同剂量的量效关系，不同剂量组也可互视为剂量对照组。由于不同种属动物有不同的功能和代谢特点，所以，在肯定一个实验结果时，最好采用两种以上的动物进行比较观察。

# 第三章　现代实验动物与比较医学研究

从遗传控制角度讲实验动物可分为近交系动物（inbred strain animal）、封闭群动物（closed colony animal）和杂交群动物（hybrid colony animal）；从携带微生物学种类角度讲可分为普通动物（conventional animal）、SPF 级动物、无菌和悉生动物（germ free animal and gnotobiotic animal）。另外，实验动物也可以分成基因修饰动物（genetically modified animal）、免疫缺陷动物（immunodeficiency animal）和人源化动物（humanized animal）模型等。本章主要讲述这些动物基本概念及其在比较医学研究中的应用。

## 第一节　遗传控制实验动物在比较医学研究中的应用

### 一、普通近交系动物

（一）概念

近交系（inbred strain）指连续兄妹交配或相当于兄妹交配 20 代以上培育的动物品系。近交系内所有个体都可追溯到起源于第 20 代或 20 代以上的一对共同祖先，近交系数（inbreeding coefficient）大于 98.6%。采用近亲交配，不但能提高基因纯合率，而且能固定优良性状。培育近交系动物时由于残余杂合性和突变而导致部分遗传组成的改变，形成一些亚系（substrain）或支系（subline）。亚系是指近交系内各个分支的动物之间，已经发现或很可能存在遗传差异。下述三种情况通常会发生亚系分化：兄妹交配 40 代以前形成的分支（分支发生于 F20～F40）；一个分支与其他分支分开繁殖超过 100 代；已发现一个分支与其他分支存在遗传差异，产生这种差异的原因可能是残留基因杂合、突变或遗传污染（genetic contamination）。由于遗传污染形成的亚系，通常与原品系之间遗传差异较大，因此而形成的亚系应重新命名。产生支系的具体情况有经人为技术处置形成（卵子移植、人工喂养、代乳、卵巢移植或胚胎冷冻等）种群转移到新的单位保种繁殖等。

迄今为止，已被公认的小鼠、大鼠、豚鼠、地鼠、兔等近交系都是经过长期高度的近亲交配和逐代反复严格选择、淘汰而培育的。目前各类实验动物中已培育的近交系动物的数量有 478 种小鼠、234 种大鼠、30 种地鼠、2 种家兔。其中 C57BL/6（B6）小鼠是最常用的近交系动物。

（二）特征

**1. 基因纯合性**

近交系是用品系内个体的基因纯合性（homozygosity）来定义的，如果该位点是中性选择的话，全兄妹交配 20 代后个体在任何一个位点上的纯合性至少是 98.6%。然而，在近交系内通常也有少量"残留杂合性"，当某一个位点对动物的活力是超显性时会发生残留杂合。

**2. 同基因性**

近交系动物所有的位点都是纯合型的，它们产生的所有后代遗传上是相同的，即同基因性

（isogenicity）。同基因性三个重要的效应：能接受同一品系动物的皮肤移植、监测一个个体就能决定整个近交系的基因型、能建立遗传上相同的子群。

### 3. 长期遗传稳定性

近交系最重要的特征之一是它们的长期遗传稳定性（stability）。例如，C57BL品系是1921年培育成的，甚至经过100年后它还是与原始品系十分相似。在近交系内选择不会引起遗传变异，而在远交系内选择可能变化很快，这在许多实验中得到了证实。但动物品系不会绝对保持不变，由于突变、残留杂合和遗传污染会发生遗传变异。

### 4. 可识别性

许多品系都具有特别的或独一无二的基因型，可以通过毛色、皮肤移植、生物化学位点、免疫学位点及数量性状测试等方法揭示近交系的遗传组成，准确地识别（identifiability）它们属于哪个品系。

### 5. 表型一致性

近交系动物是同基因型动物，实验动物饲养条件标准，因而具有表型一致性（uniformity）。能接受近交系内动物皮肤移植是这种一致性的一个表现。对于数量性状，理论上讲近交系比远交系更一致。有证据表明近交可以导致动物发育稳定性降低，使动物对环境影响的敏感性增加，因此，在有些情况下近交导致表型变异增加而不是降低。如果近交系对环境变化更敏感，有时会增加表型变异，但在一定程度上可能会使它们对实验处理敏感而抵消。

### 6. 个体性

每个近交系是一个独一无二的遗传物质的组合，因此产生独一无二的表型，即个体性（individuality）。近交系许多表型特征在生物医学研究中非常有用，成为人类疾病实验动物模型（表3-1）。

表 3-1　近交系小鼠的一些重要疾病模型

| 特性 | 品系 |
| --- | --- |
| 嗜酒精 | C57BL、C57BR/cd |
| 侵犯、好斗 | SJL、NZW |
| 听觉性癫痫 | DBA/2 |
| 自身免疫性贫血 | NZB |
| 淀粉样变性 | YBR、SJL |
| 高血压和（或）心脏病 | BALB/c、DBA/1、DBA/2 |
| 高脯氨酸血症 | PRO |
| 肥胖症和（或）糖尿病 | NZO、PBB、KK、AY |
| 膝关节骨关节病 | STR/1 |
| 白血病 | AKR、C58、PL、RF |
| 内皮细胞肉瘤 | SJL |
| 肺肿瘤 | A |
| 肝癌 | C3Hf |
| 乳腺瘤 | C3H、C3H-A$^{VY}$、GRS/A |
| 卵巢畸胎瘤 | LT |
| 诱发性浆细胞瘤 | BALB/c、NZB |
| 睾丸畸胎瘤 | 129/terSv |
| 完全无自发性肿瘤 | X/Gf |

### 7. 活力

近交系动物比大多数杂交一代或封闭群动物生活力（vigor）差、繁殖能力低。近交衰退导致动物的一般性能降低。例如，小鼠近交系数增加10%导致每窝产量平均下降0.6仔和子代雌性6周龄时体重下降0.58g。近交衰退的反面是杂交优势，通常杂交后代的生命力强。

### 8. 国际分布性

许多近交系在国际上广泛分布（distribution），从而可能在世界各国之间进行比较研究。这从理论上意味着不同国家和地区的研究者有可能饲养和使用在遗传上几乎相同的标准近交系动物，重复和验证已取得的数据。近交系动物个体具备品系的全能性，所有个体均携带该品系的全部基因。

（三）应用

近交系动物是通过至少（或相当）连续20代以上兄妹或亲子交配之后培育而成的，其基因的纯合度高，反应一致，克服了普通动物之间的个体差异。因此，实验结果准确可靠，有规律性，重复性好，能精确地判断实验结果，得出正确结论。使用近交系动物进行实验研究，具有诸多的优点，使近交系动物得到越来越广泛的应用。

1）近交动物由于存在遗传的均质性，动物反应个体之间极为一致，可消除杂合遗传背景对实验结果的影响，因此实验组和对照组只需少量的动物。

2）个体之间组织相容性一致，可用于研究器官、组织、细胞或肿瘤移植。

3）由于近交，隐性基因纯合性状得以暴露，可获得大量先天畸形的动物模型。

4）一些近交系具有一定的自发或诱发肿瘤发病率，可作为肿瘤学研究动物模型。

5）近交系动物用于比较遗传学、生理学和胚胎生物学研究。

## 二、特殊近交系动物

### 1. 同源突变近交系

同源突变近交系（coisogenic inbred strain）简称突变近交系，是指一个近交系的某一基因位点上发生突变而分离出来的近交系亚系，它和原来近交系的差异只是发生突变的基因位点上带有不同的基因，而其他位点上的基因完全相同。

保持突变基因可行的方法取决于突变基因的显隐性及突变基因对动物生育和生存的影响。如果突变基因影响动物生育生存，必须选用纯合体和杂合体的兄妹交配的后代，才可能保持同源突变近交系。例如，无胸腺裸小鼠隐性裸基因（nu）纯合子的雌性小鼠缺乏泌乳能力，且保持该品系十分困难。采用裸基因杂合的雌鼠（+/nu）与裸基因纯合的具有繁殖能力的雄鼠（nu/nu）交配，就能保持裸基因突变系。通过这种方法，一方面能够维持裸小鼠突变系，另一方面能把生产的裸小鼠供给生物医学研究使用。

### 2. 同源导入近交系

同源导入近交系（congenic inbred strain）就是通过回交或回交兼互交等育种方法将一个基因导入近交系中，由此形成一个新的近交系，该近交系与原来的近交系只是在一个很小的染色体片段上的基因不同，称为同源导入近交系，简称同源近交系。

1948 年，Snell 进行组织相容性基因的研究时首次培育成功同源近交系。育成同源近交系的要领是把一个基因和连带一段染色体，从近交系 B（或非近交系）导入近交系 A，把近交系 A 的等位基因和连带的一段染色体换下来，这样育成一个近交系，对近交系 A 来说称作同源近交系。把提供目的基因的品系 B 称为供系（doner strain），为目的基因提供背景的近交系 A 称为配系（partner strain），配系必须是近交系，而供系可以是带有目的基因的任何一种基因类型动物。

同源近交系的特征：①同源近交系本身是近交系，除目的基因以外的其他基因与配系相同；②同源近交系基因导入过程中，与目的基因紧密连锁的其他基因可能随目的基因一起导入近交系的基因组中，所以同源近交系不仅是目的基因与原近交系的等位基因不同，而且带有目的基因的一小段染色体也不同；③同源近交系的培育目的用于研究在同一遗传背景下某基因位点上不同等位基因的遗传效应及其特性的研究。

### 3. 分离近交系

在近交培育的过程中，采用特定的交配方法，迫使一个或多个已知位点上的基因处于杂合状态，从而培育成分离近交系（segregating inbred strain）。它能分离出该基因位点上带有不同等位基因的两个近交系亚系。

分离近交系用于正常和突变基因行为方式比较研究时，可减少因其他不确定分离基因造成的实验误差。分离近交系的两个或两个以上连锁位点上的等位基因保持分离，为基因重组提供依据。分离近交系可用于研究致死、不育和有害的隐性突变等。

### 4. 重组近交系

重组近交系（recombinant inbred strain）是两个近交系杂交后的子二代，经兄妹交配连续 20 代以上培育的一系列近交系。重组近交系的培育是两个近交系杂交生育的 F1 代，F1 代再互交生育出杂交二代，从杂交二代随机选择个体配对，连续进行 20 代以上的兄妹交配，平行培育出的一系列或一组近交系，称重组近交系。

为重组近交系提供亲代的两个近交系称为祖系（progenitor strain），一系列重组近交系的遗传组成只限于来自祖系。育成重组近交系过程中，没有连锁的基因随机分离和重组，连锁的基因亦因连锁的远近（若存在祖代连锁的情况）随近亲交配有固定的趋势。

重组近交系是由两个近交系杂交后培育产生的，但与 F1 代的遗传组成极不相同：①重组近交系的遗传成分虽然仅限于两个亲代近交系，但是存在自由组合和染色体交换，重组近交系的遗传组成并不均等；②重组近交系和普通近交系一样，具有极高的纯合性；③重组近交系由于各染色体上基因的自由组合、同一染色体上的基因交换而发生基因重组。

重组近交系动物既具有其双亲品系的特性，又有重组后一组内和每个重组近交系的特征，并具有新的多态性基因位点。因此，重组近交系已广泛应用于新的多态性基因位点和新的组织相容性位点的鉴定、多态性位点的多效性和连锁关系的研究与探测，以及临界特性的遗传分析等方面。

重组近交系的发展和使用，是哺乳类动物遗传学最重要的发展之一。以 BALB/c 和 C57BL/6 为例所组成的重组近交系组，这个重组近交系组里共有 7 个重组近交系：CXB1～CXB7，来自 BALB/c 和 C57BL/6 两个祖系中任何一个的等位基因都在染色体上被固定了下来。此外，常用的重组近交系还有 AKXL1～AKXL38、BXD1、BXH1 等。

### 5. 染色体置换系

染色体置换系（chromosome substitution strain）指经过反复回交，把某一整条染色体全部导入一个近交系中。与同源近交系相同，将 F1 作为第一世代，至少要回交 10 代。在绝大多数情况下，供体染色体都是 Y。回交以获得 Y 染色体必须在一个方向上进行：供体染色体的雄性小鼠总是与受体近交系雌性小鼠杂交。例如，为了获得 B6 背景下 *M. m. castaneus* 小鼠的 Y 染色体，B6 雌鼠与 *M. m. castaneus* 雄鼠杂交，F1 雄性及所有后代的雄性也将与 B6 雌性交配。10 代后，新培育染色体置换系遗传背景本质上是 B6，但 Y 染色体来源 *M. m. castaneus* 亚种，命名为 B6-Y$^{CAS}$。同样，C57BL/6J-Chr 19$^{SPR}$ 为 *M.spretus* 的第 19 号染色体回交于 B6 的置换系，SHR-Y$^{BN}$ 为 BN 品系的 Y 染色体回交于 SHR 大鼠的置换系。

### 6. 重组同类系

重组同类系（recombinant congenic strain）是重组近交系的变种，由两个近交系杂交后，子代与两个亲代近交系中的一个近交系进行数次回交（通常回交 2 次），通过不对特殊基因进行选择的连续兄妹交配（通常大于 14 代）而育成的近交系。标准重组近交系基因组是由两个亲本近交系相等 DNA（各占 1/2）组成的嵌合体（mosaicism），而重组同类系基因组中 7/8 DNA 片段将来自一个亲本近交系，另外 1/8 DNA 片段则来自另一个亲本近交系，有时候在研究数量性状特征时，要用到重组同类系。

### 7. 核转移系

核转移系（strain of nuclear transfer）也是一种导入近交系，只是供体遗传物质是整个线粒体基因组（mitochondrial genome），替换原近交系线粒体基因组，所以也称线粒体基因组导入近交系。由于所有经典近交系小鼠携带的线粒体基因组是无法区分的，因此核转移仅在种间（interspecific）或亚种间（intersubspecies）背景下杂交才有意义。培育方法是将线粒体基因组供体雌性小鼠与受体雄性小鼠杂交、再回交 10 代以上。例如，为了获得 B6 背景下 *M. m. castaneus* 小鼠线粒体的基因组，首先是 B6 雄鼠和 *M. m. castaneus* 雌鼠交配，F1 雌鼠及所有后代的雌鼠也将与 B6 雄鼠交配。10 代后，新近交系核基因组将几乎都是 B6，但所有线粒体均来自 *M. m. castaneus*，该核转移系命名为 B6-mt$^{CAS}$。

### 8. CC 品系小鼠

为了研究哺乳动物复杂性状遗传规律，国际协作交叉（collaborative cross，CC）联盟多年前提出建立一个遗传变异品系间大、品系内小的小鼠基因参考种群（genetic reference population）计划，培育一系列重组近交系小鼠，克服现有实验动物资源的局限性，引领和推动生物医学领域超越复杂性状分析，向系统遗传学发展。

CC 联盟选择了野生背景 *Mus musculus* 来源 3 个近交系亚系：WSB/EiJ（*M.m.domesticus*）、

PWK/PhJ（*M.m.musculus*）、CAST/EiJ（*M.m.castaneus*），以及 *M.m.domesticus* 亚种的 5 个经典近交系：A/J、C57BL/6J、129S1/SvImJ、NOD/ShiLtJ 和 NZO/HILtJ，以这 8 个近交系作为建立重组近交系的祖系，通过 3 个独立漏斗式育种方案（funnel breeding program），先让 8 个祖系小鼠 3 代（F1-F3）杂交，充分"混匀"，然后再兄妹交配，培育约 1000 个重组近交系 CC 小鼠。

8 个祖系近交系小鼠拥有更多的遗传多样性，基因组测序结果显示它们至少存在 36 155 524 个 SNP。漏斗式育种方案也使遗传变异更加均匀地分布在小鼠基因组中。在没有选择和突变情况下，遗传变异将随机分布于每个独立的 CC 品系中。按照预先设计，CC 品系小鼠能够捕获 90% 的实验室常见种群的遗传变异。

CC 品系小鼠已经在研究复杂性状和人类疾病动物模型等方面显示出巨大优势。

## 三、封闭群动物

封闭群（closed colony）是以非近亲交配方式进行繁殖生产的一个实验动物种群，在不从其外部引入新个体的条件下，至少连续繁殖 4 代的群体。封闭群动物不引入任何外来血缘，在封闭条件下交配繁殖，从而保持了群体的一般遗传特征，又具有杂合性。来源于近交系的封闭群是停止同胞交配的繁殖群。来源于非近交系的封闭群是在一定的群体内连续繁殖 5 年以上的动物群体。封闭群是与外界隔离的动物群体，为了避免近亲交配，不让群内基因丢失，封闭状态和随机交配使群体内基因频率能够保持稳定不变，从而使群体在一定范围内保持相对稳定的遗传特征。

封闭群动物具有以下特点。

1）杂合性：封闭群动物不从外部引进任何新的基因，实行随机交配，群体内基因既不丢失也不增加，保持一定杂合性。

2）相对稳定性：封闭状态和随机交配使封闭群动物群体基因和基因型频率基本保持不变，达到遗传平衡（Hardy-Weinberg 平衡），从而使群体在一定范围内保持相对稳定的遗传特征。

3）繁殖力、抗病力强：封闭群动物采用随机交配，呈现杂交优势，繁殖力和抗病力均会超过近交系。

近交系和封闭群有其各自的生物学特性，在生物医学研究中很难说用近交系还是封闭群更有优势。统计发现，PubMed 数据库收录的论文中，涉及小鼠实验研究的项目中大约 2/3 的科学家选择近交系、1/3 选择封闭群；而使用大鼠实验研究正好相反，大约 4/5 的科学家选择封闭群，1/5 选择近交系。

## 四、杂交一代

杂交一代又称 F1 代（F1 hybrid），是指根据需要在两个品系动物之间有计划地进行交配所获得的第一代动物。用于生产 F1 代的两个近交系为父系（sire line）和母系（dam line）。父系和母系的生物学特性必须有差异。生物医学研究中常用的 5 种 F1 代动物是 B6D2F1、BDF1、NZB×NZWF1、B6CF1、C3D2F1。

F1 代特性：①同基因性。像近交系的所有个体一样，F1 代所有个体遗传上是相同的，通过检查一个动物就能测定所有个体的基因型。②长期遗传稳定性。F1 代至少像近交系一样稳定，如果积累起来的突变是隐性的会更加稳定。因为如果在两个亲本发生相同的突变时 F1 代才会发生变化。因此，一般来说，F1 代比它们的亲本近交系变化更慢。③F1 代与近交系一样具有表型一致性。

F1 代与近交系的差别：①F1 代所有个体基因都是杂合型的而不是纯合型的，意味着 F1 代不会真实遗传，因此每次需要时必须通过亲本品系杂交而生产。②F1 代有杂交优势，更能适应环境变化。

F1 代应用：①作为一般的生物研究，F1 代是有活力、遗传均一和同基因型的实验动物，比近交系更能抵抗实验应激因素。②用于研究一些性状的遗传方式或只在某一特定的杂种才能观察到的实验研究。如 NZB×NZW 杂种被广泛地用作系统性红斑狼疮的模型。③F1 代表现的杂种优势在有些研究中非常有用。如它们的繁殖力高使其在繁殖研究中有所应用,用作代母、受精卵或卵巢移植的受体。④F1 代也可以为某些有害突变基因提供遗传背景。杂交优势可能足以保持动物存活。相反,在近交系纯合的遗传背景下它们会致死或早死。⑤如果需要在大量不同基因型上重复实验结果,可以使用 F1 代,因为生产 F1 代是生产多种不同基因型最简便的方法。保持 $n$ 个近交系动物能生产出 $n(n-1)/2$ 个 F1 代(不包括反交),比只用几个近交品系更具有广泛性。

### 五、实验动物命名

普通近交系:近交系一般以大写英文字母命名,亦可以用大写英文字母加阿拉伯数字命名,符号应尽量简短,如 A、C57BL/6 等。

同源突变近交系:由发生突变的近交系名称后加突变基因符号组成,两者之间以连字符分开,如 DBA/Ha-D。当突变基因必须以杂合子形式保持时,用"+"号代表野生型基因,A/Fa-+/c。

同源导入近交系:其名称由以下三部分组成。①配系名称;②供系名称缩写,并与配系之间用英文句号分开;③导入基因的符号(用英文斜体),与供系之间以连字符分开,如 B10.129-$H$-$12^b$,表示该同源导入近交系的遗传背景为 C57BL/10sn(B10),导入 B10 的基因为 $H$-$12^b$,基因提供者为 129/J 近交系。

分离近交系:其命名是在品系名称后加连字符和杂合基因的符号。如 DW-dw/t,表示 DW 品系在 dw 位点上是杂合子。

重组近交系:由两个亲代近交系的缩写名称中间加大写英文字母 X 命名。由相同双亲交配育成的一组近交系用阿拉伯数字予以区分。如由 BALB/c 与 C57BL 两个近交系杂交育成的一组重组近交系,分别命名为 CXB1、CXB2 等。

F1 代:一般采用简称,先写母系(简称),再写父系。如 B6D2F1 表示由 C57BL/6 雌鼠(简称 B6)和 DBA/2 雄鼠(简称 D2)交配所生。

封闭群:通常由 2~4 个大写英文字母命名,常用远交群小鼠品系有 CD-1、NIH Swiss、ICR、Swiss Webster 及中国使用最多的 KM(昆明)小鼠,大鼠品系有 Sprague Dawley(SD)、Wistar、Norway 大鼠等。

## 第二节 微生物控制实验动物在比较医学研究中的应用

根据实验动物所携带的微生物情况,可将实验动物分成不同的等级:普通级动物、SPF 级动物、无菌动物和悉生动物。

### 一、普通级动物

普通级动物指不携带所规定的人兽共患病病原和动物烈性传染病病原的实验动物,简称普通动物。普通动物仍然被广泛应用于生物医学研究,适用于特殊类型的实验研究、教学或科研预实验。如果实验动物的微生物学情况未知或可疑时,应被视为普通动物。通常在使用前需要一段时间的检疫期。检疫期的长短取决于排除传染病所需的最长潜伏期。生物医学研究中使用的实验用动物、野生动物等,大多是普通级动物。

### 二、SPF 级动物

SPF 级动物是指除清洁动物应排除的病原外,不携带主要潜在感染或条件致病和对科学实验干扰大的病原的实验动物。SPF 级动物必须来源于无菌动物或悉生动物。SPF 级动物是国际上通用的标准实验动物,广泛用于生物医学研究中,主要原因包括:药物安全评价和动物实验免于感染干扰;实验能否持续很大程度上取决于污染的可能性,长期实验的风险远较短期实验大;老年病学研究也应用 SPF 级动物，SPF 级动物的寿命普遍超过同类普通动物；大鼠的平均存活期及随后动物肿瘤的发生率都会受到介入性感染的影响，SPF 级动物可以避免感染；同样，SPF 级动物也用于免疫学研究，动物的免疫能力由于遗传因素或免疫抑制剂的应用而下降，像 T 细胞缺陷裸鼠和 T、B 细胞缺陷的严重联合免疫缺陷 SCID 小鼠、NOG/NSG 小鼠等，只有 SPF 级或以上级别的动物才能保种、繁殖。

## 三、无菌动物和悉生动物

### （一）无菌动物和悉生动物的概念

无菌动物是指检测不出一切生命体的动物，用现有的检测技术在动物体内外的任何部位，均检测不出任何活的微生物和寄生虫的动物。此微生物是指病毒、立克次体、细菌（包括螺旋体、支原体）、真菌和原虫。无菌动物的无菌是一个相对概念，根据现有的科学知识和检测方法在一定时期内检测不出病原体。随着科学技术的发展，现在认为是无菌的动物，或许将来可以检出病原体而不是无菌动物。因此，这个无菌是相对而言的。无菌动物来源于剖宫产或无菌卵的孵化，饲育于隔离系统中。给普通动物施行子宫切除术（hysterectomy）、剖宫产术（caesarean section）、胚胎移植等可以获得无菌动物。该技术的核心是，动物排除（潜在的）致病微生物的菌群。实施子宫切除术的时间早于正常分娩的时间，运用无菌子宫切除术，把密闭的子宫从供体动物体内取出，通过一个浸泡消毒溶液的灭菌槽引入隔离器，将子代动物从打开的子宫中取出，由人工饲养或者由泌乳动物喂养。另外，用大量抗生素也可以使普通动物暂时无菌，但这种动物不是无菌动物。因为这种无菌状态往往是一时性的，某些残留的细胞在适当的条件下又会在体内增殖，即使把体内细菌全部杀死，它们给动物造成的影响却是无法消除的，如特异性抗体的存在、网状内皮系统的活化、某些组织或器官的病理变化等。因此无菌动物必须是生来就是无菌的动物。

悉生动物又称已知菌动物或已知菌丛动物，是指在无菌动物体内植入已知微生物的动物。按我国的微生物学控制分类，同无菌动物一样，悉生动物也必须饲养于隔离系统。根据植入无菌动物体内菌种数目的不同，可将其分为单菌、双菌、三菌和多菌动物。悉生动物以研究实验动物本身，特别是研究各种动物与微生物及环境之间相互依存、相互制约、相互适应关系为主要内容，是现代生物医学研究的重要手段。

人类生存的地球周围，海洋、陆地、大气层都弥散分布着数量众多的微生物。当哺乳动物机体降生时，从子宫破羊膜进入产道的瞬间，当初次吮吸母乳时，各种微生物便进入动物机体，而不同微生物便定位于动物体内相应位置，从此就长期栖息于动物体内相应器官中，形成与动物相互依存、相互制约、相互适应的关系。有些微生物是动物生存的必需菌，不会引起动物疾病或不良反应，甚至有些微生物的代谢产物是动物生活所必需的，有些与宿主共同参与宿主动物的新陈代谢，拮抗致病微生物侵袭，起着保护动物的作用，这些微生物通常称为正常菌群（丛）；而有些微生物则导致宿主动物发病，通常称致病菌。微生物与宿主之间的关系，是伴随宿主动物生长发育、环境变迁而变化的，这种从不间断贯彻始终的相互关系，是物种间长期生物变化过程中不断演化的结果，是物种间生存竞争形成的特种关系。研究宿主动物与微生物间关系是悉生动物学研究的重要内容，是生物医学乃至生命科学研究的手段之一。

### （二）无菌动物和悉生动物的特点

无菌动物和普通动物外观与活动之间无明显差异，有时仅见体重增加，但是其功能、结构和普通动物有很大的不同。无菌动物受两个因素影响，即微生物和因饲养聚集而致的肾上腺增大。无菌动物主要有以下两个方面的特点。

**1. 解剖形态学改变**

1）消化系统：与普通动物相比，通过子宫切除术获得的无菌动物和悉生动物，其所有原籍菌群丢失，表现出了多样的形态学和生理学"异常"。如无菌动物和悉生动物有明显增大的盲肠，肠壁比普通动物更薄弱。对于小鼠和大鼠，如果给予它们肠道原籍菌群，可以使无菌动物"正常化"：盲肠明显缩小、肠壁增厚。无菌动物盲肠及其内容物重量可达体重的 25%，多数情况下，无菌动物盲肠是普通动物的 5～10 倍。无菌动物由于盲肠膨大，肠壁菲薄，常易发生肠扭转导致肠壁破裂而死亡。

2）血液循环系统：心脏相对变小，白细胞数少，且数量波动范围小，与无病原体入侵有关。

3）免疫系统：由于无菌动物几乎没有受过抗原刺激，其免疫功能基本上处于原始状态。胸腺中网状上皮细胞较大，其细胞质内泡状结构和溶酶体较少，胸腺和淋巴结处于不活跃状态，脾脏变小。

**2. 生理学改变**

1）免疫功能：由于网状内皮系统、淋巴组织发育不良，淋巴小结内缺乏生发中心，产生γ-球蛋白的能力很弱。血清中 IgM、IgG 水平低，免疫功能处于原始状态，应答速度慢，过敏反应、对异体移植的排斥反应及自身免疫现象消失或减弱。用低分子无抗原饲料饲喂无菌动物时，血清中几乎不存在γ-球蛋白和特异性抗体。

2）生长率：无菌动物生长率和普通动物有所不同，一般来说，无菌禽类的生长率要大于普通禽类，无菌大小鼠和普通大小鼠的生长速度相当，而无菌豚鼠、家兔的生长率小于普通豚鼠、家兔。

3）繁殖率：繁殖率规律与生长率相同。

4）代谢：血中含氮量少，肠管对水的吸收率低，代谢周期比普通动物长。

5）营养：无菌动物肠道上皮细胞更新率比一般动物低，肠壁的物质交换也较慢。无菌动物体内不能合成维生素 B 和维生素 K，易发生缺乏症。

（三）无菌动物和悉生动物的培育及饲养管理

无菌动物和悉生动物的培育主要采用剖宫产技术，小动物多采用子宫摘除术，由无菌子宫摘除术获得胎仔，大动物多采用子宫切开术。首先准备剖宫产母鼠与代乳鼠，按实验要求，10～12 周龄鼠，雌雄鼠以 1：1 合笼，每日早晚两次观察有无阴栓，或用阴道拭子涂片染色，检查其中有无精子；以出现阴道栓或发现精子作为妊娠半天计算。剖宫产手术应在妊娠 19.5 天实施为好。

另选择无菌母鼠作为代乳鼠，代乳鼠的选择一般要考虑其综合性能，选择母性强的个体作为代乳鼠，代乳鼠较剖宫产鼠提前 2～3 天交配。将代乳鼠笼内的垫料充分分散到被代乳仔鼠身上，悄悄地置于代乳鼠腋下。代乳 4 周龄即可离乳。对代乳鼠、剖宫产仔鼠的无菌检测，应在手术后 7天、12 天、25 天进行，以确保动物的质量。

（四）无菌动物和悉生动物的应用

无菌动物并不等于普通实验动物去除了微生物。人工培育的无菌动物适应了无菌生活，所以在形态、生理、代谢及机体防御等方面都具有一定的特点。由于在这种动物的机体中排除了各种微生物的干扰，就可对其他科研问题的实验得出较明确的结果。另外，如将单一已知微生物接种到无菌动物体内，就可以研究机体和单一微生物的相互关系。

因无菌动物在生物医学研究中具有独特作用，已经广泛应用于医学科学研究的很多方面。

**1. 在微生物和寄生虫学研究中的应用**

1）某些疾病的病原无菌动物可提供组织培养的无菌组织，可提供具有某一种菌的已知菌动物，也可研究病原体的致病作用与机体本身内在的关系，如猫瘟病毒，正常猫易感染，无菌猫则不易受感染，说明此病毒感染受肠道微生物的影响。

2）研究微生物间的拮抗作用：菌群之间的拮抗作用是生物屏障的一种。生物屏障可能比物理屏障更有效。生物屏障原理为生物间的拮抗作用。如利用无菌动物来研究哪种菌可拮抗假单胞菌，对放射研究甚为重要，因照射后常出现此菌。又如在把无菌动物放入 SPF 环境前，先分别给无菌动物喂以大肠杆菌、乳酸杆菌、链球菌、白色葡萄球菌、梭状芽孢杆菌五种菌群，再观察这些菌群间的拮抗作用。

3）研究病毒感染相关疾病：无菌动物是研究病毒相关疾病、病毒性质、纯病毒、安全疫苗和单一特异性抗血清的有用工具。

4）研究细菌学：尤其是研究肠道正常菌丛细胞间的相互拮抗性及细胞和宿主间的关系。口服霍乱弧菌使无菌幼豚鼠单菌感染时，就可使其死亡，但当使该动物同时感染产气荚膜（梭状芽孢）杆菌时，就可以除去霍乱弧菌，动物可以不发生死亡。将弗氏痢疾杆菌单菌经口感染无菌幼豚鼠时，可以引起无菌豚鼠死亡，而从肠道里只能检出大肠杆菌，没有痢疾杆菌。

5）研究真菌感染：临床上由于较长期应用某些抗生素而导致发生条件性真菌感染的现象，可见较多的菌丝体侵入肠道黏膜。当接种到普通雏鸡时，只观察到酵母型菌体，很少发病。将大肠杆菌接种到无菌雏鸡后，就能完全保护雏鸡不受侵犯。营养也是保护机体免受真菌感染重要因素，用无菌小鼠实验也得到了验证。

6）研究原虫感染：将溶组织内阿米巴接种到无菌豚鼠的盲肠内不能引起感染。在普通对照组豚鼠中却能引起致死性感染。

**2. 在免疫学研究中的应用**

无菌动物在免疫学研究中的应用，大大促进了无菌动物模型的发展。无菌动物血中无特异性抗体，适合于各种免疫现象的研究。

1）研究免疫系统功能和机体受感染后感受性改变的关系：由于在无菌动物机体内除去了微生物，使无菌动物大大增强了对感染的感受性。如将无菌鼠从无菌系统中移到普通动物饲养区，常在几天内死亡，病因常是梭状芽孢杆菌感染。无菌动物的免疫系统在特异性抗细菌抗体、肺泡巨噬细胞的活动力、唾液中的溶菌酶和白细胞、对内毒素的全身反应等方面都明显降低。

2）研究细胞间接免疫及其在肿瘤预防上的作用：当研究细胞间接免疫及其在肿瘤预防上的作用时，就更需要测定微生物菌群在刺激体液和细胞间接免疫反应中的作用，以及对自身免疫反应中的可能作用。

3）丙种球蛋白和特异性抗体研究：无菌动物血清中 $\gamma$-球蛋白含量下降。球蛋白来源于消化道中死菌的刺激。用无抗原性饲料饲喂无菌动物（如无菌小鼠喂以水溶性低分子化学饲料时），小鼠血清中就可能完全缺乏丙种球蛋白。在无菌猪中用无抗原性或有限抗原性的饲料时，血清里就可以完全没有丙种球蛋白和特异性抗体存在。上述无菌小鼠血液循环中的白细胞也大量降低，但这种无菌小鼠在用羊红细胞注射时，脾空斑形成细胞和血液循环的丙种球蛋白都明显增加。

**3. 在放射医学研究中的应用**

用无菌动物研究放射的生物学效应，就可以将由放射所引起的症状和因感染而发生的症状分别开来。无菌动物能耐受较大剂量的 X 线照射，用致死剂量照射后动物的存活时间也要长些。无菌动物受 500～1000rad 照射后可影响造血系统和骨髓细胞功能，大于 1000rad 可致肠黏膜损伤，肠黏膜上皮细胞再生停止。同样剂量的射线对普通动物肠黏膜损伤大，可致肠黏膜上皮脱落。

**4. 在营养、代谢研究中的应用**

1）无菌动物是研究营养的理想模型，很多营养成分是靠细菌降解的。正常动物的肠道可合成维生素 B、维生素 K。应用无菌动物可研究哪些菌可合成维生素 B、维生素 K。

2）代谢研究：用已知菌动物研究指出，肠道微生物能使胆汁酸起化学变化，从而减少其再吸收，增加其排泄。有些特殊的微生物种类和这种胆汁酸的代谢有关。这就为控制血清胆固醇含量和心血管疾病的研究提出了新的课题。

**5. 在老年病学研究中的应用**

无菌小鼠的自然死亡期比普通小鼠要长，而且雄性无菌小鼠的寿命和雌性相似或更长些。对 2～3 年龄无菌大鼠的检查结果表明，在肾、心和肺实际上没有和年龄相关的病变，这些研究说明微生物因素和机体的衰老有关。

### 6. 在毒理学研究中的应用

正常豚鼠对青霉素敏感,而无菌动物则无此反应。因此,青霉素过敏是因肠道菌代谢过程中引起的过敏。用大豆喂养动物,发现有中毒现象,但用同样的食物饲喂无菌动物则无影响,大豆喂无菌鸡也无影响。

### 7. 在肿瘤研究中的应用

小鼠肿瘤常由病毒引起,有些病毒还可以通过胎盘,故无菌小鼠有研究肿瘤的价值。免疫抑制剂要用无菌动物进行实验,因普通动物用免疫抑制剂可降低其抵抗力,致其继发感染而死亡。研究致癌物质的致癌作用需用无菌动物,如给无菌动物吃苏铁素时不会引发肿瘤,但对普通动物则致癌。这是因为普通动物机体带菌,可降解苏铁素,而其降解物有致病性。

无菌动物还适合进行致癌作用和微生物关系的研究。

致白血病病毒:这种病毒能在已知菌 AKR 小鼠自发地引起白血病,或对其他品系已知菌小鼠进行 X 线小剂量反复照射后,出现白血病。

由微生物产生或改变的化学致癌物:大肠杆菌能产生乙基硫氨酸,这是一种已知的致癌物。

肺癌、肝癌和感染的关系:呼吸道感染能增强亚硝胺化合物的致癌性。新生的无菌小鼠能抑制由致癌物所诱发的肺癌和肝癌。

结肠癌病因和微生物分解苏铁素的关系:苏铁素是苏铁树的豆粉制成的,给无菌大鼠口服时,并没有致癌性。但给普通大鼠口服时,却有致癌性,因为微生物将苏铁素转变成致癌物,而诱发结肠癌和其他癌变。

无菌动物和已知菌动物的自发性癌:尿道癌在普通实验动物中少见,但在无菌动物如无菌大鼠中却很常见。

### 8. 无菌隔离室在临床上的应用

无菌动物研究的原理和技术,已逐渐应用于临床患者的预防和治疗上,它们主要应用于如下几个方面。

1)免疫缺陷婴儿在无菌隔离室内进行剖宫产和养育。

2)肿瘤化疗患者在治疗中防止感染。

3)器官移植患者在术中防止感染。

4)烧伤患者的感染预防。

5)传染病患者的隔离。

人体无菌隔离室采用金属支架和塑料膜制成,有严密的通过间,有良好的空气进出过滤系统,在紫外线灭菌装置中间放置病床及患者的生活用品和设备。目前对无菌动物的生理和形态学研究有了更多的成果和进展。无菌动物的另一作用是可从无菌动物繁殖成为无特定病原体动物。

由于悉生动物可排除动物体内带有各种不明确的微生物对实验结果的干扰,因而可作为研究微生物与宿主、微生物与微生物之间相互作用的动物模型。

### 1. 微生物学研究

只有选用悉生动物,才有可能了解到单一微生物和机体之间的关系。多种微生物存在于同一机体内,可以观察微生物与微生物之间及其与机体之间相互关系和菌群失调的现象。当对某种悉生动物施予物理、化学等其他致病因子时则可观察机体、微生物、致病因子三方面相互作用关系。

### 2. 免疫学研究

悉生动物可以弥补无菌动物的某些缺点。无菌动物抵抗力很弱,饲养管理的难度大。使无菌动物感染某种细菌后(即成为悉生动物)其抵抗力明显增强。所感染的微生物或寄生虫的种类可根据实验目的而定,因此适宜做某些特定的实验,如在免疫学实验中,无菌动物不能发生迟发性过敏反应,而感染一种大肠杆菌的悉生动物就能发生迟发性过敏反应。

### 3. 抗体制备研究

无菌动物缺乏抗原刺激,免疫系统处于"休眠"状态,对外来的抗原刺激,有迅速、单一和持久做出反应的特性。如果将单一菌株植入无菌动物，可制备抗该菌的、较纯的、效价较高的且不会污染其他微生物的抗体。曾有人从自幼采食无抗原食物的无菌家兔身上制备了无交叉反应的诊断百日咳的抗体。

**4. 其他方面研究**

悉生动物还广泛应用于人和动物的骨髓移植、人类和动物肿瘤及其治疗、病毒学、营养代谢、生理学、外科患者感染控制等方面。悉生动物可以用作病毒疫苗的制备。从动物体内获取的细胞可用于制备人类疫苗，这种动物要从没有外来菌感染的动物种群中获得，悉生动物符合这个要求。悉生动物还可被用来研究细菌或细菌经口途径化合物的转化方面的作用（生物转化），悉生动物与简单或复杂的肠道菌群相关。另一个例子是在癌症研究中所使用的非致死量照射或其他免疫抑制剂影响的研究，由于频繁感染，这种研究几乎是不可能使用普通动物甚至是 SPF 级动物完成的。在肠道生态研究方面，包括感染发病机制、肠道免疫系统和正常菌群的作用等，没有悉生动物，这些研究几乎是不可能进行的。

# 第三节 免疫缺陷动物在比较医学研究中的应用

免疫缺陷动物（immunodeficiency animal）是指由于先天性遗传突变或用人工方法造成一种或多种免疫系统组成成分缺失的动物。1962 年英国格拉斯哥医院的 Grist 在非近交系的小鼠中偶然发现有个别无毛小鼠。1966 年，爱丁堡大学动物遗传研究所的 Flanagan 证实这种无毛小鼠是由于染色体上等位基因突变引起的，命名为无毛无胸腺小鼠-裸小鼠（nude mouse）。1969 年丹麦学者 Rygaard 首次成功地将人类恶性肿瘤移植于裸小鼠体内，肿瘤在体内存活并生长。从此，免疫缺陷动物开创了肿瘤学、免疫学、细胞生物学研究新的里程碑。20 世纪 60 年代以后的近 30 年中，研究人员不断努力，成功地将裸基因（nude，nu）导入不同近交系动物，建立起了一系列动物模型。如在小鼠模型方面，已培育了数十种近交系裸鼠动物模型，同时还发现和培育出了以 B 淋巴细胞功能缺陷为特征的 CBA/N 小鼠、自然杀伤（nature killer，NK）细胞功能缺陷的 Beige 小鼠，以及

T、B 淋巴细胞缺陷的严重联合免疫缺陷（severe combined immunodeficiency，SCID）小鼠等各类免疫缺陷动物模型。近年来，人们利用基因工程等分子生物学、生物医学工程技术方法，将不同类型的异常基因导入同一动物体内，获得了现代生命科学研究所需的各种免疫缺陷动物模型（图 3-1）。我国在免疫缺陷动物的繁育与应用方面也取得一定成

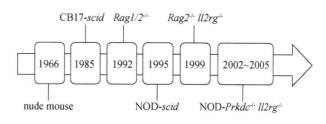

图 3-1 免疫缺陷小鼠模型发展历程

绩：20 世纪 80 年代初成功培育出了 T、B 淋巴细胞联合免疫缺陷小鼠和 T、B、NK 细胞三联免疫缺陷小鼠等。

根据基因突变情况，可将免疫缺陷动物分为自发性免疫缺陷动物和诱发性免疫缺陷动物两大类。其中，自发性免疫缺陷动物又可依据 T 细胞、B 细胞、NK 细胞功能的有无，分为单一淋巴细胞免疫缺陷动物和多种免疫细胞联合缺陷动物。T 淋巴细胞免疫缺陷动物有裸小鼠、裸大鼠、裸牛、裸豚鼠等；B 淋巴细胞免疫缺陷动物有 CBA/N 小鼠、Arabin 马和 Quarter 马等马属动物；NK 细胞免疫缺陷动物有 Beige 小鼠；T、B 淋巴细胞联合免疫缺陷动物有 SCID 小鼠。诱发性免疫缺陷动物主要为基因修饰的免疫缺陷动物，通过基因修饰方式使 T、B、NK 细胞三联免疫缺陷的动物有 NOG、NSG、BRG、FRG 小鼠等。

## 一、T 淋巴细胞免疫缺陷动物模型

T 淋巴细胞免疫缺陷动物临床表现为毛发缺乏和胸腺发育不全，动物繁殖力低下，易发生严重感染，胸腺缺失，常染色体隐性遗传，这种动物能接受同种或异种组织移植。现在有多种遗传性无胸腺动物，如裸小鼠、裸大鼠、裸豚鼠。T 淋巴细胞免疫缺陷动物应用最多的是裸小鼠。

**1. 裸小鼠的来源、特点及应用**

1）裸小鼠的来源：裸小鼠先天性无胸腺、T 淋巴细胞免疫功能缺陷。导致这种异常状态的裸基因（$nu$）是一个隐性突变基因，位于 11 号染色体上。通过回交已经将裸基因导入不同遗传背景的多个小鼠品系中，包括 BALB/c-nu 和 C57BL/6-nu 等。各品系裸小鼠因其遗传背景不同，所表现细胞免疫反应和实验室检查指标也不尽相同。

2）裸小鼠的特点：裸小鼠是由于 Foxn1 基因发生突变而形成的，主要特征表现为无毛（hairless）、裸体（naked）和无胸腺（thymus）。随着周龄增加小鼠皮肤变薄、头颈部皮褶皱、发育迟缓。由于无胸腺，仅有胸腺残迹或异常上皮，这种上皮不能使 T 淋巴细胞正常分化，缺乏成熟 T 淋巴细胞的辅助、抑制及杀伤功能，因而细胞免疫力低下。由于 T 淋巴细胞缺陷，不能执行正常 T 淋巴细胞的功能，在混合淋巴细胞反应中全无有丝分裂反应，也不产生细胞毒效应细胞。无接触敏感性，无移植排斥。裸小鼠 B 淋巴细胞正常，但功能欠正常，免疫球蛋白主要是 IgM，只含少量 IgG。成年裸小鼠（6～8 周）较普通鼠有较高水平的 NK 细胞活性，但幼鼠（3～4 周）的 NK 细胞活性低下。

裸小鼠抵抗力差，易患病毒性肝炎和肺炎，因而饲料和繁殖要求条件比较严格，在 SPF 环境下可生存，所用的笼具、垫料、饲料、饮水等都要经过严格灭菌消毒并采用隔离器饲养，以保证长期存活并进行繁殖。由于纯合型雌裸小鼠 nu/nu 受孕率低，乳腺发育不良且有食仔习惯，因此生产上一般采用纯合型雄鼠与杂合型雌鼠交配获得纯合型子代。

3）裸小鼠的应用：由于裸小鼠先天性胸腺缺损，T 淋巴细胞不能正常分化，对来自异体的组织没有排斥作用，肿瘤移植于裸小鼠后，其生物学特征能正常保持，因此裸小鼠广泛作为肿瘤接种模型。此外，裸小鼠还用于其他方面的研究，如研究病毒、细菌和寄生虫感染机制，研究人类各种免疫缺陷病的发病机制和遗传规律，生物制品和药品的鉴定，用裸小鼠来证明生物制品和药品潜在的致癌性、感染因子及它的毒力是否有返祖的可能性、对机体引起的异常反应及其发病机制等。

**2. 裸大鼠的来源及特点**

1）裸大鼠的来源：裸大鼠是由英国 Rowett 研究所首先在 1953 年发现的，基因符号为 rnu，但在开放系统环境下仅仅维持了 15～16 代。1975 年再次发现纯合子裸大鼠（rnu/rnu）。1977 年 2 月在英国 MRC 实验动物中心建立了裸大鼠种子群。1978 年 Festing 首次详细描述了裸大鼠，并报道了裸大鼠人癌异种移植。此后 rnu 裸大鼠分别引入欧洲国家及美国、日本等国。1983 年引入中国。1976 年 5 月在新西兰维多利亚大学发现了另一株裸大鼠，1979 年由 Mcneilage 进行了详细报道。为了与 rnu 裸大鼠区别，其基因符号命名为 nznu。

2）裸大鼠的特点：裸大鼠免疫器官的组织学与裸小鼠极为相似。3 周龄裸大鼠纵隔的连续切片中，只见胸腺残体，未见淋巴细胞，淋巴结副皮质区实际上无淋巴细胞，T 淋巴细胞功能丧失。裸大鼠一般特征与裸小鼠相似，发育相对缓慢，繁育能力低，但并非像裸小鼠那样完全无毛，而是体毛稀少，躯干部仍有稀少被毛，头部及四肢毛更多，繁殖方法与裸小鼠相同。裸大鼠易患支气管炎及肺炎等呼吸道疾病，病因可能与仙台病毒感染有关。

## 二、B 淋巴细胞免疫缺陷动物模型

B 淋巴细胞免疫缺陷动物模型临床常表现为免疫球蛋白缺失，细胞免疫正常。这里以 CBA/N 小鼠为例进行介绍。CBA/N 小鼠的特点是 B 淋巴细胞功能减退，为 X-链隐性突变系，其基因符号为 xid。纯合型雌鼠（xid/xid）和杂合型雄鼠（xid/y）对 II 型抗原（非胸腺依赖性抗原，如葡聚糖、肺炎球菌脂多糖及双链 DNA 等）没有反应。对胸腺依赖性抗原缺乏抗体反应，血清中 IgG、IgM

低下。如果移植正常鼠的骨髓到 xid 宿主，B 细胞缺损可得到恢复。相反，把 xid 鼠的骨髓移植给受放射线照射的同系正常宿主，其仍然表现为不正常的表型，T 细胞功能没有缺陷。该模型是研究 B 淋巴细胞的发生、功能与异质性最理想的工具，其病理与人类布鲁顿（Bruton）丙球蛋白缺乏症和威-奥（Wiskott-Aldrich）综合征相似。

## 三、NK 细胞免疫缺陷动物模型

Beige 小鼠为 NK 细胞免疫缺陷的突变系小鼠，bg 是隐性突变基因，位于 13 号染色体上。纯合子（bg/bg）被毛完整，但毛色变浅，耳廓和尾尖色素减少，出生时眼睛颜色很淡。表型特征与人的希恩综合征相似。Beige 小鼠内源性 NK 细胞免疫功能缺陷，是由于细胞溶解作用的后识别过程受损伤所致。纯合 bg 基因同时还损伤细胞毒性 T 淋巴细胞功能，降低粒细胞趋化性和杀菌活性，延迟巨噬细胞调节的抗肿瘤杀伤作用的发生，还影响溶酶体的发生过程，导致溶酶体膜缺损，使有关细胞中的溶酶体增大，溶酶体功能缺陷。

## 四、严重联合免疫缺陷动物模型

### 1. SCID 小鼠模型

SCID 小鼠是由于常染色体 Prkdc 隐性突变而形成的，表现为严重的联合免疫缺陷症状（severe combined immunodeficiency，SCID），是先天性 T、B 淋巴细胞免疫缺陷动物。SCID 小鼠发现于 C.B-17/Icr 近交系，由位于第 16 号染色体 SCID 的单个隐形基因发生突变所致。纯合 SCID 基因导致控制淋巴细胞抗原受体基因 VDJ 编码顺序的重组酶活性异常，使 CDJ 区域重排，裂端不能正常连接，重排后抗原受体基因出现缺失和异常，进而造成 T、B 淋巴细胞自身不能分化成特异性功能淋巴细胞。C.B-17 与 BALB/cAnlcr 是同源近交系，该品系小鼠除了携带的来自 C57BL/ka 的免疫球蛋白重链 Igh-1b 等位基因与 BALB/cAnlcr 不同外，两品系小鼠的其余基因完全相同，故 C.B-17 的突变系 SCID 小鼠（C.B-17SCID/SCID）与 BALB/cAnlcr 的遗传背景基本相同，其 H-2 抗原均为 H-2$^d$，此外，目前已有 C3H-SCID 等其他品系小鼠遗传背景的 SCID 小鼠出现。SCID 小鼠外观与普通小鼠无异，体重发育正常，但胸腺、脾、淋巴结的重量一般均不及正常的 30%，组织学上表现为淋巴细胞显著缺乏。其胸腺多由脂肪组织包围，没有皮质结构，仅残存髓质，主要由类上皮细胞和成纤维细胞构成，边缘偶见灶状淋巴细胞群。脾白髓不明显，红髓正常，脾小体无淋巴细胞聚集，主要由网状细胞构成淋巴结，无明显皮质区，副皮质区缺失，呈淋巴细胞脱空状，由网状细胞所占据。小肠黏膜下和支气管淋巴结节较少见，结构内无淋巴细胞聚集。其骨髓结构正常。其外周血白细胞较少，淋巴细胞占白细胞总数的 10%～20%，而正常小鼠应占约 70%。SCID 小鼠的所有 T、B 淋巴细胞功能测试均为阴性，对外源性抗原无细胞免疫及抗体反应，体内缺乏携带前 B 淋巴细胞、B 淋巴细胞细胞核、T 淋巴细胞表面标志的细胞。但其淋巴性造血细胞分化不受突变基因的影响，巨噬细胞、粒细胞、巨核细胞、红细胞等呈正常状态。NK 细胞及淋巴因子激活细胞也呈正常状态。

### 2. NOD/SCID 小鼠

非肥胖性糖尿病（non obese diabetic，NOD）小鼠是一种被广泛应用的自身免疫性 1 型糖尿病动物模型，是日本学者对远交系 Jcl：ICR 小鼠进行近交培育第 6 代时，从白内障易感亚系中分离出的非肥胖糖尿病品系。在近交第 20 代时发现 NOD 小鼠中 60%～80%雌鼠和 20%～30%雄鼠可自发性发展为胰岛素依赖性糖尿病。1 型糖尿病是 T 淋巴细胞介导的自身免疫病，淋巴细胞在介导胰岛β细胞特异性损伤方面起关键性作用。当机体出现免疫调节机制失调时，导致针对胰岛β细胞的自身反应性 T 淋巴细胞活化、增殖，胰岛β细胞破坏，发生糖尿病。

NOD/SCID 小鼠是将 Prkdc 突变基因导入 NOD 小鼠体内获得的。Prkdc 突变基因影响 T、B 淋巴细胞的正常发育，NOD/SCID 小鼠除了 T、B 淋巴细胞功能缺陷外，NK 细胞功能和补体结合能力也下降。近年已成为人类移植瘤的比较理想的研究模型之一。

### 3. NOG/NSG 小鼠

NOG 小鼠全称 NODShi.Cg-$Prkdc^{scid}$ $Il2rg^{tm1Sug}$/Jic，2000 年由日本实验动物中央研究所（Central Institute for Experimental Animals，CIEA）培育成功，该小鼠是 NOD/SCID 小鼠遗传背景下 IL-2 受体蛋白的 gamma 链基因（$IL-2r\gamma^{null}$）被敲除。后来，美国杰克逊实验室培育了类似的免疫缺陷小鼠 NOD.Cg-$Prkdc^{scid}$ $Il2rg^{tm1Wjl}$/SzJ，命名为 NSG 小鼠。IL-2 受体的 gamma 链是具有重要免疫功能的细胞因子 IL-2、IL-4、IL-7、IL-9、IL-15、IL-21 的共同受体亚基，基因敲除后机体免疫功能严重降低，尤其是 NK 细胞的活性几乎丧失。所以 NOG 或 NSG 小鼠既缺乏 T、B 淋巴细胞，也缺乏功能性的 NK 细胞，是迄今世界上免疫缺陷程度最高的小鼠模型，也被公认为世界上最好的进行人源异种移植的受体。目前这种小鼠已被广泛用于造血、免疫、药物、病毒和肿瘤等多方面的人源化模型的研究。NOG 小鼠被引进南京大学，在传到近 30 代后，也依据国际小鼠品系命名法，于 2013 年被改名为 NOD/ShiLtJNju。南京大学-南京生物医药研究院在 NOD/ShiLtJNju 的基础上自主建立了 NCG 品系。

## 五、其他免疫缺陷动物

### 1. 显性半肢畸形小鼠

显性半肢畸形小鼠（dominant hemimelia mice）的基因符号为 Dh，是显性突变基因，位于 1 号染色体上，纯合子（Dh/Dh）小鼠缺乏脾脏，其泌尿系统、生殖系统、消化系统和骨骼有一定程度的畸形。畸形发生于早期胚胎的脏壁中胚层。由于缺乏脾脏，在一定程度上损伤了体液免疫反应。这种小鼠无须特殊饲养条件。如果将 nu 基因和 Dh 基因结合在一起，即可培育出无胸腺和无脾脏（asplenic-athymic）小鼠。

### 2. BRG 小鼠

BRG 小鼠即 BALB/c-$Rag1^{null}$ $IL2r\gamma^{null}$ 小鼠，是由日本 CIEA 培育成功的一种超级免疫缺陷小鼠，对开展人源化研究、传染病研究、自身免疫病研究及异种移植试验研究非常有用。该类小鼠为了达到无血清免疫球蛋白和无正常功能的 T、B 淋巴细胞，使用 RAG-1 与 RAG-2 基因缺陷的小鼠杂交，由于这两种 RAG 基因所表现的蛋白在 V（D）J 重组中占重要的角色，因此，RAG 基因缺陷小鼠就能达到无血清免疫球蛋白与无正常功能的 T、B 淋巴细胞，不存在渗漏的个体，也可能被未来取代 SCID 小鼠成为理想的细胞移植接受者的动物模型。

## 六、免疫缺陷动物的应用

### 1. 肿瘤研究中的应用

免疫缺陷动物用于肿瘤生长、转移、复发及抗肿瘤药物筛选等研究。将人源细胞或患者的肿瘤组织移植到免疫缺陷动物体内建立人源化肿瘤模型。目前所有类型的人类肿瘤，几乎均已在免疫缺陷动物体内建立了各种移植模型。目前肿瘤学领域的研究已从单纯观察人类肿瘤的大体形态、病理组织学特性及可移植性，转而不断向细胞、分子水平及个体化医疗方向发展。

### 2. 免疫学和遗传学研究的应用

免疫缺陷小鼠由于免疫功能缺陷，因此可以用于免疫系统中如 T 淋巴细胞、B 淋巴细胞、NK 细胞及免疫相关疾病的研究，并且 BALB/c 裸鼠还可以制备高效多产的单克隆抗体。人类有许多种免疫缺陷病与遗传因素有关，各种裸小鼠的遗传因素、免疫缺陷指标、解剖学特征及病理组织学特征均与有关的人类原发性细胞免疫病相似。

1）裸小鼠能更有效地研究机体 T 淋巴细胞、B 淋巴细胞、NK 细胞等的免疫功能；采用 BALB/c 品系来源的裸小鼠制备单克隆抗体，发现其所产生的抗体量多、效价高，而且出现腹水的时间提前，目前 BALB/c 裸小鼠已成为制备单克隆抗体的重要实验动物。

2）应用 NOD-SCID-$Il2rg^{null}$ 小鼠或 NOD-SCID 小鼠建立人体免疫功能重建模型，目前已在免疫学及相关研究中得到了广泛应用。

3）免疫重建后的 BNX 小鼠可以持续地产生人源性 T 淋巴细胞，因此 BNX 小鼠可以用于靶向人 T 淋巴细胞病原体疫苗的研制。

各种遗传背景不同的裸小鼠品系，具有各自的细胞免疫反应和实验室检查指标特点，裸鼠已成为研究人类各种免疫缺陷病发病机制和遗传规律的理想动物模型。

**3. 感染性疾病**

由于对环境细菌和病毒敏感，免疫缺陷小鼠是适用于研究病毒、细菌感染的动物模型。

**4. 免疫缺陷动物在生物医药领域研究中的应用**

免疫缺陷动物作为新型的模型动物在实验肿瘤学、免疫生物学、分子遗传学和组织移植免疫等研究领域有着重要的应用。对于药品、生物制品的安全性评价及有效药物的筛选试验也有着特殊的应用价值。免疫缺陷动物在人源化疾病研究中的作用越来越重要，在人源化肿瘤、人源化造血/免疫系统疾病、人源化肝脏小鼠模型研究中有越来越广泛的应用。

# 七、人源化动物模型

人源化动物模型（humanized animal model）是指携带有人源的功能性基因、细胞、组织和（或）器官、微生物的动物模型。人源化动物模型是最接近人类疾病研究的动物模型，主要在小鼠身上得以实现。人源化小鼠模型被广泛运用于正常和白血病造血干细胞的鉴定、人类造血层次结构的表征、抗癌疗法的筛选、抗病毒疗法及基因治疗等领域。根据模型的制作方法，人源化动物模型可以分为基因人源化动物模型、细胞人源化动物模型、组织/器官人源化动物模型和菌群人源化动物模型。

**1. 基因人源化动物模型**

虽然小鼠与人类基因组相似性高达 99%以上，但某些蛋白的功能结构域，如受体与供体结合位点，两者仍然存在较大差异。而且，研究报道一些人源基因在小鼠中缺少同源基因。因此，在小鼠模型上对靶向这类人源蛋白的大分子药物进行临床前评价时，需要构建该类蛋白（基因）人源化的小鼠模型。基因人源化动物模型是利用 DNA 定点同源重组的方法，将人源基因的部分片段（如编码区或重要功能结构域）或基因全长定点整合到动物特定的基因位点，培育基因修饰动物，使动物体内表达人源基因，动物自身基因不再表达。目前，主要基因人源化动物类型包括免疫检查点人源化动物模型、药物代谢靶点人源化动物模型、病毒识别受体人源化动物模型等。这类小鼠拥有人类的药物靶点，且免疫健全，为人类靶点的药物药效、毒性及抗体药物验证提供了有效模型。

**2. 细胞人源化动物模型**

该类模型包括人源化造血/免疫系统小鼠（humanized hematopoiesis/immune system mice）和组织/器官人源化小鼠模型。前者指将人的免疫细胞输入重度免疫缺陷的小鼠体内，从而构建出具有功能性的人免疫系统的小鼠模型。由于其重建的免疫系统更接近于人体，免疫系统人源化小鼠能够更好地模拟药物进入人体后免疫系统的响应。根据移植入小鼠的人免疫细胞类型，免疫系统人源化小鼠主要可分为人外周血单个核细胞小鼠模型和人造血干细胞小鼠模型。组织/器官人源化小鼠主要是人鼠嵌合器官模型，如将人肝细胞移植到肝损伤的免疫缺陷小鼠体内，使之在小鼠体内生长并逐渐形成一种人鼠嵌合肝脏，建立人肝嵌合小鼠模型，称为人源化肝脏小鼠（humanized liver mice）。小鼠肝脏人源化可以解决乙型病毒性肝炎、丙型病毒性肝炎和疟疾等人类传染病缺乏动物感染模型的难题，为这些疾病的病理研究、疫苗和新药研发及人肝细胞代谢功能的体内研究提供可靠的研究平台。

**3. 组织/器官人源化动物模型**

组织/器官人源化动物是指接种了人类组织或者器官（接种后能够正常生长并具有相应功能）的动物。人源异种移植模型（patient-derived xenograft，PDX）直接将来源于患者的肿瘤组织块接种到免疫缺陷小鼠或大鼠体内，最大限度地避免了体外处理，能更好地反映肿瘤真正的生物学特征。目前，制作 PDX 模型使用的小鼠品系包括 BALB/c-nude、SCID、NOD-SCID 和 NOG/NSG 等。肿瘤移植部位主要有皮下、肾包膜下和原位移植。皮下移植常见移植部位在动物颈背部皮下，其操作最简单，且易于观察肿瘤的大小，故被广泛采用。肾包膜下移植是将患者的肿瘤组织转移到动物的一侧肾包膜下，由于该部位血供丰富，基质含量较高，其成瘤率较皮下移植显著提高，肿瘤的生长、浸润能力也明显增强。该模型几乎适用于所有移植肿瘤的建立。然而其操作难度较大，不易观察和测量肿瘤组织的大小，同时对小鼠损伤大，容易引起小鼠感染等缺点限制了该模型的发展。原位移植是将患者的肿瘤组织移植到动物相应的靶器官，由于提供了理论上与患者相似的微环境，能够模拟包括生长、浸润、转移在内的各种生物学行为，充分体现了肿瘤的异质性，因而是最为理想的模型。其主要的缺点是操作难度大，成瘤率较低，其次是不能直接观察，而需要借助超声或者剖腹手术等方法来观察肿瘤的生长情况。PDX 在反映肿瘤异质性及保留原代肿瘤生物学特性方面具有独特优势，在肺癌、胃癌、肝癌、食管癌、结直肠癌和胰腺癌等研究中应用广泛，涉及药物的疗效评价、化疗耐药研究及预测临床预后等诸多领域。

**4. 菌群人源化动物模型**

菌群人源化动物模型（humanized microbiota animal model）是指将来自不同患者的人类微生物群移植到无菌动物体内。如通过粪菌移植方法建立冠心病人源肠道菌群小鼠模型；通过移植健康和炎症性肠病患者的肠道微生物群至无菌小鼠体内，来确定每个微生物群的稳态肠道 T 淋巴细胞反应。与来自健康供体的微生物群相比，将炎症性肠病（IBD）患者微生物群转移到无菌小鼠体内会增加肠道 Th17 细胞和 Th2 细胞的数量，并减少 RORγ+Treg 细胞的数量。菌群人源化小鼠模型的缺点在于小鼠和人类微生物群之间的差异，虽然在广泛的分类水平上微生物群可以互换，但小鼠和人类微生物群之间存在菌株水平和功能差异。肠道共生微生物参与调节人体免疫应答，进而影响肿瘤免疫疗法的疗效。通过无菌化技术及菌群重建技术，可构建携带人类靶点基因、人类肠道微生物的双重人源化小鼠模型。该模型可以更全面地模拟人体肿瘤微环境、免疫系统组成共生菌群微环境，全面评价肿瘤免疫药物的药效和毒性，并进行精准的药物评价。

# 第四节　基因修饰动物在比较医学研究中的应用

利用遗传操作技术将外源基因导入动物细胞基因组进行有目的的基因修饰，并通过胚胎操作等技术使修饰基因进入生殖细胞，稳定遗传给后代动物，由此获得的动物称为基因修饰动物。基因修饰动物模型在认识基因功能、制作人类疾病动物模型、开展新药评估和生产药用蛋白等领域发挥着重要作用。用转基因（transgene）和基因打靶（gene targeting）技术对动物基因组进行修饰可产生转基因、基因敲除（gene knockout）、基因敲入（gene knockin）和基因敲低（gene knockdown）动物模型。基因修饰动物是生物医学研究中最重要的实验动物模型，在生物医药研究和开发中起重要支撑作用。

## 一、转基因动物技术

1972 年 Jaenisch 等用显微注射方法首次成功地把 $SV_{40}$ 的 DNA 显微注射到小鼠胚腔，在子代小鼠中检测到了 $SV_{40}$ 的 DNA。进入 20 世纪 80 年代后，有学者开始利用受精卵原核注射法进行研究。1980 年 Gordon 等用原核显微注射法成功制作了转基因小鼠。1982 年 Palmiter 等将大鼠的生长激素基因注射到小鼠受精卵原核中，获得了"超级鼠"而震惊世界。

转基因载体构建好后，需要通过不同的途径如显微注射法、病毒载体感染法、胚胎干细胞法、精子介导法和体细胞核移植法等，将外源基因表达载体导入生殖细胞的基因组。这些技术多数都是基于显微操作系统，在显微镜下将 DNA、病毒颗粒或胚胎干细胞（embryonic stem cell，ES 细胞）、精子或体细胞核分别注入受精卵原核、早期胚胎、卵细胞或去核的卵细胞。最经典的方法为受精卵原核显微注射法。

**1. DNA 显微注射法**

显微注射法是通过显微操作仪把外源基因注入受体动物的受精卵，外源基因整合到受体细胞染色体上，发育成转基因动物的技术。是目前使用最为广泛、发展最早、最为有效的方法。显微注射法制作转基因动物的步骤为：首先是目的基因的制备，根据需要我们利用基因工程的一些技术方法，制备适合显微注射的目的 DNA 片段，然后继续下面的实验步骤。从注射激素到小鼠出生，整个实验周期大约 1 个月。

1）同期发情和超数排卵：实验开始的第 1 天，给供体雌鼠注射孕马血清促性腺激素（pregnant mare serum gonadotropin）诱导供体雌鼠同期发情。间隔 46～48h 后，也就是实验第 3 天，给供体雌鼠注射人绒毛膜促性腺激素（human chorionic gonadotropin）诱发超数排卵，注射后于当天下午将供体鼠与雄鼠合笼交配。

2）受体鼠准备：挑选处于发情期的雌鼠于实验第 3 天下午和事先准备好的结扎雄鼠合笼，制备胚胎移植时用的受体鼠。一般结扎雄鼠均是提前准备，雄鼠结扎后至少有两次不能使雌鼠受孕才能用于受体鼠的制备。

3）受精卵收集：实验第 3 天早晨检查供体和受体鼠阴道栓，有阴道栓的为阳性。处死供体雌鼠，打开腹腔，取出输卵管和小部分子宫。在显微镜下找到输卵管膨大部，然后撕开，可见卵团自动溢出。用透明质酸酶消化掉卵细胞周围的泡沫细胞。将形态正常的受精卵收集在一起，在 37℃、5% $CO_2$ 条件下用培养基培养，直至用于显微注射。

4）显微注射：将外源基因注射到雌鼠受精卵的过程，是在 200 倍放大倍数下、在带有机械壁的倒置微分干涉差显微镜下进行的。用固定针吸住受精卵，将吸入注射针内的外源 DNA 溶液注入受精卵的雄原核中。注射后的受精卵再移到改良培养基中，37℃、5% $CO_2$ 条件下培养后挑选形态完好的受精卵进行移植。

5）胚胎移植：麻醉假孕受体鼠，在其背部输卵管部位切一小口，找出卵巢和输卵管。将输卵管拉出体外，可用小的血管夹夹住输卵管周围脂肪以固定。用吸管吸取 15～20 个已注射受精卵，依次吸矿物油、气泡、培养液、气泡、受精卵、气泡、培养液。在立体显微镜下将其移植到受体鼠的输卵管。将输卵管送回体腔，缝合切口，相同方法移植另一侧。

6）转基因小鼠的鉴定：仔鼠出生 2～3 周后，取尾组织，提取基因组 DNA，溶解在 TE 缓冲液中。用 PCR 或 DNA 印迹法（southern blotting）检测仔鼠基因组中是否整合了外源基因。

显微注射法利用单细胞受精卵进行细胞水平基因转移，再让受精卵在适宜条件下发育，经适当选配可得到纯合体转基因动物。此项技术目前已经稳定，已积累大量受精卵分离、培养、显微注射操作、胚胎移植和体内发育等方面的经验，并取得成功。所以，本法仍是转基因动物研究中使用最广泛的有效方法。

显微注射法的优点是：可以接受的基因的转移率；可直接用不含原核载体 DNA 片段的外源基因进行转移；外源基因的长度不受限制，可达 100kb；能得到纯系动物；实验周期相对较短。与此同时，一些不足也限制了这一技术的应用：需要昂贵精密的设备、显微注射操作复杂、需专门技术人员进行操作；导入外源基因拷贝数无法控制，常为多拷贝，最多达数百个；常导致插入位点附近宿主 DNA 大片段缺失、重组等突变，可造成动物严重的生理缺陷。尽管如此，由于显微注射方法直接对基因进行操作，整合率较高，因而仍是目前建立转基因动物极为重要的方法。

**2. 逆转录病毒载体感染法**

原核注射和 ES 细胞的基因打靶在小鼠身上取得了巨大的成功，但是这些方法在其他物种身上尚未获得明显成功，促使科学家寻找其他替代方法。如研究表明用逆转录病毒特别是慢病毒载体可有效地将外源 DNA 导入卵母细胞。逆转录病毒转导的雄性生殖系干细胞已成功产生转基因小鼠。逆转录病毒载体感染法主要是利用逆转录病毒 DNA 的长末端重复序列区域具有转录启动子活性这一特点。将外源基因连接到长末端重复序列下部进行重组后，包装成高滴度病毒颗粒，直接感染受精卵，或注入囊胚腔中，携带外源基因的逆转录病毒 DNA 可以整合到宿主染色体上。

逆转录病毒载体感染法操作简单，宿主范围广，不受胚胎发育阶段的影响，无导入基因的连环化现象，且单一位点单拷贝整合效率高。该方法的不足之处是需要生产带有外源基因的逆转录病毒；插入外源基因的长度有一定限制。逆转录病毒整合只能发生在分裂期的细胞，而重组慢病毒可以用来感染未分裂的细胞。通过慢病毒载体感染的小鼠受精卵已成功制作许多转基因动物模型，如阿尔茨海默病转基因大鼠模型。

**3. 胚胎干细胞法**

Martin Evans 等首先成功地从早期胚胎的内细胞团培养得到多潜能干细胞系，能在培养基中体外增殖，当把它们重新输回胚胎胚泡后，仍保留着分化成其他细胞（包括生殖细胞）的能力，这些细胞称为 ES 细胞。ES 细胞可以在体外长期培养，保持未分化状态，并可以对其基因组进行修饰和筛选；所得到的 ES 细胞克隆再注射入囊胚，ES 细胞可整合入早期胚胎，参与胚胎发育，形成各种组织器官。如参与睾丸的发育，形成 ES 细胞来源的精子，可将基因改变传入下一代，得到基因敲除或转基因动物。用 ES 细胞产生的第一个基因修饰动物为逆转录病毒载体感染的转基因小鼠。ES 细胞主要用于基因打靶，产生基因敲除小鼠。小于 50kb 的转基因通常不需要通过 ES 细胞法产生转基因动物。但是，对难以或无法进行显微注射的大基因（50~400kb）或超大基因（400kb~3MB），ES 细胞途径显得尤为重要。如超大基因 TCR 或 Ig 基因位点达到 800~3000kb，可克隆人YAC 载体，其转基因小鼠的制备通常需要借助 ES 和 YAC 细胞融合的途径来实现。

ES 细胞已被视为转基因动物、细胞核移植、基因治疗等研究领域的一种新试验材料，具有广泛的应用前景。然而，目前没能从一些动物中分离到 ES 细胞。目前利用 ES 细胞生产转基因动物受两个条件限制，它有可能被更好的方法取代。首先，目前只有小鼠的 ES 细胞可供商业应用，其他动物的 ES 细胞时有报道。其次，即使有了 ES 细胞，由于中间还要经过繁殖嵌合体的阶段，对于小鼠来说问题不大，但应用于生殖周期长、饲养费用高的其他家畜，会产生一定问题。当然，ES 细胞是一种很好的核供体，很容易保存并在动物克隆中加以应用。

**4. 体细胞核移植技术**

目前仅能够在小鼠实验中常规培养用于基因打靶的 ES 细胞，大鼠的 ES 细胞已获得成功，但还没有得到广泛的应用。目前在许多其他物种中尚缺乏稳定的 ES 细胞系，难以利用 ES 细胞进行基因打靶；只能通过体细胞（somatic cell）进行基因修饰，然后用体细胞核移植（nuclear transfer）技术获得基因修饰动物。1997 年，英国 PPL 公司与罗斯林研究所联手通过体细胞核移植技术率先在世界上制作了转基因绵羊。目前，动物克隆技术已经被成功地用于克隆小鼠、大鼠、猪、犬及大多数家畜等动物。

尽管大动物体细胞基因打靶效率较低，开展基因敲除较困难，但与体细胞核移植相结合的基因打靶已经被成功地运用于生产基因敲除羊、猪和牛。核移植已成功制备阿尔茨海默病转基因猪模型。

## 二、基因敲除动物模型

自 20 世纪 80 年代基因工程兴起以来，出现大量的基因修饰技术以满足研究者们对不同基因功能研究的需要，为了进行体内特定基因的功能研究，转基因技术应运而生。通过特殊方式将基因导入动物体内并使其产生可遗传的整合表达，以此产生的动植物模型作为研究对象，这些模型的出现对于生物学发展产生了极其深远的影响。随着技术研究的发展和深入，对动物模型的要求也在不断提高，从最初的普遍表达到后来的组织特异性、时空特异性表达。特别是随着医学的发展，针对疾病和免疫领域的大量动物模型的需求使得基因工程也在新技术的推动中不断前行。从转基因到基因打靶、定点敲入，再到后来的条件性敲除/敲入（conditional knockout/knockin），都是在研究需求的巨大压力下借助新技术的推动得以实现的。直到最近大量新的基因修饰技术方法的出现，仿佛又在推动基因工程的一次新的革命和跃进，对于基因进行精确定点修饰和时空特异性修饰也将是未来基因工程发展的趋势。

基因敲除是指通过同源重组在靶细胞中定位剔除某个基因的起始信号，或加入终止密码，或敲除靶基因中编码重要功能区的外显子，或敲除基因开始的一两个外显子导致移码突变，导致靶基因在动物全身不能表达（null mutation）或表达无功能蛋白（dominant negative），从而研究该基因在生物活体内的功能，因此产生的基因功能缺失动物称为基因敲除动物。科学家们通过将同源重组（homologous recombination）技术与小鼠 ES 细胞技术相结合发明了基因打靶技术，实现了这一具有跨时代意义的设想。早期开展的基因敲除是从胚胎发育的最早期受精卵开始的，导致全身所有的细胞都有基因敲除，所以传统的基因敲除（conventional gene knockout）都是全身性的。

（一）基因敲除基本过程

**1. 基因打靶载体的构建**

基因打靶载体的基本结构：中间为正筛选基因和相关序列，左右分别为长短同源臂及在长同源臂外为负筛选基因。设计载体时，需要在打靶位点两侧分别设计一段大小为几千碱基（kb）长度的同源臂，用于同源重组。一般来说，同源臂越长，重组效率越高。不过也有研究用不到 1kb 的同源臂完成实验，而同时也有研究证实同源臂长度超过 8kb 后，对于同源重组效率就不再有明显的提高作用。同源重组效率最主要还是由目标位点和打靶基因周围序列决定的，所以研究者现在普遍采用一长一短的适中长度同源臂设计方式，便于后期用 PCR 进行筛选及最终的 DNA 印迹法检测确认打靶是否成功。短同源臂长度为 2～3kb，而长同源臂长度为 4～6kb。

**2. ES 细胞基因打靶和中靶克隆的筛选**

目前使用的小鼠 ES 细胞主要来源于 129、C57BL/6 和 BALB/c 背景的小鼠。研究者们将同源重组应用到 ES 细胞中从而获得了定点基因修饰的目的，通过将 DNA 片段导入细胞中，利用片段上的宿主细胞同源臂进行同源重组，将目的基因置换插入细胞基因组中整合表达。在 ES 细胞中进行同源重组需要将打靶载体进行线性化后，通过诸如电转染、核转染等手段导入细胞，研究已经证明线性化载体更有利于同源重组的发生。

目前基因打靶事件的确定通常是首先用 PCR 反应筛选中靶的 ES 细胞克隆。PCR 引物的设计原则是一个引物位于同源臂外，另一个引物位于载体内。用 PCR 扩增同源臂短臂，成功的基因打靶克隆会有扩增产物出现。阳性克隆还需要 DNA 印迹法分析进一步验证。确定正确后，用于下一步的 ES 细胞显微注射，以产生嵌合体小鼠。

**3. ES 细胞克隆的胚胎显微注射和胚胎移植**

筛选得到的中靶细胞通过显微注射的方式注入囊胚期胚胎的囊胚腔中，然后将囊胚移植到假孕母鼠体内，从而产生子代嵌合小鼠。

**4. 基因敲除小鼠培育**

嵌合小鼠需与野生型小鼠交配，以实现基因修饰生殖系传递。子代中出现毛色分离，如 ES 细胞来源于 129 小鼠，其中带 129 品系背景毛色的为所需小鼠，大约 50% 的小鼠应该带有修饰的基因。若 ES 细胞未能成功嵌合进入生殖细胞（germ line）中，则该基因修饰是不可遗传的，子代小鼠都是野生型小鼠的毛色。基因敲除小鼠需要通过数代自交获得纯合、可遗传的后代，然后用于不同的研究中。

早期使用 ES 细胞实现基因敲除，由于绝大多数医学、免疫学研究中大量使用的都是 C57BL/6 或者 BALB/c 遗传背景的品系，不同的遗传背景会导致基因修饰后出现不同的表型，所以 129 背景的基因敲除小鼠出生以后，必须通过与 C57BL/6 等近交系小鼠进行回交才能够获得研究所需背景的小鼠，进行相关研究工作。随着 C57BL/6、BALB/c 背景的 ES 细胞逐渐出现，并应用于基因打靶工作中，从而在获得基因敲除小鼠后可以直接进行繁殖用于研究，为研究者们的工作提供了极大的便利。

由于 CRISPR/Cas9 等新技术的出现，基于 ES 打靶策略培育基因敲除动物现在已经很少使用了。

## （二）条件性基因敲除小鼠

许多重要的基因，特别是与发育相关的基因，用传统基因敲除技术从胚胎发育开始就全部去掉这些基因，会引起胚胎致死，使研究难以进行下去。许多基因的表达是具有时空性和细胞类别特异性的。传统基因敲除技术不能控制基因敲除的细胞类型和时空性。条件基因敲除技术的诞生解决了这些问题。Rajewsky 实验室首先利用 Cre-loxP 特异性重组系统建立了条件基因敲除技术，这一技术很快得到广泛的推广和应用。

利用 loxP 位点制作的条件性敲除小鼠通过和全身性表达 Cre 重组酶的转基因或基因敲入 Cre，如 EIIa-Cre、Meu-Cre 等小鼠交配后即可获得全身性敲除小鼠。除此以外，还可以利用组织特异性启动子控制 Cre 重组酶的表达，达到在特定组织、器官控制基因表达的效果。假如利用他莫昔芬（tamoxifen）诱导的 Cre 小鼠与利用 loxP 位点制作的条件性敲除小鼠交配，如 Myh6-MerCreMer 小鼠，则可以达到时间控制的特定组织、器官控制特定基因表达的效果。条件性基因敲除小鼠是目前生物医学研究中使用最广泛的动物模型。

## （三）基因修饰新技术的发展

随着研究的不断深入，越来越多的新技术出现并推动着科学研究向前发展。由于传统的基因打靶技术依赖于随机双链断裂（double strand break，DSB）引发的同源重组，而 DSB 的概率很大程度上决定了同源重组的效率。随着技术的进步，人们开始寻求主动制造 DSB 的方式，并希望可以控制 DSB 的位置以对基因组进行更加精确的改造和修饰。据此，各种以核酸酶为基础的新技术逐渐出现，它们的出现很大程度上改善了传统意义上同源重组效率低下的状况，也很可能成为未来基因工程发展的重要技术。

### 1. 锌指核酸酶

锌指核酸酶（zinc finger nuclease，ZFN）是人工改造的限制性核酸内切酶，它由两部分组成，首先是几个（一般为 3～6 个）Cys2-His2 锌指蛋白（zinc finger protein，ZFP）串联组成的 DNA 识别域，另一部分是非特异性的核酸内切酶 Fok I 的催化结构域。通过 DNA 识别域识别特定的 DNA 序列后，将催化结构域定位到目标位点，从而通过核酸内切酶的作用切断 DNA 形成双链断裂。

除了简单地通过非同源末端连接（non homologous end joining，NHEJ）进行基因突变外，因为 DSB 的大量出现可以大大提高同源重组效率，所以我们可以通过 ZFN 技术提高基因敲入和基因修复的效率。将 ZFN 与外源 DNA 一起导入细胞中，通过 DSB 诱导的同源重组定点修复引起某些疾病的点突变，如镰刀型细胞贫血症等，有很好的医学应用前景。

一直以来，除小鼠以外其他动物由于缺乏成熟 ES 细胞系难以实现基因打靶，利用体细胞基因打靶效率低下，ZFN 的出现和应用可以有效解决这个问题。由于初期 ZFN 采用的 9bp 识别序列及 ZFN 的专利保护问题，导致 ZFN 在靶序列的选择和应用上受到了限制。

### 2. TALEN

TALEN 的核心区域是 TALEN 识别域，它来源于植物黄杆菌属，是一种特异性的 DNA 结合蛋白。TALEN 由负责定位和激活功能的 N 末端和 C 末端及中间负责 DNA 特异性识别结合的结构域组成。识别结合域由大量重复性的结构单元串联而成，每个重复单元由 34 个氨基酸组成，其中 32 个都是固定的，中间 12、13 位的两个氨基酸在不同重复单元中存在差异，因此被称为重复序列可变的双氨基酸残基。TALEN 技术原理是通过 DNA 识别模块将 TALEN 元件靶向特异性的 DNA 位点并结合，然后在 Fok I 核酸酶的作用下完成特定位点的剪切，并借助于细胞内固有的同源定向修复或非同源末端连接途径修复过程，完成特定序列的插入（或倒置）、删除及基因融合。

TALEN 提供给我们更简单快捷的靶基因插入/删除突变（targeted insertion/deletion mutations）方式，尤其在生产转基因动物方面与传统方法有着巨大的优势，同时还可以通过多个 TALEN 的导入实现大片段的删除、插入或者异位，这都是传统同源重组打靶方式难以实现的。在大动物基因敲除方面，研究者尝试以 TALEN 体外转录的 mRNA 直接注射猪、牛原核期胚胎后进行基因检测发现基因敲除效率超过 75%；通过转座子共转正筛选基因与 TALEN 至猪胎儿成纤维细胞中进行抗生素富集筛选后，检测细胞克隆基因突变发现，发生单等位基因突变的比例为 54%，而双等位基因突变率为 17%，并以此生产了 LDLR 基因敲除猪模型。

与 ZFN 相比，TALEN 出现脱靶效应比率相应较低，另外，TALEN 从设计到构建、使用都比 ZFN 要方便许多。所以，TALEN 技术出现后取代了 ZFN。但是 TALEN 技术又很快被编辑效率更高、使用更简便的 CRISPR/Cas9 技术取代。

**3. CRISPR/Cas9**

规律成簇间隔短回文重复（clustered regularly interspaced short palindromic repeats，CRISPR）是细菌用于抵抗外来遗传物质入侵的一种获得性免疫机制。2012 年，研究人员首次报道利用 CRISPR/Cas9 技术在哺乳动物细胞中实现基因编辑。CRISPR/Cas9 作为新一代高效、便捷的基因编辑技术，迅速席卷生物学研究各个领域，现已成功对酵母、果蝇、小鼠等多种模式生物进行基因改造。CRISPR/Cas9 基因编辑系统由一个具有核酸内切酶功能的 Cas9 蛋白（或其他同源蛋白）和一条单链向导 RNA（single guide RNA，sgRNA）组成。sgRNA 与 Cas9 蛋白结合靶向到基因组特定位点，Cas9 切割产生双链断裂（double strand break，DSB），经过细胞自主性的非同源末端连接（non-homologous end-joining，NHEJ）或同源重组（homologous recombination，HR）进行修复，引入突变。NHEJ 是一种错配的修复机制，Ku70/80 招募 DNA 连接酶Ⅳ到 DSB 位点，DNA 连接时产生碱基插入或缺失突变。HR 是指有同源臂供体存在的情况下，供体中的外源基因片段通过同源重组整合到靶位点，利用这一方法可以实现基因的原位矫正和遗传增强。已有研究表明，在细胞分裂的各个时期中，细胞自主发生 NHEJ 的频率高于 HR，所以 CRISPR/Cas9 基因编辑常在靶位点产生碱基插入或缺失，导致基因功能失活。

CRISPR/Cas9 系统最常用于基因敲除与敲入，对于某些基因位点的敲除效率能达到 95%以上。用 Cas9 蛋白作为 DNA 内切酶靶向切割 DNA 序列，产生 DNA 双链断裂，经由细胞内的 HR 或 NHEJ 将 DSB 修复。同源重组修复常用于 Cas9 基因编辑操作，可以根据人为提供的具有同源臂的模板进行 DSB 修复，达到基因敲入的目的。设计两条 sgRNA 对目的序列上、下游进行匹配达到基因定点敲除的目的。将 Cas9 基因连接上具有组织特异性表达的启动子并整合到基因组中，可实现 Cas9 组织特异性的表达，达到具有组织特异性的切除目的 DNA 的能力。对于某些致死基因的敲除，可使用 Cre-loxp 系统制备条件性敲除的动物模型，使目的基因在动物体内有条件性地敲除并保证个体存活。条件性敲除需要制备两个 loxp 插入位点的供体，在小鼠实验中发现双供体效率要低于整合的单供体效率。在基因序列中插入 loxp 序列难度较大，需要多次断裂重组，在斑马鱼中实现了不需要 HR 的一步插入 loxp 序列的方式。在敲入操作中同样由于会有目的基因序列的插入需要制备供体，因此对于细胞的修复方式就更倾向于准确性更高的 HR 修复。在兔模型敲入操作中 HR 修复促进剂 RS-1 对提高插入成功率有显著效果，而 NHEJ 抑制剂 SCRP-7 对于敲入成功率无显著影响。随着更多的 Cas 蛋白的开发，CRISPR/Cas9 系统有了更多的功能，最常用的仍是其基本的敲入与敲除功能。

大多数基因编辑操作都是基于对 DNA 双链切割形成 DSB 后通过细胞内修复方式进行，这种方法可插入或去除较长的基因序列，对于单个核苷酸的突变操作过于烦琐。Cas9 的突变体 dCas9 由于人为突变失去了对 DNA 双链切割形成 DSB 的酶活性，将 dCas9 与胞苷脱氨酶混合后可将胞嘧啶变为尿嘧啶从而形成 C-T，G-A 的突变达到点突变的效果，此方法不需要形成 DNA 双链断裂，可降低错配可能性，提高编辑效率。此外，dCas13 可对 RNA 进行点突变，在不改变 DNA 序列的情况下对转录后修饰有很大的应用空间。

CRISPR/Cas9 系统较 ZFN、TALEN 更加简单，而且 Cas9/gRNA 的导入和体外转录都更加容易，因而是目前应用最广泛的基因编辑技术。

### 三、基因敲入动物模型

由于传统转基因技术的随机插入特性带给了科学研究太多的不确定性，为了解决这一问题，研究者们将基因打靶技术与转基因结合到一起，通过同源重组将外源基因定点整合到宿主基因组中，从而实现基因定点整合即基因敲入。基因敲入模型包括常规基因敲入、点突变、条件性点突变和人源化。常规基因敲入是外源基因替代小鼠内源基因表达策略，即外源敲入的同时进行内源基因敲除。点突变是将点突变引入到小鼠同源基因对应位置。条件性点突变是将点突变与 Cre-loxP 系统结合，引入到小鼠同源基因对应位置，可实现组织特异性点突变。

通过 ES 细胞技术和 DNA 同源重组技术获得的基因敲入小鼠模型是国际上研究人类突变基因和类似疾病的趋势，可将整体动物实验与细胞水平研究结合，探索基因突变的发病机制和病理生理变化。基因敲入动物模型可模拟人类遗传机制，探索致病机制；进行谱系示踪，追溯细胞起源；将小鼠基因人源化，加速药物研发。亨廷顿病、阿尔茨海默病、帕金森病和肌萎缩侧索硬化并称四大神经退行性疾病，又称神经变性病。此类疾病随着时间推移而恶化，导致神经元退行变性、死亡，严重影响中老年人健康，造成巨大的社会负担，已成为当今社会中严重威胁人类身心健康的常见疾病，然而这类疾病目前尚无有效的治疗方法。其主要原因之一是缺乏合适的动物模型进行药物治疗研究。我国科学家建立了亨廷顿病猪基因敲入模型，准确地模拟人类神经退行性疾病的各方面表型，可进行亨廷顿病方面的研究。

### 四、基因敲低动物模型

小鼠基因敲除是分析基因功能的经典遗传学技术，可以完全灭活小鼠的某个基因。细胞内存在一些特别的机制，如 RNA 干扰（RNA interference，RNAi），从 RNA 水平调控基因的表达水平。这些机制可以人为地用来调低基因的表达水平。基因敲低动物模型其实是一种表达 RNAi 的转基因动物，通过随机插入或定点敲入的方式整合入基因组，利用 RNAi 机制调低某种基因的表达水平。

RNAi 最早是在秀丽隐杆线虫（C. elegant）中发现的。十多年前，科学家们发现在动物细胞内存在一种基因表达调节机制，称为 RNAi。RNAi 是一个序列特异的基因沉默机制，在 mRNA 水平起作用，通过降解 mRNA 抑制基因的表达。RNAi 技术是研究基因功能的强大工具。其特点是简单、便宜、快速，主要在细胞系中使用，其技术亦可用于产生转基因动物，用于在体研究基因功能。尽管 RNAi 不能够完全灭活基因，但在许多情况下，特别是剂量依赖型基因，调低基因表达足以产生表型变化，以确定基因功能。

RNAi 转基因提供了一种替代同源重组用于体内研究基因功能的可塑性和系统性方法。尽管 RNAi 不能取代基因打靶用于产生精确基因修饰，但 RNAi 可独特、快速、可靠、经济地产生转基因小鼠，可在一定的时空里可逆性地抑制内源性基因。

### 五、基因修饰动物模型在生物医学研究中的应用

#### （一）探索基因功能

在生命科学研究领域，人和小鼠的基因组测序工作已完成，但确定基因功能和基因表达调控机制的工作尚未完成。传统上是根据群体遗传学表型变化，进行遗传连锁分析，筛选自然的基因突变，最终确定基因功能。传统方法费时费力，许多突变还需要在动物体内加以验证。基因修饰动物技术的应用加快了基因功能的研究步伐。研究基因功能的最好途径是动物体内基因功能缺失（loss of function）和基因功能获得（gain of function），例如，敲除基因以破坏基因功能，观察体内基因缺失对组织器官生长发育、生理功能及其形态学等的改变，借以确定基因功能。基因修饰动物模型已经在探索基因的结构与功能中发挥了巨大的作用。

基因打靶技术的诞生有着革命性的进步，使人类可以人为地设计打靶载体，定点敲除某一基因

的部分或全部基因片段，引起移码突变，去掉关键的结构域或删除整个基因，从而可以直接确定该基因的功能。用基因打靶技术修饰动物基因组，不但可以探索基因功能，而且可以分析基因表达调控机制。如基因敲除使人们认识到一系列转录因子主导了各种组织器官的发育，而转录因子基因突变或表达异常导致各种畸形。基因打靶技术的应用使人类对各种基本的生物学现象如细胞增殖、细胞分化、机体发育和衰老死亡的认识，提升到整体分子水平。

人类基因组计划的完成，使科学家们注意到人类基因总数并没有想象的那么多。小鼠基因组测序的完成，为人类系统地敲除所有的编码基因和基因调控序列提供了条件。欧美科学家提出大规模基因敲除计划。2003 年，美国冷泉港实验室的科学家们提出系统地突变所有的小鼠蛋白质编码基因的计划；同时欧盟也提出了类似的计划并建立了大规模条件基因敲除项目（the European conditional mouse mutagenesis program，EUCOMM）。诱变所有小鼠蛋白质编码基因是继人类基因组计划后最雄心勃勃的科学计划。早在 2006 年国际上就已经发起了国际小鼠基因敲除计划（international knockout mouse consortium，IKMC）。IKMC 包括美国、欧盟、加拿大三个主要的项目，分别由美国国立卫生研究院（National Institutes of Health）、欧盟和加拿大资助，用基因打靶和基因捕获（gene trapping）方法突变所有的小鼠蛋白质编码序列，从而为大规模破解人类基因组序列的功能提供了全新的途径。其中基因打靶技术更为成功，特别是欧洲的 EUCOMM 项目进展较好。

（二）建立人类疾病动物模型

在医学研究中，用转基因动物技术建立的人类疾病动物模型使医学研究进入了分子医学的新时期。随着人类基因组计划的完成和深入研究，从基因水平认识人类疾病的发生、发展规律，研究新的治疗方法，是当前医学研究的重要课题。利用基因修饰技术在动物活体内模拟和复制人类疾病，研究基因的表达、调控与疾病发生的关系，建立各种人类疾病的动物模型，为研究许多疑难疾病的发病机制提供参考。

在心血管研究领域，由于很多基因纯合缺失容易导致早期胚胎致死或严重的发育缺陷。可以利用 Cre-loxp 系统，利用 Cre 重组酶在机体的特定组织或特定发育阶段表达，对动物基因组的修饰范围和时间处于一种可控状态，有效克服"全敲"的缺陷。动脉粥样硬化的发生和发展与脂质代谢关系最为密切，脂代谢中有两个重要基因即 ApoE 和 LDLr。ApoE 或 LDLr 基因的敲除，会引起血浆中低密度脂蛋白累积和血管重构，进而导致主动脉发生动脉粥样硬化病变。ApoE$^{-/-}$小鼠和 LDLr$^{-/-}$小鼠是研究动脉粥样硬化最常用、最经典的两个小鼠模型。ApoE$^{-/-}$或 LDLr$^{-/-}$小鼠提供了一个动脉粥样硬化的易感背景，在此基础上，可将其他转基因或基因敲除小鼠与 ApoE$^{-/-}$或 LDLr$^{-/-}$小鼠进行杂交，用于观察其他基因对动脉粥样硬化的影响。

在肿瘤研究领域，以前很多的动物模型是使用长期传代的肿瘤细胞系接种的方法产生的移植瘤模型。但是，长期传代的肿瘤细胞系在体外已经发生了许多变化，这种移植肿瘤模型与原代肿瘤有着巨大的差别，不能完全反映临床肿瘤的生长特性和对药物的反应。如许多肿瘤疫苗试验在移植瘤模型上取得了成功，但在临床试验中却没有疗效。为了能更加真实地复制人类肿瘤的发生和发展，科学家们用癌基因的转基因动物模型、肿瘤抑制基因敲除模型，建立了大量的更接近临床的原发性基因修饰肿瘤模型。如利用 EB 病毒-潜伏膜蛋白 1（Epstein-Barr virus latent membrane protein 1，EBV-LMP1）转基因小鼠，成功诱导了伯基特（Burkitt）淋巴瘤的病变；用 SV40T 抗原（simian virus 40 large T antigen，SV40 Tag）转基因小鼠建立了更接近临床的散发型肿瘤模型，为肿瘤免疫治疗和化疗的研究提供了更好的模型。

随着转基因动物技术的不断发展和完善，将会产生越来越多的基因修饰动物模型用于研究生物医学中的热点问题，这是重组 DNA 技术在分子水平上探讨人类疾病的发病机制及发现新的治疗方法的应用和拓展。转基因技术为各种人类疾病的治疗方法奠定了实验基础。

### （三）生产药用蛋白质

基因修饰动物还可以用作生物反应器（bioreactor），产生各种药用蛋白质或生物制品。第一个用转基因动物技术生产的药用蛋白质是组织型纤溶酶原激活剂（tissue type plasminogen activator，tPA），1987 年 Gordon 等将 tPA 基因置于小鼠乳清酸蛋白基因启动子的控制下，转基因小鼠乳汁中含有可用于溶栓治疗的人 tPA；同年，科学家将半乳糖 β-酪蛋白的启动子和抗凝血酶Ⅲ基因序列相连，转入绵羊胚胎细胞，在转基因绵羊的乳汁中得到有生物活性的抗凝血酶Ⅲ，其蛋白产量可达 7g/L，成为第一个进入临床试验的转基因动物生物反应器蛋白产品。用于肺气肿、支气管扩张、胰腺纤维化、慢性支气管炎、哮喘、银屑病顽症和创面修复治疗的人抗胰蛋白酶和用于产生抗体治疗的全人源化的单克隆抗体等都可用转基因动物生物反应器生产。2009 年，美国食品和药物监督管理局批准首个转基因动物表达的药品 ATryn，人类终于有了第一个转基因动物生产的药物上市，用于临床治疗。该药品是从经过基因修饰奶山羊分泌出的羊奶中提取纯化的，用于治疗一种被称为遗传性抗凝血酶缺乏症的疾病。

### （四）生产异种器官移植的供体

基因修饰的大动物（如猪）未来还可能用作异种器官移植的供体。利用基因修饰技术可以敲除与超急性异种器官移植排斥反应相关的基因（如 1,3-半乳糖苷酶基因），同时转入人类的相关基因（如人补体调节蛋白 CD59、人促衰变因子），以减低排斥反应，延长移植器官的生存时间。

### （五）新药开发

基因修饰构建的人类疾病动物模型还可以用于新药筛选和药效评价，对开发新药、检测新的治疗方法（如基因治疗和免疫治疗）等起着重要的推动作用。随着转基因动物技术与实验动物这一交叉学科的发展，基因修饰动物模型将在比较医学、实验生理学、药理学等领域得到更加广泛的应用。

下　篇

# 第四章　心血管系统的比较医学

## 第一节　人和实验动物心血管系统比较解剖学

### 一、比较心血管概述

　　小鼠、大鼠和人心血管系统的结构与组织大体相似（表 4-1）。与所有哺乳动物一样，啮齿类动物和人类的心脏均有四个腔：左右心房、占主导地位的左心室和壁较薄的右心室（图4-1～图4-4）。啮齿类动物的心脏远远小于人类的心脏；然而，心脏与体重的比值与人类相似，右心室壁和左心室壁的相对厚度也是如此。

**表 4-1　啮齿类动物和人心血管系统的结构与组织特征比较**

| 特征 | 啮齿类动物 | 人 |
| --- | --- | --- |
| 心脏重量 | 小鼠：0.10～0.15g | 成年男性：250～350g |
| | 大鼠：0.5～2.5g | 成年女性：200～300g |
| 心脏重量（占身体重量百分比） | 小鼠：0.4%～0.6% | 成年男性：0.45% |
| | 大鼠：0.2%～0.5%（随年龄增长而减少） | 成年女性：0.40% |
| 左心室壁厚度 | 小鼠：1.5～1.8mm | 1.2～1.5cm |
| | 大鼠：1.5～2.7mm | |
| 右心室壁厚度 | 小鼠：0.5～0.6mm | 0.4～0.5cm |
| | 大鼠：0.5～0.9mm | |
| 室间隔（IVS）厚度 | 小鼠：1.5～1.8mm | 1.2～1.5cm |
| | 大鼠：1.5～2.5mm | |
| 心率 | 小鼠：350～700 次/分 | 60～100 次/分 |
| | 大鼠：300～400 次/分 | |
| 左心室心排血量 | 小鼠：11～19ml/min | 成年男性：约 5L/min |
| | 大鼠：70～80ml/min | 成年女性：约 4.5L/min |
| 左心室每搏量 | 小鼠：30～36μl/搏动 | 成人男性：70ml/搏动 |
| | 大鼠：175～225μl/搏动 | 成年女性：60ml/搏动 |
| 心脏形状 | 卵圆形或球形 | 锥形 |
| 取决于隔膜 | 否 | 是 |
| 不同的室间沟 | 缺失 | 当下 |
| 心包囊 | 几个细胞层的厚度 | 厚 1～3mm |
| 心外膜脂肪 | 没有或很少 | 沿冠状动脉中等丰富 |
| 前（冠状）腔静脉 | 2 个（左和右） | 1 个 |

续表

| 特征 | 啮齿类动物 | 人 |
|---|---|---|
| 初级冠状动脉 | 小鼠：通常情况下 2 个，偶见 3 个<br>大鼠：通常是 2 个 | 通常在近端有 2 个分支，左分支分为<br>2 个主要动脉 |
| 冠状动脉起源 | 冠状动脉窦内或其上 | 冠状窦内 |
| 冠状动脉间隔 | 存在 | 不存在（大部分 IVS 由冠状动脉左<br>前降支发出的间隔穿支供血） |
| 冠状动脉位置 | 心肌内 | 通常近端为心外膜，远端为心肌中部 |
| 冠状动脉外供血 | 小鼠：无<br>大鼠：存在 | 无 |
| 窦房节位置 | 右颅腔静脉和右心房交界处 | 上腔静脉和右心房的交界处 |
| 房室节位置 | 房间隔 | 类似于啮齿类动物 |
| 希氏束位置 | 基底 IVS | 中心纤维体至基部室间隔 |
| 左右束支位置 | 分别沿室间隔的左侧和右侧心内膜向下 | 类似于啮齿类动物 |
| 房室瓣 | 连续瓣膜存在腱索 | 分明的瓣叶；存在腱索 |
| 半月瓣 | 无腱索 | 类似于啮齿类动物 |
| 心外膜 | 薄 | 突出 |
| 心内膜 | 薄 | 突出 |
| 心内膜下结缔组织 | 没有或很少 | 突出，尤其是在心脏左侧，可能含有<br>血管、神经纤维、脂肪和平滑肌束 |
| 心骨骼 | 小鼠：模糊<br>大鼠：比小鼠明显 | 清楚 |
| 瓣膜层 | 无明显层；存在纤维和松质骨区域 | 三个清晰的层次：心房/心室、纤维<br>和松质骨 |
| 双核心肌细胞 | 大多数（>75%） | 少数（<25%） |

　　在啮齿类动物和人类中，心脏主要由心肌细胞组成，但也存在其他类型的细胞，包括内皮细胞、成纤维细胞和白细胞。啮齿类动物和人类心脏之间的差异包括心脏的一般形状、冠状动脉的位置、瓣膜的结构、心包囊、心外膜和心内膜的厚度及心脏骨骼的突出。血管的解剖和组织学结构也有许多共同特征；不同之处包括啮齿类动物动脉壁较薄和肺静脉周围心肌细胞突出（表 4-2）。在本章中，小鼠通常用于代表啮齿类动物，并与人类进行比较。

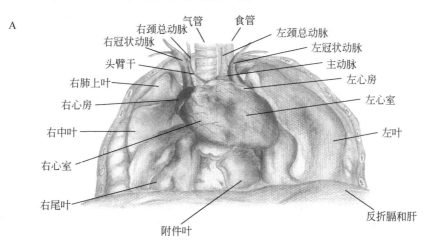

A
气管　食管
右颈总动脉　左颈总动脉
右冠状动脉　左冠状动脉
头臂干　主动脉
右肺上叶　左心房
右心房　左心室
右中叶　左叶
右心室
右尾叶
附件叶　反折膈和肝

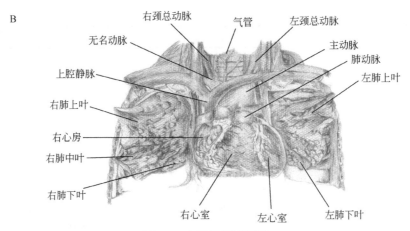

**图 4-1　心脏局部解剖图**

A. 啮齿类动物（小鼠）心脏的腹侧视图，显示其与其他胸部器官的关系。已切除心包。B. 人体心脏前视图，显示其与其他胸部器官的关系。心包已被部分切除

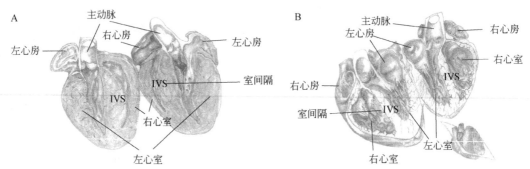

**图 4-2　心脏**

A. 将啮齿类动物（小鼠）的心脏一分为二，以显示其内部腔室。由于体积小，很难检查小结构（如瓣膜）或大体测量壁厚。B. 人类的心脏被分成前后两半，以显示所有腔室和心脏瓣膜。啮齿类动物瓣膜通常在显微镜下进行评估。啮齿类动物的壁厚通常采用专门的成像技术进行测量。如果收缩状态和切片水平标准化，可以在显微镜下进行测量

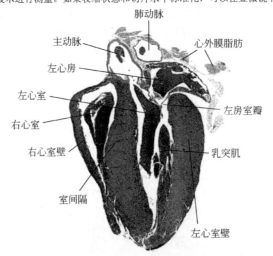

**图 4-3　啮齿类动物（小鼠）心脏的大体解剖图**

纵切面左心室游离壁（LVFW）和室间隔（IVS）的厚度大致相同；右心室游离壁（RVFW）的厚度约为 LVFW 的 1/3。心房壁比心室壁薄得多。心室壁上几乎没有心外膜脂肪（Ad），但心底的脂肪（主要是白色脂肪）却非常明显。为了进行彻底的瓣膜显微镜检查，最好是通过心脏底部进行阶梯式横切，以确保瓣膜完整。

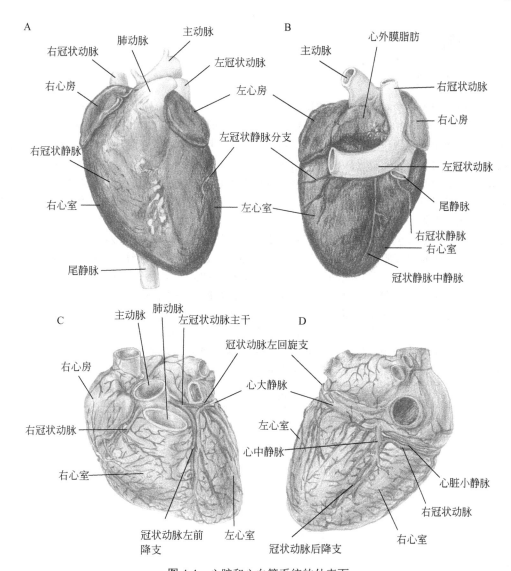

图 4-4　心脏和心血管系统的外表面

啮齿类动物（小鼠）心脏的腹侧（A）和背侧（B）表面。在心脏表面明显可见的血管主要是心脏静脉。冠状动脉为心肌内动脉，表面不明显。人类心脏的胸肋（C）和膈面（D）。与啮齿类动物不同，人类心脏中的许多大血管行于心脏表面，可从外部观察。啮齿类动物心脏表面的血管主要是静脉。大鼠左心房血液可由内乳动脉和（或）锁骨下动脉的分支供应。啮齿类动物和人类的心脏血管都存在个体差异

　　啮齿类动物中使用头侧指示朝向头部，使用尾侧指示远离头部（朝向尾部）。人体用上方表示朝向头部，下方表示远离头部。因此，啮齿类动物的颅侧通常类似于人类的上部，尾侧通常类似于人类的下部。在啮齿类动物中，背侧用于指示朝向背部或脊柱，腹侧用于指示朝向下面或地面（以正常站立姿势）。后部用于人体表示朝后，前部用于人体表示朝前。因此，啮齿类动物的背侧通常类似于人类的后部，腹侧通常类似于人类的前部。

　　最后，由于啮齿类动物的心血管系统尺寸较小，在检查啮齿类动物心脏特征时，通常最好在显微水平上进行，而人类的一些特征很容易在肉眼水平上检查。

## 二、心脏

### (一) 大体解剖学

啮齿类动物和人类的心脏均位于纵隔。

心脏由胸骨、肋骨和肋间肌所覆盖（人体前方），侧面由肺、胸膜和肝脏结构包围，其背面（后部）被降主动脉和食管所包围（图4-1）。在啮齿类动物和人类中，心脏均分为4个腔室：由房间隔分隔的左右心房和由室间隔（IVS）分隔的左右心室（图4-2、图4-3）。啮齿类动物心脏的腹侧与人类心脏的胸肋侧相对应，而心脏的背侧大致与人类心脏的膈肌侧相对应。在啮齿类动物和人类中，心脏朝向其尾极（在人类向下）变尖，称为心尖。大血管起源的另一端（头侧或上侧）称为基底。因此，从心尖到心底为心脏的长轴。

啮齿类动物的心脏位于非常薄的心包内。心包由外间皮细胞层和内间皮细胞层组成，中间由少量纤维层分隔。内间皮细胞层（壁层心包）与脏层心包（心外膜）相连续。心包与纵隔相连，底部与心脏直接相连。心包附着于心脏的结缔组织内含有脂肪组织（主要是白色脂肪）。相比之下，人类心包是一种更为紧实的结构，分为外层的纤维性心包和内层的浆液性心包。纤维性心包厚度为1～3mm，由致密结缔组织构成。浆液性心包壁层紧贴附于纤维层的内面，脏层贴附于心脏的表面，脏壁两层心包之间的心包腔含有15～50ml透明的淡黄色液体，起润滑和保护作用。脏层心包及它与心肌之间的白色脂肪组织，称为心外膜。人类心外膜中偶见棕色脂肪，不是典型特征；若存在，通常分布在心包的某些区域（如靠近壁层心包的位置）（表4-2）。

**表4-2 啮齿类动物和人脉管系统之间特征的差异**

| 特征 | 啮齿类动物 | 人 |
| --- | --- | --- |
| 动脉层 | 内膜、被膜、中膜和外膜、动脉外膜；中膜由平滑肌细胞组成 | 类似啮齿类动物 |
| 弹性动脉 | 弹力层局限于 EEL 和 IEL | 类似啮齿类动物 |
| 小动脉 | 肌层较薄（1～2个细胞）；缺乏 EEL 且通常缺乏 IEL | 类似啮齿类动物 |
| 肌性动脉 | 无 IEL 或平滑肌细胞层；存在间歇性周细胞 | 类似啮齿类动物 |
| 微血管 | 无 IEL 或平滑肌细胞层；存在间歇性周细胞 | 类似啮齿类动物 |
| 皮下结缔组织 | 通常不存在 | 数量不等；通常存在于较大的血管中 |
| 血管滋养管 | 不常见到罕见 | 偶尔可见 |
| 肺静脉 | 由内皮细胞、平滑肌和结缔组织组成 | 偶尔被心脏基底部的心肌细胞包围 |

EEL：外弹性膜；IEL：内弹性膜。

啮齿类动物和人类心脏的整体形状、表面有所不同（图4-1～图4-4）。在啮齿类动物中，心脏不在横膈膜上，在心包囊内可自由活动；因此，该器官倾向于呈椭圆形或球形。在直立的人身上，心脏基本上靠在横膈膜上，这种结构通过其圆锥形和平坦的下表面反映出来。

在啮齿类动物中，右心室相对于左心室略微位于基底，从心尖向心底看，两个心室都略微向顺时针方向旋转，与人类心脏的整体构造相似。在啮齿类动物中，当冠状动脉进入心肌并在心肌内穿过心脏时，心脏表面是光滑的；没有明显的心室间沟，也没有或仅有少量心外膜脂肪存在（图4-5）。在人类的心脏中，前部和后部的室间沟比较明显，而且如上所述，心脏周围的心外膜层通常含有大量的纤维脂肪组织。

对于啮齿类动物心脏，通常仅对外部进行常规大体检查，取出后进行称重。固定后，啮齿类动物心脏通常纵向一分为二，通过右心室和左心室游离壁及大血管起点中间切割（图4-2、图4-3）。

瓣膜检查和壁厚测量通常使用体内成像方法完成，也可以在显微镜下完成。由于收缩状态和测量水平可能影响壁厚测量，因此应注意标准化这些因素，尤其是啮齿类动物的显微镜测量。在任何给定的截面上很难捕获瓣膜，因此通常需要逐级切片来检查瓣膜。啮齿类动物的心脏也可以相对于长轴 90°切片，得到左右圆周游离壁及 IVS 的切片。这种切片通常用于评价主动脉窦和瓣膜，如果收缩状态和切片水平标准化，则可用于壁厚测量。对于壁厚和腔室测量，专门的成像技术可用于啮齿类动物，包括超声心动图和磁共振成像。

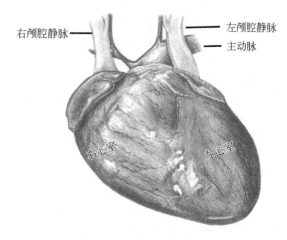

图 4-5　啮齿类动物（小鼠）心脏

人类心脏体积要大得多，需要对其进行非常详细的大体检查。在大多数情况下，按以下步骤检查：①从胸部取出器官，并与周围胸部器官和心包分离。②检查心脏外部。③解剖主要冠状动脉。④检查从心尖到对应于乳头肌中点水平的心室横断面（面包状）。⑤按照血流方向检查心脏剩余的基底部分（即右心房→右心室→肺动脉→左心房→左心室→主动脉）。

啮齿类动物心脏重量和壁厚测量值可能因体重、年龄、性别和品系而异；固定也会影响体重和壁厚。应始终通过与适当的年龄、性别和品系匹配对照进行比较来解释实验对心脏重量和（或）壁厚的影响。心脏重量通常表示为体重百分比或心脏体重比。这可以使得不同先天或获得性体重的啮齿类动物心脏重量正常化。在评价心脏重量时，应始终进行归一标准化，以帮助区分全身差异（例如，心脏重量较轻，仅仅是因为啮齿类动物较小且体重较轻）与心脏特异性差异。即使进行归一标准化，也最好使用相同年龄、性别和品系的啮齿类动物进行比较研究。心脑重量比也使用归一标准化。

小鼠和大鼠心脏重量分别为 0.10~0.15g 和 0.5~2.5g。小鼠心脏为体重的 0.4%~0.6%，而大鼠心脏为体重的 0.2%~0.5%。小鼠左心室游离壁厚 1.5~1.8mm，大鼠左心室游离壁厚 1.5~2.7mm。如前所述，测量值因年龄、性别和品系而异。在小鼠和大鼠中，IVS 的厚度与左心室游离壁大致相同，右心室游离壁通常约为左心室游离壁的 1/3。相反，两个心房壁都比心室壁薄得多，在某些区域可能只有几个细胞层厚。

按比例，人类心脏的大小与啮齿类动物心脏相似。其重量为 200~350g 或为体重的 0.40%~0.45%。左心室游离壁、右心室游离壁和 IVS 厚度分别为 1.2~1.5cm、0.4~0.5cm 和 1.2~1.5cm。二尖瓣周长和主动脉瓣周长（通常不在啮齿类动物中进行测量）分别为 8~10cm 和 6~8.5cm。

（二）组织学

**1. 心肌**

啮齿类动物和人类的心肌在光学显微镜水平上表现出相似的特征。心房和心室心肌的组织学特征基本相似；但是，与心室相比，心房壁更薄，心房心肌细胞往往更小、更薄且更长。在啮齿类动物和人类中，大部分横截面由心肌细胞（主要的实质细胞类型）占据。

心肌细胞呈短圆柱状，并显示与骨骼肌相似的横纹模式，具有交替明 I（偏振光下的各向同性）带和暗 A（偏振光下的各向异性）带。心肌细胞可能含有 1 个或 2 个位于中央的细胞核。大多数啮齿类动物心肌细胞为双核，而大多数人类心肌细胞为单核。细胞核染色质呈颗粒状，有 1 个或 2 个明显的核仁。心肌细胞偶尔以锐角分支。它们通过被称为闰盘的特殊连接复合物进行连接。闰盘代表起伏的双膜，其中两个细胞被桥粒紧密结合在一起，并通过缝隙连接，允许电脉冲在细胞间传导。在组织切片中，闰盘呈垂直于肌纤维长轴的微弱线。在成人和部分啮齿类动物心脏中，可能在心肌细胞核周位置含有金棕色脂褐素。脂褐素由脂质、磷脂和蛋白质组成，这些蛋白质在脂质过氧化后积聚。因为它在老年人或啮齿类动物中常见，被认为是一种"磨损"色素，通常在人类中比在啮齿类动物中更常见。

当在纵切面（即端对端平行于切面）检查心肌细胞时，上述大多数特征最容易显示。在一些微观视野中，心肌细胞会横向切片。在这一切面中观察，条纹和闰盘不明显，但其中的心脏间质和非肌细胞类型显示较好。与骨骼肌中的类似结构相似，肌内膜是围绕个体肌纤维的胶原网络。肌束膜是围绕心肌细胞群的略厚的胶原网络。

由于这些胶原网络相对较薄，心肌细胞的束化往往不明显，它们经常被集中在一起，作为"心脏间质"的一部分，其中包括心肌细胞之间的所有成分。间质内有丰富的血管网，因此每个心肌细胞均被多个毛细血管包绕。间质中存在的细胞类型包括大量的成纤维细胞和内皮细胞，两者均具有较少的细胞质和椭圆形或扁平的细胞核，染色质致密。此外，间质中含有少量白细胞（主要是巨噬细胞和淋巴细胞，通过免疫组织化学可观察到），以及少量（人类）至极少量（啮齿类动物）脂肪细胞。

尽管间质细胞仅占心脏横截面的一小部分，但其代表了目前细胞总数的大多数。间质中还含有微细胞外基质网络，特殊组织化学（如三色）染色可用于突出显示该隔室中存在的胶原蛋白。

心肌细胞在截取的纵向、横向或斜面显微镜视野反映了心肌细胞穿过心室壁的真实组织，心肌细胞的平均轴在心室壁的不同层逐渐过渡。在左心室，内部肌纤维倾向于纵向定向，以形成肌小梁和乳头肌，而室壁中部的肌纤维一般是周向定向，从而从心尖到心底围绕心室腔室形成一个圆柱体。心室壁外部的肌纤维方向因区域不同而变化更大。

**2. 心内膜、心外膜和心包**

心脏的内表面衬有心内膜，覆盖双心室、双心房和所有瓣膜的内部。心内膜与大血管内膜连续（如下所述）。心内膜有 3 种成分：与充满血液的腔室直接接触的单层扁平内皮细胞、致密的内结缔组织层和疏松的外结缔组织层。最后两层有时集中在一起，称为心内膜下腔室。在啮齿类动物中，光学显微镜通常无法观察到三个不同的层。

相反，可观察到内皮细胞的单细胞层，偶尔存在少量结缔组织。尽管仅有单层内皮覆盖，但人体心内膜下腔室更厚且更明显，尤其是心脏左侧。除了胶原蛋白、弹性纤维和成纤维细胞外，人体心内膜下腔室可含有血管、神经纤维、脂肪组织和成束平滑肌。在啮齿类动物和人的该部位还发现了外周心脏传导系统的特殊细胞、浦肯野纤维。心脏的外表面被心外膜所覆盖。其游离表面衬有单层扁平的间皮细胞（即浆膜性心包的脏层）。在啮齿类动物中，心外膜较薄，由单细胞间皮层组成，下层有少量纤维结缔组织。

心外膜在人体中是一种实质性的结构。间皮由一层纤维或纤维脂肪组织支撑，其厚度可达数毫米。事实上，人类心脏上的脂肪组织远远多于啮齿类动物心脏。心外膜脂肪组织通常沿房室沟和室间沟分布最明显，包绕主要冠状血管和神经并起到缓冲作用，但在一些个体中，它可包绕整个双心室。

心外膜的脏层心包与心底部的壁层心包相连续。在啮齿类动物中，偶尔可在啮齿类动物心脏底部附近的组织切片中发现小的心包碎片。啮齿类动物的心包非常薄：由外间皮细胞层、内间皮细胞层和少量的中间纤维层组成。在光学显微镜下，通常难以区分这些层。尽管在处理器官过程中脏层心包间皮可能会擦掉，但在人体中，这些结构在组织学上更容易识别。纤维性心包由密集的波状胶原带和散布的弹性纤维（只能通过特殊的组织化学染色观察）、少见的基质细胞和稀少的薄壁血管组成。其内表面衬有单层间皮细胞。

## 三、心脏瓣膜

### （一）大体解剖学

啮齿类动物和人类都有 4 个心脏瓣膜：左房室瓣（二尖瓣）、主动脉瓣、右房室瓣（三尖瓣）和肺动脉瓣。这些瓣膜分别分离左心房和左心室、左心室和主动脉、右心房和右心室及右心室和肺动脉。啮齿类动物和人类的瓣膜结构大体相似。然而，与人类瓣膜相比，啮齿类动物瓣膜形成了更多的连续区域，人类瓣膜被分为更明显的瓣叶。人的右房室瓣有三叶，又称三尖瓣。左房室瓣有两瓣，又称二叶瓣或二尖瓣。肺动脉瓣和主动脉瓣均有三叶，又称半月瓣。在啮齿类动物中，通常通过显微镜（或通过专门的成像技术，即超声心动图）对瓣膜进行功能检查。如上所述，从啮齿类动物中生成适当定向的瓣膜组织切片可能具有挑战性，可能需要在心脏基部进行多处切片，以确保捕获瓣膜。在人类中，通过以保留其解剖关系的方式打开心脏，很容易完整地研究心脏瓣膜。

瓣膜的基底部锚定在心脏基底部的纤维结缔组织中。在小鼠中，结缔组织的量极少，而在大鼠则略多。在老年啮齿类动物中，与年轻啮齿类动物相比，结缔组织的量往往增加，偶尔含有少量软骨或骨骼。

结缔组织内可能存在少量肥大细胞。在人类中，4 个瓣膜中的每一个都位于被称为瓣环的致密纤维环内。主动脉瓣环、三尖瓣环和二尖瓣环相互毗邻，而肺动脉瓣环由圆锥肌分隔。总之，4 个瓣环构成了纤维骨架，即所谓的"心脏骨架"，将心房与心室隔离，并为瓣膜和心脏传导系统提供支持。在啮齿类动物心脏中，尤其是小鼠，纤维结缔组织不会形成明显的纤维骨架。

房室瓣的区别在于存在多个称为腱索的薄纤维结构，从瓣膜游离缘附近突出。这些结构在啮齿类动物中明显较少，它们的另一端连接专门的乳头肌。腱索将瓣膜固定在心室壁上，防止瓣膜反转。它们来自心室壁的乳头肌或直接来自心室壁；右心室游离壁上无乳头肌。啮齿类动物的左房室瓣附着于两块乳头肌，一块位于心脏前部，另一块位于心脏后部，两块乳头肌均位于心尖部附近。肺动脉瓣和主动脉瓣没有腱索。

### （二）组织学

在啮齿类动物和人类中，心脏瓣膜的流动表面由一层连续的扁平内皮细胞层覆盖。然而，啮齿类动物和人类的心脏瓣膜内部结构似乎存在相当大的差异，人类心脏瓣膜表现出明显的三层结构，在啮齿类动物中不明显。

啮齿类动物心脏瓣膜有不同区域，但这些区域未形成人类中观察到的明显层次。相反，还有类似于人体纤维的致密机化纤维结缔组织区域，以及类似于人体海绵组织的紊乱胶原蛋白和黏液瘤（含蛋白多糖）细胞外基质区域。瓣膜的基底面通常几乎全是纤维，而海绵状通常仅见于瓣膜的顶部。注意，切面可能导致瓣膜区域（尤其是疏松的黏液瘤区域）不规则增厚，因此应将这一发现与瓣膜黏液瘤变性（瓣膜心内膜炎）的病理过程区分开来。

鉴于人体瓣膜组织的复杂结构，通常使用胶原蛋白和弹性蛋白的特殊组织化学染色（如 Movat 五色法）对其进行评价。人类瓣叶有 3 层，从近端到远端定向的组织切片中可识别：心房和心室、海绵层和纤维层。第一层为房室瓣的心房，半月瓣的心室，与前房的心内膜下连续，含有突出的弹性纤维。靠近瓣膜的对侧面是第三层，即致密的胶原性纤维，与瓣膜的纤维环连续，为瓣膜提供结构支持。纤维膜延伸整个瓣叶长度，对于房室瓣，则插入腱索和乳头肌尖端。分离心房或心室和纤维室的是第二层，即海绵层，含有丰富的蛋白多糖，通过常规组织化学染色使其具有松散的"海绵状"外观。在人的二尖瓣中，位于瓣环内靠近瓣膜止点的组织也可能含有毛细血管、平滑肌细胞和心肌细胞。

## 四、传导系统

在啮齿类动物和人类中，窦房结（SA）、房室结（AV）、房室束（希氏束）及左右束支代表了心脏传导系统的主要部分。虽然人类的传导系统比啮齿类动物的传导系统描述得更详细，但传导系统的组织结构类似。在啮齿类动物和人类中，窦房结位于颅腔静脉（啮齿类动物的右颅腔静脉）与右心房的交界处，房室结位于房间隔。房室结与希氏束连续，希氏束是中央心脏传导系统的下一个结构。在啮齿类动物中，从房室结到希氏束的过渡在解剖学上是不明确的。在啮齿类动物和人类中，希氏束分为左束支和右束支，分别在心内膜下行进，朝向 IVS 左侧和右侧的心尖。

窦房结和束支的细胞直径小于心室心肌细胞，呈椭圆形，核位于中央，核仁明显，细胞质嗜酸性，略呈颗粒状，无条纹。在啮齿类动物中采集传导系统的切片可能具有挑战性，通常需要逐层切片。免疫组化可用于更好地显示传导系统，尤其是在啮齿类动物中。虽然需要仔细解剖和良好的心脏解剖学知识，但这些结构可以很容易地在人类心脏的组织切片中取样和鉴定。在人体中，这种纤维骨架的组成部分，即中心纤维体，是一个重要的标志，有助于定位房室结和希氏束。如前所述，啮齿类动物的纤维性骨架不太明显，因此在啮齿类动物中中心纤维体不明确。中心纤维体由隔膜和右侧纤维三角（二尖瓣和主动脉瓣之间纤维连续的向右部分）汇聚形成。它被中央心脏传导系统所穿透，电传播从心房沿此轴进入 IVS 的顶部。致密的房室结位于"工作"心房肌（近端）和中心纤维体（远端）之间，通过移行结细胞与前者相连。因此，房室结肌细胞在形态上不同于邻近工作心肌中的相应细胞，但没有通过纤维组织与它们相隔离。沿中央传导系统轴的下一个结构是希氏束，与致密的房室结相似，但位于中心纤维体内。然后，希氏束从中心纤维体发出，进入 IVS 的顶部，发出左右束支。这些结构构成了在束中的绝缘纤维鞘。小鼠和人类外周心脏传导系统的后续组分在形态学上相似。

## 五、大血管和冠状血管

（一）大体解剖学

大血管为心脏输送血液，冠状动脉为心脏提供血液。

大血管包括主动脉、腔静脉、肺动脉和肺静脉。在啮齿类动物和人类中，含氧血通过主动脉瓣时从左心室流出。体循环通过腔静脉返回心脏。在啮齿类动物中，存在左右冠状静脉和一个尾腔静脉。人体相应的脉管系统由上腔静脉（仅一个）和下腔静脉组成。血液通过起源于肺动脉瓣的肺动脉流出右心室，并通过肺静脉返回心脏。在啮齿类动物中，冠状血管的解剖结构和命名因品系而异，甚至在同一品系内也可能不同。啮齿类动物冠状血管系统的特征尚未达到人类冠状血管系统的程度。

啮齿类动物通常有两个主要的冠状动脉，这两个动脉都起源于主动脉窦或略高于主动脉窦（升主动脉起始处凸起）。人类通常也有两条主要冠状动脉，起源于主动脉窦内而不是上方。啮齿类动物冠状动脉离开主动脉窦或主动脉后不久即进入心肌并在心肌内穿过心脏，通常位于心外膜下 $200\sim400\mu m$。因此，与人类相比，啮齿类动物的冠状动脉在心肌内，因此在检查心脏表面时通常不容易看到（图 4-4）。

在小鼠中，右冠状动脉经过并供应右心室。它发出几个分支，其中一个分支与人类的后降支动脉相当。另一个分支是间隔动脉，没有对应的人体分支。据报道，间隔动脉也起源于冠状窦或左冠状动脉，此外，还可能有 2 支不同起源的间隔动脉。左冠状动脉一般斜跨左心室，发出多个分支。有人将主要分支称为左回旋支和钝缘动脉。在此模式中，钝缘动脉被认为与人类左冠状动脉前降支相当。

在大鼠体内，右冠状动脉发出一条分支，即间隔动脉。右冠状动脉供应右心室，大部分左心房、右心房和 IVS，供应左心室的一小部分。左冠状动脉发出 2 根（少见 3 根）分支。一个分支，即心室间动脉，大致与 IVS 平行，供应 IVS 的一部分，并与间隔动脉吻合。另一个分支，回旋支，在左心室腹侧面下方向心尖部走行，供应大部分左心室。除上述冠状动脉外，大鼠左心房还可由乳内动脉和（或）锁骨下动脉的分支供血。

啮齿类动物心脏表面肉眼可见的血管主要是心脏静脉，走行于心外膜下方。啮齿类动物和人类静脉解剖结构的相似之处不如主要冠状动脉明显。啮齿类动物心室的主要静脉虽然各不相同，但可分为以下几类：①右心室静脉，沿右心室走行，汇入右心房；②左心静脉，沿左心室走行，汇入冠状窦；③后表面的主要尾静脉，汇入冠状窦、左心静脉或右心房；④左、右圆锥静脉，沿房室交界处附近的心室底部向周围走行，汇入右心房或右头侧腔静脉。

人类心脏冠状动脉在起源、数量、走行和大小方面与小鼠有诸多不同（图 4-4）。在大多数情况下，人类心脏有两个主要的冠状动脉分支，它们来自三个主动脉窦中的两个，并延伸到心外膜脂肪内的大部分或全部长度。在主动脉窦中出现后，右冠状动脉通常在三尖瓣口周围向右走行，在此形成通向右心室的多个分支血管，是起搏器和心脏传导系统的重要组成部分。在大多数心脏中，右冠状动脉穿过心脏的右侧边缘，并完全延伸到心脏后下面的房室和后室间沟的交点（这一标志也被称为房室交叉）。在约 80% 的人类心脏中，右冠状动脉继续作为冠状动脉后降支，该血管在心室间后沟中从十字交叉向心尖走行，并向两个心室的后面提供额外的分支。这种常见的解剖结构被称为右冠状动脉优势。少数心脏表现为左优势循环，后降支反而是左回旋支的延续，或共显性循环，其中后降支由左回旋支和右冠状动脉共同供血。人的左冠状动脉分支有相当大的变化。在大多数个体中，未分离的左冠状动脉主干在分叉进入左前降支和左回旋支之前，在左主动脉窦外约 2cm 或 3cm 处走行。然后左前降支在前室间沟向心尖方向走行。它产生数量不等的间隔支，其穿入并供应 IVS，以及对角支，其沿左心室侧面延伸。注意，这些血管部分通常位于心肌内，而不是心外膜。左冠状动脉主干的另一主要分支，即左回旋支，在分支为钝边缘支之前，通常走行于左房室沟，这些分支通常也可见于心肌内。

在人类心脏中，心脏静脉的走行大致与大动脉平行。大多数静脉最终汇入冠状窦，这是一个宽大的静脉通道，开口于右心房的下腔静脉和三尖瓣之间。冠状窦的主要属支包括心大、中和小静脉。心大静脉通常起始于心尖附近，沿前室间沟走行至心底。然后向侧方扭转，将左房室沟内的二尖瓣口包绕至心脏后面，增宽形成冠状窦。心中静脉在后室间沟内由心尖至心底与后降支动脉相对走行，而小的心静脉则沿右房室沟内右冠状动脉分支走行。心中、小静脉在近结部汇入冠状窦。

（二）组织学

大血管和心脏脉管系统及脉管系统的其余部分可分为以下部分：动脉、小动脉、毛细血管、小静脉和静脉。全身血流方向为心脏→弹性动脉→肌动脉→小动脉→毛细血管→小静脉→静脉→心脏。除了在啮齿类动物中体积更小外，啮齿类动物和人类的显微解剖通常相似，即血管壁成分基本相同。

动脉可分为两类：弹性动脉（如主动脉、肺动脉和颈总动脉）和肌肉动脉（如绝大多数动脉分支）。两种类型均有三层结构：内膜、中膜和外膜。内膜是内层，代表血管壁和管腔之间的界面。它由单层扁平的内皮细胞（其在组织学上与心内膜中的内皮细胞一致）和少量支持性疏松结缔组织组成。

在啮齿类动物中，内皮下结缔组织几乎不存在，在光学显微镜下，内皮位于内弹性膜（IEL）上，这是一层紧密的弹性纤维。在人体中，这种内皮下结缔组织的厚度随动脉大小、年龄和疾病状态而变化。中膜是血管壁的中间部分，含有平滑肌细胞和结缔组织，而外膜由结缔组织组成，通常与周围软组织连续。IEL 将内膜和中膜隔室分开。IEL 突起随血管口径和位置的不同而有显著差异。同样，中膜和外膜由称为外弹性膜（EEL）的一层弹性纤维分隔，通常与 IEL 区别不太明显。

弹性动脉与肌性动脉的区别在于前者的弹性纤维相对丰富，弹性纤维被组织成同心的有孔板。在二维组织切片中，这些片层呈现致密、平行方向的弹性片层，由平滑肌细胞和胶原蛋白分隔。虽然弹力片层最好使用特殊的组织化学染色（如 Movat 五色染色）进行评价，但是它们也具有高度折射性，通常也可以通过常规染色进行评价。在人体中，弹性动脉壁的宽度通常超过扩散限值，因此壁的内部由外膜中称为滋养血管的小动脉维持。在啮齿类动物中，血管外膜不易观察到滋养血管，血管的内部很少观察到滋养血管。肌动脉的组织学结构与弹性动脉相似，但中膜弹性动脉含量相对较少。肌性动脉中膜由厚层平滑肌细胞组成，提供血管运动张力。

弹性纤维主要局限于 IEL 和 EEL。在人类，滋养血管往往更局限于外膜，但最大的肌性动脉除外，而这种情况在啮齿类动物中很少见到。在小动脉，肌肉层比肌肉动脉薄得多，即使在人类，厚度也仅为一两个细胞层。小动脉没有 EEL，较小的小动脉甚至没有 IEL。因此外膜也相应变薄。

毛细血管是血管网络的最小分支。它们由位于基底膜上的单个内皮细胞层组成。不存在 IEL 或平滑肌细胞层。周细胞是平滑肌样细胞，沿毛细血管散布。根据血管壁的连续性程度不同将毛细血管分为三种类型：连续型、有孔型和窦状型。小静脉比毛细血管略大，其管壁也可能散布周细胞。

静脉的外观通常与动脉相似。然而，由于平滑肌和弹性纤维少得多，它们的壁明显较薄。静脉包含整个静脉系统的成对瓣膜。啮齿类动物肺静脉的一个独特特征是它们被心肌包围，这在人类中通常不存在。

# 第二节　人和实验动物心血管系统比较生理学

人和实验动物的血压、呼吸频率、心率、体温有较大的差异。一般来说，小动物每单位体重的耗氧率一般比大动物高，因此，小动物的心脏必须以较高的速率供给氧。动物体形越大，心率越慢，因为身体大小与心脏大小成正比，越小的心脏越要快速跳动。呼吸频率也是如此，心率和呼吸频率是相平行的关系。同一个体的心率、呼吸频率、体温三者成正比关系。发热时，心率和呼吸频率都增加，这种情况出现异常可以认为生命处于病危状态。两栖类、爬行类是变温动物，其体温无法自主维持恒定水平，而是与外界温度密切相关。鸟类的体温比哺乳类的高。恒温动物的体温昼夜有一定变动范围，变动情况与行为类型有关，一般夜间活动的动物凌晨 2:00～3:00 是每日的峰值。

## 一、比较血压、心率

血压（blood pressure，BP）是指血管内流动的血液对单位面积血管壁的侧压力，即压强。国际标准计量单位为帕（Pa），帕的单位太小，故血压单位常用千帕（kPa）表示。由于临床常用水银检压计量血压，因此，长期以来已习惯于用水银柱的高度（即毫米汞柱，mmHg）来表示血压数值（1mmHg=0.133kPa）。血压是反映循环系统功能的常见生理指标，特别是药效试验中不可缺少。人的血压一般采用间接测定，所测血压为末梢血压或全身血压，主要由心肌收缩力和末梢血管的阻力形成。但对动物来说，由于肢体的形状、皮肤的被毛形态与人类不同，尚没有完全可靠的间接测定方法。尽管近年来有人对猕猴、犬、大鼠、小鼠等采取在肢端或尾根部间接测定血压，但有时很难区分收缩压和舒张压。

心率（heart rate，HR）是指每分钟心脏搏动的次数。健康成人安静状态下心率为 60～100 次/分，平均 75 次/分。心率因年龄、性别和生理情况不同而有差异。新生儿的心率每分钟可达 140 次以上，以后随着年龄的增长而逐渐减慢，至青春期接近成人。成人中，女性的心率略快于男性。

表 4-3～表 4-10 为人类和实验动物的心率、血压、呼吸频率等临床生理观察指标。动物的临床生理观察指标随动物种类、年龄及周围环境变化而有所差异，表中列出的是成年动物安静状态下的测定值。

表 4-3　人类和实验动物血压、心率特点比较

| 动物种类 | 血压（kPa） | | 呼吸频率（次/分） | 心率（次/分） |
|---|---|---|---|---|
| | 收缩压 | 舒张压 | | |
| 人 | 16.7 | 10.7 | 17.5 | 75 |
| | 13.30～20.0 | 8.0～13.3 | 15～20 | 50～100 |
| 小鼠 | 14.79 | 10.80 | 128 | 600 |
| | 12.67～18.40 | 8.93～11.99 | 84～163 | 323～730 |
| 金黄地鼠 | 15.15 | 11.11 | 74 | 375 |
| | 12.12～17.77 | 7.99～12.12 | 33～127 | 250～500 |
| | 10.93～15.99 | 7.99～11.99 | 66～114 | 216～600 |
| 豚鼠 | 11.60 | 7.53 | 90 | 280 |
| | 10.67～12.53 | 7.33～7.73 | 69～104 | 260～400 |
| 兔 | 14.66 | 10.66 | 51 | 205 |
| | 12.66～17.33 | 8.00～12.0 | 38～60 | 123～304 |
| 猫 | 11.11～14.14 | 7.57 | 26～125 | |
| | 14.14 | 6.57～10.10 | 20～30 | 110～140 |
| 犬 | 15.99 | 7.99 | 18 | 120 |
| | 12.66～18.15 | 6.39～9.59 | 11～37 | 109～130 |
| 猴 | 21.1 | 13.35 | 40～150 | |
| | 18.6～23.4 | 12.2～14.5 | 31～52 | 120～180 |
| 猪 | 17.07 | 10.91 | 15 | 75 |
| | 14.54～18.68 | 9.90～12.12 | 12～18 | 60～90 |
| 牛 | 13.54 | 8.89 | 20 | 48 |
| | 12.53～16.77 | 8.08～12.12 | 10～30 | 45～50 |
| 马 | 9.09 | 5.96 | 11.9 | 38 |
| | 8.69～9.90 | 4.34～8.48 | 0.6～13.6 | 35～40 |
| 绵羊 | 11.52 | 8.48 | 16 | |
| | 9.09～14.14 | 7.67～9.09 | 12～20 | |
| 鸡 | 20 | 16 | 10 | |
| | | | 250～350 | |

注：两列数值时，上面为均数，下面为范围值；三列数值时，上面为均数，中间为雄性范围值，下面为雌性范围值。

表 4-4　各种品系小鼠收缩期血压与脉搏数（引自 Green E L，1966）

| 品系 | 月龄 | 例数 | 收缩期血压（kPa） | 脉搏数（次/分） |
|---|---|---|---|---|
| A | 成熟 | 20 | 14.34±0.24 | |
| A/J♂ | 9 | 800 | 11.16±0.23 | 589±11 |
| BALB/cJ♂ | 9 | 800 | 13.95±0.23 | 494±11 |
| CBA/J♂ | 7 | 800 | 12.95±0.25 | 657±8 |
| CBA♂ | 2 | 12 | 11.04±0.67 | |
| CBA♂ | 14 | 11 | 13.70±0.80 | |

续表

| 品系 | 月龄 | 例数 | 收缩期血压（kPa） | 脉搏数（次/分） |
|---|---|---|---|---|
| CBA♂ | 20 | 10 | 13.17±0.53 | |
| C3H | 2～5 | | 14.76（12.64～17.69） | |
| C3H | 13～14 | | 20.09（19.15～21.95） | |
| C3H | 31～32 | | 20.08（18.35～21.81） | |
| C57BL/6J♂ | 9 | 800 | 12.41±0.29 | 633±11 |
| DBA/2J♂ | 7 | 800 | 11.85±0.27 | 614±11 |
| RF/J♂ | 6 | 800 | 12.77±0.24 | 595±11 |
| SJL/J♂ | 9 | 800 | 12.77±0.27 | 639±14 |
| 129/J♂ | 8 | 800 | 11.80±0.27 | 630±8 |

♂为雄性，未注明的个体是性别无显著差异，空格为未有准确数值报道。

表 4-5　各种品系大鼠的血压（15 周龄）（引自 Tanase H，Suzuld Y，1971）

| 分类 | 品系 | 雄性（例数） | 雌性（例数） |
|---|---|---|---|
| 正常血压（kPa） | Wistar Imamichi | 16.09±0.13（26） | 16.76±0.13（26） |
| | Donryu | 16.09±0.13（26） | 16.89±0.19（22） |
| | Jaudiced | 15.69±0.20（24） | 17.16±0.20（23） |
| | Sprague Dawley | 17.02±0.12（25） | 17.82±0.15（19） |
| | Holtzman | 16.89±0.13（20） | 18.09±0.15（20） |
| 高血压（kPa） | SHR | 21.41±0.20（26） | 23.94±0.21（28） |

表 4-6　不同品系兔的血压、脉搏及体重（引自 Fox R R 等，1970；Weisbroth S H，1974）

| 兔的品系与性别 | | 平均动脉压（kPa） | 收缩期血压（kPa） | 舒张期血压（kPa） | 脉压（kPa） | 脉搏数（BPM） | 体重（g） |
|---|---|---|---|---|---|---|---|
| 雄性 | ACCR（B） | 13.17±0.27 | 16.76±0.40 | 11.44±0.27 | 5.32±0.27 | 277±11 | 1834±54 |
| | ACER（ep/ep） | 12.64±0.67 | 15.43±0.93 | 11.17±0.53 | 5.85±0.53 | 274±17 | 2091±57 |
| | A | 12.50±0.53 | 15.69±0.67 | 10.91±0.53 | 4.92±0.27 | 251±9 | 2353±58 |
| | WH | 12.37±0.40 | 15.03±0.53 | 11.17±0.27 | 3.86±0.40 | 302±10 | 2404±83 |
| | ACCR（Y） | 12.37±0.40 | 15.56±0.53 | 0.77±0.40 | 10.66±0.27 | 271±12 | 2472±64 |
| | AX | 12.24±0.27 | 14.90±0.40 | 10.91±0.27 | 3.99±0.27 | 250±15 | 3364±53 |
| | AX$_{BUBU}$ | 12.24±0.27 | 15.03±0.40 | 10.91±0.13 | 10.12±0.27 | 248±14 | 3523±92 |
| | Ⅲmo | 12.01±0.27 | 14.50±0.40 | 10.91±0.27 | 3.59±0.27 | 256±11 | 2958±82 |
| | Ⅲc | 11.97±0.27 | 14.50±0.40 | 10.64±0.27 | 3.86±0.40 | 287±16 | 3684±57 |
| | c | 11.44±0.27 | 13.57±0.67 | 9.98±0.27 | 10.39±0.27 | 229±8 | 2571±120 |
| | X | 11.17±0.53 | 13.43±0.67 | 9.98±0.40 | 3.46±0.27 | 260±13 | 2099±76 |
| | AC | 10.77±0.53 | 11.97±0.53 | 9.31±0.40 | 4.12±0.40 | 242±14 | 2371±108 |
| | OS | 9.71±0.53 | 17.29±0.67 | 8.65±0.53 | 3.33±1.33 | 234±12 | 2610±64 |
| 雌性 | ACCR（B） | 13.70±0.53 | 17.16±0.67 | 11.97±0.40 | 4.10±0.30 | 246±10 | 2098±48 |
| | ACEP（ep/ep） | 13.83±0.53 | 16.36±0.53 | 12.10±0.53 | 6.38±0.40 | 240±9 | 2098±111 |

续表

| 兔的品系与性别 | | 平均动脉压（kPa） | 收缩期血压（kPa） | 舒张期血压（kPa） | 脉压（kPa） | 脉搏数（BPM） | 体重（g） |
|---|---|---|---|---|---|---|---|
| 雌性 | A | 12.77±0.40 | 14.90±0.40 | 10.91±0.27 | 5.32±0.40 | 263±6 | 2950±103 |
| | WH | 12.10±0.40 | 15.03±0.27 | 10.77±0.27 | 4.12±0.27 | 274±7 | 2626±126 |
| | ACCR（Y） | 12.24±0.27 | 14.36±0.40 | 10.77±0.27 | 4.26±0.27 | 256±11 | 2434±89 |
| | AX | 11.97±0.40 | 14.36±0.40 | 10.77±0.40 | 3.59±0.27 | 211±10 | 3608±92 |
| | AX$_{BUBU}$ | 11.44±0.40 | 13.70±0.53 | 9.84±0.40 | 10.52±0.27 | 242±15 | 3638±157 |
| | IIImo | 11.31±0.40 | 14.63±0.40 | 10.24±0.40 | 3.46±0.27 | 209±17 | 2873±108 |
| | IIIc | 12.10±0.40 | 14.23±0.53 | 10.77±0.40 | 3.86±0.27 | 277±12 | 3733±211 |
| | c | 11.57±0.40 | 14.23±0.53 | 10.24±0.27 | 4.12±0.27 | 257±10 | 3104±117 |
| | X | 10.77±0.40 | 13.03±0.67 | 9.71±0.27 | 3.33±0.27 | 274±5 | 2172±55 |
| | AC | 10.64±0.53 | 12.10±0.67 | 9.44±0.53 | 5.99±0.27 | 251±11 | 2413±122 |
| | OS | 9.98±0.53 | 12.10±0.67 | 8.91±0.40 | 3.19±0.27 | 241±10 | 2825±93 |

**表 4-7　生长各期猪和小型猪心搏数、血压等的均数与标准差**

| | 体重 | 例数 | 心搏数（次/分） | 每分搏出量 ml/kg | 1次搏出量（ml/kg） | 平均动脉压（kPa） | 肺动脉压（kPa） |
|---|---|---|---|---|---|---|---|
| 猪 | 新生仔 | 8 | 180±42 | 320±45 | 1.77 | 7.71±0.80 | |
| | 新生仔 | 7 | 254±37 | 358±21 | 1.41 | 9.84±1.46 | |
| | 2~5kg | 17 | 163±62 | 349±13 | 2.14 | 12.10±3.86 | 1.60±0.55 |
| | 13~20 kg | 6 | 124±9 | 139±21 | 1.13±0.17 | 14.76±1.33 | 2.66±0.65 |
| | 18~25 kg | 30 | 177±7 | 118±6 | 1.01 | 17.02±0.53 | |
| | 20~25 kg | 10 | 112±17 | 145±10 | 1.29 | 13.83±2.13 | |
| | 28~55 kg | 9 | 114±18 | 135±42 | 1.20±0.27 | 13.83±1.60 | 2.00±0.24 |
| | 50~65 kg | 9 | 123±12 | 168±18 | 1.37±0.18 | 15.16±2.00 | 2.79±0.80 |
| | 55~69 kg | 9 | 118±6 | 172±18 | 1.46 | 16.76±1.20 | 2.66±0.40 |
| 小型猪 | 11~19 kg | 4 | 91 | 112±25 | 1.23 | 14.50 | 2.53 |
| | 18~33 kg | 14 | 103±19 | 84±19 | 0.80±0.29 | 13.57±1.06 | |
| | 45~60 kg | 29 | 85±17 | 49±17 | 0.57±0.23 | 14.23±6.52 | |
| | 61~81 kg | 10 | 107±27 | 64±21 | 0.60±0.17 | 12.10±2.93 | |

**表 4-8　犬与猪休息时及运动时心搏数、动脉压等的比较**

| 项目 | 犬（例数12，心工作量5例） | | | 猪（例数14） | | |
|---|---|---|---|---|---|---|
| | 休息时 | 正常运动 | 过激运动 | 休息时 | 正常运动 | 过激运动 |
| 心搏数（次/分） | 101±6 | 235±6 | 313±9 | 103±5 | 219±4 | 276±4 |
| 每分搏出量（L） | 2.84±0.21 | 7.82±0.4 | 10.28±0.61 | 2.15±0.32 | 4.64±0.33 | 6.26±0.51 |
| 1次搏出量（ml） | 29±2 | 33±2 | 33±2 | 20±2 | 22±2 | 22±2 |
| 平均大动脉压（kPa） | 12.90±0.40 | 16.09±0.67 | 16.49±0.53 | 13.57±0.27 | 15.96±0.40 | 18.49±0.80 |
| 心工作量 [kg/（min·100g），右心] | 4.1±0.4 | 14.6±2.0 | 19.4±2.1 | 4.7±0.1 | 11.8±1.0 | 17.6±1.1 |
| 全末梢抵抗（units） | 34.2 | 15.5 | 12.1 | 47.4 | 25.9 | 22.2 |

表 4-9　人和实验动物毛细血管血压

| 种属 | 状况 | 组织 | 方法 | 毛细血管压（cmH₂O） | |
|---|---|---|---|---|---|
| | | | | 动脉端 | 静脉端 |
| 人 | 正常 | 皮肤，指甲 | DC | 43.5（28.6~65.0） | 16.5（8.0~24.5） |
| | 充血 | 皮肤，指甲 | DC | 86.0（71.0~93.0） | 54.5~66.5 |
| | 高血压 | 皮肤，指甲 | DC | 48.5（10.1~95.1） | 30.8（12.8~58.0） |
| 豚鼠 | 去脑、巴比妥和乙酸 | 肠系膜 | DC | 38.5（31.0~49.0） | 17.0（13.0~19.5） |
| 兔 | 戊巴比妥钠 | 网膜 | DC.OT | 27.0（25.0~40.0） | 22.0（16.0~25.0） |

表 4-10　实验动物血压各种测定方法参考值

| 动物 | 测量血压方法 | 收缩压均值（kPa） |
|---|---|---|
| 大鼠 | 鼠毛容积法 | 14.4 |
| 大鼠 | 后足光电法 | 28.9 |
| 大鼠 | 鼠腿光电法 | 16.4 |
| 大鼠 | 鼠尾光电法 | 14.3 |
| 大鼠 | 直接插管法 | 17.2 |
| 大鼠 | 剪尾见血法 | 15.9 |
| 大鼠 | 鼠尾搏动法 | 16.1 |
| 大鼠 | 鼠尾听诊法 | 15.6 |
| 小鼠 | 鼠尾同位素示踪法 | 8.0~12.0 |
| 兔 | 耳动脉透光法 | 12.7 |
| 犬 | 直接插管法 | 26.7~12.3 |
| 犬 | 后肢超声听诊法 | 25.9~12.5 |
| 猴 | 动脉桥测量法 | 17.9~10.1 |

## 二、比较心电图

### （一）人类与实验动物心电图正常参数值比较

人类与实验动物心电图（electrocardiogram）正常参数值比较见表 4-11 和表 4-12。

表 4-11　人类与实验动物心电图正常参数值比较

| 参数 | 人 | 猴 | 犬 | 猫 | 兔 | 豚鼠 | 大鼠 |
|---|---|---|---|---|---|---|---|
| P（s） | <0.11 | 0.032 | 0.062 | 0.03 | 0.053 | 0.022 | 0.015 |
| | | 0.024 | 0.046 | 0.054~0.070 | 0.025~0.035 | 0.015~0.028 | 0.011~0.019 |
| P（mV） | | <0.25 | 0.20 | 0.12 | 0.32 | 0.26 | 0.062 |
| QRS（s） | 0.08 | 0.039 | 0.034 | 0.03 | 0.042 | 0.038 | 0.015 |
| | 0.060~0.010 | 0.030~0.077 | 0.0322~0.0360 | 0.021~0.039 | 0.039~0.049 | 0.033~0.048 | 0.013~0.017 |
| QRS（mV） | | 0.317 | | | | | |
| | | 0.21~0.91 | | | | | |
| T（s） | | 0.037 | 0.128 | | 0.065 | 0.044 | 0.064 |
| | | 0.032~0.051 | 0.108~0.148 | | | 0.035~0.060 | |

续表

| 参数 | 人 | 猴 | 犬 | 猫 | 兔 | 豚鼠 | 大鼠 |
|---|---|---|---|---|---|---|---|
| T（mV） | | | 0.06 | | | | |
| | | | 0.28～0.92 | | | | |
| R（mV） | | | 3 | | | | |

**表 4-12　人类与实验动物心电图正常值**

| 参数 | 人 | 犬 | 兔 |
|---|---|---|---|
| 体重（kg） | 65 | 12 | 2.2 |
| 脉搏数（次/分） | 71 | 120 | 300 |
| P（mV） | 0.2 | 0.13 | 0.06 |
| Q（mV） | 0.03 | 0.2 | 0.015 |
| R（mV） | 1.8 | 1.6 | 0.21 |
| S（mV） | 0.5 | 0.06 | |
| T（mV） | 0.26 | 0.09 | 0.09 |
| P（s） | 0.08 | 0.04 | 0.03 |
| PQ（s） | 0.2 | 0.12 | 0.06 |
| QRS（s） | 0.08 | 0.06 | 0.02 |
| QT（s） | 0.32 | 0.24 | 0.14 |

（二）常用实验动物心电图正常参数值比较

1）猴、兔、豚鼠、大鼠心电图正常参数值比较见表 4-13 和表 4-14。

**表 4-13　四种动物心电图正常参数值（间期）比较**

| 参数 | 猴（107 例） | 兔（10 例） | 豚鼠（37 例） | 大鼠（91 例） |
|---|---|---|---|---|
| P（s） | 0.037±0.0014 | 0.031 | 0.022<br>0.015～0.028 | 0.015±0.0037<br>0.01～0.03 |
| PR（s） | 0.078±0.002 | 0.068 | 0.050<br>0.044～0.068 | 0.049±0.007<br>0.035～0.070 |
| QRS（s） | 0.037±0.014 | 0.042 | 0.038<br>0.033～0.048 | 0.0150±0.0015<br>0.0125～0.0200 |
| QT（s） | 0.200±0.006 | 0.140 | 0.116 | 0.0787±0.0137<br>0.045～0.115 |
| ST（s） | | | 0.078 | 0.066～0.098 |
| T（s） | 0.037±0.014 | 0.065 | 0.044<br>0.035～0.060 | 0.0638±0.0134<br>0.03～0.10 |
| 心率（次/分） | 215±6<br>150～300 | 247<br>214～272 | 261<br>214～311 | 358±47<br>240～444 |

**表 4-14　三种动物心电图正常参数值**（波幅电压：mV）

| 参数 | | 猴（107 例） | 兔（10 例） | 大鼠（91 例） |
|---|---|---|---|---|
| P | 标准导联 | 向上<br>向下 | 0.12±0.01 | 0.075<br>0.035 | 0.0150±0.0037 |

续表

| 参数 | | | 猴（107 例） | 兔（10 例） | 大鼠（91 例） |
|---|---|---|---|---|---|
| P | 加压肢体导联 | 向上 | 0.10 | 0.096 | 0.0140±0.0031 |
| | | 向下 | 0.08 | 0.090 | |
| QRS | 标准导联 | Q | | 0.120 | 0.030±0.017 |
| | | R | 0.61±0.07 | 0.160 | 0.775±0.226 |
| | | S | 0.25±0.07 | 0.130 | 0.225±0.147 |
| | 加压肢体导联 | Q | 0.41 | 0.110 | 0.135±0.096 |
| | | R | 0.41 | 0.110 | 0.350±0.178 |
| | | S | 0.41 | 0.110 | 0.155±0.117 |
| | 胸导联 | $V_1$　R | 0.48 | | |
| | | 　　　S | 0.97 | | |
| | | $V_2$　R | 0.92 | | |
| | | 　　　S | 0.56 | | |
| | | $V_3$　R | 0.90 | | |
| | | 　　　S | 0.20 | | |
| T | 标准导联 | 向上 | 0.17±0.02 | 0.210 | 0.145±0.055 |
| | | 向下 | | 0.180 | |
| | 加压肢体导联 | 向上 | 0.14 | 0.170 | 0.045±0.075 |
| | | 向下 | 0.13 | 0.250 | |
| | 胸导联 | 向上 | 0.35 | | |
| | | 向下 | 0.11 | | |

2）近交系小鼠心电图正常参数值比较见表 4-15。

表 4-15　小鼠（DBA/2NCrj，BALB/cAnNCrj）心电图的周龄差异

| 周龄 | 品系 | 性别 | 例数 | PQ（ms） | QRS（ms） | QT（ms） |
|---|---|---|---|---|---|---|
| 4 | DBA | 雄 | 10 | 36.1±3.2 | 9.9±0.9 | 47.7±4.0 |
| | | 雌 | 11 | 36.2±3.2 | 10.1±0.8 | 55.1±7.9 |
| | BALB | 雄 | 10 | 35.7±1.7 | 9.2±0.8 | 45.0±2.9 |
| | | 雌 | 7 | 33.4±1.2 | 10.3±0.5 | 50.7±5.7 |
| 8 | DBA | 雄 | 10 | 40.1±4.8 | 11.2±0.9 | 59.3±6.5 |
| | | 雌 | 11 | 39.1±2.3 | 10.4±0.6 | 59.0±9.4 |
| | BALB | 雄 | 8 | 35.7±2.9 | 10.0±0.8 | 62.3±5.6 |
| | | 雌 | 8 | 35.7±3.4 | 9.4±0.9 | 55.9±3.6 |
| 35 | DBA | 雄 | 10 | 41.7±4.9 | 11.7±1.4 | 61.7±8.1 |
| | | 雌 | 10 | 40.1±3.2 | 11.0±0.9 | 57.8±3.6 |
| | BALB | 雄 | 10 | 36.9±4.0 | 10.1±0.7 | 59.8±4.1 |
| | | 雌 | 7 | 37.5±3.3 | 10.3±0.5 | 60.9±1.9 |

3）饲育环境对小鼠心电图的影响见表 4-16。

表 4-16　饲育环境（无菌，普通化，普通）对小鼠（ICR）心电图的影响

| 条件 | 性别 | 例数 | P（ms） | PQ（ms） | QT（ms） | PP（ms） | P（mV） | P（mV） |
|---|---|---|---|---|---|---|---|---|
| 无菌 | 雄 | 22 | 24±3 | 39±4 | 35±6 | 136±28 | 0.055±0.015 | 0.481±0.102 |
| 普通化 | 雄 | 16 | 22±5 | 41±5 | 39±6 | 165±38* | 0.062±0.023 | 0.527±0.148 |
| 普通 | 雄 | 18 | 23±2 | 41±4 | 36±4 | 158±26* | 0.055±0.011 | 0.403±0.103 |

续表

| 条件 | 性别 | 例数 | P（ms） | PQ（ms） | QT（ms） | PP（ms） | P（mV） | P（mV） |
|---|---|---|---|---|---|---|---|---|
| 无菌 | 雌 | 12 | 23±3 | 42±5 | 38±4 | 141±30 | 0.065±0.015 | 0.473±0.105 |
| 普通化 | 雌 | 13 | 22±4 | 40±7 | 38±5 | 149±30 | 0.064±0.018 | 0.513±0.136 |
| 普通 | 雌 | 12 | 24±2 | 41±6 | 35±6 | 147±38 | 0.068±0.015 | 0.501±0.075 |

\*与对应的条件相比较 $P<0.05$（$\bar{x}\pm s$）；普通化：无菌动物移入普通动物室饲育。

4）豚鼠心电图正常参数值比较见表4-17。

**表 4-17　豚鼠心电图正常参数值**（引自 Wagner 归纳各个文献，1976）

| 参数 | Peteleny（1971） | Farmer（1968） | Zeman（1965） | Pachtarik（1965） | Pratt（1938） |
|---|---|---|---|---|---|
| 例数 | 38 | 10 | 34 | 7 | 57 |
| 体重（g） | 370～590 | | 300～500 | 822～1055 | |
| 心搏数（次/分） | 260±40 | 240～310 | 335±33 | 261（214～311） | 327（232～400） |
| RR（s） | | 0.18 | 0.181±0.019 | | 0.183（0.162～0.288） |
| RR"（s） | | 0.07 | 0.054±0.006 | | |
| PQ"（s） | 0.060±0.005 | | | 0.055（0.044～0.068） | 0.036（0.024～0.055） |
| QT"（s） | 0.130±0.015 | 0.11 | 0.108±0.103 | 0.116（0.106～0.144） | |
| ST"（s） | | | 0.083±0.019 | 0.078（0.006～0.098） | 0.059（0.041～0.084） |
| QRS"（s） | 0.030 | 0.02 | 0.024±0.004 | 0.038（0.033～0.046） | 0.013（0.008～0.021） |
| P"（s） | | | 0.030±0.005 | 0.022（0.015～0.028） | 0.016（0.008～0.025） |
| T"（s） | 0.050±0.009 | | 0.035±0.005 | 0.040（0.035～0.050） | 0.022（0.013～0.034） |
| 条件 | 异氟烷麻醉 | 起立无拘束 | 横卧无拘束 | 起立无拘束 | 起立无拘束 |

5）鼠兔及家兔心电图正常参数值比较见表4-18。

**表 4-18　鼠兔及家兔心电图正常参数值比较**（引自菅野茂・西田隆雄，1981）

| 参数 | | 鼠兔 | | | 家兔 |
|---|---|---|---|---|---|
| | | 7～9 周（n=16） | 21～23 周龄（n=10） | 合计（n=26） | 日本白色种（n=5） |
| 间隔与时间（ms） | PQ | 43±8 | 49±2 | 45±7 | 68±7 |
| | QRS | 24±3 | 24±2 | 24±3 | 24±3 |
| | QT | 167±41 | 150±26 | 161±36 | 218±28 |
| | RR | 199±48 | 211±50 | 204±48 | 218±28 |
| 电位 L-Ⅱ诱导（mV） | P | 0.15±0.13 | 0.08±0.05 | 0.12±0.12 | 0.16±0.11 |
| | R | 0.36±0.19 | 0.20±0.16 | 0.30±0.20 | 0.42±0.22 |
| | S | -0.37±0.24 | -0.32±0.13 | -0.35±0.20 | -0.67±0.23 |
| | T | 0.18±0.22 | 0.07±0.08 | 0.14±0.19 | 0.17±0.16 |
| A-B 诱导（mV） | P | 0.21±0.09 | 0.17±0.08 | 0.20±0.08 | 0.20±0.07 |
| | R | 0.85±0.48 | 0.62±0.62 | 0.77±0.54 | 0.68±0.25 |
| | S | -0.86±0.37 | -0.68±0.27 | -0.79±0.34 | 0.89±0.28 |
| | T | 0.28±0.20 | 0.09±0.18 | 0.20±0.21 | 0.19±0.06 |

6）小型猪（Hormel）心电图正常参数值比较见表 4-19。

**表 4-19　小型猪心电图正常参数值比较**（引自 Larks S D 等，1971）

| 参数 | 出生时（SE） | 1 周龄（SE） | 1 月龄（SE） | 6 月龄（SE） | 1 年龄（SE） |
|---|---|---|---|---|---|
| 心搏数（次/分） | 235.0（7.07） | 264.71（5.35） | 193.77（6.76） | 139.54（3.41） | 118.67（2.48） |
| PR（ms） | 70.76（2.10） | 69.61（1.37） | 77.33（1.66） | 89.87（1.74） | 112.79（2.46） |
| QT（ms） | 147.69（4.25） | 143.84（2.78） | 182.85（3.63） | 227.01（3.06） | 257.20（3.97） |

注：无麻醉下肢体诱导 240 头，SE 为平均值。

7）犬（比格，蒙古）心电图正常参数值比较见表 4-20。

**表 4-20　犬（比格，蒙古）心电图正常参数值比较**（引自菅野茂，1977）

| 参数 | 比格（成熟，n=52） | | | | 比格（幼年，n=50） | | | | 蒙古（成熟，n=137） | | | |
|---|---|---|---|---|---|---|---|---|---|---|---|---|
| | 平均值 | SD | 最高值 | 最低值 | 平均值 | SD | 最高值 | 最低值 | 平均值 | SD | 最高值 | 最低值 |
| PR（s） | 0.470 | 0.098 | 0.572 | 0.368 | 0.546 | 0.150 | 0.696 | 0.396 | 0.548 | 0.144 | 0.698 | 0.398 |
| PQ | 0.100 | 0.010 | 0.110 | 0.090 | 0.100 | 0.014 | 0.114 | 0.086 | 0.102 | 0.016 | 0.118 | 0.086 |
| QT | 0.190 | 0.018 | 0.208 | 0.172 | 0.206 | 0.022 | 0.228 | 0.184 | 0.188 | 0.020 | 0.208 | 0.168 |
| P | 0.062 | 0.008 | 0.070 | 0.054 | 0.066 | 0.010 | 0.076 | 0.056 | 0.058 | 0.010 | 0.068 | 0.048 |
| QRS | 0.034 | 0.002 | 0.036 | 0.032 | 0.032 | 0.004 | 0.036 | 0.028 | 0.034 | 0.004 | 0.038 | 0.030 |
| T | 0.128 | 0.020 | 0.148 | 0.108 | 0.136 | 0.032 | 0.170 | 0.102 | 0.112 | 0.022 | 0.134 | 0.090 |
| P | 0.26 | 0.06 | 0.32 | 0.20 | 0.24 | 0.06 | 0.30 | 0.18 | 0.20 | 0.04 | 0.24 | 0.16 |
| R | 3.66 | 0.64 | 4.32 | 3.00 | 3.78 | 0.74 | 4.56 | 3.00 | 3.16 | 0.80 | 3.98 | 2.34 |
| S | 1.30 | 0.56 | 1.88 | 0.72 | 1.16 | 0.42 | 1.60 | 0.72 | 0.84 | 0.48 | 1.34 | 0.34 |
| T | 0.60 | 0.32 | 0.92 | 0.28 | 0.44 | 0.18 | 0.62 | 0.26 | 0.48 | 0.26 | 0.74 | 0.22 |

注：平均值与 95%可信限的最高值与最低值。

8）猫心电图正常参数值比较见表 4-21。

**表 4-21　猫心电图正常参数值比较**

| 导联 | P（例数） | PR/s（例数） | QRS（例数） | QT（例数） | RR（例数） | 心搏数（次/分） |
|---|---|---|---|---|---|---|
| I | 0.03±0.006（23） | 0.08±0.013（24） | 0.03±0.010（29） | 0.18±0.031（24） | 0.38±0.060（29） | 160 |
| II | 0.03±0.005（30） | 0.08±0.012（30） | 0.03±0.009（31） | 0.17±0.028（30） | 0.38±0.066（31） | 156 |
| III | 0.03±0.006（16） | 0.08±0.014（16） | 0.03±0.013（26） | 0.17±0.029（20） | 0.39±0.063（26） | 156 |
| aVR | 0.03±0.006（30） | 0.08±0.012（30） | 0.03±0.012（30） | 0.18±0.025（28） | 0.38±0.063（30） | 156 |
| aVL | 0.03±0.007（11） | 0.08±0.014（11） | 0.03±0.011（28） | 0.18±0.022（18） | 0.37±0.053（28） | 160 |
| aVF | 0.03±0.008（28） | 0.08±0.015（28） | 0.03±0.009（29） | 0.17±0.025（25） | 0.38±0.058（29） | 158 |

9）猕猴心电图正常参数值比较见表 4-22。

**表 4-22　猕猴心电图正常参数值比较**（引自平山三船，1974）

| 例数 | 体重（kg） | 心搏数（次/分） | 时间（s） | | |
|---|---|---|---|---|---|
| | | | PQ | QRS | QT |
| 128 | 1.7～3.7 | 160～333 | 0.017～0.100 | 0.020～0.036 | 0.107～0.200 |
| 351 | 4.0±1.7 | 257±31 | 0.07±0.01 | 0.03±0.007 | 0.14±0.01 |
| 17 | 5.0±2.5 | 149±25 | 0.02±0.01 | 0.05±0.01 | 0.24±0.02 |

### 三、比较血液循环时间和心动周期

1）实验动物的血液循环时间（blood circulation period）比较见表 4-23。

表 4-23　实验动物的血液循环时间比较

| 动物种类 | 循环的途径 | 时间（s） | | 批示物 |
| --- | --- | --- | --- | --- |
| | | 平均 | 范围 | |
| 犬 | 股静脉→颈动脉 | 7 | 6～8 | $^{32}$p |
| | 颈静脉→右心 | 1.7 | 1.0～2.5 | |
| | 右外颈静脉→左外颈静脉 | 9.2 | | 传导法 |
| | 整体循环 | 10.8 | 8.9～12.8 | |
| | 整体循环 | 10.5 | 10～11 | 硫氰化钠 |
| 猫 | 股静脉→颈动脉 | 6 | 3.0～9.5 | 镭-碳同位素法 |
| | 股静脉→股动脉 | 6 | 4～8 | $^{32}$p |
| | 股动脉→颈动脉 | 10 | 9～11 | $^{32}$p |
| 兔 | 耳静脉→眼睛 | 5.5 | 5～6 | 荧光素法 |
| | 右耳→左耳 | 4.8 | 3.4～7.2 | 化学物质：四氨基 |
| | 右耳→左耳 | 4.5 | 3.5～5.8 | 氯化锂 |
| | 整体循环 | 10.5 | | 传导法 |

2）实验动物正常心率时心动周期（cardiac cycle）比较见表 4-24。

表 4-24　实验动物正常心率时心动周期比较

| 指标 | 测定单位 | 小鼠 | 大鼠 | 豚鼠 |
| --- | --- | --- | --- | --- |
| 例数 | 只 | 400 | 280 | 510 |
| 体重 | g | 15～30 | 180～350 | 400～700 |
| 心脏收缩数 | 次 | 625（471～780） | 475（370～580） | 280（200～360） |
| 心房传导性 P | min | — | 17（12～20） | 20（16～24） |
| 房室传导性 PQ | ms | 34（30～40） | 48（40～54） | 63（60～70） |
| 室间传导性 QRS | ms | 10 | 13（10～16） | 13（12～14） |
| 电收缩持续性 QT | ms | 55（45～60） | 74（62～85） | 130（120～140） |
| 房室收缩关系 | ms | 0.60（0.56～0.61） | 0.58（0.51～0.65） | 0.58（0.55～0.62） |
| 机械收缩持续性Ⅰ～Ⅱ | ms | 46（40～50） | 62（52～72） | 110（100～120） |
| 峰值电压 P | mV | 0.1（0～0.2） | 0.1（0～0.2） | 0.1（0～0.2） |
| R | mV | 0.4（0.2～0.6） | 0.5（0.3～0.8） | 0.7（0.3～1.2） |
| T | mV | 0.2（0～0.5） | 0.2（0.1～0.4） | 0.2（0～0.5） |

### 四、比较血容量、心排血量和血型

　　人与实验动物的血容量、心排血量和血型各不相同。血量（blood volume）是指循环系统中存在的血液总量。机体在静息时，血液总量中的大部分在心血管中快速循环流动，称为循环血量；小部分滞留在肝、肺及皮下静脉丛等处，流动较慢，称为储备血量，在运动或应急等情况下，可被动加入循环血量中。

　　血型（blood group）通常指红细胞膜上特异性抗原的类型。若将血型不相容的两个人的血液相混合，会出现红细胞彼此凝集成簇的现象，这种现象称为红细胞凝集（agglutination）。在补体的作用下，可引起凝集的红细胞破裂，继而发生溶血。当不相容的血液输入人体时，可在受血者的血管内发生红细胞凝集和溶血反应，严重者危及生命。因此，血型鉴定是安全输血的前提条件。猕猴血型和人的 A、B、O、Rh 型相似，恒河猴主要是 B 型，食蟹猴主要是 A、B、AB 型，O 型较少，平顶猴主要是 O、B 型。犬主要是 A、B、C、D、E 型。只有 A 型血（具有 A 抗原）能引起输血反应，其他四型血可任意供各型血的犬受血，A 型血的输血（溶血）反应没有人明显，但有报道，犬和马因母仔血型不同，母体产生的同种抗体可通过初乳给予仔畜，仔畜在初生的一二天，小肠可吸收初乳中的同种抗体（不消化分解），发生抗原-抗体反应后出现溶血性黄疸（溶血性贫血），可致命。在牛、猪和骡也有类似的情况。因此，对有既往史的母畜（如过去有仔畜死于溶血性黄疸），可做初乳和仔畜红细胞的凝集反应试验。由于血型抗原具有遗传性，并且都是显性性状遗传的，所以在畜牧方面，可以利用血型判定亲缘。血型基因可能与家畜的某些遗传性状有联系，这方面血型研究工作取得成功，可有助于家畜的育种工作。

　　家畜天然存在的同种抗体不像人类那样常见，在牛、绵羊和猪发现有三种（牛抗 J、绵羊抗 R、猪抗 A）天然存在的抗体，有的抗体效价很低。但应用免疫方法，可诱导产生免疫抗体。所以家畜首次输全血一般没有严重后果。如果第一次输血带入同种抗原，受体产生同种抗体，再次输血（如又碰到同样的抗原）会产生反应。所以家畜在输血前，应做供体红细胞和受体血清的凝集反应试验。人类与实验动物血容量、心排血量和血型见表 4-25。

表 4-25　人类与实验动物血容量、心排血量和血型

| 种类 | 全血容量正常值（ml/kg） | 血容量（ml/kg） | | 血细胞比容（%） | 心输出量 | | 血型系统 | |
|---|---|---|---|---|---|---|---|---|
| | | 血浆容量 | 血细胞容量 | | （L/min） | ［L/（kg·min）］ | 名称 | 数目 |
| 人 | 75 | 43.1 | 31.9 | 42.5 | 4 | 0.07 | A，B，AB，O，Rh | 5 |
| | 70～80 | 40.0～46.2 | 30.0～33.8 | 40～45 | 3～5 | 0.05～0.08 | | |
| 小鼠 | 77.8 | 48.8 | 29 | 44 | | | | |
| | | | | 39～49 | | | | |
| 大鼠 | 64.1 | 40.4 | 23.7 | 42 | 0.047 | 0.26 | | |
| | 57.5～69.9 | | | 36～48 | | | | |
| 金黄地鼠 | 70.8 | 44.6 | 26.4 | 45.5 | | | | |
| | | | | 36～55 | | | | |
| 豚鼠 | 75.3 | 39.4 | 35.9 | 42.5 | | | | |
| | 67.0～92.4 | 35.1～48.4 | 31.0～39.8 | 37～48 | | | | |
| 兔 | 55.6 | 38.8 | 16.8 | 42 | 0.28 | 0.11 | | |
| | 44～70 | 27.8～51.4 | 13.7～25.5 | 36～48 | | | | |
| 猫 | 55.5 | 40.7 | 14.8 | 38 | 0.33 | 0.11 | | |
| | 47.3～65.7 | 43.6～52.0 | 12.2～17.7 | 30～45 | | | | |
| 犬 | 94.1 | 55.2 | 39 | 44 | 2.3 | 0.12 | A1，A2，B，C，D，E，F，G | 8 |
| | 76.5～107.3 | 43.7～73.0 | 28～55 | 35～54 | | | | |
| 猴 | 54.1 | 36.4 | 17.7 | 39.6 | | | A，B，AB，O，Rh，Lewis，MN，Hr | 8 |
| | 44.3～66.6 | 30.0～48.4 | 14.3～20.0 | 35.6～42.8 | | | | |

| 种类 | 全血容量正常值（ml/kg） | 血容量（ml/kg） | | 血细胞比容（%） | 心输出量 | | 血型系统 | |
|---|---|---|---|---|---|---|---|---|
| | | 血浆容量 | 血细胞容量 | | （L/min） | [L/（kg·min）] | 名称 | 数目 |
| 猪 | 65 | 41.9 | 25.9 | 39.1 | 3.1 | | A, B, C, E, F, G, H, I, J, K, L, M, N | 13 |
| | 61～68 | 32～49 | 20.2～29.0 | 30.3～43.1 | | | | |
| 牛 | 57.4 | 38.8 | 32.4 | 2.3 | 0.12 | | A, B, C, F-V, J, L, M, N, S, Z, R'-S' | 11 |
| | 52.4～60.6 | 36.3～40.6 | 30～35 | | | | | |
| 马 | 109.6 | 61.9 | 47.1 | 43.3 | 21.4 | 0.07 | A, C, D, K, P, Q, T, U | 8 |
| | 94.3～136.0 | 45.5～79.1 | 39.6～57.5 | 37～56 | | | | |
| 山羊 | 70.5 | 55.9 | 14.7 | 24.3 | 3.1 | 0.13 | | |
| | 56.8～89.4 | 42.6～75.1 | 9.7～19.3 | 18.5～30.8 | | | | |
| 绵羊 | 66.4 | 46.7 | 19.7 | 27.0 | 3.1 | 0.13 | A, B, C, D, M, R, X | 7 |
| | 59.7～73.8 | 43.4～52.9 | 16.3～23.8 | 24～30 | | | | |

# 第三节　比较心血管病理研究中的动物模型

## 一、比较高血压病理研究中的动物模型

高血压为常见、多发的心脑血管疾病的主要危险因素之一，是一种以动脉血压持续升高为主要表现的慢性疾病，常引起心、脑、肾等重要器官的病变并出现相应的后果。人类高血压经常通过实验性高血压动物模型来研究，通过各种物理、化学或遗传学的方法，在动物身上引起异常的、持久的动脉压升高。实验性高血压模型一般可分为两类：一类是通过对在动脉压调节中起主要作用的器官及系统施加影响而诱发的，即肾性、内分泌性及神经源性高血压（类似继发性高血压）；第二类是自发性高血压模型，在一定程度上，它代表人的原发性高血压的研究模型。

（一）神经性高血压动物模型

神经性高血压动物模型可用于各种手术引起的高血压的研究，其初期与神经-肾上腺素能交感系统活动亢进有关。

**1. 切除两侧颈动脉窦及主动脉神经可形成实验性高血压**

手术后犬的血压可很高，最长可能维持5年之久，而血管未见病变。其特点：①血压波动大（安静及睡眠时可正常）；②心排血量及脉率升高；③不易产生小动脉病变及明显的心肌肥大；④用麻醉药或神经节阻滞药后显示具有确定且较大幅度的血压下降。这种动物模型仅产生血流动力学改变而不产生高血压性血管病，因此不同于人类的原发性高血压。

**2. 应激、高级神经活动紧张形成的高血压**

处于应激情况下的动物，为了获得饮料、食物或性对象而进行竞争的动物，常易发生高血压。这些实验模型对于了解人的原发性高血压的病因有很大帮助。噪声可使犬、鼠等形成高血压，但不易造成持久性实验性高血压。铃声、闪光、皮肤电刺激过程中动物有强烈不安、喘气等，血压升高，

但不够稳定。有文献表明,血压升高与高级神经活动紧张度有一定关系,高级神经活动紧张性增强,血压升高比较明显和稳定,维持时间也较长,但不同神经类型的动物对建立条件反射形成分化的难易和神经过程冲突的反应不一。神经性高血压动物模型在低等动物不易成功,其原因可能是低等动物不易产生像高级的灵长类动物具有特异性情绪变化的缘故。

**3. 中枢传递中断引起高血压**

损伤孤束核(NTS)、下视丘前中间部、延髓腹侧部血管紧张素Ⅰ细胞群可引起神经性高血压。NTS 是压力感受器传入冲动终端的主要部位。电解破坏 NTS 使鼠产生严重致死性高血压,总周围阻力及血压上升使心脏过度负荷,产生心力衰竭,可在 4~6h 死亡。损伤猫及犬的 NTS 也可致高血压和心动过速。NTS 具有调节压力感受器反射的作用,但并不参与决定血压水平。下视丘前侧部双侧病损(交感抑制区)产生伴活动增加和高热的慢性及急性暴发型高血压(与 NTS 高血压不同),总周围阻力增加、心排血量减低,α 受体阻滞剂能逆转,在切除双侧肾上腺、肾上腺髓质或肾上腺神经后升压完全消失,提示以下视丘前中部起源或经过的结构对肾上腺髓质分泌儿茶酚胺有张力性抑制作用。

**4. 电刺激引起高血压**

电刺激下丘脑外侧,使大鼠引起"警戒反应"的血管系统和全身适应性变化。若在几周内间断使用,这种刺激可诱发持久性高血压,但停止后即恢复正常。持久电刺激星状神经节同样可诱发高血压。

(二)实验性肾性高血压动物模型

在所有高血压中,肾性高血压所占比例较大。对肾脏的不同处理都可引起高血压,不同的处理可决定高血压的不同类型,可反映高血压的不同程度。

**1. 无肾性高血压**

无肾性高血压必须克服无肾引起的尿毒症,使动物存活足够长的时间,如采用两只大鼠的连体实验;用人工肾使动物延长存活时间;或用腹腔灌洗法使动物存活更长的时间。无肾高血压的通常解释是:肾脏分泌某种维持正常压力所需的抗高血压物质丧失;去肾后体内的水、钠潴留极大地增加。双肾切除导致的高血压主要取决于血容量,它在肾外清除(肾透析)无效时出现,但几天后,循环血容量正常,而外周阻力升高,使得高血压持续存在。

**2. 肾移植性高血压**

临床外科手术观察到,移植肾对受体的血压有明显作用。在实验动物,将自发性高血压大鼠(SHR)或米兰高血压大鼠(MHS)、Dahl 盐敏感高血压大鼠(DS)肾脏移植至相应正常血压对照鼠,使受体血压增高并持续;反之,则使高血压鼠血压下降,趋向正常化。

**3. 实验性肾性高血压**

国际有关的专家会议对实验性肾性高血压造模方法作了如下统一规定:①Goldblatt 高血压,包括一肾一夹型(G-1K1C 型)、二肾一夹型(G-2K1C 型)、二肾二夹型(G-2K2C 型);②Page 高血压,包括一肾缠绕、另一肾切除型(P-1K1W 型),二肾、一肾缠绕型(P-2K1W 型),二肾缠绕型(P-2K2W 型);③Grollman 高血压,包括一肾"8"字结扎、另肾切除型(G-1K1F 型),二肾、一肾"8"字结扎型(G-2K1F 型、G2K2F 型)。此外,部分肾切除同时增加钠摄入也是产生高血压的一个可靠的方法。

G-1K1C 型:麻醉犬狭窄肾动脉后数天内即形成高血压,并伴心排血量降低和周围阻力升高。肾动脉狭窄时犬麻醉与否对狭窄后的变化有很大影响。可分为几个阶段:第一阶段,持续数天,血浆量、细胞外液量及心排血量增加,而周围阻力下降,尿钠减少、饮水量增加,血浆肾素活性(PRA)增加(可促使血压升高);第二阶段,至少有液体潴留、肾素分泌和液体分布的转移三个机制维持高血压;一至数周内进入第三阶段,此时周围阻力增加成为维持高血压的主要因素。麻醉大鼠狭窄一侧肾动脉、切除对侧肾后,在正常摄钠的条件下形成高血压,并伴暂时性细胞外液及血浆容量增加，总体钠升高，心排血量在狭窄后可能增加或减少，但 PRA 仅在狭窄后最初几天内升高，G-1K1C 大鼠血浆去甲肾上腺素（NE）升高，6-羟多巴胺注入脑池可阻止其血压和血浆 NE 的升高，可能交感神经活性增强是该型血压升高所必需的。

G-2K1C 型：清醒犬一侧肾动脉狭窄、对侧肾脏保持完整，术后数小时内，血压及 PRA 升高（与滴注外源性血管紧张素Ⅱ时情况相同）；大约 7 天后 PRA 降至正常范围，但血压仍高。在急性阶段滴注各种肾素-血管紧张素系统抑制剂可使多数犬血压降至正常，提示血管紧张素在慢性阶段滴注，结果常有矛盾。同样在大鼠也可用同法得到稳定而持续的高血压。但可能有短暂的血容量增加或肾钠潴留；PRA 在急性期增加，以后下降，但仍稍高于 G-1K1C 型高血压；肾素-血管紧张素系统抑制剂在急性或慢性期滴注（须持续数小时）都可使血压降至正常（慢性阶段动脉壁肾素含量升高或肾上腺球状带增宽并分泌较大量的醛固酮及皮质醇），低钠食物不能阻止高血压的形成，但能增强肾素-血管紧张素系统抑制剂的降压作用。这种高血压的血浆 NE 浓度正常；脑池注射 6-羟多巴胺也不能阻止高血压的形成。

总之，G-1K1C 型和 G-2K1C 型高血压机制间有两个重要差别：①在前一种模型中肾钠潴留或肾素-血管紧张素被激活均足以使血压升高，在后一种模型中只有肾素-血管紧张素被激活才能使血压升高；②前一种模型中交感系统激活是必需的，后一种模型则不必要。G-2K1C 型肾血管性高血压，其高血压的严重与否取决于所使用的动物种类及狭窄处的口径，当狭窄肾切除后，血压不能恢复正常时，高血压即进入慢性期，高血压的持续是由多种机制联合引起的，其中主要是对侧肾功能损害；单肾型肾性高血压慢性期是由于单肾低压灌注下水钠潴留，导致整个外周阻力增高。G-2K1C 型是 G-1K1C 型简单的重复但其更严重。在大鼠主动脉上左右两条肾动脉起始处之间做结扎，导致左肾缺血，高血压的发生和 G-2K1C 型相同。根据肾动脉阻塞影响区域的大小，可引起不同程度的高血压。

把肾结扎或做"8"字形捆扎能导致与肾血管性高血压相近的高血压，且伴有一定程度的肾实质功能损害。

**4. 肾素-血管紧张素性高血压**

移植分泌肾素的肾小球旁器细胞、静脉注入微量的血管紧张素Ⅱ都能导致高血压。如长期灌注血管紧张素Ⅱ，停药后高血压仍存在，这表明人为的、一时的肾素-血管紧张素系统活动增强可诱发持久性高血压。

（三）实验性内分泌性高血压动物模型

内分泌性高血压动物模型主要是使用外源性激素或刺激内源性激素产生所致的。

**1. 肾上腺皮质激素及盐过量所致高血压模型**

给予糖皮质激素或盐皮质激素均可引起高血压。两者促发高血压的机制不同：给予醋酸去氧皮质酮（DOCA）或皮质酮（B）后血压升高，引起负性钾（$K^+$）平衡，血浆及细胞外液量增加，肾素和血管紧张素Ⅱ浓度下降（DOCA 后变化尤甚）。DOCA 还能增加血浆钠浓度、降低钾浓度；B 则不能。DOCA 和 B 均可使肾小球滤过率（GFR）增加，血浆渗透压增加；B 可使血浆血管升压素轻度下降，而 DOCA 使之明显上升。DOCA 的这一作用对血压的进一步升高十分重要。DOCA 引起的体液扩张是由于钠潴留，而 B 则是由于体液从细胞内向细胞外转移。类固醇引起的血压变化与钠、钾平衡的变化相比是十分小的，且后一变化在类固醇滴注后数小时即已发生；而高血压的形成需更长时间。其原因可能是高血管反应性，但需在给予类固醇后数天才开始出现。钠耗竭或破坏中枢肾上腺素能结构，可预防或大大削弱 DOCA 引起的血管高反应性高血压的发展。去除一侧肾脏能加速高血压的发展。在摄入外源性 DOCA 的同时，切除一侧肾脏和术后饮用盐水，便形成 DOCA-盐性高血压。

类固醇性高血压和 G-1K1C 型高血压的比较如下。相同之处：①中枢肾上腺素能结构对高血压的发展是必需的；②涉及血管反应性、敏感性或结构的变化；③在高血压发展的阶段可能有体液的变化；④升压因子的变化可能与高血压有关，并可能涉及导致恶性高血压的"恶性循环"机制。不同之处：①前一种中 DOCA 和盐是原发因素，后一种中肾动脉狭窄为原发因素；②前一种钠是必不可少；③前一情况血浆钾和肾素是低的，后一情况则正常。

**2. Skelton 动物模型**

将一侧肾及肾上腺全切除，另侧肾上腺切除，饲以 1%盐水后形成高血压模型。肾有效组织的减少为形成肾上腺再生型高血压动物模型所必需。动物嗜盐量并不增加，但如代之以水则血压不升。手术切除肾上腺，保留另一侧肾上腺；或摄入肾上腺皮质激素释放抑制物如丙酸睾酮、皮质酮等后，均不能使血压升高。该型血管病变严重。产生的原理可能是：①在再生某期糖类固醇产生过多；②皮质酮及醛固酮的分泌不平衡；③分泌某些异常的或现尚未知的激素；④肾上腺功能不足时，动物对所分泌的激素特别敏感。

**（四）遗传性高血压动物模型**

原发性高血压是人类最常遇到的高血压类型，占 95%的发病率。遗传性高血压不是由于外科手术或使用药物所致的，它是原发性高血压常用的研究模型。通过对动物中血压最高者进行选择性交配繁育，最后获得特异性的遗传性高血压动物品系。按国际高血压协会的命名法，各种高血压大鼠模型的命名和特征见表 4-26。

表 4-26 各种高血压大鼠模型的命名和特征

| 国际命名 | 中文名 | 英文名 | 来源 | 开始培育时间及地点 | 培育者 | 繁殖代数（1980 年止） | 特征 |
|---|---|---|---|---|---|---|---|
| GH | 遗传性高血压大鼠 | genetically, hyper-tensive strain | Wistar | 1955 年，坦丁 | H Smirk | 53 | 高血压 |
| SHR | 自发性高血压大鼠 | Spontaneously hyper-tensive rat strain | Wistar（京都） | 1959 年 | K Okamoto, K Aoki | 54 | 高血压 |
| WKY[**] | Wistar 京都种 | Wistar-Kyoto strain | | | | | |
| SHRSP | 易卒中自发性高血压大鼠 | SHR-stroke prone strain | SHB | 1970 年，京都 | Y Yamori, K Okamoto | 32 | 卒中和心血管疾病 |
| DR[**] | Dahl 盐不敏感大鼠 | Dahl salt-resistant strain | Spraque-Dawley | 1961 年，布鲁克敏 | L K Dahl | 非近亲繁殖 | |
| DS | Dahl 盐敏感大鼠 | Dahl salt-sensitive strain | | | | | |
| MHS | 米兰种高血压大鼠 | Milan hypertensive strain | Wistar | 1964 年，米兰 | G Bianchi | 43 | 盐敏感高血压，轻度高血压 |
| MNS[**] | 米兰种正常高血压大鼠 | Milan hypertensive | | | | | |
| SBH | 以色列种高血压大鼠 | Sabra hypertensive strain | Sabrarat | 1968 年，耶路撒冷 | D Ben-Ish-ay, R Sai-temick | 24 | DOCA 盐敏感高血压 |
| SBN[**] | 以色列种正常血压大鼠 | Sabra normotensive strain | | | | | |
| LH | 里昂种高血压 | Lyon hypertensive strain | Spraque-Dawley | 1969 年，里昂 | J Dopnt, M Vincent | 21 | 高血压 |
| LN[**] | 里昂种正常血压大鼠 | Lyon normotensive strain | | | | | |
| LL[**] | 里昂种低血压大鼠 | Lyon low blood pressure strain | | | | | 低血压 |

**代表相应的对照组。

其中，SHR 大鼠是由日本学者 Okamoto 培育的自发性高血压大鼠，它可产生脑血栓、脑梗死、脑出血、肾硬化、心肌梗死和纤维化等变化，该鼠自发性高血压的变化与人类疾病相似，是目前研究最广泛的高血压模型，已成为筛选降压药的首选动物。SHR 大鼠 16 周龄时高血压形成，收缩压 >160mmHg，主要模拟了 SHR 在钙代谢方面存在多种缺陷为特征，在发病机制、对外周血管阻力变化、高血压并发症等方面与人类原发性高血压比较相似。SHR 大鼠生长早期（5～7 周龄时）血压开始升高（高血压前期），其血管阻力持续增加；4～6 个月（高血压早期）血管收缩压达到 160mmHg 以上。

值得强调的是：①高血压品系的研究只有和对照组同时进行才有价值，而对照组动物应来自相同祖先的血压正常者。②虽然高血压的发生是自发的，但它仍然受到环境因素的影响。③研究遗传性高血压动物的结果应用到人的高血压时，必须非常谨慎。④不同的遗传性高血压模型的病理生理既有相似处也有不同处。

（五）妊娠高血压综合征动物模型

妊娠高血压综合征是常见的妊娠特有疾病，可导致母亲及胎儿出现不同程度的损伤，甚至危及生命。临床上妊娠高血压综合征一般在妊娠 20 周后发病，以高血压、蛋白尿及其他全身功能紊乱为特征，发病率为 2.5%～3.0%。通常通过注射亚硝基果糖氨酸甲酯（L-NAME）可抑制 NO 合成，而产生高血压，为药理性高血压模型之一，常从孕鼠第 15 天起皮下注射 L-NAME 125mg/（kg·d）或 250mg/（kg·d），直至分娩。通过皮下注射 L-NAME 可抑制 NO 合成，而产生剂量依赖性高血压，同时出现蛋白尿、胎鼠发育迟缓、死胎等妊娠高血压综合征表现。此模型接近人类妊娠高血压综合征的病理生理特征，可能是研究妊娠高血压综合征一个比较理想的模型。

（六）高嘌呤或高糖致高血压动物模型

嘌呤在人体内最终分解代谢产生尿酸。如给大鼠饲喂含高嘌呤的饲料，会导致大鼠血尿酸显著升高和血压升高。另外，目前认为高血糖致高血压的原因与胞内钙离子浓度升高、血管平滑肌张力改变、交感神经活性增高有关。将大鼠给予高糖饮食可诱导机体产生胰岛素抵抗和高胰岛素血症，继而导致血压升高，在 2 型糖尿病模型大鼠中较为常见。高嘌呤饮食法引起高血压模型可导致动物代谢紊乱，并影响肝肾功能。而高糖致高血压动物模型可用于高血压合并胰岛素抵抗的研究。

## 二、比较动脉粥样硬化病理研究中的动物模型

动脉粥样硬化（atherosclerosis，AS）是一种全身性疾病，是以内皮细胞损伤及慢性炎症为主要特征的慢性病理过程，由于脂质沉积，内膜纤维组织增生，导致管壁增厚变硬，形成斑块。动脉粥样硬化的动物模型主要使用鼠、兔子、犬、猪和非人灵长类动物，如猴子等造模。高脂饲料诱导动脉粥样硬化模型是被普遍接受的造模方法。

（一）高胆固醇、高脂饲料致动脉粥样硬化动物模型

高胆固醇、高脂饲料诱导动脉粥样硬化是目前比较常用的方法，特点是死亡率低，可长期观察，但费时久。一般在兔、鸽、鸡等，以数周喂养就可产生明显的高脂血症，经数月就能形成早期的动脉粥样硬化病变。

**1. 兔**

兔是最早用于制造高脂血症和动脉粥样硬化模型的动物，它对外源性胆固醇的吸收率高，可达 75%～95%，兔对高血脂的清除能力弱，静脉注入胆固醇后高脂血症可持续 3～4 天。只要给兔含胆固醇较高的饲料，不必附加其他因素，经 3～4 个月即可形成明显的动脉粥样硬化。其主动脉内膜出现脂类蓄积病变与人类主动脉粥样硬化相似，只是其分布稍有不同，多出现于前段主动脉。饲喂胆固醇的兔，心外膜动脉很少发生脂类蓄积，相反在心肌内细小分支中则有广泛的病变。若不进

行广泛的附加处理，如给予肾上腺素和维生素 D，或交替饲喂含胆固醇饲料和正常饲料，就不会发生出血斑、溃疡和血栓形成等粥样硬化的并发症。此模型也有缺点，如必须使血清胆固醇达到很高的水平才能形成斑块，而这时内脏易发生脂质沉着，动物寿命短，抵抗力差，容易继发感染而死亡；再者，兔为食草动物，其脂代谢与人体的脂代谢差异较大；实验发现其冠状动脉病变主要呈现在心脏的小动脉，而人主要发生在冠状动脉的大分支。

**2. 大鼠**

此模型主要是针对在血栓形成的病变内具有坏死特征的人粥样硬化病型。为诱发含脂肪的动脉病变，大鼠静脉注入胆固醇后高脂血症仅可持续 12h，其外源性胆固醇的吸收率为 40%，单纯在饲料中增加胆固醇，不易引起血清胆固醇升高，更不易发生动脉粥样硬化，必须在饲料中同时加入胆酸以增加胆固醇的吸收，才能出现高胆固醇血症，如再加抗甲状腺药物，可使血清胆固醇进一步升高。在有些血管中可形成血栓，但不一定与粥样硬化病变的出现有关。大鼠建立高血脂及动脉粥样硬化模型所形成的病理改变与人早期者相似，不易形成类似人的后期病变，较易形成血栓。

**3. 猪**

猪可能是动脉粥样硬化研究较理想的动物模型，用富含脂肪和胆固醇的饲料喂养，冠状动脉和腹主动脉动脉粥样硬化病变最为明显，这与人类动脉粥样硬化病变的分布特点也是一致的，另外其血清脂质和血凝状态均发生变化，并使粥样硬化性病变加剧。单用高胆固醇、高脂饲料喂养，容易在相对较短的时间内（9～18 个月）产生动脉粥样硬化病变。猪模型的其他优点包括解剖学和生理学与人类相似，动脉结构相似，有若干确认的品种可供利用，多胎多仔，杂食习性等，其体形大小亦足以供各种外科手术和临床评价之用。猪也特别适合于研究应激因素与动脉粥样硬化的关系。猪模型的缺点是饲养、管理成本较高，人工产生动脉粥样硬化需要类脂质代谢有一定改变或动脉受到损伤的基础。

**4. 猴**

猴与人的情况很相近，包括其正常血脂、动脉粥样硬化病变的性质和部位、临床症状及各种药品的疗效关系等，但是进一步研究发现，其不同的种属对动脉粥样硬化的敏感程度有所不同。一般认为猕猴更为理想，给予高脂饮食 1～3 个月后，血清胆固醇水平即可达 300～600mg/dl，并同时发现动脉粥样硬化，且可产生心肌梗死。动脉粥样硬化病变的部位，不仅在主动脉，也可在冠状动脉、脑动脉、肾动脉及股动脉等。

（二）免疫因素诱发动脉粥样硬化动物模型

动脉粥样硬化是一种慢性炎症性疾病，大量免疫反应参与动脉粥样硬化的发生、发展。动脉粥样硬化病灶中浸润大量的单核-巨噬细胞和 T 淋巴细胞，同时中性粒细胞胞外诱捕网能够促进巨噬细胞产生细胞因子白细胞介素（IL）-1β，从而加快动脉粥样硬化斑块中免疫细胞的聚集，感染可能与其他炎症因子相互作用促进动脉粥样硬化的发生。

将大鼠主动脉匀浆给兔注射，可引起血胆固醇、低密度脂蛋白及甘油三酯升高。给兔注射马血清每次 10ml/kg，共 4 次，每次间隔 17 天，动脉内膜损伤率为 88%，冠状动脉亦有粥样硬化的病变，同时给予高胆固醇饲料，病变更加明显。给兔饲喂含 1%胆固醇的饲料，同时静脉注射牛血清白蛋白 250mg/kg，可加速高胆固醇饲料引起的动脉内膜病变形成。此模型斑块融合分布，斑块面积比约为 75%，能较好地模拟人类动脉粥样硬化的炎性和内膜脂质沉积、纤维增生等改变。此方法构建的动脉粥样硬化模型可较好地反映动脉粥样硬化形成的免疫机制。

（三）药物诱发动脉粥样硬化动物模型

**1. 注射儿茶酚胺类药物致动脉粥样硬化**

血管神经负责支配动脉，使它们能够改变刺激。当儿茶酚胺释放到血液中时，神经会向动脉发送信号以收缩或扩张，从而导致压力发生变化。给兔静脉滴注去甲肾上腺素 1mg/d，时间为 30min。

一种方法是先滴 15min，休息 5min 后再滴 15min；另一种方法是每次滴 5min 后休息 5min，反复 6 次。以上两种方法持续 2 周，均可引起主动脉病变，呈现血管壁中层弹性纤维拉长、劈裂或断裂，病变中出现坏死及钙化。

**2. 注入同型半胱氨酸致动脉粥样硬化**

血浆同型半胱氨酸水平升高与动脉粥样硬化和动静脉血栓形成的风险有关。同型半胱氨酸与低密度脂蛋白（LDL-C）先结合成脂蛋白-同型半胱氨酸复合物，这种复合物一旦被动脉内壁上的巨噬细胞吞噬，将形成动脉粥样硬化早期的一种泡沫细胞；当同型半胱氨酸复合物被泡沫细胞分解时，所释放出来的脂肪和胆固醇可促进动脉粥样硬化斑块的形成，而释放的同型半胱氨酸一旦侵入动脉壁的外周细胞则可以生成毒性更强的自由基，为损伤动脉内皮细胞进而促进动脉粥样硬化的形成提供了条件；另外，同型半胱氨酸还可以同时刺激动脉壁上的平滑肌细胞过度生长、老化、组织纤维化，从而加剧动脉粥样硬化。

兔皮下注射同型半胱氨酸硫代内酯（DL-homocysteine thiolactone）20～25mg/（kg·d）（以 5% 葡萄糖溶液配成 1mg/ml 的浓度），连续 20～25 天，成年兔及幼兔均可出现动脉粥样硬化的典型病变。冠状动脉管腔变窄、动脉壁内膜肌细胞增生、纤维组织增生、弹力纤维断裂、管壁变厚、基质中出现成堆的颗粒和纤维异染物质。如在饲料中加 20% 的胆固醇，再同时注射同型半胱氨酸硫代内酯，则全部动物出现显著的动脉粥样硬化病变。

**3. 胆固醇-脂肪乳剂静脉注射致动脉粥样硬化**

将胆固醇及猪油各 3g 在电磁加热搅拌下完全溶解后加入吐温-80 3g，搅匀，再缓缓加入丙二醇 5ml 和沸水的混合液，充分搅拌乳化，使成 100ml，经抽滤后显微镜下检查，乳剂颗粒均匀，并小于 7～8μm 即可应用。给兔耳缘静脉注射 5ml/kg，可见血浆胆固醇及甘油三酯立即升高。总胆固醇升高至正常的 2 倍，其中主要是游离胆固醇，游离胆固醇和总胆固醇的比值为 90%。之后总胆固醇逐渐降低，6h 出现一低峰，后略有回升。3～4 天后游离胆固醇和总胆固醇的比值接近正常（40% 左右），直到 7～14 天血浆胆固醇恢复正常。

## 三、比较心肌缺血病理研究中的动物模型

心肌缺血（myocardial ischemia）是指心脏的血液灌注减少，导致心脏的供氧减少，心肌能量代谢异常，不能支持心脏正常工作的一种病理状态。导致心肌缺血最常见的原因是冠状动脉粥样硬化基础上，冠状动脉痉挛或阻塞导致心肌缺血缺氧或坏死，即冠状动脉粥样硬化性心脏病，简称冠心病。心脏血流不足是此类疾病的主要病理基础。血流量减少可能是由于冠状动脉变窄（冠状动脉疾病）、血栓引起的阻塞（冠状动脉血栓形成），或者心脏内的小动脉和其他小血管弥散性变窄。心肌组织的血液供应严重中断甚至可能导致心肌梗死。目前大多数动物模型都是通过阻塞或狭窄冠状动脉血管来实现心肌缺血的。

（一）急性心肌缺血动物模型

急性心肌缺血在临床上主要表现为急性心绞痛、急性心肌梗死等症状，严重者可危及患者的生命。急性心肌缺血动物模型主要通过手术和药物方法建立。

**1. 开胸手术法**

此法通过结扎等手段阻塞一处冠状动脉左前降支（LAD）或其他分支，从而造成梗死性心肌缺血。此法手术创伤较大，实验动物存活率不理想。其中，冠脉结扎法是开胸手术法中最常用的方法。以心电图 ST 段明显上抬，结扎线以下心肌颜色变暗为结扎成功的标志，不同动物应选择各自适宜的结扎部位。如大鼠选择在肺动脉圆锥左缘与左心耳下缘 2mm 处进针，用 6.0 无损伤缝线结扎，可见心脏前壁、侧壁及心尖处形成境界清晰的心肌梗死区；兔在冠状动脉左室支主干第一、二对角支之间结扎；犬于冠状动脉左前降支第二角支处穿线结扎；小型猪结扎部位为 LAD 中远 1/3 处。

**2. 闭胸手术法**

闭胸冠状动脉插管手术法一般是动脉穿刺后将栓塞物通过导管沿预先置入冠状动脉内的导丝送入靶血管。此法创伤较小，有利于实验动物后期的恢复，动物存活率较高，常用于犬、小型猪等体形较大的动物。常用的方法有球囊堵塞法及血栓堵塞法等。通过自制铜网圈支架，利用球囊导管将其送入靶血管，可成功构建犬急性心肌缺血模型。用 Seldinger 法从右下肢根部切开分离股动脉，置入动脉鞘导丝，置入 6F 动脉鞘管，可成功复制球囊堵塞法模型。采用心导管介入技术，经左冠状动脉前降支注入自体血栓，可成功制备小型猪心肌缺血模型。

**3. 药物造模法**

使用垂体后叶素（pituitrin, Pit）或异丙肾上腺素（isoprenaline，ISO）通过尾静脉注射，可引起心肌需氧量增大，冠状动脉痉挛和收缩，导致心肌缺血坏死。

Pit 诱导：取体重 200g 左右实验大鼠（剔除心电图异常的动物），于舌下静脉或尾静脉注射 Pit，剂量为 0.5U/kg 或 0.7U/kg，注射时间为 5s 或 10s，注射后 0s、5s、10s、15s 及 30s，1min、2min 及 5min，记录心电图（记录时间可根据示波器所示异常情况决定）。正常大鼠注射 Pit 后心电图变化可分为两期：第一期，注射后即刻到 30s，T 波升高，ST 段抬高（超过 0.1mV），尤以 10s 左右变化最为明显；第二期，注射后 30s 至数分钟，T 波低平、双相、倒置，心率变慢，PR 及 QT 间期延长。结果判定：以出现第一期或第二期缺血性变化为阳性，否则为阴性。或取 2～3kg 的健康兔，在 10min 内恒速滴入 Pit 2.5U/kg，心电图变化可持续到 15～30min，除上述缺血性心电图变化外，偶有窦性心律失常、室性期前收缩、室性心动过速等心律失常发生。

ISO 诱导：常用实验动物为大鼠、豚鼠、兔、猫或犬（弃去心电图异常的动物）。大鼠、豚鼠和犬每天皮下注射 ISO，剂量为 2～8mg/kg，兔 10～16mg/kg，连续 2 天。ISO 可引起 T 波倒置或双相，伴有 ST 段抬高，窦性心动过速（心率明显加快），期前收缩或伴有其他心律失常。镜下心肌病理观察可见炎症细胞和巨噬细胞浸润，心肌纤维肿胀、断裂、横纹消失，甚至溶解，发生玻璃样变和脂肪变性等。

（二）慢性心肌缺血动物模型

由于冠状动脉渐进性阻塞或狭窄逐渐导致形成心肌缺血病变。与急性心肌缺血模型相比，更加符合临床上缺血性心脏病的临床症状及病理生理过程，慢性心肌缺血模型适合较长时间的心肌功能观察和多次给药。制备方法主要有以下几种。

**1. 冠脉外慢性收缩法**

冠脉外慢性收缩法模型又称 Ameroid 缩窄环模型，是目前应用最广泛的慢性心肌缺血模型。通常使用猪、犬，缩窄环由酪蛋白吸湿物制成，外包钢制套环，通常置于冠状动脉左回旋支，亦有少数置于前降支（LAD），吸湿物会吸收组织液并向内膨胀，在压迫动脉 2～4 周后会完全堵塞冠状动脉。根据所选实验动物不同，缺血面积、死亡率有差异，猪的心肌缺血面积为 75%，死亡率为 35%，犬类只有 50% 和 13%。

**2. 冠脉内慢性狭窄法**

另一种缺血性心肌病大动物模型采用微球、琼脂糖或聚苯乙烯珠的冠状动脉内栓塞术，或冠状动脉内注射凝血酶和含有纤维蛋白原的自体血。犬闭胸接受 3～9 次导管介导的冠状动脉内栓塞，间隔 1～3 周。当左心室（LV）射血分数低于 35% 时停止栓塞。在此模型中，LV 舒张末期压力（LVEDP）增加，伴随着肺动脉楔压和全身血管阻力的显著升高。在最后一次栓塞后 3 个月，动物表现出斑片状心肌纤维化和左心室肥厚，以及心房利钠肽（ANP）和去甲肾上腺素的血浆水平升高。β受体和 L 型钙通道的数量减少，心肌肌浆网 $Ca^{2+}$-ATP 酶的活性和蛋白质水平下降。此模型类似于由于动脉粥样硬化和血栓形成的碎片栓塞到冠状微循环中而导致的心力衰竭和急性冠脉综合征患者的临床情况，以及患有弥漫性冠状动脉疾病（如糖尿病）患者的情况。

### 3. 不完全冠脉结扎法

在大鼠中建立类似于冠状动脉闭塞模型的冠状动脉不完全狭窄模型。开胸手术后，将探针或铜线（直径 275μm）沿左冠状动脉（LCA）放置在心外膜上，将 LCA 与探针一起从其起点结扎 1～2mm，然后移除探针，从而使管腔直径平均减少 42%。在冠状动脉闭塞期间，心电图的 ST 段暂时升高。取出探头后持续的 ST 段抬高表明冠状动脉不完全闭塞。在大鼠非闭塞性狭窄后 45min，缺血性心脏表现出 LVEDP 和 LV 体积增加、LV 壁厚度减少和心肌细胞损伤。5～7 天后，最大静息冠状动脉血流量减少 43%，发现修复性纤维化、肌细胞溶解性坏死病灶及肌细胞肥大。

### 4. 高脂饮食与维生素 $D_3$、ISO 联合诱导法

高脂饲料通常是在基础饲料上添加猪油、胆固醇、胆酸钠等，长时间喂食后会使动物血脂升高，血管狭窄，血液流动减慢，导致心脏缺血。此种方法比较接近人类因缺少运动、嗜食肥甘厚味等罹患的慢性心肌缺血，造模周期较长，一般为 4～12 周。小型猪在饲喂高脂饮食的同时，于造模 0 周、4 周、8 周时耳缘静脉注射 5 万 U/kg 维生素 $D_3$，从第 12 周开始每周 1 次耳缘静脉注射 ISO 25μg/kg，直至第 24 周结束。连续饲养 24 周后，可成功构建慢性心肌缺血小型猪模型。

### （三）自发性心肌梗死动物模型

心肌梗死型渡边兔（myocardial infarction WHHL rabbits，WHHLMI）是在有冠状动脉粥样硬化倾向 WHHL 兔（自发性动脉粥样硬化）的基础上通过不断人工挑选血浆胆固醇水平较高、冠脉粥样硬化病变严重、病变组成主要由巨噬细胞和泡沫细胞的后代中挑选并培育而成。因此，WHHLMI 兔比 WHHL 兔的冠脉在相对较短的时期更容易进展出严重的冠状动脉粥样硬化病变，最终导致冠脉狭窄和心肌梗死的发生。WHHLMI 兔的冠状动脉管腔内因粥样硬化斑块引起狭窄程度可达 90% 以上。其心肌病变广泛分布于左心室、右心室及室间隔，冠脉斑块与人类易损斑块非常相似，典型的病变是由薄纤维帽覆盖一个大的脂核构成，其中包含钙化点和大量巨噬细胞。多可见慢性心肌梗死的陈旧性梗死病变，并伴有新发病变（复合型心肌梗死）。新发心肌梗死病变包括充血、心肌细胞嗜酸性变性和中性粒细胞浸润等急性心肌梗死特征。这些病变存在于心内膜区心肌纤维化附近。在陈旧性病变中，有很明显的钙化和心内膜下的梗死，而这经常会在人类的陈旧性心肌梗死中见到，另外在右后区及室间隔部位有心肌细胞死亡及纤维化。而在外侧壁会观察到左心室壁变薄及透壁梗死病变。此外，心肌梗死发生时，通过心电图能观察到典型的人类急性心肌梗死心电图变化，如 ST 段抬高。

## 四、比较心力衰竭病理研究中的动物模型

心力衰竭（HF）是由于心脏结构或功能性改变导致心室充盈或射血能力受损的一组复杂临床综合征，发病率高，是各种心血管病发生发展的共同结局。心力衰竭通常与心脏重塑有关，炎症和纤维化在其中起着关键作用。心力衰竭组织病理研究显示免疫细胞大量入侵，心脏组织受损，并伴随心肌细胞外基质蛋白的数量增加和成分紊乱等纤维化特征。心力衰竭动物模型通过多种手段模拟人类心力衰竭的发病过程，能提供心力衰竭的发病机制及防治的科学基础和理论依据。由于大动物心力衰竭模型对基础实验设备及操作技术要求较高，加之造模成本昂贵，故而在进行药效筛选及机制研究中，常选用成本低廉且操作相对简便的小动物模型。

### （一）缺血型心力衰竭动物模型

心肌缺血或心肌梗死是导致心力衰竭常见的危险因素，其病理机制主要为心脏缺血区血流灌注和供氧减少，能量代谢异常和心肌细胞膜离子通透性变化，导致心肌收缩能力下降，持续性激活非缺血区代偿性应激和神经内分泌系统，同时缺血区心肌细胞凋亡和细胞外间质纤维化。心肌梗死后将逐渐出现心肌重构，导致后期左心室扩张和心功能持续性下降，最终当心脏无法维持足够的心排血量时，出现心力衰竭的临床症状，包括呼吸困难、体液潴留、活动耐受下降和组织灌注降低。依

据此原理，现在已有许多技术可用于复制缺血型心力衰竭模型，常用的有冠状动脉结扎法和冠状动脉堵塞法。

**1. 冠状动脉结扎法**

冠状动脉结扎可引起模型动物的冠状动脉狭窄或闭塞，使该冠脉所供应的心肌缺血、坏死，从而引起模型动物心肌梗死，模拟人体心肌缺血或心肌梗死而导致的心力衰竭。动物模型常选用犬、猪、羊、大鼠等，结扎动物的左冠状动脉或左前降支和左旋支，通常模型复制时间为4~8周。在SD大鼠左侧第3、4肋间横向切开1.5cm，动脉圆锥与左心耳之间1mm处对左冠状动脉前降支进行结扎。4周后大鼠心脏超声EF<50%，死亡率约18%，血清脑钠肽（BNP）升高。新西兰兔结扎冠状动脉，术中易诱发心室颤动而死亡，死亡率约20%。4周后心脏超声显示模型组EF可降至40%。猪的慢性心力衰竭模型表现出心脏舒缩功能严重障碍，左心室舒张末期容积明显增大，左心室射血分数明显下降，非梗死区的心肌细胞增生肥大但未出现间质纤维化。冠状动脉结扎法制作的模型接近人类充血性心力衰竭的病理生理演变过程，但是术后病死率较高，并且对操作者的手术水平要求颇高。

**2. 冠状动脉堵塞法**

冠状动脉堵塞法制作心力衰竭模型的原理是通过导管介入技术将汞、塑料微球、气囊等栓塞物质注入模型动物的冠状动脉，使其心肌组织发生缺血，最终模拟人类慢性缺血性心力衰竭的整个病理过程。此种模型可以克服以往开胸结扎法造成创伤大、死亡率高等缺点，方法简单、手术创伤少，可选择任何一支冠脉，定位准确，动物创伤小，恢复快，几乎在阻断冠脉的同时，便可根据实验要求立即进行实验。气囊堵塞法还可满足缺血再灌注的要求。此外，用光化学诱导法人为地破坏大鼠冠状动脉血管内皮组织，引起血流动力学改变形成血栓，也可成功诱发心肌梗死，此模型形成的血栓接近患者的生理和病理状况，此法对制作心肌梗死后心力衰竭模型有借鉴意义。

（二）压力负荷型心力衰竭动物模型

**1. 主动脉缩窄法**

主动脉缩窄法是通过手术将自制缩窄环或者不同规格的注射针头，与升主动脉或肾动脉分支上方的腹主动脉捆绑在一起造成主动脉狭窄，最终制作成慢性心力衰竭模型。用26~27G针头对KM小鼠进行主动脉弓结扎，造成主动脉弓狭窄70%左右，至第12周出现失代偿性心力衰竭。兔腹主动脉内径减少40%~50%后，术后第8周，LVEDP明显升高，松弛时间常数明显延长。Wistar大鼠双肾动脉与腹主动脉共同结扎，在第4周末和第8周末大鼠的平均动脉压（MBP）、左心室收缩压（LVSP）、左心室重量指数（LVMI）均增大。

**2. 肺动脉狭窄法**

肺动脉狭窄法是通过手术缩窄实验动物的肺动脉，引起右心排血障碍，右心室后负荷加重，进而右心室肥厚最终发展成右心衰竭。雄性Wistar大鼠，结扎其肺动脉3周后，大鼠出现了心肌细胞凋亡和右心室肥大，手术期病死率高达40%。啮齿类动物术后虽有压力后负荷明显升高，但其仍保留着线粒体的基因表达和代谢功能。

**3. 盐负荷法**

盐负荷法是通过给实验动物喂食盐水配合去氧皮质醇（DOCA），必要时配合切除动物单侧肾脏，使其出现水钠潴留，加重心脏前后负荷，以模仿高血压心脏病进展的病理过程。雄性SD大鼠，切除其左侧肾脏，并在手术后1周肌内注射去氧皮质醇（25mg/只，每周2次，连续4周），同时给大鼠喂食盐水，持续8周，大鼠可出现左心室明显肥厚表现。

（三）容量负荷型心力衰竭动物模型

此模型是通过人为造成动静脉瘘，主动脉关闭不全、下腔静脉狭窄、二尖瓣关闭不全和大量快速输液，使实验动物动脉系统的血液分流到低压的静脉系统，以此增加心脏的前负荷和静脉的回心血量，最终导致心力衰竭。采用大鼠腹主动脉下腔静脉造瘘方法建立容量超负荷心力衰竭模型，造模术后 8 周，造瘘大鼠超声心动图表现为左心室扩大呈球形，射血分数和短轴缩短率明显降低，左心室质量指数增加，心体比升高；造模术后 12 周，造瘘大鼠舒张末期压力升高，左心室收缩末期压力降低，左心室压力最大上升速率降低。

### （四）药物诱导型心力衰竭动物模型

此类模型的制作原理是将引起心肌功能异常或心脏损伤的化合物注射入动物体内，以造成抑制心肌的收缩功能或心脏损伤，最终引起心力衰竭。目前报道多种药物可致心力衰竭，常用的造模药物有多柔比星（ADR）、异丙肾上腺素（ISO）、尼莫地平等。

**1. 多柔比星诱导法**

多柔比星会导致心肌组织氧自由基的损伤和生物膜脂质的过氧化反应，可引起实验动物心力衰竭。两心室扩大、射血分数下降、心室壁变薄是多柔比星导致的心力衰竭的主要表现，此模型主要适用于慢性充血性心力衰竭、心肌病的研究及新的治疗方法的评估。大鼠：SD 大鼠进行静脉或腹腔注射多柔比星 2～5mg/kg，持续 2～6 周，大鼠 LVEDP、LVSP 等下降，心肌细胞肌浆凝聚，炎症细胞出现浸润和间质水肿。斑马鱼：将多柔比星 40μg/ml 作用于 36h 斑马鱼胚胎，斑马鱼活动力受到抑制，心房、心室逐渐变大，出现不同程度的心包水肿，细胞数目减少且较稀疏，细胞核增大，凋亡细胞增多。兔：兔耳缘静脉注射多柔比星 8 周，每周 2 次，每次 1mg/kg，兔 EF 值降低，左心室收缩末期内径（LVESd）、LVEDd 较正常升高，但此法易造成兔腹泻脱水死亡。

**2. 异丙肾上腺素诱导法**

异丙肾上腺素会引起心肌细胞钙超载，心肌兴奋增强，心肌持续强烈收缩，耗氧量增大，加重心脏负荷，最终导致心力衰竭。SD 大鼠连续 10 天进行腹腔注射，剂量为 50mg/kg。EF 值由 85% 降至 74%，LVESd、LVEDd 增大，大鼠死亡率约 35%。C57BL/6 小鼠，60mg/kg 剂量持续注射 4 周，每日 1 次。死亡率约 40%，BNP 明显增高，EF 值降至约 51%。本模型复制方法简便，效果稳定、可靠，在心肌坏死的病理特点和发生机制方面，与人类缺血缺氧性心肌坏死有相似之处。

**3. 尼莫地平诱导法**

尼莫地平是常用的钙通道阻滞剂，可扩张外周血管，抑制心脏功能。大鼠经股静脉缓慢恒速注射尼莫地平 15min，速度为 480μg/（kg·h），心力衰竭模型大鼠的左心室内压最大上升速率明显降低，心率明显减慢。

### （五）自发性心力衰竭动物模型

通过各种遗传性高血压大鼠选择性近亲交配而产生实验动物模型，这种方法高效模拟人类原发性高血压导致心力衰竭的过程，是研究人类原发性高血压导致心力衰竭的合适动物模型。自发性高血压大鼠左心室功能变化与心肌多维应变及间质纤维化发生的次序一致，随着周龄增大，大鼠心肌细胞凋亡指数逐渐升高，在由心肌肥厚发展至心力衰竭时，心肌细胞凋亡指数显著升高。自发性高血压大鼠 1～2 月龄时出现心肌细胞变性，灶状坏死，2～3 月龄出现心肌纤维化，4～5 月龄出现心肌肥大、心室扩张等病理变化。

此外，利用基因修饰技术在动物与心力衰竭相关的某种基因中使一些因子在心肌中过度表达，或者利用基因技术敲除一些与心肌收缩相关的碱基对，造成心力衰竭，可复制基因修饰心力衰竭动物模型，主要用于探讨心力衰竭与基因的关系和药物对相关基因影响的研究。

## 五、比较心律失常病理研究中的动物模型

心律失常（arrhythmia）是临床最常见的心血管疾病之一，主要由于心脏激动的起源或传导异常引起心律或心率改变。实验性心律失常动物模型的复制方法主要有药物诱导、电刺激和冠状动脉结扎等。常用的动物包括小鼠、大鼠、兔、犬和猪等。

（一）缓慢性心律失常动物模型

**1. 窦房结心律失常动物模型**

用机械挤压或化学方法可直接损伤窦房结，如利用37%甲醇或无水乙醇等向房室交界区注射，造成对心肌的刺激，心肌组织受损导致心脏传导路径的破坏，造成房室传导阻滞，从而导致心律失常，表现为心率减慢、P波消失，出现交界性心律、ST段偏移等心电图改变，类似窦房结病的表现。具体方法：兔麻醉后，行气管插管，经颈静脉插入起搏导管后，从右侧第4肋间开胸，打开心包膜，暴露右心房，用自制的金属小圈（环），选准并固定窦房结区，用0.7cm×0.8cm的软纸片浸蘸20%甲醛，外敷于窦房结区2～10min，出现明显窦性心动过缓（心率明显降至造模前的40%～50%）、交界性逸搏心律、窦性静止、心房颤动等心律失常。该模型可迅速出现心电图改变，心率减慢50%左右，6～8min降至最低水平，P波多在1～2min消失，形成交界性心律，在3～10min发生ST段偏移，在心电图改变的同时伴有动脉压下降，在8min左右降至最低水平。

**2. 房室传导阻滞动物模型**

在实验动物的心脏房室结部位注射一定量的无水乙醇或给予射频能量可损害心肌传导阻滞，从而制成房室传导阻滞动物模型。在大鼠中线胸骨心包切开之后，将乙醇注入房室交界区，建立房室传导阻滞模型，其机制可能与乙醇注入心脏组织可造成心肌细胞溶解、凋亡、缺血坏死或直接导致心脏组织化学损伤有关。然而，重复的乙醇注射会导致心肌的整体损伤、心室腔内的凝固、全身并发症和最终的死亡。选用实验小型猪或犬，术前禁食12h，全身麻醉，气管插管，呼吸机辅助呼吸。连接肢体导联，持续心电监护，用化学消融或射频消融可实现房室传导阻滞。此模型用于传导阻滞发病机制及评价疗效研究。

（二）快速室性心律失常动物模型

**1. 室性心动过速动物模型**

大剂量的肾上腺素可提高心肌的自律性而导致心律失常（室性期前收缩、室性心动过速甚至心室颤动），而氯仿与肾上腺素合用更增加对心脏的毒性。吸入一定量的氯仿后可诱发心室颤动。心室颤动次数可反映氯仿致动物心律失常的发生率。具体复制方法：实验兔吸入异氟烷致其麻醉后，去除麻醉口罩并仰位固定，连接心电图Ⅱ导联线。待心电图稳定后，由兔耳缘静脉快速注入0.01%肾上腺素0.5ml/kg并及时记录心电图，观察心律失常的潜伏期、持续期及心率变化。静脉快速注入肾上腺素可迅速出现一源性或多源性室性期前收缩，阵发性心动过速，甚至出现心室颤动，通常持续4～7min，少数可超过10min。同样，大鼠快速静脉注射肾上腺素40μg/kg，猫和犬快速注射肾上腺素100μg/kg均能引起心律失常，持续3～5min。这种方法易诱发心律失常多样且互相演变，不利于药物间的效应比较。

**2. 室性心动过缓动物模型**

尼古丁（烟碱）有先兴奋后抑制的双相性作用，作用于循环系统可表现为心率加快、血压上升等，这与其对血管运动中枢、交感神经节、肾上腺髓质及颈动脉化学感受器的兴奋作用有关，之后对上述组织产生抑制作用，表现为心率减慢、血压下降、窦性停搏等。具体复制方法：小鼠麻醉后，尾静脉注射2μg/g的纯尼古丁稀释液（2mg/ml），注射速度10μl/s。注射过程中即可引起小鼠呼吸加快、心率加快。2～3s即可出现呼吸暂停、心动过缓、窦性停搏。一般如在30s内不恢复，可进一步发展为心室颤动、室性期前收缩节律而死亡。小鼠在不麻醉情况下，按2μg/g注射烟碱后，经2～3min的潜伏期，出现二度房室传导阻滞，表现为心动过缓和室性波脱落（即脱拍）。

（三）心房颤动与心房扑动动物模型

乌头碱能加速心肌细胞钠离子内流，促进细胞膜除极，诱发异位节律，导致心律失常。具体方法：大鼠麻醉后，用蠕动泵以1.8μg/min的速度恒速静脉注射乌头碱溶液，记录给乌头碱后的Ⅱ导联心电图变化情况，心电图变化一般为室性期前收缩（VA）、室性心动过速（VT）、室性颤动（VF）而死亡。绝大部分动物于 4～5min 出现心律失常。乌头碱诱发心律失常的作用机制复杂，它可以直接兴奋心肌，使心率加快，中毒量时，可使支配心脏的自主神经功能紊乱，加重心律失常。此模型造模简单、诱发率高、重复性好。持续时间长，乌头碱的作用使局部心肌自律性增高，有效地增强了心肌自律兴奋性，使抑制作用减弱。

# 第五章　消化系统的比较医学

## 第一节　人和实验动物消化系统比较解剖学

### 一、人和实验动物消化管比较

（一）人和实验动物消化管解剖比较

小鼠、大鼠、豚鼠、兔、犬、猫、猪的消化管见图 5-1。

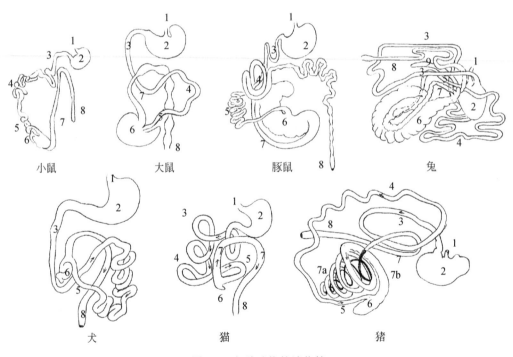

图 5-1　各种动物的消化管

1. 食管；2. 胃；3. 十二指肠；4. 空肠；5. 回肠；6. 盲肠；7. 结肠；7a. 结肠近心回；7b. 结肠远心回；8. 直肠；9. 蚓突

1）人与实验动物肠道长度比较：肠道各部分长度与食性关系密切。由于草食类动物日粮中粗纤维含量高，而肉食类动物日粮中粗纤维含量低，因此，草食类动物比肉食类动物肠道长，尤其是盲肠。盲肠长度也与肠内菌群有关。同种动物中，无菌动物盲肠较长。人与实验动物肠道长度比较见表 5-1。

**表 5-1　人与实验动物肠道长度比较**

| 人/动物 | 单位 | 全长 | 小肠 | 盲肠 | 大肠 |
|---|---|---|---|---|---|
| 人 | m | 6.6 | 5.0 | | 1.6 |
| 小鼠 | cm | 99.3～100.7 | 76.5～77.3 | 3.4～3.6 | 19.4～19.8 |
| 大鼠 | cm | 99.4～100.8 | 80.5～81.1 | 2.7～2.9 | 16.2～16.8 |
| 豚鼠 | cm | 98.5～102.7 | 58.4～59.6 | 4.3～4.9 | 35.8～37.2 |
| 兔 | cm | 98.2～101.8 | 60.1～61.7 | 10.8～11.4 | 27.3～28.7 |
| 猫 | m | 1.2～1.7 | 0.9～1.2 | 0.30～0.45 | |
| 犬 | m | 2.2～5.0 | 2.0～4.8 | 0.12～0.15 | 0.6～0.8 |
| 猪 | m | 18.2～25.0 | 15～21 | 0.2～0.4 | 3.0～3.5 |
| 马 | m | 23.5～37.0 | 19～30 | 1.0～1.5 | 3.5～5.5 |
| 牛 | m | 37.8～60.0 | 27～49 | 0.8 | 10 |
| 羊 | m | 22.5～39.5 | 18～35 | 0.3 | 4～5 |
| 鸡 | cm | 204～216 | 108 | 12～25 | 12 |

2）人与实验动物胃肠道各段重量和大小比较见表 5-2。

**表 5-2　人与实验动物胃肠道各段重量和大小比较**

| 胃肠道各段名称 | 参数 | 人 | 小鼠 | 大鼠 | 犬 |
|---|---|---|---|---|---|
| 胃 | P | 300 | 1.1（1.0～1.2） | 0.6（0.55～0.65） | 0.9（0.75～1.05） |
| | D | 9 | 0.6（0.5～0.7） | 1.2（1.1～1.3） | 6（5～7） |
| | L | 30 | 1.6（1.4～1.8） | 3.6（3.4～3.8） | 14（12～16） |
| | S | 850 | 3 | 13.6 | 264 |
| | ρ | 350 | 73 | 90 | 340 |
| 小肠 | P | 800 | 5（4.8～5.2） | 2（1.9～2.1） | 2.2（1.9～2.5） |
| | D | 3 | 0.18（0.14～0.22） | 0.32（0.30～0.34） | 1.8（1.6～2.0） |
| | L | 600（±15%） | 47（43～51） | 114（102～126） | 300（270～330） |
| | S | 5600 | 25 | 114.5 | 1700 |
| | ρ | 140 | 40 | 37 | 130 |
| 盲肠 | P | 100 | 0.5（0.4～0.6） | 0.4（0.37～0.43） | 0.07（0.055～0.085） |
| | D | 7 | 0.45（0.35～0.55） | 1.05（0.95～1.15） | 2.5（2～3） |
| | L | 7 | 2.2（1.8～2.6） | 4.1（3.7～4.5） | 5.5（5～6） |
| | S | 250 | 3.1 | 13.5 | 43.3 |
| | ρ | 670 | 32 | 65 | 160 |
| 大肠（不含盲肠） | P | 500 | 1.2（1.15～1.25） | 0.6（0.56～0.64） | 0.4（0.35～0.45） |
| | D | 5 | 0.22（0.18～0.26） | 0.4（0.3～0.5） | 2.3（2.0～2.6） |
| | L | 150 | 10.4（9.3～11.5） | 18.8（17.8～19.8） | 29（27～31） |
| | S | 2350 | 7.2 | 23.6 | 210 |
| | ρ | 210 | 40 | 60 | 190 |

P：胃肠道各段重量，人用 g 表示，动物用占体重百分比表示；D：直径（cm）；L：长度（cm）；S：面积（$cm^2$）；ρ：比密度（$m/cm^2$）。

3）各种实验动物消化器官的容积比较见表 5-3。

表 5-3　各种实验动物消化器官的容积比较

| 动物种类 | 消化器官的容积（L） | | | | | 各消化器官容积占总容积的百分比（%） | | | |
|---|---|---|---|---|---|---|---|---|---|
| | 胃 | 小肠 | 盲肠 | 大肠 | 总容积 | 胃 | 小肠 | 盲肠 | 大肠 |
| 犬 | 4.33 | 1.62 | 0.09 | 0.91 | 6.95 | 62.3 | 23.3 | 1.3 | 13.1 |
| 猫 | 0.341 | 0.114 | — | 0.124 | 0.579 | 58.9 | 19.7 | — | 21.4 |
| 猪 | 8.00 | 9.20 | 1.55 | 8.70 | 27.45 | 29.2 | 33.5 | 5.6 | 31.7 |
| 羊 | 第一 23.4<br>第二 2.0<br>第三 0.9<br>第四 3.3 | 9.0 | 1.0 | 4.6 | 44.2 | 第一 52.9<br>第二 4.5<br>第三 2.0<br>第四 7.5 | 20.4 | 2.3 | 10.4 |

4）各种实验动物肠段的长度和体长比较见表 5-4。

表 5-4　各种实验动物肠段的长度和体长比较

| 动物种类 | 长度（m） | | | | 各段肠占总肠长度的百分比（%） | | | 体长：肠 |
|---|---|---|---|---|---|---|---|---|
| | 小肠 | 盲肠 | 大肠 | 总长 | 小肠 | 盲肠 | 大肠 | |
| 犬 | 4.14 | 0.08 | 0.60 | 4.82 | 86 | 2 | 12 | 1：6 |
| 猫 | 1.72 | | 0.35 | 2.07 | 83 | | 17 | 1：4 |
| 兔 | 3.56 | 0.61 | 1.65 | 5.82 | 61 | 11 | 28 | 1：10 |
| 羊 | 26.20 | 0.36 | 6.17 | 32.73 | 80 | 1 | 19 | 1：27 |
| 猪 | 18.29 | 0.23 | 4.99 | 23.51 | 78 | 1 | 21 | 1：14 |

5）各种实验动物肝脏分叶数比较见表 5-5。

表 5-5　各种实验动物肝脏分叶数比较

| 人/动物 | 肝脏 | | | |
|---|---|---|---|---|
| | 右叶 | 左叶 | 后叶 | 总分叶 |
| 人 | 2 | 2 | 1 | 5 |
| 小白鼠 | 2 | 2 | 1 | 5 |
| 大白鼠 | 2 | 2 | 2 | 6 |
| 金地鼠 | 2 | 2 | 2 | 6 |
| 豚鼠 | 2 | 3 | 2 | 7 |
| 兔 | 2 | 2 | 2 | 6 |
| 猫 | 2 | 2 | 1 | 5 |
| 犬 | 2 | 2 | 3 | 7 |
| 猴 | 2 | 2 | 2 | 6 |
| 猪 | 2 | 2 | 1 | 5 |
| 马 | 2 | 2 | 1 | 5 |
| 牛 | 2 | 2 | 1 | 5 |

（二）人和实验动物胃的组织结构比较

胃组织结构：哺乳动物的胃可分为单室胃和多室胃两大类。反刍动物的前胃、马和猪胃的无腺部衬有一种与食管黏膜相连的复层扁平上皮，固有层不含胃腺。只有肉食动物的胃是完全衬覆含有胃腺的胃黏膜结构。有腺部和无腺部的分布随动物种类而异。单室胃的胃壁可分为黏膜、黏膜下层、肌层和浆膜四层。腺部黏膜表面可见许多明显皱襞，纵横交叉。黏膜由上皮、固有层和黏膜肌层组成。反刍动物的胃为多室胃。多室胃分为没有腺体的前胃（瘤胃、网胃和瓣胃）及有腺体的真胃（皱胃）。胃壁也分为黏膜、黏膜下层、肌层和浆膜四层。

（三）人和实验动物消化管组织结构比较

消化管各部虽然在形态结构和生理功能上各有特点，但是，整个消化管壁，除口腔外，从内向外，一般均可分为黏膜、黏膜下层、肌层和外膜四层结构。

**1. 口腔**

口腔为消化管前端不规则的腔。主要包括唇、颊、腭、舌、齿和龈等部分，与采食、咀嚼和味觉等功能有关。舌乳头是黏膜上皮与固有层共同突出于舌表面形成的一种特殊结构。它可分为四种：丝状乳头、蕈状乳头、叶状乳头、轮廓乳头。轮廓乳头体积最大，数量最少。乳头周围有深沟环绕，此沟称环沟或味沟，在环沟内乳头侧的复层上皮中，有许多染色浅的卵圆形小体，称味蕾。轮廓乳头内味蕾的数量以猪、犬最多，猫最少。环沟的底部有浆液腺群的排出管开口。乳头的固有层中富有血管和神经。

**2. 食管**

食管是连接咽和胃的细长管道。管壁具有消化管的一般结构。黏膜可分为上皮、固有层和黏膜肌层。固有层由较致密的结缔组织构成，其中含有纤细的胶原纤维和丰富的弹性纤维。浅层形成许多乳头，伸入上皮内。牛的乳头细长，羊的乳头粗短，马、猪和犬的乳头较粗而且形状不规则。大鼠食管黏膜的上皮中度到高度角化。黏膜肌层由纵行平滑肌束组成。单蹄动物、反刍动物和猫的食管前半段只有一些分散的平滑肌束。猪和犬的食管起始部没有此层，到食管的后半部，才可见到肌纤维束，靠近胃才形成连续的肌层。肌层由骨骼肌和平滑肌组成。各种动物在食管起始部皆为骨骼肌，靠近胃则逐渐变为平滑肌。两者的比例，随动物而不同。在犬和反刍动物全部是横纹肌；在马和猫则后 1/3 是平滑肌；而猪只是靠近胃的部位才由骨骼肌变为平滑肌。大鼠黏膜肌层有不连续的粗大平滑肌纤维束。黏膜下层无腺体，其中有肥大细胞散在。肌层由疏松的骨骼肌束形成，肌纤维的排列方式基本为内环、外纵行两层。但有些动物因有附加肌层存在于基本肌层的两侧，使层数加多。如肉食动物、马和反刍动物常为三层，猪甚至可达四层。

## 二、人和实验动物消化腺组织结构比较

消化腺分壁内腺和壁外腺两种。壁内腺多为小型腺体，位于消化管各段的管壁中，如食管腺、胃腺和肠腺等。壁外腺是大型的腺体，位于消化管壁以外，构成独立的器官，借导管开口于消化管腔，如开口于口腔的唾液腺和开口于十二指肠腔的肝与胰。大唾液腺属于实质脏器，由被膜和实质构成。腮腺一般属纯浆液性腺。但在猪和肉食动物常见有小的黏液腺细胞群。此外，腮腺闰管较长，分泌管较短。颌下腺属混合腺，既分泌黏液又分泌浆液。含有黏液性腺泡和混合性腺泡。其混合的程度随家畜种类不同而异，在牛、绵羊、山羊、马、骡和猪中，黏液性腺泡占多数；而犬则浆液性腺泡占多数；啮齿类动物为纯浆液性腺，颌下腺闰管短，分泌管发达。舌下腺是比较小的唾液腺。马和猪的舌下腺是混合腺，其中以黏液性腺泡占多数。反刍动物的长管舌下腺是混合腺，而短管舌下腺为纯浆液腺，舌下腺没有闰管，分泌管也较短。

肝组织结构：肝是动物体内最大的消化腺，其分泌物为胆汁，经胆管送入十二指肠。肝既能分泌胆汁，促进脂肪的分解与吸收，同时又是机体内物质代谢的重要器官。肝脏的表面大部分被覆一

层浆膜，浆膜深部为富含弹性纤维的致密结缔组织层，共同形成肝脏的被膜。被膜的结缔组织进入肝实质，将其分成许多肝小叶。肝小叶间的结缔组织为小叶间结缔组织，其发达程度随动物种类不同而异，猪、骆驼和浣熊等比较发达，肝小叶界限非常清楚；而其他动物小叶间结缔组织少，小叶分界不清。此外，肝小叶内还有大量网状纤维分布于窦周隙内，构成肝小叶的内部支架。肝小叶是肝的基本结构单位，为多边棱柱体，大小不一，长约 2mm，宽约 1mm。肝小叶的结构比较复杂，其主要结构有中央静脉、肝板、胆小管、肝血窦和窦周隙。

（一）肝细胞超微结构

肝细胞是一种具有多功能的细胞，电镜下，肝细胞质内含有丰富的细胞器和多种内含物。各种细胞器在肝细胞的功能活动中都有重要的作用。肝细胞质内含有线粒体、内质网、高尔基复合体、溶酶体、微体和内含物。线粒体数量很多，每个肝细胞约有 2000 个，遍布于胞质内，并常移向需能较多的部位，为细胞的功能活动提供能量。线粒体大小不等，形态有圆形、椭圆形和长杆状等。不同动物肝小叶内不同部位的肝细胞，其数量、大小、形态、酶的含量和性质都不同。线粒体的更新也较快，大约 10 天更新一次。肝细胞的粗面内质网和滑面内质网均很发达。高尔基复合体数量也较多，每个肝细胞约有 50 个。每个肝细胞内有微体 200～500 个，常为椭圆形小体，大小不等，散在于细胞质内，其结构与溶酶体不同，即在一些动物（如鼠）肝细胞的微体内，存在一致密的结晶小体。生化分析显示，结晶小体内含有尿酸氧化酶，其基质内还含有过氧化氢酶、过氧化物酶及其他氧化酶。在氧化代谢中形成的中间产物过氧化氢受上述酶的作用，最终形成水，能消除过氧化氢对细胞的毒性。肝血窦又称窦状隙，位于肝板之间，互相吻合成网，是肝小叶内的毛细血管。肝血窦内有散在肝巨噬细胞，又称库普弗细胞。细胞呈星状，借突起附着在内皮细胞的表面，或伸入内皮细胞的窗孔中。电镜下，库普弗细胞质内含有大量溶酶体和吞噬体等。此种细胞具有变形运动和活跃的吞噬能力，属单核-吞噬细胞系统。肝血窦接纳小叶间动脉和小叶间静脉的血液，然后汇入中央静脉。

（二）肝的再生

正常成体肝内极少见到肝细胞分裂象。动物实验表明，肝的再生能力很强，如将大鼠的肝脏切除 2/3，术后 3 周，肝可恢复到原体积。肝细胞的再生方式有两个途径：一是由残存的肝细胞分裂增殖；二是可能由小叶间胆管上皮细胞增殖演变而来。近年来的实验证明，某些体液因子对肝分裂增殖有重要的调节作用，如肝细胞产生抑制和刺激素，对肝细胞分裂具有抑制和促进作用。

（三）胰腺组织结构比较

胰是动物体内较大的腺体，呈不规则的三角形。表面被以少量结缔组织构成的被膜。结缔组织伸入实质，并将其分为许多叶和小叶。小叶间结缔组织不发达，小叶也不明显。胰腺由内分泌部和外分泌部组成，胰腺外分泌部为复泡状腺，由胰腺泡和导管两部分组成。胰腺内分泌部又称胰岛，散在于外分泌腺泡间，由一些大小不等的内分泌细胞团或索构成，其分泌物称激素，参与体内糖代谢的调节作用。牛的胰岛细胞排列呈板状。胰岛分布，以胰尾最多，胰头和胰体较少。胰岛细胞索间有少量的结缔组织和丰富的有孔毛细血管，胰岛表面包以薄层结缔组织。胰岛细胞用普通染色不易分辨，用特殊染色法（Mallory-Azan 氏染色法）可区分出甲细胞（A 细胞）、乙细胞（B 细胞）、丁细胞（D 细胞）。B 细胞数量最多，约占胰岛细胞总数的 75%，分布于胰岛的中心部分，细胞核较小，细胞质内含有许多较细的颗粒，易溶于酒精，无嗜银性，用 Mallory-Azan 氏染色法染成褐色或橘黄色。电镜观察，胞质内的颗粒形态因动物种类不同而有差别，犬、猫和蝙蝠的颗粒为圆形，较大，但大小并不一致，在其界膜内有一至数个中等电子密度的芯，芯有球状、棒状、针状、长方形或菱形的类晶体，界膜与晶体之间的间隙较大；B 细胞分泌胰岛素，故又称胰岛素细胞。胰岛素的作用与胰高血糖素相反，它可促进糖原合成和葡萄糖分解，使血糖浓度降低。中国地鼠的胰岛细胞呈退行性变，易产生真性糖尿病，血糖可比正常高出 2～8 倍。

（四）胃腺组织结构比较

胃黏膜中各种分泌腺总称为胃腺。根据其分布和分泌物的不同分为贲门腺（cardiac gland）、胃底腺（fundic gland）和幽门腺（pyloric gland）。固有胃腺由分泌胃蛋白酶原的主细胞、分泌盐酸及内因子等的壁细胞和分泌黏液的副细胞组成，胃底较多。幽门腺、贲门腺为黏液腺。在幽门部还可见有分泌胃泌素的内分泌细胞（图 5-2）。

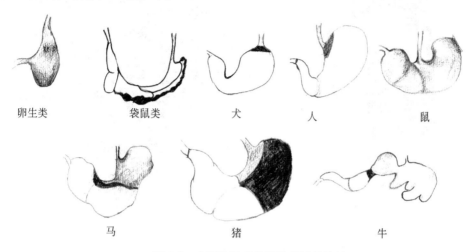

卵生类　　　袋鼠类　　　犬　　　人　　　鼠

马　　　猪　　　牛

图 5-2　人和实验动物胃腺分泌的比较

## 三、不同实验动物消化系统解剖特点

（一）猴

猕猴属的各品种都有颊囊，它是以口腔中上下黏膜的侧壁与口腔分界。颊囊用以储存食物，这是因摄食方式的改变而发生的进化特征。

猕猴的胃属单室胃，胃液呈中性，含 0.01%～0.043% 的游离盐酸。肠的长度与体长的比例为（5～8）：1，小肠的横部较发达，上部和降部形成弯曲，呈马蹄形。盲肠很发达，为锥形的囊，但无蚓状体，不易得盲肠炎。肝脏分外侧左叶、内侧左叶、外侧右叶、内侧右中心叶及尾状叶，共五叶，胆囊位于肝脏的右中心叶。

（二）犬

**1. 消化管**

1）食管：起始端较细，下部较宽阔，进入胸腔后，位置在主动脉右侧，处于两肺之间，最后穿过膈肌与胃相接。

2）胃：犬的胃较大，中等体形的犬，胃容量约 1500ml。有人计算，平均体重 10kg 的犬，胃容量约 1000ml，正常时曲向体的左方，呈蹄形的囊状结构。前面有短的胃小弯，后面为长的胃大弯，胃开始处较膨大称为贲门部，缩小的末端称为幽门部，幽门部与十二指肠交界处，内壁由括约肌构成的环状褶襞称幽门。犬胃液中所含盐酸浓度为 0.4%～0.6%，其量较多，在进食后 3～4h，消化物开始向肠输送，一般经 5～10h 即可将胃中食物全部排空。

3）肠：肠道为体长的 3～4 倍。小肠为 2～3m，分为十二指肠、空肠和回肠三段，位置在肝和胃的后方，占腹腔的大部。大肠平均长度为 60～75cm，管径与小肠相似，肠壁缺少纵带和囊状隆起，分为盲肠、结肠和直肠。与小肠交界处为盲肠，盲肠平均长度为 12.5~15cm，形状弯曲，由于肠系膜固定，可使它经常保持弯曲状态。盲肠开口于结肠起始部，后端为盲端。结肠分为升结肠、横结肠、降结肠，降结肠沿腹下部内侧缘及左肾的腹侧后行，与直肠相接。直肠为大肠的最末端，由骨盆入口，椎骨的下方向后延伸，形成短而直的壶腹状宽大部，末端开口于肛门。食物从口进入消化道直至形成粪便排出体外，需 10~20h（图 5-3、图 5-4）。

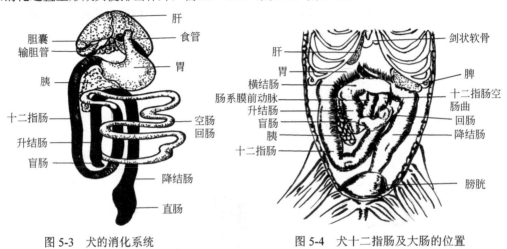

图 5-3　犬的消化系统　　　　　　　图 5-4　犬十二指肠及大肠的位置

**2. 消化腺**

1）唾液腺：犬有发达的唾液腺，包括腮腺、颌下腺、舌下腺，能分泌唾液，具有消化作用。此外，因犬缺乏汗腺，唾液腺天热时可大量分泌唾液以散热。犬的唾液腺及其导管见图 5-5。

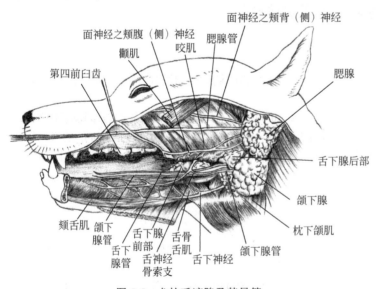

图 5-5　犬的唾液腺及其导管

2）肝：犬的肝比较大，相当于体重的 3%，位于胃前部，呈扁平形，褐色，滑润光泽。肝分七叶，前面左右叶又各分为外侧叶和中央叶，后面分方形叶、尾状叶和乳状叶。左外侧叶在肝叶中最大，为卵圆形，左中央叶较小，为梭形。右中央叶是第二大叶，方形叶与右中央叶间，有一容纳胆囊的深窝。犬肝的分叶情况见图5-6。胆囊形似梨，呈暗绿色。胆囊为胆汁储存器。胆囊管和肝管汇合成胆总管，开口于离幽门不远的十二指肠内。肝右外侧叶是第三个较大的叶，亦呈卵圆形，在它的脏面有尾状叶。尾状叶的右侧称尾状突，左侧有乳头状突，两者常被分开。

3）胰腺：位于胃与十二指肠间的肠系膜上，乳黄色，柔软狭长，如"V"形，"V"字尖端在幽门后方。右支经十二指肠背侧面及肝脏尾状叶和右肾的腹侧，向后伸展，末端达右肾后方，埋藏在十二指肠系膜内。左支经胃的脏面与横行结肠之间，行向左后方，末端达左肾前端。

### （三）猫

**1. 消化管**

1）食管：呈管状，当其适度扩张时，直径约1cm；空虚时，背腹扁平。食管通过胸腔时，位于大动脉后纵隔的腹面。食管壁由肌层、黏膜下层和黏膜组成，内表面有许多纵褶，无浆膜覆盖。

2）胃：是消化管最宽大的部分，呈梨形囊状，位于腹腔的前部，几乎全部在体中线的左侧。胃宽阔的一端位于左背侧，在这里与食管相通，称贲门部；胃的另一端狭窄，伸向右腹侧，接十二指肠，称幽门部。

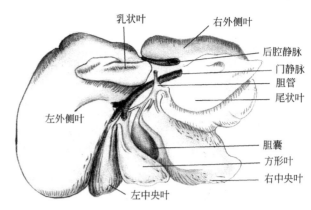

图 5-6　犬肝的分叶情况

3）小肠：通常可分为十二指肠、空肠及回肠三部分。它们盘卷在腹腔内，占腹腔空间的大部分。小肠的长度约为猫身体长度的 3 倍，由肠系膜悬挂。十二指肠与胃的幽门部相连，十二指肠第一部分与幽门部形成一角度，在幽门部向后 8～10cm 处形成一个"U"形的弯曲，然后再伸向左侧，通向空肠。十二指肠全长 14～16cm。十二指肠背壁离幽门部约 3cm 的黏膜上，可见一个略微突起的乳头，称十二指肠大乳头，其顶端可见一卵圆形的开口，胆总管和胰管均开口于此。十二指肠后面是空肠，其与十二指肠没有明显的分界。空肠后面为回肠（图 5-7），两者也无明显界限。回肠被系膜悬挂在腹腔后部，与腹面的腹壁仅由大网膜分隔开，其直径几乎不变，但前部的肠壁较后部的肠壁厚。

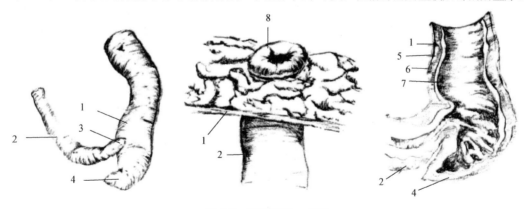

图 5-7　猫的回肠、结肠

1. 结肠；2. 回肠；3. 回盲口；4.盲肠；5.纵肌层；6.环肌层；7. 黏膜；8. 回盲瓣率

4）大肠：分为结肠及直肠。结肠紧接回肠后面，其连接处有回结肠间瓣。此瓣是由回肠进入结肠处的环肌层与黏膜层显著突出而形成的（图 5-8）。结肠长度约 23cm，直径约为回肠的 3 倍。结肠最初在右侧，先伸向头部，然后转向左侧，伸向尾部，在接近中线时伸至腹壁的背部，故结肠可按照它的方向分为升结肠、横结肠与降结肠。

**2. 消化腺**

猫有 5 对唾液腺，开口于口腔。

1）耳下腺：呈扁平状，位于外耳道下方。腺体分叶明显，边缘不整齐。导管开口于最后一个前白齿相对的口腔颊部的黏膜上。沿着耳下腺的通路，有时可找到一个或多个小的副耳下腺。

2）颌下腺：近似肾形，表面较光滑，分叶不明显。位于耳下腺的腹面、咬肌的后缘。导管走

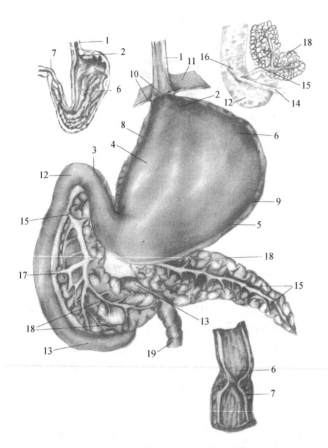

**图 5-8 猫的胃、十二指肠和胰脏**

1. 食管；2. 贲门；3. 幽门；4. 胃小弯；5. 胃大弯；6. 胃黏膜皱襞；7. 幽门瓣；8. 小网膜；9. 大网膜；10. 腹膜壁层；11. 膈；12. 十二指肠（头侧弯）；13. 十二指肠 "U" 形弯；14. 胆总管；15. 胰腺；16. 总导管；17. 副胰管；18. 胰腺小泡；19. 空肠

向二腹肌和下颌舌骨肌下面，与下颌骨平行并与舌下腺导管并行。导管开口于舌的腹面、口腔底部前端中线两侧的乳头顶部。

3）舌下腺：呈长圆锥形，位于颌下腺前面，介于咬肌与二腹肌之间。其导管与颌下腺导管相通，与颌下腺导管一起开口于口腔底部。

4）臼齿腺：呈扁平状，前端尖，后端宽阔。位于口轮匝肌与下唇黏膜之间，从咬肌的头缘延伸到第一臼齿与犬牙之间。其有几个短的导管，开口于颊部黏膜表面。

5）眶下腺：呈卵圆形，长约 1.5cm，宽度约为长度的 1/3。位于眼眶腹底板的外侧面。其腹面延伸接近口的黏膜，尾部向着臼齿。导管开口于臼齿。

猫的消化系统有明显的解剖学特点，猫舌的形态学特征是猫科动物所特有的。舌的表面有无数突起乳头，能舔除附在骨头上的肉。猫是单胃，其肠管长度约只有体形大小近似的草食动物兔的 1/3，为 122cm。猫的大网膜非常发达，重约 35g，由十二指肠开端，沿胃延伸，经胃底连接于大肠。上下两层的脂肪膜形如被套覆盖于大小肠上，后面游离部分将小肠包裹。发达的大网膜有其重要的生理作用，它起着固定胃、肠、脾和胰脏的作用，又能保护胃、肠等器官，还有对内脏的保温作用，因此猫有较强的防寒能力。

猫的肝分为五叶，即右中叶、右侧叶、左中叶、左侧叶和尾叶。

### （四）兔

**1. 消化管**

兔口腔内的消化主要是机械咀嚼和唾液腺的化学作用过程，咽位于口腔后方，喉的前上方，是消化道和呼吸道的共同通道。兔属单室胃，横位于腹腔前部，与食管相连处为贲门，与十二指肠相连处为幽门。兔肠道约为体长的 10 倍，分小肠和大肠，小肠分十二指肠、空肠和回肠，大肠分盲肠、结肠和直肠，直肠后接肛门。小肠全长 345cm，其中十二指肠长 67cm，空肠长 233cm，回肠长 45cm。大肠全长 194cm，其中盲肠长 51cm，结肠长 105cm，直肠长 38cm。小肠黏膜里含有丰富的淋巴组织，起着防护作用。有的形状小，孤立存在，称孤立淋巴结；有的集结在一起，形成集合淋巴结。集合淋巴结多分布在空肠后部和回肠，沿肠系膜附着缘的对侧壁排列，呈卵圆形隆起，长径 10～20mm，短径 6～8mm，颜色较淡，透过肠壁不难看出。若将肠内容物洗净，灌水使肠膨胀，可更清楚地透见肠壁上的集合淋巴结。这样的淋巴结在小肠壁共有 6～8 个，伸展到圆小囊与盲肠相接处。盲肠是一个粗大的盲囊，呈蜗牛状，长度与体长相近，在所有的家畜中，兔的盲肠比例为最大，其中繁殖着大量的细菌和原生动物，相当于一个大的发酵口袋。盲肠壁薄，外表可见一系列沟纹，肠壁内面有一螺旋状皱褶，称螺旋瓣，各螺旋瓣的间隔为 2～3cm，共 25 转。螺旋瓣的所在位置与外表的沟纹对应。回肠与盲肠相接处膨大形成一壁厚的圆囊，这就是兔所特有的圆小囊，长径约 3cm，短径约 2cm，囊壁外观颜色较淡，与较深色的盲肠区别开来，以手触摸，可感知壁较厚；从外观可隐约透见囊内壁的蜂窝状隐窝；剖开圆小囊，可看清楚内壁呈六角形蜂窝状；显微镜下观察，蜂窝状隐窝的凸出部分是多褶皱的黏膜上皮和固有膜，凹入部分在黏膜上皮下充满淋巴组织；其黏膜不断分泌碱性液体，中和盲肠中微生物分解纤维素所产生的各种有机酸，有利于消化吸收。

此外，在回盲瓣口周缘的盲肠壁上还有两块明显的淋巴组织，较大者称大盲肠扁桃体，直径 1.6～2.5cm；较小者称小盲肠扁桃体，直径 0.8～1.0cm；结构与圆小囊相似，黏膜面也呈蜂窝样，只是隐窝较浅，凸入肠腔的黏膜褶皱较低矮。盲肠的游离端变细，称蚓突，长约 10cm，外观颜色较淡，表面光滑，内无螺旋瓣，壁较厚，剖开可见黏膜表面密布隐窝。其组织结构与盲肠扁桃体相似，只是壁较厚，含更丰富的淋巴组织。对兔的肉品进行检验时，圆小囊和蚓突都要详细检查。兔患假性结核病，剖检可见蚓突肥厚变粗，形如小香肠，黏膜为干酪样灰白色小结节所覆盖，肠系膜淋巴结肿大，有时见干酪样变性，圆小囊内也常见有同样的结节，肾或脾可见灰白色坏死结节。家兔肠球虫病在圆小囊和蚓突部也有相似的病变，但肠系膜淋巴结和脾、肾等实质性器官无病变。家兔回肠与盲肠相连处膨大形成一壁厚的圆囊，称圆小囊，这是兔特有的。囊内壁呈六角形蜂窝状，里面充满着淋巴组织。兔肠管走向模式见图 5-9。

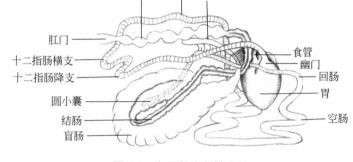

图 5-9　兔肠管走向模式图

**2. 消化腺**

1）唾液腺：兔有四对唾液腺，分别为耳下腺（腮腺）、颌下腺、舌下腺和眶下腺。其他哺乳动物一般不具有眶下腺。

2）肝脏：兔的肝位于腹前部，贴近横膈膜，下缘遮住胃小弯，新鲜时呈紫褐色，重 60～80g，兔肝分叶明显，共分为六叶，即左中叶、左外叶、右中叶、右外叶、尾状叶和方形叶。六叶中以左外叶和右中叶最大，尾状叶最小。尾状叶为单独分离的一小叶，位于胃小弯，被小网膜的两层膜所包裹。方形叶起始部不规则，位于左中叶和右中叶之间。肝门位于肝的脏面，它是门静脉、肝动脉、肝管、淋巴管、神经等的通路。肝门周围有肝门淋巴结。肝是兔最大的腺体。把肝边缘拉开，在肝的右中叶深处，可见梨状暗绿色的胆囊，重约 1.5g。胆囊管与肝管汇合成胆总管，沿肝十二指肠韧带贴着肝门静脉的右侧向后走行，开口于近幽门处的十二指肠上。肝细胞不断生成胆汁流经肝管而存于胆囊内或经胆总管进入十二指肠。胆总管易辨认，但组织纤细，操作时应注意。兔的肝脏分叶情况见图 5-10。兔的胆总管及其开口位置见图 5-11。

3）胰腺：散在于十二指肠"U"形弯曲部的肠系膜上，呈浅粉红色，其质地似脂肪，为分散而不规则的脂肪状腺体，仅有一条胰导管开口于十二指肠升支开始处 5～7cm，兔胰导管开口远离胆管开口，这是兔的一大特点。胆汁与胰液的分泌受神经与体液的双重控制，其中胰液的分泌以体液调节为主。兔的胰腺及胰管见图 5-12。

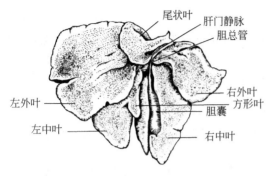

图 5-10　兔的肝脏分叶情况

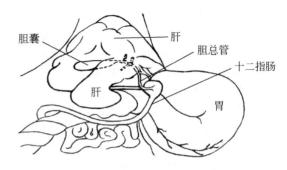

图 5-11　兔的胆总管及其开口位置

### （五）豚鼠

**1. 消化管**

食管长 12～15cm，直径约 4mm。胃壁很薄，容量为 20～30ml。肠管约为体长的 10 倍，占腹腔容积的 1/3。小肠较长，呈襟状盘绕，位于肝和胃的腹面后侧，长约 125cm，直径 4～6mm，小肠分三部分：十二指肠、空肠（中间部）和回肠（末部）。管内充满质地柔软的褶皱，由黏膜游离面的绒毛样组织（小肠绒毛）构成。十二指肠长 12cm，深粉红色，呈"S"状弯曲，分为前、降、横和升四段。空肠占小肠的大部分，介于十二指肠和回肠之间，高度盘绕，呈深棕粉红色，长约 95cm，位于十二指肠的背侧、胃的腹面尾侧。回肠是小肠的最末部，是空肠和盲肠之间较大的肠管，长约 10cm，也高度盘绕，呈深青棕色，背位与盲肠密切相邻，其末段是结肠与盲肠相连接处的回盲瓣。

回盲瓣位于结肠与盲肠连接的狭窄部左侧 5mm 的肠管内。回盲乳头即回肠和盲肠连接处的回肠突起，其周围绕以窄小的结回瓣。大肠起于回盲瓣而终于肛门，分为盲肠、结肠、直肠和肛管，没有肠脂垂、乙状结肠或阑尾，只有盲肠含肠膨袋和纵带。盲肠是大肠的起始部。为消化管的最膨大部分，壁薄，棕绿色，长 15～20cm，以半环状的囊状肠管充满腹腔的腹面。盲肠表面有三条纵行带，即背纵带、腹纵带和内纵带。纵行带将盲肠分为许多囊袋状隆起，称为肠膨袋。可在盲肠内的黏膜找到 9 个平坦的白色区，为集合淋巴结所在。结肠起于盲结口，终于直肠，长 70～75cm，深绿色。直肠长 7～10cm，是降结肠的延续部分。豚鼠的内脏见图 5-13。

**2. 消化腺**

1）唾液腺：豚鼠有 5 对唾液腺，即腮腺、颌下腺、颧腺、大舌下腺和小舌下腺。此外唇角附近有唇腺，口腔侧壁的颊内有颊腺。腮腺呈棕红色，扁平叶状，呈"V"字形；位于耳咽管外侧、颈部和下颌之间的皮下；在前白齿对侧的颊膜上开口于口腔。颌下腺为圆形或椭圆形深度分叶的腺体，上部有腮腺覆盖，其余部分在颈部侧浅面；在颈外静脉与颈内静脉汇合处，可用手触到；其开口于下门齿后边的一个小而清楚的乳头上。大舌下腺是一个浅褐色的椭圆形小腺体，位于颌下腺内侧腹面，开口于颌下腺管口的近旁。小舌下腺为一很小的浅褐色光滑的腺体，位于后两个下白齿和舌之间的口腔黏膜下，其开口细小，位于下白齿对侧。颧腺为浅褐色分叶的锥体形腺；位于眼眶内颧弓腹面内侧眼球下方，外侧被覆浅筋膜，有数条小腺管，开口于白齿对侧的小乳头。

2）肝脏：被深裂缝分成方叶、左叶、右叶、后叶 4 个主要肝叶和 4 个小肝叶及两个深裂。方叶是肝脏最大的叶，比其他肝叶更靠腹面，居整个肝脏和腹部的中部。方叶被纵行裂分为外形相似的左、右两个小叶，两小叶间有圆韧带。后腔静脉在方叶头侧穿经过膈。右小叶有深切迹和凹，胆囊就卧于其背侧。左叶位于方叶背侧、体正中左侧，其腹侧正中部分被方叶覆盖。它有一个很深的容纳胃体部和底部的内脏凹面。在头侧左叶和后腔静脉及方叶相隔。有些标本在左叶的背侧正中有一小的椭圆形小叶与血管及胆管的系带相连。右叶呈椭圆形，位于体正中的右侧，由中央较长的小

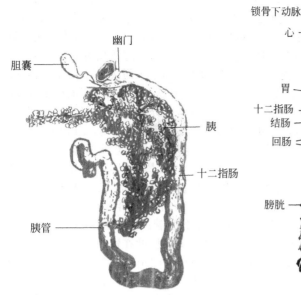

图 5-12　兔的胰腺及胰管

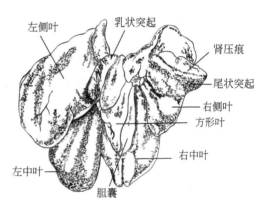

图 5-13　豚鼠的内脏

叶和外侧较小的小叶组成，两小叶在头侧相连。后叶是 4 个主要肝叶中最小的一个叶，位于背侧正中，在胃角切迹内。它分为位于右侧的后突和位于左侧的乳突。它们被后突小叶的峡在头侧正中连接在一起。肝的分叶情况见图 5-14。胆囊壁薄，呈浅绿色，是储存和浓缩胆汁的椭圆形囊，位于肝方叶的胆囊窝内。胆囊分底、颈和体部。胆管起自胆囊颈部，长约 6mm，直径 1mm。它向前外侧走行，与肝总管汇合构成胆总管。胆总管长约 15mm，直径 2mm，向十二指肠前段走行，距幽门 5mm 处进入十二指肠乳头。

3）胰腺：位于十二指肠弯曲部的肠系膜上，呈乳白色片状物，分头部和左右两叶，右叶长约 2cm，左叶长约 8cm，并与胃大弯相接，头部最宽处约 1.5cm。

图 5-14　豚鼠肝的分叶情况

（六）大鼠

**1. 消化管**

1）食管：可分为颈、胸、腹三段。成年大鼠食管的颈、胸段长约 75mm；其腹段通过膈的"食管裂孔"在膈后的长度约 15mm。

2）胃：重为体重的 0.5%，属单室胃，横位于腹腔的左前部，从食管的入口开始有一指向胃大弯的清楚的线，把胃划分为两部分，为前胃（非腺胃）和胃体（腺胃），两部分由界限嵴隔开，食管通过此嵴的一个褶进入胃小弯，此褶是大鼠不会呕吐的原因，胃小弯朝向背前方，食管在其中部入胃。胃-肝-十二指肠韧带组成的小网膜起于胃小弯连接肝门，肝的乳状突跨过胃小弯与胃的脏面相紧贴，插入大网膜囊内。胃大弯朝向腹后方，其边缘有双层的口袋状大网膜，中度发达的大网膜分空肠、盲肠和胃的脏面。剖开胃可见食管黏膜延伸入胃壁。它覆盖着约 2mm 宽的皮区（右侧围绕食管开口，左侧被覆着胃盲囊，透过其表面，成为外表可见的分界线）。皮区胃壁只是相邻腺区厚度的一半。正常饱满的胃中，皮区和腺区都有清楚的黏膜褶。皮区上皮的角化和食管相似，固有膜薄，黏膜肌层很发达，疏松的黏膜下层中含有血管。腺区黏膜为单层柱状上皮，固有膜内充满腺体，根据不同部位，腺体有所不同。轻度分支并盘曲的贲门腺只见于沿皮区过渡线的狭窄区域。大部分腺区黏膜中充满胃底腺。胃底腺为分支管状腺，上段比较直，开口于小而浅的胃小凹。胃底腺同一般哺乳动物，可分为腺颈、腺体和腺底三个部分。腺颈黏液细胞较少，胃酶原细胞数量较多，腺底部最多。泌酸细胞数量也较多，分布在腺体与腺底部。此外具有内分泌作用的嗜银细胞也散在于腺上皮细胞间。胃远端5～10mm宽的区域内，分布的是很少分支的管状幽门腺，开口于浅的胃小凹。幽门腺的腺腔较宽，腺细胞呈柱状，主要为黏液细胞，染色淡，细胞核位于基部。黏液细胞间有时可见少量泌酸细胞。腺区黏膜的肌层很发达，黏膜下层比皮区厚。胃壁肌肉层厚度均匀一致，靠近远端环肌层增厚，形成幽门括约肌；肠壁淋巴集结的出现是过渡到十二指肠黏膜的标志。

3）小肠：分为十二指肠、空肠和回肠。十二指肠从幽门发出向右后行，再折向前仍终于右侧，按其路径分为降支、横支和升支，构成一个不完全的环，包围着部分胰腺。空肠是小肠的最长部分，长70～100cm，盘旋在腹腔右方腹侧部，肠系膜使空肠有移动的余地，因此在胃的后部，盲肠背部和左部都可以见到它。空肠的绒毛呈叶片状，长0.6mm，空肠段也有间距不规则的淋巴集结。回肠较短，约4cm，以三角形的系膜盲褶与盲肠末端相连。肠绒毛表面的单层柱状上皮有许多细小的微绒毛形成的纹状缘。微绒毛、绒毛加上环形皱襞，使小肠腔的表面积扩大600倍左右。回肠绒毛的高度较低，宽度也较小，淋巴结明显。

4）大肠：包括盲肠、结肠和直肠。盲肠是介于小肠与结肠之间的一个大盲囊，长约6cm，直径约1cm。结肠长约10cm，分为升结肠、横结肠和降结肠。直肠长约8cm，其末端有0.2cm无腺体的皮区，形成由有腺黏膜向皮肤的过渡，有无数较大的皮脂腺开口于皮区，称肛门腺，每个肛门腺由20多个长形皮脂腺泡组成（图5-15）。

**2. 消化腺**

1）唾液腺：大鼠的大唾液腺很发达，包括腮腺、颌下腺和大舌下腺。腮腺在颈部外侧面，呈扁平形，包括3～4个界限清楚的分叶。颌下腺是颈部腹面最明显的腺体，前缘在舌骨水平处与颌淋巴结相接，后界可抵胸骨柄，左右两个腺体沿腹中线相接触，

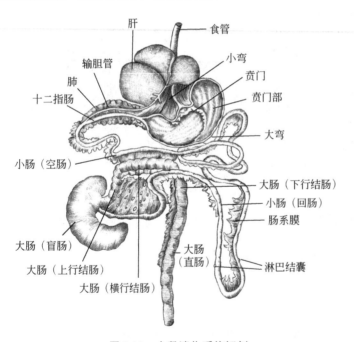

图5-15    大鼠消化系统解剖

长1.6cm，宽1～1.5cm，厚0.5cm。大舌下腺紧靠颌下腺前外侧面，其颜色较深，可与颌下腺区分，其形似眼球晶状体，宽0.4cm，厚0.1～0.2cm。小唾液腺包括小舌下腺、颊腺、舌腺和腭腺。小舌下腺呈扁平形，长0.7cm，宽0.3～0.4cm，位于白齿水平处颌舌骨肌和舌内肌之间，是不分叶的完全黏液性腺体。颊腺是一些小的黏液性腺体，分散在嘴角附近的黏膜中。舌腺包埋在舌根处的舌内肌束之间，导管通入轮廓乳头、叶状乳头和舌的外侧面，腺后部是黏液性的，其管开口于会厌软骨前方。腭腺为黏液性腺体，在软腭处形成一厚层，通常分布在咽的外侧壁与舌腺的黏液部相连。大

鼠头部浅层腺体见图 5-16。大鼠头部的腺体见图 5-17。大鼠颈部表层腺体见图 5-18。

2）肝：约占体重的 4.2%，位于腹腔的前部，其大部分紧贴膈。肝的分叶明显，依据一些深裂可把肝分为六叶，分别为左外叶、左中叶、中叶、右叶、尾状叶和乳突叶（两个盘状的乳头状突），肝脏分叶情况见图 5-19。肝再生能力强，切除 60%～70% 后可再生，肝库普弗细胞 95% 有吞噬能力，适用于肝外科实验研究。无胆囊，来自各叶的肝管形成的胆总管较粗，胆总管括约肌几乎没有

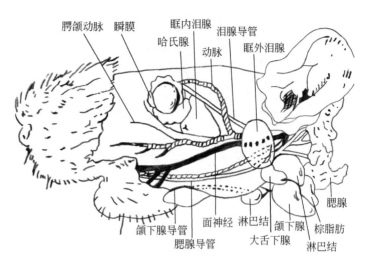

图 5-16　大鼠头部浅层腺体（左侧面）

紧张度，因此不具备像胆囊浓缩胆汁和储存胆汁的功能。胆总管在肝门处由肝管汇集而成，长 1.2～4.5cm，直径 0.1cm，胆总管几乎全长都为胰组织所包围，并在其行程中接收若干条胰管。胆总管在距幽门括约肌 2.5cm 处通入十二指肠，因此大鼠适宜做胆管插管模型。

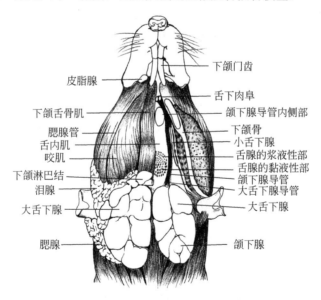

图 5-17　大鼠头部的腺体（腹侧面）

3）胰：是灰粉色、分叶状器官，重 0.55～1.00g，胰体和右叶包埋在十二指肠和空肠的开始处，其扁平的左叶沿胃的背面走行，埋在大网膜的背部，并沿着脾动脉到脾的小肠面。从显微结构看，胰分外分泌部和内分泌部。外分泌部是浆液性的复管泡状腺，分散在外分泌腺泡间的不规则大小的球形细胞团是胰腺的内分泌部胰岛。胰岛总数为 400～600 个，胰左叶的头部及相邻部位数量最多。

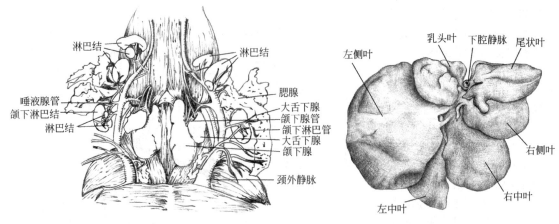

图 5-18　大鼠颈部表层腺体（腹侧面）　　图 5-19　大鼠肝脏分叶情况

### （七）小鼠

**1. 消化管**

口腔为消化管的开始部，有分散的舌扁桃体，门齿后接近中线处有一对小唾液腺乳头。食管细长，约 2cm，位于气管的背面。胃为单室，分为前胃和腺胃，有界限嵴分隔，前胃为食管的延伸膨大部分，胃容量小，为 1.0～1.5ml，功能较差，不耐饥饿，因此在实验时，小鼠灌胃给药的剂量最大不能超过 1.0ml。胃底及脾门处色淡红，不规则，似脂肪细胞。胃下接十二指肠，后为空肠和回肠，统称小肠，小肠长 43～51cm，接近体长的 4 倍，末端有盲肠，下接结肠和直肠，统称大肠，盲肠较短，呈"U"形，有蚓状突，直肠进入盆腔，开口于肛门。小鼠与家兔、豚鼠等草食性动物相比，肠道较短，盲肠不发达，因此以谷物性饲料为主。

**2. 消化腺**

小鼠的消化腺有唾液腺（3 对，即耳下腺、颌下腺和舌下腺）和肝脏（4 叶，即中叶、左叶、尾叶和右叶）。肝脏是最大的腺体，具有分泌胆汁、储存肝糖原、中和毒物等功能。胰腺分泌胰液，含有 3 种主要消化酶、胰岛素和胰高血糖素。

### （八）蛙

消化系统由消化管及各种消化腺所组成。

**1. 消化管**

消化管各部分的管径粗细和形状略有不同。自口腔开始，依次分为咽、食管、胃、小肠、大肠，止于泄殖腔。

1）食管：咽的下方连接短小的食管，食管外表光滑，内壁有许多纵行的皱褶，下端与胃相连。

2）胃：是消化管中最膨大部分，位于体腔的左侧，其下端由左向右稍弯曲呈"J"字形，前宽后窄。弯曲的内侧称胃小弯，外侧称胃大弯。胃壁厚，富有肌肉。其前端与食管相连称贲门；后端为幽门，由一圈括约肌构成的幽门瓣可控制其开闭。胃壁内有许多纵褶，靠近贲门的比较明显。胃壁从外向内由浆膜层、肌层、黏膜下层、黏膜层组成。黏膜层中含有很多管状的胃腺，胃腺分泌胃液。

3）肠：蛙类的肠也分为小肠和大肠两大部分。小肠起于幽门之后，弯向前方的一小段称十二指肠，其长度约等于胃的一半。在十二指肠和胃弯之间的系膜上有疏松的胰腺。十二指肠向右方曲折，移行为回肠。回肠经几个盘曲后，通入正中宽阔的大肠。小肠的直径自始至终都基本相等。肠壁比胃壁薄，同样由 4 层组织构成，自外向内有浆膜层、肌层、黏膜下层和黏膜层。黏膜层向着肠腔，在紧接幽门部分具有许多规则的网状褶皱，稍后便排列成两行半月形的横褶，称半月褶。横褶之间又有纵褶，其作用是阻止食糜逆流入胃。小肠接近末端的部位，又向前方弯曲，接着便是膨大而陡直的大肠，它位于正中线上，其壁也分为 4 层。大肠除了有吸收水分的作用外，也是聚积粪便的处所，末端开口于泄殖腔。泄殖腔为排粪尿、排精（雄）、排卵（雌）的共同通道。泄殖腔通向体外的开口为泄殖孔，平时有一圈括约肌关闭。

**2. 消化腺**

1）肝：蛙类的肝脏位于体腔的前端，分为左、中、右三叶。其体积与颜色常随季节而变化，这和营养条件有关。夏季食物丰富，肝的体积增大，颜色较浅，多为红褐色或淡褐色。冬春体积缩小，为紫红色或深褐色。在肝中叶背面有一卵圆形的胆囊，由结缔组织和腹膜与肝相连。囊内储存的暗绿色或黄绿色的汁液，是由肝脏所分泌的胆液。胆囊向外有两条胆囊管，其一与肝管相连接，另一条与胆总管相连接。胆囊中储存的胆汁，可以注入胆总管中，此外肝所分泌的胆汁也有一部分直接经胆总管输入十二指肠。胆总管途经胰脏时与胰管相通，最后开口于十二指肠。

2）胰：是一条淡红色或黄白色的管状腺，外形不规则，位于胃小弯与十二指肠之间。胆总管从胰中穿过，约在胰的中央部分。胰本身有好几条细小的导管，再向一条短的胰管集中，此管又和胆总管相接。胰液由胰管经胆总管流入十二指肠中。

# 第二节　人和实验动物消化系统比较生理学和生物化学

## 一、比较胃肠收缩波的参数

胃的运动从胃体中部起向胃的远端扩布、传播的速度和振幅均渐增。人胃收缩频率为 3 次/分，犬胃收缩频率为 5 次/分。消化间期远端胃收缩活动可出现有规则时相变化的移行性运动复合波（migrating motor complex，MMC）。小肠运动发源于胃十二指肠一区，并沿着小肠慢慢往下移行到回肠。小肠的收缩频率因部位不同而呈梯度递减变化。人十二指肠收缩频率为 12 次/分，而末端回肠收缩频率为 7 次/分（表 5-6）。

**表 5-6　人和实验动物胃肠收缩波的节律（次/分）**

| 种属 | 胃窦（胃体远端 2/3） | 十二指肠 | 回肠 | 结肠 |
|---|---|---|---|---|
| 人 | 3 | 12 | 7 | 7～10 |
| 大鼠 | 4 | 11～15 | — | — |
| 兔 | 4 | 17～22 | 7～11 | — |
| 猫 | 5 | 15～20 | 12 | 5 |
| 犬 | 5 | 17～20 | 12～24 | 3～5 |

## 二、比较离体胃肌生理溶液条件

研究人和哺乳动物的胃电及胃运动从整体到细胞水平有多种方法。离体胃电和胃运动的研究可去除在体条件下心电、呼吸、肠电、肌电和复杂的神经、体液因素对胃电及胃运动的干扰或影响，从而对研究某种神经递质或胃肠激素及药物对胃电和运动的特异影响提供了好的手段。胃平滑肌是一种可兴奋组织，有自动去极化的特性，其电活动表现为两种形式，即胃电慢波（基本电节律）和胃电快波（动作电位）。慢波决定胃蠕动波传导速度、方向和节律，而快波直接与胃平滑肌收缩的启动和强度有关。胃平滑肌在合适的模拟生理条件下可以表现为自发放电及收缩，根据容积导体原理可记录到离体胃电。人、犬、大鼠离体胃肌条生理溶液条件比较见表 5-7。

表 5-7　人、犬、大鼠离体胃肌条生理溶液比较

| 种属 | NaCl（mmol/L） | KCl（mmol/L） | NaHCO$_3$（mmol/L） | NaH$_2$PO$_4$（mmol/L） | CaCl$_2$（mmol/L） | MgCl$_2$（mmol/L） | 葡萄糖（mmol/L） | BSA |
|---|---|---|---|---|---|---|---|---|
| 人 | 120 | 6.0 | 15.0 | 1.0 | 2.5 | 1.2 | 10.6 | 0.05% |
| 大鼠 | 131 | 5.6 | 25.0 | 1.0 | 2.5 | 1.0 | 4.6 | 0.05% |
| 犬 | 120 | 4.6 | 15.0 | 1.0 | 3.5 | 1.2 | 5.0 | 0.05% |

BSA：牛血清白蛋白。

### 三、比较神经递质、胃肠激素对胃肠细胞的反应性

神经递质、组胺、5-羟色胺、胃肠激素等在调节人和实验动物胃肠运动中起着很重要的作用。在整体及组织水平上，采用在体静脉灌流、离体胃血管灌流制备及离体胃平滑肌条的实验方法，已经初步阐明了一些神经递质、胃肠激素对胃肠运动的影响。然而，从有神经支配和血管供应的完整组织上得到结论推断神经递质、胃肠激素对胃肠单个平滑肌细胞的直接作用非常困难。就必须要求在胃肠单个平滑肌细胞标本上，准确观察神经递质、胃肠激素或药物对胃肠平滑肌细胞收缩活动的直接作用，以便进一步阐明其对胃肠平滑肌运动调节的机制。乙酰胆碱和八肽胆囊收缩素对豚鼠和人胃肠单个平滑肌细胞最大的收缩反应性的浓度见表 5-8。

表 5-8　乙酰胆碱和八肽胆囊收缩素引起豚鼠和人胃肠单个平滑肌细胞最大的收缩反应性的浓度

| 浓度＼作用因素 | 豚鼠 | | | | 人 | | |
|---|---|---|---|---|---|---|---|
| | 胃 | 空肠 | 回肠 | | 胃窦 | 回肠 | |
| | | | 纵行肌 | 环行肌 | | 纵行肌 | 环行肌 |
| 乙酰胆碱（Ach） | 38.7±1.7（10$^{-7}$mol） | 33.4±1.5（10$^{-7}$mol） | 24.9±0.1（10$^{-7}$mol） | 23.1±0.8（10$^{-7}$mol） | 36.3±1.7（10$^{-7}$mol） | 38.7±1.7（10$^{-7}$mol） | — |
| 八肽胆囊收缩素（CCK8） | 37.4±1.2（10$^{-9}$mol） | 31.6±1.2（10$^{-7}$mol） | 22.0±1.4（10$^{-9}$mol） | 34.1±2.2（10$^{-9}$mol） | 35.1±1.8（10$^{-9}$mol） | — | 38.7±1.7（10$^{-7}$mol） |

### 四、比较血、脑中胃泌素

正常人、犬、大鼠血浆与脑组织中胃泌素含量见表 5-9。

表 5-9　正常人、犬、大鼠血浆与脑组织中胃泌素含量测定值（放射免疫法，ng/L，$\bar{x} \pm s$）

| 人血浆 | 犬血浆 | 大鼠 | | | | | | |
|---|---|---|---|---|---|---|---|---|
| | | 血浆 | 垂体 | 颈髓 | 延脑 | 中脑 | 间脑 | 皮质 |
| 66.99±20.40 | 99.78±7.58 | 165.44±25.75 | 122.50±3.20 | 60.66±13.43 | 61.82±12.89 | 63.47±12.16 | 101.53±42.02 | 35.20±2.10 |

### 五、比较胃肠激素在脑内的作用方式

肽类递质的合成、释放与经典递质不完全相同。肽类物质全部是在神经细胞体中合成的，神经末梢内不进行合成，也没有再摄取的机制。由于肽的释放完全依靠轴浆运输补充，因此，释放呈间断性，释放量也较少，但其效力很高，作用时间也较长，是神经系统中一种慢的信息传递递质。肽类不仅可以单独存在于某些神经元，它们还可以和其他经典神经递质共同存在于同一种神经元中，由同一神经末梢释放，分别作为主递质和辅递质起作用。表 5-10 列举了已有记载中神经递质和神经肽共存的情况。

**表 5-10　共存于神经元中的神经肽和神经递质**

| 动物种属 | 神经元 | 神经肽免疫活性 | 神经递质 |
|---|---|---|---|
| 豚鼠 | 椎旁交感神经元 | 生长抑素 | 去甲肾上腺素 |
| 大鼠、豚鼠、猫、犬、牛 | 肾上腺髓质 | 脑啡肽 | 儿茶酚胺 |
| 猫、犬、猴 | 颈动脉球 | 脑啡肽 | 多巴胺 |
| 猫、大鼠 | 内脏大神经轴索 | 脑啡肽 | 乙酰胆碱 |
| 猫 | 星状神经节 | 血管活性肠肽 | 乙酰胆碱 |
| 大鼠 | 中缝核群 | P 物质 | 5-羟色胺 |
| 大鼠 | 中缝核群 | 促甲状腺素释放激素 TRH | 5-羟色胺 |
| 大鼠 | A10 区多巴胺神经元 | 胆囊收缩素 | 多巴胺 |

## 六、比较小肠运动形式特点

小肠节律性收缩运动呈现频率梯度，即小肠上段的频率较高，下部较低。从家兔小肠上观察到，收缩运动和电活动都有频率梯度。例如，回肠末端的收缩频率为 10 次/分，只有十二指肠的一半。人、犬、猫等其他动物也证实了小肠节律性收缩运动的频率梯度（表 5-11）。

**表 5-11　人与实验动物小肠节律性收缩运动的频率梯度（次/分）**

| 小肠节段 | 人 | 大鼠 | 豚鼠 | 兔 | 猫 | 犬 |
|---|---|---|---|---|---|---|
| 十二指肠 | 12 | 40 | 21 | 20 | 18 | 19 |
| 回肠末端 | 9 | 28 | 10 | 10 | 13 | 14 |

## 七、比较唾液腺的神经支配特点

交感神经起自 $T_1 \sim T_4$ 节段，节前神经至颈上神经节后神经元，节后纤维沿血管支配三对唾液腺。节后交感神经的递质是去甲肾上腺素。交感神经对唾液分泌的作用视不同动物、不同腺体而异。刺激交感神经干或注射肾上腺素，在人可引起下颌腺分泌，但腮腺不分泌；在猫，可引起下颌腺及舌下腺的大量分泌，分泌量要多于下颌腺的分泌量。表 5-12 综合了不同动物、不同腺体对刺激交感神经的反应。这种差异有可能与受体不同有关。如在猫以 α 受体为主，在犬则以β受体为主，在大鼠则两种受体兼有（表 5-12、表 5-13）。

**表 5-12　刺激交感神经对不同动物唾液腺分泌的影响**

| 腺体 | 大鼠 | 兔 | 猫 | 犬 | 绵羊 |
|---|---|---|---|---|---|
| 腮腺 | ++ | + | + | − | + |
| 颌下腺 | ++ | （+） | +++ | ++ | （+） |
| 舌下腺 | − | | ++ | （+） | |

**表 5-13　与唾液分泌有关的肾上腺素受体**

| 腺体 | 大鼠 | 兔 | 猫 | 犬 | 绵羊 |
|---|---|---|---|---|---|
| 腮腺 | αβ | α（β） | （β）α | （β） | β |
| 颌下腺 | αβ | （β） | α（β） | β | |
| 舌下腺 | − | | α（β） | ？ | |

## 八、比较胰液分泌电解质特异性

各种动物胰液的基础分泌不同（表 5-14）。猫和犬几乎没有基础分泌，而兔在没有任何刺激的情况下却有相当多的基础分泌。胰液的基础分泌乃是指没有任何刺激时的分泌，它与消化间期的胰液分泌不同。消化间期是指两次进餐之间，一般是指隔夜禁食后的胰液分泌。在消化间期胰液有自动的周期性分泌，此周期与消化间期综合肌电相同步。已知消化间期综合肌电依其出现频率可分出 4 相，在第一、二相中胰液分泌很少或无分泌；在第三相中胰液分泌达到高峰；到第四相胰液分泌下降。胃动素可能与胰液的这种周期性分泌有关。

**表 5-14　不同动物的胰腺分泌电解质（ $HCO_3^-$ ）的差异**

| 动物 | 种别 | 分泌量 | 最大［$HCO_3^-$］（mmol/L） |
|---|---|---|---|
| 大鼠 | 基础 | + | 25 |
|  | +促胰液素 | ++ | 70 |
|  | +胆囊收缩素 | +++ | 30 |
| 豚鼠 | 基础 | + | 95 |
|  | +促胰液素 | +++++ | 120 |
|  | +胆囊收缩素 | ++++ | 120 |
|  | +刺激迷走神经 | +++ | 120 |
| 兔 | 基础 | ++ | 60 |
|  | +促胰液素 | +++ | 95 |
|  | +胆囊收缩素 | ++ | 65 |
| 犬、猫 | 基础 | 0 (+) | — |
|  | +促胰液素 | +++++ | 145 |
|  | +胆囊收缩素 | + | 60 |
| 猪 | 基础 | + | — |
|  | +促胰液素 | +++++ | 160 |
|  | +胆囊收缩素 | ++ | 35 |
|  | +刺激迷走神经 | ++++ | 150 |

注：种别栏的"+"指在"基础"上复合；分泌量栏中的"+"指分泌量的多少，从 0 到+++++分泌量依次增加；"—"指无检测值。

## 九、比较胰蛋白酶抑制物的特点

胰蛋白酶抑制物存在于人和哺乳动物的胰腺内。它与胰蛋白酶形成无活性的复合物，从而对胰蛋白酶起着抑制作用。此物质由 Kazal 从牛的胰腺分离出来，故称为 Kazal 胰分泌胰蛋白酶抑制物，它与 Kunitz 胰的抑制物［抑蛋白酶多肽（trasylol）］或牛胰激肽释放酶抑制物不相同，后者只存在于反刍动物胰腺或其他组织中，而在人却没有。胰分泌胰蛋白酶抑制剂（PSTI）系由 56 个氨基酸残基和 3 个二硫桥构成的多肽。

PSTI 有一个反应部分——赖氨酸-异亮氨酸，此部分也是胰蛋白酶的特异性靶物质。将抑制物和胰蛋白酶按等摩尔量放在一起温育，在 3min 内就能产生一稳定复合物，此复合物在胰蛋白酶的丝氨酸残基和抑制物的赖氨酸羧基之间有共价键，从而使胰蛋白酶失活。如果延长温育时间，复合物将水解，从而再生成酶和抑制物。故 PSTI 只发生暂时的抑制作用。抑制物也可以与胰蛋白酶原形成复合物，不过这种复合物更容易解离。PSTI 浓度与抑制作用呈线性关系，最高可抑制胰蛋白酶活性达 90%。随后，即使再增加抑制物浓度，胰蛋白酶仍保持较低的活性，这是由于酶-抑制物的复合物具有高速率解离的缘故。

人、牛、猪和羊的 PSTI 有显著的同源性，这种同源性不限于哺乳动物的胰腺，而是广泛地不同程度地分布于多个领域的蛋白质。例如，猪的精液、犬的下颌腺、灰白色链球菌和表皮生长因子都有这种抑制物。抑制效应的比较见表 5-15。

**表 5-15　人与实验动物胰蛋白酶抑制物及其对胰蛋白酶抑制效应的比较**

| 抑制物 ＼ 抑制效应 | 抑制（%） | | |
|---|---|---|---|
| | 胰蛋白酶 2 | 胰蛋白酶 3 | 胰蛋白酶 1 |
| 生物性抑制物 | | | |
| 　人胰蛋白酶抑制物 | 0 | 100 | 100 |
| 　牛胰蛋白酶抑制物 | 0 | 93 | 99 |
| 　犬下颌腺抑制物 | 0 | 50 | 92 |
| 　鸡卵黏蛋白抑制物 | 6 | 0 | 79 |
| 　$\alpha 1$-蛋白酶抑制物 | 0 | 86 | 99 |
| 　大豆抑制物 | 0 | 99 | 100 |
| 复合抑制物 | | | |
| 　对氨基苯咪 | 99 | 100 | 100 |
| 　DFP（5mmol/L） | 99 | 100 | 100 |
| 　TLCK（3.5mmol/L） | 65 | 99 | 99 |
| 　$HgCl_2$（1mmol/L） | 10 | 11 | 12 |
| 　EDTA（2mmol/L） | 45 | 50 | 65 |

DFP，异丙氟磷；TLCK，甲苯磺酰-*L*-赖氨酰-氯甲烷盐酸盐；EDTA，乙二胺四乙酸。$HgCl_2$，氯化汞。

## 十、比较胆汁流量及电解质浓度特点

胆汁是一种苦味的有色液体。由肝细胞分泌，较稀薄，色金黄，弱碱性。储存于胆囊时较浓稠，深暗色，弱酸性。胆汁的颜色取决于所含胆汁色素的种类及浓度，人和肉食动物的胆汁以含胆红素为主，而草食动物的胆汁则主要含胆红素的氧化物——胆绿素。不同动物胆汁中的电解质浓度见表5-16。

**表 5-16　人与实验动物肝胆汁的流量及电解质浓度比较**

| 动物 | 胆汁的流量 [$\mu$l/(min·kg)] | 电解质 | | | | | | |
|---|---|---|---|---|---|---|---|---|
| | | $Na^+$（mEq/L） | $K^+$（mEq/L） | $Ca^{2+}$（mEq/L） | $Mg^{2+}$（mEq/L） | $Cl^-$（mEq/L） | $HCO_3^-$（mEq/L） | 胆汁酸（mmol/L） |
| 人 | 1.5～15.4 | 132～165 | 4.2～5.6 | 1.2～4.8 | 1.4～3.0 | 96～126 | 17～55 | 3～45 |
| 大鼠 | 30～150 | 157～166 | 5.8～6.4 | — | — | 94～98 | 22～26 | 8～25 |
| 豚鼠 | 115.9 | 175 | 6.3 | — | — | 69 | 49～65 | — |
| 兔 | 90 | 148～156 | 3.6～6.7 | 2.7～6.7 | 0.3～0.7 | 77～99 | 40～63 | 6～24 |
| 犬 | 10 | 141～230 | 4.5～11.9 | 3.1～13.8 | 2.2～5.5 | 31～107 | 14～61 | 2～187 |
| 羊 | 9.4 | 159.6 | 5.3 | — | — | 95 | 21.2 | 42.5 |

注：表中数字为平均值或范围值，"——"指未检测出。

## 十一、比较肝组织的蛋白质含量及其合成量特点

肝脏蛋白质代谢功能检查可采用在体肝脏灌流法或在肝细胞培养基中加入标记蛋白，通过测定肝细胞的放射活性即可判断其蛋白质代谢的情况，并可以此观察药物影响。也可用肝细胞的亚细胞结构为实验观察对象，对比给药动物与对照动物的蛋白质合成情况。正常时肝组织的蛋白质含量及其合成量见表5-17。

**表5-17　肝组织的蛋白质含量及其合成量比较**

| 类别 | 动物 | 含量（mg/g 肝） | 合成量（mg/g 肝） |
|---|---|---|---|
| 白蛋白 | 人 | 2.06 | 0.17 |
| | 鼠 | 2.09 | 0.64 |
| | 犬 | 1.80 | — |
| | 鸡 | 0.28 | 0.12 |
| 球蛋白 | 人 | 2.07 | 0.07 |
| | 鼠 | 1.85 | 0.16 |
| | 犬 | 1.60 | — |
| | 马 | 0.56 | 0.07（2h） |
| 低密度脂蛋白 | 鼠 | 0.14 | 0.07 |
| 转铁蛋白 | 人 | 0.49 | |

注："—"指未检测出。

## 十二、比较消化管部位 pH

各种动物的消化管部位 pH 比较见表 5-18。微生物环境及饲料摄取对大鼠消化道内 pH 和α-淀粉酶活性的影响见表 5-19。微生物环境及有无摄食对大鼠（Lister hooded）消化道内 pH 的影响见表 5-20。

**表5-18　各种动物的消化管部位 pH 比较（引自 Smith H W，1965）**

| 动物种 | 例数 | 胃 | | 小肠 | | | | 大肠 | | |
|---|---|---|---|---|---|---|---|---|---|---|
| | | 前部 | 后部 | 十二指肠 | 上部 | 中部 | 下部 | 盲肠 | 大肠 | 粪便 |
| 小鼠 | 3 | 4.5 | 3.1 | — | — | — | — | — | — | — |
| 大鼠 | 7 | 5.0 | 3.8 | 6.5 | 6.7 | 6.8 | 7.1 | 6.8 | 6.6 | 6.9 |
| 豚鼠 | 6 | 4.5 | 4.1 | 7.6 | 7.7 | 8.1 | 8.2 | 7.0 | 6.7 | 6.7 |
| 地鼠 | 3 | 6.9 | 2.9 | 6.1 | 6.6 | 6.8 | 7.1 | 7.1 | — | — |
| 兔 | 11 | 1.9 | 1.9 | 6.0 | 6.8 | 7.5 | 8.0 | 6.6 | 7.2 | 7.2 |
| 犬 | 3 | 5.5 | 3.4 | 6.2 | 6.2 | 6.6 | 7.5 | 6.4 | 6.5 | 6.2 |
| 猫 | 6 | 5.0 | 4.2 | 6.2 | 6.7 | 7.0 | 7.6 | 6.0 | 6.2 | 7.0 |
| 猪 | 20 | 4.3 | 2.2 | 6.0 | 6.0 | 6.9 | 7.5 | 6.3 | 6.8 | 7.1 |
| 猴 | 3 | 4.8 | 2.8 | 5.6 | 5.6 | 6.0 | 6.0 | 5.0 | 5.1 | 5.5 |

注："—"指未检测出。

**表5-19　微生物环境及饲料摄取对大鼠消化道内 pH 和α-淀粉酶活性（单位：U）的影响**

| 前胃食物充满度 | | 例数 | 项目 | 胃前部 | 胃后部 | 十二指肠 |
|---|---|---|---|---|---|---|
| 普通环境 | >1.8g | 9 | pH | 4.8±0.3 | 3.0±0.1 | 6.5±0.5 |
| | | | α-淀粉酶 | 437～2485～6480 | 0～18～80 | 4492～7911～12 448 |

续表

| 前胃食物充满度 | | 例数 | 项目 | 胃前部 | 胃后部 | 十二指肠 |
|---|---|---|---|---|---|---|
| 普通环境 | 0.8～1.8g | 10 | pH | 4.8±0.5 | 3.1±0.5 | 6.7±0.5 |
| | | | α-淀粉酶 | 178～1930～5487 | 0～10～49 | 2802～7729～16 678 |
| | 0.3～0.8g | 8 | pH | 4.1±1.0 | 2.7±0.5 | 6.4±0.3 |
| | | | α-淀粉酶 | 5～285～1254 | 0～2～10 | 1495～6409～11 994 |
| | <0.3g | 10 | pH | 2.9±0.7 | 2.3±0.4 | 6.6±0.1 |
| | | | α-淀粉酶 | 0～1.6～4 | 0～1.3～3 | 4284～7715～15 605 |
| 无菌环境 | >1.8g | 8 | pH | 5.6±0.2 | 3.6±0.4 | 6.6±0.1 |
| | | | α-淀粉酶 | 5137～13 174～27 308 | 0～244～1084 | 5460～12 800～25 058 |
| | 0.8～1.8g | 12 | pH | 5.4±0.3 | 3.2±0.4 | 6.5±0.2 |
| | | | α-淀粉酶 | 457～5526～1123 | 0～24～157 | 1252～10 702～29 588 |
| | 0.3～0.8g | 14 | pH | 5.6±0.4 | 3.2±0.5 | 6.8±0.2 |
| | | | α-淀粉酶 | 2～1865～4451 | 0～3～31 | 721～7893～45 868 |
| | <0.3g | 5 | pH | 3.6±1.0 | 3.3±0.5 | 6.9±0.1 |
| | | | α-淀粉酶 | 0～0.7～4 | 0～0.5～2 | 6568～12 196～22 441 |

注：α-淀粉酶活性在37℃时的最低值与最高值（$\bar{x} \pm s$）。

**表 5-20**　微生物环境及有无摄食对大鼠（Lister hooded）消化道内 pH 的影响（$\bar{x} + s$）（引自 Ward F W 和 Coates M E，1987）

| 消化道部位 | 普通环境 | | 无菌环境 | |
|---|---|---|---|---|
| | 摄食时 | 空腹时 | 摄食时 | 空腹时 |
| 胃前部 | 5.1±0.2 | 4.3±0.5 | 4.8±0.6 | 3.8±0.5 |
| 胃后部 | 3.1±0.3 | 4.0±0.4 | 4.1±0.5 | 5.7±0.6 |
| 十二指肠 | 6.9±<0.1 | 7.1±<0.1 | 7.1±0.1 | 7.4±0.1 |
| 空回肠 | 7.4±0.1 | 8.0±<0.1 | 7.9±<0.1 | 7.9±0.1 |
| 盲肠 | 6.4±0.1 | 7.2±<0.1 | 7.1±0.1 | 6.9±0.1 |
| 直肠 | 6.8±0.2 | 7.6±0.1 | 6.8±<0.1 | 6.8±0.1 |

# 第三节　比较消化病理研究中的动物模型

## 一、胃溃疡动物模型

### （一）造模方法

1）水浸应激法：选用成年大鼠，体重200～250g。术前禁食48h，用异氟烷麻醉后，将其四肢绑扎固定于鼠板。待其清醒后浸于20℃左右的水槽中，水面浸至剑突水平。待浸泡20～24h后，将动物处死，擦干皮肤，立即剖检。先将幽门用线结扎，然后用注射器抽取0.4%的中性甲醛溶液10ml，自食管注入胃内，拔出针头结扎贲门。在两结扎线的两端切断食管及十二指肠，摘下全胃，待30min后，沿大弯剖开，此时胃黏膜由于甲醛溶液的浸渍已发生组织固定，不致因剖开胃腔而皱缩，影响对病变的辨识。

2）组胺药物法：选用雄性白色豚鼠。术前禁食18～24h（只给饮水）。戊巴比妥钠麻醉后，于腹部正中切口，切口长2～3cm，找出十二指肠。在十二指肠的胆管开口上方夹一动脉钳造成狭窄，以使胃液潴留并防止十二指肠液反流入胃，动脉钳的一端伸出腹腔并缝合腹壁。皮下注射磷酸组胺水溶液（2.5～7.5mg/kg，根据动物品种区分剂量），1h 后处死动物。小心将胃连同动脉钳一道取出腹腔。收集胃液，离心后测定胃液容量，分别用托弗氏液和酚酞滴定游离酸度和总酸度。胃液量记录以 ml/kg 为单位。然后用自来水由贲门端注入胃使之充盈，在光线良好的地方检查有无溃疡。溃疡可记录为：+（4 个以下的小溃疡），++（4～8 个小溃疡），+++（9～16 个小溃疡，或几个大溃疡），++++（大面积融合的溃疡，或 16 个以上的溃疡，或溃疡即将穿孔）。

3）醋酸烧灼法：选用小鼠或大鼠，异氟烷麻醉下消毒皮肤后开腹，在腺胃部前壁窦体交界处浆面贴上沾有冰醋酸的圆形滤纸（直径 5.5mm）30s，重复 1 次，闭腹后缝合皮肤。也可用 10%或 20%醋酸溶液 0.05ml，利用 0.01ml 刻度的结核菌素注射器 26 号皮内针头做胃壁黏膜注射或以棉签蘸 100%醋酸溶液通过内径 5mm 的玻璃管涂敷胃的浆面，造成腐蚀性溃疡。

4）幽门结扎法：选用大鼠，在全麻、无菌操作下，结扎大鼠幽门。术后将动物置于铁丝笼中，防止其吞食鼠屎。禁食，禁水，19h 后，麻醉后放血处死动物。剖检方法同"水浸应激法"。

（二）模型特点及应用

1）水浸应激模型：水浸 20h 后，在腺胃部可见咖啡色的出血点及局灶性黏膜缺损。病变小（仅 1mm 左右），深部不超过肌层。用本法诱发应激性溃疡成功率几乎达 100%，重复性好。用抗胆碱药及中枢抑制药可以减少其发生率，是研究抗溃疡药物的一种常用的实验模型。

2）组胺诱发模型：皮下注射磷酸组胺后，可诱发胃溃疡模型，此法的优点是所用组胺的剂量小，并能恒定地复制出胃溃疡。

3）醋酸烧灼诱发模型：术后 3 天剖检观察，可见烧灼局部形成溃疡，溃疡的大小及其严重程度直接与所用醋酸的浓度和剂量有关。20%醋酸 0.01ml 所致溃疡的直径一般为 4～6mm，在 40～60 天后可以完全愈合。20%醋酸 0.05ml 所致溃疡的直径一般为 8～12mm。此模型的优点是方法简便，溃疡部位和溃疡面积可由术者自己选择。但所造成模型的溃疡发生在浆膜面，与人类胃溃疡发生在黏膜面有所不同。

4）幽门结扎诱发模型：本法诱发胃溃疡与动物的禁食情况及结扎后经历的时间等有关。本法诱发成功率达 85%～100%。此模型复制方法简单、发生快、成功率高，但病变较轻，严格来说仍然属于胃黏膜急性出血性糜烂，与人类胃溃疡的典型病变差距较大，适用于做探索抗溃疡病药物研究和胃溃疡发病学方面的研究。

## 二、胃黏膜上皮化生模型

（一）造模方法

1）丙基硝基亚硝基胍（PNNG）诱发法：选用 2～6 周龄，体重 100～200g 雄性大鼠。药物先用去离子水或蒸馏水配制成浓度为 1g/L 的储存液，4℃保存，每天用前再稀释成所需浓度的溶液，所用剂量 50～83μg/ml，将药液放入饮水中，饮水瓶涂成黑色或以锡箔纸包裹，以免致癌物遇光分解。投药时间为 2～20 周。

2）X 线胃局部照射诱发法：选用 5～8 周龄的 Wistar 或 SD 大鼠。麻醉后置于 X 线光束下，动物体用 0.6cm 厚的铅皮加以保护，铅皮中央正对胃区处留有直径为 1.8cm 的小孔，经此孔进行 X 线照射。照射剂量每次 5Gy（500rad），每日 1 次，共 6 次。

3）X 线照射和 PNNG 联合诱发法：选用 5 周龄的 SD 大鼠，先用 X 线照射，每次 500rad，每日 1 次，共 6 次，8 周后投给 50μg/ml PNNG 溶液自由饮用 4 个月。

4）PNNG 诱发犬法：选用 3 周龄，体重 11kg 左右的 Beagle 犬，自由饮用 150μg/ml PNNG 溶液 40 周，后改为自来水。

5）带蒂胃壁瓣肠移植大鼠诱发模型：选用体重 180～200g 的 Wistar 大鼠，常规麻醉后打开腹腔，于大鼠腺胃前壁正中部取一大小约 1.5cm×1cm 梭形胃壁瓣，保留胃小弯侧血管 2～4 条，用 0-7 号线缝合胃壁。分别在十二指肠中部、空肠末端及中结肠纵向切开肠管，切口长约 1.5cm，用 0.05%氯己定纱条清洁伤口，将梭形胃壁瓣黏膜面向着肠腔进行侧侧吻合，用 0-7 号线连续缝合，腹腔内放入 0.9%NaCl 溶液 5ml，常规关闭腹腔。

（二）模型特点及应用

PNNG 给药 2～20 周、X 线局部照射 6 次、X 线照射 6 次和 PNNG 给药 4 个月可形成胃黏膜肠上皮化生模型；带蒂胃壁瓣肠移植大鼠诱发模型术后 3 个月时，移植至空肠和结肠的胃壁瓣黏膜即显示有肠化生，术后 6 个月后，移植到肠道各段的胃壁瓣黏膜均可见广泛的肠化生；PNNG 诱发犬模型第 128 周左右可出现典型的肠化生，无论胃镜或显微镜下观察，均与人类黏膜肠化生相类似。

实验动物的肠化生模型可用于研究胃黏膜肠化生发生的原因及组织来源；探讨胃黏膜肠化生与胃癌发生的关系；胃黏膜肠化生逆转治疗药物的筛选和疗效观察。

## 三、幽门螺杆菌感染动物模型

（一）造模方法

1）幽门螺杆菌（Hp）感染悉生仔猪法：选用出生 3 天的悉生仔猪。经口感染 $10^6$～$10^9$CFU 的 Hp，24 天后将小猪从无菌隔离室转移到普通条件下饲养。

2）Hp 感染悉生犬法：选用出生 40 天以内的 Beagle 犬，经口感染 $10^6$～$10^9$CFU 的 Hp。

3）Hp 感染家猪法：实验猪在实验前经检查无 Hp 存在。经西咪替丁抑酸处理后给予 Hp 口服感染，每天 3 次，每次 3ml（$1.5×10^8$CFU/ml），共 4 天。

4）Hp 感染小鼠法：用 $10^9$CFU 的 Hp 菌液经口感染无特异病原 CDF1 小鼠、BALB/c 小鼠和正常 CDF1 小鼠，1 周后及其后的 4～8 周，小鼠体内可查到不同程度的感染。

（二）模型特点及应用

1）Hp 感染悉生仔猪模型：感染后 1～4 周分批处死动物，组织学检查见 Hp 分布在胃底、胃体、胃窦和十二指肠球部，胃黏膜有短暂的中性粒细胞浸润，继之出现单核细胞的弥漫浸润。胃腺粘多糖减少，并且 2 周后可在血清中查到 Hp 抗体。上述特点与人类的 Hp 感染相似，但此模型有很大的局限性。

2）Hp 感染悉生犬模型：感染后组织学检查胃黏膜，可见局灶性或弥漫性淋巴细胞浸润和淋巴滤泡形成，并伴有轻至中度中性粒细胞和嗜酸性粒细胞浸润，与人类胃炎相似，中性粒细胞是持续存在的，而在悉生小猪则是短暂存在的。

3）Hp 感染家猪模型：感染 4 天后，可在胃窦和胃体检测到 Hp，并可产生与人类组织学相同的慢性活动性胃炎。

4）Hp 感染小鼠模型：感染后 1～8 周，小鼠体内可查到程度不同的感染，其胃黏膜的病理变化与人感染 Hp 的变化相似，主要表现为胃腺体消失，上皮细胞脱落，溃疡形成及黏膜固有层炎性细胞浸润。此模型可用于观察 Hp 感染的病理过程及研究细菌疫苗的应用。

## 四、溃疡性结肠炎动物模型

（一）造模方法

1）二硝基氯苯诱发法：选用雄性豚鼠，体重 350～400g。剪去颈背部的毛，涂擦二硝基氯苯（DNCB）Ⅰ液（DNCB 2g：丙酮 1ml）约 1cm² 大小，电吹风吹干。每日 1 次，重复上述操作 14 天。2 周左右在豚鼠腹部再次涂擦 DNCB Ⅱ液（DNCB 0.4g：丙酮 1ml），如果 2 天内腹部出现红肿、硬结，说明豚鼠已对 DNCB 致敏。然后经肛门肠管内插管 12cm，注入 DNCBⅡ液 0.5ml，2天后处死动物，即成急性溃疡性结肠炎。

2）乙酸诱发法：选用雄性 SD 大鼠，体重 300～350g。实验前禁食 16h，戊巴比妥钠腹腔麻醉。用导管经肛门插入结肠内 8cm，注入 8%乙酸 2ml，20s 后立即注入 5ml 生理盐水冲洗。

3）葡聚糖硫酸钠诱发法：选用无特定病原菌 CBA/J（H-2$^k$）或 BALB/c（H-2$^d$）雄性小鼠，8～9 周龄。饮水中给予 5%～10%葡聚糖硫酸钠（DSS）饮用 8～9 天，即可造成急性溃疡性结肠炎模型。慢性溃疡性结肠炎模型可先给予 5%DSS 饮用 7 天，再饮用自来水 10 天，如此 3～5 个循环。

4）免疫诱发法：选用 Wistar 大鼠，体重 120～130g。取一只健康大鼠的结肠内容物，划线于伊红-亚甲蓝平板，37℃培养 24h，取典型菌落扩增并做数值鉴定，确定为大肠杆菌后，冰箱保存备用。免疫前取菌种扩增，用甲醛溶液杀死细菌，生理盐水洗 2 次并调浓度为 1.2×10$^8$/ml。免疫动物分别于第 1、17、24 和 30 天共接受 4 次免疫。第 1 次于后足跖处注射细菌悬液 0.2ml；第 2、3次分别于腹部和背部皮下多点注射 0.4ml 和 0.6ml；第 4 次腹腔内注射 1.2ml。

（二）模型特点及应用

1）DNCB 诱发模型：肠壁充血水肿，黏膜及黏膜下层大量中性粒细胞、淋巴细胞及其他炎性细胞浸润。黏膜坏死及溃疡形成，严重者可有黏膜脱落，隐窝脓肿，时而可见 DNCB 模型临床表现持续时间长，与人类溃疡性结肠炎相似度高，造模容易成功且重复性高。但整个过程烦琐，造模时间长且 DNCB 有毒，容易导致动物死亡。

2）乙酸诱发模型：病理特点为结肠黏膜弥漫性充血水肿，炎性细胞浸润，出现糜烂，严重者可见溃疡形成。但早期仅见单纯急性炎症，病变进展及愈合均迅速，与人类溃疡性结肠炎病变进展与愈合交替的特点不同，此模型炎性代谢与人类溃疡性结肠炎相似。其优点为制模简便、重复性好、经济实用，但不能反映人类溃疡性结肠炎免疫学变化。

3）葡聚糖硫酸钠诱发模型：结肠黏膜不仅有糜烂、炎细胞浸润，还有淋巴滤泡形成及黏膜再生改变，部分黏膜出现异型增生。此模型病理改变类似于人类溃疡性结肠炎模型，不仅可用于发病机制、治疗药物的研究，而且适用于与结肠癌相关的研究。

4）免疫诱发模型：结肠病理改变可见黏膜水肿、炎性细胞浸润及血管炎改变。黏膜内可见多处隐窝脓肿及溃疡形成，同时可看到细胞免疫功能下降和免疫复合物增加。此模型采用大鼠的正常群为抗原，不需引外源物质，比较接近于正常情况。此方法制模简便，抗原来源方便，便于推广，可用于病因学、发病机制及治疗药物的研究。

## 五、肝胆疾病动物疾病模型

（一）四氯化碳诱发急性中毒性肝炎、肝坏死模型

**1. 造模方法**

1）小鼠：用 40% CCl$_4$ 橄榄油 0.4ml，一次性口服可诱发小鼠肝小叶中央坏死。

2）大鼠：用 CCl$_4$ 0.5ml/kg 做皮下注射，可诱发大鼠脂肪肝、肝硬化；用 CCl$_4$ 0.1～0.5ml/kg做皮下注射，可诱发大鼠肝细胞水泡样变性、缺氧、肝小叶中央坏死；用 CCl$_4$ 矿物油 0.33ml/kg做腹腔注射，可诱发大鼠脂肪肝、肝小叶中央坏死；用 CCl$_4$ 0.5～1.0ml/kg 一次性口服，可诱发大鼠肝小叶中央坏死；用 CCl$_4$ 0.5ml/kg 一次性口服，可诱发大鼠急性中毒性肝坏死。

3）兔：用 CCl$_4$ 1.2ml/kg 一次性口服，可诱发兔肝小叶中央坏死；用 CCl$_4$ 1.0ml/kg 一次性口服，可诱发兔急性中毒性肝坏死。

4）猫：用 CCl$_4$ 0.3ml/kg 做皮下注射，可诱发猫肝小叶中央坏死、脂肪肝。

**2. 模型特点及应用**

1）小鼠：肝重量增加、脂肪水平升高、血清尿素水平升高、肝酶活性升高及肝损伤的明确组

织病理学证据，并伴有肝细胞坏死，甚至导致肝纤维化、胆管增生、肝硬化甚至肝细胞癌。

2）大鼠：肝组织出现明显的坏死组织，伴有淋巴细胞浸润，少数已有轻度纤维组织增生。肝小叶结构出现明显破坏，肝脏细胞呈膨大状。

### （二）肝纤维化动物模型

**1. 造模方法**

1）免疫法：选用雄性 Wistar 大鼠，体重 130g 左右，取猪血清 0.5ml，腹腔注射，每周 2 次，共 8 次（猪血清的制备：取新鲜猪血，离心制血清，滤过除菌，分装放低温冰箱备用）。大鼠于第 3 周出现较多的肝细胞变性、坏死，第 4 周增生的胶原纤维形成纤维束，呈侵袭性生长，从中央静脉到门管区之间相互延伸，发生肝纤维化。

2）硫代乙酰胺法：选用雄性 Wistar 大鼠，体重 130g 左右，用硫代乙酰胺腹腔注射，第 1 次 20mg/100g，从第二次起 12mg/100g，每周注射 2 次，共 8 周，硫代乙酰胺腹腔注射第 3 周，在肝小叶间出现大片的肝细胞变性坏死和炎细胞浸润、变性，坏死的细胞数和严重程度明显超过猪血清模型，炎细胞浸润也超过猪血清模型。6 周后出现增生的纤维束，纤维增生明显晚于和少于猪血清肝纤维化模型。

3）CCl₄ 法：选用 Wistar 或 SD 大鼠，体重 180～200g，皮下注射 40%～50% CCl₄ 油溶液（0.3ml/100g），每周 2 次，从第 2 周起，隔日经 20%～30% 乙醇溶液 1ml 灌胃（或作为唯一饮料），饲以单纯玉米面（混以 0.5% 胆固醇）共 8 周，第 2 周时肝脏出现小叶中心小片状肝细胞变性坏死，光镜下未见明显纤维增生；第 4 周时肝脏除肝细胞变性坏死外，开始有较薄的纤维间隔形成；第 6 周大鼠肝脏间隔进一步增厚，多有假小叶形成；第 8 周大鼠肝脏可见肝组织正常结构破坏，形成厚的纤维间隔，并分割形成假小叶。

**2. 模型特点及应用**

1）免疫模型：肝纤维化出现得早，出现率高达 86.7%；对动物整体损伤轻微，动物毛发光泽，生长、发育情况与正常无区别；肝纤维化组织中大量胶原增生，故Ⅲ、Ⅳ型胶原的 mRNA 增多。此模型在免疫模型中是较理想的模型。

2）硫代乙酰胺模型：此模型中肝细胞变性坏死，比免疫性肝纤维化模型严重且炎症细胞浸润明显，在其大鼠肝纤维组织中Ⅰ型胶原的 mRNA 增多，转化生长因子 β1（TGF-β1）明显增多。

3）CCl₄ 模型：实验中大鼠成活率为 60%～80%，CCl₄ 所致高胆固醇饮食大鼠肝硬化是目前国内外常采用的动物模型，此模型可靠且复制时间短，肝纤维化进展稳定，适用于肝硬化发生发展过程的动态研究。

### （三）胆石症动物模型

**1. 造模方法**

1）感染法：选用健康成年家兔、大鼠或家犬。无菌条件下行剖腹手术，暴露十二指肠，从十二指肠乳头逆行插入一塑料管进入胆囊，从中注入蛔虫卵或大肠杆菌悬液。蛔虫卵悬液浓度为每毫升含 3 万～15 万个蛔虫卵。

2）食饵法

A. 地鼠：选用 50～60g 叙利亚地鼠。基本食饵的特点为高糖，不含非饱和脂肪酸，食饵配制方法：蔗糖 74%，酪蛋白 21%，食盐 4.4%，胆碱 0.1%，浓缩鱼肝油 0.5%。按每只地鼠一次 5～9g，每天 2 次，同时每周喂青菜、麦芽 1～2 次，以补充维生素等，维持动物生命。

B. 选用雌性豚鼠，体重 250～300g，成品饲料的配制：在基础食物中加入酪蛋白 1%、蔗糖 1.5%、猪油 1%、纤维素 1%、胆酸 0.02%、胆固醇 0.05%。

3）狭窄成石法

A. 胆囊结扎法：选用健康成年家兔。无菌下行剖腹手术，分清胆管与胆囊的关系，用银夹适当地夹住胆颈部以产生部分梗阻。

B. 胆总管结扎法：家兔剖腹后暴露胆总管，在十二指肠上缘处预先经双鲸蜡基-26 烷磷酸钠浸渍外敷纤维素黏胶的细带松松地结扎一道。

4）切除迷走神经法：选用成年健康家兔，性别不拘。无菌手术探明家兔胆道及胆囊正常，然后暴露胃贲门及食管，将食管悬吊，暴露两侧迷走神经干，从食管下端切除两侧迷走神经干各 1.5～2.0cm，均送病理检查证实。手术结束后，在腹腔内注入 50%葡萄糖溶液 20ml，术后继续禁食 2～20h。

5）异物植入法：选用健康的成年犬或兔，性别不拘。无菌下行剖腹手术，暴露胆囊，在胆囊底部切一小口，将已灭菌的蛔虫碎片（或人胆石、线结、橡皮等）植入胆囊内，然后荷包缝合胆囊。植入物应事先烤干至恒重，测量并记录其大小，以备实验前后称重及测量长度比较。可于 2～3 个月后剖腹检查。通常兔胆囊内植入异物后，早期即发生炎症反应，胆囊内黏液增多，有时甚至形成黏液团块。

**2. 模型特点及应用**

1）感染模型：动物感染 7 个月后，胆囊呈慢性炎症，囊内结石形成。此模型除用于防治研究外，还可以进行有关胆囊功能代谢变化的分析与观察研究。

2）食饵模型：地鼠 14～21 天胆囊内形成明显结石，22 天成石率高达 100%。豚鼠 2 个月后 90%在胆囊中可产生以胆色素为主的结石，其成分和结构与人类的胆色素结石相似。

3）狭窄成石模型：家兔胆囊结扎 6 个月后，胆囊中有明显结石形成。结扎家兔胆总管 4 个月后出现胆总管狭窄或完全梗阻，70%～80%出现胆囊结石，这种结石质软，色深，有的属于纯胆色素结石，但大多为含胆色素与胆固醇的混合结石，此实验模型可用于进行胆色素混合结石的发病学与防治研究。

4）切除迷走神经模型：术后家兔胆汁成分明显改变，4～5 周有胆固醇结石形成。

5）异物植入模型：犬或兔异物植入 2～3 个月后，胆囊内可见到多数黑细砂，异物可被墨绿色的胆石成分所包裹。若植入数个异物，有时可以结成一个大团块，此模型可用以进行中西药物或其他治疗措施的防石、溶石研究等。

## 六、胰腺炎动物模型

### （一）结扎胰管致急性胰腺炎模型

**1. 造模方法**

选用雄性犬，体重 15kg 以上。术前禁食 12h 以上，无菌操作下进行手术。暴露十二指肠，将其降部轻轻向左侧翻转，可见胰腺右叶与十二指肠紧密依附，右主胰管即在其中，其向尾端有相当大一段离开肠壁分布于系膜中。在胰头部距离游离端约 2cm 处，仔细辨识十二指肠壁的系膜侧，可见一与肠轴垂直、色白的管状隆起。如胰管埋没于胰组织和脂肪中，则可用手指扪测。犬的主胰管较细，通常仅 2mm 左右，且介于胰腺与肠壁之间的这一段又较短，可暴露者约 5mm，因此初做时不太容易找到。分离主胰管时，先将其表面的血管结扎，用肾上腺素棉球浸渍，使小血管收缩以避免渗血而影响视野，而后用尖蚊钳小心分离，穿线双道结扎，关闭腹腔。待恢复正常后即可用于实验。若在结扎胰管的同时，饲以高蛋白、高脂肪食物，或注射促胰液素使胰液分泌增加，可以诱发一过性的胰腺水肿；如果在结扎胰管的同时暂时阻断胰动脉或以有活性的胰蛋白酶做动脉内注射则可导致出血性胰腺炎。

**2. 模型特点及应用**

结扎使胆胰管腔内压力增高，使胆汁反流入胰管，胆汁破坏胰管上皮的黏膜屏障，并被胰液的磷脂酶分解为可破坏细胞膜和导管的溶血卵磷脂，胰内蛋白酶被激活，导致胰腺组织的自我消化，造成胰腺水肿、出血和坏死。结扎胰管致急性胰腺炎模型术后 1h，血清淀粉酶明显增高，24h 达高峰。此模型较稳定，不致发生暴发性胰腺炎。此模型适合研究急性胰腺炎的病因学、发病机制、发病后胰腺及胰腺外组织损伤的病理生理学机制，评价药物对水肿型和（或）坏死性胰腺炎的最大防治效应、手术的疗效等。

### （二）牛磺胆酸钠致急性出血性胰腺炎模型

**1. 造模方法**

选用 Wistar 大鼠，体重 180～260g。牛磺胆酸钠（NaTc）实验前用生理盐水配制成 1.0%、2.0%、3.5%浓度备用。大鼠实验前禁食 12h，允许饮水，3%戊巴比妥钠（40mg/kg）腹腔注射麻醉。剖腹后经十二指肠用 4 号头皮针插入胰管开口，向内逆行注入不同浓度的 NaTc 溶液（0.1ml/100g）。

**2. 模型特点及应用**

1.0%和 2.0%NaTc 诱导 AP 后 12h，血清淀粉酶依次升高，组织水肿和炎症细胞渗出逐渐加重，病理学上属轻度水肿型急性胰腺炎。3.5%NaTc 诱导 AP 后，除血清淀粉酶水平持续升高外，胰腺组织水肿、炎症细胞浸润进一步加重，并出现典型胰腺细胞坏死和出血，病理学上表现为坏死性胰腺炎。电镜显示细胞的超微结构也证实上述形态改变。随着 NaTc 诱导浓度的提高，胰腺损伤依次加重。本模型适合评价药物对水肿型和（或）坏死性胰腺炎的最大防治效应，故具有一定的实用价值。

### （三）慢性胰腺炎动物模型

**1. 造模方法**

选用成年杂种猫，在隔夜禁食后，全麻（30mg/kg 异戊巴比妥钠腹腔注射）下施行剖腹手术，将尼龙导管插入主胰管，缝合固定后，烧灼闭合导管外露端，造成主胰管完全梗阻或先将一根尼龙导管插入主胰管内缓慢注入 94%乙醇溶液 1.5ml，然后截下 1cm 长的导管留置在主胰管内，最后用 26 号细针头均匀点状注射 94%乙醇溶液 1.5ml 于胰腺实质内。

**2. 模型特点及应用**

6 周后胰腺小叶变成圆形，被向心性纤维包绕，小叶内及其周围组织均有炎性细胞浸润，叶间胰管明显扩张，管腔内偶见多形核粒细胞。11 周后胰腺结构发生严重紊乱。26 周后，胰腺小叶数目减少，间质纤维组织明显增生，单核细胞浸润。6 周后出现典型的慢性胰腺炎，26 周后慢性胰腺炎的发生率为 100%。

# 第六章　呼吸系统的比较医学

## 第一节　人和实验动物呼吸系统比较解剖学

### 一、呼吸系统概述

呼吸系统（respiratory system）是机体与外界环境进行气体交换的器官系统。呼吸系统包括鼻、咽、喉、气管、主支气管和肺，肺分为导气部和呼吸部两部分。机体在新陈代谢过程中不断消耗氧气，产生二氧化碳，呼吸系统通过呼吸作用将氧气输送到机体各部位，将产生的二氧化碳排出体外。

呼吸道的特点是具有透明软骨作为支架，黏膜上皮具有纤毛，以保证气流畅通和排出尘埃或异物。导气部从鼻腔起始到肺内终末细支气管。肺外导气部包括鼻、咽、喉、气管、左右主支气管；左右主支气管经肺门进入肺后分支为叶支气管（左肺 2 支，右肺 3 支）、肺段支气管、小支气管、细支气管和终末细支气管，构成了肺内导气部。导气部的功能是将外界的气体输送进入肺内、保持气道通畅、净化空气。呼吸部包括呼吸性细支气管、肺泡管、肺泡囊和肺泡，其功能是和肺内丰富的毛细血管进行气体交换。可以看出支气管在肺内逐级分支呈树枝状，故称为支气管树。支气管树的特点是管径越来越小、管壁越来越薄、管壁结构越来越简单。

肺上端钝圆称肺尖，向上经胸廓上口突入颈根部，底位于膈上面，对向肋和肋间隙的面称肋面，朝向纵隔的面称内侧面，该面中央的支气管、血管、淋巴管和神经出入处称肺门，这些出入肺门的结构，被结缔组织包裹在一起称肺根。左肺由斜裂分为上、下两个肺叶，右肺除斜裂外，还有一水平裂将其分为上、中、下三个肺叶。肺是以支气管反复分支形成的支气管树为基础构成的。左、右支气管在肺门分成第二级支气管，第二级支气管及其分支所辖的范围构成一个肺叶，每支第二级支气管又分出第三级支气管，每支第三级支气管及其分支所辖的范围构成一个肺段，支气管在肺内反复分支最后形成肺泡。

### 二、气管

**1. 大体解剖学**

啮齿类动物的气管是导气部管径最大的结构，管壁外膜中含有"C"字形的透明软骨环。小鼠和大鼠气管的软骨环数量不同，分别为 15～18 个和 20～25 个。人类气管共有 15～20 个"C"字形透明软骨环作支撑。在这三个物种中，软骨环的缺口面均位于气管后壁，并被连接软骨环游离端的膜性部封闭，其中有弹性纤维组成的韧带、平滑肌束和较多的气管腺。气管的软骨环为气道提供支持，使其不塌陷，保持气道通畅。当食物在食管内向下进入胃时，柔软的膜性部允许食管扩张。在这些物种中，气管在隆突处终止于心脏上方，在隆突处分叉并产生左右主支气管。在进入肺实质之前，主支气管也被称为肺外支气管（图 6-1）。

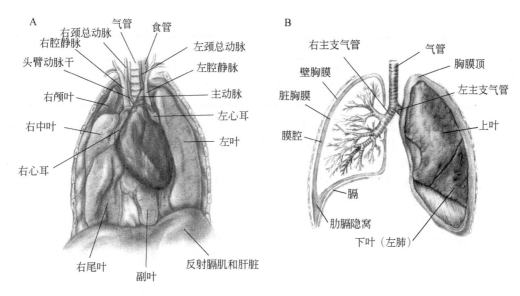

图 6-1　肺部的局部解剖

A：在啮齿类动物（小鼠）中，右肺由四个肺叶组成：颅叶、中叶、尾叶和副叶。左肺只有一个肺叶。B：人类的右肺由上、中、
下三叶组成。左肺由上、下两叶组成

**2. 组织学**

啮齿类动物和人类气管管壁均分为黏膜、黏膜下层和外膜三层。衬贴在管腔内表面的是黏膜上皮，上皮为假复层纤毛柱状上皮。该上皮由大小不等、形态各异的各型细胞组成，包括柱状的纤毛细胞、杯状细胞、柱状的刷细胞、基细胞和弥散神经内分泌细胞。在人类气管黏膜上皮中，纤毛细胞数量最多，而啮齿类动物的气管主要由非纤毛上皮细胞衬贴（表 6-1）。在三个物种中，杯状细胞和浆液细胞两种非纤毛细胞类型常见于大鼠气管，但在小鼠或人类中缺乏。

非纤毛细胞在啮齿类动物气道中发挥多种功能：产生分泌物（液体、黏液等）和促进宿主防御（通过分泌抗菌蛋白）。与人类相比，啮齿类动物气道的杯状（黏液）细胞数量通常较少；然而，这些细胞可增加对炎症和微生物学暴露的反应。在啮齿类动物中分泌细胞转化为杯状细胞。在人类气管中，柱状的纤毛细胞、基细胞、杯状细胞和柱状的刷细胞构成了主要的细胞群（表 6-1）。基细胞位于上皮基底膜附近，细胞顶部未达上皮的游离面。实验证据表明这些细胞是一种干细胞，可增殖分化为其他类型的细胞，用于上皮组织修复。

表 6-1　气道上皮细胞（相对数量）

| | 结构 | 啮齿类动物 | 人 |
|---|---|---|---|
| 解剖学 | 肺叶 | 右边四个，左边三个 | 右边三个，左边两个 |
| | 软骨气道 | 气管和主要支气管（仅限肺外） | 气管穿过肺的小段支气管 |
| | 呼吸性细支气管 | 在小鼠中不存在或罕见；在大鼠中，在生命早期不存在，但在出生后约 3 周可检测到 | 存在 |
| 组织学 | 气管分支模式 | 单一 | 二元 |
| | 气管 | 无纤毛细胞>纤毛细胞>基底细胞。小鼠的上皮比大鼠薄；均比人类薄 | 纤毛细胞>基底细胞>无纤毛细胞和黏液细胞。从近端气管至支气管的上皮厚度减少 |
| | 主要支气管 | 无纤毛细胞>纤毛细胞>基底细胞 | 纤毛细胞>无纤毛细胞>黏液细胞>基底细胞 |
| | 末端细支气管 | 无纤毛细胞>纤毛细胞 | 纤毛细胞>无纤毛细胞 |

续表

| 结构 | | 啮齿类动物 | 人 |
|---|---|---|---|
| 组织学 | 肺泡 | 在大鼠中，Ⅱ型细胞＞Ⅰ型细胞；Ⅰ型细胞非常薄，但细胞体积远大于Ⅱ型细胞。小鼠中的相对细胞数量尚不明确 | Ⅱ型细胞＞Ⅰ型细胞；Ⅰ型细胞很薄，但细胞体积比Ⅱ型细胞大得多 |

固有层是上皮下一层高度血管化的疏松结缔组织，为被覆的上皮提供营养和机械支持，与呼吸道假复层纤毛柱状上皮一起形成呼吸道黏膜。在人类中，固有层结缔组织中含有许多淋巴细胞、浆细胞和肥大细胞，发挥免疫防御作用。来自 SPF 设施的啮齿类动物固有层中的淋巴细胞非常少。

淋巴细胞的数量往往随着年龄的增长和所接触颗粒物或病原体的数量而增加。在小鼠、大鼠、人类三个物种中，在固有层和黏膜下层移行处含有丰富的弹性纤维，故在固有层和黏膜下层之间形成一个膜状的边界。这种弹性带取代了其他解剖部位的黏膜下常见的肌肉层。黏膜下层由疏松的结缔组织和较多混合性气管腺组成。在啮齿类动物中，这些黏膜下腺体仅限于近端（最接近喉部）气管。黏膜下腺体在啮齿类动物中的分布与品系有关。在小鼠中，通常在前 1～8 个软骨环内发现，在大鼠中，黏膜下腺体在某些品系中可能延伸到颈部。在人类中，黏膜下层也含许多混合性腺体，但在主要呼吸道中发现的黏液细胞的数量在啮齿类动物和人类之间却有很大的不同。

外膜由透明软骨环和疏松结缔组织构成。从组织学上看，这些环在各物种之间是相似的，由透明软骨组成，周围有一层薄的纤维膜，即软骨周膜。

纤维弹性组织和平滑肌束在"C"形软骨环的游离端之间横向穿行，构成气管后壁的膜性部，咳嗽反射时平滑肌收缩，气管腔缩小，以利于清除痰液。

## 三、支气管及各级分支

### 1. 大体解剖学

在啮齿类动物中，右肺分为四叶，而左肺有三叶。4 个右肺叶为颅叶、中叶、尾叶、副叶（图6-1）。在一些命名方案中，副叶被细分为中间副叶和膈叶，右肺被描述为有 5 个叶。人类的右肺由两个叶间裂（斜裂和水平裂）分为上、中、下三叶，左肺由一个叶间裂——斜裂分为上、下两叶（图 6-1）。位于心脏左侧的左上叶的前下部构成了一个独特的解剖区域，称为舌叶。

支气管到终末细支气管大体解剖学：气管位于喉与气管杈之间，气管起自环状软骨，下缘向下至胸骨角平面分叉形成左、右主支气管，分叉处称气管杈。气管由黏膜、气管软骨、平滑肌和结缔组织构成。气管软骨由呈"C"形缺口向后的透明软骨环构成。气管软骨后壁缺口由气管的膜壁封闭，该膜壁由弹性纤维和平滑肌构成，这些平滑肌纤维又称气管肌。啮齿类动物的支气管分支是不同步的，是单点式的分支模式，其中较小的气道通过肺从较大的支气管分支出来。不同品系啮齿类动物气道的大小和形状可能不同（图 6-2）。

### 2. 显微解剖学（组织学）

肺传导气道（即肺内导气部）的组织学变化是渐进的，杯状细胞、管壁腺体和软骨环（片）逐渐减少直至消失或缺失。发生的渐进性组织学改变反映了沿呼吸道的功能需求而变化。近端（喉部）气道的主要功能是清洁和加湿吸入的空气，并保持开放，尽管呼吸力学诱导了塌陷力。因此，啮齿类动物的近端气道含有大量无纤毛细胞（表 6-1），人类近端气道含有黏膜下腺体、杯状细胞和纤毛细胞，分别用于产生保护层、使吸入的空气湿润并捕获潜在有害的悬浮颗粒。相反，远端（远离喉部）气道的主要功能是以提供最有效气体交换方式分配吸入的空气。更远端的气道壁有一个厚的肌肉层，调节到呼吸区不同区域的气流，固有层中有一个突出的弹性网络，允许肌肉收缩后黏膜的回缩。

啮齿类动物支气管进入肺后，右肺内气道分支进入颅叶、中叶、尾叶和副叶。同样，左肺内气道分支进入左肺。值得注意的是，啮齿类动物肺实质内的传导气道仅由细支气管组成，而在人类中包括叶支气管、小支气管、细支气管和终末细支气管。人类的右主支气管比左主支气管更短、更宽、更垂直。右主支气管分为三个叶支气管，分别进入右肺的三个叶。相比之下，左主支气管分为两个叶支气管。每个叶支气管再细分为段支气管，每一肺段支气管及其分支和它所属的肺组织共同构成支气管肺段，由一层称为节段间隔的结缔组织彼此隔开。支气管肺段包括位于中央的段支气管和肺动脉，并由位于节段间隔周围的肺静脉引流。右肺有 10 个支气管肺段，左肺有 8～10 个（图 6-3）。在肺叶内，细支气管分为终末细支气管，构成导气部的末端。

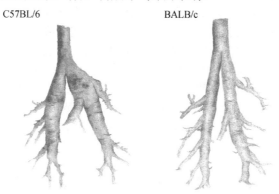

**图 6-2　啮齿类动物（小鼠）气管和气道的重建计算机断层扫描图像**

啮齿类动物气道具有单分支模式，主支气管较大，产生较小的气道。然而，在实验室小鼠中证实，与 BALB/c 小鼠（右）相比，从 C57BL/6 小鼠（左）的大球状气道观察到品系变异可导致气道大小和形状发生显著变化

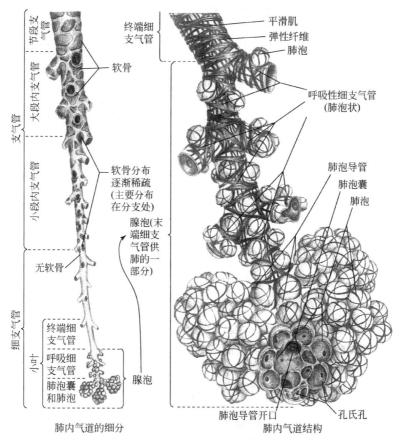

**图 6-3　人肺的导气部和呼吸部**

气道是由一系列分支管道组成的，当它们从支气管过渡到细支气管时，它们变得越来越小，数量也越来越多，最后是终末细支气管，它供应气体交换发生的呼吸区。末端细支气管供气的部分称为肺泡

### 3. 支气管

啮齿类动物近端气道中最常见的细胞是非纤毛细胞，其次是纤毛细胞。虽然已经报道了几种非纤毛细胞的表型，但在小鼠中，分泌细胞是最常见的，而在大鼠中则是浆液细胞。相比之下，人类主支气管黏膜上皮是假复层纤毛上皮，由纤毛细胞、杯状细胞、刷细胞、基底细胞和小颗粒细胞组成。啮齿类动物气管有非常薄的固有层。啮齿类动物上皮细胞厚度和细胞组成与人类的差异主要存在于初级支气管中（表6-1），黏膜下层缺乏黏膜下腺体，也没有软骨环。

在人类中，主支气管在组织学上与气管相似，但节段支气管或三级支气管则不同。随着支气管的逐级分支，其组织学结构也逐渐发生变化。上皮高度降低，变成单柱状，很少假复层化；杯状细胞数量逐渐减少；固有层弹性纤维密度增加；弹性纤维在结缔组织中的分布也变得更加均匀。黏膜和黏膜下层之间出现肌层，首先为不连续肌层，随后为连续完整的环状肌层。黏膜下层紧密排列的腺体逐渐稀疏，最终在终末细支气管完全消失。软骨环变成不连续的软骨片，由纤维结缔组织膜相互连接。随着支气管变小，软骨片变得分散和更薄。最后，外膜（现在称为支气管周层）获得更多的弹性纤维。

### 4. 细支气管

从支气管到细支气管的转变涉及气道软骨、黏膜下腺体和表面上皮高度的降低。如上所述，啮齿类动物的所有肺内气道均缺乏软骨和黏膜下腺体，因此被定义为细支气管。传导细支气管在接近呼吸部时发生逐渐的组织学变化。细支气管上皮从不常见的假复层转变为单层柱状，然后转变为单层立方状，纤毛细胞减少，无纤毛细胞（如分泌细胞）增加。

在人类细支气管中，杯状细胞逐渐消失，无纤毛（如分泌）细胞数量增加。固有层获得更多的弹性纤维，稀疏的平滑肌束开始填充结缔组织。相对于气道大小，黏膜下的肌肉层明显增厚，成为气道壁最厚的一层。此外，黏膜下层和软骨片丢失，这是区分细支气管和小支气管的重要特征。支气管周围（外）层变薄，并保持为简单的纤维弹性膜，将细支气管壁锚定在肺实质上。由于缺乏黏膜下层和软骨片，细支气管壁仅由三个组织层组成：黏膜层、肌层和外层。

### 5. 支气管相关淋巴组织

支气管相关淋巴组织（BALT）是参与气道免疫反应的淋巴细胞的局部积聚。这种淋巴组织位于气道黏膜下，主要由T、B淋巴细胞组成，但也包含浆细胞、树突状细胞和巨噬细胞。

呼吸部大体解剖学：导气部在终末细支气管和呼吸性细支气管水平过渡到呼吸部。终末细支气管最远端的肺实质称为肺泡，它构成了发生气体交换的肺的结构和功能单位。整个呼吸部由呼吸性细支气管、肺泡管、肺泡囊和最后的肺泡（呼吸部的终末部分）组成。

在啮齿类动物中，呼吸性细支气管发育不佳或缺少（表6-1），因此啮齿类动物呼吸部的初始解剖部分是肺泡管（如小鼠）或微小的呼吸性细支气管（如成年大鼠）。在人类（图6-3）终末细支气管分支形成呼吸性细支气管，每支呼吸性细支气管分支形成2~3个肺泡管，肺泡囊是由许多肺泡开口围成的囊腔，与肺泡管相连，每支肺泡管分支形成2~3个肺泡囊。肺泡排列在肺泡囊壁上，代表呼吸部的末端。

## 四、呼吸部组织学

呼吸部的呼吸性细支气管、肺泡管管壁的组织学结构与终末细支气管相似，但管壁上有肺泡开口于管腔，其中肺泡管管壁有大量肺泡开口。肺泡管壁由肺泡、稀疏的平滑肌束和弹性纤维形成，且表面被覆单层立方或扁平上皮。这些平滑肌束穿过薄层的肺泡管壁，并在肺泡开口周围凝聚，形成一个类似括约肌的结构。

相比之下，肺泡囊完全由多个肺泡围成。相邻肺泡之间有薄层的结缔组织称为肺泡隔，肺泡隔内含有丰富的弹性纤维和大量的毛细血管网，毛细血管网和肺泡壁相贴。相邻的肺泡之间有小孔相通，称为肺泡孔，是相邻肺泡间的气体通路，使相邻肺泡保持相等的压力，以防止肺泡萎陷。

肺泡是肺的功能和结构单位，是支气管树的终末部分，开口于肺泡囊、肺泡管或呼吸性细支气管。在光学显微镜下，三个种属的肺泡结构相似，但肺泡大小与体重成正比，因此在人类中最大，在小鼠中最小。肺泡壁由单层肺泡上皮和基膜组成，肺泡上皮由Ⅰ型和Ⅱ型两种肺泡细胞组成。Ⅰ型肺泡上皮细胞扁平，数量少，但覆盖肺泡 95%的表面积；Ⅱ型肺泡上皮细胞呈立方形或圆形，位于Ⅰ型肺泡上皮细胞之间，数量多，但仅覆盖肺泡 5%的表面积。

# 第二节　人和实验动物呼吸系统比较生理学

人和其他动物的呼吸是机体和外界环境之间进行气体交换的过程。通过呼吸，机体从外界环境中获取代谢所需的氧气，并将代谢产生的二氧化碳排出体外。呼吸是维持机体新陈代谢和其他功能活动所必需的生理活动，一旦呼吸停止，生命也将终结。

## 一、呼吸的过程

### 1. 肺通气
肺通气是外界环境中的气体与肺内气体的交换过程。外界含氧量高的气体进入肺内，肺内含二氧化碳高的气体排出体外。

### 2. 肺换气
肺换气又称为外呼吸，即肺泡内的气体和肺泡隔毛细血管内的气体进行交换。肺泡内的氧气进入肺泡隔内的毛细血管，毛细血管内的二氧化碳排出至肺泡。

### 3. 气体的运输
经过肺换气后，肺泡隔毛细血管含氧量升高，通过血液循环的运输，将氧气运送到器官、组织。

### 4. 组织换气
组织换气又称为内呼吸，毛细血管内的气体和组织或细胞之间进行气体交换。毛细血管内的氧气进入组织或细胞，供给其代谢所需，组织或细胞代谢所产生的二氧化碳进入毛细血管，通过血液循环运输至肺。

如此周而复始，确保机体获得代谢所需的氧气，并同时排出代谢所产生的二氧化碳。

## 二、气血屏障

气血屏障是肺换气时肺泡内气体进入肺泡隔毛细血管所经过的组织结构。包括：肺泡表面液体层、Ⅰ型肺泡上皮细胞、Ⅰ型肺泡上皮下的基膜、肺泡隔内的结缔组织、毛细血管内皮下的基膜、毛细血管内皮。

任何引起气血屏障增厚的因素均会导致机体缺氧和呼吸困难，如肺水肿、肺纤维化等。

## 三、气体交换的原理——气体的扩散

气体分子始终不停地进行着无定向运动，其结果是气体分子从浓度高的一侧向浓度低的一侧进行转移，这个过程称为气体扩散。机体内的气体交换就是通过扩散方式进行的。

气体扩散的速度与以下因素有关。

### 1. 气体的分压差
在混合气体中，每种气体分子运动产生的压力为该气体的分压。该气体在甲区域的分压和乙区域的分压之间的差值称为分压差。分压差越大，扩散速度越快。

### 2. 气体的分子量和溶解度
分子量越小，扩散速度越快。如果气体扩散发生在气相和液相之间，则气体的扩散速度和该气体在溶液中的溶解度成正比，溶解度大则扩散速度快。

**3. 气体扩散面积和距离**

扩散面积越大，扩散速度越快。扩散距离越大，扩散速度越慢。

**4. 温度**

温度越高，扩散速度越快。但动物体温相对恒定，故温度因素可忽略不计。

# 第三节　气管、支气管疾病动物模型

## 一、慢性支气管炎动物模型

### （一）造模机制

对动物施加各种能诱发慢性支气管炎的损伤性因素，进行长期的刺激，引起气管、支气管黏膜及其周围组织的慢性炎症。诱发的方法很多，刺激物有化学物质（如 $SO_2$、$Cl_2$、氨水）、烟雾（生烟叶、稻草烟、混合烟）、细菌及多种复合性刺激（如细菌加烟雾、细菌加寒冷等）。这些因素可以单独或复合使用。

### （二）造模方法

1）小鼠模型：①使小鼠吸入含 $SO_2$（浓度为 2%）的空气，每天 10s，14～18 天后小鼠即出现支气管炎病变，27 天后出现重度支气管炎病变。总观察时间为 97 天。②使小鼠吸入含 $Cl_2$（浓度为 0.001～0.004mg/L）的空气，每天 25～30min，35 天后小鼠可出现慢性支气管炎病变。总观察时间为 50 天。③用含氨气（浓度为 0.3ml/2.4L）的空气以每 15～20min 重复刺激 1 次，每次 2～3min，每天 8 次（仅刺激 1 天），32 天后可出现慢性支气管炎症状。总观察时间为 100 天。④选取培育 48h 的鸡胚浸润液作为流感病毒，单位为 1∶320；流感杆菌为 18～24h 的培养物，小鼠在麻醉状态下，将感染材料滴鼻（0.03ml/只），于 3～6 天出现气管上皮轻度坏死，35 天后表现为典型的慢性支气管炎症状。

2）大鼠模型：①烟雾致大鼠慢性支气管炎法：将大鼠置于 27m³ 烟室内，用混合烟 150～200mg/m³（200g 锯末，15～20g 烟叶，6～7g 辣椒及 1g 硫黄混合，20～30min 烧化，颗粒在 0.5～1.0μm 以上）吸入，每周 6 次，44 天即可形成慢性支气管炎病变。②细菌感染法：用流感杆菌 9 亿/ml、甲型链球菌 6 亿/ml、卡他性炎性菌 9 亿/ml、肺炎双球菌 6 亿/ml、以 4∶3∶2∶1 的比例混合菌液在麻醉下滴鼻 0.1ml，每周 1 次，6 周后形成慢性支气管炎趋势，但程度很轻。③$SO_2$ 刺激法：将大鼠置于 250ppm* 的 $SO_2$ 容器中，每天 5h，每周 5 天，共 7 周，建立模型。④大鼠气管内注射脂多糖（lipopolysaccharide，LPS）法：大鼠用 1%戊巴比妥钠腹腔注射麻醉，仰卧位固定于操作台，拉出舌体，暴露声门，快速将套管插入气管，将脂多糖 200mg/200ml 注入气管。饲养 4 周，制备大鼠慢性支气管炎模型。

3）豚鼠模型：①将豚鼠置于 7～8℃环境中 1h，隔天 1 次，45 天后改为每周 2 次，同时加细菌混合菌液滴鼻 0.2ml，150 天可形成亚急性乃至慢性支气管炎病变；②用香烟 1 支半，在 21L 容器内燃化共 10min，换气 5min 后，再用 1 支香烟烧化，重熏 10min，每天 1 次，每周 6 次，同时置于 7～8℃环境中 1h，隔天 1 次，45 天后改为每周 2 次，28～35 天可出现慢性支气管炎病变，6 周后病变保持并逐渐加重。

---

\* 1ppm=0.001%；1ppm=1mg/L，后同。

（三）模型特点

1）吸入法：①小鼠出现刺激性咳嗽，体重增长停滞，少数死亡。支气管病理学改变：早期为急性炎症改变，12 天后出现淋巴细胞、浆细胞浸润，继而支气管周围结缔组织增生，27 天后显示重度慢性气管炎病变。②大鼠气管腔内黏液阻塞，气管上皮坏死糜烂，杯状细胞增生，气管壁平滑肌增生，肺泡腔扩大，部分融合形成肺大疱。运用这种方法也能复制出稳定可靠的动物模型。也可观察到气道和肺组织 M 受体的数量及功能无改变。

2）细菌感染法：小鼠感染后 2 天出现毛松、咳嗽、神萎、纳差等。呼吸道组织病理改变：于 3～6 天出现气管上皮轻度坏死，杯状细胞数目初期下降，10 天后逐渐增多，35 天后表现为典型的慢性支气管炎症状，50 天后即恢复正常。

3）大鼠气管内注射 LPS 法：气管滴注 LPS 后 21 天，大鼠出现倦怠、毛发失去光泽，进食、饮水减少等表现，气管与支气管上皮脱落，杯状细胞增生，黏液腺增生肥大，气管、支气管壁见慢性炎症细胞浸润，管壁增厚，管腔充满黏液及大量以中性粒细胞为主的炎症细胞，气管平滑肌增生肥厚。

4）烟雾致大鼠慢性支气管炎法：随烟雾刺激时间的增加，大鼠气管炎症病损逐渐加重，至第 7 周形成慢性支气管炎典型变化。其气管炎症细胞的特点是：初期以巨噬细胞为主，随后以淋巴细胞为主，中性粒细胞仅在接触烟雾的早期短时间内出现较高水平。

（四）应用范围

小鼠吸入含有 $SO_2$ 的气体法，主要用于研究慢性支气管炎病因、发病机制及筛选其防治药物；大鼠、豚鼠混合菌感染法主要用于探讨慢性支气管炎病因、病毒是否为慢性支气管炎发作的诱发因素、呼吸道自身菌在慢性支气管炎发生发展过程中的作用；烟雾致慢性支气管炎的模型主要用于研究慢性支气管炎形成过程中不同阶段的病理变化及相应的炎症细胞的浸润、炎性标志物的变化，被动吸烟所致的慢性支气管炎。

（五）注意事项

1）$SO_2$ 为有害气体，需防护。

2）在选择小鼠、大鼠及豚鼠诱发慢性支气管炎时，由于这些动物支气管壁的淋巴组织比较丰富，在实验性刺激作用或自发的情况下，随着动物日龄的增长，可以引起不同程度的增生，影响对实验结果的正确分析。所以在实验前应注意选择年龄稍轻、健康状况较好的动物，在实验过程中要加强动物的饲养管理，严防自发感染的发生。

3）小鼠、大鼠和豚鼠慢性支气管炎病变中，以杯状细胞增多、柱状上皮增生及慢性炎症细胞浸润最为常见。尽管这些病变的程度可能不尽相同，但它们的综合表现，特别是在支气管和末梢细支气管见到这些改变，就可以作为慢性支气管炎的形态学指标。至于纤维组织增生及末梢支气管扩张或肺气肿等可能与刺激时间较久有关，可作为参考指标。

4）实验动物种类不同，在观察慢性支气管炎病变时要分别对待。大鼠、小鼠和豚鼠慢性支气管炎病变形成较快，炎症细胞浸润程度较重，杯状细胞显著增多。但是，由于大鼠、小鼠和豚鼠气管和支气管不发达，仅限于气管上部，很难复制出腺体增生的形态学改变。实验时由于取材部位的不同，很容易影响实验结果的判断。

5）细菌感染法中，细菌进入肺的途径不同可能引起不同程度的病理变化，经鼻腔滴入感染是一个较简单和安全的方法，但必须经过预实验确定一个合适的活菌感染量。适当地进行反复染菌处理可以提高模型复制的成功率。

（六）模型评估

1）慢性支气管炎模型的制备方法有很多种，最常用的是 $SO_2$ 刺激法，虽然成功率高，但需要

每日检测 $SO_2$ 浓度，所需设备和操作复杂，耗时费力。该模型主要的病理变化是气管黏膜层和黏膜下层炎症细胞浸润及杯状细胞增生。由于 $SO_2$ 为有害气体，吸入后会引起严重的呼吸道黏膜烧灼伤，细胞蜕变、坏死，上皮细胞增生，点状、片状鳞状上皮化生，常导致动物呼吸道急性炎症反应而死亡。

2）LPS 法剂量过高时，需引起内毒素血症后才会出现急性肺损伤，也不利于分阶段观察炎症的过程。另外，有研究者通过尾静脉注射卡介苗 5mg 联合气管内注射 LPS 200mg，饲养 3 周，构建免疫损伤性大鼠慢性支气管炎模型，大鼠气管病理改变较单独使用 LPS 时更加典型。但是，同样由于大鼠气管腺体不发达，仅限于上部，不能很好地复制气管腺体增生的形态学变化。

3）烟雾致大鼠慢性支气管炎法可以反映慢性支气管炎早期炎症形成的系列过程。方法简单易行，其他合并疾病出现概率少。

## 二、支气管哮喘动物模型

### （一）卵白蛋白激发哮喘模型

**1. 造模机制**

当变应原卵白蛋白注入豚鼠体内，其可溶性抗原成分刺激机体产生 IgE，使机体处于致敏状态。当动物再次接触到此抗原时，由 IgE 介导发生抗原-抗体反应，使细胞脱颗粒，释放出活性化学物质如组胺、嗜酸性粒细胞趋化因子等，作用于支气管引起气道过敏反应导致哮喘。

**2. 造模方法**

1）小鼠模型：选用 20g 左右的 BALB/c 小鼠，腹腔注射卵白蛋白抗原液 0.2ml（含卵白蛋白 100mg 和氢氧化铝 1mg），8 天后用同剂量再注射 1 次，第 15 天起将 BALB/c 小鼠置于密闭容器内，以 60g/L 卵白蛋白溶液雾化供给，每天 1 次，每次 30min，连续 7 天。

2）大鼠模型：雄性 SD 大鼠，体重 120～180g，腹腔注射抗原液 1ml（含卵白蛋白 100mg），灭活百日咳杆菌疫苗致敏。2 周后用超声雾化器向雾化箱内喷雾 1%卵白蛋白 20min，每天 1 次，每次 30min，连续 2 周。

3）豚鼠模型：选用健康雄性豚鼠，体重 300～500g，腹腔注射 10%卵白蛋白生理盐水溶液 10ml，使豚鼠处于致敏状态；2 周后将豚鼠置于一密闭容器中，以 10%卵白蛋白生理盐水溶液雾化吸入 20min，诱发豚鼠哮喘发作。或者腹腔注射 10%卵白蛋白溶液 1.0ml（卵蛋白 100mg），13～14 天后让动物吸入 0.5%卵白蛋白生理盐水溶液 30s。或可选用 200～300g 的豚鼠，雌雄不限，于第 1 天和第 8 天，将 0.5%卵白蛋白（溶于生理盐水）10ml 加至超声雾化吸入器，给豚鼠用简易面罩雾化吸入 10min，第 16～20 天将致敏的豚鼠置于密闭的容器内，用 1%卵白蛋白气雾激发，使动物暴露在卵白蛋白气雾中 10～30min，直至出现哮喘样发作为止。

**3. 模型特点**

1）小鼠模型：常用的品系有 BALB/c、C57BL/6 等。BALB/c 较易产生气道高反应，用卵白蛋白易致敏，并可产生高滴度 IgE；C57BL/6 则不易出现气道高反应，而且只产生低滴度 IgE。但用屋尘螨（HDM）易致敏，可用于制作由 HDM 诱发的过敏性哮喘模型。

2）大鼠模型：对抗原反应较为一致，能出现与人类哮喘类似的迟发相反应，并有嗜酸性粒细胞浸润和气道反应性增加，近年来，大鼠模型的使用逐渐增多，国外多用 Brown Norway 大鼠，国内多使用 SD 或 Wistar 大鼠。一般选择雄性大鼠，致敏方法基本相同，激发后 3～5min 产生速发相反应，2～4h 产生迟发相反应，随后肺部出现多种炎症细胞浸润，24h 内主要为嗜酸性粒细胞。此时，大鼠气道反应性增加，增幅为 7～10 倍，持续 4～5 天。多次激发可延长气道高反应性持续时间，但不能使气道高反应性进一步增加或使嗜酸性粒细胞浸润加重。

3）豚鼠模型：易致敏，能产生 I 型变态反应，致敏后以卵白蛋白雾化吸入，可诱发急性气道过敏反应，包括速发相哮喘反应和迟发相哮喘反应，适合于制作过敏性哮喘动物模型，也是目前国内外使用最多的模型。

**4. 应用范围**

用于评价预防和治疗慢性支气管炎、哮喘免疫制剂的效力。

**5. 注意事项**

1）系统致敏，尽量不采用雾化吸入的方法，而用腹腔注射、腹腔注射加皮下注射或皮下注射的方法，激发时则采用雾化吸入或呼吸道内滴入；激发与致敏时的变应原应一致；常需使用免疫佐剂。

2）同样的实验步骤，选用不同遗传背景、不同品系的大鼠或者小鼠，所得到的结果相差甚大；同样品系的动物，变应原致敏和刺激方法差异、评价炎症和免疫学反应的指标不同，制备模型后处理动物的时间点不同等都会显著地影响对结果的判断。

3）从动物的症状表现、气道反应性及病理学改变 3 个方面来验证并确立哮喘动物模型。一般说来，用来研究哮喘的大鼠或者小鼠都选用同一性别的动物。由于性成熟时同窝的雄鼠在一起更容易打斗并咬伤，所以一般选用雌鼠，尤其是小鼠。

4）判断动物模型是否成功和合格至少应当包括以下几个方面：造模后动物总体外观，肺病理切片观察、炎症细胞浸润、炎症细胞分类（以嗜酸性粒细胞为代表）；支气管肺泡灌洗液中细胞计数、分类，重点是嗜酸性粒细胞比率是否升高；生理功能指标，如气道阻力、气道压力、顺应性、反应性等。

5）动物引喘模型一般都是用豚鼠，可采用氯乙酰胆碱和磷酸组胺溶液混合，喷雾吸入，以观察引喘的潜伏期，鉴于动物个体的反应性不同，所以应预先筛选体重不超过 200g 的小豚鼠，潜伏期大于 120s 者不宜采用。

6）豚鼠对卵白蛋白反应的个体差异很大。少数豚鼠可能不出现哮喘反应，而另一些动物则可发生急性过敏性休克。为防止过度反应，可在激发前给动物腹腔注射抗组胺药如美吡拉敏（mepyramine，新安替根）或马来酸氯苯那敏（扑尔敏）；值得注意的是，豚鼠的变态反应更多的是由 IgG 而非 IgE 介导，这与人类哮喘有所不同。

7）不同实验室在具体制作上有所不同，而不同的致敏及激发方式会影响反应的类型和程度。

8）豚鼠的筛选标准：每只豚鼠依次置入 4L 密闭玻璃钟罩内，用超声波雾化器以 0.5ml/min 的雾化量向密闭钟罩内雾化 0.2%磷酸组胺溶液 10s，关机后观察豚鼠的引喘潜伏期（即从喷雾开始到哮喘发作、呼吸极度困难，直至抽搐跌倒的时间），潜伏期超过 100s 者弃去，合格者休息 24h 以上用于实验。大鼠的标准：取健康雄性 SD 大鼠，体重（140±10）g，逐只放入玻璃钟罩内，将雾化器喷雾量及风力打至最大，雾化吸入 1%卵白蛋白生理盐水溶液 3min，观察动物的引喘潜伏期（即出现打喷嚏、咳嗽、喘促的时间）。引喘潜伏期超过 180s 为不敏感动物，不予选用。

9）卵白蛋白抗原液配制方法：先将氢氧化铝凝胶加入生理盐水中，磁力搅拌配成氢氧化铝胶体，再加入微量卵白蛋白（卵白蛋白∶氢氧化铝凝胶=1∶400）搅拌 1h 后，卵白蛋白附着于氢氧化铝凝胶颗粒表面，离心后与其共同沉淀，再重悬于生理盐水中成为致敏剂。

**6. 模型评估**

1）卵白蛋白来源容易，价格低廉，有很强的免疫原性，最常应用于制备哮喘模型；氢氧化铝作为免疫佐剂可以防止脱敏，能增强致敏的效果。卵白蛋白诱发哮喘常用动物为豚鼠、大鼠、小鼠。

2）小鼠哮喘模型有许多局限性。几乎所有暴露于变应原的小鼠都可形成哮喘，小鼠哮喘模型显然不宜应用于基因多态性研究；小鼠与人存在呼吸系统的解剖学及生理学上的差异，如小鼠呼吸率远高于人，而其潮气量却较低；大多数哮喘小鼠模型常要求短期高浓度的变应原暴露，明显与人自然环境中长期低变应原浓度暴露方式相违背，不会出现人类哮喘典型的慢性气道炎症和上皮变化；小鼠模型不出现人类哮喘特征性的黏膜炎症及上皮嗜酸性粒细胞浸润；小鼠的免疫学机制与人也有差异；大多数小鼠模型出现过敏性肺泡炎和超敏性肺炎，掩盖了气道的炎症损害。另外，由于小鼠体积小，导致操作不便。

3）豚鼠是使用最广泛的变应性反应模型，尽管这种动物和人之间存在极大的差异，但致敏豚鼠的过敏性支气管收缩（早发相，速发型）在研究抗过敏药物、支气管扩张药物方面是最常用的动物模型。以豚鼠为哮喘模型有很多优势：动物较便宜，易于处理，变应原诱发的支气管收缩和人类支气管哮喘中的收缩特点相同，包括接触抗原后的支气管收缩反应，气道对介质的高反应性，以及过敏性支气管炎的嗜酸性粒细胞浸润特征。但是，由于近交系豚鼠罕见，不利于用来研究遗传影响。皮质激素对豚鼠哮喘模型的支气管痉挛的影响不显著。另外，选择豚鼠制作哮喘模型应注意可能出现种群依赖性的夸大反应，一部分豚鼠可因此产生过敏性休克而死亡，造成实验资源的浪费。豚鼠易被致敏，接受致敏物质后反应程度与其他动物相比较强，能产生Ⅰ型变态反应，雾化激发后能产生速发相与迟发相哮喘反应，因而一直是国内外应用最多的过敏性哮喘实验动物之一。

4）与豚鼠相比，SD 大鼠具有品系纯、繁殖快、价格低、来源丰富、标本采集量大等特点，其生物学特点与人有较多的相似性。因此，进行皮质激素作用原理的研究及非皮质激素类抗哮喘免疫抑制剂的研究首选大鼠哮喘模型。国际医学杂志发表的应用大鼠模型的哮喘论文绝大多数都是应用 BN 大鼠作为研究对象。BN 大鼠哮喘模型的主要优势在于其体内能够产生针对吸入性变应原的特异性 IgE 抗体，而且也更容易诱发出哮喘症状及明显气道炎症和气道高反应性。但由于此鼠在国内少见，且价格昂贵，不适宜在科研中大量应用。目前，我国常用的 SD 大鼠或者 Wistar 大鼠等均不适宜用于哮喘研究，应用这些品系的哮喘模型所撰写的论文是很难被国际水平较高的医学杂志接收的。至于小鼠 BALB/c 和 C57BL/6J 品系等均是不错的候选动物。

（二）甲苯二异氰酸甲酯导致的哮喘模型

**1. 造模机制**

甲苯二异氰酸甲酯（TDI）属于低分子量化学物质，对机体只有半抗原特性。TDI 在高浓度情况下具有明显的黏膜刺激及腐蚀作用，当动物接触 1.5ppm 的 TDI 一个月或数月，可引起动物的支气管炎。经证明 TDI 哮喘是 IgE 介导的速发型变态反应。

**2. 造模方法**

1）抗原制备用即刻制备的 TDI/1,4-二氧六环液于冰浴下磁力搅拌器上逐滴加入 1%牛血清白蛋白（BSA）碳酸氢钠中，调节该液 pH 为 8.5。1h 后将该反应液移入透析袋，置通风橱中过夜，使二氧六环挥发，随后在 pH 7.4 的磷酸盐缓冲液（PBS）中彻底透析 6 次，紫外分光光度计 245nm 处测吸收峰。用制备成的抗原加卡介苗、弗氏不完全佐剂混合、乳钵研磨成油包水乳剂备用。

2）动物免疫选用白色短毛豚鼠，体重 250～300g。分别用 0.5ml 甲苯二异氰酸甲酯牛血清白蛋白结合抗原（TDI-BSA）/弗氏完全佐剂（CFA）及 TDI-BSA/氢氧化铝（AHG）给动物腹腔注射。免疫动物于 3 周后再加强免疫 1～2 次。

3）抗原吸入激发试验初次免疫 5～8 周后进行，先给予单纯人血清白蛋白（HSA）激发，无反应后再吸入 TDI-HAS，雾化吸入浓度为 1mg/ml 的 TDI-HSA 后有 30.8%的动物出现明显哮喘反应。

**3. 模型特点**

经 TDI-HSA 激发后，动物呼吸频率增快，呼吸幅度增大，哮喘发作时伴咳嗽、躁动不安，甚至痉挛性呼吸。87.5%的 TDI-BSA/CFA 致敏动物及 40%的 TDI-BSA/AHG 致敏动物可同时出现不同滴度的抗原特异性 IgE 及 IgG 型抗体。

**4. 应用范围**

用于 TDI 引起的职业性哮喘发生、发展及其药物防治的研究。

**5. 注意事项**

TDI 在高浓度情况下具有明显的黏膜刺激及腐蚀作用，当动物接触 5ppm 的 TDI 一个月或数月，可引起动物的支气管炎。

**6. 模型评估**

TDI 是重要的职业性致喘物之一。TDI 作业者中有 5%～10%的人可发生职业性哮喘。此模型的建立为进一步探讨 TDI 哮喘的免疫学机制提供了条件。

（三）邻苯二甲酸酐致变应性哮喘模型

**1. 造模机制**

邻苯二甲酸酐（苯酐，PA）是小分子化合物，属半抗原物质。半抗原不能刺激机体产生免疫反应，需与蛋白结合使其变为完全抗原后才能发挥致敏作用。据此本实验制备了两种不同载体的完全抗原即 PA-HSA 和 PA-BSA。实验动物用 PA-BSA 致敏，而激发时选择吸入 HSA，无哮喘出现，证明 BSA 和 HAS 两者无交叉免疫反应。但吸入 PA-HSA 后出现了哮喘发作，说明 PA 与载体蛋白结合后具备了完全抗原的特征而使机体致敏。用致敏的抗血清给正常动物注射使其被动致敏，并在相应抗原吸入刺激下同样可诱发出哮喘。

**2. 造模方法**

1）抗原制备：选用豚鼠，体重 250～300g，2～3 个月龄。将 30mg PA 用 1ml 丙酮溶解后，加入 2%的人血清白蛋白碳酸氢钠（9%）溶液中，并在此温度下搅拌 1h 形成 PA-HSA 以同法制备 PA-BSA。

2）免疫注射：将制备好的抗原与弗氏完全佐剂等量研磨或用两支注射器对推，使之成油包水状（佐剂包抗原）混合物备用。固定动物，每只于腹腔或后腿肌内注射 0.2～0.3ml（含蛋白 4～6mg），只使用 PA-BSA 弗氏完全佐剂注射。于注射 3～8 周后进行抗原吸入激发试验。

3）抗原吸入激发及记录方法：使动物俯卧固定，以胶布环绕贴于胸部并以细线与传感器及记录仪连接。激发前先描记正常的呼吸运动曲线。用 1∶100 HSA 生理盐水溶液雾化后使动物吸入 1～3min，观察记录 0.5h。

**3. 模型特点**

豚鼠吸入抗原后 1～10min 一般表现为呼吸频率加快，由发作前的 100～120 次/分增加到 140～160 次/分；呼吸幅度亦增大，同时可伴有咳嗽、打喷嚏，重者呼吸极度费力、挣扎，可有短暂窒息甚至死亡。发作一般持续 30～50min。

**4. 应用范围**

用于 PA 引起的职业性哮喘发生、发展及其防治的研究。

**5. 注意事项**

1）正确进行腹腔注射：以左手固定动物，右手持注射器将针头从下腹部腹白线偏左侧插入皮下，使针头向头部方向推进几个毫米，再以 45°穿过腹肌刺入腹腔内，固定针头，回抽针栓，如无回血或尿液，便可缓慢推注药液。注射时应使动物取低头位，使内脏尽量移向上腹部，以避免伤及内脏。

2）使用传感器时需注意：①传感器施加的压力不能超过其量程规定的范围。传感器的弹性悬臂梁的屈服极限为规定量程的 2～3 倍，如 50g 量程的张力换能器，在施加了 150g 重量后，弹性悬臂梁将不能恢复其形变，即弹性悬臂梁失去弹性，换能器被损坏；②防止水进入换能器内部，造成电路短路，损坏换能器，累及测量的电子仪器；③传感器不能碰撞，应轻拿轻放。防止应变丝和应变架在碰撞和震动时发生断丝或变形。

**6. 模型评估**

PA 是重要的化工原料，也是一种职业性致喘物质。PA 导致的哮喘属变应性哮喘，患者体内可测出特异性抗体，PA 抗原吸入激发试验常呈现阳性。本模型的建立，为进一步研究该病的病理变化提供了条件。

## 三、过敏性支气管痉挛动物模型

**1. 造模机制**

人类哮喘属Ⅰ型变态反应，即由抗原与嗜碱性粒细胞（如支气管黏膜中及黏膜下的肥大细胞）

上的抗体结合而发病。此时由于释放组胺、5-羟色胺、慢反应物质等生物活性物质引起支气管黏膜发生炎症反应及支气管平滑肌痉挛。

**2. 造模方法**

常选用豚鼠复制急性过敏性支气管痉挛模型。用生理盐水配成 1∶10 鸡蛋白溶液作致敏抗原，给每只（体重 250g）豚鼠腹腔注射 0.5ml，致敏注射后 1 周，动物对抗原的敏感性逐渐升高，至 3～4 周时最高。此时再用 1∶3 鸡蛋白 2ml 加弗氏完全佐剂雾化（在雾化室内），致敏动物在此雾化室内十几秒钟到数分钟内，就出现不安、呼吸加紧加快，然后逐渐减慢变弱，甚至出现周期性呼吸，直到呼吸停止而死亡。或在豚鼠后腿肌内注射卵白蛋白 4mg（抗原，一般用 4% 的卵白蛋白生理盐水 0.1ml），同时腹腔注射百日咳疫苗 2×10¹⁰t/ml 菌体。菌体（佐剂）。注射后 13～14 天用于实验。将致敏豚鼠置于 4L 的密封玻罩中，用恒压 53.4kPa（400mmHg）喷入 5% 卵白蛋白溶液半分钟，豚鼠发生呼吸困难、咳嗽，甚至休克等。

**3. 模型特点**

诱发后动物出现呼吸困难，尤其是呼气障碍。有些肺泡间质内有炎症细胞浸润的结节样病灶。

**4. 应用范围**

用于观察药物抗过敏和平喘作用。

**5. 注意事项**

1）如果动物致敏程度较轻或诱发时鸡蛋白喷雾的速度很快，则只发生一时性的支气管痉挛，并不死亡。

2）组胺喷雾，则不必先致敏，就能引起豚鼠支气管痉挛，甚至休克、死亡。

3）组胺用量依雾室大小而定，在 83～103L 容量时，1∶1000 组胺的用量为 0.5～1.0ml。

**6. 模型评估**

成功率高，重复性强，病变典型。但是本模型对药物的反应与人类不同，如皮质激素对人类的哮喘疗效较好，但对本模型的支气管痉挛治疗作用不明显；抗组胺药对本模型的支气管痉挛有明显的保护作用，但对人类的哮喘没有影响。

# 四、阻塞性肺气肿动物模型

## （一）造模机制

采用促弹性蛋白水解酶法，通过对家兔进行雾化吸入和静脉内注入木瓜蛋白酶使其到肺内，穿越肺泡上皮质进入肺间质与弹力纤维结合，将其分解而引起肺泡炎和肺泡坏死，使大量含有血黄素的吞噬细胞在病变肺泡处沉积。由于吞噬细胞中含有丰富的溶菌酶，对基质有溶解作用，直接导致肺气肿。

## （二）造模方法

1）耳缘静脉注射法：选用 2.0～2.5kg 家兔，耳缘静脉注入 8% 木瓜蛋白酶 1ml/kg，仅注入 1 次；然后经超声雾化器将 5% 木瓜蛋白酶液 60ml 雾化后（直径 5mm 以下颗粒占 90% 以上，60ml 约 4h 雾化完）经管道送入雾化箱。实验动物经雾化箱的开口处吸入酶的气雾剂，每次吸入约 4h（至酶液雾化完），每周吸入 1 次，共 3 次。末次吸入后 40 天即可成模。或选择家兔 1.8～2.0kg，或大鼠 180～200g，直接进行雾化吸入，方法同上，末次吸入后 1 个月，即可作为肺气肿动物模型进行实验观察。

2）气管内滴入法：实验动物选择大鼠，体重 180～200g。配制 3% 猪胰弹性蛋白酶或木瓜蛋白酶。向大鼠腹腔注射 20mg/kg 戊巴比妥钠，分离暴露气管，用 4 号细针穿刺两软骨环间，向气管内快速推注酶液（0.1ml/100kg），推完后立即拔出针头，使大鼠保持直立位，左、右来回旋转 1～2min，使酶液尽可能均匀地达到两侧肺的深部。滴注酶液后 2 个月可作为肺气肿动物模型。

（三）模型特点

1）耳缘静脉注射法：在肺气肿发生的早期阶段（1 周以内），主要是肺泡上皮细胞发生了破坏；而在晚期阶段则可见Ⅱ型肺泡上皮细胞的增多和肺泡隔内局限性弹性纤维与胶原纤维的聚集，在 X 线片上可见两侧肺野透明度增加，肺纹理稀疏、变细、变直，胸廓呈桶状，前后径增加，肋间隙变宽，呈明显肺气肿表现；光镜下可见典型肺气肿改变，肺泡壁变薄、断裂，肺泡腔扩张、融合。其主要特点在于：①能准确反映出肺气肿的临床特点；②方法简便，比起烟雾吸入法，减少了劳动量和危险性；③模型较为稳定，制作时间短，不易出现感染及不良反应，能胜任各项实验。

2）气管内滴入法：肺组织病理检查见，肺泡隔数量明显减少，所存留肺泡隔变窄，部分肺泡隔断裂、消失，若干肺泡融合形成大圆囊，甚至出现肺泡管扩张。目前多采用气道内直接注射蛋白酶类来复制肺气肿动物模型。

（四）应用范围

本模型适用于肺气肿和肺源性心脏病（简称肺心病）的发病机制、病理改变、药物疗效观察等研究。

（五）注意事项

1）在制作过程中应考虑动物的体质。静脉注射应缓慢并注意用量，以免发生意外。雾化浓度及时间应控制好，否则效果不佳。总体来说，本方法制作的模型适应性强，能根据需要在不同时间接受不同的干预措施。

2）木瓜蛋白酶能够复制大动物肺气肿模型，应用呼吸机过度通气对其形成起促进作用。根据相关基础研究需要，采用控制用药剂量等方法，可以提供不同类型的实验动物模型。

3）用于兔、犬、羊、马等较大动物模型时用量相对较大。一次性气管内滴入时浓度较高，常采用雾化吸入的方法。

（六）模型评估

1）以木瓜蛋白酶形成的实验性肺气肿病变明显而且典型，或在木瓜蛋白酶基础上加用气管狭窄方法复制成肺气肿和肺心病模型，其优点是病因、病变更接近于人类。猴每天吸入一定浓度的 $SO_2$ 和烟雾（烟草丝 50g，持续 2.5h），1 年后，可出现不同程度的肺气肿。这种模型比较符合人类的临床发病规律，有利于进行肺气肿的病理生理及药物治疗研究。虽然木瓜蛋白酶诱导肺气肿模型已被证实，但由于其所用动物均为鼠、兔类小动物，外科可操作性差，且诱导时间较长，实验周期较长。陈传波等提出，对犬气管内注入及雾化吸入加呼吸机过度通气，1 周时间肺组织结构可发生肺气肿样变化。药物及物理刺激肺组织存在炎性反应，2 周后随炎性反应消失，肺组织结构大体观察及病理变化与临床肺气肿组织结构类似，肺气肿诱导时间 3～4 周，较已有报道 7 周明显缩短。

2）通常人们采用单一因素造模最常用的方法是气管滴注胰蛋白酶、木瓜蛋白酶等，其他因素如吸烟、大气污染、脂多糖等，也可成功诱发大鼠肺气肿模型。但是柴秀娟等采用 $SO_2$ 和木瓜蛋白酶双因素联合刺激造模，结果发现模型肺容积增加，弹性回缩力下降，光镜下可见肺泡壁破坏、泡腔融合，肺泡明显扩张，大量炎症细胞浸润，单位面积肺泡数减少，平均肺泡面积明显增大，符合人类的全小叶型肺气肿改变，更符合人类肺气肿的发病特点。

3）胰弹性蛋白酶的给药途径很多，主要有静脉、雾化吸入、气管切开注入、气管穿刺滴入和气管插管滴入等，国外应用较多的是雾化吸入。张倩等应用气管插管（盲插）后滴入胰弹性蛋白酶的方法进行造模，避免了气管切开和气管穿刺可能导致的创口感染；使用带气囊的气管插管，与不带气囊的气管插管相比，气囊充气后避免了气管切开从外部结扎气管测定肺功能的烦琐手术，减少了对动物的创伤，也有利于动物呼吸机的使用；气管内滴入酶液直接作用于肺部，较静脉途径直接且避免了血液成分的干扰；酶液定量准确，避免了雾化吸入剂量不准、操作复杂的缺点；较其他方法省时，病死率与国外用雾化吸入法报道的相近。该法可以推广应用，特别适用于需用较大动物的实验研究。

## 五、弥漫性肺间质纤维化动物模型

（一）博来霉素致肺间质纤维化模型

**1. 造模机制**

博来霉素是一种多肽类抗肿瘤药物，其导致肺间质纤维化的机制主要是通过活性氧的作用。在博来霉素致肺损伤的早期，即肺泡炎阶段，产生大量氧自由基，对肺造成损伤。

**2. 造模方法**

1）大鼠模型：选用 SD 大鼠，体重 180～200g。博来霉素（30mg/支），用 0.9%氯化钠稀释成 4g/L，气管内滴入博来霉素溶液 0.25～0.3ml（5mg/kg），可建立肺间质纤维化模型。大鼠肌内注射舒泰 0.5～0.6mg/100g 麻醉，3～5min 后，大鼠进入麻醉迟缓状态。麻醉后将其仰卧固定于鼠板，将四肢和头部固定，剪去颈毛。用聚维酮碘（碘伏）消毒皮肤，在无菌操作下做长约 1cm 的颈中切口，逐层分离暴露气管（如室温低，须用保温措施）。用弯尖眼科钳经气管下方穿过，轻微抬起气管，尽量抬高气管分叉处，抬高鼠板头端，使与桌面成 30°～35°。选择 1 个 7 号的注射用针头，将针头用砂片磨成弧形，使其变得圆钝。在进针前用注射器试通注射针头，避免堵塞。进针时与水平面成 150°，在两个环状软骨之间刺入。针孔方向面向术者，有落空感证明已刺进 1.0～1.5cm，约到气管分叉处停止。注入博来霉素 0.2ml（约 4mg/kg），再向气管内注入 0.2ml 的空气 2～3 次，使药物在肺部分布均匀。以大鼠身体长轴为中心，正反快速旋转鼠板 1～2min。缝合皮肤，局部聚维酮碘消毒（或用青霉素消毒）防止感染，室温保持在 24～25℃，待动物自然清醒后置笼内常规饲养。

2）小鼠模型：选用昆明小鼠，雄性，体重 18～20g。肌内注射舒泰 0.50～0.75mg/100g 麻醉，将实验动物麻醉后仰卧，纵行切开皮肤，钝性分离暴露气管，用 4 号针头刺入气管，尽量接近气管分叉处，将 0.05ml 博来霉素缓慢滴入（博来霉素每支 8mg，用前以生理盐水配制成 0.2%药液），立即将动物直立旋转，使药液在肺内均匀分布，然后缝合皮肤，局部酒精消毒防止感染。

3）山羊模型：选用 12～15kg 的山羊，舒泰 7～25mg/kg 肌内注射麻醉及 5～11mg/kg 维持麻醉下通过球囊导管选择性地向左肺下叶支气管缓慢滴入博来霉素 1.5～3.0mg/kg，滴入液体总量按 2～3ml/kg 给予，滴注完毕后，将山羊左侧卧位 30min，以利于药物的吸收和均匀分布，复制成肺间质纤维化模型。

**3. 模型特点**

1）大鼠模型：此模型病理组织学与病理生理学改变与人类肺间质纤维化相似。其病变早期表现为渗出性肺泡炎，炎症细胞在病变处聚集增多。晚期为肺间质纤维化，间质细胞增生，基质胶原聚集取代正常的肺组织结构。注入博来霉素 2 周时，可见肺系数（肺重/体重×100%）、羟脯氨酸（HP）含量明显升高。显微镜下可见广泛炎症细胞浸润，以淋巴细胞、单核-吞噬细胞为主，并有肺泡增厚、成纤维细胞增生等表现。第 4 周可见肺间质内有大量散在绿染的胶原纤维，肺泡结构破坏，见有许多纤维细胞等间质纤维化病变。

2）小鼠模型：使用博来霉素后 15 天，病变弥漫，但以肺泡间隔、血管和小气管周围显著。病变处肺泡壁增厚，毛细血管扩张，肺泡腔变小，其中充满大量的中性粒细胞、单核细胞、淋巴细胞等炎症细胞。在气管、血管周围及近胸膜处出现以中性粒细胞、单核细胞为主的炎症细胞浸润，呈 3 级肺泡炎性改变。30 天后病变弥漫，病变处肺泡壁增厚，肺泡间隔增宽。在气管和血管周围及近胸膜处肺组织可见以单核细胞和淋巴细胞为主的炎症细胞浸润，胸膜增厚，并可见较明显的成纤维细胞和胶原纤维增生、集聚。主要呈 1 级纤维化改变。

3）山羊模型：第1周内（第3～4天），在中央小叶出现斑片影和粗线条。在第1周末，上述区域变大、融合，到达胸膜下区域。肺泡和间质内可见到渗出物。第2～3周，主要表现为毛玻璃样病灶和微细的放射性线条，位于中央小叶和气管血管束周围，没有小叶间隔增厚的征象。第4周，显示了肺间质的异常。肺标本的大体观察显示呈灰色，组织学检查了CT显示的异常区域，结果显示主要病变在气管周围，肺段以下肺小叶周围病变分散。1周内主要是肺细胞化生，伴有肺泡壁破坏、炎症细胞浸润，第2周以后，主要是间质内成纤维细胞聚集，伴有胶原纤维增加。第3周后，肺泡间隔增厚。

**4. 应用范围**

本模型为研究肺间质纤维化的病因、发病机制及防治提供了一种新的实验研究手段，可以在严格控制各种条件下观察肺间质纤维化的发生、发展和疾病转归，以及这些不同改变在病理形态学、分子生物学及影像学上的表现等规律，提高对肺间质性疾病的认识水平。

**5. 注意事项**

1）模型选用的动物种类因研究目的和造模方法不同而异，大、小鼠因体形小、体重轻、价格便宜、操作简便，既可局部给药造模又可全身给药造模，是使用较多的造模动物，但因其体形太小不适用于放射影像学的研究。体形较大的羊、猪等动物适用于放射影像学的研究。

2）造模麻醉剂应选用起效时间短、不良反应小、易于苏醒的舒泰、赛拉嗪等。

3）选择适当的切开位置：气管切开位置应与其生理解剖位置相关。气管位于食管的上面中线，由于生理及解剖位置的原因，造模时应在锁骨上窝上方中线偏左的位置切开最适合，这样在其正下方剥离组织后即可见到气管。

4）注入博来霉素方法的优化：选择1个7号注射用针头，将其针头用砂片磨成弧形，使其变得圆钝，在进针前用注射器试通注射针头，避免堵塞。进针时与水平面成150°，在两个环状软骨之间刺入，针孔方向面向术者，有落空感证明已刺进1.0～1.5cm，约到气管分叉处停止。把锋利的针头磨成圆钝，以防止尖锐的针头刺透气管，损伤其他组织，影响造模；刺入位置选择在两个环状软骨之间，因其更易刺入并可以减少气管壁的破坏。

5）气管注入方法：为了达到使药物在肺内均匀分布的目的，可选择以下方法：①在动物吸气时注入药物；②当注入药物后，再注入1～2次0.2ml的空气；③在药物及空气均注入后，使动物直立，正反快速旋转鼠板，以达到使药物均匀分布的目的。

**6. 模型评估**

目前用于此模型制作的诱导剂很多，其中以博来霉素最为常用。博来霉素气管内一次性注入可复制出与人类肺间质纤维化病理过程相似的动物模型，可全身给药，也可局部给药，可一次性给药或分多次给药，也可采用微型药物泵持续给药。具体方法：①气管内给药：是目前较为常用的给药途径，是一种局部给药方法，将诱导剂直接注入动物气管，造成肺部的病变，可以是一次性的，也可以是重复多次的。对于博来霉素的水溶液，多采取的是经气管滴注法。此法虽操作简单、成本低，但病变范围较局限，与人类病变的弥漫性分布有差异，因此采用雾化吸入给药，克服了前者的弊端，使病灶分布均匀弥散。②腹腔内给药：是一种全身给药的方法，将诱导剂（如博来霉素）注入动物的腹腔内，进而发挥致纤维化作用。一般是多次给药，有每日连续给药的，也有间隔几日给药的。当药物在体内累积达到一定量时，即可建立动物模型。但与气管内给药相比，所致病变部位胸膜、支气管周围均比较重，而后者所致病变以支气管周围明显，胸膜不明显，这与人类的肺间质纤维化的病变（病变先由胸膜开始）不太相符，故认为该法优于后者。但与后者相比，因所需药物量过多，费用也高，使其在国内的应用受到了一定的限制。

（二）放射性肺间质纤维化模型

**1. 造模机制**

放射性肺间质纤维化病变是胸部肿瘤放疗后常见的肺损伤修复性改变，可导致受损肺功能的不可逆性损伤。

**2. 造模方法**

Wistar 大鼠，雄性，$^{60}$Co-γ射线全胸照射，照射视野面积分别为 4.5cm×4.0cm，将大鼠上至两腋窝、下至胸骨剑状突的位置对准此照射，自行设计装置（10cm 铅砖）屏蔽大鼠其余部分。照距为 3m，剂量率为 2.7Gy/min，剂量为 30Gy。形成典型的放射性肺间质纤维化病变。

**3. 模型特点**

肺间质纤维化形成时间较长，一般在 6 个月左右，多为局灶性。在照射后 2 个月以内出现早期急性炎症期或渗出期；照后 2~3 个月为增生期，主要表现为亚急性细胞增生性变化；照后 3~9 个月发生纤维化，该期主要表现为肺泡壁重度增厚，肺泡腔明显变小甚至消失，肺泡壁及支气管、血管周围等肺间质部分成纤维细胞尤其是纤维细胞明显增多，且在这些部位发生局灶性纤维化；照后 9~12 个月发生晚期胶原化变；照后 2~3 周，肺脏表面和切面散在点状或斑点状出血；照射 4 周之后，胸腔积少量或多量淡黄色或红黄色液体，肺脏充血、出血、肿胀，切面有大量泡沫样液体流出，肺体积增大、重量增加；照射 2 个月以后，肺脏的急性炎症性变化逐渐减退，3 个月后明显减退，6 个月后肺脏可见灰黄色或灰白色的绿豆大到蚕豆大的致密实变区，尤以左、右肺上叶表现明显。

**4. 应用范围**

用于辐射引起肺损伤的病变规律与特点、病程与分期及其防治的研究。

**5. 注意事项**

在实验时注意采取措施进行自我保护。

**6. 模型评估**

模型基本上可以反映出辐射引起肺间质纤维化的病理变化规律和特点，利于详细探讨其发病机制和有针对性地指导各阶段的治疗。

## 六、肺水肿动物模型

（一）造模机制

肺水肿是液体在肺的间质或肺泡内的积聚。引起肺水肿的原因虽然各种各样，但大多数是由于肺毛细血管壁通透性增加，或毛细血管内血压升高所致。双光气主要作用于呼吸器官，刺激呼吸道感受器，通过迷走神经将冲动传入四叠体以下中枢，再通过交感神经将冲动传至肺血管，使其通透性增高，从而发生肺水肿。氯化铵中毒性肺水肿也是通过神经系统（其作用部位在皮质下），选择性地对肺毛细血管起作用，使肺毛细血管扩张、通透性增加，从而引起肺水肿。有些化学药物和毒气可直接作用于肺毛细血管使其通透性增高，从而发生肺水肿。

（二）造模方法

1）大鼠模型：①将 6% 的氯化铵按照 0.6ml/100g 的剂量给大鼠腹腔注射；②将 0.1% 的肾上腺素按照 5ml/kg 的剂量给大鼠静脉注射；③将 0.8%~0.9% 的一氧化氮（NO）给大鼠吸入；④将大鼠颈部双侧迷走神经切断（后 2~3min），可获得大鼠的肺水肿动物模型。

2）小鼠模型：①将 3% 的氯化铵按照 0.15ml/10g 的剂量给小鼠腹腔注射；②将 0.1% 的肾上腺素按照 0.08~0.1ml/10g 的剂量给小鼠静脉注射；③将 1g 重铬酸钾加 3~5ml 浓 HCl 置小瓶中使小鼠吸入（使瓶中生成薄薄一层云雾状气体）；④将双光气滴在滤纸片上，干后放入密闭容器中。将小鼠放入 15min，使小鼠吸入双光气，可获得小鼠的肺水肿动物模型。

3）豚鼠模型：①将 6% 的氯化铵按照 0.5~0.7ml/kg 的剂量给豚鼠腹腔注射；②将 0.9%~1.1% 的 NO 给豚鼠吸入；③将豚鼠颈部双侧迷走神经切断（后 10~20min），可获得豚鼠的肺水肿模型。

4）犬模型：①将 0.3% 的硝酸银按照 10ml/只于股静脉慢速注入；②将 1.35%NO 给犬吸入；

③将 1%的尼可刹米（可拉明）按照 0.5ml/kg 的剂量给犬静脉注射，可获得犬的肺水肿动物模型。

5）兔模型：①将 0.3%的硝酸银按照 1.5ml/kg 的剂量给兔耳缘静脉慢速注入；②将 0.73%的 NO 给兔吸入；③将 0.1%的肾上腺素按照 0.3ml/kg 的剂量给兔静脉注射；④将 0.9%的生理盐水以 40～140ml/min 的速度静脉输入全血量的 1～1.5 倍；⑤将 10%的尼可刹米按照 0.1ml/kg 的剂量给兔静脉注射；⑥将兔颈部双侧迷走神经切断（后 2～3min），可获得兔的肺水肿动物模型。

（三）模型特点

氯化铵、肾上腺素腹腔注射 5min 后，动物呼吸频率加快，听诊可闻及湿啰音。部分肺泡壁毛细血管充血，多数肺泡内可见红染液体，显著肺淤血、水肿、肺膜下灶性淤血或出血。少部分肺泡壁变厚，肺泡内可见出血，呈灶性分布。

（四）应用范围

用于探讨通透性肺水肿发病机制，研究其损伤和修复的规律；筛选救治肺水肿的药物。

（五）注意事项

使用的药物剂量大小与模型成功与否有很大关系，注射剂量过大，动物很快因呼吸衰竭而死亡，症状不典型。

（六）模型评估

油酸复制肺水肿模型方法简便、成功率高。但剂量小时，症状不典型；剂量大时，症状典型，但治疗效果差，且病因与临床差距甚远。有时油酸不易获得。也可选用氯仿复制肺水肿，起效快，症状典型，但氯仿不稳定，见光易分解，不易保存。且氯仿的毒性较大，容易损伤实验动物。而氯化铵、肾上腺素诱发的肺水肿动物模型均症状典型，操作简单、经济易行，成功率高。适宜于临床、教学和科研的动物模型复制，并对肺水肿发生的机制进行探讨。

## 七、肺动脉高压动物模型

（一）急性缺氧型肺动脉高压模型

**1. 造模机制**

缺氧主要引起肺血管收缩反应增强，肺血管平滑肌张力增大，从而导致肺动脉高压。

**2. 造模方法**

1）直接向放动物的舱内注入混合气体，并监测舱内气体浓度变化情况。实验用雄性 Wistar 大鼠，体重 150～250g，每次 15～20 只，置于密闭舱内。先向舱内注入氮气，使舱内氧浓度下降至 10%左右，然后以 2L/min 的流速向舱内注入低氧气体（浓度 10%）。舱内气体用小风扇不断混匀。舱的上部有一小孔接三通管，由此抽取舱内气体，用于监测舱内氧浓度和二氧化碳浓度，使其分别控制在 10%±1.0%和小于 3%的范围。舱内的二氧化碳和水蒸气分别用钠石灰和氯化钙吸收。密闭舱壁下部留有小缝隙与舱外相通，可供舱内外气体缓慢进出，使舱内气体与大气压始终保持平衡。

2）采用氮气降低舱内氧浓度用氧分析仪和二氧化碳分析仪监测并反馈调节，使舱内氧浓度和二氧化碳浓度保持在实验条件要求的范围内。实验用大鼠体重 200～250g，每次 8～10 只，置于体积 220L 的长方形有机玻璃舱内，缺氧时先开通氮气瓶向舱内注入氮气，使舱内氧浓度下降，舱内气体用小风扇不断混匀。用一恒速泵将混匀的舱内气体输入舱外的氧分析仪，持续监测舱内氧浓度。氧气分析仪及电磁控制线路可反馈地控制氮气瓶的电磁阀门，使舱内氧浓度控制在调定点 0.5%左右范围，舱内的二氧化碳和水蒸气分别用钠石灰和氯化钙吸收。密闭舱壁下部留有小缝隙与舱外相通，可供舱内外气体缓慢进出，使舱内气体与大气压始终保持平衡。每次缺氧开始时氧浓度从 23%

降至 10% 的时间约为 30min。缺氧期间舱内 $CO_2$ 浓度始终小于 3%。

**3. 模型特点**

大鼠缺氧 5 周后，引起低氧性肺血管收缩，使肺血管发生形态学改变。

**4. 应用范围**

用于肺动脉高压的病理、病理生理改变及其药物治疗的研究。也可用于缺氧性疾病病因、发病机制、病理生理变化的研究；药物疗效观察、药理作用原理及不良反应的研究。

**5. 注意事项**

常压低氧装置各项参数的设置需准确。实验过程中密切观察大鼠的各项情况。

**6. 模型评估**

由于此方法存在缺氧舱内温度不恒定及不能完全排除二氧化碳和水蒸气的影响等不足之处，肖诗亮等对其常压低氧的装置进行改进后，可以准确、方便地复制低氧肺动脉高压模型，稳定性好，独立性强，不受外界环境影响，整个缺氧过程做到完全自动化，省时省力，经济高效，能较好地满足常压低氧条件需要，较常规方法更接近于常压单纯低氧所致的肺动脉高压。同时，该装置也可经适当调整后，建立低氧、高二氧化碳性肺动脉高压模型。

（二）野百合碱皮下注射复制大鼠肺动脉高压模型

**1. 造模机制**

野百合碱被肝脏激活为亲电子的野百合碱，引起肺血管内皮损伤及后续的肺血管重塑。野百合碱可重复诱导产生严重的进展性肺动脉高压。

**2. 造模方法**

选用雄性 Wistar 大鼠。将野百合碱结晶配成 2% 溶液，以 50mg/kg 一次性肩胛区皮下注射。于注射后第 12、16 和 24 天分批处死动物，测定右心室和肺动脉压力，进行心肺病理检查。

**3. 模型特点**

肺动脉压力可增加 3 倍，同时伴随右心室肥厚和大鼠体重下降，光镜下可见肺血管重塑明显，表现为内膜增生、中层增厚及机化。

**4. 应用范围**

此模型可用于平原肺源性心脏病的发病机制、病理、实验性治疗和疗效原理等研究应用。

**5. 注意事项**

确定肺动脉高压的指标包括功能和形态学两方面，其中最直接的证据是肺动脉压力升高。

**6. 模型评估**

因为常压缺氧肺动脉高压模型更类似于平原肺源性心脏病的发病情况，故目前多使用常压缺氧肺动脉高压模型。

# 八、石英尘性硅沉着病动物模型

**1. 造模机制**

$SiO_2$ 引起肺巨噬细胞（AM）损伤是硅肺发生的始动机制，肺纤维化是硅肺的重要特征。自由基在 $SiO_2$ 引起的 AM 损伤和肺纤维化过程中起着关键性的作用，随着肺内 $SiO_2$ 负荷水平的增高，肺泡灌洗液中超氧化物歧化酶的水平呈线性升高。当机体接触 $SiO_2$ 后，AM 吞噬 $SiO_2$ 产生大量自由基；自由基作用于 AM 产生脂质过氧化反应，激起自由基的连锁、增殖反应，形成一系列的脂质自由基及其降解产物丙二醛（MDA），导致质膜损伤，进而分泌多种细胞因子，如肿瘤坏死因子-α（TNF-α）、TGF-β1、成纤维细胞生长因子（FGF）、表皮细胞生长因子（EGF）、淋巴因子等，诱导纤维细胞增生和胶原合成，造成肺纤维化；在硅肺纤维化过程中，TNF-α、TGF-β1 被认为是肺纤维化形成的关键细胞因子；肺指数是反映肺纤维化程度的重要指标之一，肺部的严重纤维化是硅肺的主要症状。

**2. 造模方法**

常选用大鼠、家兔或犬、猴来复制模型。标准石英尘中游离二氧化硅含量为 97%。准确称取该粉尘，以生理盐水稀释，并加适量青霉素，制成粉尘悬浮液，每毫升含石英 40mg 和青霉素 2 万 U。大鼠用 50mg/ml，每只气管内注入 1ml；家兔用 120mg/ml，用尘量按 120mg/kg 计算，在暴露气管后注入，均可复制成典型的硅沉着病模型。

**3. 模型特点**

实验动物于注入染尘后各个时期都表现出了实验性硅沉着病纤维化过程的特征，病变类别多以结节型为主，部分同时伴有弥漫性纤维化型。实验动物染尘后 1 个月，约 70% 的动物肺纤维化为 Ⅰ～Ⅲ级，无Ⅳ级纤维化；染尘后 6 个月，约 60% 的动物纤维化为 Ⅰ～Ⅲ级，并有约 30% 的动物肺间质纤维化达Ⅳ级。

**4. 应用范围**

用于石英尘性硅沉着症病理、治疗和药物筛选的研究。对石英尘性硅沉着病的防治作用的研究具有一定的实际应用价值。

**5. 注意事项**

1）气管内注入时需麻醉家兔，减少家兔挣扎，确保给入粉尘悬浮液剂量准确。

2）动物麻醉较浅，当插管时动物出现轻度呛咳或躁动，易于判断导管是否在气管内，如果动物剧烈躁动，可追加麻醉剂量。

3）导管插入深度从口腔至气管内约 14cm。导管进入气管后在导管末端迅速接上含有定量浓度石英粉尘的注射器，将粉尘注入气管后，迅速拔出导管和喉镜，轻揉双肺片刻，以使粉尘自然进入左、右支气管。

**6. 模型评估**

家兔口腔到气管的特殊生理性弯曲使通过口腔插管向气管内注入粉尘进行染尘较为困难，但其病变特点近似于人类。不足之处在于操作麻烦，费时费力，并且可造成动物机体损伤及并发症，甚至引起死亡。可采用家兔在麻醉状态下，使用新生儿喉镜，经咽喉部插管成功，向气管内注入矽尘，制备出家兔硅沉着病模型。其操作简便，安全无损伤，可重复多次使用。为开展药物和全肺灌洗治疗肺尘埃沉着症的研究提供了行之有效、安全、合理的动物模型。

# 九、肺出血动物模型

**1. 造模机制**

钩端螺旋体病可引起肺弥漫性出血。钩端螺旋体病最初是钩端螺旋体及其有毒物质引起中毒性败血病，出现肺点状出血，以后在点状出血的基础上，出现全肺弥漫性出血，这是由于数量多、毒力强的钩端螺旋体及其有毒物质作用于肺微血管，引起肺微循环障碍所致。

**2. 造模方法**

1）肺出血模型：选用体重 150～500g 的健康豚鼠。除去豚鼠左侧腹部被毛，常规消毒，每只豚鼠腹壁皮下注射 017 株黄疸出血型钩端螺旋体的培养混悬液（每 10×40 视野含 20～40 条）0.2～0.4ml，进行感染。可使 100% 的豚鼠出现肺出血，30% 的豚鼠出现黄疸。

2）肺弥漫性出血模型：采用上述黄疸出血型 017 株钩端螺旋体在柯氏（Korthof）培养基中培养 7～10 天后，在暗视野显微镜下，选用生长良好、运动活泼的菌液，以 Thoma 细菌计数器计菌数。又将部分菌液经 10 000r/min，30min 离心沉淀，弃上清液，将 pH7.2 磷酸缓冲液滴入沉淀物中，配成相当于原菌液的 1/15～1/10 的浓缩菌液。感染时将豚鼠后肢皮下隐静脉处被毛剪去，常规消毒，每只豚鼠隐静脉注射 2～3ml 浓缩菌液[每毫升含（1.2～2.9）×$10^9$ 条钩端螺旋体]。

**3. 模型特点**

1）肺出血模型：感染后肺出血呈渐进性变化，最初仅针尖大小，以后发展成斑块或大叶。出血灶的扩延有直接扩大（出血灶外周乳晕状）、点灶融合及沿支气管腔蔓延等多种方式。出血灶绝大多数分布于脏层膜下浅表部位，仅晚期才蔓延到深部。感染 5～7 天，血小板计数减少，血块不收缩，心电图出现 QT 间期延长，心动过缓，心肌糖原减少，心肌出血，同时血管脆性增加，肺出血加重。少数豚鼠表现为全肺出血，死亡时口鼻流出少量血液。

2）肺弥漫性出血模型：豚鼠感染 3～4h 后全部体温升高。感染后 28h 左右全部豚鼠突然体温下降，萎靡耸毛，呼吸增快、不规则，双肺有湿啰音，烦躁，抽搐，痰鸣，最后全部动物口鼻涌出大量鲜血而死。死亡后除双肺全部大出血外，其他器官无出血（大的豚鼠尤其突出）。感染后肺出血动态观察，感染后 20h，双肺只见少数针头大出血点；感染后 24～28h 出血点增多、扩大；28h 后出血点融合成斑，尤以膈面、背面及肺尖多。在死亡前，出血点、斑、块布满全肺，且有许多新出血斑点。

**4. 应用范围**

此模型是用于钩端螺旋体病肺弥漫性出血的发病原理和抢救措施的研究。如采用此模型作钩端螺旋体病肺出血原发部位的确定；肺毛细血管损伤的性质；肺弥漫性出血的发展过程；肺钩端螺旋体含量与出血的关系；钩端螺旋体对局部组织血管的直接作用，以及弥散性血管内凝血，致出血因子、免疫和超敏的影响等发病机制的研究。

**5. 注意事项**

1）选用生长良好、运动活泼的菌液进行注射，确保模型制作成功。

2）感染后 28h 左右全部豚鼠会突然体温下降，呼吸增快、不规则而死。

**6. 模型评估**

此模型制作简单，易成功。目前研究较多的是新生儿肺出血模型，常用的方法有低温缺氧后再复温供氧法或肾上腺素皮下注射法，模拟临床肺出血病因，建立与临床病因相似的新生大鼠肺出血动物模型。其制作具有一定的合理性及可重复性，便于开展对肺出血发病机制的研究，但其所致肺出血的机制尚需进一步研究。

## 十、急性肺损伤动物模型

（一）物理方法引起的急性肺损伤模型

**1. 造模机制**

物理因素所致的肺急性损伤中，血栓栓塞及微栓塞是最主要的机制。通过各种物理因素引起实验动物肺部栓塞从损伤处或血管内释放出来，造成血小板及纤维蛋白聚集，阻塞肺毛细血管，从而引起肺损伤。

**2. 造模方法**

1）拍击肢体法：选用鼠类等小型动物，用木板连续重拍动物后腿部肌肉，左右各 50～100 次，使局部青紫。

2）胸部撞击法：常用实验动物为大鼠，大鼠麻醉后取左侧卧位 45°，右前肢上抬、外展固定，取腋前线第 3～4 肋间作为撞击点，减去撞击区毛发，设置多功能小型生物撞击机驱动压力为 400kPa 进行致伤。受伤后 30s 内呼吸未恢复者给予胸外按压辅助呼吸。

3）胸部爆炸法：动物麻醉后，左侧卧位固定于致伤台，用钢珠弹复合雷管致伤，枪和雷管起爆器用同步仪控制，弹丸质量 0.25g，初速度为 400～700m/s。雷管在弹丸触发启动同步控制系统后 0～5ms 起爆。雷管安装在右胸壁上方 15～20cm 处肋间，其压力为 250～350kPa。枪口距动物 3m，致伤点距胸壁最高点 1.0cm，于右侧胸壁第 6 肋间腹侧射入，背侧射出，形成胸腔穿透伤。致伤后救治方法包括立即缝闭胸壁伤口、保持呼吸道通畅，同时静脉滴注平衡液。

**3. 模型特点**

1）拍击肢体法：此法费时费力，拍击强度难以达到一致，结果不够恒定。且不能在麻醉下进行，目前很少用。

2）胸部撞击法：大鼠右侧上胸部可复制出肺挫伤及重度肺损伤的伤情。创伤后双侧肺体积增大实变，表面有大小不等散在红色斑片，可有肋骨压迹，切面呈红色实样变，有红色泡沫样液体溢出，呈充血水肿状；非撞击侧出现肺水肿、炎症细胞浸润等继发损伤表现。光镜下双侧肺泡结构破坏，肺间质及肺泡腔水肿、渗出、出血、大量粒细胞浸润、间质毛细血管内血流淤滞、白细胞附壁。电镜下双侧肺泡Ⅱ型细胞蜕变坏死、微绒毛脱落、板层体空化、线粒体肿大、肺间质粒细胞浸润、毛细血管内粒细胞阻塞、肺泡腔有脱落的肺泡Ⅱ型细胞、红细胞和炎症细胞。伤后早期，大鼠 $PaO_2$、$PaCO_2$ 均下降，出现低氧血症、代谢性酸中毒合并呼吸性碱中毒，变化持续至伤后 24h。

3）胸部爆炸法：大鼠受损肺的支气管肺泡灌洗液中饱和卵磷脂/总磷脂、饱和卵磷脂/总蛋白下降，伤后第 1 天下降最明显，提示爆炸伤早期已经导致严重的肺损伤。受伤大鼠肺泡Ⅱ型上皮细胞改变，出现核固缩，胞质局灶性溶解，板层小体数量减少及密度降低，甚至细胞坏死、脱落。

**4. 应用范围**

胸部撞击法可用于胸部撞击伤后肺损伤及其继发炎症反应的相关研究，为进一步研究单侧胸部撞击致对侧肺损伤的发生机制及其早期救治创造了条件。胸部爆炸法主要用于研究胸部爆炸伤的致伤机制和急性肺损伤的发生机制。拍击肢体法因拍击强度难以达到一致，结果不够恒定，目前已很少应用。

**5. 注意事项**

1）采用胸部撞击法制作模型时，应注意使用的驱动压力及撞击部位，大鼠肺损伤的程度及早期的死亡率与驱动压力有明显的关系。另外，如果撞击点偏高，易引起锁骨下动脉及腋动脉破裂，导致失血性休克；撞击点偏低，易引起肝脏破裂出血，形成多发伤，因此应尽量保证撞击点的准确对位。

2）采用胸部爆炸法制作模型时需要注意致伤参数的选定和杀伤力的量效关系。

**6. 模型评估**

1）胸部撞击法制作的模型稳定可靠、重复性好。胸部撞击法致伤装置现采用由上至下方式进行致伤，如能改进使之能够选择水平方式进行致伤，则能减少固定动物体位操作，使动物体位更为精确一致。

2）采用胸部爆炸法可以模拟胸部爆炸伤固有的特点。胸部爆炸法致家兔中、重度肺损伤的压力值为 280～300kPa，在该杀伤力下造成的肺损伤和死亡率均接近人类胸部爆炸伤。

3）拍击肢体法可模拟肢体肌肉损伤释放坏死因子造成的血小板及纤维蛋白聚集、阻塞肺毛细血管引起的肺损伤、患者的呼吸功能受损症状。

（二）化学方法致急性肺损伤模型

**1. 造模机制**

1）脂肪组织含有的凝血酶进入血液后，活化因子即脂肪激活凝血系统使纤维蛋白原裂解为纤维蛋白肽及多肽、纤维蛋白单体，均可引起肺损伤及血栓形成，血管通透性增加。

2）反复地整肺灌洗造成肺表面物质缺乏，引起与人类急性肺损伤相似的肺损伤。

3）百草枯为一种农业除草剂，可选择性地作用于氧分压高的肺脏，损伤血管内皮细胞，进而损伤肺泡上皮细胞。

4）海水淹溺肺损伤的病理生理机制十分复杂，通过犬、兔或绵羊等实验动物经气管内灌注海水建立海水淹溺肺损伤模型，其主要机制为肺泡上皮和肺毛细血管受损致通透性肺水肿。

**2. 造模方法**

1）脂肪型急性肺损伤模型：采用犬网膜及皮下脂肪为材料，用乙醚提取脂肪液，主要成分含甘油三酯 364.8mol/L，胆固醇 31.1mmol/L，游离脂肪酸 16.69mol/L，健康犬（18～23kg）以 1.4～1.7ml/kg 脂肪液静脉注射。

2）整肺灌洗型急性肺损伤模型：采用 37℃等渗盐水，按 10～25ml/kg（猪、兔等大型动物）

或 1ml/kg（鼠等小型动物）灌洗整肺，约 1min 后回收，间隔 1～10min 再灌洗一次，共灌洗 5～8 次，或灌洗至急性肺损伤发生。

3）百草枯型急性肺损伤模型：百草枯溶液 200g/L，用蒸馏水稀释后备用，一般用量为 5～10mg/kg 腹腔注射、2mg/kg 静脉注射。220g 左右 Wistar 大鼠按 5mg/kg 腹腔注射。

4）海水型急性肺损伤模型：动物麻醉后仰卧于实验台上，直视下气管插管后维持自主呼吸，吸氧浓度为 21%，检测呼吸频率和潮气量。左股动脉切开置管，连接循环检测仪，连续检测直接平均动脉压和心电图。麻醉后 30min，动物头部抬高 30°，灌注海水，灌注量为 10ml/kg，灌注压为 1.0～1.2kPa，1min 灌完，建立全肺海水灌注肺损伤模型。右肺海水灌注肺损伤模型的建立常用犬作为实验动物，麻醉及检测方法如前，灌注时经双腔气管导管将海水灌入右肺叶即可。灌注量为 16ml/kg。

**3. 模型特点**

1）脂肪型急性肺损伤模型：此模型的病理过程与油酸和骨髓液所致的 ARDS 的病理过程相似。

2）整肺灌洗型急性肺损伤模型：病理过程表现为肺不张及蛋白漏出、肺透明膜形成及肺水肿。

3）百草枯型急性肺损伤模型：百草枯引起间质水肿，肺泡水肿，形成透明膜。

4）由于海水成分与生理盐水不同，故肺泡上皮和肺毛细血管受损致通透性肺水肿，这也是海水型急性肺损伤的主要病理环节。

**4. 应用范围**

脂肪型急性肺损伤模型用于研究脂肪肺栓塞综合征的相关研究。整肺灌洗型急性肺损伤模型适用于溺水后的急性肺损伤的研究，更适用于急性肺损伤后肺表面活性物质的改变及肺表面活性物质替代治疗的研究。百草枯型急性肺损伤模型常用于百草枯中毒引起急性肺损伤的观察。海水型急性肺损伤模型用于研究海水淹溺肺损伤的病理生理机制等。

**5. 注意事项**

海水量过少，大鼠呼吸频率和 $PaO_2$ 可在 1～2h 后恢复正常，肺损伤不明显；而海水量过多时，大鼠又可因肺损伤过重很快死亡，因此在模型建立时需选取恰当的海水量，注意操作时海水灌注量的精确性。

**6. 模型评估**

脂肪型急性肺损伤模型模拟临床脂肪微栓塞所致急性肺损伤，症状典型，发生率高，方法简便，重复性强。由于海水注入法复制急性肺损伤模型的失败率比较高，其与实际海水淹溺的自然发生发展尚不完全相同，有研究者使大鼠屏气后吸入海水造成急性肺损伤，可成功复制接近实际海水淹溺发生发展的实验动物模型。反复的整肺灌洗可造成肺表面活性物质缺乏导致与人急性肺损伤类似的肺损伤。百草枯型急性肺损伤模型常用于百草枯中毒引起人急性肺损伤的观察。

# 第七章　免疫系统的比较医学

比较免疫学衍生于动物学和免疫学，是一门基于系统发生学的角度对不同进化阶段物种的免疫机制进行比较研究的学科。实验动物作为生命医药学科发展的重要基础资源，尤其是在新冠疫情发生后，动物模型构建更是被党中央确定为全国科技战线的五大主攻方向之一，充分突显其对比较免疫学理论发展、免疫性疾病药物筛选、新冠疫苗研发的重要作用，为维护人民生命安全和身体健康、维护国家战略安全做出了重大贡献。

免疫性疾病（immune diseases）是指免疫调节失去平衡影响机体的免疫应答而引起的疾病状态。广义的免疫性疾病还包括先天或后天性原因导致的免疫系统结构或功能的异常。

免疫性疾病可以从不同的角度分类。按照免疫功能分为免疫缺陷病、免疫增殖病和变态反应性疾病；按照发生时间可分为先天性、后天获得性疾病；按发展速度分为速发型、迟发型；按照机制分为细胞免疫和体液免疫；按照病损范围分为全身性（系统性）、局限性；按照抗原性质分为外源性、同种异体性、自身性。

## 第一节　人和实验动物免疫系统比较解剖学

免疫学的发展与比较医学和实验动物科学兴起有密切关系。免疫学研究涵盖从预防感染到识别自身与非自身的基本生物机制，其核心理论体系多通过动物实验建立，实验动物模型在揭示免疫应答规律中具有不可替代的作用。特别是各种近交系和突变系动物、无菌动物、悉生动物及无特定病原体动物的培育，为免疫学研究提供了重要手段，大大促进了免疫学的发展。有关比较免疫组织解剖阐述如下。

### 一、各种实验动物淋巴系统特点

淋巴系统是人体内重要的防御系统，主要由淋巴器官（胸腺、淋巴结、脾、扁桃体）、其他器官内的淋巴组织和全身各处的淋巴细胞、抗原提呈细胞等组成，广义上也包括血液中其他白细胞及结缔组织中的浆细胞和肥大细胞。其主要是生物在长期进化中与各种致病因子不断斗争而逐渐形成的，在个体发育中也需要抗原的刺激才能发育完善。

淋巴系统的功能主要有两个方面：一是引流淋巴液，识别和清除侵入机体的微生物、异体细胞或大分子物质（抗原）；二是机体防御的前哨，监护机体内部的稳定性，清除表面抗原发生变化的细胞（肿瘤细胞和病毒感染的细胞等）。淋巴系统另外一个重要功能是造血，造血器官包括骨髓、脾、淋巴结和胸腺。现将常用实验动物（小鼠、大鼠、豚鼠、家兔、非人灵长类动物等）比较淋巴系统主要特点概述如下。

（一）小鼠淋巴系统主要特点

小鼠的淋巴系统尤为发达，但腭或咽部无扁桃体，外界刺激可使淋巴系统增生，进而可导致淋巴系统疾病。脾有明显的造血功能，所含造血细胞包括巨核细胞、原始造血细胞等并组成造血灶；巨核细胞的核较大，有时易被误认为肿瘤细胞。

### （二）大鼠淋巴系统主要特点

胸腺大小与结构随年龄的大小而变化。40～60 日龄大鼠的胸腺最大，以后即停止生长，并逐渐退化。

### （三）豚鼠淋巴系统主要特点

豚鼠的淋巴系统较为发达，支气管淋巴结对机械或细菌刺激呈高反应性，即使微量刺激亦可迅速诱发急性淋巴结炎。

豚鼠是研究抗原诱导速发型呼吸过敏反应的良好模型，过敏原引发豚鼠出现发绀、虚脱、支气管平滑肌痉挛等症状，随即窒息死亡。迟发型超敏反应与皮内注射结核菌素有关，一般在注射后 24～48h 发生。

### （四）家兔淋巴系统主要特点

家兔肠管长达体长的 10 倍左右，盲肠特别大，占据腹腔的 1/3 以上，盲肠末端连有蚓突，长约 10cm，蚓突壁较厚，富含淋巴组织，回盲部膨大形成一壁厚的圆囊，称为圆小囊，为兔所专有，囊内充满淋巴组织。兔后肢腘窝部有卵圆形淋巴结，在体外极易触摸和固定，适于作淋巴结内注射。

### （五）非人灵长类动物淋巴系统主要特点

胸腺微环境主要由网状上皮构成，这在淋巴器官中是唯一的。采用 CD3 和 CD20 标记食蟹猴淋巴结、脾和肠黏膜相关淋巴组织（派氏结），结果显示，淋巴滤泡和生发中心大小存在巨大的个体差异，淋巴结中 T 细胞丰富，而脾和派氏结中 B 细胞丰富。因此，在评价脾的毒性时，需要考虑动物个体间脾淋巴滤泡和生发中心巨大的变异度。

## 二、各种实验动物补体成分的合成部位

内容请见表 7-1。

表 7-1　各种实验动物补体成分的合成部位

| 合成部位 | C1 | C2 | C3 | C4 | C5 | C6 |
|---|---|---|---|---|---|---|
| 腹腔巨噬细胞 | 小鼠 大鼠 猴 | 豚鼠 | 小鼠 大鼠 豚鼠 兔 猴 | 猴 |  | 兔 |
| 肺泡巨噬细胞 | 猴 | 豚鼠 | 大鼠 豚鼠 兔 猴 |  |  |  |
| 脾 |  | 豚鼠 | 小鼠 大鼠 豚鼠 兔 猴 |  | 小鼠 | 兔 |
| 肝 |  | 豚鼠 | 豚鼠 猴 | 猴 |  | 兔 |
| 淋巴细胞 |  |  | 豚鼠 猴 | 猴 |  |  |
| 骨髓 |  | 豚鼠 | 大鼠 豚鼠 猴 | 豚鼠 猴 |  |  |
| 小肠 | 豚鼠 |  |  |  |  |  |

# 第二节　人和实验动物免疫系统比较生理学

人与实验动物免疫系统发生不但与种系进化密切相关，而且不同种类动物免疫反应由于遗传因素的影响，也有明显差异。因此，在免疫学研究中进行实验动物选择时，不但要了解免疫系统与种系关系的主要生理学特点，也要特别注意遗传因素对免疫反应的影响，不同实验动物具有不同的免疫反应和免疫特点。

## 一、人和实验动物比较免疫生理学主要特点

（一）免疫系统发生与种系关系生理学特点

免疫系统包括中枢及外周免疫器官（胸腺、骨髓、脾）、淋巴上皮组织（淋巴结、扁桃体、黏膜相关的淋巴组织等）、造血淋巴细胞、免疫辅助细胞（accessory cell，A 细胞）、免疫效应分子（抗体、细胞因子）、免疫相关抗原和分子［CD 抗原、主要组织相容性复合体（MHC）抗原、黏附分子、补体］及有关的基因等，在神经内分泌免疫系统网络调控下发挥特异性免疫防护作用。这些免疫器官、淋巴组织及细胞等都是在生物体种系发生和个体发育发展过程中生成的。

系统发生（phylogeny）又称种系发生，是指生物体最初由单细胞生物发展成无脊椎动物，进而成为脊椎动物，再进化成为高等动物以至人类，经历了约 6 亿年的不断演化。在漫长的进化过程中，为了防御外界有害因子对生物体的侵袭，并在与之不断对抗中逐渐发展生成各种特有的免疫防御结构和功能，逐步发展壮大形成完善的免疫系统。

免疫学证据：按照免疫学原理，当天然蛋白或其他抗原引入动物（常以家兔为对象）体内，将激发动物体内产生特异性抗体，抗体与抗原结合即形成沉淀。利用抗原-抗体反应的强弱比较，可将不同物种的亲缘关系测定出来，并用数字来表示。例如，用人的血清作抗原使家兔免疫，获得对人体血清的抗血清，用这种抗血清来滴定几种动物的血清，可得到比较的数字（表 7-2）。血清滴定应用于分类学，可判别物种的亲缘远近，并由此绘出物种的"进化树"。

表 7-2　抗血清与动物血清的滴定比值（人血清的滴定值为 100）

| 动物名称 | 黑猩猩 | 大猩猩 | 长臂猿 | 狒狒 | 蜘蛛猴 | 狐猴 | 食蚁兽 | 猪 |
|---|---|---|---|---|---|---|---|---|
| 比值 | 97 | 92 | 79 | 75 | 58 | 37 | 17 | 8 |

蛋白质进化：生物进化是长期递变的过程，这种递变除了表现在生物的形态、结构、胚胎发育等方面的系统演变外，同时也在 DNA 编码的蛋白质分子结构上留下了记录。比较各类生物的同一种蛋白质的氨基酸组成，可以看出生物进化过程中分子结构变化的递进特征。

（二）人和脊椎动物特异性免疫生理学特点

人与脊椎动物免疫系统的发生与种系进化密切相关。原始脊椎动物的淋巴器官发育还不完善，如圆口类动物沿其消化道有散在的淋巴结和淋巴细胞，并出现了胸腺，随着进化有了原始的肾脏，在鱼类还出现了肝脏。这些器官和组织开始时也多分布在消化道附近，这是由于原始脊椎动物（圆口类）及鱼类摄食时吸进大量水，并通过鳃孔将水排出。因此，咽头部最先遭到病原微生物的侵袭，这就在消化道附近产生了相应的防御体系。而到了高等脊椎动物，由于种系的进化，这些器官的分布就多样化了，但从高等动物胸腺个体发生来看，它也是从第 3、4 咽囊腹侧上皮演化发育而来，说明这与种系发生有关。

脊椎动物特异性免疫功能的发生与发展：由无脊椎原始动物进化发展生成脊髓（并非脊索）和脊椎骨，即进入脊椎的初级阶段，以后逐步发展成低级、高级脊椎动物以至灵长类，包括猴、猿、

猩猩及人，其免疫结构及功能也随之逐渐完善（表 7-3）。

**表 7-3 人与脊椎动物生成的免疫结构及免疫功能特点比较**

| 纲、科（种） | 淋巴细胞 | 浆细胞 | 胸腺 | 脾 | 淋巴结 | 法氏囊 | 抗体（Ig） | 异体移植排斥 |
|---|---|---|---|---|---|---|---|---|
| 无颌鱼类（七鳃鳗、八目鳗） | +（T、B 难分） | — | 原始的 | 原始的 | — | — | +（IgM） | + |
| 软骨鱼类（鲨等） | 初期的+<br>进展的+ | + | +<br>+ | +<br>+ | — | — | +（IgM） | + |
| 硬骨鱼类（白鲟等） | +（T、B 初分） | + | + | + | — | — | +（IgM） | + |
| 两栖类（蛙等） | +（T、B 分明） | + | + | + | + | — | +（IgM） | + |
| 爬行类（蛇、鳄、蜥蜴） | +（T、B 各分群） | + | + | + | +* | + | +（IgM，IgG） | + |
| 鸟类（鸡、鸭、鹰、雀） | + | + | + | + | +* | — | +（IgM，IgG，IgA） | + |
| 哺乳类（鼠、兔、羊、犬、马、猴、猿、人） | +（T、B 亚群完全） | | | | | | +（IgM，IgG，IgA，IgD，IgE） | + |

\* 代表有类似的结构及功能，但不够典型。

+表示有类似的结构和功能；—表示无类似的结构和功能。

更进一步进化至灵长类（猴、猿、猩猩及人），其免疫结构齐全，免疫功能更为发达，虽无法氏囊，但有骨髓替代，胸腺、脾及淋巴组织发育完善，T、B 细胞亚群齐全，具有众多的单核-巨噬细胞、NK 细胞、粒细胞及免疫辅助细胞等。体液免疫可产生 IgM、IgG、IgA、IgD 及 IgE 5 类抗体，还有补体、备解素、B 因子、D 因子、正常调理素、溶菌酶等。此外，在有关的免疫细胞上都表达有 CD、MHC、Ⅰ类或Ⅱ类抗原标志及黏附分子，便于细胞间相互作用、识别或结合，有利于发挥免疫功能。灵长类高级脊椎动物及人，积累和继承了生物长期进化发展生成的完善免疫系统及发达的神经系统，由神经递质联系内分泌激素构成神经-内分泌-免疫网络，相互影响和调节。

研究表明，小鼠、豚鼠、家兔等动物对特异性抗生素的免疫反应受遗传控制。动物体内免疫反应的基因决定着动物对各种疾病的易感性，决定着自身免疫病和体液免疫反应。这种免疫反应的基因紧密连接在这些动物体内主要组织相容系统上。如带等位基因 H-2$^b$ 的小鼠（如 C57BL、C57L、129/J）比带有等位基因 H-2$^K$ 的小鼠（如 C58、AKR、C3H）的抵抗力强，后者对小鼠白血病病毒和肿瘤病毒十分易感。又如 SWR/J（H-2q）小鼠对淋巴细胞脉络丛脑膜炎病毒（LCM）非常敏感，而 C3H/J（H-2K）小鼠对该病毒有强大的抵抗力，说明由于遗传因素的影响，不同品系动物的免疫反应是有明显差异的。此外，不同种类动物的免疫反应也有差异。如研究Ⅳ型变态反应 [阿蒂斯反应（Arthus reaction）]，家兔是一种很好的实验动物，而豚鼠和大鼠不能采用。豚鼠通常产生少量的 IgM。

因此，在免疫学研究中进行实验动物选择时，要特别注意遗传因素对免疫反应的影响，各种实验动物具有不同的免疫反应和免疫特点。实验动物补体系统各成分的缺陷因实验动物的种类不同也有明显差异。补体缺陷（complement deficiencies）动物：C1，鸡；C2，豚鼠、大鼠；C3，犬（Brittany Spaniel）；C4，金黄地鼠；C5，小鼠（K/HeN、AKR/N、B10、DZ/DanN）；C6，兔、地鼠。当 C1g 缺乏时可出现严重的联合性免疫缺陷病，反复发生威胁生命的感染；C1r 缺乏时发生坏疽性红斑、反复的细菌感染、狼疮样综合征；C1s 缺乏时，出现红斑狼疮、进行性肾小球肾炎、关节炎；C4 缺乏时可发生狼疮、关节炎、类过敏性紫癜；C2 缺乏时发生狼疮、致死性皮肌炎、类过敏性紫癜、狼疮样综合征、进行性肾小球肾炎、反复感染；C3 缺乏时对感染的易感性升高；C5 缺乏时可发生狼疮、腹泻及消耗病；C6 缺乏时，可发生反复革兰氏阴性菌感染、淋球菌性多关节炎、反复脑膜炎。

## 二、常用实验动物的比较免疫生理学特点

（一）小鼠免疫生理学特点

小鼠的免疫球蛋白有 IgM、IgA、IgE、IgG1、IgG2a 和 IgG2b。近交系小鼠对不同抗原的免疫反应是在常染色体的遗传控制之下，这种常染色体上有支配免疫反应的基因 Ir，基因连接在主要组织相容位点 H-2 上。基因 Ir 可能与 T 细胞的功能有关，与 B 细胞的关系不大。

小鼠虽然能产生迟发型变态反应，但很少见到典型的表皮反应，也不像其他动物那样有规律。小鼠能被诱发产生速发型变态反应，它的全身性过敏反应的特点是循环不畅、循环性虚脱，常在几小时甚至 10～20min 死亡。在体外过敏反应实验中，只有小鼠子宫能用作舒尔茨-戴尔反应（Schultz-Dale 反应）反应。小鼠的 IgG 和 IgE 能使皮肤致敏，引起被动真皮过敏反应。诱发小鼠的 Arthus 反应比较困难，即使发生，与其他实验动物（如兔）相比也不那么激烈。小鼠不像大鼠和豚鼠那样，以弗氏完全佐剂（Freund's complete adjuvant）接种于小鼠脊髓或脑内，很难验证变态反应脑脊髓炎的感受性。

小鼠是研究 MHC 的极好材料，现已建立了 MHC 同类系小鼠（congenic mice）和 H-2 内部重组体小鼠（intra-H-2 recombinants），对遗传学特性已做了详细分析，对免疫活性细胞的亚类也进行了详细分析。先天缺乏补体成分（C4、C5 等）的品系有多种，如 K/HeN、AKR/N、B10、DZ/DsnN。

（二）大鼠免疫生理学特点

大鼠大致与小鼠相同。MHC 称作 RTI。在大鼠，连接在 MHC 上的免疫反应基因 Ir 控制着对 GT（L-谷氨酸和 L-酪氨酸）和 GA（L-谷氨酰胺和 L-氨基丙酸）的免疫反应，豚鼠与其相似。大鼠和豚鼠的免疫反应基因 Ir 控制着体液抗体反应和细胞免疫。已经证明，大鼠对绵羊红细胞和牛免疫球蛋白（BGG）的免疫反应有品系差异。

大鼠有反应素抗体 IgE，蠕虫感染常能诱发大量的 IgE 抗体，它们存在于血液循环中。常规的免疫法只能使大鼠产生少量反应素，在体内存在的时间较短。有些品系大鼠，如 Hooded Lister 和 Spragus-Dawley，能产生较多的 IgE，再次注射抗原，IgE 也随之上升。百日咳杆菌免疫大鼠主要产生 IgE，如在此抗原中加入弗氏完全佐剂免疫大鼠，则产生 IgGa。

（三）金黄地鼠免疫生理学特点

已建立了几种近交系，多用于研究肿瘤。MHC 被称为 Hm-1，MHC Ⅰ类抗原（移植抗原）不表现为多型性。

Coe J E 等研究了金黄地鼠的免疫反应，发现有电泳快的（IgG1）和慢的（IgG2）两种抑制性 T 细胞（TS）亚类免疫球蛋白。当以鸡蛋白盐水作为抗原接种地鼠时，地鼠产生 IgG1；若将鸡蛋白与弗氏佐剂一起接种地鼠，则能产生 IgG1 和 IgG2。地鼠的 IgG1 能诱发 PCA 反应，不能产生全身过敏反应。Coe J E 等认为这可能是地鼠在变态反应中缺乏必要的影响血管活性胺的缘故。地鼠的 IgG2 能固定补体，并在豚鼠诱发 PCA 反应，IgG1 不能固定补体。

（四）豚鼠免疫生理学特点

豚鼠中已确定的免疫球蛋白有 IgG（IgG1、IgG2）、IgA 和 IgE。IgG1 是变态反应的媒介，IgG2 与小鼠的 IgG1 和 IgG2 相似，在抗原-抗体作用中起结合补体的作用。

豚鼠血清中的补体效价很高。胸腺存在于颈部。在大部分成熟的 T 细胞膜上存在着 MHCD 类抗原（免疫应答基因相关 Ia 抗原）。MHC 被称为 GPLA。豚鼠除作为补体的来源外，已广泛用于免疫的发生和迟发型变态反应的研究。豚鼠已建立了几种近交系，容易引起迟发型过敏反应，是自

身免疫病（如实验性变态反应性脑脊髓膜炎）的有用动物模型。

新近繁殖的豚鼠 2 系和 13 系常被用于免疫学研究，这两个品系对特异性抗原产生的免疫反应有显著不同。例如，给豚鼠 2 系和 13 系注射含有相同抗原的弗氏完全佐剂，豚鼠 2 系（和一些 Hartley 系豚鼠）表现出明显的迟发型变态反应，对 DNP-PLL（二硝基苯-多聚赖氨酸）产生高浓度的抗体，而豚鼠 13 系不出现免疫学反应。另外，豚鼠 13 系和 Hartley 系豚鼠对联胺嗪（hydralazine）都能产生抗体和迟发型变态反应，豚鼠 2 系仅呈现弱反应或无反应。

豚鼠皮肤已被用于结核菌素的皮内试验和接触过敏物质的迟发型变态反应的研究。豚鼠和人的结核菌素反应差别是有无细胞浸润。另外，豚鼠的迟发型变态反应在 24～48h 达到高峰，人在 48～96h 达到高峰；人和豚鼠接触化学物质引起的变态反应、细胞反应非常相似，而对皮内接种抗原的反应却有明显的不同，豚鼠比人有更多的白细胞和巨噬细胞对抗原起反应。

进行免疫学研究选择豚鼠时，应特别注意机体本身的因素，如年龄、体重、饮食和遗传因素。Baer R L 等认为，2～3 个月龄或体重 350～400g 的豚鼠作迟发型变态反应模型最合适。豚鼠 13 系对结核菌素型变态反应比豚鼠 2 系敏感。相反，豚鼠 2 系对接触性过敏反应比豚鼠 13 系敏感。Hartley 系豚鼠对结核菌素型变态反应和接触性反应皆敏感。这些现象说明抗体发生迟发型变态反应的能力同样也处于基因的控制之下。

最近，一些学者以豚鼠作为研究过敏性或速发型过敏反应的实验模型。在全身变态反应中，肺是休克器官，肥大细胞是靶细胞，组胺是主要的药理介质。在豚鼠有两种类型的变态反应抗体，即 IgG1 和 IgG2。

淋病研究使用的实验动物中，豚鼠是最令人满意的免疫学模型。豚鼠像人一样具有延长和限制迟发型真皮变态反应显现的能力，这种现象常作为肿瘤免疫的指标之一。

（五）兔免疫生理学特点

兔免疫反应灵敏，尤其是新西兰品种兔免疫反应更为灵敏，最大的用处是产生抗体，制备高效价和特异性强的免疫血清。虽然建立了近交系兔，但很难繁殖，多用来生产抗血清，进行细致的免疫球蛋白同种异型的研究。盲肠尖部的阑尾淋巴组织相当发达，存在有补体成分（C3、C6、C8 等）先天性缺损的品系有 MHC 和 RLA。

兔的 IgA 大量存在于肠黏膜和初乳中，这种分泌型抗体的合成部位主要在肠、乳房和支气管腺体间质的浆细胞及脾和淋巴结中。兔的反应素抗体相当于人的 IgE。兔的 IgM 能增强反应素的形成，而 IgG 能抑制反应素抗体的生成。兔被用来做过敏反应研究，IgG 和 IgE 引起的过敏反应临床症状相似，机制都是抗原-抗体结合和血小板-白细胞凝集形成沉淀物，释放药理活性物质（组胺和5-羟色胺）进入肺循环，在右心室的流出道中产生一种机械和药理的联合作用，导致循环性虚脱。IgG 诱发血小板或嗜碱性细胞释放影响血管的胺要依赖补体的作用，而 IgE 诱发释放的胺不依赖补体。

实验室制备抗体多用新西兰白兔。由于所用兔的品系、品种以及个体不同，对某种抗原产生抗体的能力也不同。有些品系的兔，至少有 20%产生的抗体效价低或无效价，为了得到高效价的血清，10 只兔作为一组进行免疫是必要的。

（六）犬免疫生理学特点

大部分成熟的 T 细胞膜上有 MHC Ⅱ类抗原，MHC 被称作犬主要组织相容性复合体（DLA）。犬的免疫球蛋白有 IgG（IgG1、IgG2）、IgM、IgA 和 IgE。在犬花粉病和各种蠕虫感染中发现有 IgE。成年犬对各种蛋白性抗原只产生少量的循环抗体。胎儿和新生犬也有类似情况。新生犬和成年犬对颗粒性抗原（绵羊红细胞）均能产生较好的抗体，但新生犬初次免疫反应所产生的抗体几乎全是 IgM 类，成年犬产生的抗体则是 IgM 和 IgG，这两种免疫球蛋白的数量与初生犬的 IgM 几乎相等。新生犬在再次反应中能合成 IgG 和 IgM。

Gerber J D 等报道了小猫兔犬（Beagle dog）的循环 T 淋巴细胞对植物凝集素（PHA）的反应，6～12 周龄比 0～4 周龄较为显著。对 PHA 发生反应的高峰在 6 周至 6 个月龄，以后随年龄增加而下降。小猫兔犬出生时胸腺重约 100mg，到 12 周龄增加到 300mg 以上，白细胞总数随年龄增加而逐渐减少。

犬除用作一般移植研究外，越来越多地作为免疫病研究的动物模型。除人之外，对气溶胶出现变态反应的动物，犬大概是仅有的一种。因此，对人的变态反应和气喘的研究，犬是适宜的动物模型。人花粉病的临床表现为结膜炎、鼻炎和皮炎，犬季节性花粉病多数只有皮炎，无眼和呼吸道症状。人的这种变态反应是由 IgE 引起的，犬由豚草花粉（Ragweed Pollen）致敏后，血液和皮肤中也有 IgE 抗体。

（七）猪免疫生理学特点

MHC 纯系小型猪，不能借助胎盘在母仔间从母体向胎儿转移抗体。胸腺不仅存在于胸腔内，颈部也有。在大部分成熟 T 细胞膜上存在着 MHC Ⅱ类抗原，MHC 被称作猪白细胞抗原（SLA）。猪的免疫球蛋白有 IgG（IgG1 和 IgG2）、IgM 和 IgA。猪初乳中的免疫球蛋白主要是 IgG（以 IgG1 为主），其次是 IgA。泌乳 2～3 天后，乳汁中 IgG 和 IgM 迅速下降，但 IgA 的量仍保持相对稳定。猪的 IgA 同人的 IgA 有交叉反应。IgA 有单体和存在于分泌物中的双体两种，它们分别为 7S 和 10S（S：沉降系数）。肠道固有层中包含着大量分泌 IgA 的浆细胞。

（八）非人灵长类动物免疫生理学特点

T 细胞特有对绵羊红细胞的受体。红毛猴的 MHC 被称为 RhLA，食蟹猴的 MHC 被称为 CyLA。灵长类动物主要有 4 种免疫球蛋白，即 IgG、IgM、IgA 和 IgE。新界猴（除一种卷尾猴外）没有发现 IgA。已证明在猕猴、狒狒和黑猩猩中有抗寄生虫性抗原的 IgE 抗体，但在新界猴中无此种抗体。高等灵长类动物与人的免疫球蛋白有较强的交叉反应，但长臂猴例外。灵长类动物具有血性绒毛膜胎盘，只允许 IgG 通过，IgM、IgA、IgD 和 IgE 是不能通过的。新生猴不能从初乳中吸收抗体。妊娠第 9 个月猕猴的胎儿和成年猕猴在抗原初次刺激后 6 天产生 IgM，妊娠第 58 天的胎儿对同种植皮产生排斥，而羊胎儿的这种反应发生在第 80 天。

80% 出生的狨猴是胎盘-血管吻合的双胎。用性别染色体分析能证明不同性别的双胎中血液存在交换。在血液交换的狨猴双胎中，异性共生的双胎已证明有免疫耐受现象。因此，它们之间能互相接受植皮。狨猴对接受不同亚种的植皮有免疫反应，亚种内植皮比亚种间植皮存活的时间约长 1 倍。

灵长类动物在研究人的反应素（IgE）型超敏反应中起着重要作用。反应素型抗体（又称皮肤过敏性抗体）特点之一，是能固定在同源或密切相关种类的皮肤及其他组织（如肺、结肠）上。由于猕猴同人有近缘关系，所以它们能用过敏人的血清引起普劳斯尼茨-孔斯特那反应（Prausnitz-kustner）。在灵长类动物中，狒狒、猕猴、狨猴、卷尾猴、狐猴是人类过敏性患者反应素抗体引起的萎缩性多软骨炎（PCA）的最好受体。一些学者证明，灵长类动物是人呼吸道变态反应病的良好动物模型。

# 第三节　人和实验动物免疫系统比较生物化学

免疫球蛋白作为比较免疫生物化学研究的主要内容，是一类重要的免疫效应分子，也是一组具有抗体活性的蛋白质，由浆细胞产生，主要存在于生物体血液和其他液体（包括组织液和外分泌液）中，还可分布在 B 细胞表面，约占血浆蛋白总量的 20%。不同种属动物的免疫球蛋白种类、浓度及特点与人有一定的差别。

## 一、常见实验动物免疫球蛋白亚类特点比较（表 7-4）

**表 7-4　免疫球蛋白亚类和轻链的 χ：λ 比较**（引自 Nakamura H，1975；Crant J A，1971；Hood L，1969）

| 动物种类 | 免疫球蛋白种类 | | L 链 χ：λ | |
|---|---|---|---|---|
| 小鼠 | IgG1，IgG2a，IgG2b，IgG3 | IgM，IgA，IgE | 95 | 5 |
| 大鼠 | IgG1，IgG2a，IgG2b，IgG2c | IgM，IgA，IgE | >95 | <5 |
| 豚鼠 | IgG1，IgG2 | IgM，IgA，IgE | 70 | 30 |
| 兔 | IgG1，IgG2a | IgM，IgA，IgE | 70～90 | 10～30 |
| 猫 | IgG1，IgG2 | IgM，IgA | 10 | 90 |
| 犬 | IgG1，IgG2a，IgG2b，IgG2c | IgM，IgA | 10 | 90 |
| 猴（恒河猴） | IgG1，IgG2，IgG3 | IgM，IgA | 50 | 50 |
| 猪 | IgG1，IgG2，IgG3，IgG4 | IgM，IgA | 50 | 50 |

注：IgG 亚类的数字，表示电泳度，阳极侧为 1，向负极侧 2、3 移动，另外，a、b 表示相同的电泳度仅抗原性、生物活性不同的物质。

## 二、各种实验动物血清及体液中的免疫球蛋白浓度特点比较（表 7-5）

**表 7-5　血清及体液中的免疫球蛋白浓度**（引自 Heremans J F，1974）

| 动物种类 | 项目 | 免疫球蛋白种类（mg/L） | | |
|---|---|---|---|---|
| | | IgG | IgM | IgA |
| 小鼠 | 血清 | 6700 | 100 | 400 |
| 豚鼠 | 血清 | 10 720 | 430 | 72 |
| | 乳汁 | 633 | 110 | 758 |
| | 唾液 | 6 | 1 | 48 |
| | 胆汁 | 2 | 0.7 | 50 |
| | 尿 | 28.5 | 1.6 | 1.4 |
| | 泪液 | 16 | 9 | 148 |
| 兔 | 血清 | 9500～33 000 | 150～520 | 10～340 |
| | 初乳 | 2400 | 100 | 4.5 |
| | 小肠分泌液 | 75 | 15 | 120 |
| 犬 | 血清 | 5000～17 000 | 700～2700 | 200～1200 |
| | 初乳 | 13 000～33 000 | 98～895 | 3.1～15.4 |
| | 唾液 | 10～15 | 18～35 | 520 |
| 猴 | 血清 | 8700～10 820 | 1.05～1.25 | 700～4160 |
| | 唾液 | <50 | <30 | 120 |
| | 胃液 | <50 | <30 | 280 |
| | 空肠分泌液 | 660 | <30 | 160 |
| | 胆汁 | 115 | <30 | 52 |
| 猪 | 血清 | 15 000～24 330 | 1100～2920 | 1800～2130 |
| | 初乳 | 24 330 | 3200 | 10 700 |
| | 乳汁（第 3～7 天） | 1910 | 1.17 | 3410 |
| | 小肠分泌液 | 700 | 100 | 3740 |

## 三、小鼠免疫球蛋白的同种异型特点比较（表 7-6）

**表 7-6　小鼠免疫球蛋白的同种异型**（引自 Nisonoff A，1975）

| 免疫球蛋白 | 基因位点 | 对立基因位点 | 同种异型特异性 | 小鼠的品系 |
|---|---|---|---|---|
| IgG2a | Ig-1 | Ig-1[a] | 1.1（G8）、1.6、1.7、1.8、1.10（G1）、1.12（G6） | BALB/cJ3H、CBA、C57BR |
| | | Ig-1[b] | 1.4、1.7 | C57BIV10J、C57BL76、SJL |
| | | Ig-1[c] | 1.2（G8）、1.3（G3）、1.7 | DBA/1、DBA2、SWR |
| | | Ig-1[d] | 1.1（G7）、1.2（G8）、1.5、1.7、1.12（G6） | AKR/JAL |
| | | Ig-1[e] | 1.1（G7）、1.2（G8）、1.5、1.6、1.7、1.8、1.12（G6） | A/J、NZB、NZW |
| | | Ig-1[f] | 1.1（G7）、1.2（G8）、1.8、1.1（G5） | CE/LDE、NH |
| | | Ig-1[g] | 1.2（G8）、1.3（G3） | RIII/J |
| | | Ig-1[h] | 1.1（G7）、1.2（G8）、1.6、1.7、1.10（G1）、1.12（G6） | SEA/Gn、DD |
| IgA | Ig-2 | Ig-2[ah] | 2.2（A12）、2.3（A13）、2.4（A14） | BALB/cJ、SEA/Gn |
| | | Ig-2[b] | | C57BI710J |
| | | Ig-2[cg] | 2.1 | AKR/J |
| | | Ig-2[de] | 2.3（A13） | A/J |
| | | Ig-2[f] | 2.4（A14） | RIII/J |
| IgG2b | Ig-3 | Ig-3[ach] | 3.1、3.2（H11）、3.4（H9）、3.7、3.8 | BALB/cJ、BA/2J、SEA/Gn |
| | | Ig-3[b] | 3.4（H9）、3.7、3.8、3.9（H16） | C57BI710J |
| | | Ig-3[d] | 3.1、3.3、3.7、3.8 | AKR/J |
| | | Ig-3[e] | 3.1、3.3、3.7 | A/J |
| | | Ig-3[f] | 3.1、3.2（H11）、3.3、3.4（H9） | CE/J |
| | | Ig-3[g] | 3.1、3.2（H11）、3.4（H9） | RIIVJ |
| IgG1 | Ig-4 | Ig-4[abdefgh] | 速发 Fc（F8，19） | BALB/cJ、BA/2J、AKR/J、A/J、CE/J、RIII/J、SEA/Gn |
| | | Ig-4[b] | 迟发 Fc | C57BL/10J |

注：同种异型特异性上的数字，是 Herzenberg 的叫法，括号内的记录是 Potter 的别名。

a-h：表示相同的抗原度，仅抗原性、生物活性不同的物质。

## 四、各种实验动物补体成分浓度特点比较（表 7-7）

**表 7-7　用豚鼠的补体系统测定血清中早期补体成分浓度**（引自内贯正治，1981）

| 动物种类 | 补体成分浓度（μg/ml） | | |
|---|---|---|---|
| | C1 | C4 | C2 |
| 小鼠 | 10 000～60 000 | 100～600 | 100 |
| 大鼠 | 30 000 | 500 | 100 |
| 豚鼠 | 10 000～100 000 | 10 000～80 000 | 5000～15 000 |
| 兔 | 10 000～30 000 | 200 | 10～50 |
| 犬 | 10 000 | 100～200 | 50 |

用致敏羊红细胞和无豚鼠各补体成分的试剂测定新鲜血清产生 60% 溶血（C2、C4）及 50% 溶血（C1）最终稀释倍数的倒数。

# 第四节　人和实验动物免疫系统比较病理学

## 一、移植免疫的比较病理研究

### （一）移植免疫比较病理研究进展

对于移植后排斥反应的研究源于人类和小鼠中关于组织相容性抗原的研究。由于这种抗原存在于白细胞，故使组织配型成为可能，为器官移植前选择可靠的供体创造了条件。与此同时，对于人类某些 HLA 表型与疾病（特别是免疫性疾病）的关系问题受到重视，并取得一些进展。

移植免疫的进展在很大程度上应归功于纯系动物，特别是小鼠纯系动物的建立，并在此基础上培育出的同类系小鼠。对此类动物进行研究不仅丰富了小鼠的免疫遗传内容，也为了解人类的组织相容性遗传规律提供了借鉴，贡献甚大。

此外，对于免疫无反应性或免疫耐受性也进行了大量的研究，且与免疫性的研究相互配合进行。Billingham、Brent、Medawar 的实验证明，在胚胎期或新生期小鼠输入成年动物细胞，可诱发特异性移植耐受性。此实验的中心思想是建立在 Burnet 的克隆选择学说基础上，同时也是宿主抗移植物反应（host versus graft reaction，HVGR）理论的起始点。在此基础上，另一相反的现象，即移植物抗宿主反应（graft versus host reaction，GVHR）受到注意，并开始进行研究，为后来骨髓移植的成功提供了条件。

20 世纪 80 年代中期，应用区分 T 细胞亚群的单克隆抗体和细胞克隆技术来分析参与急性移植物排斥反应的细胞基础，对提高移植物的存活率取得了较好的效果。如近年来用单克隆抗体处理供体骨髓细胞，使骨髓移植的存活率大大提高。

### （二）移植免疫比较研究

移植健康的器官以取代有严重不可逆性病变而丧失功能的器官，是治疗许多疾病的一项主要措施。早在第二次世界大战期间，对烧伤患者就进行了异体植皮，然而，这种移植全部以失败告终。1943 年，Medawar PB 为了查明异体移植失败的原因，在家兔身上进行了一系列实验研究，明确了异体移植失败是因为受体对供体的组织发生了免疫反应。1953 年，Gorer PA 首次断定，小鼠的异体移植失败，关键在于 H-2 抗原不相容。不同近交品系小鼠有不同的 H-2 型，两个相同 H-2 型品系小鼠间移植，可不发生排斥反应。

#### 1. 移植的类型

根据供体（donor）与受体（recipient）的遗传学关系，可以将移植分为 4 种类型：①自体移植（aograft），为同一个体移植，如自体皮片移植；②同系移植（isograft），为同系异体间移植，如基因型完全相同的同卵孪生子之间的移植，是近交系内不同动物个体（基因型很相似的个体）之间的移植；③同种异体移植（allograft，从前曾称为 homograft），为同种异体间的移植，即同一种内的不同个体之间的移植，如鼠→鼠；④异种移植（xenograft），为不同种个体间的移植，如不同种动物之间的移植，猩猩→人、猪→人等。

#### 2. 动物对移植物的免疫排斥反应

受体的血管与供体的器官组织之间建立起血液循环之后，移植器官、组织的功能丧失主要是由于免疫反应引起的损伤、坏死所致，其根据主要有以下几点。

1）给小鼠移植异系皮肤后，在头几天内，受体的血管长入移植的皮片内。但从第 3～4 天起，皮片内的血液灌流开始减少，皮片内的淋巴细胞及单核-巨噬细胞浸润逐渐增多（浆细胞很少），并出现水肿、缺血；同时，局部的引流淋巴结肿大，其内有大量淋巴母细胞出现及核分裂象。到第

9～10天以后，皮片发生坏死、脱落，称为第一次排斥反应（first set rejection）。皮片脱落后，肉芽组织长入原来的移植部位，以后发生纤维化，形成瘢痕，同时引流淋巴结也恢复原状。

2）如给该受体再次移植同一供体的皮肤，则在移植后的第3～4天提前出现排斥反应，而且比第一次强，血管很少或根本不长入移植的皮片内，皮片内很快出现中性粒细胞、淋巴细胞及浆细胞浸润，并且血管内有血栓形成，称为第二次排斥反应（second set rejection 或 secondary boosting）。

3）如受体第二次接受另一供体的皮肤移植，则不出现第二次排斥反应，而是出现第一次排斥反应。

4）如给新生小鼠摘除胸腺，则等到该小鼠长大后接受异系皮肤移植时，不发生移植排斥反应；但如果给去胸腺小鼠注射同基因型的正常小鼠淋巴细胞时，则仍能发生移植排斥反应，表明淋巴细胞在移植排斥反应中起决定性作用。

5）将已经发生过移植排斥反应小鼠的淋巴细胞注射到另一同基因型正常小鼠体内，然后再进行异系植皮时，则发生第二次排斥反应，皮片提早脱落，说明被异系皮肤致敏的淋巴细胞以具有免疫回忆反应的细胞形式持续存在于小鼠体内。

6）在发生过移植排斥反应的小鼠血清中可查到针对供体组织相容性抗原的特异性抗体，这种抗体能凝集供体的红细胞。

上述实验结果无可辩驳地证明，移植排斥反应是一种特异性免疫反应。

**3. 骨髓移植免疫反应**

骨髓组织中含有具有免疫活性的淋巴干细胞及淋巴细胞，因此，如果将异基因型的骨髓移植给免疫功能低下（包括原发性和继发性）的受体，则将对受体（宿主）的组织发生免疫排斥反应，结果引起 GVHR；如果给受体移植不含有免疫活性细胞的组织，则受体对供体组织将发生通常所见到的那种免疫排斥反应，即 HVGR。

## 二、肿瘤免疫的比较病理研究

通过肿瘤免疫及对人类和动物肿瘤与白血病细胞免疫化学分析的研究，已澄清了若干重要问题。如肿瘤细胞缺少各种正常组织成分；正常存在于胚胎期的某些抗原再现；一些肿瘤中出现新抗原（neoantigen）等。肿瘤新抗原的出现提示肿瘤细胞已获取了新的遗传信息，也可能是由于导入了病毒的基因组至细胞所致。

肿瘤免疫中存在的特殊现象，均需进行广泛深入的研究来加以解决。如对癌症转移的免疫学机制研究、如何进行有效的对症免疫治疗，均为亟待解决的问题。由于对一些免疫调节剂进行分子克隆，使癌症的免疫治疗获得有效的工具。如用α-干扰素和β-干扰素对毛细胞白血病（hairy cell leukemia，HCL）进行治疗，获得较好的效果。IL-2 能使一些转移性肾细胞癌患者的肿瘤消退。用淋巴因子激活的杀伤细胞（LAK）治疗肿瘤也取得一些成果。目前，对分离肿瘤浸润细胞毒性 T 淋巴细胞（Tc 细胞）的研究受到很大的关注，期望获得有效的免疫治疗方法。

## 三、自身免疫与自身免疫病的比较病理研究

正常情况下，机体对其自身组织成分不产生免疫应答现象，一般称为自身耐受性（self tolerance）。而当自身耐受性受到破坏时，免疫系统就会对自身成分产生免疫应答，即为自身免疫。过去一直认为自身耐受是绝对的，但后来证明体内存在极微量的自身抗体。体内存在的一些抗独特型抗体（anti-idiotype antibody）实际上也是一种自身抗体，因为它是针对体内抗体或淋巴细胞表面受体的独特型决定簇。所以，这些抗体不与外界发生直接联系。但是，在调节外来抗原所诱发的免疫应答中则起着重要作用。然而，过度而持久的自身免疫应答则是病理过程，可导致自身免疫病。现已证明，免疫系统不仅能识别外来抗原，也能识别自身抗原，这对理解免疫调节紊乱的自身免疫病的发生机制甚为重要。

## 四、变态反应性疾病的比较病理研究

蠕虫感染时常产生 IgE 抗体，发生 Ⅰ 型变态（超敏）反应，如多种寄生虫病患者出现荨麻疹，某些细菌性感染时发生过敏性鼻炎、支气管哮喘等。A 群链球菌 M 蛋白与人类肺、肺血管基膜有共同抗原，故感染了这种细菌后往往发生肺肾综合征或肾炎，其发病机制属于 Ⅱ 型变态反应。近年来发现，某些抗组织细胞受体的抗体并不杀伤靶细胞，但可刺激某种激素的生理功能，因而可将甲状腺功能亢进症、重症肌无力、胰岛素抵抗型糖尿病等列入 Ⅱ 型变态反应性疾病范畴。不少传染病的免疫损伤是由于抗原-抗体免疫复合物的形成而发生的，属 Ⅲ 型变态反应，如麻风结节性红斑，即是由于特异性抗体与皮肤病灶高浓度麻风杆菌抗原所形成的免疫复合物而发生的。此外，某些链球菌感染、乙型肝炎、传染性单核细胞增多症、伤寒、疟疾、血吸虫病等，常可因免疫复合物的形成而产生肾脏病变。

## 五、艾滋病的比较病理研究

艾滋病（又称获得性免疫缺陷综合征）是由一组人类嗜 T 细胞逆转录病毒引起的，以全身免疫系统严重损害为特征的传染病，病死率极高。1983 年，法国巴斯德研究所的 Montagnier L 从一例淋巴腺病综合征的同性恋患者分离到一种新的逆转录病毒，命名为淋巴结病综合征相关病毒；1984 年，美国学者 Gallo R C 报道从艾滋病患者的外周血 T 细胞中分离到一株嗜 T 细胞并致病变的逆转录病毒，称为人 T 细胞白血病病毒。后来证明，Gallo R C 的毒株其实就是 Montagnier L 的毒株（据解释是被污染所致）。1986 年，国际病毒命名委员会将其统一命名为人类免疫缺陷病毒（human immunodeficiency virus）。

人类免疫缺陷病毒属逆转录病毒科中的慢病毒属或组（lentivirus genera），这组病毒除有共同嗜神经的特点外，还可感染免疫系统的某些细胞，特别是单核-巨噬细胞，并可致潜伏性感染数月至数年后才发病。慢病毒可分为两个亚组：一组可引起宿主的免疫缺陷；另一组不引起宿主的免疫缺陷。前组包括人类免疫缺陷病毒 1、2 型，猴免疫缺陷病毒，猫免疫缺陷病毒。人类免疫缺陷病毒 1 型及 2 型抗原性有较大差异，后者在非洲发现，慢病毒感染所致的疾病可为急性，也可为慢性，常表现为受侵犯器官被单个核细胞所浸润。主要的临床症状可为肾小球肾炎、溶血性贫血、出血及脑炎。各种不同病毒引起的不同疾病见表 7-8。

**表 7-8　慢病毒及其所致疾病**

| 病毒种 | 天然宿主 | 所致疾病 |
| --- | --- | --- |
| WKMaedi_Visna | 绵羊 | 脑慢性炎症及单核细胞浸润 |
| 马传染性贫血病毒 | 马 | 溶血性贫血、单核细胞浸润 |
| 羊关节炎-脑炎病毒 | 山羊 | 慢性关节炎及脑炎 |
| 牛免疫缺陷病毒 | 牛 | 恶病质、淋巴结增生、脑炎 |
| 猫免疫缺陷病毒 | 猫 | 恶病质、淋巴结增生、对条件致病菌易感性增加 |
| 猴免疫缺陷病毒 | 猴 | 免疫缺陷病、脑炎 |
| 人类免疫缺陷病毒 1 型 | 人 | 免疫缺陷病、艾滋病相关的感觉-运动障碍 |
| 人类免疫缺陷病毒 2 型 | 人 | 艾滋病、神经系统病 |

# 第五节　比较免疫疾病研究中的免疫性疾病动物模型

免疫学研究，包括从预防感染到识别机体自身或非自身的基本生物现象的研究，一般多选用实验动物，并且免疫学的大量知识是通过动物实验获得。

# 一、人类免疫疾病的自发性动物模型

## （一）自身免疫病

免疫系统防止病原体侵害机体的机制十分复杂，既可以通过各种免疫细胞（如巨噬细胞、树突状细胞、T淋巴细胞、B淋巴细胞等）清除体内衰老细胞及免疫复合物等，同时又可将自身组织和细胞识别为"自我"从而形成免疫耐受。在某些情况下，自身免疫耐受被破坏，机体免疫系统对自身组织细胞产生强烈持续的免疫应答，造成机体细胞破坏或组织损伤并出现临床症状时，就会导致自身免疫病（autoimmune disease，AID）。从广义上说，AID就是免疫系统针对自身机体成分发生免疫反应而引发的疾病，所有因自身免疫系统功能紊乱而造成的疾病皆可称为AID。AID主要的发病机制是免疫复合物造成的损害，如系统性红斑狼疮（systemic lupus erythematosus，SLE）、肾炎、类风湿关节炎等；已知抗体起作用的疾病有重症肌无力、甲状腺功能亢进症等；另外还有一些发病机制尚不清楚的免疫病，即对其抗原和抗体的免疫反应性都不清楚，这些病研究起来难度较大。由于免疫复合物有较好的动物模型，研究起来就方便多了。

## （二）各种免疫缺陷病和过敏症

### 1. 补体C5功能缺乏症

补体（complement，C）是存在于人和动物血清与组织液中的一组不耐热、经活化后具有酶活性、可介导免疫应答和炎症反应的蛋白质。补体系统（complement system）被激活后，介导一系列细胞反应，如细胞溶解、调理吞噬（抗原-抗体结合）、炎症反应、清除免疫复合物等。众所周知，补体系统在各种慢性疾病的发病机制中起到了重要作用，如自身免疫病、动脉粥样硬化及糖尿病的血管并发症等。C5缺乏使血清的调理作用失调，导致中性多核粒细胞的趋化、吞噬及丧失杀菌功能，容易反复感染病菌。AKR/N小鼠补体C5缺损，易发生先天性补体C5功能缺乏症。DBA/2N品系小鼠C5活性低，相反，BALB/cAnN品系小鼠的补体C5活性高。

### 2. 迟发型超敏反应

迟发型超敏反应（delayed type hypersensitivity，DTH）是由特异性致敏效应T细胞介导的细胞免疫应答的一种类型。在豚鼠、大鼠与小鼠中，对绝大多数蛋白质抗原的DTH反应均能经CD4$^+$T细胞被动转移。迟发型超敏反应包括结核菌素超敏反应、嗜碱性粒细胞聚集（Jones-Mote）型皮内过敏反应和接触性过敏症等。不同近交系小鼠的反应性有很大差异，如用纯蛋白衍生物（PPD）作抗原时，其足垫反应明显的近交系有ICR、BALB/c、C57BL/6、DBA/2、C3H/He；反应弱的近交系是NZB、CBA；HR/Jms是反应最强的近交系。如用绵羊红细胞作抗原时，不同近交系小鼠迟发型超敏反应也有较大差异，SWM/Ms、DDy是高反应的近交系；C57BL/6J、C3H/He、DBA是低反应的近交系。

## （三）其他免疫疾病

BUF大鼠：36周龄的雄鼠有自身免疫性甲状腺炎，大于12月龄有26%发生自发性自身免疫性甲状腺炎和甲状腺单核细胞浸润。饲喂3-甲基五环碳氯化合物后能自发地发生自身免疫性甲状腺炎，而新生期胸腺切除后其发生率几乎达到100%，对绵羊红细胞缺乏免疫反应。DA大鼠对AID的诱导比较敏感，容易诱导自身免疫性关节炎，易患自身免疫性甲状腺炎。PVG大鼠对诱发免疫性甲状腺炎有抵抗力，容易感染溶组织阿米巴病。有些动物可能携带防御右旋糖酐过敏反应的隐性基因dx，对诱发自身免疫性甲状腺炎敏感。

## 二、比较免疫疾病研究中的诱发性动物模型

### （一）免疫缺陷病动物模型

**1. 与人类免疫缺陷病毒（HIV）不相关病毒诱导的动物获得性免疫缺陷综合征（AID）**

（1）猫 AID（FAID）

1）造模方法及特点：实验感染猫白血病病毒（Felv）后 2 周即可检出抗体。感染后 3～5 周，所有实验感染的猫均发生全身淋巴结病，2～8 周后淋巴结肿大最明显，2～9 个月后逐渐消退。在感染后 2～5 周，多数猫中性粒细胞减少，持续 4～9 周。从猫的脑、脾、骨髓、PBL、肠系膜和下颌淋巴结、唾液和脑脊液中均能分离到病毒。

2）应用：Felv 虽与 HIV 无相关性，但感染猫之后其症状与 AID 相似，这有助于研究 AID 的发病机制。

（2）鼠 AID（MAID）

1）造模方法及特点：实验感染小鼠白血病病毒混合物 LP-BM5MuLV 后多出现淋巴结病、脾肿大、B 细胞多克隆活化、高丙种球蛋白血症、B 细胞和 T 细胞功能深度免疫缺陷、B 淋巴细胞瘤及对其他病原体感染的敏感性增高。

2）应用：小鼠的 AID 模型有许多优点，包括对 AID 早期有较准确的反应，遗传学相同的纯种动物有更确切了解的免疫学参数，并可能在相对短的时间内，在大量小鼠中再引起疾病，故有很大的应用前景。

**2. 与 HIV 相关的猴免疫缺陷病毒（SIV）诱导的猴 AID（SAID）**

（1）造模方法及特点　SIV 感染猕猴引起类似人类艾滋病的免疫缺陷综合征。目前，最常用的模型有 SIVmac 和 SIVsm 感染恒河猴两个模型系统。SIVmac 对恒河猴的感染大多为致死性持续性感染，动物平均死亡时间为 26.6 天（22～41 天）。病毒感染量与临床症状无关，但猕猴的存活能力与其抗体应答强度呈正相关。其临床症状表现为腹泻、消瘦、外周血 T4 淋巴细胞减少和对有丝分裂原增生应答降低，机会性感染常见。

恒河猴感染 SIVsm 的实验证明，尽管该病毒不引起其原有宿主的明显疾病，但引起另一种宿主与人类艾滋病相似的免疫缺陷病。大多数感染动物的直接死因是严重腹泻，用抗生素和支持疗法均无效。

（2）应用　SIV 动物模型主要用于下列三方面的艾滋病研究：①深入了解灵长类动物慢病毒的自然史和演变，并收集携带 SIV 的野生动物的种属及这些病毒精确的基因组成；②确定艾滋病的发病机制；③发展艾滋病的疫苗和制订治疗对策，用 SIV 感染猕猴比用 HIV 感染黑猩猩更易获得疫苗方法的比较。

### （二）变态反应性肝损伤动物模型

**1. 造模方法**

选用 6～7 周龄雌性昆明小鼠，刮去小鼠腹毛，涂 1%三硝基氯苯（picryl chloride，PC）的乙醇溶液 100μg 致敏，6 天后在小鼠右耳两面涂 1%PC 的橄榄油溶液 30μg 攻击，诱发第一次 DTH 反应，再 6 天后右耳攻击，诱发第二次 DTH 反应。

用 PC 致敏，6 天后攻击时用各种浓度的 PC 橄榄油溶液 10μg 肝穿刺诱发 DTH 反应（简称第一次 DTH），或在致敏的 5 天前在腹部预致敏一次（简称二次致敏），或在致敏的 6 天前及 3 天前预致敏二次（简称三次致敏），或在耳诱发第一次 DTH，然后再次致敏，再 6 天后因肝脏诱发肝损伤（简称第二次 DTH）。

**2. 模型特点及应用**

第一次 DTH 反应耳壳出现了明显肿胀；第二次 DTH 反应时其肿胀较第一次更为强烈。在 PC

肝穿刺后 12h，谷丙转氨酶（ALT）水平有所升高，18h 达到高峰，24h 后开始下降，此后恢复正常水平。组织病理学检查发现，肝细胞明显坏死，并出现粒细胞和淋巴细胞浸润及脂肪变性。此模型适用于肝损伤机制及肝免疫调节剂的药理学研究。

### （三）血小板减少动物模型

**1. 造模方法**

1）豚鼠抗兔血小板血清制备：采集家兔全血，分离血小板，PBS 洗涤后免疫豚鼠，采血分离血清，用洗涤和包裹过的兔红细胞（1：1）及洗涤过的兔淋巴细胞各吸附 1 次，分离血清，滴定抗血清活性后，分装储存在-20℃以下冰箱中备用。

2）动物模型制作：麻醉实验兔，免疫组兔于耳缘静脉推注 2～2.5ml 抗血清，非免疫组注射 ADP 100mg/kg，空白对照组推注生理盐水 2.5ml。15min 后采血，计数血小板，90min 后采血测定抗血小板抗体（PAIgG）、血小板聚集试验（PAgT）、血小板压积（PCT）。

**2. 模型特点及应用**

造模后 15min，免疫组与非免疫组血小板计数明显下降；90min 后免疫组、非免疫组血小板黏附率明显下降，免疫组 PAIgG 显著升高，与非免疫组、空白对照组比较有非常显著性差异。此模型为了解免疫性血小板减少疾病的发病机制和探索新的治疗手段提供了一条较好的途径。

### （四）自身免疫动物模型

**1. 造模方法**

1）CJ-S$_{131}$ 抗原制备：用含 0.3%的甲醛生理盐水，洗下琼脂板上培养 24h 的 CJ-S$_{131}$ 菌苔，用生理盐水 400r/min 离心 30min，弃上清，用生理盐水在分光光度计 540nm 波长下，将细菌悬液调光密度（OD）值为 1.25。

2）弗氏完全佐剂：羊毛脂 10g，石蜡油 40ml，高压灭菌后加入卡介苗（BCG）10mg/ml 混匀。

3）免疫小鼠：取细菌悬液与等量弗氏完全佐剂混匀，完全乳化后，取 50μl 给小鼠注射。免疫后第 15 天，取 OD 值 1.25 的细菌悬液 0.2ml 给小鼠静脉注射，加强免疫一次。小鼠致敏后 4 周，测血清抗体、抗体生成细胞（PFC）和淋巴细胞转化，同时取肝、肾、肠等组织做病理学检查，用酶联免疫吸附试验（ELISA）法测定小鼠血清中的抗双链 DNA（ds-DNA）和抗单链 DNA（ss-DNA）自身抗体。

**2. 模型特点及应用**

免疫小鼠后 1 个月，小鼠血清中抗 ds-DNA 和抗 ss-DNA 抗体水平明显升高，脾细胞 PFC 值明显升高；在刀豆蛋白 A（ConA）刺激或无有丝分裂原作用的条件下，淋巴细胞转化率明显升高。在肝脏，有散在的炎性细胞浸润灶，浸润细胞以中性粒细胞和淋巴细胞为主，库普弗细胞明显增生。在肾脏，肾小球系膜细胞明显增生，肾小管上皮细胞有浊肿样变性。在肠道，可见大量炎性细胞浸润，肠上皮细胞明显增生。此模型对澄清自身免疫反应的发病机制有重要意义。

### （五）系统性红斑狼疮样小鼠模型

**1. 造模方法**

降植烷（pristane）是从矿物油中提取的一种有机烷类物质，可诱导小鼠产生狼疮样症状。通常选用 BALB/c 或 C57BL/10 小鼠作为受试对象，一次性腹腔注射 0.5ml pristane，操作简单，成模率高。其机制可能与免疫失调及 I 型干扰素（interferon，IFN）-α和β过度产生有关。降植烷诱导的狼疮小鼠模型被认为是唯一可模拟 SLE 患者体内 IFN 过表达的小鼠模型。

**2. 模型特点及应用**

此方法需 6 个月才能诱发大部分小鼠病变的形成，所需时间较长，但小鼠产生的病变与人类 SLE 极其相似，包括滑膜增生、骨膜炎和边际侵蚀等类风湿关节炎症状，肾小球 IgG 复合物和补体 C3 复合物沉积、细胞增殖、蛋白尿等肾小球肾炎症状。

（六）免疫性脑脊髓炎动物模型

**1. 造模方法**

1）抗原制备：取弗氏完全佐剂 20ml，放入无菌乳钵内，抽取羊髓磷脂碱性蛋白（MBP）20ml（含 40mg MBP）于注射器内，边研磨边滴加 MBP 液，最后研成乳白色胶状物，使每毫升内含 MBP 1.0mg。

2）致敏动物：将制备好的抗原乳剂注入家兔双足部位，每侧注入 1.0ml（含 MBP 1.0mg），每只家兔 MBP 用量为 2.0mg，共致敏 20 只家兔。

**2. 模型特点及应用**

复制模型表现为少食消瘦、萎靡不振、发热、肢体瘫痪、尿便障碍，重则抽搐死亡；家兔发病率为 80%。此模型是神经系统疾病研究的一个十分有用的模型。

（七）免疫性肝纤维化动物模型

**1. 造模方法**

采用体重 130g 左右的雄性 Wistar 大鼠，取猪血清 0.5ml 腹腔注射，每周 2 次，共 8 次。注射后第 3 周出现较多的肝细胞变性、坏死，第 4 周增生的胶原纤维形成纤维束，呈侵蚀性生长，从中央静脉到门管区之间相互伸延，发生肝纤维化。

**2. 模型特点及应用**

①肝纤维化出现早，出现率高达 86.7%；②不影响动物的正常发育、生长，对整体的损伤较轻；③肝纤维化组织中大量胶原增生。此模型对研究免疫复合物的形成、沉积和清除，对于防治免疫损伤性肝纤维化及药物筛选有重要意义。

（八）实验性变态反应性脑脊髓炎动物模型

**1. 造模方法**

早期研究实验性变态反应性脑脊髓炎（EAE）时，多选用全脑组织匀浆或脑白质匀浆加完全弗氏佐剂免疫动物，产生肢体瘫痪或昏迷的动物模型。免疫原采取从动物足底、皮下多点注射，必要时静脉注射加强。90% 的动物在注射后 7～14 天即出现肢体瘫痪，多数动物在 1 个月左右自动康复或死亡。实验动物的临床表现为突然出现肢体无力，以前肢为重，继之瘫痪、共济失调步态、震颤、抽搐和括约肌失禁。1/3～1/2 的动物进入昏迷，重者死亡。实验动物的神经病理检查主要表现为急性血管炎症和血管周围髓鞘脱失，可见小动、静脉血管内外均有纤维蛋白及纤维蛋白原沉积；血管周围有大量单核细胞、淋巴细胞、浆细胞及巨噬细胞浸润；脑和脊髓白质中髓鞘脱失和炎性浸润尤为明显。

**2. 模型特点及应用**

一般认为，EAE 是人类急性脱髓鞘性脑脊髓炎的动物模型。从临床表现、病理改变和免疫机制方面看，目前认为 EAE 与人类急性白质脑病有相似之处，但亦有不同之处。因为 EAE 是单相性免疫应答，而多发性硬化是多相性的临床表现，故 EAE 不能完全代表多发性硬化的动物模型。

（九）诱发性免疫动物模型

**造模方法及特点**

1）实验性感染：利用一些感染因子对易感动物进行实验感染，可造成某些类似人类的疾病，并用以研究感染动物体内抗感染免疫应答。例如，以猴免疫缺陷病毒（SIV）感染猕猴用以研究 HIV 所致的 AID；用麻风分枝杆菌感染裸鼠或重度联合免疫缺陷（SCID）小鼠用以研究麻风病的免疫应答，因麻风分枝杆菌至今尚无可供使用的易感实验动物。此外，也可用 Theiler 鼠脑炎病毒感染 SJL/J 小鼠，作为多发性硬化的动物模型。

2）放射线照射：一般用约 2.5Gy（250rad）亚致死剂量对动物进行放射照射。如用 3～10Gy 剂量照射，则可引起骨髓中干细胞死亡，因而具有致死性。

3）外科手术：可用淋巴结切除术、甲状腺切除术、胸腺切除术、脾脏切除术、垂体切除术、同种异体移植术、异种移植术、套管插入术等多项外科手术，分别造成不同的动物模型，供免疫学研究使用。

4）药物或化学剂诱导：蛇毒因子是补体成分 C3 结构与功能上的类似物，能因诱发补体活化途径中的连续活化而发生脱体作用，故经此因子处理的动物模型可用于补体对免疫应答影响的研究。左旋多巴（一种抗胆碱能药物，用以治疗震颤麻痹）能诱发小鼠的自身免疫性贫血。此外，尚有多种免疫调节剂，如类固醇及环孢素等，亦可诱导相应的动物模型。

5）特异性细胞缺失：应用单克隆抗体能选择性地去除某种特异的细胞类型。以这种方法制成的动物模型已在有关细胞免疫应答的体内研究中广泛应用，并取得重大研究成果。

6）遗传学方法处理而获得的动物模型

A. 嵌合体：是指两种不同个体细胞（供体和受体细胞）在不发生同种异体反应的状况下，在动物体内共存的一种动物模型。嵌合体动物多用于研究免疫耐受现象，嵌合体的特性并不遗传。例如，hu-PBL-SCID 是将人的外周血淋巴细胞（PBL）输入 SCID 小鼠而形成的一种嵌合体。

B. 转基因动物：是转基因工程培育的动物，是将异体 DNA 输入动物胚系中而形成的动物模型，其特性是可以遗传的。可采用显微注射法或用病毒载体将异体 DNA 输入动物胚系。输入动物体内的基因通过其所编码的基因产物蛋白来改变动物的某种特性。转基因动物多用小鼠制成，转基因小鼠在现代免疫学研究中的应用极为广泛，涉及细胞免疫学和分子免疫学研究等，并已取得了巨大的成果。

C. 基因敲除动物：将动物体内控制 DNA 特异功能的部分基因物质去除或使之灭活失效而形成的动物模型，称为基因敲除动物。由于这种特异 DNA 的缺失，就可能研究由此种基因缺失所造成的各种影响过程，用以阐明此种基因所决定特性的发生机制，如关于灭活 IFN-γ 基因的研究。基因敲除动物与转基因动物一样，在现代免疫学实验研究中的应用非常广泛。

7）缺陷细胞或组织的重建：将同基因骨髓或胚胎干细胞输入未经放射线照射的 SCID 小鼠，能重建免疫缺陷动物的初级及次级淋巴样组织。新生期胸腺或同类动物 T 细胞注射至裸鼠后，能恢复原先降低或缺如的 T 细胞依赖功能。

必须指出，多数小鼠动物模型均由常用的近交系动物建立，如 A、AKR、BALB/c、CBA、C3H、C57BL、DBA、SJL 或其同类系动物，它们均属于小鼠属，并且是通过各种不同的繁殖培育方式而获得的。在大鼠和豚鼠中也发现有相似的突变株，如 nu 基因，但其应用远不及小鼠广泛。应用动物模型进行免疫学实验研究，对其结果的判断必须采取慎重的态度，不宜仅根据动物模型的结果而对人类的情况加以诊断，因为两者之间确有不同之处。

# 第八章 内分泌系统的比较医学

为了机体的正常运作，体内各个部分和器官必须相互沟通，以确保维持一个相对恒定的内部环境，即内稳态。机体各个区域之间的交流对于使机体面对内外环境的任何变化做出适当的反应也是至关重要的。其中，内分泌系统分泌多种激素，参与调节多种生理功能。脊椎动物身上重要的分泌腺体有甲状腺（thyroid gland）、肾上腺（adrenal gland）、脑垂体（pituitary gland）、甲状旁腺（parathyroid gland）、胰腺（pancreas）、性腺（gonad，包括睾丸与卵巢）、松果体（pineal gland）等。这些腺体的组织细胞本身在各种脊椎动物身上大体是相同的，但是作为腺体来说，有的（如甲状腺）在较高等动物具有腺体形态，而在低等动物则腺组织散在于别的组织细胞间，不具有独立的腺体结构；反之，也有的腺体（如后鳃腺）在低等水生动物（如鱼类）是腺体，而在陆地生活的高等动物则只见其细胞散在于别的腺体组织之中，不具有腺体形态。

本章简要介绍、比较了常用实验动物内分泌系统病理生理、解剖特性及相关动物模型制作。

## 第一节 人和实验动物内分泌系统比较解剖学

### 一、常用实验动物甲状腺比较解剖

啮齿类动物和人的甲状腺均是一种红褐色、蝴蝶形器官，为双侧叶状结构，左右叶由一个薄的峡部连接，分别在气管的腹侧和前侧形成一个桥。常位于胸骨舌骨肌和胸骨甲状肌的下方，并邻近气管根部外侧喉部软骨。甲状腺实质主要由许多甲状腺滤泡组成。滤泡上皮细胞有合成、储存和分泌甲状腺激素的功能。甲状腺激素的主要作用是促进机体新陈代谢，维持机体的正常生长发育，对于骨骼和神经系统的发育有较大的影响。

**1. 犬**

犬甲状腺平均重量约占体重的 0.02%，呈蝴蝶形，腺体呈粉红色，位于接近喉头的气管上端，疏松地附着于气管的表面。腺体包括两个侧叶和连接于两侧叶之间的狭窄部——峡部（腺峡）。犬甲状腺的侧叶长而窄，呈扁平椭圆形，两端比较小，后端尖锐，腺峡左右两个侧叶由横越气管腹面的峡部相连。甲状腺的峡部形状不定，在大型犬体上，峡部的宽度可达 1cm，中、小型犬大多无峡部。甲状腺有丰富的血液供给，腺组织坚实，表面有一层纤维囊，自囊壁向内分出小梁，深入腺体。

**2. 猫**

猫甲状腺重量为 0.5~2.8g，占体重的 0.01%左右。甲状腺位于气管与食管两侧，它由两个侧叶和一个中叶（峡叶）组成。每侧叶长约 20mm，宽约 5mm；峡部是一个细长的带，宽约 2mm，连接两个侧叶的尾端而横跨气管的腹面。

**3. 兔**

兔甲状腺是一个红褐色的无管腺，重约 0.23g，占体重的 0.013%，位于甲状腺软骨的外表面，自甲状软骨的前角向后延伸至第 9 气管软骨环，疏松附着于气管上。甲状腺是由两个侧叶及连接于两叶之间的狭窄部分所组成。侧叶左右各一叶，分布在气管的两侧，长而扁平，其长约 17mm、宽

7mm，每个侧叶均形成尖锐的角。峡部横行于气管的腹面，左右两端与两个侧叶相连，位于第5~9气管环的位置，长6mm。甲状腺的位置与大小因个体差异而不同，并与年龄和性别有关，一般雌兔的甲状腺比雄兔的大。

**4. 豚鼠**

豚鼠甲状腺平均重量占体重的0.016%，包括右叶和左叶，两叶间大部分缺峡部，偶尔也有细长的峡部连接。甲状腺呈扁平、卵圆形，暗红棕色，被菲薄的纤维囊紧密地附着于第4~7气管环上，紧靠腮腺的外侧缘，轻度突起；中央略呈凹面，与气管的表面相适应；腹侧边缘菲薄，背侧边缘与颈动脉鞘接触，质厚。每个叶的腹面被胸舌骨肌覆盖。如果有峡部，多在各叶的后端连接而呈"H"形。成熟的雌性豚鼠的甲状腺比雄性的略重，但重量和体重并不成正比，故体重增加时，其比值反而变小。

**5. 大鼠**

大鼠甲状腺位于喉下方第2~5气管环之间的腹外侧，平均重量为13~28 mg，并随年龄增长而增加。在腺体的腹面覆盖有细长的胸甲状肌，外侧覆盖有颈长肌。左右两个侧叶由横越气管腹面的峡部相连，呈蝴蝶形，大小可达7mm×3mm×3mm。

**6. 小鼠**

小鼠甲状腺依附于气管的每个侧面，横跨前3个或4个气管软骨环，大小约为2mm×1mm×0.5mm，平均重量为1.5~2.6mg。甲状腺由两个红褐色叶组成，小叶由不明显的薄峡部连接。

## 二、常用实验动物甲状旁腺比较解剖

哺乳动物的甲状旁腺共两对，上下各一对，其中一对位于甲状腺附近，或深埋于甲状腺内，称内甲状旁腺；另一对离甲状腺较远。甲状旁腺体积很小，肉眼通常不易分辨，位置因动物种属不同而异。人类典型的甲状旁腺有两对，为棕黄色或棕红色，平均重量约40mg，常嵌入甲状腺实质、胸腺、纵隔或食管后结缔组织中。

在啮齿类动物和人类中，甲状旁腺分泌甲状旁腺素，通过其对骨骼、肾脏和肠道中钙水平的影响，调节体内钙代谢，维持血钙平衡。

**1. 犬**

犬甲状旁腺分布在甲状腺附近的气管表面，是一种小腺体，粟粒大，一般有两对。其中一对常埋在甲状腺组织内，在甲状腺侧叶的深侧。另一对接近甲状腺的前端靠外侧。

**2. 猫**

猫甲状旁腺很小，呈黄色，类球形，位于甲状腺前背面，颜色较甲状腺浅。

**3. 兔**

兔甲状旁腺位于甲状腺两侧的背面，或埋在甲状腺组织内，其位置有个体差异。兔的甲状旁腺是一对很小的腺体，呈卵圆形或纺锤形，其长度仅有2.0~2.5mm，重0.013g。兔甲状旁腺的分布位置有较大的个体差异，有的靠近前方，包埋在甲状腺中间或甲状腺侧叶的前1/3处；有的位于甲状腺的后部，紧贴于甲状腺动脉的根部气管的两旁；还有的是非对称性分布，一个在甲状腺的背侧，另一个在甲状腺的一侧。此外，还常可见到一个额外的甲状旁腺，其位置或在甲状腺基底部附近，或独立地分布在远离甲状腺的部位，甚至可进入胸腺内。

**4. 豚鼠**

豚鼠甲状旁腺较小，长2~3mm，呈扁平、椭圆形，红棕色，埋在甲状腺侧叶筋膜内。通常位于甲状腺动脉后侧附近，但有的也远离甲状腺动脉，在甲状腺侧叶的中部和外侧部。除此之外，在甲状腺后侧、气管腹外侧也可找到甲状旁腺。一般每侧各有一对甲状旁腺。

**5. 大鼠**

大鼠甲状旁腺有一对，呈梭形，大小和部位不规则，重2~4mg，雌性大鼠甲状旁腺比雄性大

50%，长 1.2mm，宽 1.0～1.5mm。其通常位于甲状腺的前面，也可能在中部或后部找到，有时埋在甲状腺组织中。

**6. 小鼠**

小鼠甲状旁腺依附在甲状腺的外侧后缘，它们很少在同一水平，没有均匀横断，通常难以定位。

## 三、常用实验动物肾上腺比较解剖

所有脊椎动物，从水栖到陆栖动物都有肾上腺组织。肾上腺位于肾脏腹面或稍前方，其命名也因于此。肾上腺左右两侧腺体不对称，右侧呈菱形，左侧为月牙形，为浅黄色。脊椎动物的肾上腺结构上存在很大差别，只有哺乳类动物的肾上腺显现出清晰的内部红褐色的髓质及表层浅棕色的皮质。在人体中，每个肾上腺重 8～13g，大小约为 5cm×3cm×1cm。大体上，右侧腺体呈三角形，左侧呈月牙形。肾上腺皮质较厚，位于表层，约占肾上腺的 80%，从外往里可分为球状带、束状带和网状带三部分。肾上腺皮质分泌的皮质激素分为三类：盐皮质激素、糖皮质激素和性激素。髓质位于肾上腺的中央部，周围有皮质包绕，上皮细胞排列成索，吻合成网，细胞索间有毛细血管和小静脉。肾上腺髓质分泌肾上腺素和去甲肾上腺素。肾上腺也是内分泌腺体中唯一随体重的增加而重量增加的腺体。

**1. 犬**

犬两侧肾上腺不在同一水平上，左侧肾上腺形状前后延长，背腹扁平，紧贴腹主动脉的外侧，于肾静脉之前端向前伸长，并不直接与左肾接触。右侧肾上腺略呈菱形，两端尖细，位于右肾内缘的前部与后腔静脉之间。肾上腺内部为实质组织，其皮质部呈苍白稍带黄色，髓质部呈深褐色。

**2. 猫**

猫肾上腺为卵圆形，长径约 1cm，重 0.3～0.7g，呈黄色或淡红色，常被脂肪包埋。在它的腹面被腹膜覆盖。位于肾脏前端内侧，靠近腹腔动脉基部及腹腔神经节，但经常不与肾脏相接。

**3. 兔**

兔肾上腺是一对小腺体，宛如黄豆，为浅黄色、不规则圆形，每个肾上腺的重量为 0.38～0.71g，占体重的 0.21%～0.26%。两个肾上腺的位置不对称，左侧肾上腺分布于远离左肾的前方，腹主动脉与左肾动脉夹角的前方，紧贴腹主动脉的旁侧，相当于第 2 腰椎的位置。右侧肾上腺位于右肾内侧缘的前部，即肾门的前方，相当于第 12 胸椎的位置。

**4. 豚鼠**

豚鼠肾上腺分别位于两肾前端的腹面，包被一层薄纤维囊，肾上腺呈黄褐色，轻度凸突，柔软而脆。左侧肾上腺外形细长，贴在肾门的血管上。背侧呈凹面形；腹侧内面与脾、胃脾韧带及胰相邻接；背面外侧对着肾的前面中部，内侧朝向膈脚。右侧肾上腺的背面呈凹面以适应肾的前内侧面。右侧肾上腺与左侧肾上腺不同，与肾门血管不相接触。右侧肾上腺的腹面与肝脏相邻，其前方为右膈脚。

**5. 大鼠**

大鼠肾上腺呈褐色，质地结实，大小如绿豆，位于肾脏的前方内侧，和腰大肌的腹面相接，每个肾上腺重 21～32mg。右肾上腺距中线 8～10mm，宽 3.0～4.5mm，厚 2.8～3.0mm，其长轴指向后内侧。左肾上腺距中线 4～5mm，宽 3.2～4.5mm，厚 2.5～2.8mm，其长轴指向腹外侧。

**6. 小鼠**

小鼠肾上腺是一对较小的扁平腺体，呈粉黄色、米粒大小，构造极为脆弱，借助于肾脂肪囊与肾相连，左、右肾上腺分别位于左、右肾的前内侧缘附近。

## 四、常用实验动物脑垂体比较解剖

脑垂体位于间脑底部，紧接视神经交叉后部，它在啮齿类动物和人类大脑中的位置明显不同。脑垂体在切除大脑后仍留在啮齿类动物和人类的颅骨中，因为它位于三叉神经之间的蝶骨背面上的蝶鞍内。脑垂体由前叶（或腺垂体）和后叶（或神经垂体）组成，这些结构在形态学上是不同的，但通过漏斗柄共同附着于被覆脑中下丘脑的正中隆起。腺垂体由远侧部、组织学不明显的结节部和中间部组成，而神经垂体由神经部和组织学不明显的漏斗部组成。在啮齿类动物中，远侧部外观为棕褐色至红褐色，中间较中心的部分和远侧部外观为白色。人脑垂体大小约为 13mm×10mm×6mm，重量约为 500mg。在多胎啮齿类动物和人类中，雌性脑垂体比雄性大。

**1. 犬**

犬脑垂体较小，呈圆形，外表面被一层纤维囊包绕。位于间脑腹侧和视交叉束的后方，悬挂在下丘脑向下伸出的漏斗之顶端，嵌入颅腔内蝶骨的垂体窝中。

**2. 猫**

猫脑垂体是一个节状的突出物，插在蝶骨的蝶鞍内，在视交叉的后方，背部与漏斗相连。漏斗中空，贴在灰结节的腹正中，是由第三脑室底部向腹面延伸而形成的。

**3. 兔**

兔脑垂体是一个很小的、椭圆形的小体，面积约为 5mm×3mm，重量约为 0.028g。脑垂体位于脑的腹面，视交叉的后方，借助漏斗状的垂体柄与间脑相连。由于垂体处于颅底蝶骨背面的小陷窝内，如果从脑底面进行分离，将脑从颅腔取出时，垂体即遗留于蝶鞍凹窝内。在垂体的纵切面上可看出，前叶（腺垂体）最大，后叶（神经垂体）次之，中间叶最小。兔的垂体内，在前叶与中间叶之间有一狭窄的鞍裂的间隙，称为垂体腔，此腔与漏斗腔并不直接沟通。

**4. 豚鼠**

豚鼠脑垂体扁平，大小约为 2mm×2mm×0.5mm，由腺垂体和神经垂体组成。被硬脑膜所覆盖，嵌于蝶骨垂体凹内。神经垂体通过漏斗与下丘脑相连，垂体柄连接下丘脑的灰结节。

**5. 大鼠**

大鼠脑垂体位于间脑腹面，视交叉后方，借垂体柄与丘脑下部相连，呈红褐色，分为前叶、中间叶和后叶三部分。大鼠脑垂体外面包以被囊（硬脑膜和垂体的被囊在一起，软脑膜仅包在漏斗柄外）。在矢状切面观，脑垂体大致呈三角形。大鼠脑垂体大小约为 6mm×5.5mm×3mm，重量为 7～16mg。雌性大鼠的脑垂体较雄性的大些，雌鼠的平均重量约为 13.4mg，雄鼠的平均重量约为 8.4mg，性别差异主要是由于雌鼠具有较大的前叶。大鼠脑垂体脆弱地嵌在颅底基蝶骨的垂体窝内，在剥脑时很容易被剥掉，常用于做脑垂体摘除手术。

**6. 小鼠**

小鼠脑垂体是一个卵圆形或扁圆形的小体，中央呈褐色或灰白色，两侧略呈灰红色。悬垂于间脑的下方，位于视交叉和乳头体之间、颅底蝶鞍垂体窝内，借漏斗与丘脑下部相连，其表面被覆结缔组织膜。

## 五、常用实验动物松果体比较解剖

人的松果体位于第三脑室后壁的中央位置，大小为 (5～8)mm×(3～5)mm×(3～5)mm，重 100～200mg，形似松果。哺乳动物的松果体以细柄连于第三脑室顶，表面包着由软膜而来的结缔组织性被膜，其结缔组织伸入实质内，将实质分为若干不规则的小叶。除八目鳗、鳄鱼和数种哺乳动物（包括鲸）等没有松果体外，大多数脊椎动物都有松果体。

**1. 犬**

犬松果体是一个小的卵圆形腺体，位于间脑背侧后方、丘脑与四叠体之间，处于缰连合背侧面的正中。松果体的后下方即为后连合。松果体的外面包绕一层纤维囊。

**2. 猫**

猫松果体是一个小的圆锥体，位于四叠体之前，是构成第三脑室顶部（背壁）的一部分。

**3. 兔**

兔松果体，呈杆状。位于脑的背面，视丘后部与四叠体交界处，大脑半球纵裂末端与小脑之间。

**4. 豚鼠**

豚鼠松果体为一小的圆形腺体，位于间脑背侧后方、丘脑与上四叠体之间。

**5. 大鼠**

大鼠松果体位于两大脑半球和小脑之间，为一浅红色的或黄褐色的卵圆形小体，通过细长的柄连到间脑顶部。由于松果体很靠近头骨，在剥除该处硬脑膜和小脑幕时容易连带被剥掉。

**6. 小鼠**

小鼠松果体位于间脑背侧中央，在大脑半球的深部，以柄连接于丘脑上部。松果体柄分为前、后两脚，前脚以缰连于丘脑背侧，后脚连于四叠体的前丘。小鼠松果体细胞与神经细胞相似，从胞体伸出多个突起到血管腔周围。小鼠松果体幼年时生长发育最旺盛、代谢最活跃，青年时停止生长并开始衰退，但到老年时仍存在一定结构形式和功能状态。

### 六、常用实验动物胸腺比较解剖

胸腺既是机体的中枢免疫器官，同时又兼有内分泌功能。胸腺位于胸腔前纵隔，胸骨后，心脏的上方。

**1. 犬**

犬胸腺属于无管腺，其组织构造类似淋巴组织。犬的胸腺比较小，分为左右两叶，其中左叶比右叶大，基本上全部位于胸腔内。胸腺的大小与犬的年龄有关。

**2. 猫**

猫胸腺呈淡红色或灰白色，位于纵隔腔两肺之间并对着胸骨，横卧在前胸腔心脏腹面，形状细长扁平而不规则。幼猫胸腺发达，成猫则部分或完全退化，因此大小差异很大。

**3. 兔**

兔胸腺呈浅粉红色，位于胸廓内部，胸骨的内壁上，处在纵隔前部，相当于第 1～3 肋软骨处，是一个轻而薄的腺体。其在幼兔发育得较为明显。

**4. 豚鼠**

豚鼠胸腺全在颈部，位于下颌骨角到胸腔入口的中间。由两个光亮的浅黄色（有时是褐色）、细长椭圆形、充分分叶的腺体组成。胸腺随年龄的增长而逐步退化和脂肪化。许多豚鼠都有胸腺的附叶。呈单独的结节状，直径为 1～2mm 或更小，位于筋膜内，其深度和主叶差不多。一般有两个，在单侧或双侧，多在甲状旁腺附近或与其融合。

**5. 大鼠**

大鼠胸腺呈淡红色，表面不光滑，呈不规则的分叶状。大部分位于胸腔前纵隔，顶端近喉部，基底部附着到心包腹面的前上方。胸腺大小与结构随年龄而变化。40～60 日龄大鼠的胸腺最大，以后即停止生长，并逐渐退化。

**6. 小鼠**

小鼠胸腺位于胸腔胸骨后、前纵隔内，覆盖在心脏前上方，由两叶不对称的淡红色或略带黄色的薄片样组织构成。通常小鼠鼠龄越小，胸腺体积相对越大。

## 第二节　人和实验动物内分泌系统比较生理学

动物机体除了通过神经系统和感觉器官作用于机体外，还可以通过另外一种较慢的方式来调节体内信息交流及器官活动，即动物通过其体内的内分泌系统及其产生的激素来调节体内各器官的生长发育、生理活动、新陈代谢等过程。动物体内的内分泌系统包括多种内分泌腺体、组织及细胞。其中，具有分泌功能的腺体有两种，一种为内分泌腺，没有导管，分泌物经过血液传送至全身；另一种具有导管，分泌物经导管排出，如消化腺、汗腺等。内分泌腺细胞分泌的激素通过血液循环传递至全身后,有选择性地作用于特定的组织或者器官,对机体的新陈代谢及生长发育起到重要作用。

人与动物所分泌的激素,有些名称相同,分子结构一致,但也有一些虽名称相同但分子结构并非完全一致。结构相同的一些激素可以从动物体内提取之后作为替代疗法治疗人类疾病,但是在长期使用时仍会面临失效的风险。

## 一、催乳素的比较

催乳素(prolactin),又称促乳素,是由垂体腺前叶催乳素细胞所分泌的蛋白质激素。催乳素可作用于乳腺及黄体组织,主要功能为促进乳腺的发育、乳液的分泌;同时还能刺激卵泡促黄体生成素受体的生成。近年来,大量的研究表明,在非哺乳类的低等脊椎动物体内催乳素可发挥许多独特的功能,如生殖及育幼、幼体的生长发育、机体渗透平衡、糖类及脂肪代谢等(表8-1)。在脊椎动物中,有许多相关功能看似是动物的本能,但实验研究证实动物在失去垂体后,相关功能会丧失,但在补充催乳素之后又重新出现,说明这些功能与催乳素的分泌密切相关。

**表 8-1　脊椎动物身上催乳素的作用**

| | |
|---|---|
| 1. 储钠作用 | 13. 脂肪沉积(移栖前期)(鸟类) |
| 2. 升钙作用(鱼类) | 14. 升糖作用(鸟类) |
| 3. 营养(鱼类) | 15. 抗性腺作用(鸟类) |
| 4. 皮肤黏膜的分泌(鱼类) | 16. 移栖前的不安定作用(鸟类) |
| 5. 雌激素的毒性降低(鱼类) | 17. 喂幼(鸟类) |
| 6. 精囊的生长与分泌(鱼类) | 18. 伏窝孵卵(鸟类) |
| 7. 产卵前的移栖(鱼类) | 19. 与类固醇激素协同对雌性生殖道的作用(鸟类) |
| 8. 蝾螈下水反应(两栖) | 20. 促进乳腺发育与生乳(哺乳类) |
| 9. 输卵管分泌(两栖) | 21. 与雄激素协同对雌性生殖器官的作用(哺乳类) |
| 10. 精子生成(两栖) | 22. 维持黄体,促进黄体分泌(哺乳-鼠类) |
| 11. 嗉囊乳分泌(鸟类) | 23. 侏儒鼠生育力增高(哺乳类) |
| 12. 孵卵斑形成(鸟类) | 24. 刺激生长(哺乳类) |

## 二、神经垂体激素的比较

神经垂体激素由下丘脑的神经细胞合成包括血管升压素(vasopressin)和催产素(oxytocin),通过下丘脑-垂体束运输到垂体后叶储存和释放。血管升压素的功能主要为使体内各部分(包括冠状循环和肺循环)的小动脉上的平滑肌收缩,产生升压作用,当大量出血时较为重要。除此之外,其作用于肾脏,促进肾小管内水分的重吸收,减少水分从尿中排出,从而使尿量减少,产生抗利尿作用,因此也称为抗利尿激素(antidiuretic hormone)。

催产素只在分娩和哺乳时才发挥其生理作用,它能强烈刺激妊娠时期子宫平滑肌的收缩,促使胎儿娩出。此外,催产素作用于乳腺导管的肌上皮细胞,使之收缩,促进乳汁分泌。在哺乳动物中,乳头吮吸及子宫颈的扩张能够促进催产素释放。

动物研究表明,不同动物体内这些八肽化合物的氨基酸排列顺序不完全相同,主要表现为第3、4、8位的氨基酸序列不同,因此会导致生物活性分子不同。但是研究证明,虽然不同动物体内这些神经垂体激素的氨基酸排列顺序存在差异,但是其基本生理功能却相似。

## 三、垂体生长激素的比较

### 1. 生长激素分子结构的比较

生长激素(growth hormone)属于蛋白质类激素,在不同种系中,生长激素的分子构造不完一致，种系差异很大，不同动物的生长激素结构具有种属特异性。如在分子量上，人和猕猴体内生长激素的分子量比牛、猪、绵羊等动物的分子量相对小很多；在氨基酸数目上，人体内生长激素的氨基酸数为 191 个，而牛则为 237 个；在分子结构上，人的生长激素结构为单链结构，而牛、绵羊的生长激素在结构上却有两条支链；并且分析表明，不同动物体内生长激素结构中的双硫桥的数目也存在差异。因为以上种种因素的差异，将一种动物体内的生长激素提取出来作用于另一种动物身上，往往很难达到预期的效果。

**2. 生长激素理化性质的比较**

人与不同动物生长激素理化性质的比较见表 8-2。

表 8-2　人与不同动物生长激素理化性质的比较

| | 人 | 猕猴 | 猪 | 绵羊 | 牛 | 鲸鱼 |
|---|---|---|---|---|---|---|
| 分子量（Da） | 21 000 | 25 000 | 41 000 | 48 000 | 45 000 | 40 000 |
| 氨基酸数目（个） | 191 | 191 | 190 | 190 | 237 | 191 |
| 等电点（个） | 4.9 | 5.5 | 6.3 | 6.8 | 6.8 | 6.2 |
| 双硫桥数目（个） | 2 | 4 | 3 | 5 | 4 | 3 |
| 肽链 | 直链 | 直链 | 直链 | 有分支 | 有分支 | 直链 |
| C 末端氨基酸 | Leu-Phe | Gly-Phe | Phe-Phe | Leu-Phe | Phe-Phe | Ala-Phe |
| N 末端氨基酸 | Phe | Phe | Phe | Phe/Ala | Phe/Ala | Phe |

**3. 生长激素种属特异性的比较**

从不同动物体内提取的生长激素，对别的动物来说，往往不能发挥促进个体生长的作用，这就是生长激素在不同动物个体内的种属特异性。研究表明，人、猕猴的生长激素与猪、牛、绵羊相比，在结构上差别很大，同时在分子量方面也存在不同，因此当提取猪、牛、绵羊体内的生长激素作用于人体时，会作为一种异种蛋白，产生抗原性，使人体产生过敏反应。因此，灵长类动物的生长激素只可有效地作用于灵长类动物，而对其他种类动物无明显的促进生长作用。例如，从动物身上提取的生长激素制品对于人类垂体性侏儒症的治疗效果不佳，只有用人或者猴垂体制成的生长激素，才会促进侏儒患者的生长。

人们对生长激素的种属特异性做过广泛的研究，各种动物之间生长激素的效应关系十分复杂，如大鼠对各种哺乳类动物的生长激素均有反应，却对鱼类的生长激素无反应，同时，其他种类的哺乳动物对鱼的生长激素也无反应。在哺乳动物体内，豚鼠对其他动物的生长激素均无反应；灵长类动物只对灵长类动物的生长激素有反应，对其他非人灵长类动物的生长激素均无反应。

## 四、肾上腺皮质激素的比较

**1. 促肾上腺皮质激素**

促肾上腺皮质激素（adrenocorticotropic hormone，ACTH）是由嗜碱性细胞分泌的由 39 个氨基酸组成的直链多肽，其分子量约为 4540Da。人们对促肾上腺皮质激素结构的研究较为清楚，在各种动物体内，促肾上腺皮质激素的基本结构相似，在整个分子的核心部分，所有的促肾上腺皮质激素的第 1~24 位氨基酸的排列均一致，然而在核心部分之外，第 25~33 位氨基酸的排列次序及成分在不同动物之间存在差异，但是到第 34~39 位排列结构又趋于一致。

研究表明，由于各种动物体内促肾上腺皮质激素的核心部分氨基酸序列及成分一致，因此它们之间的促肾上腺皮质激素的作用均有明显的生理活性，然而由于核心部分之外其他区域氨基酸排列存在差异，在异种动物之间使用时也可能会引起抗体的形成，造成机体产生免疫反应。

**2. 肾上腺皮质激素**

肾上腺皮质激素（adrenocortical hormone）是经由垂体前叶分泌的促肾上腺皮质激素刺激分泌

产生的一种激素。按其生理作用特点，肾上腺皮质激素可以分为糖皮质激素（glucocorticoid）和盐皮质激素（mineralocorticoid）。

糖皮质激素，如可的松和氢化可的松，产生于肾上腺皮质的束状带，其作用主要与糖、脂肪、蛋白质代谢和生长发育相关，对维持体内糖代谢、血糖浓度稳定具有重要作用。除此之外，还可以提高机体在遭遇有害刺激（如感染、创伤、疼痛、饥饿、缺氧、紧张等）应激反应时的耐受力，临床上常将糖皮质激素用于抗炎、抗过敏、抗休克等。动物实验表明，切除肾上腺皮质后，会造成动物血压降低，体温下降，最终死亡。

盐皮质激素，如醛固酮，产生于肾上腺皮质的球状带，主要作用于 $Na^+$、$K^+$ 代谢，促进肾小管和集合管对 $Na^+$ 的重吸收及 $K^+$ 的分泌，调节体内水、盐代谢及维持机体电解质平衡。

在各种动物体内，糖皮质激素的种类不同。从鱼类到人等各种动物体内均分泌两种糖皮质激素，即皮质醇（cortisol）和皮质酮（corticosterone），但是这两种激素的量却存在差异。研究表明，在小鼠、大鼠、家兔体内分泌的糖皮质激素几乎全是皮质酮，在犬体内，皮质醇和皮质酮的比例接近。但是，在人、绵羊、猕猴体内，皮质醇的分泌量相对皮质酮却显著增高，如在人体内皮质醇的量高于皮质酮 10 倍。

## 五、胰岛素的比较

胰岛可以产生两种不同的激素，胰岛素（insulin）和胰高血糖素（glucagon）。胰岛素是机体内糖代谢的重要激素，可促使血糖转变成糖原储存在肌肉和肝脏中，使血糖降低。胰高血糖素可以促进糖原分解，使血糖浓度上升。如果体内的胰岛素缺乏，造成糖的正常分解代谢和糖原合成障碍，使血糖浓度升高，不断从肾脏排出，将导致糖尿病。

机体通过胰岛素和胰高血糖素的拮抗作用，维持血糖的稳定及平衡。对于糖尿病患者来说，由于机体自身胰岛素分泌不足，往往需要长期注射胰岛素进行弥补，而这种胰岛素一般是从牛、猪等动物的胰腺中提取或采用基因工程技术由酵母菌或大肠杆菌合成。研究表明，猪的胰岛素与人的最接近，只有一个氨基酸存在差异；而牛、绵羊、马的胰岛素却与人的存在 3～4 个氨基酸的差异，因此长期使用会引起人体的过敏反应及抗药性的产生。

## 六、性激素的比较

睾丸与卵巢是机体产生精子和卵子的器官，同时具有分泌性激素的功能，对机体生长发育、性别分化、性别特征的出现、性功能成熟、繁衍后代具有重要作用。其中，睾丸的间质细胞主要分泌雄激素（androgen），以刺激雄性生殖器官的发育。卵巢分泌雌激素（estrogen）和孕激素（progestogen），雌激素促进雌性生殖器官的发育，增强输卵管和子宫平滑肌的收缩。孕激素又称孕酮（progesterone），主要由黄体细胞分泌，控制卵泡的成熟，促进子宫内膜增厚，保证胚胎的顺利着床等。

脊椎动物性腺的基本结构和内分泌作用较为稳定，但哺乳类动物的黄体不是所有动物都具有，如鸟类体内不存在黄体，但卵巢和血液中仍有孕激素。

# 第三节　人和实验动物内分泌疾病比较病理学

内分泌疾病是指内分泌腺或内分泌组织本身分泌的激素过多或过少，导致内分泌腺功能亢进或功能不足，从而表现出的一系列病理变化和临床症状。内分泌疾病的病因和发病机制非常复杂，从病理学角度讲，主要有激素产生过多、激素产生减少、产生异常激素、激素作用抵抗、激素运输或代谢异常及多种激素异常等。根据人和实验动物体内存在的内分泌腺种类，内分泌疾病可划分为垂体疾病、甲状腺疾病、甲状旁腺疾病、肾上腺疾病和胰岛疾病等。

## 一、垂体疾病

垂体是连于下丘脑，位于蝶鞍顶部垂体窝内的椭圆形小体，分为前叶和后叶。前叶为腺垂体，由嗜酸性细胞、嗜碱性细胞和嫌色细胞等组成；后叶为神经垂体，接收下丘脑分泌的激素。垂体调控其他内分泌腺的活动，故称之为内分泌腺的上位中枢。垂体疾病比较多，主要包括腺垂体功能减退症、垂体性巨人症、肢端肥大症和垂体神经部的疾病等。

### 1. 腺垂体功能减退症

腺垂体可分泌多种激素，如生长激素、促甲状腺激素（thyroid stimulating hormone，TSH）、促黄体生成素（luteinizing hormone，LH）、促黑素细胞激素（melanocyte stimulating hormone，MSH）和促肾上腺皮质激素（adrenocorticotropic hormone，ACTH）等。在幼儿阶段，生长激素分泌不足会引起垂体性侏儒症，表现为身体矮小、年生长率和骨的发育缓慢。促黄体生成素分泌不足时会导致甲状腺功能低下。促黄体生成素分泌不足时会导致性腺功能低下。ACTH 分泌不足会引起肾上腺皮质功能低下。

### 2. 垂体性巨人症和肢端肥大症

当垂体发生异常时，可导致某种或全部腺垂体激素产生过多，如分泌过多的生长激素，会导致幼儿非正常性的长高，即垂体性巨人症。成人手、足指骨和下颌骨发生肥厚等特殊面容，即肢端肥大症，并伴有内脏或全身组织肥大的功能亢进，合并糖尿病和高血压。

### 3. 垂体神经部的疾病——尿崩症

垂体后叶分泌的血管升压素不足会导致尿崩症，表现为多尿和烦渴，其尿量可达 5～10L/d，比重为 1.004～1.005。如果渴感中枢同时受损，就可能出现脱水和精神紊乱等临床症状。

## 二、甲状腺疾病

甲状腺（thyroid gland）是发育时形成的第一种内分泌腺，位于喉中部至第 3～4 气管软骨的前方。甲状腺约在妊娠后 1 个月就可出现，胎儿发育至 15 周时，就可产生甲状腺素，成年后该腺体形成 15～20g 的蝴蝶状包囊。甲状腺素的形成经过合成、储存、碘化、重吸收、分解和释放六个过程，当碘化甲状腺球蛋白被水解酶分解可形成大量四碘甲腺原氨酸（$T_4$）和少量三碘甲腺原氨酸（$T_3$），$T_3$ 和 $T_4$ 于细胞基底部可释放入血。甲状腺功能失调主要分为甲状腺功能亢进或减退。

### 1. 甲状腺功能亢进症

甲状腺功能亢进症（hyperthyroidism），简称甲亢，是指由于血液中 $T_3$ 和 $T_4$ 升高引起的疾病。甲亢最为典型的是 Graves 病，又称为弥漫性甲状腺肿，通常见于 30～40 岁，女性患者比例大大超过男性，比率为 7∶1。常见症状为甲状腺的弥漫性增生、突眼征、心动过速、消瘦、多汗和高代谢症等。血清的特征是含有 7S 免疫球蛋白 G。组织学上，甲状腺组织内形成过多的滤泡，滤泡上皮细胞呈乳头样增生。

### 2. 甲状腺炎

甲状腺炎（thyroiditis）是由桥本（Hashimoto）于 1912 年首先阐明的一种正常分叶过度的特异性的自身免疫病，常发于中年女性。血清中可检测出以甲状腺为抗原的相应抗体。甲状腺组织内具有生发中心的淋巴小结，滤泡内有大量淋巴细胞和浆细胞浸润，以淋巴小结上皮的嗜酸性病变为特征性结构。病变早期以弥漫性增生为主，末期可发生萎缩。

### 3. 甲状腺功能减退症

甲状腺功能减退症（hypothyroidism）是由于甲状腺激素合成和分泌减少而表现出的一系列临床症状。在不同年龄包括胎儿时，都可发生甲状腺分泌能力不足，主要起因是甲状腺疾病或垂体前叶功能不全，其临床征象取决于激素缺乏的程度，可波及多个器官和系统。常见症状为发育不全、呆小症、智力迟滞及骨骼系统异常。成年患者甲状腺功能低下时，皮肤易发生黏液性水肿，表现为皮肤干燥、体温低下、畏寒、嗜睡、精神活动减慢、少汗和便秘等。

**4. 甲状腺肿瘤**

甲状腺腺瘤（良性肿瘤）具有包囊，并有少数有丝分裂细胞。由组织病理学检查能鉴别的若干肿瘤类型有胚胎性（小梁）腺瘤（组织学特征类似滤泡未发育的胚胎甲状腺）、胎儿腺瘤、微滤泡性腺瘤、大滤泡性腺瘤、乳头状囊腺瘤及许特莱（Hurthle）细胞瘤（大型淡色嗜酸性细胞排列成小梁状）。恶性肿瘤通常源自滤泡上皮，或可能由副滤泡成分形成。由副滤泡来源的各类癌中，最常见的是髓样癌和具有淀粉样基质的实体癌。

## 三、甲状旁腺疾病

甲状腺背后有四个小米粒大的腺体组织，称为甲状旁腺。当甲状旁腺激素（parathyroid hormone）分泌增多时可引起甲状旁腺功能亢进症，主要是由于甲状旁腺本身病变引起的一种机体钙、磷和骨代谢紊乱的全身性疾病，患者可出现高钙血症、骨骼病变、泌尿系统结石和低磷血症等症状。当甲状旁腺激素分泌减少时，产生的是甲状旁腺功能减退症，多由于手术原因所致。

## 四、肾上腺疾病

肾上腺由外部皮质和内部髓质两部分组成，皮质部来源于中胚层，可分泌醛固酮等盐皮质激素，以及皮质醇等糖皮质激素；髓质部来源于外胚层，可分泌儿茶酚胺（肾上腺素和去甲肾上腺素）。

**1. 醛固酮增多症**

醛固酮在正常条件下可维持体液和电解质在动物体内形成稳定环境，产生过量就可引起钾的消耗，并使细胞外液体扩散，从而导致水肿或高血压。醛固酮增多症分为两类，即原发性醛固酮增多症和继发性醛固酮增多症。原发性醛固酮增多症是由皮质腺瘤产生过量的醛固酮所致，表现为轻度高血压和肾的浓缩能力损害，进而导致多尿、夜尿和烦渴等证候，出现低钾血症时，可引起感觉异常、肌肉衰弱以至麻痹。继发性醛固酮增多症由肾上腺以外的其他原因引起。

**2. 皮质醇增多症**

皮质醇增多症是由肾上腺分泌过多皮质醇所致，罹患最多的是 20～60 岁的女性。患者呈现体重增加，满月脸、中心性肥胖和腹部的皮肤紫纹，各组织的抗张力变差，容易撕裂，创伤愈合缓慢并容易感染，因骨基质损耗而呈现骨质疏松。尿钙增多可达 150～300mg/d，易发肾结石。糖耐量减退，并因心脏室外性肥大而出现高血压。

**3. 原发性肾上腺功能不全**

肾上腺功能不全的主要症状均与醛固酮或皮质醇不足有关。在女性患者中，由于肾上腺雄性激素消失而抑制毛发生长。如果醛固酮与皮质醇两者都不足，则可发生特征性的艾迪生病。缺乏醛固酮时，会丧失储存钠的能力，致使细胞外液量减少，体重减轻，血容量减少和低血压，使心脏体积缩小和肾脏血流量减少；出现肾前性氮质血症，增加肾素的产生，对儿茶酚胺的加压素应答减少，衰弱、尿后晕厥和休克。此外，还可产生高钾血症、轻度酸中毒和心搏骤停。皮质醇缺乏的症状为厌食、腹痛、消耗脂肪储备、冷漠、衰弱及丧失排泄水分的能力。

**4. 继发性肾上腺功能不全**

本病因 ACTH 缺乏而发生，其常见症状除皮肤色素过多外，均与皮质酮缺乏相同。血浆皮质酮浓度及尿 17-羟皮质类固醇和 17-酮类固醇均低于正常，对试用 ACTH 的应答仅呈迟缓增高。

## 五、胰岛疾病

糖尿病（diabetes）是由遗传因素、免疫功能紊乱、微生物感染及其毒素和自由基毒素等各种致病因子作用于机体导致胰岛功能减退、胰岛素抵抗等而引发以糖代谢紊乱为主要表现的临床综合征。临床上以高血糖为主要特点，典型病例可出现多尿、多饮、多食、消瘦等表现，即"三多一少"症状，常合并糖尿病肾病或糖尿病视网膜病、动脉粥样硬化等疾病。临床上糖尿病可分为胰岛素依赖性 1 型糖尿病和非胰岛素依赖性 2 型糖尿病。

### 1.1 型糖尿病

1 型糖尿病是指由于胰岛β细胞破坏导致胰岛素绝对缺乏所引起的糖尿病，属于自身免疫病。多发生于青少年，常有家族史，"三多一少"（多饮、多食、多尿，体重减少）症状明显，有酮症倾向，需要注射胰岛素治疗，血液中可查出针对胰岛细胞的特异性自身抗体，以及胰岛内淋巴细胞浸润。

### 2.2 型糖尿病

2 型糖尿病是由胰岛素分泌不足和持续的高血糖引起，因胰岛素的作用效果减弱而发生的。多发生在 40 岁以上成年人，占成人型糖尿病的大部分。患者多肥胖，起病较缓慢，病情较轻，一般无明显酮症倾向。肉眼观测，胰腺常发生萎缩或无外形变化；组织学上，可见胰岛发生玻璃样变、淀粉样变性和纤维化，以及胰岛β细胞的颗粒减少或脱失。

## 第四节 比较内分泌疾病研究中的动物模型

内分泌腺器官包括甲状腺、甲状旁腺、肾上腺、垂体和松果体。内分泌组织有胰岛、卵泡和黄体等。内分泌细胞的分泌物称为激素。当机体激素水平失衡，激素分泌增多或减少时，会导致功能亢进或减退，从而使相应的靶组织或器官增生、肥大或萎缩。因此，研发内分泌疾病动物模型，可为防治人类和实验动物内分泌疾病提供重要线索和参考价值，也可用于内分泌相关疾病新药研制及药物的疗效与安全性评价。

## 一、甲亢动物模型

甲亢是指由于各种原因导致甲状腺分泌过多甲状腺激素，而出现以循环、神经、消化等系统兴奋性增高和代谢亢进为主要特征的疾病总称。临床表现为弥漫性甲状腺肿、特殊眼征、怕热、多汗、易激动、纳亢伴消瘦及心率过速等。引起甲亢的病因主要有自身免疫病，如毒性弥漫性甲状腺肿（Graves' disease，GD）及促甲状腺素受体（thyroid stimulating hormone receptor，TSHR）基因突变。

### 1.外源性甲状腺素补充法

通过口服（灌胃）或注射甲状腺素，人为增加动物体内甲状腺素含量，从而使动物表现出甲亢的各种症状。通常使用小鼠、大鼠和家兔等实验动物造模，一般周期为 10 天左右，给药剂量与模型的类型和造模时间密切相关，给药剂量过高，可缩短造模时间，但可能会增加动物死亡率。造模成功，动物可出现摄食量、饮水量增加，体温升高，心率增快，血清 $T_3$ 和 $T_4$ 含量上升。家兔的心脏肥大、收缩压增高，血浆心房利钠肽（atrial natriuretic peptide）分泌增加。这些动物的临床表现均与人的甲亢症状非常相似，适用于甲状腺素过多对机体的生物学效应研究及抗甲亢药物的筛选和药效学研究。

### 2.免疫诱导法

用表达人 TSHR 的成纤维细胞或人 TSHR cDNA 的表达载体免疫动物，诱发动物产生针对 TSHR 的特异性抗体（TSH receptor antibodies），可使动物产生类似人 GD 的临床表现。遗传背景在引发小鼠发生甲亢中起重要作用。例如，用表达 TSHR 的腺病毒免疫小鼠，在 55%雌性、33%雄性 BALB/c 和 25%雌性 C57BL/6 小鼠血清 $T_4$、促甲状腺免疫球蛋白（TSI）、抑制性促甲状腺激素结合免疫球蛋白（TBII）水平升高。而在 CBA/J、DBA/1J 和 SJL/J3 个品系中，均未出现甲亢症状。免疫结束后，进行血清甲状腺激素水平和 TSH 受体刺激性抗体（TSH stimulating antibody，TSAb）的测定及甲状腺和眼组织病理学检查。模型小鼠 TBII 活性增强，TSAb 阳性，$T_4$ 水平升高，甲状腺弥漫性肿大，可见大量新生滤泡生成、滤泡上皮细胞增生、胶质浓缩等甲亢表现。免疫诱导法模拟了甲状腺肿的病因，可用于甲状腺肿及自身免疫病发病机制的研究。但造模需多次免疫才能产生有活性的抗体，而且也不是所有动物都能诱导出甲亢的表现。

### 3. TSAb 转基因小鼠

TSAb 是 GD 的主要病因，对 GD 的发生发展起重要作用。TSAb 转基因小鼠的 B 淋巴细胞表面表达人 TSAb，可与 TSHR 结合产生类似 TSH 的生物效应。该转基因小鼠可表现出一系列 GD 患者具有的甲亢症状：血清游离 $T_4$ 水平升高，TSH 水平下降，基础体温升高，活动增强，甲状腺组织增生。因此，TSAb 转基因小鼠是研究 GD 发病机制和治疗的理想动物模型。

## 二、甲减动物模型

甲减是由于各种原因引起甲状腺激素合成、分泌或甲状腺素生物学效应不足，导致机体代谢活动和交感神经兴奋性下降的临床综合征。其病理特征是粘多糖等在组织和皮肤中堆积，严重者表现为黏液性水肿。女性较多见。发生在胎儿或新生儿的甲减称为呆小病（克汀病），表现为智力低下和发育迟缓。

### 1. 甲状腺切除法

通过外科手术方法切除甲状腺，清除体内内源性甲状腺素来源，再通过口服或注射方法补充适量外源性甲状腺素，造成临床甲减或亚临床甲减。完全切除大鼠两侧甲状腺，并用左甲状腺素（L-$T_4$）替代，根据补充甲状腺素的剂量，可造成临床甲减或亚临床甲减。或用电凝毁损法毁损一侧及峡部甲状腺组织，保留另一侧甲状腺，建立亚临床甲减大鼠模型。切除甲状腺后，可检测血清 $T_3$、$T_4$、TSH 含量，以及体重、摄食量、饮水量和基础代谢等指标。亚临床甲减造模成功以实验组血清 TSH 高于对照组，而实验组总 $T_4$ 和对照组比较没有统计学差异作为依据。手术切除甲状腺诱发甲减模型适用于体内甲状腺素分泌不足引起的临床甲减和亚临床甲减机制的研究。完全切除两侧甲状腺再补充外源性甲状腺素时，掌握合适的剂量是模拟不同临床表现的关键。另外，手术切除甲状腺时应避免损伤甲状旁腺，以防钙代谢紊乱。

### 2. 放射性同位素法

甲状腺具有聚碘的功能，给予 Wistar 孕鼠小剂量放射性同位素 $^{131}$I 能聚集到甲状腺，射线破坏甲状腺，造成胎儿发生先天性甲减。产后第 1 天各实验组大鼠的甲状腺素显著下降，TSH 水平明显上升。交配前 12 天和妊娠后第 5、10 天给药组仔鼠生长迟缓，体重明显低于正常对照组，大脑和甲状腺重量减轻。另外，大鼠甲状腺血管壁变薄，滤泡细胞坏死，引起强烈炎症反应，以及增生、降血钙素阳性细胞萎缩。造模过程中控制放射性同位素 $^{131}$I 的剂量很重要，即仅破坏甲状腺，而不引起其他器官的损伤，若引起甲状旁腺的破坏，则会导致钙代谢紊乱。此模型可用于体内甲状腺素分泌不足引起的临床甲减和亚临床甲减机制的研究。

### 3. 低碘饮食饲喂法

碘是合成甲状腺素必不可少的成分，碘摄入不足，甲状腺素的合成不足，使机体处于甲状腺功能低下状态，导致甲减。孕期缺碘，可引起母体和胎儿发生低甲状腺素血症，导致胎儿神经智力发育不可逆转的缺陷。成年大鼠经 3 个月低碘饲料饲喂，甲状腺明显肿大、充血，甲状腺组织匀浆 $T_4$、$T_3$ 含量低于正常对照组，血清 $T_4$ 含量下降，TSH 升高。绵羊经过约 5 个月饲喂低碘饲料，体重维持正常，但可出现明显碘缺乏症状，例如，甲状腺肿大，血浆 $T_4$、$T_3$ 值降低，TSH 值升高，以及低尿碘。对绒猴饲喂低碘饲料，可用于研究胎儿和新生儿的甲状腺功能情况。饲喂低碘饲料，应观察动物的体重及临床表现，检测 $T_3$、$T_4$、TSH、尿碘等，先天性甲减需观察脑的发育。低碘饮食法目前主要用于研究先天性甲减，通过成年动物慢性摄入碘不足，诱导甲状腺激素合成下降，影响子代的先天性甲减和下丘脑-垂体-甲状腺轴功能的改变，导致自发活动、神经运动能力和认知能力障碍。此外，低碘饮食可引发流产，胎儿吸收，孕鼠分娩死亡，每窝数量减少。

### 4. 抗甲状腺药物法

用抗甲状腺药物抑制甲状腺素的合成是造成甲状腺功能低下的一种常用造模方法。常用的抗甲状腺化学药物有硫脲类，如丙硫氧嘧啶（propylthiouracil）和甲硫氧嘧啶（methylthiouracil）；咪唑类，如甲巯咪唑（methimazole）和甲基咪唑（methylimidazole）。此方法可用于小鼠、大鼠和家兔模型制作，将药物溶解在饮水中饲喂受孕动物，饲喂第 2 周，动物开始出现活动迟缓、反应迟钝、畏寒蜷卧、弓背、喜聚堆等；捕捉灌胃时渐感皮肉松懈，尾巴发凉，反抗力变小；眼、鼻、唇、耳、尾部色淡无华，竖毛、体毛枯疏无光泽且易脱落；模型组较对照组 $T_3$、$T_4$ 降低，TSH 升高。

药物引起体内甲状腺激素浓度降低，在子代产生先天性甲减，表现为海马部位的脑损伤，引起认知障碍和突触传递、神经可塑性、学习和记忆的改变；血清 $T_4$ 水平降低，小脑重量减轻，组织发育延迟，外颗粒细胞层、分子层和白质中凋亡细胞数量增加。此模型可模拟临床上甲亢患者用药过量引起的甲减，也可用于研究先天性甲减的发病机制及病理改变。

**5. Duox2 基因突变小鼠**

甲状腺素合成中，甲状腺球蛋白的碘化反应需要过氧化氢和甲状腺过氧化物酶的催化，双氧化酶（dual oxidases，Duox2）在此过程中提供过氧化氢。研究发现，Duox2 基因突变可引起甲减。在 B6.129-Tnfrsf1a$^{tmlMak}$/J 小鼠同类系中发现自发性突变，基因分析发现第 2 对染色体的 Duox2 基因第 16 号外显子突变。Duox2 基因突变小鼠垂体和甲状腺异常，甲状腺肿大，仅有少量正常滤泡；垂体后叶和中叶正常，但前叶发育不良，含有大量的异常细胞。血清 $T_4$ 低于正常对照组 10 倍，TSH 高于正常对照组 100～1000 倍。突变小鼠听力受损，听力刺激反应比正常对照组高 50～60dB，耳蜗发育迟缓。此模型可应用于甲状腺素的生物合成、甲减的发病机制等研究。由于 Duox2 基因突变不仅影响甲状腺素的合成，也影响其他器官的发育，如垂体发育、长骨骨化等，并不完全符合甲减的临床表现，用此模型在分析实验结果时应加以注意。

**6. TTF-1 基因敲除小鼠**

甲状腺特异性转录因子 1（thyroid-specific transcription factor 1，TTF-1）表达甲状腺过氧化物酶、甲状腺球蛋白和促甲状腺激素受体 3 种蛋白，这 3 种蛋白对甲状腺素的生物合成至关重要。TTF-1 基因缺失会导致先天性甲减，TTF-1 基因敲除小鼠出生时即死亡，甲状腺和垂体腺缺乏，肺和前脑腹侧、基部缺陷，以及苍白球结构发育不全。因此，此模型可用于先天性甲减胎仔发育的研究。

**7. Pax8 基因敲除小鼠**

成对框基因 8（pair box gene 8，Pax8）在器官形成过程中起重要作用，从妊娠第 10 天起 Pax8 基因在甲状腺开始表达，Pax8 基因敲除影响甲状腺的形成。Pax8 基因敲除小鼠在胚胎第 15.5～18.5 天时未能检出甲状腺滤泡细胞编码的甲状腺球蛋白、甲状腺过氧化物酶的后期基因表达，出生后 1 周表现为明显的发育迟缓，甲状腺较小，无滤泡。免疫组化显示甲状腺缺陷，完全由甲状腺 C 细胞组成。2 周龄时血清甲状腺素水平明显下降，断乳后死亡，补充外源性甲状腺素可延长生存至 6 月龄。此模型亦可用于先天性甲减胎仔发育的研究。

**8. TTF-1 和 Pax8 双基因敲除双杂合子小鼠**

TTF-1 基因敲除小鼠和 Pax8 基因敲除小鼠纯合子均在出生时或断乳时死亡，其杂合子小鼠均表现正常。将 TTF-1 和 Pax8 基因杂合敲除小鼠交配可产生 TTF-1 和 Pax8 双基因杂合敲除小鼠（DHTP/B6）。与单基因杂合敲除或野生型小鼠比较，3 月龄 DHTP/B6 小鼠体重和 $T_4$ 水平明显降低。组织学检查显示甲状腺不规则、弥漫性增生，滤泡内皮细胞呈长柱状；免疫组化显示滤泡细胞的钠碘转运体表达增加。尽管血清 TSH 浓度上升，但甲状腺不肿大，比正常对照组略小。约 30%的小鼠甲状腺呈单叶状，略肿大，位置正常但仅在一侧气管旁。DHTP/B6 小鼠是一个很好的遗传性先天性甲减模型，可呈现人遗传性先天性甲减的许多临床表现，用于甲状腺素进行早期替代治疗。

## 三、糖尿病动物模型

糖尿病是一种因体内胰岛素绝对或者相对不足所导致的一系列临床综合征，与基因关联密切，主要包括 1 型糖尿病和 2 型糖尿病。糖尿病的发病因素非常复杂，在大量人群中研究分析这些因素非常困难。因此，需要使用动物模型研究糖尿病的发病机制，进一步开发抗糖尿病的新药。

### （一）1型糖尿病动物模型

**1. 链脲霉素诱导法**

链脲霉素（streptozocin，STZ）是目前使用最广泛的制备糖尿病动物模型的化学诱导剂，其结构中的亚硝基脲破坏动物的胰岛β细胞，使细胞内胰岛素合成受损，造成胰岛素缺乏。STZ剂量因实验动物的种系、品种不同而异。不同种属动物对链脲霉素的β细胞毒剂的敏感性差别较大，多选犬、大鼠和小鼠进行实验，以大鼠最为常用。给动物注射STZ后，血糖水平的改变可分为3个时相：早期高血糖相，持续1~2h；低血糖相，持续6~10h；24h后出现稳定的高血糖相，即糖尿病阶段。注射STZ后，胰腺的胰岛呈现明显的病理形态学变化。β细胞显示不同程度的脱颗粒、变性、坏死及再生变化。此模型适用于糖尿病发病机制、病理生理变化及有效药物治疗研究，常用于治疗糖尿病有效中药的药物筛选和药效学研究。

**2. 四氧嘧啶诱导法**

四氧嘧啶（alloxan）是一种β细胞毒剂，通过产生超氧自由基选择性地损伤多种动物的胰岛β细胞，使细胞DNA损伤，并激活多聚ADP核糖体合成酶活性，从而使辅酶Ⅰ含量下降，导致mRNA功能受损，β细胞合成胰岛素减少，导致胰岛素缺乏，引起实验性糖尿病。四氧嘧啶易溶于水及弱酸，其水溶液不稳定，易分解成四氧嘧啶酸而失效，故应在临用前配制。根据动物的敏感性及给药途径不同，剂量各异。静脉注射、腹腔注射和皮下注射四氧嘧啶均可引起糖尿病，以静脉注射最为常用。四氧嘧啶致糖尿病的严重程度主要取决于四氧嘧啶的剂量和动物种类。大剂量的四氧嘧啶可以使β细胞全部破坏，从而引起严重糖尿病，并可致酮症酸中毒而死亡。注射后，动物血糖水平的变化通常出现三个时相：用药后2~3h出现初期高血糖；持续6~12h后进入低血糖期，动物出现痉挛；24h后一般为持续性高血糖期，β细胞呈现不可逆性坏死，发生糖尿病。此模型适用于糖尿病发病机制、病理生理变化及有效药物治疗研究。

**3. NOD小鼠**

NOD小鼠由日本JCL-ICR品系小鼠衍生的CTS（白内障易感亚系）糖尿病小鼠近交而来。NOD小鼠是由T淋巴细胞介导的，其发展受控于一系列T细胞的调节，β细胞损伤继发于自身免疫过程，引起低胰岛素血症。小鼠表现为明显多饮、多尿、消瘦、血糖显著升高，通常死于酮血症。糖尿病发病率与性别有关，雌鼠发病率显著高于雄鼠，且发病早。NOD小鼠疾病的发展由许多疾病易感性或抵抗基因控制，与人类1型糖尿病有许多共同特性，包括大部分组织相容性复杂的基因位点，适用于1型糖尿病的研究。

**4. BB大鼠**

BB大鼠也称BBDP大鼠（渥太华糖尿病大鼠），是从Wistar大鼠中筛选出来的一种自发性遗传性C型糖尿病动物模型。该大鼠发病和自身免疫性毁坏胰腺β细胞引发胰腺炎及胰岛素缺乏有关。BB大鼠糖尿病发作突然，一般在60~120日龄时发病，数天后出现严重的高血糖、低胰岛素和酮血症。BB糖尿病大鼠能模拟人类1型糖尿病的自然发病、病程发展和转归，且没有外来因素的参与和干扰，也是一种理想的1型糖尿病动物模型。

**5. LEW.1NR1/ztm-iddm大鼠**

LEW.1NR1/ztm-iddm大鼠是Lewis大鼠MHC单倍型自发突变株，一种自发性自身免疫1型糖尿病动物模型。该大鼠通常在58日龄左右发病，发病率为20%，表现为高血糖、糖尿、酮尿和多尿，炎性细胞，如B淋巴细胞、T淋巴细胞、巨噬细胞和NK细胞浸润胰岛，发生胰腺炎的部位β细胞迅速凋亡。

### （二）2型糖尿病动物模型

**1. 药物联合饮食诱导法**

2型糖尿病系遗传因素与环境因素共同作用的结果，除有血糖升高外，同时多伴有血脂异常。

目前诱发 2 型糖尿病模型应用较广泛的是药物联合饮食法。第一种方法：先给大鼠注射小剂量 STZ，造成胰岛β细胞轻度损伤，使多数动物产生糖耐量异常，再饲喂高脂饲料，使动物出现肥胖、高血脂、高胰岛素血症及胰岛素抗性表型。第二种方法：以高糖高脂饲料喂养大鼠 1 个月，使大鼠胰腺分泌胰岛素功能减退及糖耐量降低，在诱导出胰岛素抵抗后，再给予动物小剂量 STZ（25mg/kg）腹腔注射，诱发高血糖、高胰岛素血症，最终导致动物血糖稳态失衡，出现 2 型糖尿病症状。这种药物联合饮食造模法，与单纯高能量饲料饲喂相比，周期短，成模率高，诱导的 2 型糖尿病模型症状和发病机制与人类 2 型糖尿病非常相似，可用于研究 2 型糖尿病的发病机制及防治方法。

**2. db/db 小鼠**

db/db 小鼠是美国杰克逊实验室于 1966 年发现的位于 4 号染色体的瘦素（leptin）受体基因缺陷导致的自发性 2 型糖尿病小鼠。从出生 4 周龄即出现贪食、肥胖，随周龄增加而出现明显的高血糖、高血脂和胰岛素抵抗等特征，在 10 周龄时体重可达正常对照组小鼠的 2～3 倍，并伴有高胆固醇血症和高甘油三酯血症。在 24 周龄时，db/db 小鼠的肝脏和胰腺会出现明显的病理变化，主要表现为胰岛细胞增生、变性，肝细胞肥大、细胞质疏松或空亮。db/db 小鼠具有过度肥胖、多食、消渴、多尿等糖尿病的典型临床症状，也表现出心肌病、周围神经病变、糖尿病肾病、糖尿病视网膜病变、伤口愈合迟滞等糖尿病的并发症。因其发病过程与 2 型糖尿病患者非常相似，故 db/db 小鼠是研究 2 型糖尿病发病机制及开发新药策略的理想动物模型。

**3. ob/ob 小鼠**

ob/ob 小鼠是瘦素基因纯合突变的小鼠，美国杰克逊实验室于 1949 年发现，由于其肥胖表型被称为 ob 小鼠，其遗传方式为常染色体隐性基因遗传。体形极胖，早期即自发性产生高血糖和糖尿，非禁食状态下血糖平均水平为 300mg/dl，但没有酮症和昏迷出现。

**4. KK 小鼠**

KK 小鼠是日本学者培育的一种轻度肥胖型 2 型糖尿病动物，后来又与 C57BL/6J 小鼠杂交，获得 Toronto2（T2kk）小鼠，属于先天遗传缺陷性小鼠。将黄色肥胖基因（即 Ay）转至 KK 小鼠，可得 KK-Ay 小鼠。KK-Ay 小鼠有明显的肥胖和糖尿病症状，5 周后血糖、血液循环中的胰岛素水平及 HbA1c 水平逐步升高，β细胞有脱颗粒和糖原浸润，随后出现胰岛肥大和中心气泡。肾脏病变发生早，发展迅速，肾小球基底膜增厚。KK 小鼠具有和成人肥胖性糖尿病相似的性质，表现为先天性胰岛素抵抗，体形肥胖，随着鼠龄增长、饮食行为改变，转变为高血糖和糖尿的显性糖尿病。因此，KK-Ay 鼠可用于评价抗糖尿病药物的胰腺外作用。

**5. NSY 小鼠**

NSY（Nagoya-Shibata-Yasuda）小鼠是从远交系 JCL-ICR 小鼠选择繁殖获得的具有年龄依赖性自发的糖尿病动物模型。24 周后葡萄糖刺激的胰岛素分泌受损显著，空腹胰岛素水平升高。48 周雄性小鼠中累积糖尿病的发生率为 98%，而雌性小鼠仅为 37%。与人类 2 型糖尿病病理生理特点相似，NSY 小鼠胰岛β细胞分泌胰岛素功能受损，发生胰岛素抵抗。NSY 小鼠模型适用于研究人类 2 型糖尿病遗传学倾向及病理发生机制。

**6. Zucker 大鼠**

Zucker 大鼠是 Merck M-strain 与 Sherman 大鼠杂交而成，出生 4～5 周后变得肥胖，之后会出现严重的胰岛素抵抗和葡萄糖不耐受，在 8～10 周龄出现高度糖尿病，在 10～11 周龄，进食状态下葡萄糖水平可增加到 500mg/dl。由于 Zucker 大鼠存在高胰岛素血症、高脂血症、高血压等代谢异常，并伴有糖耐量受损，故可作为 2 型糖尿病伴有高血压的动物模型，通常用作药学研究。

**7. GK 大鼠**

GK（Goto-Kakizaki）大鼠是 Goto 等从 Wistar 大鼠中筛选出的与人类 2 型糖尿病近似的自发性非肥胖性 2 型糖尿病鼠。该鼠种有几个表现糖尿病性状的易感基因定位，主要表现为渐进性胰岛β细胞消失及胰岛纤维化、空腹高血糖、肝糖原生成增多，肝脏、肌肉和脂肪组织中度胰岛素抵抗等。18 月龄时 GK 大鼠可出现血糖升高、心率降低和心肌萎缩等症状，与人类 2 型糖尿病心脏病进展极为相似。因此，GK 大鼠模型是用于 2 型糖尿病发病机制及胰岛素抵抗方面研究的理想动物模型。

### 8. GK/IRS-1 双基因敲除小鼠

将小鼠葡萄糖激酶基因外显子用新霉素抵抗（neomycin resistance）基因取代制成目标载体杂合入正常小鼠，制得 $GK^{-/-}$ 小鼠。$IRS-1^{-/-}$ 小鼠表现为胰岛素抵抗，但由于β细胞代偿性增生，胰岛素分泌增多，糖耐量正常。β细胞特异 GK 表达降低的小鼠，显示轻度糖耐量异常。两者杂交产生的 GK/IRS-1 双基因敲除小鼠，糖耐量减退、肝细胞和胰岛β细胞葡萄糖敏感性低下，表现为 2 型糖尿病症状。GK/IRS-1 双基因敲除小鼠与人青春期糖尿病（maturity onset diabetes of the young，MODY）相似，可作为 MODY 动物模型。

### 9. $IR^{+/-}$/IRS-1$^{+/-}$双基因敲除杂合小鼠

$IR^{+/-}$ 和 $IRS-1^{+/-}$ 单个基因敲除杂合小鼠无明显临床症状。但 $IR^{+/-}$/$IRS-1^{+/-}$ 双基因敲除杂合小鼠 4～6 个月后 40% 发生显性糖尿病，并伴有高胰岛素血症和胰岛β细胞增生，存在明显胰岛素抵抗。因此，该小鼠可作为 2 型糖尿病动物模型。

### 10. MKR 转基因小鼠

骨骼肌胰岛素样生长因子-1（insulin-like growth factor 1，IGF-1）受体功能缺失的 MKR 小鼠，由于杂交型受体的形成，表现为胰岛素受体的功能缺失。MKR 小鼠在出生 3 周开始，出现显著血糖升高，5 周后即表现出显著的胰岛素抵抗、高血糖、胰岛β细胞功能紊乱及脂代谢紊乱等。MKR 转基因小鼠模型发病快、应用简单、存活率高，可用于 2 型糖尿病的发病机制及防治方法的研究。

# 第九章　骨骼的比较医学

　　骨骼是脊柱动物普遍存在的坚硬器官，能够起到运动、支撑和保护身体等一系列作用，是运动系统中非常重要的一部分，其主要功能包括提供结构支撑，维持钙稳态，并替换老化或受损的骨骼，在正常负荷条件下保持结构完整性。这些功能由破骨细胞（骨吸收细胞）和成骨细胞（骨形成细胞）完成，它们能改变骨骼的尺寸、形状和质量。在骨骼形成过程中，骨吸收和形成在不同的表面上相对独立地发生，骨骼形成有膜内成骨和软骨内成骨两种方式。随着骨骼的成熟，对骨骼的重塑成为主要过程，破骨细胞和成骨细胞在称为骨重塑单元的协调组中协同作用，在替换旧骨骼的同时保持骨骼数量和结构。成骨和重塑过程响应骨骼的生物力学环境，也会受到内分泌和其他因素的影响。

　　骨骼含有身体中 99%的钙，对于维持细胞外钙离子水平至关重要，而细胞外钙离子对维持生命体征起着重要作用。骨骼的吸收和形成过程在释放和储存钙离子以维持钙稳态中发挥作用，嵌在骨骼中的骨细胞和连接它们的管状网络内的钙离子交换机制可能负责短期钙交换。

　　根据划分标准不同，骨骼的分类方式也不同。按部位分为中轴骨和附肢骨，中轴骨骼包括颅骨、脊柱和肋骨，附肢骨骼包括四肢及其与中轴骨骼的连接部分。按功能和形态分为长骨（如股骨）、扁骨（如髂骨）、短骨（如舟骨）和不规则骨（如椎骨）。按组织结构分为骨质、骨膜和骨髓。本章将根据不同的部位对全身骨骼进行介绍。

## 第一节　比较骨骼解剖学

### 一、比较骨骼

#### 1. 全身骨骼比较

实验动物大鼠、兔、犬、猫、猪的全身骨骼如图 9-1 所示。

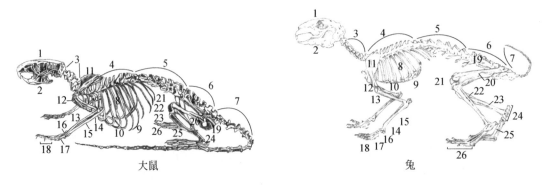

大鼠　　　　　　　　　　　兔

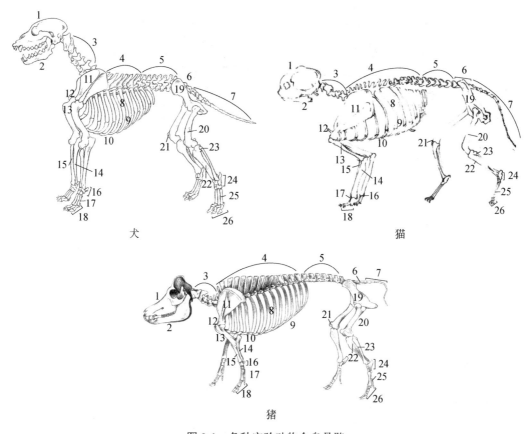

犬　　　　　　　　　　　　猫

猪

图 9-1　各种实验动物全身骨骼

1. 头盖骨；2. 下颌骨；3. 颈椎；4. 胸椎；5. 腰椎；6. 荐椎；7. 尾椎；8. 肋骨；9. 肋软骨；10. 胸骨；11. 肩胛骨；12. 锁骨；13. 肱骨；14. 尺骨；15. 桡骨 16. 腕骨；17. 掌骨；18. 前趾骨；19. 髂骨；20. 股骨；21. 膝盖骨；22. 胫骨；23. 腓骨；24. 跗骨；25. 距骨；26. 趾骨

## 2. 头盖骨比较

实验动物猫、猪、猕猴的头盖骨如图 9-2 所示。

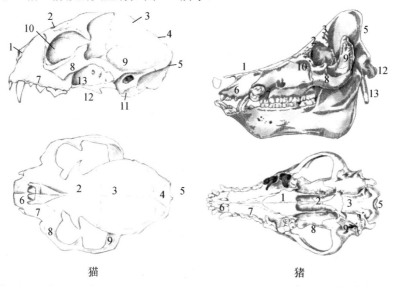

猫　　　　　　　　　　　　猪

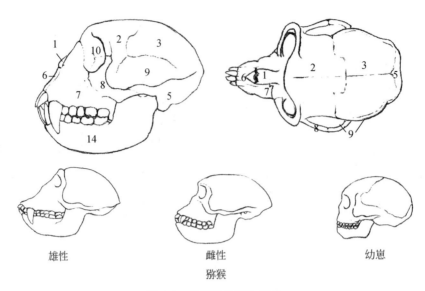

雄性　　　　　　　　雌性　　　　　　　　幼崽

猕猴

图 9-2　各种动物的头盖骨

1.鼻骨；2.额骨；3.顶骨；4.顶间骨；5.上枕骨；6.前颌骨；7.上颌骨；8.颧骨；9.鳞骨；10.泪骨；11.鼓室；12.枕髁；13.颈静脉突起；14.下颌骨

### 3. 脊椎骨比较

实验动物脊椎骨数如表 9-1、表 9-2 所示。

表 9-1　常见实验动物脊椎骨数

| 种类 | 颈椎 | 胸椎 | 腰椎 | 骶椎 | 尾椎 |
|---|---|---|---|---|---|
| 小鼠 | 7 | 12～14 | 5～6 | 4 | 27～32 |
| 大鼠 | 7 | 13 | 6 | 4 | 27～32 |
| 地鼠 | 7 | 13 | 6 | 4 | 13～14 |
| 豚鼠 | 7 | 13 | 6 | 4 | 6 |
| 兔 | 7 | 12 | 7 | 4～5 | 15～18 |
| 猫 | 7 | 13 | 7 | 3 | 21～23 |
| 犬 | 7 | 13 | 7 | 3 | 20～23 |
| 猴 | 7 | 19 | 19 | 2 | 2～26 |
| 猪 | 7 | 13～16 | 5～6 | 4 | 21～24 |
| 蛙 | 1 | 3 | 4 | 1 | 1 |

表 9-2　灵长类动物脊椎骨数

| 种类 | 颈椎 | 胸椎 | 腰椎 | 骶椎 | 尾椎 |
|---|---|---|---|---|---|
| 树鼩鼠 | 7 | 13 | 6 (5～7) | 3 (4) | 24～26 (23～27) |
| 狐猴属 | 7 | 12 (11～13) | 7 (6～9) | 3 (2) | 27～28 (21～32) |
| 大狐猴属 | 7 | 12 | 8 (9) | 3 (4) | 8～9 (14) |
| 懒猴属 | 7 | 14 (13～15) | 8 (9) | 3 (2～4) | 6～8 (5～9) |
| 婴猴鼠 | 7 | 13 (14) | 6 (5～7) | 3 (4) | 25～27 |
| 眼镜猴属 | 7 | 13 (12) | 6 (7) | 3 (2) | 26～27 (23～30) |
| 普通绒猴 | 7 | 13 (12) | 6 (5～7) | 3 (2) | 27 (25～30) |

续表

| 种类 | 颈椎 | 胸椎 | 腰椎 | 骶椎 | 尾椎 |
|---|---|---|---|---|---|
| 狮绒猴 | 7 | 12（13） | 7（6） | 3（2） | 32（28~34） |
| 节尾猴属 | 7 | 12 | 7 | 3 | 28 |
| 吼猴属 | 7 | 14（13~16） | 5（6） | 3（4） | 27（25~28） |
| 松鼠猴属 | 7 | 13（14） | 7（6） | 3 | 28（25~31） |
| 卷尾猴属 | 7 | 14（13~15） | 6（4~7） | 3（4） | 24（21~26） |
| 蛛猴属 | 7 | 14（13~15） | 4（5） | 3（2~4） | 31（26~35） |
| 猕猴属 | 7 | 12（13） | 7（6~8） | 3（2~4） | 12（5~28） |
| 狒狒属 | 7 | 13（12） | 6（7） | 3（4） | 19（7~26） |
| 绢毛猴属 | 7 | 12（13） | 7（6） | 3（4） | 27（18~30） |
| 叶猴属 | 7 | 12（13） | 7（6） | 3（2~4） | 28（18~31） |
| 疣猴属 | 7 | 12（11） | 7（6~8） | 3 | 26（25~28） |
| 长臂猿属 | 7 | 13（12~14） | 5（4~6） | 4~5（3~6） | 2~3（0~6） |
| 合趾猴属 | 7 | 13（11~14） | 4（3~5） | 5（4~6） | 2（1~4） |
| 猩猩属 | 7 | 12（11~13） | 4（3~5） | 5~6（4~7） | 3（1~5） |
| 大猩猩属 | 7 | 13（12~14） | 4（3） | 6（5~7） | 3（1~5） |
| 黑猩猩属 | 7 | 13（12~14） | 4（3） | 6（5~7） | 3（2~5） |
| 人 | 7 | 12（11~13） | 5（4~6） | 5（4~6） | 4（2~6） |

注：灵长类动物不同种之间脊椎骨总数是不等的。

#### 4. 胸骨和肋骨比较

实验动物胸骨数和肋骨数见表 9-3。

表 9-3　实验动物胸骨数和肋骨数

| 种类 | 胸骨（节） | 肋骨（对） | 真肋（对） | 假肋（对） | 浮肋（对） |
|---|---|---|---|---|---|
| 小鼠 | 6 | 12（13、14） | 第 1~7 | 第 8~10 | 第 11~13（14） |
| 大鼠 | 6 | 13 | 第 1~7 | 第 8~13 | — |
| 豚鼠 | 6 | 14 | 第 1~6 | 第 7~9 | 第 10~12（13） |
| 猫 | 6 | 12（13） | 第 1~7 | 第 8~9 | 第 10~12（13） |
| 兔 | 8 | 13 | 第 1~9 | 第 10~12 | 第 13 |
| 犬 | 8 | 13 | 第 1~9 | 第 10~12 | 第 13 |

## 二、比较骨骼系统特点

### （一）猕猴骨骼系统解剖特点

猕猴骨骼系统包括头骨、椎骨、肋骨、胸骨及附肢骨。

#### 1. 头骨

头骨的前面包括眼眶上部至下颌联合端部的额骨、鼻骨、颧骨、上颌骨、前上颌骨和下颌骨；外侧面包括额骨、顶骨、鼻骨、颧骨、颞骨、上颌骨、蝶骨和下颌骨；底部外面的腭区包括前上颌骨、上颌骨、腭骨，四周除背侧外，均为齿槽突，在性成熟的猕猴中，每侧均有 8 个恒齿，腭的宽度和长度随年龄而异。咽区包括后鼻孔、翼突、咽鼓管和卵圆孔，颞骨与蝶骨的连接极为紧密，故不存在破裂孔；枕区包括枕骨大孔、枕骨髁、舌下神经管、颈静脉孔、颈动脉的外口和茎乳孔等，枕骨大孔大致呈六边形，前方为枕骨的基底部，两侧为枕骨外侧部，后方为枕骨的枕鳞，基底部与外侧部及蝶骨底部均未愈合。动物实验时，常从枕骨大孔刺入采集脑脊髓液。颅底内面可分为颅前、颅中和颅后三窝。

**2. 椎骨**

猕猴的椎骨（vertebra）通常有7个颈椎、12个胸椎、7个腰椎、3个骶椎和约12个尾椎。一串椎骨上下相接，形成脊柱。在椎骨之间夹有椎间盘。在解剖标本中，脊柱颈段通常向背侧弯曲，胸腰段向腹侧弯曲，骶椎稍向背侧弯曲。像人一样，椎骨有一个恒定的椎体和一个包围椎孔的椎弓。从椎弓向两侧伸出横突，向背侧伸出棘突，向颅侧伸出上关节突，向尾侧伸出下关节突。

（1）颈椎　颈椎椎体较小，椎弓较大。每个椎体的头侧表面是凹的，其余的面较平坦。椎孔大，呈五边形。第1～6颈椎横突基部有横突孔，有椎动脉穿过，第7颈椎缺横突孔。第5、6颈椎横突分叉，形成背侧结节和腹侧结节。第6颈椎腹侧结节特别大，实际上呈薄板状。棘突较短，但第3～7颈椎其长度逐渐增加。但是，最后一个颈椎棘突明显较第1胸椎棘突短。关节突的关节面是扁平的斜面，与相邻椎骨的关节突相接。

寰椎和枢椎：第1颈椎称为寰椎，由一长的背弓、一短的腹弓和一对侧块组成，无椎体。腹弓正中有一个腹结节，它向尾侧延伸成一嵴，供脊椎前肌附着；背弓正中有一个背结节，相当于其他颈椎棘突。腹弓背面有一凹陷的关节面，即齿突关节面，接第2颈椎齿突。侧块由关节突和横突组成。齿突关节面较小，平且圆。横突小，横突孔从根部穿过。横突孔与背侧的椎动脉沟相连通，后者再进入侧块上关节面背侧的一个小孔通椎孔，这一小孔不存在于人类，而属于椎动脉沟的一部分，寰椎的上关节面形状很不规则，它占据侧块上面的大部，位置是斜的，前端总是比后端更靠近中央线。通常，这些关节面是长而凹的，且有一定的深度。在长而深的凹面内，其整体方向向后内倾斜，且面向头侧和内侧。在动物个体之间，两个寰椎上关节面的形状和大小变异很大，即便是同一个寰椎，左右两侧也常常不对称。在我们的观察中，其中有一例右侧上关节面呈长形，中间略微缩窄，而左侧上关节面中间被分隔成独立的前后两个面。寰椎上关节面的变异也反映了枕骨关节髁的相应变化。寰椎下关节突的关节面形状较为恒定，大多数为梨形。总之，我们在猕猴寰椎上所观察到的这些现象，与在人类所见到的有所类似，虽然两者所构成的寰枕关节的方位不同，前者为前后位，而后者为上下位。寰椎图见图9-3。

第2颈椎称为枢椎，由体、齿突、弓和几个突组成。体的尾侧面稍凹陷，头侧有齿突。枢椎齿突在发生上原是寰椎的体愈合于枢椎而成。齿突的背侧与腹侧各有一个关节面。腹侧关节连接寰椎的前弓；背侧关节面有寰横韧带经过，椎孔几乎呈椭圆形。横突小，棘突扁而宽。上关节突稍凸，处于水平面和矢状面之间的一个斜面中；下关节突扁平，处于冠状面和水平面之间的一个平面中。枢椎图见图9-4。

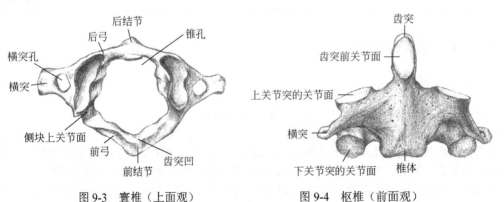

图9-3　寰椎（上面观）　　　　图9-4　枢椎（前面观）

（2）胸椎　胸椎通常有 12 个。从第 1 到第 12，椎体逐渐增长和加宽，约成椭圆的一半。在椎体外侧面和背侧面连接处下缘是接肋骨小头的关节面，此面较小，有时不清楚。在我们的标本中，第 1～8 或第 1～9 胸椎，椎体每侧与两根肋骨相关节。上 7～8 个胸椎体每侧与两根肋骨的小头相关节，下 4～5 个胸椎体每侧与一根肋骨的小头相关节。椎孔略呈圆形。横突较大，第 1～10 胸椎横突具有接肋骨结节的关节面，即横突肋凹。棘突长，第 1～9 胸椎棘突伸向背侧和尾侧。第 10～12 胸椎棘突变短，在头尾方向上变宽，伸向背侧。关节突扁平，关节面呈近水平的斜面。有些标本上，第 11、12 胸椎和第 1～5 腰椎下关节突的腹侧有明显的副突。而有些标本上，第 11、12 胸椎未见副突。由此可见，胸椎副突的存在与否及其数目是有变异的。第 6 胸椎见图 9-5 和图 9-6。

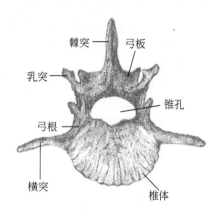

图 9-5　第 6 胸椎（上面观）

（3）腰椎　腰椎通常有 7 个，少数标本为 6 个。与胸椎相似，7 个腰椎由头侧向尾侧逐渐增大。与胸椎相比椎体粗大得多，越向下越长且越宽，但最末一个腰椎例外。椎体面凹陷。最后两个腰椎的椎孔呈三角形，其余的均呈圆形。第 1 腰椎横突小，偏向尾侧。第 2～6 腰椎横突逐渐变宽变长、弯向头侧。棘突宽而平，呈板状，越向下越高，并稍偏向头侧。除第 7 腰椎外，其余均有发达的副突。上关节突上的乳突也很发达，但较尖，不呈乳突状。第 7 腰椎因夹在两髂骨之间，故没有第 6 腰椎那样大。它的两个横突低于髂骨颅侧缘，因而它们的长度也没有第 6 腰椎横突长，但较粗壮。第 6 腰椎见图 9-7。

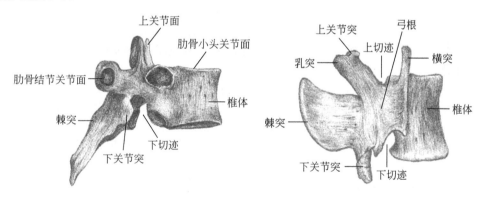

图 9-6　第 6 胸椎（右侧面观）　　　　　　　图 9-7　第 6 腰椎（右侧面观）

（4）骶骨　骶骨通常由 3 个骶椎融合而成，是一块稍弯曲的三角形骨。骶骨盆面光滑，有两对骶前孔和两条横线。骶前孔外侧的骨与肋同源，上下连成一整体。横线是随动物年龄而变化的。骶骨的底在头侧，接第 7 腰椎。骶岬甚明显。骶骨的尖在尾侧，呈卵圆形，接尾骨。正中嵴呈薄板状，由 3 个骶椎的棘突连成。此嵴有三个棘突凸起，第 1 骶椎棘突很大，第 2 和 3 骶椎棘突较小。第 1 骶椎的上关节突游离，接第 7 腰椎下关节突。第 3 骶椎的下关节突游离。在骶中嵴两侧各有一条由关节突形成的骶关节嵴。有两对骶后孔。每侧骶后孔的外侧又有一条断续的骶外侧嵴，乃由骶骨的横突形成。骶管横断面呈三角形或椭圆形。骶管裂孔较大。外侧部头侧宽，尾侧较窄。在外侧，头两个骶椎大大扩展，形成骶骨翼，每侧翼的颅侧 2/3 是粗壮的，而尾侧 1/3 则被髂骨的关节所占据。耳状面涉及两个骶椎，是与髂骨相关节的关节面。

（5）尾椎　尾椎通常有 12 节，变得很小，形态也大有改变。前 4 个有椎孔，前 6 个有横突，前 5 个有头节突。其余的尾椎没有横突和关节突。第 4、5 尾椎连接处约平坐骨结节面。在第 2 与 3、第 3 与 4、第 4 与 5 椎连接处的腹面有凸出的"人"字骨或称"V"形骨。尾椎骨由头侧向尾侧逐渐变细。第 1 尾椎的尾段较短，中段较长。

**3. 肋骨**

肋骨通常为 12 对，其中上 8 对是真肋，通过各自的肋软骨与胸骨直接相连接；第 9、10 对是假肋，通过各自的肋软骨附于上一个肋软骨；最后 2 对是浮肋，在腹侧端游离。在上 10 对肋骨中，每一对均由附于椎体的肋骨小头、附于椎骨横突的肋结节、介于肋骨小头和肋结节之间的肋骨颈，以及由肋结节延伸到肋软骨的肋骨体等组成。通常第 11、12 对肋骨没有肋结节，第 2～10 对肋骨内面的尾侧缘有肋沟。第 1～7 对肋骨的长度逐渐增加，而肋软骨的长度则在第 1～9 对逐渐增加。肋软骨出现不同程度的骨化，骨化中心在软骨中央，呈线状，而不在软骨周围。

**4. 胸骨**

胸骨是一长形扁骨，由软骨相连的七节骨片和尾侧端的一节软骨组成。分为胸骨柄、胸骨体和剑突三部分。颅侧端的胸骨柄最大，呈八角形，其余的骨片为长方形。第 2～4 节骨不断增长，然后变短。第 7 节为剑突，比前面任何一节骨片都更长且更窄。在骨节片之间有节间软骨，第 1～5 节其长度逐渐减小，每一个节间软骨连接它两侧的肋软骨。第 6 节间软骨是比较长的，与第 7、8 对肋软骨相连接。胸骨柄的颅侧缘为胸骨上切迹，其两侧为锁骨切迹，与锁骨的胸骨端相连接。在紧靠锁骨切迹下方有第 1 肋骨切迹，接第 1 肋软骨。在胸骨柄与胸骨体连接处两侧接连第 2 对肋软骨。胸廓图见图 9-8。

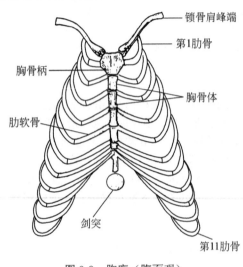

图 9-8　胸廓（腹面观）

图中标注：锁骨肩峰端、第1肋骨、胸骨柄、胸骨体、肋软骨、剑突、第11肋骨

**5. 附肢骨**

附肢骨包括上肢骨和下肢骨。每一附肢骨又包括肢带骨和游离肢骨两部。肢带骨与躯干骨相接；游离肢骨的近侧端与肢带骨相接，远侧端游离。上肢骨由锁骨、肩胛骨、肱骨、尺骨、桡骨、腕骨、掌骨、指骨组成；下肢骨由髋骨、股骨、髌骨、胫骨、腓骨、跗骨、跖骨组成。猕猴的髋骨明显不同于人的髋骨，近似于典型四足兽的髋骨类型，由髂骨、坐骨和耻骨所构成。在成年动物中，3 块骨在髋臼彼此愈合成一块，但易于看出髂骨形成髋骨颅侧的 2/3，坐骨形成尾侧 1/3 的背侧部，而耻骨则形成尾侧 1/3 的腹侧部。髋骨存在第 4 块骨即髋臼骨。

**（二）犬骨骼系统解剖特点**

犬的全身骨骼近 300 块，其中包括头骨 46 块，脊柱 50～53 块，肋骨和胸骨 27 块，附肢骨 176 块，此外还包括 1 块内脏骨（阴茎骨）（图 9-1）。

**1. 头骨**

犬的头骨近似长卵圆形。但是不同品种犬的头骨形态和大小有很大差异，头型狭长者为长头型，头骨宽者为短头型，此外尚有中头型。犬由于嗅食寻物，演化成嘴凸鼻长，而其下颌也很发达并伸长。头骨多为扁骨，共 46 块。分成颅骨、面骨、舌骨和听小骨四部分。

（1）颅骨　颅骨构成颅腔，包括 14 块骨。其中成对的 5 种，不成对的 4 种。包括枕骨、蝶骨、额骨、顶间骨各 1 枚，上颌骨、下颌骨、颞骨、鼻骨和乳突骨各 1 对。

（2）面骨　面骨共 15 块，位于颅骨的下方，构成呼吸道与消化道的入口。包括上颌骨、前颌骨、腭骨、翼骨、鼻骨、颧骨、下颌骨各 1 对，犁骨 1 枚。

还有由 11 块骨组成的舌骨，以及由锤骨、镫骨及砧骨组成的听小骨。

**2. 椎骨**

犬的椎骨共50～53块。各段椎骨的数目可以列成椎式：$G_7T_{13}L_7S_3Gy_{20～23}$。其中除荐骨由3枚荐椎愈合成一块骨外，其余脊椎骨均是分开的。脊柱的全形比较平直，有三个微曲度：①颈椎与前部胸椎形成一个向腹侧的曲度；②后部胸椎至腰椎形成一个凹向腹侧的曲度；③荐骨与前部尾椎形成一个凹向腹侧的曲度。

（1）颈椎　颈椎有7块。寰椎无椎体和棘突。枢椎体最长，棘突侧扁而高，呈长薄板状。其余颈椎体的长度逐渐变短，而以第7颈椎体为最短。第3颈椎的棘突甚低，仅为一中嵴。第4、5颈椎的棘突渐高，而第6、7颈椎的棘突最高。

（2）胸椎　胸椎有13块。椎体为半圆形，各胸椎体近相等。椎体前端略凸，后端凹陷，椎孔较大，横突短而厚且粗糙。第1～9胸椎棘突较长，并向尾侧倾斜，其中第5～9胸椎的棘突倾斜更甚。而第11～13胸椎的棘突则短而直立，最后的胸椎棘突稍向前倾。

（3）腰椎　腰椎有7块。椎体上下显著压扁。第1～7腰椎逐渐增宽，而椎体长度第1～6腰椎逐渐增大。横突呈板状，向前下方突出，其长度第1～6腰椎逐渐增加。棘突下宽上窄，第4腰椎以后的棘突减低，除最后腰椎的棘突外均向前微倾。

（4）荐骨　荐骨由3块荐椎愈合而成。骨体短宽近方形，背面棘突愈合成正中嵴，但在棘突顶端仍有间隙。3块荐椎中以第1荐椎最大，椎体的前端面宽大，正中凹入。第3荐椎的横突向后方突出。荐骨孔上下扁平。

（5）尾椎　尾椎数目变化较大，有20～23块。前部尾椎发育比较完整，前6个尾椎有完整的椎弓、椎孔和较大的横突。以后各尾椎则逐渐退化消失。除第1尾椎的长度和宽度相等外，中段的尾椎增长，以后各尾椎又变短，最后4个尾椎仅存椎体，最后的尾椎尖细。

**3. 胸廓、胸骨和肋骨**

胸廓由13个胸椎、13对肋骨和1个胸骨组成。胸骨由8枚胸骨节愈合而成，第1胸骨节最长，第2～7骨节组成胸骨体。肋骨共有13对，其中真肋9对，假肋4对，前8～9肋骨的下部逐渐变宽。

**4. 附肢骨**

附肢骨由前肢骨和后肢骨组成，前肢骨由肩带、肱骨、前臂骨和前足骨组成，后肢骨包括腰带、股骨、小腿骨和后足骨4部分。

**5. 阴茎骨**

阴茎骨，是器官的辅助骨骼，为犬科特有的骨骼，位于骨盆的腹侧、阴茎的前部，阴茎骨腹侧面凹陷成沟，称为尿道沟。

（三）兔骨骼系统解剖特点

兔全身有275块骨，全部骨块（包括韧带）的总重量约为体重的8%。兔的骨骼系统由头骨、椎骨、肋骨、胸骨、胸廓及附肢骨组成。兔的全身骨骼见图9-1。

**1. 头骨**

头骨包括颅骨和面骨两部分。颅骨包围在脑、平衡及听觉器官的外围，构成头骨的后半部，内为颅腔，容纳脑；面骨是构成兔颜面的骨质基础，围绕在口、咽腔及鼻腔周围并与颅骨共同形成眼眶。

（1）颅骨　颅骨包括枕骨、蝶骨、筛骨及顶间骨各1块和顶骨、额骨及颞骨各2块。兔脑不发达，颅腔相应的较小，颅腔由脑前窝、脑中窝和脑后窝组成。枕骨是构成颅腔后壁及腹壁最后的部分，后部正中有一枕骨大孔，为颅腔与椎管相通处，幼兔时4块枕骨（上枕骨和基枕骨各一块，外枕骨两块，分布在枕骨大孔四周）骨片之间的骨缝仍很清楚，成年兔则愈合成一块枕骨，骨缝界限不清；蝶骨构成颅腔下壁，位于枕骨底部的前方，可分为基蝶骨、翼蝶骨、前蝶骨、眶蝶骨四部分；筛骨位于颅腔前壁、蝶骨的前方，分为筛板、垂直板及筛骨迷路三部分，可将鼻骨及额骨掀开以观察筛骨的全貌。顶间骨（间顶骨）为嵌在上枕骨与两侧顶骨之间的一块小骨，其四周的骨缝终生存在；顶骨是构成颅腔顶壁的一对主要骨片，呈长方形；额骨位于顶骨的前方，左右两块；颞骨构成颅腔侧壁，由鳞状骨、鼓骨、岩骨三部分组成。

（2）面骨　面骨包括上颌骨、前颌骨、鼻骨、颧骨、泪骨、腭骨、下颌骨和鼻甲骨各2块；锄骨、舌骨各1块。兔的面骨部分较长，这和它的草食性相关。

（3）头骨的出入孔　头骨具有一系列头骨孔，供神经及血管出入，包括门齿孔、眶下孔、泪孔、腭前孔、蝶腭孔、眶上前孔、眶上后孔、视神经孔、眶裂、蝶（前、中、后）孔、海绵孔、破裂孔、颈外动脉孔、茎乳孔、颈静脉孔、舌下神经孔、枕骨大孔、下颌孔、颏孔。

**2. 椎骨**

兔的椎骨共约46块，包括7块颈椎、12（13）块胸椎、7（6）块腰椎、4块荐椎、尾椎数目不定，15～18块，各段椎骨的数目可以列成椎式：$C_7T_{12}L_7S_4Cy_{15\sim18}$。椎骨甚弯曲，特别是腰部弯曲最为明显。在脊柱全长中腰部占的比例较大，每一块腰椎骨也较粗大。

（1）颈椎　颈椎有7块。第1颈椎名寰椎，第2颈椎名枢椎，这两块颈椎具有使头部转动的功能，形态变化很大。

（2）胸椎　胸椎有12块（偶有13块）。各胸椎全与骨相连，棘突甚发达，举颈和举头的强有力的肌肉附着在棘突的垂直面上。前面9个胸椎棘突向后背面延伸，第10、11胸椎的棘突变为指向背方，第12胸椎棘突已和后面的腰椎棘突一样指向前方。

（3）腰椎　腰椎有7块（偶有6块）。兔的腰椎部在脊椎全长中所占比例较大，每一块腰椎骨也较粗大。椎体粗大，棘突宽、指向前方，横突长，伸向外侧下前方，无肋骨附着。

（4）荐椎　荐椎有4块，在成体中愈合为一块，称为荐骨。棘突较低矮，椎体及关节突全愈合为一坚固的整体，荐骨两侧突出部称荐骨翼。

（5）尾椎　尾椎有15～18块。前面数块尾椎具有椎管，以容纳脊髓的终丝；后面的尾椎仅有椎体，呈圆柱体。

**3. 胸廓、胸骨和肋骨**

胸廓由胸椎、肋骨和胸骨构成。兔的肋骨共有12对（偶有13对的），与胸椎数目相一致。前7对分别直接与胸骨相连，称为真肋；后5对（偶有6对的）不与胸骨直接相连，称为假肋，第8肋骨的软肋附在第7肋上，第9肋附在第8肋上，其中，最后3对肋骨的软肋末端游离，称为浮肋。第1肋甚短，后面逐渐加长至第6肋，第7肋以后又逐渐缩短。胸骨构成胸廓的底部，由6枚骨块组成，最前边的1块为胸骨柄，最后面的1块胸骨与一软骨板相关节，称为剑突；位于胸骨柄和剑突之间的各块胸骨称为胸骨体。

**4. 附肢骨**

附肢骨包括前肢骨和后肢骨。前后肢的背端各由带骨固着在躯干两侧，下部为游离的附肢骨骼。前肢的带骨称为肩带，后肢的带骨称为腰带，腰带较长。前肢骨短，后肢骨长而有力。

（1）前肢骨　前肢骨可分为肩带、上臂骨、前臂骨及前脚骨四部分。兔的肩带仅保留发达的肩胛骨；上臂骨由肱骨构成；前臂骨由桡骨和尺骨构成，内侧（和拇指同侧）为桡骨，外侧（和小指同侧）为尺骨；前脚骨由腕骨、掌骨及指骨构成；腕骨9块，分为三列，具有中心腕骨，接近哺乳动物的原始型。

（2）后肢骨　后肢骨可分为腰带、大腿骨、小腿骨及后脚骨四部分。兔的后肢骨较长并坚强有力，适于跳跃。腰带是后肢连接脊柱的桥梁，在结构上较肩带有更大的坚固性，由一对髋骨组成；左、右髋骨在腹侧正中线相结合形成骨盆合缝，在背侧与荐椎牢固地连在一起形成不动关节，左、右髋骨及背壁的荐椎由前几个尾椎相结合构成骨盆；髂骨构成骨盆的前部侧壁，前面宽广部分称髂骨翼，翼的后下方为髂骨体，翼的前缘为髂骨嵴，其前上侧角是粗大的髋结节；大腿骨由股骨组成；小腿骨包括内侧粗大的胫骨和外侧细弱的腓骨，两者之间在近端约1/2处有明显骨间隙，下半两骨愈合在一起；后脚骨由跗骨、跖骨和趾骨组成。

（四）大鼠骨骼系统解剖特点

大鼠骨骼系统由头骨、椎骨、肋骨、胸骨、胸廓及附肢骨组成。大鼠全身骨骼见图9-1。

**1. 头骨**

头骨包括颅骨和面骨两部分，颅骨包围在脑、平衡及听觉器官的外面形成颅腔，并与一部分面骨形成眼窝；面骨是形成面部的骨质基础，围绕在口、咽腔及鼻腔周围。

（1）颅骨　颅骨包括不成对的枕骨、顶间骨、基蝶骨、前蝶骨和筛骨，以及成对的顶骨、额骨和颞骨。枕骨围在枕骨大孔四周，构成颅腔后壁及颅底的后半部，30日龄的大鼠仍然有清楚的骨缝，上枕骨和基枕骨各一块，外枕骨2块，但60日龄的侧枕骨已愈合成一块；大鼠的顶间骨在比例上较大，大致呈六角形，构成颅顶的后部，后面接上枕骨，前面和两侧接顶骨，其交错的骨缝较为明显；顶骨是构成颅腔壁的一对主要骨片，被额嵴分为扁平长方形的顶部和向腹外侧倾斜的颞部；额骨位于顶骨的前方，左右两块，其间骨缝平直（额间缝）；颞骨构成颅腔侧壁和侧腹壁，包括鳞状骨、鼓骨、岩骨和乳突骨四部分，其中后两者愈合在一起，其他骨片连接并不紧密，在适当的浸泡下均可分离开。

（2）面骨　面骨包括舌骨和犁骨各1块，前颌骨、上颌骨、鼻骨、泪骨、颧骨、腭骨、翼骨和下颌骨各1对，以及鼻甲骨4块。

**2. 椎骨**

大鼠的椎骨有57～61块，包括7块颈椎、13块胸椎、6块腰椎、4块荐椎、27～31块尾椎，各段脊椎骨的数目可以列成椎式：$C_7T_{13}L_6S_4Cy_{27\sim31}$。从脊柱全形来看，颈椎-胸椎和胸椎-腰椎弯曲明显，荐椎、尾椎弯曲不明显。颈胸弯曲的最低点是在第2胸椎水平，棘突的最高点是在胸椎与腰椎连接处。就单个脊椎骨来说，第2胸椎的棘突最高。

（1）颈椎　和其他哺乳动物一样，颈椎有7块，无肋骨相连，横突上具有横突孔，供椎动脉通过。其中，寰椎由背弓及腹弓围成环，缺椎体与棘突，横突宽扁呈翼状称寰椎翼，其上的横突孔供椎动脉通过。前面两个大而深的前关节面，与头骨枕髁相关节，后关节面较小，与枢椎相关节。枢椎棘突甚发达高耸，和寰椎的两翼形成枕部肌肉的三个主要附着点。其余5块颈椎短而宽，棘突低矮，横突上有横突孔，但第7颈椎的横突孔形小或缺失；颈部椎管最大直径在第4颈椎（达5mm）；第6颈椎甚为特殊，从横突的基部发出一块向腹后方的骨板，称第6颈椎腹板，其左右侧扁，而前后侧如椎体一样宽，被认为和颈肋同源。

（2）胸椎　胸椎有13块。椎骨的长度由前向后逐渐增加（由2mm增加到4mm），椎管的直径平均为3.3mm，较颈部的椎管狭窄。第1胸椎的棘突在大小和形状上与颈椎相似。第2胸椎的棘突直指背方，高达6～7mm，超过其他脊椎骨，其顶端有一膨大的结节，棘突由于有一尖的软骨突使高度更为增加，在软骨突的中心成体时骨化。第3胸椎以后，棘突向后倾斜，而最后两胸椎的棘突和后面的腰椎棘突相似，指向前方。从第10胸椎开始，在横突基部的后方出现副突，在向后连续7个脊椎骨中副突渐向后移。

（3）腰椎　腰椎有6块，每块椎体的长度比较一致，为6～7mm。棘突和横突越向后越长，棘突向前倾斜，但第6腰椎的棘突较为直立；横突指向外侧，前方稍靠腹侧。前4个腰椎有清楚的副突，第5、6腰椎副突不清楚。乳状突向背外侧方突出。腰椎椎管的直径由4mm后渐缩小至2mm。

（4）荐椎　荐椎有4块，部分愈合，甚至在老年标本中每块荐椎的椎体、横突和关节突仍然分得很清楚。棘突较低矮。除第1荐椎前关节突较大外，其余关节突均甚小。

（5）尾椎　尾椎大多为30块（27～31）。前4（或5）块尾椎的形状和最后一块荐椎的形状近似。但椎弓在前三块尾椎还存在，再向后即消失。棘突和横突逐渐变短，第3尾椎以后，关节突不再相关节。第6尾椎以后渐渐失去脊椎骨的完整外形，形成圆柱体。

**3. 胸廓、胸骨和肋骨**

胸廓由胸椎、肋骨和胸骨所包围的胸腔外廓组成。大鼠的胸廓呈漏斗形，胸廓前口呈心形，直径约 10mm，胸廓后口横断面大致呈稍扁的卵圆形，直径约 35mm。

肋骨共有 13 对。前 7 对经肋软骨直接与胸骨相连，称真肋；后 6 对，称假肋，它们的肋软骨依次相粘连，未与胸骨直接相连，其中第 11～13 对肋骨末端游离，有肋弓未相连，称为浮肋。成体的肋骨背段完全骨化，腹段肋软骨明显钙化。

胸骨共 6 节，最前一节为胸骨柄，第 2～5 节称胸骨体，最后一节为剑突，棒状的剑突后面接一盘状的剑状软骨。胸骨柄长约 10mm，其前面的钝端向两侧突出成翼，每一翼的背面有一浅窝和锁骨相关节。在第 1 侧锁骨的近端有一锥形小骨间插在此关节处（称肩胸骨）。沿胸骨柄翼两侧锁-胸关节后各有一沟和第 1 肋软骨相关节。胸骨柄的腹侧面有一正中矢状嵴，作为很多块肌肉的附着点。其他块胸骨向后依次渐短，但渐增加宽度。

**4. 附肢骨**

附肢骨包括前肢骨和后肢骨。前肢骨由锁骨、肩胛骨、肱骨、前臂骨、腕骨、掌骨和指骨组成，后肢骨由髋骨、股骨、小腿骨、跗骨、跖骨和趾骨组成。

# 第二节　比较骨骼生理学

## 一、骨的生理学特征

从生物分类学角度来看，脊索动物分为三个亚门，由低等开始有尾索动物（仅幼体尾部有脊索，如异体住囊虫）、头索动物（体内终生具有脊索，如文昌鱼）及脊椎动物（仅胚胎时期出现脊索，成体被脊椎所取代）。其中，脊椎动物亚门最为重要且类群最多，包括圆口纲、软骨鱼纲、硬骨鱼纲、两栖纲、爬行纲、鸟纲和哺乳纲。头索动物与脊椎动物最为近似，例如，文昌鱼虽然是一种小型的、低等的脊索动物，但终生具有脊索动物的基本特征：脊索、背神经管和鳃裂，这些特征在高等的脊椎动物胚胎或幼体时期都出现过。有些脊椎动物有皮肤骨，如鱼鳞、龟壳及爬行动物中蜥蜴类、鳄类的腹膜肋等。这些皮肤骨相当于无脊椎动物的外骨骼，但它们是典型的硬骨，起到保护作用。由于某些皮肤骨限制动物生长，动物只能通过脱壳的方式获得更大的生长空间。从某种意义上讲，包括人类在内的现代脊椎动物头部仍保留皮肤骨，如颅的一些扁骨。

骨是脊椎动物所特有的一种结缔组织，它在机体内终生处于自我调整、自我更新过程之中。在遭受损伤后将完全再生，这些特性由骨内特有的细胞群来完成。人与动物骨骼的细胞成分主要有四种，即骨原细胞、成骨细胞、骨细胞及破骨细胞。除骨细胞位于骨质内外，其余三种均位于骨质表面。成骨细胞来源于多能的成纤维细胞基质细胞。在骨形成过程中，一些成骨细胞被整合到板层骨，此时它们被称为骨细胞。每个骨细胞占据一个腔隙，并包含通过骨小管（骨内的分支、管状通道）与其他骨细胞相通的细胞质突起。与编织骨相比，成熟的板层骨具有更少且更规则间隔的骨细胞，并且由分层排列的胶原蛋白基质组成。在每一层中，胶原蛋白束彼此平行。这种层状结构类似于胶合板中的木材层，并提供比编织骨更大的强度；然而，它不能迅速形成。板层骨可能由静止的（扁平的）或活跃的（立体的）成骨细胞排列，这取决于骨表面是否正在进行骨形成活动。用偏光显微镜可以观察到板层骨和编织骨之间更明确的区别，这可以更好地定义胶原纤维的排列。破骨细胞来源于单核-巨噬细胞的循环前体细胞，是细胞质呈泡沫状的多核细胞。它们表达降解骨基质的酶，包括抗酒石酸酸性磷酸酶和组织蛋白酶 K。破骨细胞极化并黏附在发生吸收的骨表面上。骨吸收通过出现在骨-破骨细胞界面处的特殊刷状边界发生，并且酶通过在破骨细胞-骨界面外缘周围形成密封区而保持局部化。成熟的骨细胞（胞体）埋藏于骨陷窝内，其突起在骨小管内伸展，突起的末端借缝隙连接与其他细胞（骨细胞、骨衬细胞）的突起末端连接形成立体网络结构，构成骨的感受系统，监测骨的局部损伤，感受骨的力学应变。小鼠、大鼠、犬、马、牛与人类骨细胞形态及功能相似，胞体直径均在 6～10μm，人类功能活跃的成骨细胞直径为 10～12μm，呈立方体或圆柱体，有小突起，成片贴附于成骨处骨表面合成并分泌类骨质。动物成骨细胞大小尺寸及活动方式与人类也很相似。破骨细胞的功能是完成骨吸收，数量约为成骨细胞的 1%，人与动物破骨细胞直径在 30～100μm，胞内可含多达 50 个细胞核，功能活跃时在其皱褶缘处分泌有机酸（$H^+$）及多种酶类溶解骨组织。人类一个破骨细胞可溶 100 个成骨细胞所形成的骨质，但在动物破骨细胞活动及溶骨能力的统计资料较少，而且不同动物破骨细胞的溶骨范围与其接触的骨面积比例亦相差甚大。成骨细胞由中胚层组织的间充质细胞分化而来，这些骨祖细胞主要分布在骨髓、骨膜及骨组织内外的固有结缔组织中，特别是在血管周围。在分化性质上它们分为两类，一类是确定性骨祖细胞（determined osteogenic precursor cells，DOPC），另一类是诱导性骨祖细胞（inducible osteogenic precursor cells，IOPC），前者可直接分化为成骨细胞，后者需经过诱导物质或特殊环境才能分化成为成骨细胞。人与动物的骨祖细胞分布无大差异，但对于 IOPC 来说，低等动物更易于被诱导分化。

　　骨组织计量学（bone histomorphometry）观察是通过骨形成和骨吸收参数的测量、计算和分析来判断模型是否成立的一种可靠的方法，通常应用荧光标记和细胞染色技术将活检的或新鲜骨标本制成骨磨片和不脱钙骨切片，并将其光镜观察结果用计算机软件处理，这样可以获得骨组织结构和钙化过程的详细形态学资料。它是分析不同种属动物骨组织结构差异的基本手段之一。在结构上骨由密质骨（构成骨皮质）和松质骨（构成骨小梁）构成。骨的最小功能单位是骨单位（osteon），密质骨的骨单位是哈弗斯系统（Haversian system），松质骨的骨单位是骨小梁（trabecula）。松质骨的静态参数包括：①骨小梁面积百分数（%Tb. Ar），反映骨量；②骨小梁厚度（Tb. Th），反映骨结构；③骨小梁数量（Tb. N）；④骨小梁分离度（Tb. Sp）。动态参数包括：①骨形成参数：骨小梁荧光周长百分数（%L. Pm），代表成骨细胞的数量；②矿化沉积率（MAR），代表成骨细胞的活性；③骨形成率（BFR）；④类骨质周长百分数（%O. Pm），反映新骨形成的情况。骨吸收参数包括骨吸收周长百分数（%Er.Pm）与破骨细胞的数量（Oc.N）。皮质骨的静态参数包括总的骨组织面积与骨髓腔面积等，动态参数包括骨小梁荧光周长百分数、矿化沉积率、骨形成率、类骨质周长百分数和骨吸收周长百分数等。骨组织计量学的静态参数可直接反映骨量和骨组织显微结构的变化，动态参数可观察骨代谢的动态过程。人的骨组织计量学指标见表 9-4、表 9-5。

表 9-4　人密质骨与松质骨主要骨组织计量学指标比较

| 指标 | 密质骨 | 松质骨 |
| --- | --- | --- |
| 占总骨体积比例（%） | 80 | 20 |
| 相对体积（$mm^3$） | 0.95 | 0.20 |
| 绝对体积（$mm^3 \times 10^6$） | 1.4 | 0.35 |
| 面积/体积比（$mm^2/mm^3$） | 2.5 | 20 |
| 内表面总面积（$mm^2 \times 10^6$） | 3.5 | 7 |
| 占总量面积比例（%） | 40 | 60 |
| 骨吸收表面积（%） | 2 | 4 |
| 骨形成表面积（%） | 8 | 16 |
| 静止表面积（%） | 90 | 80 |

注：相对体积=密度骨（松质骨）体积/骨组织总体积，骨组织总体积=骨体积+骨髓体积。

表 9-5　成人密质骨与松质骨骨单位比较

| 参数 | 密质骨（哈弗斯系统） | 松质骨（骨小梁） |
| --- | --- | --- |
| 长度（mm） | 2.5 | 1.0 |
| 周长（mm） | 0.6 | 0.6 |
| 厚度（mm） | 0.04～0.06 | 0.04～0.06 |
| 单位体积中骨单位数量（$\times 1/mm^3$） | 15 | 40 |

续表

| 参数 | 密质骨（哈弗斯系统） | 松质骨（骨小梁） |
|---|---|---|
| 骨单位总数（$10^6$） | 21 | 14 |
| 骨吸收所需时间（天） | 24 | 21 |
| 成骨期所需时间（天） | 124 | 91 |
| 骨重建所需时间（天） | 148 | 112 |
| 骨翻转速率（%/年） | 3 | 26 |

由于在不同种动物或同一种动物的不同部位及不同年龄阶段（生长期和成年期），骨形成及骨吸收指标相差甚大，致使骨的结构有所差异。实验动物的骨组织计量学指标见表9-6～表9-8。

**表 9-6　大鼠第 3 尾椎椎体松质骨骨组织计量学指标**

| 参数 | 8 周龄（220g） | 12 周龄（320g） |
|---|---|---|
| 骨小梁体密度（TBV）（%组织） | 18.2 | 17.5 |
| 绝对类骨质体积（OBV）（%组织） | 1.4 | 0.9* |
| 类骨质面积（OS）（%骨小梁表面积） | 41.1 | 22.0** |
| 成骨细胞面积（OBS）（%骨小梁表面积） | 28.9 | 14.3** |
| 破骨细胞面积（OCS）（%骨小梁表面积） | 3.4 | 0.9** |
| 翻转面积（RevS）（%骨小梁表面积） | 3.2 | 2.6 |
| 平均类骨质厚度（OT）（μm） | 8.2 | 5.8* |
| 矿化率（MR）（μm/d） | 0.61 | 0.45 |

注：两组比较*$P<0.05$，**$P<0.01$。

**表 9-7　猪松质骨（趾骨）骨组织计量学指标**

| 参数 | 数值 |
|---|---|
| 骨小梁体密度（%） | 0.55 |
| 骨小梁面密度（%） | 19.43 |
| 类骨质宽度（μm） | 5.73 |
| 成骨细胞指数（个/mm³） | 7759.48 |
| 破骨细胞指数（个/mm³） | 1350.30 |

**表 9-8　猎犬松质骨（椎骨）骨组织计量学指标**

| 参数 | 数值 |
|---|---|
| 骨小梁体密度（%） | 33.5 |
| 骨小梁厚度（μm） | 115 |
| 平均壁厚度（μm） | 33.2 |
| 破骨细胞面积（mm²） | 1.0 |
| 骨形成率（%） | 2.8～4.2 |

犬、马、牛及灵长类等动物皮质骨与松质骨的比例与人相似。动物越大，骨骼越大，骨的绝对体积就越大。成年牛股骨干中部骨皮质的厚度为 0.8～1.0cm，人约 0.5cm，小鼠则约 0.2cm。松质骨骨小梁壁的厚度也不一样。牛的肱骨上端、股骨下端及胫骨上端等处的骨小梁壁厚度均匀（为100～500μm），孔隙的大小一致性较好（为 300～1200μm），已作为载体用于骨组织工程研究。人松质骨（髂骨）骨小梁宽度为 90～170μm，相对骨体积为 14%～30%；而大鼠骨小梁宽度为 60～80μm，但相对骨体积与人类相似，为 17%～24%。成年小鼠、大鼠及兔等小哺乳动物的松质骨骨

量及数量相对较少，主要存在于短骨（如脊椎骨）中及长骨的两端（以股骨下端及胫骨上端分布较多）。因此在利用大鼠进行骨质疏松症及骨代谢方面的研究时多采用上述部位。而且观察区域也有要求，即取从距骺线 1mm 处开始向骨中心部位延伸 2～3mm 处的次级海绵区（secondary spongiosa）部位，以排除骺软骨板下含有软骨的非成熟骨小梁即初级海绵区（primary spongiosa）的干扰。同样由于大鼠、小鼠长管状骨内松质骨较少，人们利用此类动物的这一特点进行骨髓相关研究是较方便的。骨组织计量学研究表明，无论是在皮质骨还是在松质骨，脊椎动物骨单位的基本形态是相同的。

　　脊椎动物骨的生长发育方式及过程与人类相似，有膜内成骨和软骨内成骨两种方式。①膜内成骨：是所有真皮内硬骨的成骨方式，首先在成骨处真皮内的间充质细胞增生、密集，形成富于血管网的原始组织膜，血管网眼中的间充质细胞首先直接分化为成骨细胞群并分泌类骨质，随即钙盐沉淀其中，形成骨化中心。但后者钙化成细针状或薄片状即形成网状骨，随着钙盐的沉淀范围扩大，成骨细胞与破骨细胞的共同改建，形成成体的内外板状密质骨及中间的松质骨。在硬骨鱼类几乎全身（包括口腔）的皮肤中都形成板状膜骨，其前部是大片的骨板，躯体部的大部分是骨质鳞。在高等的脊椎动物，发生膜内成骨的部位已大大缩小，骨质鳞基本消失，在鸟类及哺乳类膜内成骨仅发生在头骨、下颌和肩带骨。②软骨内成骨是在成骨处间充质首先分化为软骨，形成软骨雏形。随后软骨基质钙化，软骨细胞肥大、死亡，新生毛细血管侵入，经过成骨细胞与破骨细胞共同改建完成。它是四足动物的四肢骨、骨盆及脊椎骨的成骨方式。低等的脊椎动物，软骨内成骨通常只有一个骨化中心位于长骨骨干，到成体时其两端的软骨转变为关节软骨。但哺乳动物（包括少数爬行类动物）出现次级骨化中心——骺（epiphysis），它常位于长骨的两端或供肌肉附着的突起处。初级和次级骨化中心之间的软骨成为一个生长带——骺板，它使骨骼长度持续增长。到了成体骺与干连接起来，骨骼停止生长。长骨的增粗是长骨干处之骨膜（或骨领）通过膜内成骨完成。哺乳动物生长发育过程中，与骨干增长速度相比，长骨干骺端松质骨部分的长度增长变化较小，这是由于其近髓腔侧的骨小梁被吸收的速度与骺板的生长速度相适应，其结果是使骨髓腔扩大。但这一过程并不发生在它们的椎骨。大量观察表明，上述情况与人类长骨干骺端发育过程是一致的。由于软骨内成骨能使骨骼在机体内部生长，除退化的情况外（如许多鱼类及两栖类），对于脊椎动物来说软骨是胚胎的辅助骨骼，硬骨是成体的正常骨骼。在上述两种成骨过程中各类骨形成及改建相关细胞的基本活动规律及功能特点，动物与人类无大的区别。但其细胞活动的时相及程度与人类有所不同。发育中的大鼠表现高丰富的骨重建过程，有研究表明幼年大鼠（8 周）与成年大鼠（12 周）的松质骨量相似，但前者的骨形成率和骨吸收率比后者高约 5 倍。皮质骨的情况相反，4 月龄大鼠的松质骨切片上观察不到传统的黏合线，说明其骨改建活性较低。动物的骨生长发育期长短相差也甚大，并且也存在性别差异。如雌性大鼠在 6～9 个月时进入骨生长静止期，骨骺板开始封闭，骨膜生长要持续到 10 月。此时即达到了雌鼠的峰值骨量年龄，在此之后，进入了骨代谢相对稳定的阶段，约 20 个月雌性大鼠不出现发情现象及体内雌二醇峰值，标志绝经期的开始，骨量丢失加快，可见雌性大鼠骨的生长发育的成熟、停止及产生骨丢失有较为明显的规律。因此，在进行骨质疏松方面的研究选用大鼠作为实验动物时，雌性大鼠在 6～12 个月年龄段是一个可用于检测的较好年龄段，21～24 个月以后由于雌激素缺乏而不适用骨代谢方面的研究之用。雄性大鼠骨骺生长时间较雌性长，骨量峰值年龄不确定，故不适用于各种骨龄方面的研究之用。

　　一个破骨细胞在一处骨表面处于溶骨激活状态的时间，大鼠和人类一样均为 2 天左右，经破骨细胞吸收后的骨表面为翻转面，成骨细胞重新分布于骨翻转面即开始成骨，骨面经过骨吸收后转化为骨形成的过程称为偶联（coupling）或逆转（reversal）。8 周大鼠的偶联时间为 2～3 天，而 12 周大鼠为 4～5 天。人的这一过程要长一些，需 1～2 周才能完成。小鼠完成骨改建的时间约 5 周，人则要用 3～6 个月的时间完成。除翻转期较长外，这主要是由于人在骨形成阶段的矿化速度较慢的缘故（前 5～10 天矿化率可达 70%，余 25% 为 3～6 个月完成，人骨不能 100% 矿化）。

## 二、软骨的生理学特征

与骨一样，软骨也是脊椎动物所特有的，它由软骨组织与软骨膜构成。软骨组织又由软骨细胞、软骨基质和埋于基质中的纤维成分组成。从外观上看，有些动物的支持组织（如鳃口动物的咽棒）类似软骨。它具有软骨的机械性能，但它不是软骨组织，因为这种组织仅由胶原纤维和一种均匀、致密的精细基质组成而无细胞成分。头足动物的软骨细胞有许多分支的长突起，相邻的细胞突起相接触，这一点类似于脊椎动物的骨细胞。

软骨细胞埋于基质中的软骨隐窝内，隐窝周围的软骨基质——软骨囊，由于其基质成分浓度较高，染色很深。软骨中央部分的软骨细胞多为 2～8 个成群存在，它们是由一个细胞分裂形成的同源细胞群。越靠近软骨膜的软骨细胞为扁椭圆形，轴与表面平行，越向深处软骨细胞转变为圆形或椭圆形。除低等脊椎动物和高级脊椎动物早期阶段外，软骨细胞都呈现这种圆形或卵圆形。软骨细胞核较小，呈圆形或卵圆形，胞质略嗜碱性。电镜下软骨细胞形状不规则，表面有许多小凸起。静止的软骨细胞内可见有糖原和小脂滴聚集，而功能活跃的软骨细胞则可见有较多的粗面内质网及高尔基体合成、分泌多种蛋白质。软骨基质的主要成分是水、蛋白多糖和少量蛋白质。蛋白多糖主要为酸性糖氨多糖，后者硫酸软骨素含量较高，还有少量的硫酸角质素和肝素。蛋白多糖聚集体的结构似瓶刷状，其轴心是透明质酸分子。连接蛋白将侧向排列的蛋白多糖分子与透明质酸连接起来，而蛋白多糖的侧链则由硫酸角质素和硫酸软骨素组成。按照基质内所含纤维成分及其排列方式的不同可以将软骨分为三种：①透明软骨：纤维是由 II 型胶原蛋白组成的胶原纤维，约占基质干重的40%，没有胶原纤维一般所具有的 64μm 周期性横纹，原纤维直径为 10～20μm，与软质基质折光度近似，故在光镜下很难辨别。IX、XI 型胶原亦属软骨特有，但含量很少。脊椎动物在发育过程中由透明软骨构成的动物骺板，软细胞生长成柱，分泌基质，使动物骨骼增长。成体后关节面处骨骺转变为关节软骨。成体骨架外的透明软骨主要存在于鼻、喉、气管及支气管中。但是由次生软骨组成的脊椎动物，如七鳃鳗鱼、软骨鱼纲及许多真骨鱼等，它们的大部分骨骼是由透明软骨组成的；有些鱼类（如鲨鱼）软骨基质可含有钙盐，称为钙化软骨（calcified cartilage）。②弹性软骨：特点是基质内含有大量交织排列的弹性纤维，而 II 型胶原纤维含量较少。见于哺乳动物的外耳、会厌等处。③纤维软骨：是透明软骨与致密结缔组织之间的一种过渡型组织，其特点是细胞间质内含有大量平行或交叉排列的胶原纤维束，软骨细胞在束间单独、成对或成排存在，而软骨基质甚少。脊椎动物椎间盘、半月板、耻骨联合等处为纤维软骨，它也存在于某些肌腱和韧带附着于骨的部位。

所有脊椎动物软骨生长有两种方式，一种是间质生长（interstitial growth），也称软骨内生长，即软骨细胞不断地分裂增殖，产生新的软骨细胞，由新生软骨细胞产生的软骨基质，使软骨从内部向周围扩展，它是幼稚时期软骨生长的主要方式；另一种是附加性生长方式（appositional growth），即在软骨膜内层的软骨细胞不断分裂分化为成软骨细胞，后者产生新的基质，并转化为软骨细胞，这样在原有软骨表面增加厚度。软骨的这种生长方式在动物整个胚胎时期都存在。到了成年软骨膜内层的细胞相对静止，但是其增殖分化为软骨细胞的潜力终生存在。

在大多数人类的骨骼中，正常的软骨下骺板很薄，厚度均匀，构成软骨下骺板的骨与松质骨的骨小梁大致相同。然而在一些人体骨骼中，软骨下骺板的厚度比较大。成年人正常软骨的厚度一般为 2～3mm，但是趾骨通常不超过 1mm，髌骨却比较厚，达到 5～6mm。此外，关节软骨的厚度在大关节比小关节和关节有相当大的压力的部分往往更大。人体关节软骨可分为四个区域，在浅表区（区域 1），细胞相对较小且平坦，长轴平行于关节面。在中间区（区域 2，又称为过渡区），细胞更大，更稀疏，随机分布。在深层（区域 3，又称为辐射区），细胞更大，并形成放射状的胶原纤维团。在邻近软骨下骨的钙化软骨区（区域 4），基质严重矿化，细胞无法存活。这些区域存在于成人关节软骨中，并且在较大的关节中最为明显。在第 3 区和第 4 区交界处的矿化基质形成了一条不规则的线，称为潮线（tidemark）。

# 第三节　比较骨骼病理学

## 一、骨折

骨折（fracture）是指骨的完整性或连续性遭到破坏，骨折愈合过程基本分为三个阶段：①急性炎症期：经历 2～3 天，骨折致使横跨骨折线的血管破裂及周围软组织遭受损伤，造成骨折区的出血并有血肿形成。骨折两端之薄层骨质由于缺血而坏死：在损伤及坏死组织的刺激下，骨折区组织内发生血管扩张、通透性增大、血浆蛋白渗出、炎性细胞浸润等炎症反应；②修复期：约需 8 周，其特点是骨折区内成骨相关细胞的活动，分泌胶原，合成基质和骨盐沉积；③改建期：由于外力的影响，成骨细胞与破骨细胞的共同作用，使松质骨骨小梁沿着应力线的方向重新改建，皮质骨加固，骨髓腔再通，恢复骨的正常结构，此期需 1～2 年。由于影响骨折愈合因素的复杂性，所以不同种属动物，不同年龄、部位及愈合处理条件，骨折愈合在上述各期所用的时间是不同的，所形成的骨量、骨折抗外力强度也有所不同。有些骨折处理不当可能造成骨不连。兔桡骨的标准骨折模型是在其桡骨中部，旋前圆肌止点以远造成缺损为 3mm 的骨折。由于尺骨的支撑，骨间膜的坚强固定，这种骨折在愈合过程中不能移位，术后无须外固定。柴本甫等用这个模型详细地探讨了骨折愈合过程中超微结构、细胞演化、骨痂形成等规律。骨折愈合的关键时期是纤维骨痂阶段和骨性骨痂阶段。在炎性阶段，白细胞特别是巨噬细胞发挥吞噬作用，各种酶发挥消化作用，清除坏死组织和死亡细胞碎屑，为骨折修复扫清道路。骨折后第 3 天成纤维细胞出现在骨折区血肿内，并能分泌胶原成分，在连接骨痂和桥梁骨痂处，骨折后 1 周左右出现软骨细胞，它们分泌Ⅱ型胶原并合成软骨基质，软骨基质钙化后，成软骨细胞发生退行性变化，最后终于死亡。成骨细胞出现在成纤维细胞之后，它来源于骨外膜、骨髓及骨折周围组织的间充质细胞，它主要出现在骨外膜骨痂和封闭骨痂中，胞质内有发达的粗面内质网，与成纤维细胞一样，成骨细胞能分泌胶原蛋白合成类骨质，钙盐沉淀后，被包埋的成骨细胞和少数成纤维细胞转化为骨细胞。上述模型中，用骨组织计量学方法观察显示，外骨痂是骨折愈合过程中最早出现的骨痂，骨折后第 4 天即出现。外骨痂新生骨小梁平均骨体积（MBV）增长呈抛物线状，第 44 天时生成达到峰值，为最大体积值的 82.6%，此后逐渐下降，术后 60 天基本被吸收。封闭骨痂约在术后第 6 天出现，内骨痂新生骨小梁 MBV 值也呈抛物线状，顶点在 32 天，40 天左右内骨痂基本消失，骨髓腔再通。联结骨痂出现最晚，约在术后第 8 天出现。其内血肿转变为纤维组织后被软骨组织替代，它不同于另外三种骨痂最终被吸收，而是随着骨折愈合时间的延长骨痂中骨小梁 MBV 值逐渐增加。完成由早期编织骨向板层骨-哈弗斯系统形态结构演变的过程。类骨质在骨折区的形成量呈现"驼峰"样变化，在骨折后 14 天出现较高的峰值，组织学特点是骨痂内成骨细胞增生活跃，生成大量类骨质，钙化过程刚刚开始。此后数天内急剧下降（这一现象称类骨质钙化的"突变"现象），28 天左右降到最低值。第二峰值较低，出现在术后第 36 天，特点是内痂成熟及骨塑形开始。哺乳类动物骨折愈合过程中细胞演化及成骨过程与兔相似。

在人类骨折后要求有良好的复位和制动效果，骨折才能够重复上述过程顺利愈合。在人类骨折出现分离移位时，愈合十分困难，但在兔桡骨小于 0.6cm 的骨缺损可以顺利愈合。犬的桡骨小的骨缺损（＜0.5cm）亦无须固定，骨折断端常不发生移位，而自行愈合。兔的股骨干骨折常用细克氏针髓内固定。而犬的长管状骨骨折则可用髓内针（克氏针、斯坦曼氏针）固定或用钢板内固定。大家畜（马、牛等）四肢长管状骨折，则可用夹板、石膏绷带（或夹）外固定，亦可通过手术用钢丝、钢板、髓内针做内固定。在人类骨折愈合一般需 2～3 个月的时间，但在小鼠仅需 2～3 周，兔约需 4 周，犬需 6～8 周，大牲畜（马、牛等）需 3～4 个月。对大牲畜不稳定骨折，要限制其活动，骨折才能愈合。

## 二、骨质疏松症

骨质疏松症（osteoporosis）是由多种因素引起的一种骨骼的系统性、代谢性疾病，它引起骨量减少、骨组织结构改变，导致骨的脆性增加以致易于骨折。内分泌功能紊乱是其主要病因之一，其中涉及的主要激素有雌激素和机体内的三种钙调节激素，即甲状旁腺素（PTH）、降钙素（CT）及钙三醇 [1,25-$(OH)_2D_3$]，它们是机体内钙、磷代谢调节和骨组织更新的重要激素。

### 1. 甲状旁腺素（PTH）

PTH 由动物甲状旁腺主细胞合成及分泌。甲状旁腺一般位于动物的甲状腺内或表面或附近，但猪的甲状旁腺距甲状腺较远，位于颞骨乳突下部后方，在肩胛舌骨肌和胸头肌之间的三角区内；小猪的甲状旁腺常被包于胸腺组织中。PTH 是一条直链多肽激素，共有 84 个氨基酸，其羧基端不具有生物活性，而氨基端是活性端。在氨基端 1～34 个氨基酸序列中，人与牛有 3 个氨基酸不同，与猪有 2 个不同，与鼠有 5 个不同。PTH 对骨形成呈双向调节作用，小剂量 PTH 能刺激成骨细胞形成新骨，超生理剂量的 PTH 虽对成骨细胞数量影响较小，但抑制成骨细胞合成胶原及基质，使骨基质有缺陷，不适合于钙盐的沉积和矿化，此外，超生理剂量的 PTH 可明显刺激破骨细胞数量，使之功能活跃。总的来说，PTH 对骨吸收的作用较强。据报道，血钙升高能力方面，猪 PTH 活性大于牛；而在使大鼠肾源性环腺苷酸（cAMP）增加的能力方面，牛 PTH 活性大于猪，人的 PTH 活性较小。在高水平 PTH 作用下，各种动物的骨细胞均呈现出骨细胞性溶骨效应。高水平的 PTH 可诱发骨质疏松发生。甲状旁腺腺瘤、腺癌，由于维生素 D 及钙缺乏引起的继发性甲状旁腺功能亢进、甲状旁腺增生，均可使 PTH 水平上升，使血钙升高，骨吸收增强，患者易患骨质疏松。在动物（如小鼠、大鼠、豚鼠、禽类）实验中，外源性 PTH 造成骨丢失与上述情况相同。雌激素可以拮抗 PTH 的骨吸收作用，减少骨组织对 PTH 的敏感性，这一点已在卵巢切除的大鼠骨质疏松模型中得到证实。

### 2. 降钙素

降钙素（CT）由哺乳动物甲状腺内的滤泡旁细胞（亦称 C 细胞）分泌。非哺乳动物（如鱼类、鸟类、两栖类）的甲状腺内不含有 C 细胞，它们的 C 细胞位于终鳃体（圆口纲如八目鳗鱼例外，因为它没有骨骼和调节钙的内分泌腺），故在此类动物终鳃体是其分泌 CT 的部位。不同种属动物终鳃体的组织学表现不同，板鳃亚纲动物的终体由大的相互沟通的囊泡组成，内含黏液样分泌物；硬骨鱼终鳃体内有类似于甲状腺胶质的成分；爬行动物（如蜥蜴）终鳃体结构与甲状腺相似，也含有胶质样的囊泡结构。不同种属动物 CT 的氨基酸组成也是不同的。人与猪、牛和鲤鱼 CT 的相似之处是都由 32 个氨基酸组成，1～7 位之间有二硫键相连，羧基端是脯氨酸，而氨基端 9 个氨基酸中有 7 个是一样的，但在 10～27 位氨基酸组成是可变的。猪、牛和羊 CT 均含有色氨酸，但人、鲤鱼的 CT 分子中则没有。在物理性质方面鲑鱼 CT 亲水性较强，易溶于水，而且碱性较强。在功能上，CT 可直接作用于破骨细胞受体，抑制破骨细胞活性，还能抑制大单核细胞转变为破骨细胞，从而抑制骨吸收。CT 可以直接作用于成骨细胞促进骨形成。动物分泌 CT 的能力，按海洋动物→两栖动物→陆生动物→哺乳动物→人类这种粗略的动物进化层次由低级向高级比较，进化程度越低，分泌的能力就越强。鲑鱼及鳝鱼 CT 与受体的亲和能力较强，生物活性也较强，而它们在人及大鼠等多种异种生物体内亦显示了较好的生物活性。

### 3. 钙三醇

钙三醇 [1,25-$(OH)_2D_3$] 是维生素 D 最富活性的代谢产物。维生素 D 在肝细胞羟化产生 $25-OHD_3$，后者入血与维生素 D 结合蛋白结合后，随血液循环进入肾脏，再经过肾脏 1α羟化酶作用产生 1,25-$(OH)_2D_3$。脊椎动物的肾脏皮质细胞含有 1α羟化酶，也有人证实大鼠或人的胎盘也有 1α羟化能力。在鸟类此酶活性最高，特别是患有佝偻病的小鸡和鸭。在小鸡维生素 $D_2$ 的作用仅为 $D_3$ 的 1/10。由于肾脏病变如慢性肾小球肾炎、肾结核、多囊肾、尿路梗阻等，1α羟化酶活性降低，$25-OHD3_{1\alpha}$羟化受阻，使维生素 D 代谢异常，而引起肾性骨病。维生素 D 及其活性代谢产物是高等动物所必需的。佝偻病和软骨病是维生素 D 缺乏的结果。$1,25\text{-}(OH)_2D_3$ 的靶组织、靶细胞在体内广泛存在，其中包括骨组织、腺体、神经系统、泌尿生殖系统等，甚至某些肿瘤组织内，如骨肉瘤、结肠癌也发现有 $1,25\text{-}(OH)_2D_3$ 的存在。$1,25\text{-}(OH)_2D_3$ 在鸡的小肠含量最高，其次是骨和血液。人或动物维生素 D 对于骨骼的作用也是双向性的。维生素 D 与 PTH 协同促进破骨细胞溶骨，它也可以直接刺激成骨细胞成骨，促使血中的柠檬酸与钙螯合成复合物，转运至新骨有利于钙盐沉积，加速骨形成。它还有促进肠吸收钙的作用，使血钙上升。佝偻病患者或动物给予维生素 D 后，肠钙吸收增加 2.5～3.5 倍。人与动物在妊娠期和哺乳期血中，$1,25\text{-}(OH)_2D_3$ 水平均显著升高。

**4. 雌激素**

人类绝经期后骨质疏松症（Ⅰ型骨质疏松症）占原发性骨质疏松的很大比例，其原因就是绝经导致雌激素缺乏。雌激素是含有 18 个碳原子的类固醇激素，它包括雌酮（$E_1$）、雌二醇（$E_2$）及雌三醇（$E_3$）。其中 $E_2$ 在生育年龄不但分泌多，其作用也最强。绝经后由卵巢分泌的雌激素虽然明显减少，但仍可以由生殖腺以外循环中雄激素芳香化产生。$E_1$ 和 $E_2$ 在绝经以后均明显减少，但 $E_2$ 由于卵巢滤泡丧失，下降更明显，其产生率约为绝经前的 10%。随着年龄的增长，雌激素的下降逐渐缓慢但并不停止。与人类不同，犬体内雌激素水平很低，仅是人的 1/4，每年出现两次雌激素峰期，每次持续几周，犬骨组织生长代谢对雌激素的依赖性较小；但大鼠对雌激素的敏感性与人类相似。雌激素受体位于靶细胞胞质中，已证明骨骼内骨细胞、成骨细胞和破骨细胞内均存在雌激素受体。当雌激素与受体结合后进入细胞核，与 DNA 结合发挥生物学效应。动物的雌激素作用机制与人类一致。在功能上，雌激素对于维持成骨细胞的功能，减弱破骨细胞的功能是必需的。在骨形成方面它刺激骨形成，动物实验发现，采用不同剂量 $17\beta\text{-}E_2$ 刺激正常或切除卵巢大鼠，胫骨近端骨小梁体积、骨形成率显著增高，血清碱性磷酸酶（ALP）亦有升高，而骨吸收率无改变或受抑制，提示 $E_2$ 通过刺激成骨细胞而直接促进骨形成。给雄鹌鹑 $E_2$ 后，可诱发仅存于雌性骨髓腔中的髓状骨出现。给予雌激素 30h 后，其股骨内膜细胞仍处于未分化阶段；33h 出现许多前成骨细胞；36h 可见完全分化的成骨细胞。Ernst 从新生大鼠颅骨原代培养的成骨细胞样细胞中，发现 $17\beta\text{-}E_2$ 刺激细胞增殖，增加 Ⅰ 型胶原、IGF-1 mRNA 的表达，降低 PTH 刺激的腺苷酸环化酶活性。可见 $E_2$ 通过受体调节机制直接作用于动物成骨细胞系细胞。雌激素在骨吸收方面抑制破骨细胞功能，在鸟类破骨细胞培养中发现，$17\beta\text{-}E_2$ 以剂量依赖方式抑制骨粒或骨片吸收，且刺激破骨细胞癌基因 *c-fos*、*c-jun* 的 mRNA 表达，表明 $E_2$ 通过受体调节机制直接对破骨细胞产生作用，抑制其功能活性。进一步的研究还发现，$17\beta\text{-}E_2$ 特异地抑制鸟类破骨细胞内两种溶酶体相关蛋白——溶菌酶及溶酶体膜蛋白的 mRNA 表达及其蛋白质合成，所以 $E_2$ 通过调节鸟类破骨细胞溶酶体的基因表达而抑制其活性。同样，在人骨巨细胞瘤破骨细胞样细胞中，$17\beta\text{-}E_2$ 明显抑制破骨细胞的骨吸收活性，减少组织蛋白酶 B、C 及抗酒石酸磷酸酶的 mRNA 表达，也说明 $E_2$ 直接抑制人破骨细胞的功能活性。

在骨质疏松发生过程中局部因子也起重要作用。促进骨形成的因子主要有 TGF-β、胰岛素样生长因子（IGF）、血小板源性生长因子（PDGF）、成纤维细胞生长因子（FGF）、骨形态发生蛋白（BMP）等；促进骨吸收的主要有白细胞介素-1（IL-1）、白细胞介素-6（IL-6）、肿瘤坏死因子（TNF）等，这些因子与激素共同形成骨代谢调节网络，维持着骨吸收和骨形成的平衡，这是所有生物体骨代谢的共同规律。

人的骨质疏松一般同时有密质骨和松质骨减少，其基本病理变化是骨基质和骨矿物质含量均减少，结果致使骨皮质变薄，骨陷窝增多，骨小梁体积变小、变细、数量减少，骨髓腔明显扩大并被脂肪组织和造血组织所填充。出于研究的需要，人们对多种因素所致的大鼠、小鼠和犬等动物的骨质疏松观察较多。雌性大鼠切除卵巢后骨转换增强，代谢活跃，这与人类正常绝经后高转换型骨质疏松发生时骨丢失状态十分相似，但在病理上略有区别，它主要表现的是松质骨丢失，由于大鼠皮质骨呈现低水平重建，因此皮质骨改变不明显。雌性大鼠去势后 8 周松质骨量明显减少，出现骨质疏松症状，表现为含松质骨丰富的腰椎骨、股骨远端、近端及胫骨近端骨小梁变细，体积变小，强度下降。因此发生骨折的部位常与人类一致。给予雌激素替代疗法或一些药物如二磷酸盐、降钙素等,能阻碍大鼠骨转换、骨丢失,这与绝经后妇女对药物治疗的反应效果一样。维A酸70mg/(kg·d),4周可引起大鼠骨质疏松主要是其对动物性腺损害作用的结果,亦有报道维A酸模型主要影响皮质骨内膜面,使该部位的骨吸收增强,致使骨髓腔扩大,密质骨量减少。糖皮质激素性骨质疏松是一种继发性骨质疏松,在临床上它主要是由糖皮质激素类药物引起的。人们常用地塞米松和氢化可的松造模,模型具有人类骨质疏松的一般特征。雄性大鼠去睾丸后也出现骨丢失,但以骨的有机质丢失为主,这主要是雄激素分泌下降,蛋白质合成下降造成胶原蛋白合成下降的缘故。小鼠具有繁殖周期短、产仔多、生长快、价格低的特点。报道中小鼠多用于去势及维A酸模型,由于小鼠骨髓细小,长管状骨松质骨骨量很少,故多用它研究骨质疏松中的皮质骨量变化。在小鼠的上述两模型中,骨量的变化与人类类似,小鼠是研究骨质疏松相关基因的较好实验动物,犬的皮质骨和松质骨的比例与人类相似,但其哈弗斯系统及松质骨重建速度比人快,猎犬在切除卵巢后,有一个早期骨形成活跃期,此期过后以每年8%～10%的速度骨丢失,故在雌激素缺乏所致骨质疏松的机制上,切除卵巢的猎犬与绝经后妇女明显不相似。与人类不同,犬体内雌激素水平很低,每次持续几周,犬骨组织生长代谢对雌激素的依赖性较小,而且在切除卵巢造成犬骨质疏松模型的重复性不佳。但猎犬骨骼中有丰富的哈弗斯系统,常用于糖皮质激素模型。当评价影响骨代谢对松质骨的哈弗斯系统重建作用时,犬是一个优秀的模型。兔骨骼也有明显的哈弗斯系统重建能力,故也用作糖皮质激素模型。猪与羊都有生长期和成年期,已有报道钙缺乏可使猪发生骨丢失、骨密度降低和骨形态学改变。成年母猪在哺乳期常发生骨质疏松症而引起椎体、股骨或趾骨骨折,这种情况往往由于饮食中钙、磷及蛋白质缺乏而加重。人类哺乳期与老年性骨质疏松症在发病机制、病损等方面均与猪类似,骨吸收主要发生在骨内表面,但人的骨吸收被抑制后,常出现稳定状态,而猪哺乳期的骨吸收引起的骨质疏松症在数周内发生,并且常不稳定,吸收一直增加。猪的食料、骨结构、物质代谢、骨骼大小与人类相似,所以猪常用来研究矿物质营养与氟化物在骨质疏松方面的作用有一定意义,而大白鼠和犬则不用于此类研究。目前尚不知道羊的峰值骨量年龄,因此羊仅用于氟化物对骨骼影响方面的研究。

灵长类动物与人类在进化树中的位置最近,灵长类动物和人身体在组织形态学结构上非常相似,对进行基因显性特征方面的研究很有帮助。此类动物有明显的骨生长期与成熟期,恒河猴和狒狒峰值骨量出现的年龄在10～11岁。所有灵长类动物都有一个规律的月经周期,每28天一个循环,与人类相似。其绝经时间在出生后的15～20年。切除卵巢及自然绝经以后,灵长类动物骨量和骨强度均有所降低,并伴随有骨转换增强,对雌激素替代治疗的反应没有明显的特征。另外,年龄对灵长类动物实验性骨丢失的影响较大。灵长类动物也具有哈氏骨重建和松质骨重建活性,这些都是可以与人骨骼直接比较的。虽然有上述优点,但由于灵长类动物驯养条件要求严格,加上使用费用高、试验周期长等限制了其应用。

虽然鸟也有生长期与成熟期,而且雌激素可以促进雌鸟及雄鸟发生骨沉淀,但是鸟类的骨骼在代谢和结构等方面与人类明显不同。鸟类体重轻(骨骼轻),排卵丢钙严重,它对钙的需求量特别大。如一个2kg的母鸡(为禽类),骨骼含钙约20g,但每天产卵就要失钙2g,故母鸡每天要从食物中摄取大量的钙,相当于哺乳期妇女每日摄取钙量的30倍,因此,产卵期母鸡肠钙吸收率极高,骨转换迅速,甲状旁腺及终腮体都有增生的表现。因此鸟类常不用于骨质疏松症的研究。

## 三、软骨损伤

脊椎动物的关节软骨被覆于关节面,除了个别关节(如人颞-下颌关节)属于纤维软骨外,绝大多数关节软骨均属于透明软骨。关节软骨的存在为关节活动提供一个抗摩擦、低阻力的润滑面,但负重关节在活动时要承受相当大的压力及剪切力,也正因为如此,关节软骨容易受到机械性损伤和炎症性损害,并进而发展为骨关节病。

关节软骨的机械性损伤主要有以下几种。

（一）表浅损伤

关节软骨在光镜下可见到四层结构，即表浅层、过渡层、中间层和钙化层，表浅损伤仅局限于关节软骨（前三层）而不穿透钙化层，软骨下骨完整不与骨髓相通。在兔与犬关节面的切削损伤模型中，关节软骨浅表损伤后主要表现为软骨细胞坏死，基质分解，由于软骨内没有血管及神经组织，故没有通常创伤反应中的炎性过程，对于这种损伤的修复只能靠损伤周围的软骨细胞完成。但是软骨细胞的这种反应不足以完全修复任何可见的关节软骨缺损。用蛋白聚糖溶解酶关节腔内注射，可以复制关节软骨表浅损伤的动物模型。

（二）软骨深层损伤

软骨深层损伤指穿透关节软骨下骨与骨髓腔相通的损伤，其修复反应与其他含血管性组织损伤的修复反应相同。来自髓腔的血液形成凝块封住缺损，骨髓基质细胞及成纤维细胞随毛细血管长入。缺损基部骨损伤处有骨组织形成。软骨缺损由纤维组织充填，后者逐渐转化为透明软骨组织。生化分析结果可见新生的透明软骨虽然含有Ⅱ型胶原，但仍有Ⅰ型胶原存在，而且基质内的蛋白多糖较正常水平低。经过漫长的过程（如是兔为 12 个月）在关节腔浅表面的透明软骨转变为纤维软骨，而深层仍保持透明软骨性状。损伤的大小影响修复结果，在马的实验模型中，小于 3mm 缺损的软骨损伤，3 个月时透明软骨完全修复；当缺损直径大于 9mm 时不能完全修复，填充组织为纤维组织、纤维软骨和透明软骨的混合物。

（三）钝性冲击伤

长期慢性钝性冲击伤可使关节软骨细胞坏死，胶原网格破坏，造成关节面凹陷。关节软骨具有较强的耐磨性，但抗冲击负荷能力差。以人体关节软骨为标本进行实验，<10%应变/$6.7S^{-1}$ 基本不影响软骨细胞的存活，40%应变/$6.7S^{-1}$ 导致软骨细胞死亡，造成关节表面凹陷，同时伴有胶原网格的破坏。用活体兔实验，施加冲击负荷，每天 40min，连续 7 天后软骨下骨硬度增加 20%，蛋白多糖减少 20%；20 天后对氚胸腺嘧啶（3H-Tdr）和 S-35 摄取增加，提示骨关节病样的早期改变。减少负荷后，软骨细胞的代谢变化逐渐恢复正常。对兔膝关节同时施加切线和纵向负荷，发现过度活动和超限负荷时细胞退变，排列改变呈集落式，软骨表面纤维化，毛细血管穿入钙化软骨层，软骨下骨增厚，IL-1、TNF、基质金属蛋白酶-3（MMP-3）的表达增加，与早期骨关节的表现相一致。大象到了老年其髋膝关节均有严重的骨关节炎，这是大象硕大的体重长期压迫，关节软骨长期磨损而得不到修复的结果。

（四）软骨台阶塑形

关节内骨折移位等损伤造成关节面台阶形成，其修复方式十分特殊。Linas 等于兔膝关节股骨髁部造成 0.5mm 或 1.0mm 的台阶，台阶高侧应力较关节面其他部分增高 2 倍，而低侧不承受应力。术后 12 周，锐利的边缘圆钝化，0.5mm 组关节面不平处基本连续。而 1.0mm 组仍显示不平滑，镜下可见高侧软骨厚度减小，向低侧"流动"（cartilage flow），形成一些细胞组织瓣覆盖于台阶处；低侧的软骨细胞肥大，软骨厚度增加，软骨下骨明显增厚。兔股骨髁部 5mm 的台阶术后 20 周可致骨关节退行性变，骨赘形成，关节软骨纤维化，细胞数和蛋白聚糖（PG）减少，甚至局部软骨缺失，部分缺损内有血管翳形成。可见较小的（<2mm）的台阶软骨与骨组织修复良好，与无移位的线性损伤修复结果无明显差异，表明软骨和骨有能力塑形较小的台阶，恢复关节面平滑。在人类关节内骨折造成关节面不平是继发性骨性关节炎的主要原因之一。

恢复关节软骨完整，缓解疼痛，增加活动度，阻止其进一步退变，是关节软骨损伤修复的目的。不同动物对同一软骨损伤修复方法的反应是基本相同的。

**1. 刺激骨髓修复技术**

通过清除关节表面损伤处的变性坏死组织直至正常结构，暴露部分软骨下骨并穿透其浅表部分，这样形成的纤维凝块可与周围的胶原结合而启动修复反应；另一个方法是行软骨下钻孔，使骨髓从骨髓腔溢出修复关节面。动物实验（兔）及临床观察（骨性关节炎患者）表明对关节软骨损伤两种方法均有一定的修复作用。但在缺损区多处钻孔修复效果较好，擦削术后常发生关节面退变，远期效果不及钻孔术。

**2. 软组织移植**

用于移植的软组织有筋膜、关节囊、肌肉组织、肌腱、骨膜及软骨膜。软组织移植是通过在关节缺损处植入外源性的活细胞及基质成分，在关节的适宜环境下形成透明软骨组织，修复关节软骨损伤。研究与观察较多的是自体的骨膜及软骨膜移植，动物（兔、犬、猴等）实验发现将骨膜或软骨膜通过缝合或生物胶黏合到软骨缺损处，生发层朝向关节面，可见到软骨形成。生化分析显示新生软骨内有Ⅱ型胶原和蛋白多糖。进一步研究证明，植入骨膜或软骨膜成活后，新生软骨由植入体细胞增殖分化合成软骨基质而产生，而不是来源于软骨下骨。这种方法已应用于临床，对较大范围的软骨缺损效果较佳。

**3. 自体或异体骨、软骨组织移植**

把正常结构的关节软骨和软骨下骨植入宿主关节损伤处，与缺损周围的正常结构连接愈合，软骨细胞存活，维持正常软骨代谢。自体移植疗效满意，但受供区及供量限制。动物实验及临床观察表明异体移植用新鲜或冷冻的异体骨、软骨组织都可以与宿主组织愈合，恢复正常的关节软骨面。

**4. 软骨细胞移植**

这属于软骨组织工程的范畴。通过体外培养的软骨细胞与多种载体复合，植入软骨缺损处修复软骨损伤。任何动物的软骨细胞在体外培养条件下均发生去分化（dedifferentiation）现象，即失去表达合成Ⅱ型胶原和蛋白多糖等软骨表型的能力。一般认为2倍体细胞不能悬浮培养，但软骨细胞在琼脂、胶原、纤维素凝胶等基质支架中三维培养可以增殖，形成软骨性的细胞外基质，进而形成一定结构的软骨组织。这种情况在人、兔、鸡胚及马软骨细胞体外培养中得到证实。软骨组织工程修复软骨缺损的方法有两种：一种是骨膜覆盖缺损处形成一封闭的腔室，将体外扩增的软骨细胞注入其中，目前已用于临床；另一种是软骨细胞和基质材料载体复合在一起植入缺损处。选用的载体主要有两类：一类是天然生物材料，有胶原、藻酸、纤维素、透明质酸等；另一类是合成降解性高分子或天然聚合物，如聚乳酸（PLA）、聚乙醇酸（PGA）、聚乙烯胶、几丁质等。目前软骨组织工程研究进展较快，在各种动物模型（如大鼠、兔、羊、犬等）的大量移植实验证明对膝关节软骨、额下颌关节软骨、气管软骨的移植替换都取得了良好的效果。上海交通大学医学院附属第九人民医院曹宜林教授已成功地在裸鼠背部皮下造出呈人耳形状的软骨组织工程产物。软骨组织工程必定给软骨缺损及骨性关节炎患者带来福音。

## 四、肌腱损伤

脊椎动物的肌腱将其骨骼肌与骨骼连接起来，它是一种致密结缔组织，主要由胶原纤维（Ⅰ型）组成，还含有少量弹性纤维及蛋白多糖。纤维排列均平行于载荷方向，因而能承受较强的拉伸张力。从力学角度来看，动物肌腱呈现类似黏弹性材料的力学性质，长时间恒定低载荷可以发生蠕变，吸收能量随载荷速度增加而增加，刚度和强度也增加。一旦断裂时其变形、应变相对较小。肌腱的细胞称腱细胞，其胶原纤维束纵行排列，核长而色深，胞质甚薄成翼状包绕纤维束。腱细胞数量随年龄增长而增加，并随动物种类和局部部位不同而有所不同。腱内还含有少量卵圆形核的腱母细胞。此外腱束内还有滑膜细胞，位于腱膜和腱鞘。肌腱的附属组织有腱旁组织，它是一个有血管的疏松结缔组织，在腱鞘区内分为两层，壁层衬于腱鞘及腱纽，脏层覆盖于肌腱表面即腱外膜，双层之间的潜在腔隙内有滑液，保证肌腱的自由滑动，腱内膜由腱外膜延续而来，将肌腱纤维分成若干束。肌腱的抗拉力强于肌肉2倍，1mm直径的胶原纤维能耐受10～40kg的张力，肌腱可承受6kg/mm$^2$

的拉力。由于动物的活动方式不同，相应部位的肌腱长度及在活动时受到的拉力大小也不同。如在膝部以下，蜥蜴类后肢伸肌达到足趾部才延伸为肌腱，屈肌（也包括爬行类）在足底有一个宽大坚韧的腱膜——跖腱膜，将近端与远端的肌肉相连，而哺乳类有原始爬行类所没有的一系列长腱达到各趾，即除足内肌外足活动的肌腹在小腿，使之足部有更大的灵活程度和力量。鸡、火鸡、兔、猴、猿等动物肌腱组织结构与人类相似。在屈肌腱"无人区"内，这些动物的指（趾）深、浅肌腱的排列顺序及腱纽、腱鞘滑车系统结构也与人类相似，只是此区的长度随物大小有所不同，因此人们常用这些动物这一部位的肌腱研究肌腱断裂修复的愈合方式及缝合方法在断腱修复愈合中的作用。

　　肌腱损伤后，腱鞘损伤，纤维束断裂，血液循环遭到破坏，断端处的肌细胞坏死，断裂肌腱吻合后的愈合过程基本上分为三个阶段：①渗出及纤维蛋白连接期：特点是肌腱残端周围水肿，纤维丝状物桥接吻合口，此期约需5天；②纤维形成期：约需10天，特点是腱外膜（固定时也包括腱鞘）细胞增殖并向吻合口移动，成纤维细胞出现，腱内膜细胞也增殖，巨噬细胞吞噬坏死组织吸收胶原纤维，修复的第7天吻合口处有血管形成；③塑形成熟期：成纤维细胞在腱表面纵行排列，分泌胶原纤维，腱外膜增殖形成腱痂，肌腱逐渐改建。在修复过程中，外周细胞迁移和血管长入的外愈机制（extrinsic healing），是一种公认的肌腱损伤愈合方式，但它往往造成肌腱的粘连，这在所有的吻合切断肌腱后制动实验动物身上存在。进一步的研究表明，腱固有细胞可以增殖，并分泌胶原、蛋白基质修复损伤，这一内愈机制（intrinsic healing）已在兔得到证实，Lun-dborg等将游离的肌腱段切断后缝合，再用半透膜封闭起来，避免滑液的种植，然后置入兔膝关节腔、皮下或体外培养，结果都能无粘连愈合。Manske等取犬、兔、鸡、猴的鞘内肌腱段作体外培养，从组织学、生物化学等方面观察证明，腱固有细胞的增殖及胶原合成能修复缺损，人肌腱体外培养也表现了与动物相同的内愈机制。实际上肌腱愈合早期，外愈与内愈均参与了修复过程，但程度不一致。在鸡的最长趾鞘内屈肌腱吻合模型中发现，当断腱的两残端对合紧密时，间隙小于1mm时，修复细胞主要来自腱内膜细胞及散在于腱束胶原纤维之间的腱细胞。当断端有裂隙时腱外膜细胞增生迁移充填缺损。在扫描电镜下，腱外膜细胞有表面光滑少突起的A型细胞和多突起的B型细胞，它们具有蠕动和分泌滑液的功能。实验观察表明早期活动时肌腱愈合是由外膜细胞增生沿残端漂移，内陷填充吻合口，而内膜细胞基本静止。术后制动时内膜细胞增殖，桥接吻合口，而外膜细胞与腱鞘壁层同时增生造成粘连。在肌腱修复后愈合的力学方面，人类屈指肌腱断裂修复后，10天内由于成纤维细胞等的浸入并分泌胶原及基质，使吻合口变得较软，抗拉强度主要由缝合线张力维持，15～20天后抗拉强度随胶原的成熟有所上升。此后随时间推移抗拉强度逐渐增加。动物实验表明，海布罗鸡的屈趾深肌腱愈合过程与人类相似，在将断腱吻合后5天即可见腱内膜及束内细胞演变为成纤维细胞，术后10天即可见分泌的胶原与残端吻合紧密，沿轴方向排列并有小血管形成，术后15天胶原成熟，与腱束平行排列紧密，其抗拉强度开始明显增强，以后抗拉强度呈线性上升，35天最大断裂张力接近正常40%。但由于鸡的体重轻，活动力小，术后3周即可松开固定，让其自由活动，肌腱不会发生再断。人需固定4周以后（4周内可在保护下轻微活动防止粘连），方能恢复活动。兔、犬、灵长类动物等肌腱断裂缝合后，组织的修复过程也与人和鸡类似。

# 第四节　比较骨骼病研究中的动物模型

## 一、骨折愈合动物模型

### 1. 造模机制

　　骨折愈合是一个复杂的结缔组织修复过程，其中有多种细胞按一定时序出现并参与修复、纤维形成、钙盐结晶沉积三个方面的变化，最终恢复骨的正常结构与功能。它大致可分为血肿形成与机化、骨痂形成、骨痂塑形三个生物学阶段，各阶段在时间上虽然相互重叠，但仍有其各自特征。只有认识骨折愈合过程中分子及细胞生物学规律才能解释骨折愈合机制及其形态学变化过程,也是探索促进骨折愈合方法的前提。本模型是通过手术造成动物长骨骨折或骨缺损,在术后不同时间取材检测骨折断端间骨痂的生成过程及演化规律以了解骨折的愈合情况。

**2. 造模方法**

1)长骨干无须固定法:健康成年兔,静脉注射舒泰 50(15mg/kg)和盐酸右美托咪定(0.02mg/kg)麻醉动物,剪去术区被毛,无菌条件下,取前臂背外侧纵形切口,长 2~4cm,逐层切开,分离软组织,暴露桡骨。在桡骨中下 1/3 交界处或旋前圆肌止点以远或腕关节近侧 3cm 处选点,用手术刀片切除 0.3cm 宽的骨膜暴露骨膜下骨质,再用手锯或电锯造成 0.3cm 标准横断骨折,清洗术野。骨折区可不做处理,直接闭合切口;也可施加各种处理因素,如放置电极(阴极植入骨折端,阳极放置在骨折端周围软组织中,微量直流电强度多为 10~20μA);植入骨诱导因子[如骨形态发生蛋白(BMP)]或骨诱导因子与其他生长因子的混合物等。术后摄 X 线片检查骨折部位,以作原始骨折对照。

2)长骨干需固定法:健康成年兔、犬或羊等实验动物,常规麻醉,无菌条件下于股外侧作纵行直切口,逐层切开软组织,暴露股骨中段,用骨凿或线锯作横断截骨,用骨内、外固定装置固定或术后用小夹板固定骨折,摄 X 线片确定骨折部位。在不同时间点取材观察骨折愈合情况。此外也可在全麻下徒手将兔、大鼠或小鼠的胫腓骨折断,用小夹板或直接用绷带包扎固定(用于研究闭合性骨折或在严重错位下固定不牢固时的骨折愈合过程)。

3)微动促进骨折法:选用成年羊,常规麻醉消毒,取小腿外侧切口,切开长约 5cm 切口,暴露胫骨。横行截骨造成胫骨中段 0.3cm 的骨缺损,用有微动装置的外固定架固定骨折部位,手术 1 周后将气动活塞与微动装置相连,以 0.5Hz(接近生理步频)每天 1 次,每次 15~20min 施加轴向载荷,使骨折端产生 0.1cm 的微动,可于术后 7 天、14 天、21 天、28 天或更长的时间取材观察骨折愈合情况。

**3. 模型特点及应用**

1)长骨干无须固定模型:造模后钙化通常出现在术后第 13~15 天,术后 4 周时骨缺损处已有骨性愈合。本模型操作简便,重复性好,可用兔一侧肢体作为实验组,另一侧作为对照组,不仅减少了实验系统误差,而且给术后观察和饲养带来方便。

本模型可用于研究骨折愈合过程中的细胞演化、骨痂的形成及其超微结构变化,研究微量直流电、电磁场、氧张力、自体骨髓、某些药物等因素及各种诱导因子或生长因子对骨折愈合的影响。

2)长骨干需固定模型:骨折愈合时间同上述模型,给予不同处理因素可加速或影响其愈合过程。股骨是人或动物体内最长的管状骨,周围有较多血运丰富的软组织,可为各类内固定器材提供保护,并可减少由于血供障碍而造成的组织坏死或感染的发生。与尺桡骨不同,股骨周围没有其他骨的支撑保护,因此需用骨内或外固定装置固定骨折。本模型适合研究不同固定方法对骨折愈合的影响,骨折端的生物力学特性、骨折局部的微环境的改变对骨折修复的影响等。

3)微动促进骨折模型:术后 12 周,X 线及力学测试实验组的骨折愈合率及愈合强度均明显高于单纯外固定组。本模型采用被动方式诱发骨折端微动,克服了主动方式(即在动物活动时利用其体重诱发微动)所产生微动的大小、时机难以控制的缺点。微动促进骨折愈合的效果是肯定的,本模型适用于进行微动实施的最佳时间、最适力学参数的测定和微动促进骨折愈合作用机制的研究。

## 二、骨缺损致长骨干骨不连动物模型

**1. 造模机制**

由创伤、肿瘤、感染等因素所致的大块骨缺损是骨不连的重要原因,是骨科临床面临的十分棘手的问题。手术造成兔桡骨 1cm 长的骨缺损而建立该模型。

**2. 造模方法**

选用健康成年兔。常规麻醉,在无菌条件下,按照骨折愈合模型的手术方式,暴露桡骨,皮肤切口长 3～4cm，在桡骨中 1/3 或旋前圆肌止点以远切除 1cm 长的骨段。术后摄 X 线片检查骨缺损的部位和范围。

**3. 模型特点及应用**

若不施加处理因素，本模型骨缺损术后 4 周骨折断端间无骨组织生长，此后两断端骨髓腔由致密骨组织封闭并形成足样膨大。但本模型骨缺损的愈合过程可受实验所施加的不同处理因素的影响。这个模型具有上述骨折愈合模型相同的优点，并且造成缺损的范围和施加的处理因素易于控制，故非常实用。本模型常用来观察各种成骨因子（如 BMP）、骨膜、骨基质明胶、自体骨髓、带血管蒂的腓骨及不同植骨术等修复骨缺损的实验研究。

## 三、引导性骨再生的动物模型

**1. 造模机制**

引导性骨再生技术是利用卷曲的隔膜（硅胶膜）连于骨缺损两端，在骨折愈合过程中阻止纤维组织向骨缺损处增生，以利于管内的骨髓成骨修复骨缺损。

**2. 造模方法**

方法是在骨缺损长骨干骨不连模型中截除 1.0cm 桡骨后，用 0.1cm 厚的硅胶膜（面积 1.6cm×1.6cm）放置于桡骨两残端与尺骨之间及桡骨缺损处，将两侧卷曲，缝合成管状，套于桡骨缺损处，远近桡骨残端各套入 0.3～0.4cm，缝合切口；对侧用同样的方法手术，以作对照。

**3. 模型特点及应用**

在术后不同时间观察膜管内、外骨再生情况。此模型用于研究引导性骨再生的成骨机制、在骨折愈合过程中外骨膜的成骨作用等。

## 四、生物活性骨修复骨缺损的动物模型

**1. 造模机制**

组织工程技术是将生物学技术和工程学技术结合制造生物替代品，其目的是修复机体组织缺损或为机体组织或器官衰竭提供功能补偿，它由功能细胞、信号分子、载体三项基本要素组成。骨组织工程制作的生物活性骨修复、骨缺损具有极好的应用前景，它为临床治疗骨缺损提供了一条新的途径。它的技术关键是寻找有良好组织相容性的可降解的生物活性材料。将用不同材料组建的生物活性骨植于骨缺损处观察其成骨特性。

**2. 造模方法**

在骨缺损模型中截除 1.5cm 长的桡骨，将多孔载体如羟基磷灰石（HA）、β磷酸三钙（B-TCP）、聚乳酸（PLA）等，修成 0.3cm×0.3cm×1.5cm 形状规则的长方形载体条（与兔桡骨形状相适应），复合 BMP 后再与成骨细胞（主要来源于骨髓基质细胞或骨膜成骨细胞）复合，将其植入骨缺损处，可分别在 4 周、8 周、12 周不同时间点取材检测其成骨量。

**3. 应用范围**

应用本模型可观察体内正位（orthotopic site）不同材料组建的生物活性骨的成骨特性。

## 五、小鼠股部肌袋骨诱导物质活性检测模型

**1. 造模机制**

诱导物质可诱导机体内未分化的间充质细胞分化形成软骨和新生骨。BMP 可从动物骨或牙齿中分离纯化或通过基因工程重组得到，无论何种来源的 BMP 在使用前均需检测其成骨活性。小鼠股部肌袋模型就是通过异位（ectopia）成骨的方式检测其成骨活性的常用模型，其成骨量与骨诱导物质的诱导活性呈正相关。

**2. 造模方法**

35～40 日龄的雄性昆明小鼠（重约 20g），用异氟烷吸入麻醉，将小鼠置于俯卧位，用大头钉

把其四肢及尾部展开钉于塑料泡沫上固定。在一侧（通常在右侧）剪去术区被毛，用碘酒或酒精消毒，用眼科剪刀在大腿中部纵行剪开皮肤（长 0.5cm）及深筋膜，仔细分离股后群肌肉，在肌肉或肌间隙内做成约 0.3cm³ 的肌袋，将 BMP 或 BMP 与其载体的复合物植入肌袋，逐层缝合伤口。术后不必包扎伤口，直接把动物放回笼内饲养。在 10 天、14 天、18 天、21 天等不同时间点使用 $CO_2$ 将动物窒息后颈椎脱位处死取材，通过检测异位成骨骨块的干重、碱性磷酸酶活性及观察组织切片来评价骨诱导物质的活性高低。

**3. 模型特点及应用**

诱导成骨作用大致可分为 4 个时相：①趋化期：植入后第 0～3 天，出现局部间质细胞行为、形态和数量的改变，如解聚、迁移、再聚集及肥大和增生等；②分化期：植入后第 4～10 天，发生间质细胞分化，出现软骨祖细胞和软骨细胞；③骨质形成期：植入后第 10～20 天开始合成软骨基质，并在植入区中央的无血管区形成软骨组织，而在有血管区则发生软骨内成骨，出现骨细胞，并开始有骨盐沉积，形成新骨，即交织骨；④再建期：植入后第 29～30 天，新生的交织骨经重塑后，形成具有骨髓的板层骨。本模型用于检测脱钙骨基质、骨基质明胶、纯化或重组的 BMP 及其与载体的复合物等骨诱导物质的诱骨活性试验，也可用于 BMP 缓释系统的效能检测。术中在闭合创口时需将肌袋边缘的肌肉连同深筋膜切口缝合一针，以闭合肌袋出口及深筋膜切口，防止术后植入物脱出至皮下。

# 六、应用扩散盒体向检测指定细胞成骨能力的动物模型

**1. 造模机制**

扩散盒（diffusion chamber）也称扩散小室，是一种由具有微孔的膜状材料围成的小容积器具，由美国密理博公司生产。由于扩散盒壁的孔隙仅 0.45μm，允许组织液在其内外交换而其周围的组织细胞又无法侵入盒内，因此把某种特定来源的细胞注入盒内后植入体内，盒内细胞可利用宿主的营养进行增殖分化而且其形成的组织结构不受外界影响。换言之，扩散盒内的组织只能由注入盒内的细胞增殖分化演变而来。这种方法主要用于检测不同来源的具有成骨潜能的细胞成骨能力，如骨髓组织、体外培养的骨髓基质细胞等。

**2. 造模方法**

在无菌状态下，将一定量离心获得的高密度（$10^6$～$10^7$ 个/ml）细胞悬液从扩散盒的一端塑料塞侧孔注入盒内，再用小胶塞封死注入孔，做好标记，置入培养液中备用。选用实验动物兔，植入部位为腹腔。将动物麻醉后，剪去侧腹壁毛发，常规消毒，在侧腹壁作一个长约 1.5cm 的切口，逐层切开腹壁组织，打开腹腔，将分在同一实验组的 2～4 个扩散盒置腹腔大网膜上，卷曲大网膜并松散包绕扩散盒，缝合数针以防止扩散盒滑脱，关闭腹腔，必要时可在腹壁上多处开口植入扩散盒，术后把动物放回笼内继续饲养。根据实验要求可在术后 3～6 周（亦有长达 90 天的报道）处死动物，取材进行组织学检查或电镜分析。

**3. 模型特点及应用**

将载有骨髓细胞的扩散盒植入体内后，3 天内造血系细胞陆续死亡，为数不多的骨髓基质细胞分化增殖。第 8 天时，基质细胞大量增殖，呈多角状，并在胞质内表达碱性磷酸酶。3 周后，可见骨与软骨组织形成，其在扩散盒内的分布情况是软骨组织位于扩散盒的中心部分，骨组织位于其外侧，最外侧是纤维组织，有时扩散盒内有少量的组织液存留，但扩散盒内无血管形成。扩散盒内没有骨或软骨组织形成时，则植入细胞没有成活能力。一般认为只要扩散盒内有软骨或骨组织形成，至少在植入的细胞中有一个是骨祖细胞。在一个实验组内，形成骨或软骨组织的扩散盒比率越高，说明植入细胞的成骨能力就越强。本模型可进行自体或同种异体的细胞移植观察，但要按照来源于一只动物的细胞只植入一只动物的原则，以减少系统误差。扩散盒形状多为圆柱形，体积大小不一。一种底面积为 154mm²，体积为 0.015cm³，另一种底面积为 79mm²，体积为 0.15cm³；也有扩散盒直径为 9mm，厚为 2mm，体积约为 130μm³。每个扩散盒细胞注入量为骨髓组织（1～3）×$10^7$ 或

骨髓基质细胞为（2～7）×10$^6$。为了使实验结果客观真实，若标本来自体内，要求体内取材部位准确定位，而对体外培养的细胞收集需分组明确。每一扩散盒做好标记，并记录其植入部位，以免发生混淆。本模型用于观察实验动物不同骨骼或同一骨骼的不同部位骨髓细胞的成骨能力；比较不同动物体外培养的骨髓基质细胞或同一种动物体外培养的不同代数骨髓基质细胞的成骨能力。

## 七、骨关节炎动物模型

### 1. 造模机制

骨关节炎（osteoarthritis，OA）是由多种因子所致的关节慢性退行性病变，临床上除对症治疗、缓解症状、少数情况下做人工关节置换术外，尚缺乏有效治疗方法，因此多年来对 OA 的实验研究目的是深入探讨其发病机制，寻找早期诊断及比较合理的针对病因的治疗方法。OA 的病理改变开始于关节软骨超负荷表面的变薄和破坏，此后形成软骨碎片和凹陷并向软骨深层发展，逐渐致使软骨下骨质的暴露、硬化、假性囊肿形成及骨质增生。OA 的动物模型多达十余种，常用模型的造模机制有：①关节固定后关节软骨因缺乏营养物质渗入而发生退行性改变。②人为造成动物膝关节受到异常外力挤压磨损使关节软骨发生退变。③Hulth 等将兔膝关节内侧副韧带、前后交叉韧带切断并切除内侧半月板；白希壮等将豚鼠的臀大、中、小肌切断，这样的切断可以维持关节稳定的解剖结构，改变关节力学状态，使之发生关节软骨退变。虽各模型诱发机制不同，但其共同点是各因素诱发的 OA 病变均从关节软骨病变开始，使模型符合临床实际。

### 2. 造模方法

1）关节固定诱发法：选用成年家兔，将其膝关节直接用绷带捆绑固定于屈曲位；或用金属杆捆绑固定使其膝关节处于伸直位，也可用骨外固定器使膝关节处于伸直位并施加外力挤压。

2）关节软骨受异常外力作用诱发法：在麻醉下安装弹簧外力支具，在膝关节内侧方施加横向外压力使之发生膝内翻，并维持膝关节的内翻状态。动物正常饮食，自由活动。

3）手术造成关节不稳定诱发法：①Hulth 模型：选用成年兔，静脉注射舒泰 50（15mg/kg）和盐酸右美托咪定（0.02mg/kg）麻醉，术前常规消毒、脱毛、于股骨上段绑扎止血带，取膝关节内侧切口长约 2cm，逐层切开软组织，打开关节腔，将髌骨外翻，以特制手术器械暴露膝关节，切断副韧带、前后交叉韧带、半月板解剖结构，术中注意保护关节软骨面不受损伤，逐层缝合切口后放松止血带，术后不固定伤肢，任其自由活动。②单纯前十字交叉韧带切断术（ACLT）模型：是近年来采用较多的骨关节炎造模方法。切除实验动物膝关节前交叉韧带，造成局部关节应力发生改变，导致关节的软骨细胞发生退行性改变，从而导致骨关节炎的发生。③单纯半月板切除术：与 Hulth 法的完整切除不同，此法是将关节半月板部分切除，造成关节的不稳定，从而得到骨关节炎模型。单纯半月板切除可减轻手术造成的损伤，但造模时间会相应地有所延长。④关节划痕模型：主要用来制作软骨缺损模型，同时也可以造成关节退行性变，在动物负重关节的软骨处人为用锐器造成划痕，但不伤及软骨下骨。术后固定侧肢体，10 周后受损软骨周围会有早期骨关节炎状的病理改变，适用于对骨关节炎的早期症状及治疗效果进行研究。

### 3. 模型特点及应用

1）关节固定诱发模型：2～3 个月关节软骨可呈不同程度 OA 变化，即软骨细胞增生，排列不规则，软骨表面有裂隙、破坏、变薄。屈曲位固定的关节，软骨层无外力影响，软骨下骨小梁发生萎缩；伸直位或同时施加纵向外力的固定标本，软骨下骨小梁增生。此模型可用于研究临床上由于截瘫或肢体长期管形石膏固定等因素造成的关节软骨退行性改变。

2）关节软骨受异常外力作用诱发模型：6～8 周后可见关节负重区（内侧股骨髁及胫骨平台）出现退行性变（病理变化同上）。此模型用于由构成关节各骨骨折发生畸形愈合后引起的 OA 变化研究。

3）手术造成关节不稳定诱发模型：Hulth 模型术后 2 周即可见关节软骨层软骨细胞群聚，3 个月后软骨面出现裂隙、破坏，5 个月后出现软骨下骨质暴露、骨质增生、骨小梁骨折现象。白希壮模型由于动物失去臀肌的稳定因素，术后出现站立行走困难，术后 12 周即出现典型的 OA 早期病理变化，术后 24 周出现 OA 晚期病理变化。Hulth 的 OA 模型诱导成功率高，各组动物 OA 病理变化进程基本一致，并且由于膝关节周围软组织少，便于重复向关节内注射药物，因而应用广泛，特别是在研究药物对预防或减轻 OA 发生发展的实验中应用较多。白希壮模型采用关节外手术途径制作 OA 模型，排除了关节的手术创伤性滑膜炎对实验的干扰，使模型更接近于临床实际。本模型可用于观察 OA 不同时期病理改变，研究其发病机制或进行治疗 OA 手术方式选择等。Hulth 模型中完全切断（切除）上述结构可造成膝关节不稳定情况过于严重，故有人提出切断前交叉韧带，切除半月板，而保留后交叉韧带或内侧韧带的设想，以减轻膝关节不稳定情况，术后观察亦同样发生OA 变化。

## 八、关节软骨缺损模型

### 1. 造模机制

由于关节软骨所处解剖位置的特殊性，它容易受到机械性创伤和炎症性损害，进而发展为骨关节炎；关节软骨不含血管神经组织，对损伤的修复能力极其有限，因此对于关节软骨损伤或缺损的修复研究一直是骨科界的重要课题之一。手术造成股骨关节软骨面小范围深至骨髓腔的关节软骨缺损，在不同时间点取材观察缺损的修复过程及细胞来源。

### 2. 造模方法

选用健康成年兔。常规麻醉，术区消毒，取膝关节内侧切口切开软组织，打开关节腔后将髌骨外侧脱位，在股骨髁的髌骨用电钻造成一个直径为 0.5～0.8cm 的关节软骨缺损，深达髓腔。根据实验要求，缺损处可植入充填物、诱导因子载体或缓释剂等；亦可不作任何处理，用作对照。

### 3. 模型特点及应用

一般术后 8 周缺损中仅有软组织填充而不被软骨组织修复。缺损被软骨组织修复的进程随缺损腔内填充物的诱导作用不同而不同。这个模型用于软骨组织工程、擦削术及软骨下骨钻孔术等对软骨缺损修复机制的研究。

### 4. 注意事项

实验中注意：①缺损直径小于 0.3cm 时，术后 8 周来源于骨髓的基质细胞可将缺损自行修复，故缺损至少应大于 0.3cm；②放入缺损的充填物应略大于缺损直径，使之嵌入缺损，这样由于周围组织的挤压，充填物不易脱落。

## 九、骨质疏松模型

### 1. 造模机制

原发骨质疏松包括绝经后骨质疏松（Ⅰ型）和老年性骨质疏松（Ⅱ型），主要表现为骨量减少，骨微结构被破坏，脆性增加而易于发生骨折。随着社会的老龄化，它是严重危害中老年人身体健康的顽疾。骨质疏松发病机制复杂，内分泌紊乱（如性激素分泌减少）是其发病的主要原因。但目前对其发病过程的诸多环节仍不清楚，因而在治疗方面也难以取得突破性进展。切除卵巢的动物（去势模型）雌激素分泌水平下降而引起的骨质疏松，其发病过程与人类女性绝经后骨丢失相近；维 A 酸有损伤雄性或雌性大鼠性腺的作用，使性腺萎缩，功能下降，性激素水平降低，影响蛋白质合成而诱发骨质疏松（维 A 酸模型）；糖皮质激素可引起机体的钙磷代谢紊乱，亦可直接抑制成骨细胞功能，减少前成骨细胞向功能性成骨细胞转化，使成骨细胞胶原合成量降低，因而使骨基质形成减少而诱发骨质疏松（糖皮质激素模型）。

### 2. 造模方法

1）卵巢切除法：选用 3～10 月龄的雌性大鼠。肌内注射舒泰 0.50～0.75mg/100g，术区剃毛，手术入路有两种。其一是背侧入路：在大鼠髂嵴顶部外上方 1cm 左右，腰椎骶棘肌两侧做纵形切口长约 0.5cm，打开后腹膜。卵巢是呈深粉红色颗粒状组织，多被其周围脂肪组织所掩盖，提起后用丝线结扎其周围相连组织，将其切除。其二是腹侧入路：取下腹部正中切口，打开腹腔，切除卵巢。

2）维 A 酸法：均用雄性或均用雌性大鼠，取维 A 酸按 70mg/kg 灌胃，每日 1 次，2～3 周即可诱发大鼠骨质疏松形成，表现与去势大鼠模型相似。

3）糖皮质激素法：选用健康雌性或雄性大鼠，3～12 个月龄，在臀肌或后腿部肌内注射地塞米松 1～2.5mg/kg，每周 2 次，6～8 周后，即可复制出糖皮质激素性骨质疏松模型，表现同去势大鼠模型。

**3. 模型特点及应用**

1）卵巢切除模型：术后 8～12 周即可成功诱导出动物的骨质疏松形成，表现为光子骨密度仪和双能 X 线骨密度仪测定其股骨和全身的骨密度降低；游标卡尺测定股骨骨皮质变薄，力学检测股骨、胫骨抗弯强度降低及脆性增加；骨组织学切片可见骨小梁数目明显减少，排列不整齐，高倍视野可见骨细胞减少，破骨细胞增多。由于雌激素水平下降可引起体重上升，而体重与骨密度呈正相关，体重增加时骨密度增高可以部分抵消雌激素缺乏引起的骨丢失，所以实验中应适当控制动物的体重，减少饮食。但需注意任何控制饮食的方法都可以使松质骨的丢失加重，使骨质疏松发展。本模型能够正确模拟成年妇女雌激素缺乏的临床症状和对雌激素的替代疗法的反应，在实验中本模型有足够的时间观察骨质疏松发生发展进程中骨骼的形态学变化及病理生理学反应，故本模型用于研究绝经后骨质疏松的发病机制、治疗及其相关问题。目前也有选用小鼠及兔建立此类模型的报道。

2）维 A 酸模型：4 周左右即可诱导出明显的骨质疏松变化。本模型可用于研究骨质疏松的病理、发病机制和防治药物效能观察等。造模时应注意：①维 A 酸对大鼠有一定的毒副作用，表现为进食减少、体毛枯疏、反应迟钝、口唇炎和结膜充血等，需给予精心饲养照料。②维 A 酸既可增加成骨细胞的数量和活性，又可刺激破骨细胞使其活性增强，而使骨代谢呈现高转换型改变，但总趋势是骨吸收大于骨形成，同时类骨质增多。此模型简单，建模时间短，成功率高。虽然在病因上与人类骨质疏松不同，但此模型在发病症状、组织形态学表现及对雌激素的骨反应上与人类有较好的相似性。本模型亦可选用小鼠实施。

3）糖皮质激素模型：造模 8 周后骨组织计量学指标及骨组织切片显示骨质呈现骨质疏松表现。此模型可因低钙饮食而加速诱发，应用维生素 D 可阻止其形成。有报道用雄性大白鼠造模时，应选用 12 个月龄鼠，因为该年龄鼠骨量变化最小，并且在未达到 24 月龄以前骨量始终处于同一水平。当动物年龄大于 24 个月时不宜使用，以排除年龄因素对骨变化的影响。在临床上糖皮质激素引起的骨质疏松并不少见，本模型用于研究此类疾病的发病机制、病理改变及预防措施。由于糖皮质激素对骨吸收的影响较少，故此模型不适于观察药物对骨吸收抑制作用的效果。兔与猎犬也可作为本模型的实验动物。

## 十、风湿性关节炎模型

**1. 造模机制**

常用的是Ⅱ型胶原和不完全佐剂（IFA）混合注射诱导关节炎模型，以及弗氏完全佐剂（complete Freund's adjuvant，CFA）诱导的大鼠类风湿关节炎模型，即佐剂性关节炎模型。其抗原是大鼠自身抗原或是结核杆菌与鼠组织的复合物，模型与人类类风湿关节炎发病过程类似。

**2. 造模方法**

1）胶原诱导的关节炎模型（collagen induced arthritis，CIA）：用Ⅱ型胶原和 IFA 配制成乳液，自鼠尾开始，脊柱两侧分别行多点注射，每点 0.1ml，1 周后再追加 0.5ml。

2）佐剂诱导的关节炎模型（adjuvant induced arthritis，AIA）：选用体重 150～200g 的大鼠。弗氏完全佐剂的制备方法：把无水羊毛脂和液状石蜡按 4∶6（V/V）（夏天使用）或 3∶5（冬天使用）混合。将无水羊毛脂加热溶解后，量取 40ml 置于研钵内，稍冷却后，边研磨边加入液状石蜡，直至 60ml 液状石蜡加完。高压消毒后，按 4～5mg/ml 加入死的或减毒分枝杆菌（结核杆菌或卡介菌），4℃保存备用。目前弗氏完全佐剂已有成品市售。用异氟烷吸入麻醉，用 0.1ml 弗氏完全佐剂皮内注射于大鼠尾部或后肢足垫内。

**3. 模型特点及应用**

1）CIA 模型：1 周后足关节皮肤轻微红肿；2 周后足关节皮肤锃亮、充血，活动轻微受限；3 周后出现皮肤溃烂；5～6 周则出现不同程度的足关节红肿且关节变形。

2）AIA 模型：接种后 3～4 天注射局部肿胀达到高峰，然后逐渐减轻，约在第 8 天后再度肿胀并逐渐加重。因迟发性超敏反应，接种后第 10～18 天另一侧后肢足垫肿胀，接种第 18～25 天形成多发性关节炎。接种 4 周光学显微镜下可见关节滑膜组织中有中性粒细胞、淋巴细胞、浆细胞浸润，纤维蛋白、多形核白细胞和一些单核细胞渗入关节腔，滑膜组织炎性增生，血管翳形成（并伸向关节软骨表面，大体解剖所见），关节软骨破坏。本模型的特点是：①试剂制备和动物接种操作简单，无须设备；②模型重复性好，病理变化十分稳定。本模型用于类风湿关节炎病理过程和实验性治疗研究。

**4. 注意事项**

①制备弗氏完全佐剂时应将分枝杆菌充分研碎，以提高模型的成功率；②年幼（＜21 日龄）或年长（＞9 月龄）大鼠均不易诱导关节炎。

# 第十章 神经与精神系统的比较医学

神经和精神疾病是目前仅次于心血管疾病和癌症的最常见、最严重的卫生问题。随着现代生物学实验技术的发展,研究者目前可以通过记录和分析神经元及神经元细胞上各种神经递质受体和单个离子通道的活动等手段,完善识别大脑各区、不同区之间的关联,以及各脑区的主要功能。随着对大脑及神经系统认知的完善,未来在神经和精神疾病的阐述、预防和治疗等方面将会取得飞跃性的进展。我国一向重视对神经科学和脑科学研究的支持。2021 年 9 月,科技部正式公布科技创新 2030"脑科学与类脑研究"重大项目,涉及 59 个研究领域和方向。"脑科学与类脑研究"主要包含脑疾病诊治、脑认知功能的神经基础、脑机智能技术等方面的研究。脑疾病诊治面向脑健康和医疗产业;脑认知功能的神经基础以"全脑介观神经联接图谱国际大科学计划"为平台;脑机智能技术面向类脑智能产业。其中非人灵长类动物模型平台搭建及猕猴介观神经联接图谱也是该项目的重要组成部分。

比较神经与精神病学着眼于研究人与动物的脑解剖学和神经细胞形态学的种属进化过程,通过从整体、细胞和分子的多层次比较研究,认知大脑及神经系统的空间组织、遗传信息和功能机制等,相信比较神经与精神病学的研究及发展会推动相关领域的飞速进步。

## 第一节 比较神经系统解剖学

### 一、人和动物脑的解剖特点比较

(一)人和动物脑的结构特点

人类大脑位于颅骨中,主要功能是通过整合、处理、协调信息来控制身体的功能,形成决策并将其传递到效应器官。人脑平均重达 1.3～1.4kg,主要由大脑、脑干、间脑和小脑组成。而大脑作为中枢神经系统的最高级部分,是人脑的主要部分。大脑皮质是大脑向外突出的部分,大脑皮质不仅仅处理感觉和运动信息,还是人类自我意识形成的结构基础。大脑皮质主要包含神经元细胞体,其褶皱和裂隙让大脑有了标志性的沟回结构。大脑皮质分为左右两个半球,每个半球分为四个主要区域:额叶、颞叶、枕叶和顶叶,分别分管思想和记忆、计划和决策、语言和感官认知等功能。

动物的大脑也是其中枢神经系统的重要组成部分,根据结构特点可以分为三大类:无脊椎动物的大脑、非哺乳类脊椎动物的大脑和哺乳动物的大脑。无脊椎动物的大脑包括软体动物和节肢动物的大脑。非哺乳类脊椎动物的大脑一般由六部分组成:端脑(大脑半球)、间脑(丘脑和下丘脑)、中脑、小脑、脑桥和延髓。哺乳动物与其他脊椎动物的脑最明显的区别是容量的大小。平均来说,在身体大小相同的情况下,哺乳动物的脑是鸟类的 2 倍,是爬行动物的 10 倍。此外,哺乳动物的中脑和后脑相对较小,而前脑较大。人类和灵长类动物显示出大脑皮质的大量扩张,使具备强大认知能力成为可能。

（二）人和动物大脑的差异性

**1. 更加巨大的新皮质（大脑皮质）**

大脑（端脑）包括基底神经节、大脑皮质、海马等区域。人类大脑最显著的特点就是大脑皮质（新皮质）发生了巨量的扩张，与近缘物种黑猩猩相比较，人类的新皮质大约是它的 3 倍大小。大脑皮质可以细分为很多区域：控制情感相关的扣带回、视觉相关的视皮层、语言相关的语言区、认知相关的眶额叶等。目前公认的看法认为，正是有这样巨大的大脑皮质，才有了人类这样丰富的高级认知能力。

**2. 神经元数量特别多**

人类新皮质的巨量扩张，主要原因是神经元数目的增加。人类神经中枢有大约 860 亿个神经元，还拥有同样数量级的神经胶质细胞，99.9%的神经元都在脑（大脑皮质、小脑和脑干）中。当然从绝对数量上看，人类的大脑神经元不是最多的，如长鳍领航鲸大脑皮质的神经元数量远远多于人类。如果将不同动物神经元数量和大脑体积做一个相关性比较，可以发现不同物种之间神经元密度相差不大。

**3. 人神经发育过程区别于其他动物**

人类的大脑发育具有两个显著特点：一个是大脑发育的"幼态持续"，人类大脑发育成熟需要十几二十年，相比之下动物刚出生脑就基本发育完成。这就使得人类大脑有充足的时间进行扩张、修饰和完善，提升运转效率和完成更加复杂的功能。另一个是神经发生过程中，人类大脑有着更加多样的神经产生机制，相较于小鼠甚至猕猴，人类有一类特别丰富的神经元祖细胞，以及范围更为宽广的外侧室管膜下区（OSVZ 脑皮层），促使人类分化出更多类型和数量的神经元。

**4. 脑区功能更加复杂化**

大多数动物的脑区功能非常特化，如嗅觉皮层、视觉皮层和体感皮层等，这些感觉皮层往往占据了主要的比例。人类与此大不相同，感觉皮层多占比小，皮层间关联性更强，目前对于人类大脑皮质的功能还只是初步探索。

**5. 大脑的神经连接更加复杂**

目前普遍的观点认为人脑的神经连接相较于其他动物更为复杂。比如人类语言产生的两个脑区：布罗卡（Broca）区和韦尼克（Wernicke）区，这两个脑区之间有着非常丰富的神经连接，称为"弓状束"。如果与黑猩猩和猕猴的弓状束相比较，其中的分叉和数量与人类相比相差巨大，这也是目前认为人类有语言能力的一个重要研究方向。

（三）人和哺乳动物脑的重量与体重的比较

人和哺乳动物脑的重量与体重的比较见表 10-1。

表 10-1　人和哺乳动物脑的重量与体重的比较

| 种名 | | 脑重（g） | 比例（脑重：体重） |
|---|---|---|---|
| 人 | *Homo sapiens* | 1300（雌），1400（雄） | 1：45 |
| 小家鼠 | *Mus musculus* | 0.4 | 1：40 |
| 日本小鼠 | *Japanese mouse* | — | 1：22 |
| 松鼠猴 | *Pithisciurius sciurius* | — | 1：12 |
| 狨猴 | *Leontocebus geofififfrey* | — | 1：19 |
| 爪哇树鼩 | *Tupaio jovanico* | — | 1：40 |
| 地鼠 | *Sorex minutus* | — | 1：50 |
| 猕猴 | *Mocaca mulatta* | 900 | 1：170 |

续表

| 种名 | | 脑重（g） | 比例（脑重∶体重） |
|---|---|---|---|
| 大猩猩 | *Gorilla gorilla* | 500 | 1∶200 |
| 印度象 | *Eliphos indicus* | 5000 | 1∶600 |
| 海豚 | *Phocaena ctxnmnis* | 1700 | 1∶38 |
| 鲸 | *Phseter catadon* | 7000 | 1∶10 000 |

（四）人类和非人灵长类的颅腔容积比较

人类和非人灵长类的颅腔容积比较见表10-2。

表 10-2　人类和非人灵长类的颅腔容积比较

| 种和性别 | | 标本数 | 平均值（ml） | 标准差 | 变异系数 |
|---|---|---|---|---|---|
| 人 *Homo sapiens* | ♂ | 1000 | 1345.0 | 169.00 | 12.59 |
| 敏猿 *Hylobates agilis* | ♂♀ | 21 | 98.8 | 10.32 | 10.45 |
| 白掌长臂猿 | ♂ | 95 | 104.0 | 7.51 | 7.22 |
| *Hylobates lar* | ♀ | 85 | 100.9 | 7.81 | 7.69 |
| 合趾猿 | ♂ | 23 | 125.8 | 12.95 | 10.29 |
| *Symphalangus syndactylus* | ♀ | 17 | 122.8 | 13.09 | 10.66 |
| 黑猩猩 | ♂ | 24 | 420.0 | 33.33 | 7.94 |
| *Pan troglodytes* | ♂ | 34 | 399.5 | 40.61 | 10.17 |
| | ♂ | 33 | 410.0 | 47.70 | 11.63 |
| | ♂ | 56 | 381.0 | 35.29 | 9.26 |
| | ♀ | 26 | 390.0 | 32.83 | 8.42 |
| | ♀ | 27 | 365.8 | 33.70 | 9.21 |
| | ♀ | 78 | 380.0 | 35.10 | 9.24 |
| | ♀ | 57 | 350.0 | 28.85 | 8.24 |
| 猩猩 | ♂ | 36 | 434.1 | 50.86 | 11.72 |
| *Pongo pygmaeus* | ♂ | 30 | 415.0 | 37.60 | 9.06 |
| | ♂ | 57 | 416.0 | 36.44 | 8.76 |
| | ♀ | 59 | 389.8 | 36.27 | 9.31 |
| | ♀ | 18 | 370.0 | 34.90 | 9.43 |
| | ♀ | 52 | 338.0 | 32.89 | 9.73 |
| 大猩猩 | ♂ | 50 | 510.0 | 37.78 | 7.41 |
| *Gorilla gorilla* | ♂ | 22 | 505.4 | 43.19 | 8.55 |
| | ♂ | 133 | 543.0 | 50.00 | 9.23 |
| | ♂ | 63 | 550.0 | 61.90 | 11.25 |
| | ♂ | 72 | 535.0 | 71.13 | 13.30 |
| | ♀ | 48 | 450.0 | 33.56 | 7.46 |
| | ♀ | 78 | 461.0 | 47.70 | 10.34 |
| | ♀ | 50 | 460.0 | 35.20 | 7.65 |
| | ♀ | 43 | 443.0 | 39.41 | 8.90 |

## 二、常用实验动物神经系统解剖特点比较

（一）兔的神经系统解剖特点

**1. 中枢神经系统**

（1）脑各部的区分　脑位于颅腔中，在枕骨大孔处与脊髓相连。在胚胎发育早期，中空的神经管前部膨大形成三个脑泡：前脑、中脑及菱脑。随后，前脑分化为大脑及间脑，中脑不再分化，菱脑分化为小脑、脑桥及延脑。通常把延脑、脑桥、中脑、间脑合称为脑干。脊髓部的神经管保留为中央管，脑部的神经管腔则发展为四个脑室：大脑两半球有两个侧脑室，分别称第一、二脑室，间脑室称第三脑室，延脑室称第四脑室。中脑的室腔狭窄，称大脑导水管，沟通第三、四脑室。各部的区分如下（图10-1）。

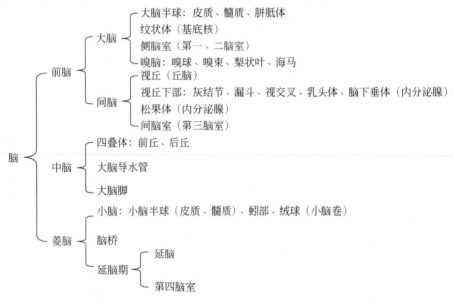

图 10-1　兔脑各部的分区

兔脑各部的特点如下。

1）大脑：兔大脑重约 7g，长 35～45mm（包括嗅球），最大宽度约为 25mm。大脑由左右两大脑半球组成。哺乳动物由低级到高级，大脑半球所占比例愈益加大。兔的大脑半球不是很大，从背面观仅遮盖中脑。在犬，大脑半球已将小脑遮盖一部分；在类人猿，大脑半球已将小脑完全遮盖。从外形来看，兔的两大脑半球较扁平而狭窄，呈一尖端向前的楔状体。两半球之间的大脑纵裂也较狭窄。

哺乳动物大脑表面多形成深浅不等的沟或裂（沟深者称裂），沟间的隆起称回。沟回的形成大大增加了皮质的表面积。一般而论，低等哺乳动物的大脑没有沟回或较少沟回，高等哺乳动物的大脑沟回较多。人脑的沟回极多，如果把人的大脑半球所有的沟回都伸展开，则大脑半球表面积约为 2000cm$^2$。

兔大脑表面沟回很少，除大脑纵裂分隔两半球外，尚有一不明显的大脑外侧裂（薛氏裂），位于大脑中部两侧，将大脑分为额叶，另外在大脑腹面有嗅沟，构成嗅束的外界。剖视大脑可见外层呈灰白色，由灰质组成，即大脑皮质。兔的大脑皮质较薄。皮质下部呈白色，由白质组成，又称髓质。

哺乳动物的大脑发达，不仅表现在体积的增大，更重要的是大脑皮质的高度发达，在大脑皮质

内集中了达百亿之多的神经元胞体。在两大脑半球之间有一宽带状横行的白色神经纤维连合，称胼胝体。在大脑正中矢状切面观，胼胝体前端增厚的弯曲部称膝，后端也比较厚，称胼胝体压部。由胼胝体后端折而向下的一个弓状纤维束，称穹窿，连接海马与丘脑下部的乳头体。在穹窿消失处之近前方有一圆形神经束横断面称前连合，由左右嗅球及部分梨状叶的连合纤维所组成。后连合在横断面上形状似前连合，位于大脑导水管起始部背侧。

侧脑室为大脑半球的内腔，两个侧脑室分别称第一、二脑室，经室间孔通第三脑室。左右侧脑室之间的正中隔障，称透明隔。侧脑室内有由间脑顶伸出的前脉络丛。

纹状体是大脑基底比较大的神经核，位于侧脑室的前腹侧，其长轴斜向后外侧，色灰，为包埋于白质内的灰质核团。纹状体的功能是协调机体的运动。哺乳类以外的各类脊椎动物，大脑皮质不发达，纹状体成为最高的运动中枢，若切除一部分，正常的运动功能即受破坏。到哺乳类，随着大脑皮质的发达，纹状体退居次要地位，成为调节运动的皮质下中枢。

嗅脑位于大脑前方腹侧，包括嗅球、嗅束、梨状叶、海马（图10-2、图10-3）。这些部分皆与嗅觉相联系，所以总称为嗅脑。嗅脑的外侧缘以嗅沟与大脑为界。嗅球在大脑半球的前端，嵌在脑前窝内，嗅球腹侧有大量短的嗅丝经筛板孔通入，即第Ⅰ对脑神经。兔的嗅球很发达，向前突出甚长。嗅球后方以嗅束连梨状叶。梨状叶为一三角形隆起，构成大脑的后腹部。海马位于侧脑室内。沿兔脑背侧表面一薄层切除大脑皮质及胼胝体即可看到在纹状体的面有一弯曲的白色宽带状隆起，即为海马，由脑前内侧斜向后外侧，延伸到梨状叶。上述嗅脑所属各部在进化上是大脑原始的皮质部分，在组织结构上与新皮质有明显不同。近代研究表明，它们除与嗅觉有联系外，还关系到广泛的自主神经功能调节，故又称为内脏脑。

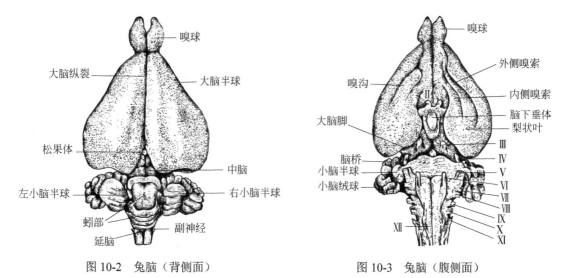

图 10-2　兔脑（背侧面）　　　　　　　图 10-3　兔脑（腹侧面）

2）间脑：主要由视丘、视丘下部和第三脑室组成，背面完全被大脑所覆盖。

视丘是成对的椭圆形体，位于中脑和纹状体之间，其背面被海马所覆盖。视丘构成第三脑室的侧壁（图10-4）。两侧视丘之间的连接部，称中间块。视丘是重要的皮质下感觉中枢，各种感受器传来的兴奋，在传到大脑皮质以前，先终止于视丘，然后再转换神经元到大脑皮质。视丘后方的圆形隆起，称外膝状体，为接受视神经纤维的部分。外膝状体内侧有另一较小的隆起，称内膝状体，与听觉联系。

视丘下部构成间脑的底壁，包括视交叉、灰结节、漏斗、脑下垂体和乳头体。灰结节为视交叉后方的扁平隆起，其后方接圆形隆起的乳头体。灰结节腹侧正中有漏斗与脑下垂体相连。脑下垂体为一重要的内分泌腺。视丘下部是调节自主神经活动的中枢。间脑的脑室称第三脑室，围绕视丘成环形，后接大脑导水管，前方以室间孔与大脑半球的侧脑室相通，背侧壁是脉络膜，伸入侧脑室，即前脉络丛。视丘的背后方与中脑四叠体前丘之间发出一带长柄的卵圆形小体，即松果体。长柄向背后方斜伸，在大脑半球后缘与小脑蚓部之间露出，从脑背面即能看到。由于它紧贴脑硬膜，在撕脑硬膜时容易连带撕断。松果体也是内分泌腺体，但至今对它的功能所知不多。

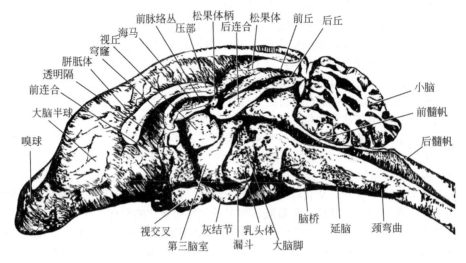

图 10-4　兔脑的正中矢状切面

3）中脑：位于延脑和间脑之间，背侧被大脑半球覆盖。可分为背侧的四叠体和腹侧的大脑脚两部。内腔即大脑导水管，是连接第三脑室和第四脑室的通路。四叠体由四个圆形隆起组成，前两叶称前丘，为视觉反射中枢；后两叶称后丘，为听觉反射中枢。中脑的底部加厚构成大脑脚，是脑与脊髓之间传导的路径，是由运动传导束组成的白质。中脑内部有两对较大的神经核，即红核与黑质。红核与维持身体的正常姿势有关，黑质与运动的调节有关。第Ⅲ对脑神经由大脑脚处发出。

4）小脑：位于颅腔的脑后窝内，与大脑半球分界处有横沟，沟内隔以小脑幕。兔的小脑重约1.6g，约占脑全重的1/6。小脑中央为蚓部，两侧形成两个小脑半球，半球外侧可看到小脑绒球（小脑卷）。兔的小脑三部分中，蚓部所占比例较大，最外侧的小脑绒球也明显突出，相较而言，小脑半球并不很发达。在系统发生上，蚓部和绒球较早出现。两栖类的小脑相当于蚓部，爬行类加上绒球，只有哺乳类才出现小脑半球，它是在进化史上与大脑新皮质平行发展起来的新小脑。哺乳类中最低等的单孔类小脑半球尚不明显，愈是高等的物种，小脑半球愈益发达。兔的小脑半球并不发达，反映出其较低级的地位。

小脑的纵剖面可以区别为表层灰色的皮质和内部白色的髓质两部分。皮质由灰质组成，髓质由白质组成。在纵剖面上，由于白质深入到灰质中去，呈树枝状，故称髓树。小脑的传导路径通过前、中、后3对小脑脚（小脑臂）分别联系中脑、脑桥和延脑。前小脑脚（又称结合臂）由小脑底部发出向前行，深入中脑深部的红核。在左右小脑前脚之间有一薄的皱褶，称前髓帆，前端固着于四叠体的后丘，后端联小脑蚓部，构成第四脑室前部的顶壁。第Ⅳ对脑神经即自前髓帆与后丘交界处穿出。中小脑脚（又称脑桥臂）伸向脑桥。后小脑脚（绳状体）连接延脑。小脑有维持肌肉张力、保持身体的正常平衡姿势和协调随意运动等功能（图10-5）。

5）脑桥：位于小脑的腹面、延脑与大脑脚之间，是由横行纤维束覆盖的隆起。两侧为脑桥臂进入小脑，第Ⅴ对脑神经由脑桥两侧处向前发出。兔的脑桥不是很发达，不像高等哺乳动物那样明显隆起。大脑新皮质通过脑桥与小脑联系，在延脑腹面出现了大量的皮质下行神经束，经脑桥核中继，发出的纤维进入对侧小脑半球，形成了覆盖在脑干底面的横行桥纤维（图10-5）。

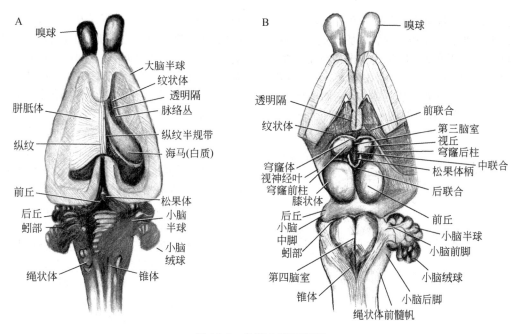

图 10-5　兔脑水平切面图

A. 左侧示胼胝体，右侧示海马与侧脑室；B. 脑深层的水平切面

6）延脑：为脊髓前端的直接延续，结构上也有与脊髓相似之处。前端接脑桥，后端以第一对颈神经根附着处为界。延脑的背侧面大部被小脑所覆盖，构成第四脑室底的后部。正中有纵走的背正中沟，为脊髓同名沟的延续。沟的两侧有纵走的索状隆起，称绳状体。绳状体前面向两侧展开，构成第四脑室侧壁，向前成小脑后脚，终于小脑白质部。

延脑膜面有自脊髓延续来的腹正中裂，裂两侧的纵隆起即由下行的皮质脊髓纤维束形成的椎体，椎体后端变细，最后形成椎体交叉而隐入脊髓内部。自延脑共发出 7 对脑神经，由第Ⅵ对至第Ⅻ对。在脑桥和延脑交界的横线上，第Ⅵ对脑神经由椎体前端两侧发出；在延脑外侧，由前向后相继为第Ⅶ～Ⅺ对；第Ⅻ对脑神经根出自延脑腹面椎体外侧。

延脑的脑室为第四脑室，其腹侧是脑桥和延脑，背侧为小脑，前端连接大脑导水管，后接脊髓中央管。第四脑室顶由前髓帆、后髓帆及小脑蚓部所形成。前髓帆为一薄的白质板，位于左右小脑前脚之间，前面接四叠体后丘，后接蚓部。后髓帆为蚓部后端和脑室顶之间的一薄白质板。第四脑室顶的上皮组织与脑软膜相结合形成薄的皱褶伸入室腔内，其上有丰富的毛细血管，称后脉络丛。第四脑室底和侧壁构成的浅窝称菱形窝。

延脑具有反射活动和传导兴奋两种功能。延脑的反射活动基本上和脊髓相似，但远比脊髓反射重要。在菱形窝内有一些重要的神经核，如损伤此区常使动物迅速死亡，所以称为"活命中枢"。延脑也执行着传导兴奋的功能，中枢神经系统高级部位和脊髓之间的传导路径都通过延脑。

（2）脊髓　中空的背神经管是一切脊椎动物神经系统的特征，在胚胎发育过程中，神经管的前端发展成脑，其他部分发展为脊髓。兔的脊髓位于椎管内，大致呈圆柱形，前端接延脑，后端约在第二荐椎处变细，形成脊髓圆锥，圆锥后部延长成终丝，延续到前几个尾椎的椎管内。

兔的脊髓重约 5g，约为体重的 0.2%。按照脊柱的区分，脊髓也相应的分为颈、胸、腰、荐、尾 5 个部分。全长有两个膨大，一个在颈胸交界处，称颈膨大；另一个在第 3～5 腰椎处，称腰膨大。兔的颈膨大不明显，而腰膨大甚明显。颈、腰膨大分别是前后肢脊髓反射的中枢，也是臂神经丛和腰神经丛分出的部位。

在脊髓的横断面上，可见背正中沟和腹正中裂，它们将脊髓分为对称的左右两半。灰质位于内部，色较深，呈蝶翼形；白质在其外围，色较浅。在灰质的中心有中央管，该管内有脑脊液，是和前面脑室相通的。灰质各向背、腹伸展形成背柱（断面上称背角）和腹柱（断面上称腹角）。背柱为中间神经元所在处，腹柱为传出神经元所在处。在脊髓胸腰段的背、腹两柱之间还有侧柱（断面上称侧角），是交感神经元所在处。灰质主要由神经细胞体及树突、神经胶质等组成。白质是由大量轴突组成的传导路径所构成的，它们把神经冲动由脊髓传到脑（上行传导束）、由脑传到脊髓（下行传导束），或由脊髓的这一部位传到脊髓的另一部位（固有束）。

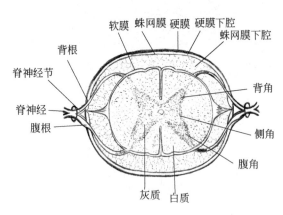

软膜 蛛网膜 硬膜 硬膜下腔
蛛网膜下腔
背根
脊神经节
脊神经
腹根
背角
侧角
腹角
灰质 白质

图 10-6 脊髓的横断面（模式图）

在脊髓两侧有连于背角的脊神经背根（感觉根），连于腹角的脊神经腹根（运动根），在背根上有脊神经节，节内含有感觉神经细胞的胞体。背腹两根相合成脊神经，经椎间孔离开椎管。脊神经都是混合神经，它们由传入神经纤维和传出神经纤维混合组成（图 10-6）。

脊髓表面包有三层膜：外层为脊硬膜，中间为脊蛛网膜，内层为脊软膜。在脊硬膜与椎管之间有硬膜外腔，脊硬膜与脊蛛网膜之间有硬膜下腔，脊蛛网膜与脊软膜之间有蛛网膜下腔。蛛网膜下腔内有脑脊液。脊髓的主要功能可以归纳为两类：一类是传导兴奋，另一类是实现反射活动。在脊髓的不同节段，有着不同的脊髓反射中枢。在正常机体内，所有的脊髓反射中枢都是在中枢神经系统高级部位的控制下进行活动的。

**2. 周围神经系统**

联系中枢神经系统与身体各部器官之间的神经总称为周围神经系统。周围神经有的仅包含感觉神经（神经纤维自外周向中枢传导感觉冲动的称感觉神经，又称传入神经），或仅包含运动神经（神经纤维将冲动自中枢传导至效应器，引起肌肉的收缩或腺体的分泌，称运动神经，又称传出神经），但大多数为混合神经，既含有感觉神经纤维又含有运动神经纤维。周围神经可分成脊神经、脑神经和自主神经。

（1）脊神经 脊神经是由脊髓两侧的背根与腹根相结合而成的混合神经。背根是感觉根，在背根上的脊神经节是感觉神经元的细胞体所在部位。腹根是运动根，腹根上无脊神经节。背腹两根在脊髓外相合成脊神经，所以每条脊神经都是混合神经，共包含以下 4 种功能成分的神经纤维：①躯体感觉纤维：由皮肤、骨骼肌、肌腱和关节传入的纤维。②内感觉纤维：由内脏、血管传入的纤维。③躯体运动纤维：到骨骼肌的传出纤维。④内脏运动纤维：到内脏的平滑肌、心肌和腺体的传出纤维，又称自主神经。

兔的脊神经总共有 37～38 对，数目大致与脊椎骨总数相当。按其所在部位可分为颈神经 8 对，胸神经 12（13）对，腰神经 7（8）对，荐神经 4 对，尾神经 6 对。

（2）脑神经 兔的脑神经也和其他哺乳动物一样共有 12 对：Ⅰ嗅神经，Ⅱ视神经，Ⅲ动眼神经，Ⅳ滑车神经，Ⅴ三叉神经，Ⅵ展神经，Ⅶ面神经，Ⅷ听神经，Ⅸ舌咽神经，Ⅹ迷走神经，Ⅺ副神经，Ⅻ舌下神经。

12 对脑神经中，第Ⅰ、Ⅱ、Ⅷ对是感觉神经，分别和嗅觉、视觉、听觉发生联系；第Ⅲ、Ⅳ、Ⅵ对是运动神经，和动眼肌肉相联系；第Ⅴ、Ⅶ、Ⅸ、Ⅹ对是混合神经，前 3 对主要分布于头部器官，第Ⅹ对主要分布于咽喉以下胸、腹部内脏；第Ⅺ对是到咽喉及颈部的运动神经；第Ⅻ对是舌肌的运动神经。各对脑神经的名称、起点、分布及功能列于表 10-3。

**表 10-3　各对脑神经的名称、起点、分布及功能**

| 符号 | 名称 | 表面起点 | 分布 | 功能 |
|---|---|---|---|---|
| I | 嗅神经 | 嗅球 | 嗅黏膜 | 感觉 |
| II | 视神经 | 间脑 | 视网膜 | 感觉 |
| III | 动眼神经 | 大脑脚 | 眼肌（上直肌、下直肌、内直肌） | 运动 |
| IV | 滑车神经 | 前髓帆 | 眼肌（上斜肌） | 运动 |
| V | 三叉神经 | 脑桥 | 头部与口的皮肤、咀嚼肌、舌、腭、上下唇、上下眼睑、鼻腔黏膜、齿、颊部、唾液腺 | 混合 |
| VI | 展神经 | 延脑 | 眼肌（外直肌） | 运动 |
| VII | 面神经 | 延脑 | 舌前端的味蕾、颌下腺、舌下腺、颜面皮肤肌、耳廓、颈部皮下肌 | 混合 |
| VIII | 听神经 | 延脑 | 内耳柯蒂氏器、半规管、椭圆囊、球状囊 | 感觉 |
| IX | 舌咽神经 | 延脑 | 咽、舌后部、腮腺、咽壁肌肉 | 混合 |
| X | 迷走神经 | 延脑 | 咽、喉、气管、食管、胸腹部各脏器 | 混合 |
| XI | 副神经 | 延脑 | 咽及喉的横纹肌、胸乳突肌、锁乳突肌、斜方肌 | 运动 |
| XII | 舌下神经 | 延脑 | 舌肌、胸骨舌骨肌、胸骨甲状肌 | 运动 |

（3）自主神经　自主神经（autonomic nerve），又称植物神经。一般是指分布于内脏、心肌、血管平滑肌及腺体的运动神经，即内脏运动神经或内脏传出神经。它主要具有支配内脏器官的活动，保证机体的新陈代谢、营养、生长繁殖等功能。

自主神经包括交感神经和副交感神经两部分。内脏器官一般多由交感神经和副交感神经双重支配（个别器官则单独由交感神经或副交感神经支配），两者对同一器官的作用是相反相成、对立统一的。例如，交感神经兴奋心脏活动，而副交感神经抑制心脏活动；交感神经抑制小肠平滑肌的活动，而迷走神经兴奋其活动。在一般条件下，只有两者的相反而又协同的作用才能保证正常的生理活动。兔的交感神经干位于脊柱椎体的两侧，左右成对，前端自颅枕部的颈前神经节开始，沿颈部向后延伸，与迷走神经相伴行入胸腔，在此处形成颈后神经节。其后交感干沿全部胸椎走行，发出两根特殊的内脏神经，再向后延伸，沿腰椎及荐椎成为较细的交感干。在尾椎开始处，左、右交感干彼此会合，形成单一的尾后神经节。

副交感神经的节前纤维分别起源于中脑、延脑脊髓的荐部，走向副交感神经节并终止于其中，而这些副交感神经节常常分散在器官附近或本身的组织中，从这些神经元发出的无髓鞘的节后纤维很短，肉眼解剖难以找到。头部副交感神经包括：自中脑发出，循第III对脑神经而达眼球，分布于睫状肌和瞳孔括约肌。自延脑发出有 3 支，其一循第VII对脑神经达泪腺及唾液腺，其二循第IX对脑神经至腮腺，其三循第X对脑神经以极多的分支分布于气管、心脏、消化管各部等内脏器官。荐部由第 2～4 脊髓荐节随荐神经腹根发出，分布到大肠下段、膀胱、生殖器等处（图 10-7）。

（二）犬的神经系统解剖特点

**1. 中枢神经系统**

（1）脑　犬脑的形状一般圆而短，重 30～150g，为体重的 1/40～1/30，不同品种间差异巨大。灰质与白质之比为 61.1∶38.9。

1）大脑：犬的大脑两半球之间有大脑纵裂，纵裂内有硬脑膜形成的镰状褶，称为大脑镰。纵裂深处有白色联合，称为胼胝体，将两半球连接在一起。两个半球的后端与小脑之间有横裂，裂内有呈幕状的脑膜，称为小脑幕。大脑半球的表面覆盖着一层灰质，称为大脑皮质。皮质的表面呈不规则的索状隆起，称为脑回，脑回之间有深度不等的沟裂。犬大脑表面沟回排列比兔、鼠等动物复杂。沟与回的名称及分布见图 10-8、图 10-9。

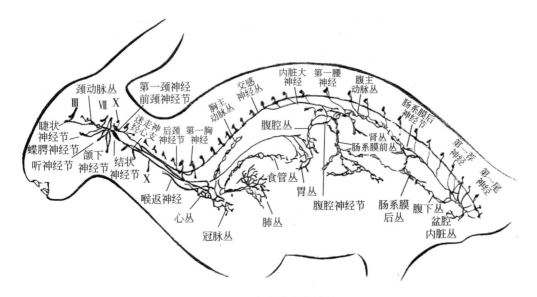

图 10-7　兔全身自主神经

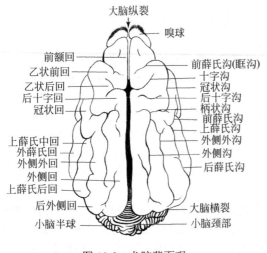

图 10-8　犬脑背面观

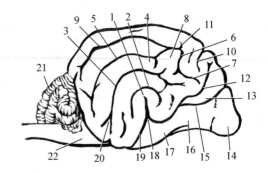

图 10-9　犬脑侧面观

1. 大脑外侧沟（薛氏沟）；2. 外薛氏沟；3. 上薛氏沟；4. 上薛氏回；5. 外侧外沟；6. 柄状沟；7. 冠状沟；8. 冠状回；9. 外侧沟；10. 十字沟；11. 后叶字回；12. 前薛氏沟（眶沟）；13. 前额回；14. 嗅球；15. 嗅沟前部；16. 嗅；17. 梨状叶；18. 嗅裂；19. 嗅沟后部；20. 后薛氏沟；21. 小脑；22. 延髓

2）间脑：被覆盖于大脑半球之下，其背面为胼胝体、穹窿等，前方以终板为界，后部邻接中脑。间脑主要可分为丘脑和丘脑下部两大部分。丘脑为间脑的主要部分，位于间脑的外侧，是一对卵圆形体，两丘脑的内侧面之间存在一间隙，构成第三脑室。其外侧面以内囊为界与大脑半球内的豆状核相邻。丘脑后部有隆起，称为丘脑后结节。其外侧前后排列为外膝状体和内膝状体。犬的内膝状体大而明显。犬的脑垂体相当小。在灰结节漏斗的后方有 1 对白色的乳头体，在其内部也含有灰质核。

3）中脑：分为两部分，即由中脑基部的大脑脚和覆盖着大脑脚背侧的四叠体所组成。在四叠体和大脑脚之间有中脑导水管。导管向前开口于第三脑室，向后与第四脑室相通（图 10-10）。

四叠体位于大脑半球后下方，丘脑后结节之后，由四个隆起组成，分成 1 对前丘和 1 对后丘，前丘和后丘之间被横沟分开，还有正中沟将四叠体左右分开。大脑脚位于四叠体腹侧，为两个粗大的轴状突起，两者之间被脚间沟所分开。在大脑脚处分出第Ⅲ对脑神经——动眼神经（图 10-11）。

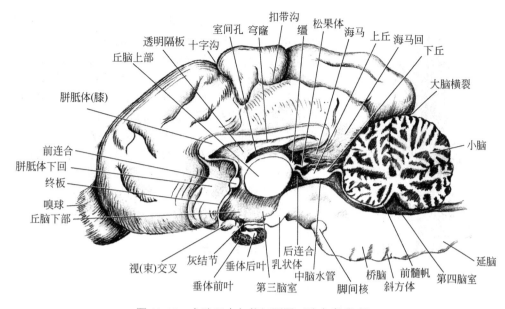

图 10-10　犬脑正中矢状切面图（选自童瑞成）

4）桥脑：位于延脑与大脑脚之间，其交界处的前后缘均有横沟为界。在其表面上有横向分布的浅沟。桥脑的外侧端弯向背侧，绕至小脑，并伸入小脑，构成小脑外侧臂（或称桥脑臂）。在桥脑的后方是斜方体，犬的桥脑不大，而斜方体却较为宽阔。在桥脑侧面与腹侧面交界处发出第Ⅴ对脑神经——三叉神经。从斜方体的外侧缘分别发出第Ⅶ对脑神经——面神经和第Ⅷ对脑神经——听神经（图 10-11）。

5）延髓：延髓的前端接桥脑，后端与脊髓相连，两者间无显著的分界。延髓的背侧大部分是小脑。延髓的腹面正中裂与侧沟之间有 1 对纵轴状的隆起，称为椎体。从椎体前端两侧发出第Ⅵ对脑神经——展神经。延髓背正中沟的两侧有纵向分布的隆起，为绳状体。在椎体交叉处的近旁及外侧，发出第Ⅻ对脑神经——舌下神经。在舌

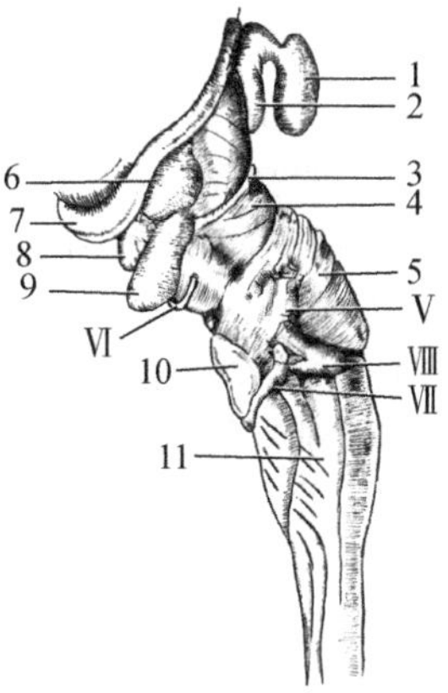

图 10-11　犬脑干侧面观（选自童瑞成）

1. 垂体；2. 乳状体；3. 被盖横束；4. 大脑脚；5. 脑桥；6. 内侧膝状体；7. 外侧膝状体；8. 前丘；9. 后丘；10. 脑桥臂；11. 延髓；Ⅴ. 三叉神经；Ⅵ. 展神经；Ⅶ. 面神经；Ⅷ. 听神经

下神经的外侧，自前向后分别发出第Ⅸ对脑神经——舌咽神经；第Ⅹ对脑神经——迷走神经；第Ⅺ对脑神经——副神经。

6）小脑：犬的小脑较小，呈圆形，其中央部突出，称为蚓部。两侧扁平，为成对的侧叶，称为小脑半球。小脑蚓部表面有许多横沟，蚓部的外周是一层灰质构成的小脑皮质，皮质的下面为白质，分枝，呈树状，称为小脑树。在白质中还有小的灰质核。小脑向外伸出 3 对小脑臂，分别称为前臂、外侧臂和后臂。小脑前臂又称结合臂，自小脑底面向前行，终于中脑四叠体的底部，并在后丘的下方伸向大脑脚。在小脑前臂内也包括来自脊髓而终于蚓部的传导束和由小脑发出，终止于中脑红核及丘脑的传导束。小脑外侧臂又称桥脑臂，主要包括大脑半球和小脑之间的传导束。小脑后臂位于外侧臂后方，由小脑分出，走向延髓的绳状体。由后臂通入小脑的传导束主要有：来自脊髓的脊髓小脑背束；来自延髓薄束核、楔束核的传导束及来自后橄榄体和第Ⅴ、Ⅷ、Ⅻ对脑神经核的传导束。此外，还含有发自小脑而终止于脊髓腹角神经细胞的小脑脊髓束。

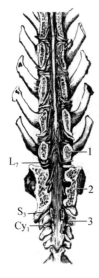

图 10-12　犬脊髓的马尾背面观（选自童瑞成）

1.第 7 腰椎；2.骶椎；3.第 1 尾椎；L₇.第 7 腰神经；S₃.第 3 骶神经；Cy₁.第 1 尾神经

（2）脊髓　脊髓位于椎管内，起始于延髓，自枕骨大孔处至第 6 或 7 腰椎的水平处。犬的脊髓略呈圆柱形，其横切面近于圆形，但在颈膨大部和腰膨大部则上下扁平。犬脊髓的全长约 38cm（大型犬），脊髓对脑的相对重量之比为 1：（4.5～9）。脊髓腹面正中处有腹正中裂，背面有一背正中沟；在两侧面有背外侧沟和腹外侧沟，由此两沟发出脊神经的背根和腹根。犬的脊神经有 36 对或 37 对，其中颈神经 8 对，胸神经 13 对，腰神经 7 对，荐神经 3 对，尾神经 5 或 6 对。脊髓的末端终止于细长呈圆锥状的脊髓圆锥，位于第 6、7 腰关节处。脊髓圆锥向后移行于细的终丝。脊髓圆锥、终丝及其周围的神经根一起称为马尾，犬的马尾特别明显（图 10-12）。

**2.外周神经系统**

外周神经系统包括脊神经 36 对或 37 对；脑神经 12 对及自主神经。

（1）脊神经

1）臂神经丛：由第 5～8 颈神经和第 1 胸神经的腹侧支所组成，以上各神经根在斜角肌的腹侧缘相连成丛。自臂丛发出的主要神经有正中神经、尺神经、桡神经。

2）腰荐神经丛：由第 3～7 腰神经和第 1 荐神经的腹侧支组成，由此发出支配后肢的神经，主要有股外侧神经、股神经、闭孔神经等。此 3 种神经支配股部的内侧面，而臀前神经、臀后神经和股后侧皮神经则支配臀部肌肉和皮肤。坐骨神经支配股部后侧面及整个小腿和后趾。

（2）自主神经

1）交感神经：颈部交感神经干在颈部前半部位于颈总动脉的背侧，在颈的后半部则位于颈总动脉的腹侧。交感神经干与迷走神经一起形成迷走交感干。主要包括颈前神经节、胸部交感神经干、腰部交感神经干、荐部交感神经干、尾部交感神经干、腹腔神经节和肠系膜前神经节、肠系膜后神经节等。

2）副交感神经：包括脑部第Ⅲ、Ⅶ、Ⅸ、Ⅹ对脑神经和脊髓荐部的第 2、3、4 荐神经两部分。脑部的副交感神经包括支配眼球括约肌与睫状肌的运动传导束（动眼神经）、泪腺分泌传导束（面神经）、唾液分泌传导束（面神经和舌咽神经）、内脏运动传导束和分泌传导束（迷走神经）。脊髓荐部的副交感神经包括节前纤维发自脊髓荐部第 2、3、4 节的灰质，神经纤维伸向相应的荐神经的腹根，由椎管分出后，节前纤维以单独的小支离开荐神经，而形成盆神经通往腹下神经丛，一部分节前纤维终止于腹下神经丛，大部分纤维通过神经丛延伸到从结肠到肛门括约肌的肠壁、膀胱、尿道、生殖器官和前列腺等。

（三）猫的神经系统解剖特点

**1.中枢神经系统**

（1）脑

1）端脑：两个大脑半球为端脑的主要部分，两半球之间完全分开，不相粘连。仅在间脑背面有一个白色的纤维横带，即连接左右两个大脑半球的胼胝体。

大脑半球外部分为 3 个叶。向前的称额叶；后腹面的称颞叶；后背面的称枕叶。颞叶和枕叶没有明显的分界。额叶与额叶之间有一条短而深的裂隙，称大脑外侧裂（薛氏裂）。大脑外侧裂在发育期间形成最早。在人类，此裂覆盖在脑岛上，而猫的脑岛则退化（图 10-13）。大脑半球每个叶均有突出的隆起，称为回，回被向下凹陷的沟所分隔。

2）间脑：丘脑为间脑的主要部分，此外还包括视束、视交叉、漏斗、脑垂体、松果体、乳头体、第三脑室及其脉络丛（图10-14）。

丘脑呈卵圆形，斜位于上丘的正前方，并被大脑半球后面突出部分所覆盖。丘脑内侧边缘靠近中线处为外侧膝状体，正腹面为内侧膝状体。在间脑的腹面视交叉后方的灰色隆起，称灰结节，在灰结节腹面正中连着一个中空的漏斗，其腹面又连着脑垂体。脑垂体插在蝶骨的蝶鞍内。在丘脑后缘、两个上丘之间有一个小的圆锥体即松果体。它是第三脑室顶部后缘向外生长而形成的。在两个丘脑内侧之间，有一个很窄的宽度不到1cm的裂隙，即第三脑室。

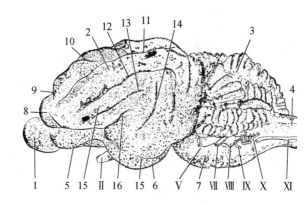

图 10-13　猫脑侧面观（选自 А. Д. Ноздрачёв）

1. 嗅球；2. 左半球；3. 小脑；4. 延脑；5. 嗅束；6. 梨状叶；7. 桥脑；8. 前薛氏沟（眶沟）；9. 十字沟；10. 柄状沟；11. 外缘沟；12. 上薛氏沟；13. 外薛氏前沟；14. 外薛氏后沟；15. 外嗅沟；16. 薛氏梨；Ⅱ、Ⅶ～Ⅺ. 各脑神经

第三脑室的顶部较薄，并与软脑膜相连。软脑膜带有许多血管，其中有两个血管折叠进入视丘之间的沟，形成第三脑室上皮性的脉络丛。

3）中脑：包括四叠体和大脑脚。脑的背面观中脑被小脑和大脑遮盖；腹面观可见中脑的底部与桥脑相接。猫脑正中矢状切面观见图10-15。

中脑背面顶部可见有两对隆起，称四叠体。前、后两对隆起，中间隔有横沟。前面有1对为圆形，称前丘；后面1对为卵圆形，称后丘。大脑脚构成中脑的底部（腹面部分），在脑的腹面观可见大脑脚为两束宽阔的纤维束，从桥脑前面发出，向前通向大脑半球，最后消失在大脑半球腹面，第Ⅲ对脑神经（动眼神经）由大脑脚的内侧缘发出。在大脑脚的背面和四叠体的腹面有一个窄的通道（直径1或2cm），即中脑导管。它向前与第三脑室相通，向后与第四脑室相连。

4）小脑：是由原始后脑的前部扩大而形成的。小脑可分为中间部及外侧部。中间部称小脑蚓部，它的前部是上蚓部，后部是下蚓部，外侧部为两侧的小脑半球。蚓部的沟和回主要是横列的，上蚓部的腹面部分恰好对着中脑的后四叠体。小脑由3束纤维与邻近部分相连，通常称为小脑脚；连接小脑与延髓的束是绳状体（后小脑脚）；连接小脑与桥脑的是桥脑臂（中小脑脚）；第3束向前通到中脑四叠体，是结合臂（前小脑脚）。小脑由白质和灰质组成。灰质在表面，称小脑皮质。由于皮质具有皱褶，所以灰质的总量较大。向前通到中脑四叠体的小脑纤维构成的结合臂（特别是蚓部的纵切面）呈树枝状，故称小脑树。

5）桥脑：由大量横行的纤维所组成。它是原始后脑由于小脑的发育而引起的变形。桥脑的发育程度与小脑、大脑半球的发育成正比。桥脑正中有一条纵沟，为桥脑基底动脉沟。桥脑的纤维向外侧略为集中，并弯向背面伸入小脑形成桥脑臂。第Ⅴ对脑神经（三叉神经）从桥脑后缘外侧端由两个根发出（图10-16）。

6）延髓：是脊髓和脑之间的过渡，它有脊髓结构上的特性，但这些特性在延髓内逐渐转化成为脑特有的排列。猫的延髓（图10-17）呈扁平、截顶的锥形，宽阔端向前，其腹面及外侧面以桥脑为界，背面以小脑为界，背面前部被小脑覆盖。第Ⅰ对颈神经根部的起点可作为脊髓与延髓的分界，但在外形上，两者的分界没有明显的标志。

（2）脊髓　脊髓位于椎管内，略扁，呈圆柱状。其前端于枕骨大孔处与延髓相续，向后延伸至尾部。脊髓粗细不一，第4～7颈椎或第1胸椎为界的脊髓较粗，称颈膨大；第3～7腰椎（包括第

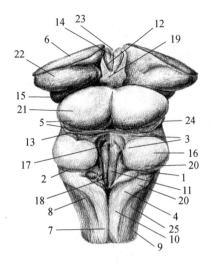

图 10-14　猫脑干背面观（选自 А. Д. Ноздрачёв）

1. 前庭区（菱形窝）；2. 前庭纹；3. 前小脑臂（结合臂）；4. 棒状体；5. 四叠体；6. 视丘；7. 背正中沟；8. 背外侧沟；9. 楔束；10. 薄束；11. 第四脑室；12. 终板；13. 后丘；14. 中间块；15. 内膝状体；16. 中小脑脚（桥脑臂）；17. 中脑导水管；18. 中央管；19. 脑上体；20. 后小脑脚；21. 前丘；22. 丘脑；23. 第三脑室；24. 滑车神经；25. 楔状结节

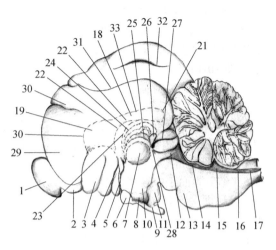

图 10-15　猫脑正中矢状切面观（选自 А. Д. Ноздрачёв）

1. 嗅球；2. 嗅束；3. 前穿质；4. 前连合；5. 终板；6. 视（束）交叉；7. 丘脑中间块；8. 漏斗；9. 垂体；10. 第三脑室；11. 乳头体；12. 中脑导水管；13. 桥脑；14. 前髓帆；15. 第四脑室；16. 后髓帆；17. 中央管；18. 胼胝体；19. 胼胝体膝部；20. 胼胝体额部；21. 胼胝体压部；22. 透明隔；23. 穹窿；24. 第三脑室脉络丛；25. 髓纹；26. 脑上体；27. 四叠体；28. 后连合；29. 镰沟；30. 十字沟；31. 胼端沟；32. 缘沟；33. 胼胝上沟

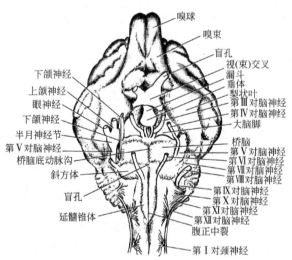

图 10-16　猫脑腹面观（选自 А. Д. Ноздрачёв）

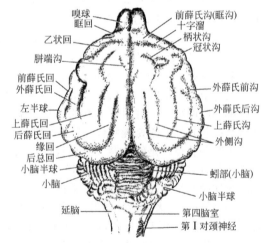

图 10-17　猫脑背面观（选自 А. Д. Ноздрачёв）

7 腰椎）为另一膨大处，称腰膨大；第 7 腰椎以后，到荐椎处，它的直径逐渐变细，末端细长，称终丝。终丝可追溯到尾部。脊髓表面有许多纵沟和裂，其中最显著的是沿着腹中线、凹入软脊膜的腹正中裂；沿着背中线的一条浅沟为背正中沟。两者将脊髓分为左、右对称的两半部，每个半部又有腹外侧沟及背外侧沟。由腹外侧沟发出腹根；背根则由背外侧沟进入脊髓。背根腹根合成脊神经。

猫的脊神经有 38 对或 39 对。其中颈神经 8 对，胸神经 13 对，腰神经 7 对，荐神经 3 对，尾神经 7 对或 8 对。从颈膨大和腰膨大发出的脊神经较其他的脊神经粗大。第 1 对颈神经通过寰椎孔离开椎管；第 2 对颈神经在寰椎弧与枢椎弧之间离开椎管；其他所有的脊神经经过椎间孔离开椎管。每个脊神经离开椎间孔后立即分为背支和腹支。背支较小，分布到背部的肌肉和皮肤；腹支较大，并由一个短的交通支与交感神经相连，每个腹支分布到身体腹部（包括四肢）的皮肤和肌肉。通到四肢的腹支较其他的大些。腹支彼此连接而形成神经丛。

**2. 外周神经系统**

猫的外周神经系统依然包括脑神经、脊神经和自主神经。

1）脑神经，主要包含感觉神经类：嗅神经、视神经和听神经；运动神经类：动眼神经、滑车神经、展神经、舌下神经和副神经；运动和感觉神经类：三叉神经、颜面神经、舌咽神经、迷走神经。

2）脊神经，主要包括 8 对颈神经、臂神经丛、13 对胸神经、7 对腰神经、3 对荐神经和荐神经丛及 7 对或 8 对尾神经。

3）自主神经，主要包括交感神经和副交感神经。猫的交感神经系统主要由脊柱腹面两侧一连串的神经节所组成。神经节链是由神经纵索使其彼此相连，从头颅底部延伸到尾部。神经节以交通支与脊神经相连。同时，从脊神经发出许多分支通到腹部与胸部的内脏、淋巴管和血管等，形成复杂的神经丛。猫的副交感神经系统是自主神经系统的第 2 部分，它的纤维并不在交感神经干的神经节内，而是在邻近其所支配器官的神经节内交换神经元，这一点与交感神经有显著的区别。副交感神经系统的神经纤维常见于第Ⅲ、Ⅶ、Ⅸ和Ⅹ对脑神经内，也可见于第 1、2、3、4 对荐神经中。副交感神经系统的功能是扩张血管，刺激唾液腺和胃液的分泌，促进胃和小肠蠕动等。一般来说，副交感神经系统与交感神经系统相拮抗。

# 第二节　比较神经生理学和生物化学

## 一、组织生长和细胞更新比较

实验动物组织生长和细胞更新数据见表 10-4。

**表 10-4　实验动物组织生长和细胞更新数据**

| 器官或组织 | 生长特征 | 动物种类 | 组织生长和更新特点 |
|---|---|---|---|
| 脑和脊髓 | 增生 | 小鼠：11 天的胚胎 | 神经上皮 $T_c \approx 11h$；$T_s=5.5h$ |
| | | 15 天的胚胎 | 神经上皮 $T_c=11\sim12h$；$T_s=7h$ |
| 外周神经 | 再生能力 | 猫 | 节前纤维再生：35～61 天；功能重建 44 天 |
| | | 兔 | 运动神经轴空：损伤 7 天后每天长 4mm |
| 颊黏膜 | 增生 | 小鼠 | $T_c=80\sim100h$；$T_s=7\sim8h$；$L_I=6\%\sim8\%$；$M_I=1.7\sim2.0$ |
| | | 兔 | $M_I=3.8\%\sim7.2\%$ |
| | 更新 | 兔 | $T_t=8.5$ 天 |
| | | 大鼠 | $T_t=4.3$ 天 |
| 食管 | 增生 | 小鼠 | $T_c=87h$；$T_m=0.7h$；$T_s=7h$；$L_I=1\%\sim11\%$；$M_I=0.8\%$ |
| | | 大鼠 | $T_s=5\sim10h$；基底层：$L_I=20.0\%$ |
| | 更新 | 大鼠 | $T_t=9\sim12$ 天 |

续表

| 器官或组织 | 生长特征 | 动物种类 | 组织生长和更新特点 |
|---|---|---|---|
| 胃 | 再生能力 | 猫 | 上皮缺失后，以 0.3～0.4mm/h 的速度修复 |
| | | 犬 | 黏膜脱落后，以 2mm/w 的速度修复 |
| | | 豚鼠、兔、大鼠 | 黏膜的溃疡面在 24h 内开始再生 |
| 幽门 | 更新 | 大鼠 | 表层细胞：$T_t$=1.9 天 |
| 十二指肠 | 增生 | 小鼠 | $T_c$=10～17h；$T_s$=7～11h；$T_m$=1h |
| | 寿命和更新 | 猫 | $T_t$=2.3 天 |
| | | 小鼠 | $T_t$=1.7～2.2 天 |
| | | 大鼠 | $T_t$=2～3 天 |
| 空肠 | 增生 | 小鼠 | $T_c$=11～18h；$T_s$=78h |
| | | 大鼠 | $T_c$=11h；$T_m$=1h；$T_s$=6.5～7.5h |
| | 寿命和更新 | 小鼠 | $T_t$=2～3 天 |
| | | 大鼠 | $T_t$=1.3 天 |
| 回肠 | 增生 | 小鼠 | $T_c$=11～17h；$T_s$=6～8h |
| | | 大鼠 | $T_a$=7.6h |
| | 寿命和更新 | 猫 | $T_t$=2.8 天 |
| | | 小鼠 | $T_t$=1～3 天 |
| | | 大鼠 | $T_t$=1.4～2.6 天 |
| 整个小肠 | 更新 | 大鼠：刚断奶 | 细胞更新率=112×$10^6$/天 |
| | | 青年 | 细胞更新率=914×$10^6$/天 |
| | | 成年 | 细胞更新率=1795×$10^6$/天；$T_s$=8h |
| 结肠 | 增生 | 小鼠：幼年 | $T_c$=1h |
| | | 成年 | $T_c$=16～19h |
| | | 老年 | $T_c$=21h；$T_s$=7～9h |
| | | 大鼠 | $T_s$=8h |
| | 寿命和更新 | 大鼠 | $T_t$=10h |
| 唾液腺 | 增生 | 大鼠 | 腺泡细胞：$L_1$=0.4%～1.0%；管细胞：$L_1$=3%；间质细胞：$L_1$=0.6% |
| | 更新 | 大鼠 | 腺泡细胞和管细胞均可分裂 |
| | 再生能力 | 大鼠 | 腺泡细胞和小管细胞有少许再生能力；在 1 周内腺泡细胞开始分裂，然后是管细胞的分裂，并在其末端形成腺泡 |
| 腮腺 | 增生 | 小鼠 | $L_1$=0.07%～0.53% |
| | | 大鼠 | 腺泡细胞：有丝分裂/1000=1.02±0.23；$M_1$=0.102%±0.023% |
| | 寿命 | 大鼠 | 腺泡细胞：41 天 |
| 舌下腺 | 增生 | 大鼠 | 腺泡细胞：有丝分裂/1000=0.64±017 |
| | | | 细胞：有丝分裂/1000=0.44±0.12；$M_1$=0.044%±0.012% |
| | 寿命 | 大鼠 | 腺泡细胞：65 天；管细胞：95 天 |
| 颌下腺 | 增生 | 大鼠 | 腺泡细胞：有丝分裂/1000=0.64±0.17 |
| | | | 细胞：有丝分裂/1000=0.44±0.12；$M_1$=0.044%±0.012% |
| | 寿命 | 大鼠 | 腺泡细胞：65 天；管细胞：95 天 |

| 器官或组织 | 生长特征 | 动物种类 | | 组织生长和更新特点 |
|---|---|---|---|---|
| 肝脏 | 增长 | 小鼠 | | $T_s$=7～8h；$L_1$=0.02%～0.53%，边缘细胞：$L_1$=1.2%～1.5% |
| | | 大鼠 | | 边缘细胞：$L_1$=0.8%～2.3% |
| | | 1周 | | $T_c$=14h；$T_s$=7h；$T_m$=0.3h |
| | | 3周 | | $T_c$=22h；$T_s$=9h；$T_m$=1.7h |
| | | 5周 | | $T_c$=21h；$T_s$=9h；$T_m$=1h |
| | | 8周 | | $T_c$=48h；$T_s$=16h；$T_m$=1.7h |
| | | 成年 | | 每日速度 $T_s$=18h；$L_1$=1.0% $M_1$=0.0001%～0.0050%；部分肝切除 $T_c$=16.5～24.0h，$T_s$=8.0h；$T_m$=1h |
| | 生长方式 | 大鼠 | | 在生命的早期以细胞分裂的方式生长，在生命后期则以增加细胞体积的方式生长，7～34天，细胞体积增加较快；95天后增长较慢；随年龄增长，细胞的多倍体亦增加 |
| | | 7天 | | 肝细胞核的数目=228×10$^6$ |
| | | 10天 | | 肝细胞核的数目=687×10$^6$ |
| | | 35天 | | 肝细胞核的数目=1.310×10$^6$ |
| | | 95天 | | 肝细胞核的数目=2.655×10$^6$ |
| | 寿命 | 大鼠 | | 从190天到死 |
| | 再生能力 | 小鼠 | | 切除肝的2/3后，在8天内几乎恢复正常重量，年龄影响再生能力 |
| | | 大鼠 | | 切除肝的2/3后，在3周内几乎恢复正常重量，在7天内生长最快，切除肝的10%～30%就有再生反应。年龄影响再生能力 |
| 心脏 | 生长方式 | 小鼠：2天 | | 肌细胞：标记4h以后的$L_1$=8.3% |
| | | | 3周 | 肌细胞：标记4h以后$L_1$=0.15% |
| | | 成年 | | 心肌无分裂细胞 |
| | | 兔 | | 肌纤维的直径增加2.6倍（可至19μm） |
| | | 大鼠：生后22天 | | 有细胞分裂 |
| | | | 生后4个月 | $L_1$降低至最小值 |
| | | | >48天 | 细胞核无增加 |
| | 再生能力 | 兔 | | 直径：正常=19.2μm；肥大时=22.2μm |
| | | 大鼠 | | 代偿性肥大时，结缔组织和内皮细胞的$L_1$增加至1%～2% |
| 红细胞及其前身 | | 犬 | | $T_c$≈10h；$T_s$=5.0～7.5h；$T_m$=1h |
| | 增生 | 小鼠 | | $T_c$=8.5h；$T_s$=4.5h；$T_m$=0.2h；$L_1$=19%；$M_1$≈2 |
| | | 大鼠 | | 有核细胞：$T_c$=9～16h；$T_s$=5～8h；$T_m$=0.5h；$L_1$=30%～70%。干细胞 $T_c$=23～35h |
| | 寿命 | 猫 | | 68～77天 |
| | | 犬 | | 90～135天 |
| | | 山羊 | | 106～125天 |
| | | 豚鼠 | | 80～90天 |
| | | 马 | | 140～150天 |
| | | 小鼠 | | 20～45天 |

续表

| 器官或组织 | 生长特征 | 动物种类 | 组织生长和更新特点 |
|---|---|---|---|
| 红细胞及其前身 | | 兔 | 45～68 天 |
| | | 大鼠 | 45～68 天 |
| | | 绵羊 | 70～153 天 |
| | | 猪 | 62～71 天 |
| | 更新 | 大鼠 | $2.4×10^7$ 细胞/h 进入循环 |
| | 再生能力 | 兔 | 失血 30% 后，3 周内恢复。局部骨髓细胞损失后，35 天恢复正常；粒系统的细胞较红系统的细胞快 |
| | | 大鼠 | 失血 30% 后，7 天内恢复。在慢性贫血时，细胞周期缩短；增生可增加至正常的 5 倍 |
| 粒细胞及其前身 | 增生 | 犬 | 中幼粒细胞：$T_c$=10h；$T_m$=1.0～1.5h；$T_s$=5h。中幼粒细胞变成粒细胞释放入血需（102±13.8）h |
| | | 大鼠 | 单核细胞：$T_c$=21 天；$T_s$=12.5 天 |
| | 寿命和更新 | 猫 | 中性粒细胞以 881 个/（$mm^3$·h）的速度从血液中消失 |
| | | 大鼠 | 单核细胞在血液中的半消失时间=3.1 天 |
| 淋巴细胞 | | 哺乳动物 | 在胸腺、脾、淋巴结、孤立淋巴结及骨髓都可产生 |
| | | 小牛 | $T_c$=5～6h；$T_s$=3～5h；$T_m$=0.5h；$T_{G1}$=1h |
| | | 豚鼠 | $T_c$=21h |
| | | 小鼠 | $T_c$=8～13h；$T_s$=5～8h；$T_m$=0.5h；$L_1$=39%。在胸腺内：$T_c$=6.8～8.2h；$T_s$=5.5h；$T_{G1}$=1.4h。在脾生发中心：$T_c$=13.4h；$T_s$=4.5h；$L_1$=19.2%。在肠系膜淋巴结内：$L_1$=22.3% |
| | 增生 | 大鼠 | $84×10^6$ 细胞/h（脾脏和血液之间的交换）；$T_c$=6～8h |
| | | 100g | 小淋巴细胞：总数=$1150×10^6$，在脾脏中数目=$2.0×10^6$/mg |
| | | 40～60 天 | 在胸腺中数目=$3.5×10^6$/mg |
| | | 65 天 | 胸腺达最大重量 |
| | | 100 天 | 肠系膜淋巴结内达最大重量 |
| | | 小鼠 | 脾与颈淋巴结达到最大重量 |
| | | 大鼠 | 抗体形成细胞的前身继发反应的第 6 天，高峰 $L_1$=4%～6.5% |
| | 寿命 | 大鼠 | 小淋巴细胞：14 大到>9 个月 |
| 血小板 | 更新 | 猫 | $35×10^6$ 细胞/（kg·h），入血 |
| | | 犬 | $25×10^6$ 细胞/（kg·h），入血 |
| | | 大鼠 | 更新率：$20×10^6$ 细胞（1.7%）/h |
| | 增生 | 小鼠 | 从干细胞到早幼巨核细胞需 50～57h |
| | 细胞分裂 | 大鼠 | 巨核细胞更少分裂 |
| | 寿命 | 小牛 | 10 天 |
| | | 猫 | 2～4 天 |
| | | 豚鼠 | 5 天 |
| | | 小鼠 | 4 天 |
| | | 兔 | 6 天 |
| | | 大鼠 | 4～5 天 |

续表

| 器官或组织 | 生长特征 | 动物种类 | 组织生长和更新特点 |
|---|---|---|---|
| 肾脏 | 更新 | 猫 | 60 000/（mm·d） |
| | | 猫 | 严重丧失时，3～4 天恢复至正常 |
| | 增生 | 小鼠 | 肾小管细胞：$T_s$=7h；$L_1$=0.4%～1.2% |
| | | 大鼠 | 肾小管细胞：$T_s$=7h，U=0.54%±0.02%，$M_1$=0.023%±0.01% |
| | 生长方式 | 大鼠：2 周 | 生命早期细胞数增加快，肾小球数目加倍 |
| | | 7～90 天 | 细胞核数目增加 6.5 倍 |
| | | 17～34 天 | 近曲细尿管增大 |
| 睾丸 | 精子生成时间 | 牛 | 生精波的平均长度=0.048～4.032mm |
| | | 小鼠 | 26～35 天；生精波的平均长度=12～30mm |
| | | 兔 | 28～40 天；生精波的平均长度=14mm |
| | | 大鼠 | 16～48 天，生精上皮需 4 个细胞周期生成精子，生精波的平均长度=25～38mm，精子沿附睾及输精管输送需 12 天 |
| | | 绵羊 | （40±10）天 |
| 卵巢 | 再生能力 | 猫、小鼠、兔、大鼠 | 单侧卵巢切除或部分切除及内分泌刺激时有代偿性肥大 |
| 皮肤 | 增生 | 豚鼠、小鼠、新生小鼠、无毛小鼠、大鼠 | $T_s$=9 天<br>$T_c$=4.2～6.5 天，$T_s$=5～8 天，$L_1$=0.5 天<br>$M_1$=2%～4%<br>$T_c$=3～5 天，$T_s$=5～7 天<br>$L_1$=2.9%±0.2%，$M_1$=1%～2% |
| | 更新 | 无毛小鼠 | 分化细胞在基底层停留约 60h 后向浅层移动 |
| 外耳 | 增生 | 小鼠 | $T_c$=30～100h，$T_s$=18～30h，$L_1$=2.0～3.8h |
| | 寿命 | 大鼠 | 34.5 天 |
| 腹壁 | 寿命 | 大鼠 | 19.4 天 |
| 脚掌 | 寿命 | 大鼠 | 19.1 天；基底层 16.9 天，颗粒层 2.2 天 |
| 脑垂体 | 前叶的外部 增生<br>增生 | 去势大鼠<br>大鼠 57g<br>349g | $L_1$=0.90%±0.09%<br>$L_1$=0.63%±0.06%<br>$L_1$=0.18%±0.06% |
| | 前叶中部 增生 | 大鼠 57g<br>349g | $L_1$=0.44%±0.07%<br>$L_1$=0.17%±0.04% |
| | 中叶 增生 | 大鼠 57g<br>349g | $L_1$=0.63%<br>$L_1$=0.01% |
| | 后叶 增生 | 大鼠 57g<br>349g | $L_1$=0.33%<br>$L_1$=0.39% |
| 甲状旁腺 | 增生 | 小鼠 8 天<br>18 天<br>28 天 | $M_1$=0.07%<br>$M_1$=0.71%<br>$M_1$=0.01% |
| | | 大鼠 | $M_1$=0.04% |
| 肾上腺 | 增生 | 大鼠青年<br>成年 | $M_1$ 比成年要高<br>$M_1$=0.12% |

续表

| 器官或组织 | 生长特征 | 动物种类 | 组织生长和更新特点 |
|---|---|---|---|
| | | 豚鼠 | 100～125（整个腺体内） |
| | | 小鼠 | $I_2I$=0.6% |
| 甲状腺 | 增生 | 大鼠 | 滤泡细胞：<1～9 细胞分裂数/100 000 个细胞，间质细胞：<1～4 细胞分裂数/100 000 个细胞 |
| | | 2～4 周 | $L_1$≈3% |
| | | 6～8 周 | $L_1$=0.3% |

$T_c$ 为细胞周期；$T_m$ 为分裂时间；$T_s$ 为 DNA 合成期的时间；$T_{G1}$ 为 DNA 合成前期的时间；$T_t$ 为更新时间（所研究的全部细胞更换一次所需的时间）；$L_1$ 为标记指数（DNA 合成期细胞的百分数）；$M_1$ 为有丝分裂指数（有丝分裂细胞的百分数）。

## 二、脑脊液的生化指标比较

1）实验动物脑脊液的生理性质和化学组成见表 10-5。

表 10-5 实验动物脑脊液的生理性质和化学组成

| 生理性质和化学组成 | 豚鼠 | 兔 | 猫 | 犬 | 猴 | 绵羊 |
|---|---|---|---|---|---|---|
| 外观 | | 清、无色 | 清、无色 | 清、无色、少量纤维 | | 清、无色 |
| pH | | 7.40～7.85 | 7.45 | 7.37（7.35～7.39） | | 7.35（7.3～7.4） |
| 压力（mmH₂O） | | 40～110 | 100 | 86.5（24～172） | | 60～270 |
| 渗透压（gNaCl/100gH₂O） | | | 1.017 | | | |
| 冰点压低（T） | | | | 0.61～0.63 | | |
| 比重 | | | | 1.0065（1.0056～1.0125） | | 1.007（1.004～1.008） |
| 容量（ml） | | | | 0.9～16.0 | | |
| 折射率 | | | 1.334 35 | 1.3342 | | |
| 胶体反应 | | | 1110000000 | 1110000000 | | 1111000000 |
| 农-阿二氏试验 | | 阴性 | 阴性 | 阴性 | | 阴性 |
| 潘迪氏反应 | | 阴性 | 阴性 | ± | | 阴性 |
| 细胞（淋巴细胞数/μl） | | | 0～1 | 2.9（0～8） | 1～3，4～10 | 0～15 |
| 钙（mmol/L） | | | 1.297 | 1.397±0.03 | | 1.40±0.08 |
| 氯（mmol/L） | | | 150 | 227.9（214.7±249.1） | 118.48～141.05 | 239.7（211.58～244.86） |
| 钾（mmol/L） | | | 5.9 | 3.1（2.8～3.4） | | |
| 钠（mmol/L） | | 150 | 162 | 156.3（142.0～170.0） | | |
| 镁（mmol/L） | | 1.0 | | | | 1.185 |
| 磷（无机）（mmol/L） | | | | 0.356（0.194～0.517） | | |
| 糖（mmol/L） | | 2.78～3.16 | 4.72 | 4.11（3.39～6.44） | 3.33 | （2.67～6.50） |
| 蛋白质（总）（g/dl） | | 320 | 150～190 | 250 | 275（110～550） | （60～150）；（200～300） | （80～700） |
| 白蛋白（g/dl） | | | 150～190 | | 270（165～375） | | |
| 球蛋白（g/dl） | | | 0 | | 90（55～165） | （40～63） | |
| 蛋白质（mg/dl） | | | | | 0.35（0.14～0.75） | | |
| 非蛋白氮（mmol/L） | | 14.99 | 4.0～11.99 | | | | 20.7（6.85～29.98） |

续表

| 生理性质和化学组成 | 豚鼠 | 兔 | 猫 | 犬 | 猴 | 绵羊 |
|---|---|---|---|---|---|---|
| 维生素 C（mg/dl） | | | 3.8 | 6.6 | 2.3 | |
| 其他 | 乳酸（mg/dl）1.4~4.0 | | | 尿酸 mol/L 13.68（7.73~20.82）尿囊素 mg/dl 0.30（0.25~0.47） | | |

2）健康动物脑脊液的生化成分参数（变动范围）见表 10-6。

表 10-6　健康动物脑脊液的生化成分参数（变动范围）

| 成分或特性 | 兔 | 猫 | 犬 | 豚鼠 | 狒狒 | 绵羊 |
|---|---|---|---|---|---|---|
| 比重 | 1.0035~1.0065 | 1.005~1.007 | 1.006~1.007 | 1.001~1.006 | 1.004~1.013 | 1.001~1.008 |
| pH | 7.40~7.85 | 7.400~7.604 | 7.35~7.39 | 7.35~7.55 | 7.20~7.70 | 7.30~7.40 |
| 白细胞（个/ml） | 0~4 | 0~3 | 1~8 | 0~5 | 4~10 | 0~15 |
| 重碳酸盐 | 41.2~48.5 | 20.6~29.8 | 20.8~31.8 | 35.5~45.5 | | 24.6~36.0 |
| 钙（mg%） | 5.1~5.8 | 5.2~6.0 | 5.48~5.72 | 5.75~6.25 | 8.5~11.6 | 4.90~6.57 |
| 氯（mEq/l） | 169~206 | 125~175 | 122~138 | 117~127 | | 212~244 |
| 胆固醇（mg%） | 0.0~0.3 | 0.0~0.4 | 0.0~0.5 | 0.0~0.1 | 0.01~0.80 | |
| 糖（mg%） | 55~90 | 55~115 | 45~77 | 60~110 | 24~111 | 39~109 |
| 无机磷（mg%） | 2.1~2.4 | 0.6~1.6 | 2.82~3.47 | 1.8~2.9 | 1.00~4.15 | 2~4 |
| 钾（mEq/l） | 2.64~3.36 | 4.40~7.35 | 2.8~3.9 | 3.25~4.75 | 2.48~7.90 | 3.05~3.64 |
| 总蛋白（mg%） | 15~19 | 17~25 | 11~55 | 16~24 | 15~109 | 8~70 |
| 钠（mEq/l） | 129~169 | 148~168 | 143~163 | 145~155 | 125~154 | 140~158 |
| 尿素氮（mg%） | 14.5~26.0 | 32.0~46.5 | 18.0~24.6 | 8.0~20.5 | 26.0~32.5 | 6~16 |
| 尿酸（mg%） | 0.1~1.5 | 0.0~0.5 | 0~2 | | | |

mg%表示每 100g 中所含物质的毫克（mg）数。

# 第三节　比较神经与精神病研究中实验动物的应用

人体神经与精神类疾病复杂，受外部环境及内部身心系统等多种因素的影响。动物模型被广泛用于疾病规律及相应治疗机制的研究，常用的动物有鼠、猫、犬、猴等。研究者往往根据比较医学目的，选择相应的实验动物，以实现最佳的观察结果。随着比较医学、动物伦理学的应用与发展，动物的应用与选择应该谨慎。

## 一、鼠在行为学研究中的应用

### （一）小鼠

多年来，行为遗传学分析一直广泛地使用小鼠进行实验，并开发出许多传统的小鼠行为测试，以评估小鼠行为或精神病学、药理学和临床现象的实验效度。行为遗传学研究揭示了小鼠神经解剖学结构、焦虑、认知、酒精和成瘾相关行为等方面的遗传变异，在临床转化中有重要意义。但这些实验没有完全利用小鼠的自然倾向，现在已开发拓展出针对筑巢、觅食、繁殖行为、捕食行为、逃逸行为和攻击等更具行为学特征的实验分析方法，可以利用更自然的小鼠行为，更好地指示生物学结果。

小鼠中，行为上有差异的品系之间的杂交通常产生一种介于双亲之间的后代（F1）。在反应时间的测试中，第一代的反应成绩明显快于其较慢的亲本，略慢于其较快的亲本，表现了杂种优势。F1 个体间进行兄妹交配产生 F2，F1 与其双亲交配得到回交一代。通过分析这种孟德尔式实验的平均数和方差，可以评价遗传力，有时是累加遗传、显性遗传，有时则有来自环境的变异，在一些情况下只分析平均数也具有参考意义。

同一种动物中，不同的品种、品系对于相同的处置常常有不同的反应，为了了解实验研究结果，应当考虑近交系动物。针对啮齿类动物，近交系是指经连续 20 代以上全同胞兄妹交配或年幼亲代与子代交配而育成的品系。近交系品系内所有个体都可追溯到一对共同祖先，其近交系数达到或超过 98.6%。近交系动物因其具有同基因性、高基因纯合性、遗传稳定性、表现型均一性、遗传特性可辨性、品系特性等特征，可以在实验中更好地控制变量，已广泛用于实验。

另一种常用的遗传分析方法是双列杂交。双列杂交是指在一组基因型之间进行所有可能的杂交。双列杂交可以利用杂种优势，在行为遗传学中应用双列杂交的例子有很多，如大鼠排便和在空旷处活动的研究，小鼠躲避条件反射的遗传实验，关于幼龄小鼠电击对以后在空旷场地行为影响的实验及关于小鼠生长性状的研究。

在神经系统的研究中，小鼠具有重要作用。小鼠表现出的与丘脑功能相关的自然状态和行为，其方式类似于大脑较大的哺乳动物，包括灵长类动物。在小鼠身上模拟人类遗传性神经发育疾病已经表明，丘脑控制减弱会如何导致注意力缺陷。这为我们揭开精神疾病的复杂性开辟了新的领域。通过对小鼠丘脑回路进行功能性解剖，能够了解到丘脑回路的基本工作原理，了解到如何将丘脑回路的功能障碍精确地映射到行为和认知缺陷上。

小鼠同样广泛应用于突变基因行为学的研究中。在小鼠身上，可以鉴别出来能对毛色、形态或行为产生明显作用的基因有 300 种以上。突变基因小鼠是研究神经系统的重要动物，小鼠的某一个基因对某一感觉器官产生影响的例子是视网膜的退化（rd）。具有视网膜退化的纯合基因小鼠（rd/rd），其杆状内细胞层缺陷，视觉感受几乎完全丧失。而在外科上，不破坏小鼠眼睛其他重要的结构和组织，就不能破坏杆状细胞。于是，这一突变基因就完成了其他方法不能完成的实验。视网膜退化的小鼠在耶尔克斯（Yerkes）辨别箱中表现出了某种学习能力，这就提供了关于除了杆状细胞以外的其他部分能够感知亮度和形状的证据。

在基因与环境协同作用的研究中开展过一项实验：4 个小鼠品系进行双列杂交（共 16 组），让小鼠在幼龄期接受电击、蜂鸣器、无处理对照三个水平的刺激，再置于空旷场地观察，以排便或走动作为指标。结果发现，早期刺激会对小鼠产生持久性影响。幼龄期受到电击的小鼠在空旷场地排便最多，而受蜂鸣器刺激和没有处理的对照组小鼠的分数非常接近。在这个研究中，可以认为每一个遗传组相当于经受过几种生活史的单个个体，只有了解个体的基因型后，才能更好地预测生活史的影响。

（二）大鼠

大鼠是行为遗传学研究中不可或缺的工具，其不仅具有来源广泛、便于管理、大小适宜、经济、清洁、性情温顺、对新环境适应性强等特点，并且与小鼠相比，大鼠大脑、营养、腺体及神经学上的某些特征更类似于人类，例如，大鼠背侧和腹侧纹状体的 5-羟色胺 6（5-HT$_6$）mRNA 和受体结合水平非常高，小鼠则相反。这使大鼠成为研究认知功能的更好模型，在研究精神分裂症、药物成瘾和注意缺陷多动障碍（俗称多动症）等方面更有优势。

大鼠的体重约是小鼠的 10 倍，较大的体形使大鼠更容易进行实验操作，如手术干预。在大鼠上进行一些侵入性操作更加简单，如植入静脉导管给药或抽血。大鼠体积越大，大脑就越大，这简化了体内微量透析、电生理记录等操作。大鼠更大的大脑也使其成像具有更高的分辨率，如使用功能性磁共振功能成像（fMRI）、正电子发射体层成像（PET）。在成像过程中，可以将大鼠训练为静止不动的，相比于小鼠需要麻醉消除了麻醉对正常大脑活动的干扰。

大鼠广泛应用于社会行为学研究，其表现出更广泛的社会行为，并对人类实验者的混杂效应具有一定抵抗力。在一项使用二元互动比较小鼠和大鼠的研究中（两个动物被放置在一个大的封闭空间中，这对动物来说是全新空间），大鼠之间的平均距离明显小于小鼠之间的距离，开始社交互动的潜伏期更短，大鼠之间互动的总频率更高。

用大鼠开创关于迷宫学习成绩的选择性繁殖实验，证明大鼠的迷宫学习能力受其基因组成的影响。迷宫是心理学中用于研究学习过程的一种实验工具。它由一个弯曲的通路和两旁的各种盲巷组成。实验要求被试者由起点走到终点，在动物实验中，通常以到达食物箱或逃避电击、禁锢的出口为终点，学习的进程以时间的缩短和错误次数的减少计算。在幼龄觉醒的机体反应频率变化研究中，有人曾用大鼠进行实验：把幼龄大鼠分为两组，一组大鼠单独饲养在较小的笼子里；另一组则饲养在较大的、类似游乐场的笼子里，笼子内有活动轮子、梯子和各种"大鼠玩具"，该组称为环境复杂组（EC）。在成年时，EC 组大鼠比单独饲养的大鼠有更好的迷宫学习成绩，而且脑重量较大。这些结果表明，由于各种经验的结果，使中枢神经系统得到改造。

## 二、猫在行为学研究中的应用

### （一）猫成为动物模型的优势

猫容易饲养，寿命比较长，在外形上大小相对匀称，肢体灵活，性情温顺，可以模仿人类的大多数行为，可以耐受大多数麻醉剂、抗生素及其他药物制剂的使用。

目前应用猫作为行为学实验动物的研究趋向于生理学和生化实验的研究，主要用于神经解剖学与神经生理学行为目的的研究，以及生理学与生化变异中与某些行为结果有关的研究。

### （二）猫在行为学研究中的应用

在行为学研究中，猫作为实验动物主要用于探索以下问题：①行为的发展，即现在和未来需要开展哪方面行为的研究；②比较的评价，即评价行为之间的比较，评价在某一课题中哪种行为清楚地解释了人的行为；③推断所提出问题的行为学评价。

在人类新生儿睡眠特征的比较研究中，Clemente 等（1967 年）曾用猫进行试验，其试验过程是反复用 2000Hz 的纯音联合睡眠的大脑刺激，一段时间后，使用纯音单独刺激时也会引起睡眠。实验结果显示大脑的某些区域可能积极地参与了睡眠的启动。猫作为比较新生儿睡眠特征的模型，可以得出睡眠在这一模型下是一种积极过程的行为。

## 三、犬在行为学研究中的应用

### （一）犬成为动物模型的优势

在生物学科学的实验中，犬作为实验动物被广泛应用于遗传学、发育、神经学及精神药理学等的研究中。用犬作为实验对象，其优点是易于操作，便于管理，发育周期长并有相对大小的身体。因此，犬在生理学及行为发展研究中是比较适宜的实验动物。在系统发育上，犬不仅是高度进化的种类，还是高度群居性的动物，有十分丰富的行为表现。另外，与许多封闭饲养的实验动物不同，犬很容易适应实验室环境。它的群居性和人类的群居生活类似，容易被驯服及更快适应实验室的环境。此外，它们还能与实验者之间形成亲密的友好关系，可以通过奖赏的举措促进实验的顺利进行。作为一种驯养或选择性饲养的实验对象，它们已发展到具有不同培育品种的广泛范围。这种不同培育品种之间的差异，不仅是行为学的研究材料，也给生理学、生态学、解剖学、免疫学及遗传学等研究提供了原始血统的研究材料。

### （二）犬在行为学研究中的应用

在早期研究中，行为学家曾用幼龄犬进行干预实验，以期观察其在成年期的行为变化。通过减少新生小犬吸吮时间来观察其对后期吸吮概率的影响，以解决儿童吸吮拇指的问题。在实验中，把一窝 6 只小犬分为 3 组，一组与母犬留在一起正常喂养，另一组通过一只带有小口径奶嘴的奶瓶给予配方食物，最后两只小犬在出生后通过管饲给予肠内营养 13 天，13 天后用大口径奶嘴饲喂，使它们在很少吸吮的情况下便获得大量配方食物。实验持续 20 天，期间对小犬吸吮倾向进行周密观察。实验人员用奶嘴包着手指来测验它们，评估它们吸吮的强度。结果发现，那些不曾为获得食物而必须多次吸吮的小犬在测验时吸吮的强度反而较大，而且更倾向于用嘴吸吮自己身体的某个部分。由此推断，早期经验或早期训练可以形成持续到成年期的反应模式。这在人或动物中都可以找到例证。

## 四、非人灵长类动物在比较研究中的应用

在生物学分类系统中非人灵长类动物属灵长目（primates），是哺乳纲的 1 个目，共 14 科约 51 属 560 余种。英国外科医生、灵长类动物学家和人类学家 Clark 爵士将未灭绝的灵长目依升序方式排序，最末端（即演化程度最高）的为人类，具体为：①原猴；②猴：新大陆猴（阔鼻猴），旧大陆猴（窄鼻猴）；③小猿：长臂猿和大长臂猿（合趾猿）；④大猿：大猩猩，倭黑猩猩，猩猩，黑猩猩；⑤人：智人，尼安德特人，其他人。

### （一）非人灵长类动物成为动物模型的优势

非人灵长类动物提供了非常有价值的动物模型，极大地提高了我们对人类和其他灵长类动物的许多行为和生物现象的理解。使用非人灵长类动物进行实验，具有比其他动物更好的优点。首先，它们在系统发育、生化、生理、解剖学及行为学属性上都密切接近于人类，因此它们通常是最佳的实验模型。其次，在神经病学、知觉生理学、肝性昏迷的治疗、神经解剖学、神经化学、药理学，心理行为的灵长类行为观察，运动效能与技巧，重复的能动性，视觉、听觉及其他感觉能力，遗传的学习行为研究，关于食欲的各种行为与各种学习行为研究等方面，都建立有灵长类动物模型实验研究。在比较适宜的培养环境中，可以对非人灵长类动物进行多年的长期研究。

但是使用非人灵长类动物进行研究同样也存在一些问题和局限性，例如：①伦理道德问题，区别于一般动物，非人灵长类动物拥有认知和情感能力，它们有计算、记忆和解决问题的技能，有意识和自我意识。能体验抑郁、焦虑和欢乐，有些甚至能学习语言，而且寿命较长。这增强了它们感受痛苦的能力，使它们对于所遭受的痛苦有极高的敏感性，并遭受极大的伤害和痛苦。目前用于研究的非人灵长类动物，如绒猴和猕猴，虽然没有大猿那种最精致的心智能力，但有无可辩驳的证据显示其有丰富的社会生活和心智能力，在研究中作为动物模型会破坏它们的生活方式，有可能使它们遭受比其他实验动物更大的社会和精神痛苦。②科学问题，使用非人灵长类动物是否为科学研究所必需，即在科学上的必要性问题。③经济问题，非人灵长类动物的供养非常昂贵。美国有 8 家国立灵长类研究中心从美国国立卫生研究院获得总额 320 亿美元的预算，照料供养一只非人灵长类动物平均每天需要 20~25 美元。

### （二）非人灵长类动物在行为学研究中的应用

非人灵长类动物可用于相关异常行为的研究，如对于某些精神分裂症失调的遗传因素进行研究。由于灵长类动物有着与人类相似的大脑结构，在灵长类动物身上能建立一个稳定的精神分裂模型，所以可以应用相似的灵长类动物进行行为失调研究，从而促进精神分裂症的相关研究。对于先天性生化酶缺陷导致的疾病症状，如人类儿童中的苯丙酮尿症、半乳糖症、枫糖浆症等引起的行为失调，在实验猴中也可能存在类似现象。在实验猴中，研究最广泛的是智力发育迟缓病因学。通过对实验猴可能的管理性迟滞和学习相关现象的研究、认识，从而了解人类认识的发展。随着阿尔茨海默病、帕金森病等疾病越来越影响人类健康，相关研究的猴模型也在逐渐增加。

各种非人灵长类动物也被应用于纵向研究，用来探究实验总体或者个体一段时间或者几个时间点之间的差异。如恒河猴、猕猴等非人灵长类动物，与人类相比它们的自然寿命较短，从而更有利于进行纵向设计。在灵长类动物行为模型的纵向研究中，相关研究和理论有：①依恋行为（attachment behavior）的发展；②群居性隔离的效应；③单独性的研究；④无助学习的潜在性实验模型；⑤变态行为（psychopathic behavior）综合征的生物学诱导；⑥由群居所引起的综合征的动物生物学的研究；⑦生物更新方式的发展。

### （三）非人灵长类动物在精神药物研究中的应用

由于非人灵长类动物在亲缘关系（种属）上与人类最相近，而且在解剖结构，尤其是神经解剖结构、生理代谢等方面与人体十分相似，并表现出强大的认知、情感和社会能力，可以更好地模拟人类药物的病理进程，科学家把它们作为推断、评价人体中枢神经系统方面药物效应的理想动物模型。例如，通过动物实验证明氯普马嗪的抗精神病性质、丙咪嗪的抗抑郁性质等，充分说明了动物实验在预测性精神药物学研究中的价值。

**1. 行为失调**

在精神病学中，除兴奋剂、镇静剂外，还使用其他药物来治疗精神病。因此，在患有行为失调的动物中试验新药物的失调效应是很重要的。建议根据以下四个标准来评价此类动物模型：①诱发条件的相似性；②引起的行为失调状态相似性；③普遍存在的神经生物学机制；④通过临床上有效的治疗可以逆转。在实验中，药物学家往往只考虑后两个标准。

探讨行为失调的主要方法中，一种是引用自发性行为失调的研究，利用"社会性"的方法或生物学诱发技术，包括药物诱发的实验精神病和神经病的技术。一般情况下，很难进行自发性行为失调方面的预测性实验。行为模型一般是由监禁引起，如黑猩猩中的"恐怖症""一个事件的抑郁"及在短尾猴中的自我咬伤。至于神经病实验，用于犬的所有技术却不能应用于猴子。实验证明，猴子的神经强度和耐受性超过其他种类动物，这使其在应对复杂任务时不会出现神经状态。

6～12 个月龄的恒河猴通过与群体隔离会产生精神病，并由此推断这种恒河猴表现出严重的行为缺陷，其大多数时间里都躲在角落颤抖，自我抱握，并拒绝进入游戏或其他正常的冲突。有研究者将此现象与孤独症婴儿的行为表现进行了比较，发现与社会隔离导致人类儿童运动、识别及社交缺陷较为相似。与群体隔离进行饲养的猴子，其神经生物学缺陷可以通过氯普马嗪进行治疗。这提供了抑制精神病的分子前景证明，尤其是舒必利的发现。这种方法对于药物学预测应用是比较理想的。

一些研究者通过社会诱导的方法建立了抑制模型，如母婴分居、同等的幼仔分离、垂直房间的禁闭及无助学习等，已被应用于恒河猴。抗议、绝望和分离是人类婴儿对隔离反应的三个阶段。与之相比，幼猴与母亲分离时，主要表现在前两个阶段。然而，这些模型从未从药理学的角度进行过系统的探索。已有基础研究针对于抑郁症的生物学现象。

在非人灵长类动物中，药物干扰可以模拟抑郁或精神病的临床症状。但与其他啮齿类动物或食肉动物一样，这种模型通常是不精确的。然而，由于其相对快速并易于组织实施，这种干扰使药理学家能够在灵长类动物中展示筛选的结果。一些研究者通过在动物身上注射利血平、α-甲基酪氨酸、6-羟多巴胺进行研究。研究者在给狒狒注射利血平时，发现了抗抑郁药特性，其以行为抑郁症的抑制为特征。这提示在一些食物竞争中逆转主导地位能表现这种"抑郁"。

慢性苯异丙胺中毒的抑制行为失调曾被描述为精神病。日本猴和恒河猴所表现出的症状可以同苯异丙胺中毒人类妄想型精神病患者相比较。对于生物药理学家来说，目前更倾向于利用大鼠或猫进行实验。

**2. 社会行为**

有研究曾利用狒狒和恒河猴实验了苯二氮䓬类精神药物在支配行为中的驯服效果，这些技术用于种内社会行为模型，可以做同一物种内驯服效果的比较。科学家在实验室中进行了比较研究，涉及猕猴的两种等级标准。一是在复杂性上接近人性的标准，大约25条项目；二是主要衡量社会关系强度的标准，较简单，只包含 12 条项目。各种药物的效应结果是定量或定性的，但建立不了与精神病种类一致的典型外观及个体变化。

# 第十一章　肿瘤的比较医学

恶性肿瘤是威胁人类健康最严重的疾病之一。不论在发达国家还是发展中国家，恶性肿瘤都是5岁以上人群中前三位的死亡原因之一。因此，比较肿瘤学的研究对恶性肿瘤的发生、发展，治疗方法的探索和疗效的验证，抗肿瘤药物的筛选、研究和试用，肿瘤转移的机制及其防治、控制，肿瘤监测手段的建立和完善，以及肿瘤患者的生存质量等都有重要意义。

## 第一节　比较肿瘤生物学

影响肿瘤发生、发展、浸润和转移的因素很多，其中实验动物的种属、类型、品种和品系等生物因素对肿瘤实验研究有直接影响。

### 一、不同种属动物的肿瘤学特点

（一）非人灵长类

从种系发生上看，非人灵长类动物与人类的亲缘关系最近，它们也会发生各种形态上和生物学性质上与人的肿瘤相似的病变。在实验室条件下，猕猴的自发性肿瘤发病率较高。在动物园内，猕猴的肿瘤发生率约为1%。在老年灵长类动物中，以上皮性肿瘤和恶性淋巴瘤为最常见，脑瘤则少见。

卷尾猴科除了用某些疱疹病毒实验感染引起的淋巴增生疾病外，其他肿瘤的报道不常见。在吼猴中发现了内分泌系统、造血系统、肝（胆囊）和泌尿系统的肿瘤；在夜猴中发现了造血系统和生殖器的肿瘤；在蛛猴中发现了骨骼肌和雌性生殖器的肿瘤；在卷尾猴中发现了皮肤和造血系统的肿瘤；在松鼠猴中发现了造血系统、呼吸系统、胃肠和生殖器的肿瘤。

在狨类很少报道肿瘤，主要是对较老的灵长类动物的实践经验不足。在灵长类动物中，棉冠柽柳狨是唯一对大肠黏液性腺癌易感的。在柽柳狨属动物已经发现了大肠癌、肾上腺皮质腺癌、唾液腺腺癌、恶性淋巴瘤、肾上腺血管肉瘤、皮肤及胸部的黑色素瘤、卵巢囊肿和新生仔肺的囊状瘤（以上发现于棉冠柽柳狨）；甲状腺癌、恶性淋巴瘤（以上发现于黑柽柳狨）；肾上腺癌、胰岛腺癌、胸腺淋巴瘤（以上发现于伊氏棕柽柳狨）；回肠癌（发现于棕柽柳狨）；皮肤鳞癌（发现于红毛棕柽柳狨）；肾脏腺癌（发现于须柽柳狨）及眼睑的乳头瘤、乳腺纤维囊性病等。

（二）大型实验动物

大型实验动物（包括家畜）肿瘤发病率随种属而异。雌犬常发生乳腺肿瘤，母牛则否。雌犬发生的乳腺肿瘤与人乳腺癌的表现不同，前者是复合型的，不仅包括上皮性成分，还包含骨和软骨等组织。猪常发生肾母细胞瘤，家犬、家猫、马、羊、牛等则较少。马倾向于发生阴茎癌，羊和牛则会发生肝癌，家犬、马和牛的黑色素瘤较家猫、羊和猪为多见。海福特（Hereford）牛则会发生眼结膜的上皮细胞癌。原发性肝细胞癌和慢性肝炎是美洲旱獭群的常见死亡原因。肿瘤最常见于 3

岁龄以上的动物。

（三）鸟类

在造血系统和间叶组织的肿瘤，其病毒病因已较明确。鸡群中所发生的由疱疹类病毒引致的马立克病可与人类的伯基特淋巴瘤、猴的淋巴瘤、蛙的 Lucke 氏肾癌等相类似。

鸡和其他鸟类对肿瘤病毒的研究具有极高的实用价值。SPF 级鸡可用于白血病、肉瘤病毒等毒株的感受性及对马立克病感受性的遗传等研究；研究解决有关内源性病毒的遗传性控制。

马立克病（鸡场麻痹病）的病原是一种疱疹病毒。马立克病和淋巴细胞白血病由同一种病原引起。马立克病发生于性成熟之前，但性成熟之后两种疾病都可能发生，只有马立克病侵及神经才导致麻痹，两种病都产生肿瘤，并使内脏器官肿大。眼睛灰色、羽囊炎症和肌肉肿瘤只见于马立克病。

淋巴细胞白血病（巨肝病）由一种致肿瘤的反转录病毒引起。该病毒是白血病-肉瘤病毒群的成员，其中 A 和 B 两亚群发生于商品鸡。淋巴细胞白血病发生于 4～5 月龄之后，而马立克病则 3～4 月龄就可发生。同一只鸡可同时发生这两种病。腔上囊存在肿瘤常发生淋巴细胞白血病，而神经、皮肤或肌肉肿瘤则表明是发生了马立克病。

（四）两栖类

关于两栖类动物肿瘤报道较多。无尾类和有尾类两栖动物起源于 3 个胚层的所有器官系统都可发生自发性肿瘤。恶性肿瘤的报道比良性肿瘤多。

两栖类动物自发性肿瘤种类主要有：无尾类中豹蛙的肾腺瘤、皮肤腺癌、皮肤鳞状细胞癌；欧洲林蛙和湖蛙的皮肤黏液腺囊腺瘤和囊腺癌。有尾类中冠北螈的皮肤（真皮）纤维瘤；美西螈的精巢肿瘤、皮肤肥大细胞肿瘤；冠北螈的皮肤鳞状细胞乳头瘤、皮肤鳞状细胞癌和皮肤黏液腺肿瘤；虎纹钝口螈的皮肤鳞状细胞乳头瘤、真皮纤维瘤、纤维肉瘤、黑色素瘤和恶性黑色素瘤。

（五）爬行类

爬行类动物的肿瘤已有不少报道。文献记述爬行类动物肿瘤绝大多数见于蛇类。

哺乳动物重要的肿瘤类型，除了原发性中枢神经系统肿瘤外，其他都在爬行类动物中报道过。此外，已知爬行类动物还会发生色素细胞源肿瘤，包括未见于哺乳动物的色素细胞瘤、黄色素细胞瘤和虹膜肉瘤。

爬行类动物的多种肿瘤的发病机制与病毒颗粒有关。欧洲绿蜥蜴乳头瘤的电镜检查提示了 3 种不同的病毒颗粒，包括疱疹病毒、呼肠病毒和乳多孔病毒。从肿瘤组织的培养中或直接在原发性肿瘤组织中，都发现过 C 型病毒颗粒。有限的研究检出了数种 RNA 肿瘤病毒，提示这些病毒在蛇类中异常流行。

（六）鱼类

除了软骨鱼类，其他种属的鱼自发性肿瘤并不少见。已经发现鱼群肿瘤的发生具有区域性和流行性，可能有某种传染病病因在起作用。鱼类作为实验动物，对化学致癌物颇为敏感，通过鱼种间杂交而形成的杂种就能自发地和大量地发生肿瘤，如将在美洲的两种热带鱼——剑尾鱼（*Xiphophorus helleri*）与阔尾鱼（*Platy-poecillus maculatus*）进行杂交或进一步将其杂交 F1 与剑尾鱼回交，就可以产生自发黑色素瘤的带瘤杂种。

## 二、不同类型实验动物的肿瘤学特点

（一）近交系动物

不同近交品系动物有不同的遗传性状，其自发瘤发生率有明显的不同，对同一致癌物质的敏感性也往往不同。因此，为了不同的肿瘤研究需要，可以选用在肿瘤学上具有不同的遗传性状特点的近交系动物进行研究。

近交系动物自发瘤的发生率高低不等，有一些高癌系小鼠，只要活到一定的年龄，无须任何外加的处理，几乎可以100%地自然发生白血病、肺癌或乳腺癌等恶性肿瘤，从而证明了癌症是可以遗传的。同样，也可以通过遗传学的方法培育出对致癌因子敏感性高或低的动物品系来说明诱发性肿瘤的发生在相当程度上取决于动物的遗传组成。

由于不同近交品系动物的遗传性状各不相同，可以选择其不同的品系特点进行各项肿瘤学研究，例如，为了研究遗传因素在某种肿瘤（如乳腺癌）发病中的作用，需要选用高（乳腺）癌系小鼠，并与低（乳腺）癌系小鼠进行对比。实验肿瘤学研究中使用得最多的是近交系小鼠和大鼠。

### （二）无菌动物和悉生动物

在实验肿瘤学研究中应用的无菌动物（GF）是指它们的体内和体表，使用现有的实验室诊断技术不能发现任何寄生虫和微生物，包括一切致病的和共栖的细菌、真菌和病毒等。现在已经培育成功的无菌动物有小鼠、大鼠、豚鼠、家兔、家犬、家猫、鸡、火鸡、日本鹌鹑、猿猴、狒狒、猪和羊、山羊、小牛和小马等。

1972年Pollard发现，在GF、GN（悉生动物）小鼠和大鼠中，某些类型癌的发病率下降了。在CV（普通级动物）大鼠中发现了极为罕见的前列腺癌，而在GF大鼠却很常见，GF大鼠和小鼠所发生的恶性肿瘤几乎全部发生在内分泌系统或受激素作用的组织。无菌动物几乎不发生内分泌系统和造血系统以外的恶性肿瘤。

### （三）无胸腺裸小鼠和大鼠裸鼠

裸鼠是一种独特的纯系动物。例如，裸小鼠，就其基因型而言，带有等位基因的nu/nu，其表现型为全身无毛，先天性无胸腺，T淋巴细胞缺失，细胞免疫功能缺陷，对异体移植物几乎无免疫排斥反应，可接受异系、异种肿瘤移植等。所以，在实验肿瘤研究中已被广泛应用，为抗癌研究提供了一种极有价值的实验材料。

## 三、不同品种实验动物的肿瘤学特性

### （一）小鼠

小鼠的肿瘤，在组织发生上、临床过程上及组织形态学上都与人类的肿瘤有相似之处。自培育出近交系小鼠开始，各种高癌和低癌品系小鼠在实验肿瘤学研究中被广泛应用。据估计，小鼠淋巴组织和造血组织的自发性肿瘤的发生率为1%～2%。

小鼠最常见的造血器官的恶性肿瘤是淋巴细胞白血病，起源于胸腺。骨髓性白血病在小鼠中常见，可由病毒诱发。网状细胞肉瘤常见于老龄小鼠，特别是近交系小鼠，如SJL和C57BL。自然的浆细胞肿瘤在小鼠中不常发生。肥大细胞瘤在小鼠中也很少见，其发生几乎局限于老龄小鼠，而且生长缓慢。

小鼠乳腺的肿瘤受多种因素的诱导和调节，包括病毒、化学致癌物质、辐射、激素、遗传背景、饲料及免疫状况。某些近交系小鼠如C3H、A和DBA/2，乳腺肿瘤的自然发生率很高；其他品系如BALB/c、C57BL和AKR，则发生率低。

自发性乳腺肿瘤的转移频率高，主要转移至肺，有些依赖于小鼠的品系，有些乳腺肿瘤依赖于激素，有些依赖于卵巢，还有一些依赖于妊娠。依赖于卵巢的肿瘤含有雌激素和孕酮受体，而依赖于妊娠的肿瘤具有催乳素受体。对C3H小鼠施行卵巢切除术可使其乳腺肿瘤的发生率显著下降。如果对2～5月龄成年小鼠进行手术，还会发生乳腺肿瘤，但发生的时间比正常晚。

小鼠自发性肝肿瘤通常来源于肝细胞，而胆管细胞肿瘤极少见。小鼠的原发性呼吸道肿瘤的发生率较高，而且大部分起源于肺泡。小鼠自发性呼吸道肿瘤的流行依赖于小鼠品系。例如，在24月龄的A系小鼠，肺肿瘤发生率高达70%；但在C57BL系小鼠却低于10%。在易感小鼠中每个肺肿瘤的数量也是比较多的。

（二）大鼠

大鼠广泛应用于肿瘤研究的许多领域。它们的自发性肿瘤的总发病率远低于小鼠。大鼠的白血病发病率也低，发病大鼠多数是颗粒细胞型。乳头瘤和鳞状细胞癌在大鼠中不常发生。大鼠消化道肿瘤的发生率是极低的，其大多数病例涉及结肠。白血病在许多大鼠群和品系中是罕见的。但在F344和WF大鼠，单核细胞白血病是很常见的。垂体肿瘤在雌性大鼠中发生率也比较高。在某些大鼠群和品系中，常见胰岛细胞瘤。甲状腺瘤通常是滤泡旁细胞腺瘤，这些良性肿瘤在许多大鼠群发生。滤泡细胞癌不常发生，但可转移至肺。

肾上腺皮质腺瘤在几个品系是很常见的。在BUF/N、M520/N和OM/N 3个品系，40%以上的雌鼠和20%以上的雄鼠有皮质肿瘤。嗜铬细胞瘤是最常见的肾上腺髓质瘤，在BUF/N、M520/N、F344/N和WN/N品系特别常见，与皮质肿瘤不同，在雄性大鼠中更为常见。在中枢神经系统的研究中，脑的肿瘤是很少发生的。肺的原发性肿瘤大鼠是很少见的。最常报道的其呼吸系统肿瘤类型有支气管瘤、腺癌、肉瘤和腺瘤等。在大鼠的多数群体和品系中，膀胱肿瘤是很少见的。但是，BN/Bi系大鼠的膀胱和输尿管癌的发生率是非常高的，在大鼠的泌尿系统中，也有发生肾的肾胚细胞瘤、肾小管腺瘤和腺癌的报道。在大鼠的生殖系统中，前列腺瘤在AXC大鼠中常见。间质细胞瘤是最常见的睾丸肿瘤类型。几乎各种年龄的F344大鼠和大多数ACI/N大鼠都会发生。但是在多数其他品系罕见。除了老龄BN/Bi大鼠，阴道和子宫颈癌少见。子宫和卵巢瘤在大鼠的几个品系中常见。OM品系大鼠的粒层细胞瘤的发生率为33%，F344和M520系大鼠的子宫内膜瘤发生率高。

（三）金黄地鼠

最常报道金黄地鼠的良性肿瘤是肠道息肉和肾上腺皮质的腺瘤。其中，发生率最高的是小肠上皮的息肉、肾上腺上皮的腺瘤，其次是甲状腺上皮腺瘤、胃上皮组织的乳头瘤、脾结缔组织的血管瘤，发生率较低的是甲状旁腺上皮腺瘤、肝结缔组织血管瘤、胆管结缔组织的胆管瘤、皮肤形成黑色素组织的细胞蓝痣和卵巢结缔组织的泡膜细胞瘤。

最常报道金黄地鼠的恶性肿瘤是淋巴肉瘤。其中发生率最高的是淋巴结的网状细胞肉瘤和淋巴肉瘤，其次是肠腺癌、肾上腺癌和小肠淋巴肉瘤，发生率较低的是甲状腺梭形细胞瘤、肝腺癌、子宫癌、肾癌、肝淋巴肉瘤、肾淋巴肉瘤、脾淋巴肉瘤和浆细胞瘤（髓外的）等。

（四）中国地鼠

一般来说，中国地鼠的自发性肿瘤发生率低，主要累及肝和生殖器官。自发性和诱发性白血病少见，可能是缺少先天性肿瘤病毒的一个指征。

在120只雌性中国地鼠中30只检测到子宫腺癌。在253只中国地鼠中，有66只见到肝细胞瘤。有人报道了3只部分近交的用于研究自发性糖尿病的3岁龄雌性中国地鼠的胰腺癌。在非糖尿病动物研究的报道中，这种肿瘤是极为少见的。

（五）豚鼠

豚鼠曾被认为是很少发生肿瘤的实验动物。但是，近年来的研究发现，它们也会自发多种肿瘤，现已观察到的有29种之多。其中，以支气管乳头状腺瘤和白血病为最多见。

侵害豚鼠皮肤、皮下组织和乳腺的肿瘤的发生率很高。毛囊瘤是最常见的豚鼠皮肤肿瘤，这些肿瘤在豚鼠中可能很少转移，并容易手术切除。豚鼠的大多数乳腺肿瘤是良性的，纤维腺瘤是其主要类型。雌性豚鼠生殖道肿瘤的发生率相当高。最常见的是卵巢畸胎瘤。虽然豚鼠的子宫瘤不常见，但子宫是生殖道肿瘤最可能发生的第二个部位。尽管某些子宫瘤经历恶性转化，但子宫瘤有定位的倾向。而子宫的上皮瘤则罕见。

在豚鼠的造血和淋巴系统中，淋巴肉瘤是最常报道的恶性肿瘤。在心血管系统中，右心房间叶瘤是 Dunkan-Hartley 品系成年雌性豚鼠所特有的肿瘤。内分泌系统的肿瘤在豚鼠很少发生，主要见于肾上腺皮质、甲状腺和胰岛。这些肿瘤在形态学上是良性的，而且似乎无内分泌功能。其他系统的肿瘤，包括消化、肌肉、骨骼和神经系统的肿瘤，总的来说在豚鼠中也是不常发生的。

（六）沙鼠

2 岁以上沙鼠的自发性肿瘤的发生率较高。最常患病的器官和最常见的肿瘤类型：卵巢（粒层细胞瘤、泡膜细胞瘤、黑色素瘤）；皮肤（鳞状细胞癌、皮脂腺垫腺瘤和癌）；肾（腺瘤、血管瘤）；肾上腺（皮质腺瘤或癌）；盲肠（腺癌）；肝（肝细胞瘤、胆管腺瘤、胆管癌）；子宫（癌、平滑肌瘤、血管外皮细胞瘤）；胰（胰岛细胞腺瘤）；睾丸（畸胎瘤、精原细胞瘤）。

（七）白尾鼠

在白尾鼠中观察到的自发性肿瘤有肛周鳞状细胞癌、皮肤附器瘤、肩胛骨肉瘤、子宫平滑肌肉瘤、肝腺癌、肝细胞瘤和垂体腺瘤。

（八）兔

各种类型的肿瘤，均随年龄增长而增多。健康实验兔品种的正常寿命为 6～7 岁，而实验研究的大多数兔的寿命一般为 2～18 月龄，基本上是青壮年兔，未达到易生肿瘤的年龄，限制了实验动物医学实践中所能观察到的自发性肿瘤的种类和频数。肿瘤频数在小于 2 岁的兔为 1.4%，而在大于 2 岁的兔为 8.4%，便反映了这种现象。

性别也影响不同类型肿瘤的发病率，雌兔的子宫腺癌是最常见的肿瘤。雌兔的肿瘤发生率比雄兔高，4 种最常见的自发性肿瘤（子宫腺癌、淋巴肉瘤、胚胎性肾瘤和肝脏胆管腺瘤）占兔肿瘤总数的 80%。

某些痘病毒和乳多空病毒引起兔的增生性和肿瘤变化，在进一步了解病毒致癌的基本生物学过程方面起着重要作用。除口腔乳头瘤病毒，其他如黏液瘤病毒、肖普纤维瘤病毒、肖普乳头瘤病毒及疱疹病毒的自然分布局限于美洲大陆。兔口腔乳头瘤病毒是唯一一种以实验兔（穴兔）作为天然储存宿主的病毒。该病毒引起的疣状生长物（乳头瘤）不仅长在舌底系带之间的区域，也可在靠近该区域的口腔和龈的上皮见到。

实验兔（穴兔）偶然会自然发生肖普乳头瘤和乳头瘤衍生的癌。在棉尾兔的乳头瘤发生消退或恶性转化时，常能分离到肖普乳头瘤病毒。

（九）猫

Felv 是一种反转录病毒，猫普遍易感。慢性感染时可引起一系列的淋巴组织增生性疾病、骨髓增生性疾病、骨骼疾病、肾小球肾炎、贫血和肿瘤。

有人于 1981 年筛选了新购入的随意来源的猫，其中 4.9% 具有病毒血症，20 只具有病毒血症的猫中，有 9 只于病理学检查时发现了淋巴瘤或骨髓增生性疾病。研究证明，猫白血病病毒甚至对短期的研究用猫也能引起损害。

对于长期研究用猫及供研究用的猫群，需要检出猫白血病病毒感染的猫，可用免疫荧光抗体（IFA）试验检出具有病毒血症的猫，并从实验室或猫群中淘汰。IFA 试验可在外周血液的白细胞和血小板中测出猫白血病病毒群特异性抗原；接触过病毒的猫在确定病毒血症前 3 个月即可带毒。

（十）雪貂

关于雪貂肿瘤性疾病的报道很少。曾发现 1 例淋巴细胞淋巴肉瘤（Felv 阴性），1 例纵隔淋巴肉瘤（未检测 FelV）。至于猫白 Felv 与雪貂淋巴肉瘤的关系尚不清楚。

雪貂可发生卵巢平滑肌瘤，有 2 例雪貂腺癌，1 例胰腺癌，1 例肝细胞腺癌，还有 1 例巨核细胞性骨髓组织增生。

# 第二节　比较肿瘤病理学

## 一、食管癌比较病理研究

食管癌在我国有些地区是常见而多发的恶性肿瘤。我国学者经过 30 多年的研究，已建立了各种动物食管癌的诱发性肿瘤模型。如用多环芳烃类和亚硝胺类致癌物，在大鼠、小鼠、鸡中诱发出食管癌模型。多环芳烃类可采取动物灌喂，或于食管壁黏膜下注入，或将致癌物的棉线结（穿线法）和小棒等置于致癌部位的方式；亚硝胺类则多采用灌喂法。

诱发肿瘤要选择对器官有亲和性的致癌物。当前，诱发食管癌有黄樟素和二氢黄樟素两类致癌物质，在大鼠饲料中加入 $2.5 \times 10^{-3} \sim 1 \times 10^{-2}$ ppm 黄樟素，可使 20%～75% 大鼠发生食管鳞状上皮癌。亚硝胺类是目前诱发食管癌较为理想的致癌物，其基本结构是

$$\begin{matrix} R_1 \\ \phantom{} \\ R_2 \end{matrix} \!\!\!\! \diagdown\!\!\!\diagup N{-}N{=}O$$

其中，$R_1$ 为烷基 $[CH_3{-}(CH_2)_n,\ n=0\sim4]$；$R_2$ 可为烷基，或为酯类（$R_2{-}COOH{-}C_2H_5$）或为酰胺类（$-CO{-}NH_2$），或为芳香类等。

此类致癌物使用方便，与靶器官的亲和性多与给药途径无明显关系，但受剂量影响。

各种致癌物导致的大鼠食管癌、小鼠前胃癌的组织学分类、病理组织学分类标准如下。

（一）增生性病变

（1）角化亢进　黏膜角化层明显增厚，比正常厚 2～3 倍以上。

（2）单纯性增生　黏膜上皮细胞呈灶性或弥漫性增生，层次比正常增厚 1 倍以上，可以底层细胞增生为主或以棘细胞增生为主。细胞排列规则，无异型性。

（3）乳头状增生　黏膜上皮增厚，向表面突起，形成具有间质的、不分枝的单个或多个小乳头。

（二）癌前病变

（1）乳头状瘤　是乳头状增生的进一步发展，间质呈 I 级或多级分枝状，被覆以增生活跃的黏膜上皮，间质内无黏膜肌层，故而有别于黏膜皱襞。

（2）不典型增生　异型上皮细胞极向紊乱，累及上皮层下 1/3 者为 I 级，累及上皮下 2/3 者为 II 级。异型上皮细胞可呈弥漫性生长，也可呈钉突状向下伸入固有膜内。

（三）癌

（1）原位癌　异型上皮细胞累及上皮全层，基底膜完整。

（2）乳头状瘤癌变　指乳头状瘤局部癌变，成为恶性的乳头状癌。

（3）浸润癌（现称侵袭癌）　癌组织侵犯肌层以下。

## （四）未定型

底层细胞癌变：底层细胞呈灶状增生，具有癌性特征，并突破基底膜。表层可见棘细胞及角化层。

## 二、肝癌比较病理研究

很多化学物质可以诱发动物肝癌。如 4-氨基-2,3'-偶氮甲苯（OAAT）对小鼠致肝癌力强于对大鼠。其中，C3HA 小鼠较敏感。

4-二甲基氨基偶氮苯（DAB）及其 3'-甲基衍生物（3'-MeDAB）对大鼠的致癌作用强。2-乙酰氨基芴（2-AAF）是一种广谱致癌物。多数二烷基亚硝胺和环状亚硝胺，可使大鼠、小鼠、豚鼠、仓鼠、兔、鸭、鱼类、猴等多种动物发生肝肿瘤，其诱癌过程与动物性别有关。

目前，还没有把这类强致癌物作为诱发肝癌的常用致癌物，但其对肝癌的病因学研究具有重要意义。低剂量黄曲霉素即可诱发出大量肝癌。

## 三、肺癌比较病理研究

肺肿瘤的诱发研究已有近 60 年的历史。有化学诱癌物、霉菌及其毒素等。以亚硝胺类致癌物和多环芳烃类最为常用（表 11-1）。

**表 11-1　亚硝胺类化合物诱发小鼠肺肿瘤比较**

| 化合物 | 分子量（Da） | 总剂量 | | | 荷瘤鼠数/总鼠数 | 平均鼠数（只） |
| --- | --- | --- | --- | --- | --- | --- |
| | | mg/kg | mmol/kg | 溶剂 | | |
| 乌拉坦 | 89 | 2000 | 22.4 | 水 | 29/32 | 6.0±3.6 |
| 二甲基亚硝胺（DNA） | 74 | 20 | 0.27 | 水 | 33/33 | 7.8±3.2 |
| 二乙基亚硝胺（DEN） | 102 | 200 | 1.96 | 水 | 28/29 | 5.3±3.2 |
| 二丁基亚硝胺（DBN） | 158 | 250 | 1.58 | DMSO | 14/20 | 1.3±1.0 |
| 亚硝哌啶 | 114 | 107 | 0.94 | 水 | 16/30 | 0.7±0.8 |
| N-乙酰基-S-乙氧甲酰基半胱氨酸 | 235 | 300 | 1.28 | DMSO | 2/18 | 0.1±0.3 |
| S-氨基苯甲基半胱氨酸 | 164 | 800 | 4.88 | 水 | 11/40 | 0.4±0.8 |
| S-羧基苯甲基半胱氨酸 | 255 | 400 | 1.56 | DMSO | 8/29 | 0.3±0.5 |
| 二甲基亚砜（DMSO） | 78 | 11 000 | 141 | — | 9/20 | 0.7±0.9 |
| 对照组（未给药） | — | — | — | — | 10/36 | 0.3±0.5 |

注：①鼠龄 9～13 周雄性 SWR 系小鼠，腹腔内注射 2 次，乌拉坦、二甲肼（DMN）和 DEN 间隔时间为 1 周，其余化合物为 2 周。②6 个月处死全部动物。③仅注射一次。④DMSO 混悬液。

对非器官亲和性的致癌物如多环芳烃类等，多以水或油悬液将致癌物注入气管内，特点：①灌注物可达深部呼吸支气管或肺泡管内，不易排出；②致癌物易于定位集中；③灌注次数少；④若用具有脂溶剂及造影剂双重作用的碘油，还可以减少肺内感染。近年来，已有学者经气管切口一次注入致癌物，成功地诱发出大鼠肺癌。

病理组织学分类如下。

（1）呼吸道上皮癌前病变

1）腺瘤样增生：增生的腺样上皮细胞数量较多且呈灶状，但分化良好，增生灶内仍保存正常的肺泡间隔结构，对周围肺泡无压迫现象。

2）腺瘤：呈膨胀性生长的腺瘤组织对周围腺泡有压迫现象，但不一定有包膜。

3）乳头状瘤：上皮细胞分化好，向腔内呈乳头状生长。

4）非典型（异型）增生、化生：可分为支气管被覆上皮型或肺泡上皮型两种。

（2）呼吸道癌　分为腺癌、鳞状细胞癌、神经内分泌癌、大细胞癌和腺鳞癌。

（3）其他　恶性肿瘤如恶性间质瘤等。

## 四、鼻咽癌比较病理研究

长期或短期用亚硝胺类致癌物，均可诱发大鼠鼻咽及鼻腔癌变。

化学致癌物诱发的鼻咽黏膜上皮病变包括如下几种。

（1）癌前病变

1）不典型增生：增生的上皮细胞有异型性，极向紊乱，但未累及全层。

2）乳头状瘤：增生的黏膜上皮及其中心结缔组织向鼻咽腔突出，形成有蒂的、具二级分枝的乳头状生长。上皮细胞无异型性，排列无紊乱。

（2）癌

1）原位癌：异型细胞累及上皮全层，基底膜完整，呈局部灶性生长。可分为柱状上皮原位癌和鳞状上皮原位癌。

2）浸润癌：早期浸润癌，部分癌细胞突破基底膜，侵入上皮下结缔组织；柱状细胞癌，来自被覆柱状上皮，癌细胞或多或少保留柱状细胞排列，或癌细胞细胞质内可见黏液分泌；鳞状细胞癌，可分为高分化鳞癌及低分化鳞癌。

3）乳头状瘤恶变及乳头状癌：以癌细胞呈乳头状生长为特点，可分为乳头状柱状细胞癌和乳头状鳞状细胞癌。

4）其他类型的癌。

## 五、宫颈癌比较病理研究

宫颈癌的发生是一系列组织学病理学变化的结果，表现为发育异常、原位癌，直到浸润癌。近年来细胞学的实验表明，在未进行治疗性或诊断性活检的情况下，宫颈上皮内的不典型变化可维持原状或恢复正常。为了更好地了解宫颈上皮内不典型形态学变化的临床意义，需要更详细地研究浸润癌的组织发生。

给小鼠阴道投用一系列化学、生物或病毒性致癌物可诱导出与人相似的变化。

人与小鼠宫颈癌发生步骤十分相似。其相似性不仅表现在导致浸润性鳞状上皮癌的组织学步骤，而且表现在 DNA 复制模型、有丝分裂的频率与表面上皮的超微结构。所以，这种实验小鼠成为研究导致宫颈鳞状上皮癌的某些形态学与生物学特征的重要模型。

## 六、胃癌比较病理研究

胃癌在许多国家的发生率很高，在实验中诱发胃癌，可用以研究胃癌的发生机制和治疗方法。所用的动物主要是小鼠、大鼠和地鼠，也有用兔和犬的。

结果判定及成功指标：凡胃黏膜的腺体或腺上皮呈Ⅲ级不典型增生（癌变）或明显癌性病变即为阳性。局限于黏膜内者为黏膜内腺癌；突破黏膜肌层向黏膜下层生长者为早期浸润癌；达到肌层及肌层以外者为浸润性癌。浸润性癌中，根据癌组织有无腺体形成，又分为腺癌和未分化癌。在腺癌中，有囊腔形成者称囊腺癌；有鳞状上皮分化者为鳞化腺癌；有肉瘤成分者为癌肉瘤。如腺上皮呈腺瘤样增生或前胃鳞状上皮呈现乳头状增生，均属良性肿瘤，非实验成功的指标。如仅有肉瘤成分并形成明显肿块，也属于阴性结果。如今前胃形成鳞癌也属于实验未获成功（该研究材料两批实验均未发现鳞癌）。

## 七、其他肿瘤比较病理研究

1）ENU 诱发兔肾母细胞瘤：人与兔的肾母细胞瘤有很多相似之处，形态与组织结构相近，组织发生也相似。人类的肾母细胞瘤多发生在儿童，近交系兔的肿瘤也是幼兔多发，而远交系后代却是成年兔多发。

2）疱疹病毒可诱发灵长类动物的恶性淋巴瘤：其中，S.aimiri 疱疹病毒可诱发绒猴、蜘蛛猴和猫头鹰猴的淋巴瘤，H.ateles 疱疹病毒可诱发 S. oedipus 猴淋巴瘤和白血病。本模型有助于提取纯化的病毒颗粒及病毒 DNA，同时有利于研究病毒 DNA 及蛋白质的合成与调控。许多淋巴瘤的细胞株用来研究 DNA 及与生长转化有关的因子。

3）二乙基亚硝胺（DEN）诱发动物肝癌：由 DEN 诱发肝癌的动物有大鼠、小鼠、犬、家兔、豚鼠、田鼠、小鸭、羊、猪和鱼，貂则最易诱发。这类模型是研究癌变过程的形态、功能和代谢的良好模型。

4）正氨基偶氮甲苯（OAAT）诱发小鼠和大鼠肝癌；4-二甲基氨基偶氮苯（DAB）诱发大鼠肝癌；2-乙酰氨基芴（2-AAF）诱发大鼠肝癌及小鼠、犬、猫、鸡、兔的肿瘤；亚硝胺诱发大鼠肝癌等。

5）乌拉坦诱发小鼠和大鼠的肺腺癌；3,4-苯并芘诱发猴肺的鳞状上皮癌；甲基胆蒽诱发金黄地鼠的肺癌；皮下注射二戊基亚硝胺诱发大鼠的肺癌；皮下注射二乙基亚硝胺诱发小鼠的肺癌等。这些不同致癌剂诱发的不同种动物的肺癌模型，不但诱发的时间长短不同，发生率也有所差别，可以根据不同的研究需要加以选择。

# 第三节　比较肿瘤研究中的自发性动物模型

动物自发性肿瘤（spontaneous tumors in animals）是指实验动物未经任何有意识人工处置，在自然情况下所发生的肿瘤。目前，可用于肿瘤研究的小鼠品系或亚系就有 200 多个。在近交系小鼠中，各种肿瘤的发生率因品系不同存在很大差异。

选用自发性肿瘤模型有一定优点。首先是自发性肿瘤通常比用实验方法诱发的肿瘤与人类所患的肿瘤更为相似，有利于将动物实验结果推用到人；其次是这一类肿瘤发生的条件比较自然，有可能通过细致观察和统计分析发现原来没有发现的环境的或其他的因素，可以着重观察遗传因素在肿瘤发生上的作用。但存在一些缺点：肿瘤的发生情况可能参差不齐，不可能在短时间内获得大量肿瘤学材料，观察时间可能较长，实验耗费较大。

## 一、小鼠自发性肿瘤的特点和比较

小鼠自发性肿瘤在组织学结构和来源方面与人类肿瘤具有相似之处，饲养经济且方便，因此在实验性肿瘤研究中小鼠使用最多，是大鼠的 10 倍。小鼠的品系有很多，我国培育的近交系小鼠品系主要有 TA1、TA2、615、SM1、T739 、CI、KM 等，前 3 个品系已被国际公认，培育成肿瘤的品系占绝大多数。供肿瘤研究用的近交系小鼠见表 11-2。

**表 11-2　供肿瘤研究用的近交系小鼠**

| 肿瘤名称 | 品系 | 肿瘤发生率 |
| --- | --- | --- |
| 乳腺肿瘤 | C3H | 在雌鼠中，几乎为 100% |
| | A | 繁殖雌鼠 80%；处女雌鼠 30% |
| | DBA.RⅢ | 繁殖雌鼠 75% |
| | BALB/c | 发生率低，但引入乳房肿瘤物后则升高 |
| | C57BR | 无自发性乳房瘤，但引入乳房肿瘤物后为 55% |
| 肺癌 | A | 18 个月龄的小鼠为 90% |
| | SWR | 18 个月龄的小鼠为 80% |
| | BALB/c | 雌鼠为 26%，雄鼠为 29% |
| | BL | 所有老龄的小鼠为 26% |

续表

| 肿瘤名称 | 品系 | 肿瘤发生率 |
|---|---|---|
| 肝细胞瘤 | C3H | 14 个月龄雄鼠为 85% |
| | C3Hf | 14 个月龄雄鼠为 72% |
| | C3He | 14 个月龄雄鼠为 78%，繁殖雄鼠为 91%，处雌鼠 59%。繁殖雌鼠为 30%α 催育繁殖鼠为 38% |
| 白血病及其他 网状细胞瘤 | C58、AKR | 白血病发生率为 75%～95% |
| | C57L | 类似 Hodgkin 氏损害，B 型网状细胞，在 18 个月龄时为 25% |
| | C3H/Fg | 育成雌鼠淋巴肉瘤为 96% |
| | SJL | 育成雌鼠淋巴肉瘤为 91% |
| 乳头状瘤及癌 | HR | 所有小鼠发生乳头瘤，分有毛或无毛两种，用甲基胆蒽涂擦，大多数出现癌转移 |
| | I | 甲基胆蒽试验最为敏感 |
| 哈德氏腺癌皮下肉瘤 | C3H | C3H 出自与 C3H 远交的杂种 |
| | CBA | 皮下注射甲基胆蒽后高度发生 |
| | C3H | 在 57/1774 的 C3Hf 雌中自发地产生，用致癌碳氢化合物试验的 8 个品系中最为敏感 |
| 胃癌 | I | 实际上在该品系小鼠中均有发生，注射甲基胆蒽后出现，并有自发性 |
| | BRS | |
| 肾上腺皮质瘤 | CE | 阉割后发生率高达 79%～100% |
| | NH | 自发性腺瘤高，阉割后发生癌症率高 |
| 睾丸畸胎瘤 | 129 | 先天性为雄鼠 82% |
| 睾丸间质细胞瘤 | A | 已用雌激素诱发 |
| | BALB/c | 用己烯雌酚处理后发生率高，雄鼠对该药敏感 |
| 垂体腺瘤 | C57BL | 用雌激素处理后，所有小鼠均有发生 |
| | C57L | 老龄雌鼠为 33% |
| 血管内皮瘤 | HR | 未作处理的小鼠为 19%～33%；用 4-O-甲基偶氮-O-甲苯胺注射的小鼠为 54%～75% |
| | BALB/c | 用 O-氨基偶氮甲苯处理后，肩胛间的脂垫和肺的发生率高 |
| 卵巢瘤 | C3He | 处雌鼠为 47%，繁殖雌鼠为 37%；催育繁殖鼠为 39% |
| 肾腺癌 | BALB/cf/cd | 9～15 个月龄鼠为 60%～70% |
| 骨肉瘤 | Simpson 亚系 | 15～17 个月龄雌鼠为 53% |

### 1. 小鼠乳腺肿瘤

在各品系小鼠中，C3H 系雌小鼠乳腺肿瘤发生率最高，达 99%～100%；A 系经产雌鼠乳腺肿瘤发生率为 60%～80%（但处雌鼠仅为 30%）。CBA/J 系发生率也较高（60%～65%），而 BALB/c、CE、C3fHf 和 615 等品系发生率低，CC57BR、C57BL、CC57W 等品系未见自发乳腺肿瘤发生。

### 2. 小鼠白血病

C58、AKR、AFB 等品系小鼠的白血病多发，其中 6～9 个月龄 AKR 小鼠白血病发生率高达 80%～90%（雌性略高于雄性），8～9 个月龄 ALB 小鼠发生率在雌鼠和雄鼠分别为 90% 和 65%，所形成的白血病以淋巴细胞白血病为主。

### 3. 小鼠神经系统肿瘤

小鼠各品系中自发性中枢神经系统肿瘤发生率均很低。

### 4. 小鼠肺癌

小鼠肺癌主要见于 18 个月龄以上的 A 系、SWR 系小鼠，其肺自发瘤发生率分别达 90% 和 80%，经产 PRA 小鼠发生率也很高（77%）。

**5. 小鼠肝细胞瘤**

小鼠的自发性肝细胞瘤也常见，但在不同品系发生率不同。14 个月龄以上的 C3Hf 系雄鼠、C3H 系雄鼠和 C3He 雄鼠发生率分别为 72%、85% 和 80% 左右。

**6. 小鼠卵巢癌**

小鼠自发性卵巢癌较为常见，其中 BALB/c 发生率为 75.8%，RⅢ系 17 个月龄生产雌鼠为 60%，成年雌鼠为 50%，DBA 系 12~18 个月龄以上为 55.5%。

**7. 小鼠垂体腺瘤**

小鼠自发性垂体腺瘤以 C57BL/6J 系 30 个月龄雌鼠发生率最高，为 75%，用求偶素作用后，几乎达 100%。C57L 系老年生育雌鼠为 33%，C57BR/cd 老年生育雌鼠为 33%。

**8. 小鼠其他肿瘤**

小鼠自发性胃腺瘤Ⅰ系高达 100%，肾腺癌 BALB/cf/cd 系为 60%~70%，骨肉瘤 Simpson 亚系为 53%，血管内皮瘤 HR 系有 19%~33% 的自发率，经致癌剂处理后，发病率升高为 54%~76%。

## 二、大鼠自发性肿瘤的特点和比较

国际公认的大鼠品系有 130 多种，常用的是 Wistar、Sprague-Dawley（SD）和 Fischer 344（F344）3 种；我国常用的是前两种品系的大鼠。大鼠自发性肿瘤发生率较低，且组织学上肉瘤多于癌。垂体肿瘤发生率较高，而自发性肝癌少见，但大鼠的诱发性肿瘤易发生肝癌。供肿瘤研究的近交系大鼠见表 11-3。

表 11-3　供肿瘤研究的近交系大鼠

| 肿瘤 | 品系 | 发生率 | 平均月龄（个） | 性别 | 品系 | 发生率 | 平均月龄（个） | 性别 |
|---|---|---|---|---|---|---|---|---|
| 垂体前叶 | ACI/N | 15%~40% | >78e | — | BUF | 30% | 老龄 | — |
| | BUF/N | 55%~85% | — | — | 查尔斯河 CD | 33% | — | 雄 |
| | F344/N | 25% | >18 | — | | 57% | — | 雌 |
| | WAB/Rij | 69% | 老龄 | — | F344 | 24% | — | 雄 |
| | WN | 21%~25% | — | — | | 36% | — | 雌 |
| | M520/N | 20%~40% | >18 | — | SD | 22% | — | — |
| | WN/N | 40%~93% | >18 | — | | | | |
| 肾上腺 | BUF | 25% | 老龄 | — | BUF/N | 30%~70% | <18 | — |
| 皮质 | OM/N | 75%~95% | <18 | — | M520/N | 20%~45% | >18 | 雌 |
| | WAB/N | 28% | | — | | | | |
| 肾上腺 | BUF/N | 5%~40% | >18 | | | | | |
| 髓质 | F344/N | 10%~45% | >18 | | M520 | 21%~25% | — | — |
| | M520/N | 60%~85% | >18 | | WN | 25%~50% | >18 | — |
| 甲状腺 | Buffalo | 25% | >24 | — | Fischer | 22% | >24 | — |
| 滤泡旁 | LE | 12%~45% | >24 | — | OM | 33% | >24 | — |
| 细胞 | SD | 22% | >24 | — | WAG/Rij | 39% | — | — |
| 白血病 | F344 | 25% | — | — | WF | 高 | — | 雄 |
| 间质细胞 | ACI | 25% | 老龄 | 雄 | M520/N | 35% | >18 | — |
| | ACI/N | 20% | 12~18 | 雄 | F344 | 70% | <18 | 雄 |
| | 520/N | 85% | >18 | 雌 | | 30% | <18 | 雌 |

续表

| 肿瘤 | 品系 | 发生率 | 平均月龄（个） | 性别 | 品系 | 发生率 | 平均月龄 | 性别 |
|---|---|---|---|---|---|---|---|---|
| 乳房 | ACI/N | 频繁 | — | 雌 | A7322 | 频繁 | — | 雌 |
| | 查尔斯河 CD | 60% | — | 雌 | Donryu | 22.1% | — | 雌 |
| | OM | 26%~30% | — | 雌 | SD | 23% | — | 雌 |
| | WAG/Rij | 21% | — | 雌 | W/Fu | 21% | 20 | 雌 |
| | WN | 30%~50% | — | 雌 | | | | |
| 子宫 | ACI/N | 8%~12% | >18 | 雌 | BUF/N | 22% | <18 | — |
| | F344/N | 75% | >18 | 雄 | M520/N | 12%~15% | >18 | — |
| | | 33% | >18 | 雌 | | | | |
| 卵巢 | OM | 21%~25% | — | 雄 | | | | |
| 膀胱 | BN/RiRij | 28% | — | 雄 | | | | |
| 输尿管 | BN/RiRij | 54% | — | 雌 | | | | |
| 胸腺 | COP | — | — | — | | | | |

注："—"为无数据。

**1. 大鼠内分泌系统肿瘤**

大鼠内分泌系统（包括甲状腺、垂体、肾上腺等）亦可发生自发瘤，且多数品系的大鼠垂体瘤的发生率较高。

**2. 大鼠乳腺肿瘤**

Wistar 大鼠自发性乳腺肿瘤以纤维腺瘤居多占 92.9%，其中以管外型为主，其次为管内型及混合型，纤维瘤及腺癌较少，SD 大鼠乳腺自发瘤发生率约 55%，多数为纤维腺瘤，其组织学结构与人类乳腺纤维腺瘤相似。恶性肿瘤（乳腺癌）少见，组织学上与小鼠乳腺癌相似。

**3. 大鼠恶性淋巴瘤**

不同品系的大鼠恶性淋巴瘤的发生率不同，并与年龄有关。同品系的大鼠占 32%，12 月龄以下者仅占 0.2%。从肿瘤部位上，绝大多数的淋巴瘤发生于胸腔（纵隔和肺）。

## 三、地鼠自发性肿瘤的特点和比较

金黄地鼠是实验性肿瘤研究中常用的一种动物。其自发瘤发生率低（报告为 0.5%~17.0%），主要发生于神经系统和膀胱以外的组织与器官。肠道可发生腺瘤样息肉。此鼠呼吸系统自发性肿瘤发生率很低，故常被用作肺癌诱发模型。

## 四、豚鼠自发性肿瘤的特点和比较

豚鼠自发性肿瘤的特点和比较见表 11-4。

表 11-4　豚鼠自发性肿瘤的特点和比较

| 组织或器官 | 肿瘤 | 例数 |
|---|---|---|
| 支气管 | 乳头状腺瘤 | 64 |
| | 腺癌 | 1 |
| 皮下和肠系膜 | 纤维脂肪瘤 | 2 |
| | 纤维肉瘤 | 2 |
| | 纤维脂肪肉瘤 | 7 |
| | 神经源性肉瘤 | 3 |

续表

| 组织或器官 | 肿瘤 | 例数 |
|---|---|---|
| 网状内皮系统 | 淋巴肉瘤（脾、淋巴结） | 3 |
| | 白血病 | 10 |
| 乳腺 | 腺瘤和毛细血管囊腺瘤 | 3 |
| | 腺癌 | 8 |
| | 脂肪纤维瘤 | 1 |
| 子宫 | 纤维性平滑肌瘤 | 4 |
| | 间质性混合肿瘤 | 1 |
| | 腺肌瘤 | 1 |
| 胃肠道 | 纤维性平滑肌瘤 | 3 |
| | 胃肠纤维肌瘤和脂肪瘤 | 5 |
| | 肠（脂肪肉瘤） | 1 |
| | 肝（腺瘤、血管病） | 2 |
| | 胆囊（乳头瘤） | 1 |
| 卵巢 | 畸胎瘤 | 3 |
| 内分泌腺 | 肾上腺（腺瘤、癌） | 2 |
| | 甲状腺（腺瘤） | 1 |
| 骨 | 骨和软骨瘤 | 2 |
| 心脏 | 纤维瘤和圆细胞肉瘤 | 2 |
| 肾脏 | 肾性和圆细胞肉瘤 | 2 |
| 皮肤 | 囊状腺样瘤 | 1 |
| 眼 | 角膜皮样变性（dermoid of cornea） | 1 |
| 脑 | 脑桥畸胎瘤 | 1 |
| 睾丸 | 胚胎性癌 | 1 |

## 五、家兔自发性肿瘤的特点和比较

兔类自发性肿瘤发生率很低，仅为 0.8%～2.6%，以乳头状瘤（皮肤和口腔）和子宫腺癌最为常见，后者在 5～6 岁龄家兔的发生率可达 70% 以上。不同品系的兔自发性肿瘤发生率及肿瘤类型有所不同。

1）乳头状瘤：一种表现为皮肤的乳头状瘤病，常见于美国棉尾兔中，由病毒引起，可自行消退，亦可恶变形成鳞癌；另一种形式表现为口腔黏膜乳头状瘤，可消退，无恶变现象。

2）子宫腺癌：是兔的常见自发瘤之一，发生率与年龄关系密切，5～6 岁龄兔中 70% 以上发生此癌。其发生与雌激素水平有关。瘤体呈灰白色结节状，散布于双侧子宫。易发生肺转移。

3）Wilms 瘤：即肾母细胞瘤，占兔恶性自发瘤的 92%，多发生于老龄兔，与性别无明显关系。组织学上与人肾母细胞瘤相似。

4）其他肿瘤：家兔还可发生肝细胞性肝癌、乳腺癌、阴道癌、恶性淋巴瘤、横纹肌肉瘤等恶性肿瘤。

## 六、猪自发性肿瘤的特点和比较

猪的自发性肿瘤发生率低，但由于它与人类生活关系密切，且与人类肿瘤的发病有很多相似之处，故人们已开始关注猪的自发性肿瘤问题。在猪恶性自发性肿瘤中半数以上为 Wilms 瘤，亦可见恶性黑色素瘤，原发性肝癌和鼻咽癌亦可发生于猪。

## 七、犬自发性肿瘤的特点和比较

犬自发性肿瘤的主要组织类型见表 11-5。

### 表 11-5　犬自发性肿瘤的主要组织类型（引自 Dom C R，Priester W A，1987）

| 例数 | 百分率（%） | 最常发生的部位 [b] | 例数 | 百分率（%） | 最常发生的细胞类型 [c] |
|---|---|---|---|---|---|
| 2440 | 20.7 | 所有的皮肤（腺癌） | 1208 | 10.3 | 腺瘤（乳腺） |
| 1394 | 11.8 | 乳腺（腺癌） | 1099 | 9.3 | 腺瘤（皮肤） |
| 1051 | 8.9 | 所有的软组织 [a]（脂肪瘤） | 919 | 7.8 | 淋巴瘤（淋巴结） |
| 943 | 8.0 | 淋巴结（淋巴癌） | 552 | 4.7 | 脂肪瘤（软组织 [a]） |
| 677 | 5.7 | 口腔、唇、舌、牙龈、牙齿（恶性黑色素瘤） | 431 | 3.7 | 骨肉瘤（骨，关节） |
| 657 | 5.6 | 骨、关节（骨肉瘤） | 434 | 3.7 | 血管瘤（皮肤） |
| 562 | 4.8 | 肛周、肛门腺体（腺瘤） | 428 | 3.6 | 鳞状细胞癌（皮肤） |
| 487 | 4.1 | 睾丸（塞尔托利滋养细胞癌） | 410 | 3.5 | NOS [a] 癌（乳腺） |
| 324 | 2.7 | 鼻、鼻副窦（腺瘤） | 396 | 3.4 | 巨细胞肉瘤（皮肤） |
| 301 | 2.6 | 血液、脾脏、骨髓（血管瘤） | 381 | 3.2 | 乳头状瘤（皮肤） |
| 252 | 2.1 | 眼睑、结膜、泪腺（腺瘤） | 351 | 3.0 | 纤维肉瘤（口） |
| 202 | 1.7 | 脑、脑（脊）膜（胶质瘤 MND） | 301 | 2.6 | 组织细胞瘤（皮肤） |
| 176 | 1.5 | 气管、支气管、肺（癌） | 276 | 2.3 | 纤维瘤（口） |
| 160 | 1.4 | 甲状腺（腺瘤或癌） | 205 | 1.7 | 良性混合性乳腺肿瘤（乳腺） |
| 158 | 1.3 | 全身性的（巨细胞瘤） | 204 | 1.7 | 恶性混合性乳腺肿瘤（乳腺） |
| 137 | 1.2 | 肝脏、胆管（腺瘤或癌） | 199 | 1.7 | 血管瘤（皮肤） |
| 121 | 1.0 | 肾上腺（腺瘤） | 190 | 1.6 | NOS [a] 癌（皮肤，软组织 [a]） |
| | | | 131 | 1.1 | 巨细胞瘤 MND（皮肤） |
| | | | 124 | 1.1 | 巨细胞瘤（皮肤） |
| | | | 124 | 1.1 | 腺瘤 MND [a]（肛周、肛门腺） |
| | | | 119 | 1.0 | 网状细胞肉瘤（淋巴结） |

a）MND：恶性程度未确定。软组织：除骨骼和成血性组织以外的所有间叶起源的组织。NOS：未确定。当肿瘤部位超出一般结构时（如气管、支气管、肺），这些部位应综合分析。b）成年动物最常发生的部位。c）成年动物最常见的细胞类型。

## 八、猫自发性肿瘤的特点和比较

猫自发性肿瘤的多发部位和组织类型见表 11-6。

### 表 11-6　猫自发性肿瘤的多发部位和组织类型（引自 Dorn C R，Priester W A，1987）

| 例数 | 百分率（%） | 最常发生的部位 [b] | 例数 | 百分率（%） | 最常发生的细胞类型 [c] |
|---|---|---|---|---|---|
| 432 | 31.5 | 淋巴结（淋巴瘤） | 525 | 38.3 | 淋巴瘤和淋巴细胞白血病（淋巴液性） |
| 224 | 16.3 | 血液性（贫血） | 276 | 20.1 | 混合性白血病（血液性） |
| 102 | 7.4 | 皮肤（基底细胞癌） | 134 | 9.8 | 鳞状细胞癌（鼻、鼻副窦） |

| 例数 | 百分率（%） | 最常发生的部位[b] | 例数 | 百分率（%） | 最常发生的细胞类型[c] |
|------|------------|------------------|------|------------|---------------------|
| 70 | 5.1 | 乳腺（腺瘤） | 128 | 9.3 | 腺瘤（乳腺） |
| 51 | 3.7 | 鼻、鼻副窦（鳞状细胞癌） | 57 | 4.2 | 纤维肉瘤（皮肤） |
| 50 | 3.6 | 软组织[a]（纤维肉瘤） | 40 | 2.9 | 网状细胞肉瘤（淋巴结） |
| 49 | 3.6 | 口腔、唇、牙槽、舌、牙齿（鳞状细胞癌） | 39 | 2.8 | NOS[a]癌 |
| 40 | 2.9 | 骨、关节（骨肉瘤） | 33 | 2.4 | 腺瘤（皮肤） |
| 30 | 2.2 | 外耳（鳞状细胞癌） | 21 | 1.5 | 巨细胞瘤（皮肤） |
| 27 | 2.0 | 肾脏（淋巴瘤） | 19 | 1.4 | 基底细胞癌（皮肤） |
| 26 | 1.9 | 肝脏、胆管（恶性淋巴瘤） | 19 | 1.4 | 纤维瘤（皮肤） |
| 20 | 1.5 | 胰腺（腺瘤） | 14 | 1.0 | 骨肉瘤（骨、关节） |
| 18 | 1.3 | 全身性的（纤维瘤） | 14 | 1.0 | 纤维瘤（皮肤） |
| 17 | 1.2 | 眼睑、结膜、泪腺（鳞状上皮癌） | | | |
| 17 | 1.2 | 肠 NOS[a]（腺瘤） | | | |
| 17 | 1.2 | 小肠（腺瘤） | | | |
| 15 | 1.1 | 脑、脑膜（脑膜瘤） | | | |
| 15 | 1.1 | 口咽部（鳞状细胞癌） | | | |

a）软组织：除骨骼和成血性组织外的所有间叶起源的组织；NOS：未确定，当肿瘤部位超出一般结构时（如气管、支气管、肺），这些部位常应综合分析。b）成年动物常发生的部位。c）成年动物最常见的细胞类型。

# 第四节　比较肿瘤研究中的诱发性动物模型

## 一、诱发动物肿瘤的基本要求

1）方法应简便易行，便于检测，可重复。

2）选择对特定致癌剂敏感的动物种系，如用多环芳烃诱发皮肤癌时选用小鼠，以亚硝胺诱发食管癌则用大鼠，而用小鼠仅能诱发前胃癌。

3）模拟人类肿瘤的诱发，应要求其部位、形态结构和组织类型与人类肿瘤类似。

4）为诱发足够百分率的肿瘤，致癌剂剂量使用应适当，既保证动物的存活又使诱发期较短。使用新的致癌剂或不熟悉的被试物时应先做剂量试验。

5）诱发肿瘤（induction tumor）的动物要有良好的饲料条件。

## 二、诱发性肿瘤动物实验方法

利用化学致癌物质来诱发实验性肿瘤的动物模型，是进行肿瘤实验研究的常用方法。目前使用较多的化学致癌物有多环烃、亚硝胺和偶氮染料等。强烈的致癌物诱发出来的肿瘤，恶性程度高，容易成功。常用诱发肿瘤动物实验方法如下。

1）经口给药法：是将化学致癌物溶于饮水或以某种方式混合于动物食物中自然喂养或灌喂动物而使之发生肿瘤。食管癌、胃癌、大肠癌等肿瘤常用此方法。

2）涂抹法：将致癌物涂抹于动物背侧及耳部皮肤，用于诱发皮肤肿瘤。常用的致癌物有煤焦油、3,4-苯并芘及 2-甲基胆蒽等。

3）注射法：是将化学致癌物制成溶液或悬浮物，经皮下、肌肉、静脉或体腔等途径注入体内而诱发肿瘤。

4）气管灌注法：常用于诱发肺癌。将颗粒性致癌物制成悬浮液直接注入或用导液管注入动物气管内。多使用金黄仓鼠和大鼠为实验动物。

5）穿线法：是将一定量的致癌物放置于无菌试管内，加热使致癌物升华，吸附于预先制好的线结上，将含有致癌物的线结穿入靶器官或靶组织而诱发肿瘤。

6）埋藏法：将致癌物包埋于皮下或其他组织内，或将致癌物作用过的器官、组织移植于同种或同种系动物皮下进行肿瘤的诱发实验。

## 三、常用的诱发性动物模型

（一）诱发性肝癌动物模型

### 1. 模型简述

利用外源性化学致癌因素引起细胞遗传特性异常，形成肿瘤，常用口服致肝癌的物质有二乙基亚硝胺（DEN）、4-二甲基氨基偶氮苯（DBA）、2-乙酰氨基芴（2-AAF）、亚胺基偶氮甲苯、黄曲霉素和二甲胺。

### 2. 造模方法

1）二乙基亚硝胺（DEN）诱发大鼠肝癌：取体重 250g 左右的封闭群大鼠，雌雄不限，给予 0.25%DEN 水溶液 0.25～1ml 灌胃或稀释 10 倍，放在饮水瓶中供自由饮用，剂量为 2～10ml/(kg·d) 喂养半年左右。

2）4-二甲基氨基偶氮苯（DBA）诱发大鼠肝癌：用含 0.06%DBA 的饲料喂养大鼠，饲料中维生素 B 不应超过 1.5～2.0mg/kg，连续喂养 4～6 个月。

3）2-乙酰氨基芴诱发大鼠肝癌：成年大鼠喂含 0.03% 2-AAF 的标准饲料，每日每只平均 2～3mg 2-AAF，连续 3～4 个月。

4）亚胺基偶氮甲苯（OAAT）诱发小鼠肝癌：用含 1%OAAT 溶液（0.1ml 含 1mg）涂在动物的两肩胛间皮肤上，隔日 1 次，每次 2～3 滴，一般涂 100 次。

5）黄曲霉素诱发大鼠肝癌：1 个月用 0.001～0.015ppm，混入饲料中喂 6 个月。

6）二甲胺诱发肝癌模型：将二甲胺用食用菜油配制成 3%的溶液，按每 98g 精白碎米加 2ml 3% 二甲基胺溶液的比例配制饲料（相当于每克碎米含 0.06mg 二甲胺），喂养雄性大白鼠（体重 150～200g）4～6 周，停药 1 周（以精白碎米代替），后改用基础饲料加 0.12%二甲胺继续喂养 12～13 周。

7）黄曲霉素 B1 诱发麻鸭肝癌模型：采用半月龄雏鸭，自由进食肝癌高发区启东霉玉米配饲料（内含黄曲霉素 B1），同时饮肝癌高发区浅井水，直至动物自然死亡，可诱发麻鸭肝癌。

（二）诱发性胃癌动物模型

### 1. 模型简述

化学致癌物质诱发的胃癌适用于胃癌的病因学、病理过程、生物学行为、肿瘤免疫及抗肿瘤药物。化学致癌物质亚硝胺类有强烈的致癌作用，还能使组织产生氧化氮而加重细胞恶性转化。多环芳烃类是强烈的直接致癌剂，其不依赖于酶的代谢作用，直接作用于胃肠道黏膜，尤其口服对胃有较高的致癌特性。甲基苯基亚硝胺（NBNA）、二氢黄樟素（dihydrosafrole）、甲基亚硝基醋酸尿素、肌氨酸乙酯和亚硝酸钠等化学致癌剂也常用来诱发动物胃癌模型。

### 2. 造模方法

1）甲基硝基亚硝基胍（MNNG）诱发大鼠胃腺癌：纯系 Wistar 雄性大鼠，体重 100g 左右，自由饮水中加入 0.01%的 MNNG（100μg/ml），隔日 1 次。

2）MNNG 诱发小鼠胃腺癌：昆明小鼠，体重 18～22g，以 50μg/ml MNNG 溶液灌喂小鼠，3 次/周，0.4ml/次，12 个月后增至 0.6ml/次。

3）甲基胆蒽（MC）诱发大鼠和小鼠胃腺癌

A. 大鼠胃癌诱发方法，Wistar 大鼠，体重 120～200g，无菌条件下打开腹腔，在腺胃前壁做 2～3mm 的切口，缝针自切口进入胃腔，然后从幽门小弯侧黏膜向肌层和浆膜穿出并打结固定，术后禁食半天。

B. 小鼠胃癌诱发方法：小鼠体重 20g 左右，用细线打结后，使 MC 加温液化并渗入线结中；腺胃黏膜面穿挂含 MC 的线结，MC 的浓度为 0.05～0.1g 的 2-甲基胆蒽内浸入 10～20 根线，埋线后 4～8 个月可成功地诱发胃癌。

（三）诱发性肺癌动物模型

**1. 模型简述**　在实验动物身上诱发肺癌，要比诱发其他肿瘤困难得多，因为经呼吸道给的药物易被气管或支气管上皮的纤毛运动排出，诱癌成功率低。呼吸道给药的方法常诱发多种肺外肿瘤而肺肿瘤的诱发率低。

**2. 造模方法**

1）二乙基亚硝胺（DEN）诱发小鼠肺癌：小鼠每周皮下注射 1%DEN 水溶液 1 次，每次剂量为 56mg/kg，总剂量为 868mg，观察时间为 100 天左右。此模型诱发率约为 40%。若将 DEN 总剂量增到 1176mg 时，半年诱发率可达 90%以上。

2）乌拉坦诱发肺腺癌：A 系小鼠，1.0～1.5 月龄，每次每只腹腔注入 10%乌拉坦生理盐水 0.1～0.3ml，间隔 3～5 天再注入，共注入 2～3 个月，每只小鼠用量约为 100mg。

3）气管内灌注致癌物诱发肺癌模型：向气管内注入苯并芘、硫酸铵气溶胶或甲基胆蒽等物质。常用的有：①猴气管内灌注 3,4-苯并芘与氧化铁的混合液，每周 1 次，共 10 次，可诱发肺鳞状细胞癌。②大鼠吸入硫酸铵气溶剂可诱发肺腺癌。

（四）诱发性食管癌动物模型

**1. 模型简述**　亚硝胺在体内经过代谢，产生重碳烷，使核酸或其他分子发生烷化而致癌，不对称亚硝胺口服或胃肠外给药，均能诱发大鼠食管癌。可用于食管癌的组织发生机制研究、抗食管癌药物的筛选和食管癌发生过程中机体反应性的研究。

**2. 造模方法**

1）甲基苄基亚硝胺（MBNA）诱发食管癌模型：取 1 月龄体重 100g 以上 Wistar 大鼠，将 1% MBNA 溶液加在少量的粉末状饲料中，搅拌均匀，由动物自由摄取，给药量每天 0.75～1.5mg/kg。

2）二烃黄樟素诱发大鼠食管癌模型：在大鼠饲料中加入 2500～10 000ppm（1 ppm=0.001mg/L）黄樟素喂养大鼠诱发率达 20%～75%。

（五）诱发性大肠癌动物模型

**1. 模型简述**　动物大肠癌的自发率很低，目前常用致癌物以二甲肼（DMN）较佳，具有致癌性强和器官选择性高的特点，是一类既可口服又可注射的间接致癌剂。

**2. 造模方法**

1）DMN 诱发大肠癌模型：选取 4 月龄雄性 Wistar 大鼠，将 DMN 先配成浓度为 100ml 中含 400mg 的溶液，加入 EDFA（乙二胺四乙酸）27mg，用 0.1mol/L NaOH 将 pH 调整至 6.5，用此浓度注射大鼠，每次 21mg/kg，每周 1 次，连续 21 周。

2）甲基硝基亚硝基胍（MNNG）诱发大鼠大肠癌模型：选用 6 周龄 Wistar 大鼠，用 33%乙醇配成 0.67% MNNG 乙醇溶液，用磨平的腰椎穿刺针头由肛门插入直肠 7～8cm 深，每次注入 0.67% 致癌液 0.3ml，每周 2 次，共 25 次。

（六）诱发性鼻咽癌动物模型

**1. 模型简述**　鼻咽癌的发病率较高，其发病原因不明，与遗传、病毒及环境等因素有关。

**2. 造模方法**

1）二甲基胆蒽（DMC）插管法：选体重 120g 左右大鼠，雌雄均可，取直径 2～3mm 的硬质塑料管在酒精灯上小火拉成锥形，每段长约 3.5cm，管内填以结晶体 DMC，小管一端用火封闭，以防药物外溢，尖端用针刺数孔，使 DMC 能从小孔溢出，将含有 DMC 的塑料小管插入鼻腔，待半年以后动物自行死亡。

2）二乙基亚硝胺（DEN）滴鼻法诱发鼻咽癌：取 120g 左右大鼠，雌雄均可，异氟烷麻醉后，用磨平针尖的 8 号针头，从前鼻孔轻轻插入，针尖可达鼻咽腔，以注射器灌注，用 1% 吐温-80 配制 33.3% DEN 悬液 0.02ml（含 DEN 6.7mg），每周 1 次，共 15～20 次。

（七）诱发性宫颈癌动物模型

**1. 模型简述**　宫颈癌的发生是一系列组织病理学变化的结果，表现为发育异常，原位癌直到浸润癌，给小鼠宫颈内投用一系列化学、生物或病毒性致癌剂可诱导出与人相似的变化。

**2. 造模方法**　取雌性小鼠，以附有 0.1MC 的棉纱线结在动物不麻醉状态下，借助于阴道扩张器及磨钝的弯针，将线穿入宫颈，经右宫角由背部穿出，使线结固定于宫颈口，线的另一端则固定于背部肌肉，缝合皮肤。挂线以后，同时开始连续注射青霉素 2～3 天，以防术后感染。

（八）诱发性膀胱癌动物模型

**1. 模型简述**　膀胱癌的病变通常为多发的，开始在基底膜，逐渐向各部组织浸润，从轻度增生到浸润癌。使用 N-甲酰胺（FANFT）诱发的膀胱癌，最终发展成为多处转移。

**2. 造模方法**

选用 250g 左右的 F344 雄鼠，用含 0.2% 剂量的 FANFT 饲料喂养，大鼠就可发生膀胱癌，如果终身服用 FANFT 或服用 25～36 周，随机控制饮食，大鼠在 20 月龄之前死于膀胱癌。

（九）诱发性皮肤癌动物模型

**1. 模型简述**　实验性皮肤癌的复制影响因素很多，如动物的种类、致癌物及溶媒、致癌物的浓度、涂抹频率及时间长短、皮肤所暴露的范围、致癌物质施于皮肤的方法，都会影响实验结果。常用诱发皮肤癌的致癌物是甲基胆蒽等强致癌物，虽然实验间期较长，但成功率较高。

**2. 造模方法**　取 24～30g 的小鼠，雌雄不限，用硫化钠溶液在背部脱毛，于脱毛部位涂抹 0.5% 甲基胆蒽麻油溶液，每周 3 次，每次 2 滴，滴后用小毛刷涂匀。适时取瘤组织作病理检查，并摄影。处死后取肿瘤及各脏器镜检。

（十）人肝癌、胰腺癌的原位移植动物模型

**1. 模型简述**　人肝癌、胰腺癌不仅可在裸鼠肝内、胰腺内生长成瘤，而且其侵袭和移植较皮下移植模型可更客观地模拟人肝癌和胰腺癌的侵袭与移植规律。

**2. 造模方法**　选取 3～5 周龄，体重 18～20g 的裸鼠，雌雄兼用，将新鲜标本保持无菌，离体置于 RPMI-1640 培养液中，切成宽 2～3mm 的小块，用硫喷妥钠麻醉裸鼠，按 30mg/kg（0.3～0.4ml）行腹腔注射。取左侧卧位，常规消毒皮肤，在右肋缘下行长 1cm 斜切口，打开腹腔，暴露肝脏或胰腺，将人癌组织块植入，缝合止血，消毒。当原位移植瘤长到 1～2cm$^3$ 时（3～5 周），无菌取出肿瘤，以同样的方法在裸鼠体内传代移植。

# 第五节　比较肿瘤研究中的移植性动物模型

## 一、移植性肿瘤的基本特点

移植性肿瘤（transplantation tumor）在肿瘤研究中占有重要地位。肿瘤化疗所应用的大多数抗肿瘤药物，都是经过移植性肿瘤动物的试验而被发现的。

（一）移植性肿瘤的基本条件

所谓移植性肿瘤，就是当一个动物的肿瘤被移植到另一个或另一种动物身上，经过传代后，组织类型与生长特性已趋稳定，并能在同系或同种受体动物中继续传代，即成为一个可移植的瘤株。一般经过 20 代连续接种，可达到稳定。

1）能够准确地重现所需研究的肿瘤。

2）可供众多的研究使用，易于移植成功，而且生长速度适宜，便于广泛应用。

3）有足够的肿瘤体积可供多种研究需要。

4）操作技术适合于多数研究。

5）适合绝大多数实验室饲养和使用。

6）荷瘤动物应有足够的存活时间，可供研究连续观察。

现在国内外常用的移植性肿瘤，基本上都满足上述基本条件。移植性肿瘤可分为同种移植和异种移植两大类。

（二）移植性肿瘤的来源

肿瘤的动物模型有两大类型，即自发性动物肿瘤和诱发性动物肿瘤。移植性肿瘤的来源有诱发性肿瘤和自发性肿瘤。

**1. 以诱发性动物肿瘤为来源建立的移植性肿瘤**

（1）用化学致癌物诱发的肿瘤建立的瘤株　是常用并易于成功的方法。化学致癌物诱发的肿瘤可分为原位诱发和异位诱发两种类型。原位诱发是将多环芳烃类等化学致癌物接触诱癌的部位或器官，或将具有器官亲和性的致癌物诱发出预定部位或器官的肿瘤后，再将此原发瘤移植于同系同种动物，并经连续移植和传代而建立瘤株。异位诱发是将与致癌物作用过的器官或组织移植于自体或同系或同种的正常动物皮下，诱发出所需要的肿瘤。异位诱发瘤的优点是，瘤体位于皮下，便于观察肿瘤的生长情况。关键在于一次给予足够量的致癌物，而所用的被移植组织应能长期保留且不被动物机体吸收或排出，但要防止因为致癌物外溢而引起移植部位以外的其他肿瘤。

诱发肿瘤生长旺盛时，宜以小块法取出新生瘤组织，移植于同种同系动物或裸鼠皮下，进行移植传代。受体动物有时需酌情加一些降低机体免疫力的措施，以使肿瘤在受体动物体内易成熟，并保证传代成功。

（2）用物理因素诱发的肿瘤建立的瘤株　$^{60}$Co-γ 线照射 LACA 雄性小鼠后诱发出粒细胞白血病，然后取其脾悬液注入同系小鼠尾静脉后所建立的瘤株，移植成功率达 99.5%。此外，其他物理因素诱发的肿瘤，如紫外线诱发的皮肤癌、玻片皮下包埋后诱发的纤维肉瘤等，均可建立成移植性肿瘤。但是，目前国内外这种来源的移植性肿瘤尚不多。

**2. 以动物的自发性肿瘤为来源建立的移植性肿瘤**

这类移植性肿瘤在国内外所建立的移植性肿瘤中占有相当数量，包括实体瘤、腹水瘤及白血病瘤株。根据实验需要将不同部位和器官的自发性肿瘤移植于同种或同系动物。如果将人类肿瘤移植于免疫缺陷动物，经连续移植传代后可获得所需的移植性肿瘤。小鼠的实体瘤和白血病，是移植性肿瘤的重要来源。此外，兔的乳头状瘤、鸡的肉瘤和白血病、鸭的肝癌等都可以用于建立动物的移植性肿瘤。

**3. 腹水瘤**

腹水瘤是移植性肿瘤中人工建立的一种特殊类型的肿瘤，也是肿瘤实验研究中常用的一种肿瘤模型。

将动物移植性实体瘤细胞注入同种受体动物腹腔内，或将实体瘤移植于受体动物腹壁内或其他部位，待肿瘤生长后，引起腹水，腹水内含有大量的肿瘤细胞。将这种带瘤的腹水给同种同系动物移植传代后，即可成为腹水瘤。

一般腹水瘤接种后第 5 天，核分裂象达到高峰，偶见有三极或四极分裂象。腹水瘤初建时，腹水常呈血性，即含大量的血红细胞、少量肿瘤细胞；经多次传代后，肿瘤细胞逐渐增多，而血红细胞逐渐减少，直到腹水渐渐变成乳白色时，再经传代稳定后，即移植性腹水瘤。扫描电镜观察发现，各种腹水瘤的表面形态结构不同，有的以泡状突起为主，有的以皱褶状结构为主，有的则以微绒毛为主。肿瘤细胞的各个周期的表面结构也有显著差异。

（三）移植性肿瘤的优缺点

移植性肿瘤的优点是接种一定数量的肿瘤细胞或无细胞滤液（病毒性肿瘤）后，可以使一群动物带有同样的肿瘤，生长速率比较一致，个体差异较小，接种成活率可达近 100%；对宿主的影响（包括生存时间、机体反应等）也类似，易于客观地判断疗效，而且可在同种或同系动物中连续移植，长期保留，供连续或重复试验研究之用；试验周期一般均比较短。

移植性肿瘤的缺点是肿瘤生长速度快，增殖比率高，体积倍增时间短，与人体肿瘤显著不同。

目前世界上保存的移植性肿瘤多数为小鼠肿瘤，其次是大鼠和仓鼠的移植性肿瘤。在众多的移植性肿瘤中，小鼠的 Lewis 肺癌、B16 黑色素瘤和白血病 P388 是目前最受重视和应用最广的，尤其是在抗肿瘤药物（包括新药筛选、药理作用等）的实验研究中。

## 二、移植性肿瘤实验方法

这是抗肿瘤药物筛选最常用的动物模型复制方法。这种模型虽有局限性，不能反映出人体肿瘤的许多特点，但是由于实验操作简单，便于大量筛选寻找抗肿瘤药物。

（一）动物选择和接种常规

**1. 动物选择**

根据瘤源需要，用纯种或杂种动物。一般用杂种动物，但有的瘤源必须用纯种动物才能接种成功。

**2. 接种常规**

1）在严格消毒的接种罩或无菌室内。

2）根据各种肿瘤的特点，选择发育良好的肿瘤生长旺盛的瘤源动物。各种瘤源选择时间、接种量和接种方法可参考表 11-7。

（二）移植部位、接种细胞、宿主免疫选择

**1. 肿瘤移植部位**

1）皮下接种操作简单，肿瘤表浅，便于观察，潜伏期短，肿瘤生长速度也较快，是进行初步移植瘤接种的较好途径，但这种移植部位，肿瘤浸润和转移发生少，与人体实际有一定差距。

2）腹腔移植位置深，不易观察和测定，但操作简单，可出现一定比例的转移浸润和腹水，在缺乏技术条件的情况下，作为对肿瘤形成学、超微结构及转移等肿瘤恶性表现的研究，可能较皮下移植要好。

**表 11-7　常用动物肿瘤接种方法**

| 肿瘤及类别 | 代号 | 一般取用肿瘤时间（天） | 接种量（ml） | 接种方法 | 备注 |
|---|---|---|---|---|---|
| 小鼠艾氏腹水癌 | ECA | 6～9 | 0.2 | 腹腔 | 细胞数≥1000 万/ml |
| 小鼠腹水癌 | K2 | 6～9 | 0.2 | 腹腔 | 同上 |
| 小鼠肉瘤 S180 | S-180 | 10～14 | 0.2（1∶3） | 皮下 | 同上 |
| 小鼠肉瘤 37 | S-37 | 10～14 | 0.2（1∶3） | 皮下 | 同上 |
| 小鼠肉瘤 Luol | Luol | 10～14 | 0.2（1∶3） | 肌内、皮下 | 同上 |
| 小鼠肉瘤 AK | S-AK | 10～14 | 0.2（1∶3） | 皮下 | 同上 |
| 小鼠肝癌 | | 10～14 | 0.2（1∶3） | 皮下 | 同上 |
| 小鼠白血病 | L615 | 6～7 | 0.1～0.2 | 皮下 | 同上 |
| 大鼠吉田腹水肉瘤 | YAS | 6～7 | 0.1～0.2 | 腹腔 | 细胞数≥500 万/ml |
| 大鼠 Walker 肉瘤 256 | W256 | 7～9 | 0.2（1∶3） | 皮下 | 同上 |

注：①L615 需用中国医学科学院输血及血液学研究所培养成功的 615 纯种小鼠；②1∶3 即为 1g 肿瘤组织加 3ml 生理盐水。

　　3）原位移植：将人类肿瘤移植于肿瘤动物相应器官，国外已原位移植成功人的前列腺癌、肾细胞癌、结肠癌、胃癌和膀胱癌，并成功建立了相应的肿瘤转移模型。国内复旦大学上海医学院肝癌研究所孙宪采用原位移植的方法，从 30 例人肝癌标本中筛选出一株裸鼠人肝癌高转移模型 LCL-D20，其自发转移率达 100%，同时具有淋巴道与血道转移的特点，转移模式类似肝癌。

　　**2. 接种细胞的状态**

　　人恶性肿瘤细胞裸鼠转移模型的来源有两种：直接来自原发瘤组织和培养传代的细胞。前者移植成功率为 20.5%，后者为 65.7%，但都有适应新环境及能否移植成功的问题。目前比较肯定的是前者，杨善民采用人胃低分化黏液腺癌系 MGC80-3 在皮下接种形成瘤块，然后将移植瘤切成 1mm×2mm×2mm 小块，植入鼠脾脏建立了胃癌肝转移模型。

　　**3. 宿主的免疫状况**

　　进入血液及淋巴循环的肿瘤细胞，仅有少数得以存活而建立起转移癌，其制约因素主要来自机体免疫细胞，北京大学医学部病理学教研室郑杰等报道尸体解剖的脾脏来源的 LAK 细胞可有效地控制患者自身卵巢胚胎性癌在裸鼠体内成瘤，为了提高裸鼠体内人类肿瘤移植瘤的转移性，在改变宿主状态上做了大量工作，应用裸小鼠（6～8 周）为好，或附加射线照射和各种免疫抑制剂，还有采用无菌 GF 和 SPF 条件饲养动物（减少抗原刺激）都起到了一定作用。瑞士的 Sordat 和 Bogenmanm 建立的高转移人腺癌系 Col 15 在屏障系统下淋巴结转移为 18/23，肺转移为 29/30，但在普通饲养条件下，淋巴结转移则降为 4/24，肺转移降为 3/24。

　　（三）几种常用接种方法

　　**1. 腹水瘤接种方法**

　　抽取接种后第 5～6 天的腹水 0.1～0.2ml，即从下腹部注入，接种于腹腔，针头穿过皮肤后，将针往前推进少许，再穿过腹壁。

　　**2. 实体瘤的传代接种方法**

　　1）悬液接种法：在无菌操作下选择瘤体外围的瘤组织，剪成小块，放入研磨器中研制成 1∶10 的瘤细胞生理盐水悬液。用注射器吸取 0.1～0.2ml 注入实验动物的腋窝中部外侧皮下。每次传代用 3～5 只动物。

　　2）小块接种法：从瘤源选出外围生长良好的瘤组织，剪成宽 0.2～0.3mm 的小块备用。按常规消毒后剪开接种动物皮肤，分离皮下组织，使形成一个三角形"皮袋"。将3～5块瘤组织用镊子置入"皮袋"底部。部位以腋窝或腹股沟部为好。

3) 瘤组织匀浆接种法：将选好的瘤组织，用组织研磨器磨成匀浆（不加生理盐水），用较粗大的针头吸取作皮下或肌内注射。

## 三、常用实验动物移植性瘤株来源及生长特性

世界上现存的动物移植性肿瘤有400余种，肿瘤移植一般分为同系或同种与异种移植两大类，自体式同系动物肿瘤移植不产生排斥现象，移植瘤株（transplantation tumor strains）的稳定性至关重要，为了达到可靠的稳定性，通常需连续传代15代以上，其侵袭和转移的生物学特征及对化疗药物的敏感程度均不确定。

### （一）国内建立的可移植动物瘤株来源与生长特性

**1. 可移植性小鼠白血病（L615）**

小鼠白血病L615是一株网织细胞型白血病，是中国医学科学院输血及血液学研究所利用小鼠网织细胞肉瘤LⅡ经过培育而建立的。培育的经过：首先把LⅡ的瘤组织匀浆接种于昆明种小鼠腹腔获得腹水型网织细胞肉瘤（Ars），将瘤细胞制成无细胞生理盐水提取液，接种于新生的昆明种小鼠，获得一株用病毒诱发的粒细胞型白血病（定名为"津638"）。1966年将这株白血病鼠的脾脏无细胞生理盐水提取液接种于该所动物室培育的纯系小鼠615新生鼠，获得一株可以在纯系615成年小鼠中传代的白血病株，因此命名为L615，脾脏用生理盐水稀释成每0.1ml $4 \times 10^6$个瘤细胞的悬液，每鼠接种0.1ml于皮下，可获100%的生长。宿主平均寿命为7天，接种后可在局部形成弥漫的浸润而不形成瘤结。本瘤株的传代需用615系小鼠。

**2. 神经胶质细胞瘤（G422）**

这是一株低分化的星形细胞瘤，是1964年北京市神经外科研究所用化学致癌物甲基胆蒽小丸埋入昆明种小白鼠脑内诱发出来的肿瘤。经过几年培育，至今已传到170代。用瘤组织块或其匀浆接种于皮下、肌肉或脑内，均可获100%的生长，没有自发的消退现象。皮下接种的潜伏期为7～10天，宿主寿命平均为25～30天。脑内接种生长较慢，由于瘤浸润范围与颅内压增高的程度不同，宿主的生存期差异较大。瘤细胞呈多角形，胞质少而红染。胞核相对较大，核膜清楚。瘤细胞无特殊的排列。瘤间质无网织纤维、胶原纤维或胶质纤维。

**3. 小鼠梭形细胞肉瘤（SP）**

1953年中央卫生研究院病理室用甲基胆蒽结晶埋于昆明种小鼠皮下而建立瘤株。皮下接种潜伏期为4～7天，成活率为100%。带瘤宿主的脾脏肿大，呈类白血病样反应，骨髓与脾脏中见骨髓细胞增生，外周血白细胞可增至（2～3）$\times 10^4/mm^3$，宿主寿命平均为60天。1957年在流行病学研究所建立了腹水型（腹水肉瘤）。瘤组织由梭形细胞结成束状，互相编织，细胞间有少量胶原纤维，称为梭形细胞肉瘤（即分化不良的纤维肉瘤）。

**4. 小鼠网织细胞肉瘤（LⅡ）**

小鼠网织细胞肉瘤是由实验医学研究所用小鼠自发淋巴细胞白血病的脾脏接种于昆明种小鼠而获得的一株网织细胞肉瘤。皮下悬液接种潜伏期平均为6～10天，小块接种则为5～7天，成活率均为100%。接种不限鼠种，无自动消退现象，宿主平均寿命为30～40天。由带瘤动物的脾脏接种，又获得一株网织细胞肉瘤称为"LⅡ-脾"。皮下瘤结节生长比较均匀，对药物敏感性高。

**5. 小鼠网织细胞肉瘤 LⅡ-脾（LⅡ-脾）**

小鼠网织细胞肉瘤LⅡ-脾是1959年用小鼠网织细胞肉瘤LⅡ的第四代及第五代宿主的脾脏接种于昆明种小鼠皮下而建立的另一株网织细胞肉瘤。其生长特性、组织结构与LⅡ相同。

**6. LⅡ-脾腹水型**

通过LⅡ-脾瘤组织匀浆腹腔内注射，建立了LⅡ-脾腹水型。

### 7. 小鼠子宫颈鳞状细胞癌（U27）

1958 年由实验医学研究所病理学系肿瘤 II 组用 2-甲基胆蒽薰线塞入 C-1 系幼鼠子宫颈，再将宫颈（连线）接种于成年鼠腋窝下，而诱发出异位性子宫颈鳞状细胞癌。本瘤以小块接种为宜。潜伏期为 4～7 天，生长比较慢，接种存活率平均为 82.4%，消退率平均为 20.6%。宿主寿命最短为 89 天，可活至 215 天，平均寿命为 112 天。随着传代的增加，癌细胞分化程度有恶性度增加的倾向。

### 8. 小鼠子宫颈癌第 14 号（U14）

小鼠子宫颈癌第 14 号为小鼠的癌肉瘤，是 1958 年实验医学研究所病理学系肿瘤 II 组用甲基胆蒽薰线结穿过幼鼠宫颈后移植于成年小鼠腹部皮下而诱发的一个异位性子宫颈癌肉瘤。用悬液接种经过 8 天的潜伏期，可获得 100%的生长，偶见自动消退情况。初期瘤的结构类似癌肉瘤，到第 80 代转变为未分化鳞状细胞癌，生长较一般肉瘤慢。

### 9. 小鼠脑瘤（B22）

小鼠脑瘤是小鼠的未分化神经胶质瘤（神经胶质母细胞瘤），是 1957 年病理室用甲基胆蒽溶于胆固醇，制成小丸埋于小鼠大脑中所诱发的肿瘤。皮下接种潜伏期为 5～7 天，可获 100%的生长。宿主寿命为 14～28 天。

### 10. 小鼠乳腺癌

黄华漳等于 1973 年采用 TA2 系小鼠自发乳癌，接种同系雌性小鼠皮下，建立移植瘤成功。孙文义等亦建立了 TA2 系小鼠自发 B 型乳腺癌瘤株 MA-737，该移植瘤具有肺转移和侵袭腹腔的特性。此后又相继在 615 系小鼠自发 B 型乳腺癌建立瘤株（如郑升等建立的 Ca615，张鸿翔等建立的 MC-615，刘金友等建立的 Ca759 和 Ca763，刘世叶等建立的 Ma-782/5S，张众等建立的 B0 和 B9）。中国医学科学院建立了 MAC887 和 MAC-891，还建立了为数不多的小鼠自发性乳腺癌可移植性瘤株（如钱振超等建立的 Ca761 及中国医学科学院建立的 MAC-8712 等）。魏泓等于 1989 年用 BALB/c 雌性小鼠自发乳腺梭形细胞癌，建立了可移植性乳腺梭形细胞癌株 SCC-891，生物学特性稳定，不出现肿瘤自然消退现象；对抗癌药物的敏感性广泛。沈德钧等于 1990 年用 12 个月龄 NIH 雌性小鼠自发 B 型乳腺癌在同系小鼠皮下移植，传代建立了 ZMB-902 瘤株。

### 11. 小鼠肺腺癌

吴德全等于 1976 年用 8 月龄雄性 615 系小鼠自发肺乳头状腺癌组织采取埋块法在同系成年小鼠皮下移植及传代，建立 P615 瘤株，该瘤株可在 CFW×615 系小鼠皮下移植，成功率达 100%，腹腔内移植成功率达 100%。钱振超等于 1978 年也建立了 615 近交系小鼠肺腺癌瘤株 HP615，马克韶等采用 615 系雄性小鼠与昆明种雌性小鼠培养出的 T739 近交系小鼠自发乳头型肺腺癌建立移植瘤株 LA-795，具有高侵袭性转移率。

### 12. 小鼠肝癌

小鼠肝癌瘤株的建立可采用动物自发瘤或化学诱发瘤。钱振超等用 10 月龄第 51 代经产雌 615 系小鼠自发性肝细胞癌，在同系小鼠建立了 H615 瘤株。舒家模等用二乙基亚硝胺（DENA）饲喂 Wistar 大鼠诱发肝细胞癌，移植到经免疫抑制 Wistar 幼大鼠腹腔内并传代；亦可皮下或肝内移植，建株各代宿主血清甲胎蛋白（α-fetoprotein，AFP）均阳性。

### 13. 小鼠食管癌

国内建立的小鼠可移植性食管癌瘤株较少，主要是丁瑞等建立于 1973 年的 SGA-73 食管鳞状细胞瘤株。该瘤株是由甲基胆蒽异位诱发津白 1 系小鼠食管鳞癌在同系小鼠皮下移植、传代而建立的。

### 14. 小鼠胃肿瘤

20 世纪 70 年代国内先后建立了几个胃肿瘤瘤株。林柄水等用甲基亚硝基脲灌胃法诱发津白系小鼠前胃鳞状细胞癌，在同系小鼠皮下移植、传代，建立 GS-741 瘤株。李宝贵等利用甲基苯基亚硝胺灌喂 615 系小鼠腺胃鳞癌，同系小鼠皮下移植后传代，建立 FC 瘤株。林柄水等又用甲基胆蒽原位挂线法在津白 2 系小鼠诱发胃纤维肉瘤并建株 S-784。上述瘤株均传数十至 100 多代，生物学特性稳定；FC 瘤株还具有侵袭肌组织的能力和很高的肺转移率（86%～90%）。

### 15. 小鼠脑胶质母细胞瘤

早在 1957 年中央卫生研究院病理室就采用 20-甲基胆蒽溶于胆固醇中，埋置于 KM 小鼠大脑皮质诱发的未分化神经胶质瘤（即胶质母细胞瘤）在不同系小鼠皮下移植及传代建立的瘤株，移植成功率为 100%，已传数百代；平均生存时间为 2～4 周。

### 16. 小鼠卵巢颗粒细胞瘤

小鼠卵巢颗粒细胞瘤由李铭新于 1951 年建立。该作者采用卵巢移植 A 种阉割雄性小鼠脾脏后231 天诱发卵巢颗粒细胞瘤，移植于 A 种或 A 种与北京小白鼠杂交第一代小鼠皮下并传代，具有肝和肾上腺转移的特性。

### 17. 小鼠、大鼠肉瘤

从 20 世纪 50 年代至今，国内已建立至少 5 株肉瘤瘤株。杨简等采用 20-甲基胆蒽结晶球在 KM 小鼠皮下埋藏诱发出典型梭形细胞肉瘤，在同系小鼠皮下移植并传代，建立 SP 瘤株，已传数百代，移植成功率为 100%，又以此建立 SP 腹水瘤株，传至 246 代失传。刘家勇等于 1978 年采用 TA1 系小鼠自发性纤维肉瘤同系雄小鼠皮下移植并传代，建立小鼠可移植性纤维肉瘤瘤株，移植成功率为 100%。李殿俊等用 3,4-苯并芘诱发的 WKA 大鼠皮下纤维肉瘤移植于经免疫抑制的同系大鼠皮下，建立 WBT-2 大鼠可移植性纤维肉瘤瘤株。移植成功率达 100%（包括肌肉、腹腔移植），无自然消退现象。以此瘤株经 WKA 大鼠静脉接种、多次连续移植，又建立了可移植性肺转移肉瘤瘤株 WBT-2M，其肺转移率可达 100%。1981 年国内又建立 615 系小鼠纤维肉瘤瘤株 FSC，是由甲基胆蒽碘油皮下注射诱发的纤维肉瘤经移植传代而建立。滑膜肉瘤是动物的一种少见肿瘤，钱振超等利用 615 系小鼠自发性滑膜肉瘤在同系小鼠皮下移植和传代，建立 ZM755 瘤株。

除大鼠和小鼠外的其他动物可移植性肉瘤报道很少。章魁华等于 1982 年应用二甲基苯并蒽丙酮液在叙利亚金黄地鼠采取涂抹颊囊黏膜的方法诱发颊肉瘤（组织起源不明），并在同种封闭群小鼠颊黏膜下、皮下或腹腔内移植或传代，成功率均为 100%。移植后具有侵袭周围组织的能力和肺及淋巴结转移性（转移率分别为 9% 和 12%）。

小鼠的恶性纤维组织细胞瘤（malignant fibrous histiocytoma）瘤株也已建立。程南俊等用 20-甲基胆蒽诱发 615 系小鼠皮下恶性纤维组织细胞瘤，在同系小鼠皮下移植及传代，建立 MFH-615 瘤株。移植成功率约为 90%。

### 18. 小鼠淋巴造血系肿瘤

国内已建立的动物淋巴造血系肿瘤（主要包括恶性淋巴瘤和白血病）可移植瘤株均建立于小鼠，其中恶性淋巴瘤瘤株有杨简等建立的 L1 及其腹水瘤、钱振超等建立的 L797 及其腹水瘤、孙慧等建立的 L-TA2 等，白血病瘤株有陈妙兰等建立的 LⅡ、李敏民建立的 L615、程方等建立的 L6565 和 L783、褚建新等建立的 LT212T 和 L8710、钱振超等建立的 L759 和 L771、孙议等建立的 L7810 和 L7661 及其腹水瘤、陈代雄等建立的 L7710、赵乃坤等建立的 L801、姜小玲等建立的 L827、T638VL 等。

### 19. 小鼠白血病 L615

小鼠白血病 L615 是一株网织细胞型白血病。1966 年由中国科学院输血及血液学研究所将一株用病毒诱发的粒细胞白血病（定名为"津 638"）的病鼠脾脏细胞生理盐水提取液接种于该所培育的纯系小鼠 615 新生鼠，而获得可在成年 615 小鼠中传代的白血病株。

### 20. 小鼠白血病 L1210

小鼠白血病 L1210 是 1948 年用甲基胆蒽诱发 DBA/2 小鼠而得，是一株保持在小鼠（BDF1 和 CDF1）上的淋巴细胞白血病。

### 21. 小鼠淋巴细胞白血病 P388

小鼠淋巴细胞白血病 P388 是 1955 年用甲基胆蒽涂抹在 DBA/2 小鼠皮肤诱发而成。传代用 DBA/2 小鼠或 BDF1 小鼠或 CDF1 小鼠。

（二）国际常用的可移植性动物瘤株

1956 年以后，从国外相继传入了国际常用的瘤株。现将中国医学科学院分院肿瘤研究室保存的国际常用的 11 种瘤株资料建立经过和生长特性，作一简要的介绍。

### 1. 大鼠格氏癌

大鼠格氏癌（Gu）系于 1934 年在法国癌瘤研究所建立，来源于自发的子宫癌，属于伴有腺分化倾向的低分化上皮癌。常见淋巴结与内脏的转移。平均寿命 31～41 天。

### 2. 吉田肉瘤

吉田肉瘤（Y，Yoshida sarcoma）系大鼠的腹水肉瘤，1943 年日本长崎医学科学院吉田富三在诱发肿瘤过程中建立。本瘤的特点是瘤细胞对药物较敏感。宿主寿命较短，宜用于急性实验。

### 3. 沃尔克氏癌肉瘤 256

沃尔克（Walker）氏癌肉瘤（W256），是 1928 年美国哥伦比亚大学 Walker 用一例受孕大鼠自发性乳腺癌接种而建立的。

### 4. 肉瘤 180

肉瘤 180（Sal80，sarcoma 180 Crocker）是一个多型细胞性肉瘤，是 1914 年美国纽约市克罗克（Crocker）实验室由一只雄性小鼠腋部自发的肿瘤（可能为乳腺癌）接种后建立的。

### 5. 恶性黑色素瘤小鼠

恶性黑色素瘤（Me，melanoma）系 1925 年英国伦敦盖伊（Guy）医院用自发于 C57 小鼠耳壳皮下的一个黑色素瘤传代而建立的。

### 6. 肉瘤 AK

肉瘤 AK（SAK）为小鼠的未分化肉瘤（多型细胞性肉瘤），系 1947 年苏联列宁格勒肿瘤研究所在小鼠皮下注射 9-甲基-3,4 苯氮蒽所诱发。

### 7. 肝癌

肝癌（H）属小鼠的肝细胞癌。系 1952 年苏联医学科学院莫斯科肿瘤研究所用邻位氨基偶氮甲苯涂抹 C3HA 小鼠的皮肤 100 次后所诱发出来的肝细胞癌。

### 8. 里奥一号

里奥一号（JIho-1）是小鼠的淋巴细胞白血病。1952 年建立于苏联列宁格勒肿瘤研究所，来源于 AFB 系小鼠自发淋巴细胞白血病。

### 9. 艾氏腹水癌

小鼠艾（Ehrlich）氏腹水癌（E）属未分化癌，系 1932 年将艾氏癌（自发性乳腺癌）的生理盐水悬液注入腹腔而建立。

### 10. 克雷布斯-2 号腹水癌

克雷布斯-2 号（Krebs-2）腹水癌是小鼠 Krebs-2 实体瘤的腹水型。系 1951 年瑞典卡罗林斯卡学院（Karolinska Institute）研究院的实验细胞学实验室所创立。

### 11. 肉瘤 37 号

肉瘤 37 号（S37）是一个未分化肉瘤，来源于小鼠自发性乳腺癌，是 1906 年英国皇家癌症研究基金会发现一只老年雌性小鼠胸部长出的乳腺癌，经传代而建立的。

## 第六节　比较肿瘤研究中的转移和侵袭动物模型

肿瘤转移模型（model of tumor metastasis）的分类目前尚不统一，多数人认为分两大类，即自发性转移模型和实验性转移模型，自发性转移模型又分为血道转移模型、淋巴转移模型、特异性器官转移模型及原发转移模型。

## 一、肿瘤转移模型筛选的方法

筛选肿瘤转移模型，通常把实验动物的体内实验与肿瘤细胞的体外培养实验结合起来，其基本手段和研究目的可概括为 3 方面。

1）在实验动物体内反复接种肿瘤细胞，并选出有不同转移能力的肿瘤细胞亚群，在体外实验中进一步明确其生物学特性，研究方法有 3 种类型。

A. 取临床肿瘤标本或已建株的细胞系，在裸鼠体内形成可以稳定传代的肿块，观察肿瘤在体内转移的状态，取出移植瘤反复筛选，直至形成高转移模型。

B. 根据裸鼠体内血流特点，形成血道转移模型，目前最流行的是肠肝循环，即将肿瘤细胞悬液在动物脾内注射，在肝脏内形成的转移癌细胞进行体外培养，再行脾内注射，如此反复循环数次以筛选出高转移瘤株。

C. 选择特殊接种部位，肾包膜是缺乏免疫监视的部位，同时血流丰富，有利于肿瘤转移侵袭的表达，将人食管癌细胞系 ECA 10g 移植于裸鼠肾包膜下，发现其侵袭组织移植成活率为 66.66%。

2）在体外培养条件下，选出可能与转移密切相关的具有某种生物学特性的肿瘤细胞亚群，例如，具有强侵袭能力，易黏附能力，以及具有各种抗宿主免疫防御特点的，或者缺乏这些功能的细胞亚群。在体外实验中所选择到的或显示或丧失这些特征的肿瘤细胞再经活体接种鉴定其转移的性质，如遇确有转移性改变的细胞，表明由此选得了不同转移能力的细胞株。根据实验选择途径，对具有各种不同性质的肿瘤细胞进行选择，为转移机制的研究提供线索。

3）利用克隆技术，建立肿瘤细胞株，选择克隆形成率高的肿瘤细胞株移植动物体内诱发转移灶，取转移灶肿瘤组织，再经体内筛选，呈高转移模型。部分肿瘤细胞转移模型见表 11-8。

**表 11-8　癌细胞转移模型系统分类表**

| 名称 | 移植部位 | 转移率（%） | | |
|---|---|---|---|---|
| | | 淋巴转移 | 肺转移 | 肝转移 |
| 1. 自发转移模型 | | | | |
| （1）小鼠子宫颈 27 号（U27） | 皮下 | 90.5 | 66.6 | — |
| | 肌肉 | 100 | 95.8 | |
| （2）小鼠子宫颈 14 号（U14） | 皮下 | 95 | 80 | |
| （3）小鼠肝癌（H22） | 爪垫皮下 | 100 | | |
| （4）小鼠前胃癌（FC） | 皮下 | — | 74~90 | |
| （5）裸鼠体内建立的人肺细胞癌瘤株（PG） | 皮下 | 96 | 86 | |
| （6）裸鼠体内建立的人肺腺癌瘤株（Anip） | 腹腔内 | 100 | 100 | |
| 2. 实验性转移模型建立 | | | | |
| （1）尾静脉内移植瘤细胞法 | 尾静脉 | 74 | 88 | — |
| （2）眼球后静脉丛移植瘤细胞法 | 眼球后静脉 | 65 | 60 | |
| （3）脾内移植瘤细胞法 | 脾内 | 27 | 18 | 73 |
| （4）其他有的直接淋巴管内移植或门静脉内移植等 | — | — | — | — |

注："—"为无数据。

## 二、实验性淋巴转移模型动物实验方法

（1）直接向淋巴管内接种癌细胞　这是最早开始应用的方法，多用家兔移植瘤 V2 和 Brown-Pearce 癌。将癌细胞制成悬液，在麻醉下暴露家兔腘淋巴结的输入淋巴管，用柏林蓝或亚甲

蓝注入淋巴管内，标记出淋巴管的部位，再将癌细胞悬液慢慢输入，以便观察癌细胞在淋巴结内停留寄宿及其生长发展，继而向第二个淋巴结转移的过程。还可选用大鼠睾丸淋巴管流向腰部及肾门淋巴结的途径进行癌细胞的移植。

（2）向动物后肢脚掌（脚垫）皮下或皮内接种癌细胞　这是较为常用的方法，可用艾氏腹水癌细胞，Walker256、U27 等癌细胞进行小鼠或大鼠后肢脚垫皮下或皮内接种，建立了实验性淋巴转移模型。

（3）骨髓腔内接种癌细胞　将艾氏癌细胞和 S180（肉瘤 180）瘤细胞进行胫骨骨髓腔内接种，发现用这种方法接种后淋巴结内转移灶比肌内接种为多。

（4）尾部皮下接种　将 3 种不同小鼠腹水型肝癌于尾部皮下淋巴间隙接种 0.01～0.02ml 癌细胞悬液，约含细胞数 $5 \times 10^6$ 个，接种后有 100%腹后淋巴结（即坐骨淋巴结）发生转移，有 50%表浅淋巴结发生转移。如用 2%亚甲蓝注射到小鼠尾部两条静脉之间皮下，发现 10min 内染液可达坐骨淋巴结（坐骨淋巴结位于尾根部左右臀肌深部的一个陷窝中）。

（5）鼠类阴茎皮下接种　实验者将大鼠腹水型癌细胞悬液 0.2ml 接种于阴茎皮下，含 $1 \times 10^7$ 个细胞。接种后局部肿瘤生长良好，第 7 天时就发现腹股沟淋巴结显示有转移，第 12 天处死动物，结果见癌细胞尚可转移到腋窝淋巴结及腰淋巴结（即髂动脉旁淋巴结）。电镜检查证明大鼠阴茎皮肤有丰富的淋巴丛。

（6）鼠类后肢大腿内侧皮下接种　这是淋巴转移的良好部位。用小鼠腹水型肝癌（H22）0.2ml，活细胞数为 $5 \times 10^6$ 个，接种于小鼠左后肢大腿内侧皮下，在不同时间将动物处死，发现 15 天后可见同侧腹股沟淋巴结、腋窝淋巴结及腰淋巴结有癌转移灶。腹股沟淋巴结转移率为 60%，19 天后同侧腹股沟淋巴结转移率达 100%，同时对侧腹股沟淋巴结及腋窝淋巴结也查见 40%～50%的转移率。

## 三、肿瘤体内侵袭模型实验方法

肿瘤的恶性行为表现为瘤细胞侵袭性破坏宿主组织和向远处转移，而肿瘤转移之前，一般在原发部位先发生侵袭生长，侵袭可直接或间接引起转移导致宿主死亡，故侵袭性是肿瘤恶性行为的主要特征之一。肿瘤侵袭模型（model of tumor invasion）实验研究方法分体内和体外两大类。

常用的肿瘤体内侵袭模型有以下几种。

（1）皮下移植浸润模型　在动物皮下移植肿瘤并不是所有肿瘤都发生浸润。一般人类肿瘤移植到裸鼠皮下于第 5 天就开始浸润，9 天后再现广泛浸润。

（2）肌肉内移植浸润模型　肌肉组织血管丰富，加之肌肉组织不断运动，使移植瘤细胞易于生长和浸润。动物肿瘤及人类肿瘤移植于裸鼠后肢肌肉内均可出现浸润行为，但动物肿瘤发生浸润的时间短，而人肉瘤出现浸润的时间长。此模型可用于癌细胞不同部位对比研究，也可用于提高转移率的研究，其优点是易于接种及观察，但不易定量。

（3）腹腔内移植浸润模型　此法多用于腹水瘤移植及实体瘤腹腔移植在特殊需要时使用，是一个广泛浸润模型，多用于对比研究，其缺点是不易定位观察。

（4）小鼠肾包膜下移植浸润模型　在小鼠肾包膜下移植 1mm×1mm×1mm 大小的同种或异种肿瘤组织细胞，短期即可见到浸润行为，在同种肿瘤移植中，移植后 1 天即出现浸润行为，7 天后浸润肾的面积可占肾的 2/3；在异种移植 15 天时开始浸润，30 天时广泛浸润。

（5）鼠睾丸包膜下移植浸润模型　将同种瘤细胞移植到小鼠或裸小鼠睾丸包膜下，第 3 天即开始侵袭，第 7 天侵袭区域占睾丸的 50%，9～11 天后瘤细胞几乎可占据全睾丸组织；异种瘤细胞移植 4 周后方可见浸润，10～12 周时瘤细胞浸润区域可达 50%以上或占据全睾丸。

（6）小鼠耳廓皮下移植浸润模型　此模型使用较少，它是将体外培养的瘤细胞球体（1mm×1mm×1mm 大小约含 3500 个细胞），用穿刺针接种于同基因小鼠耳廓背侧皮下，成瘤率可达 100%。

（7）鼠爪垫皮下移植浸润模型　在鼠类爪垫皮下移植 $10^6$ 个同基因瘤细胞，然后于不同时间切除爪垫，用组织学方法观察局部浸润情况。

（8）视网膜内界膜浸润模型　视网膜的内界膜与基底膜的成分基本相同，可作为基底膜的替代物，模拟肿瘤穿过膜屏障的过程。先用 2%戊巴比妥钠麻醉动物（大鼠 0.25ml/100g），然后用 4.5 号针头从角膜与巩膜交界处刺入玻璃体内，拔出针头，挤压眼球，使玻璃体流出少许液体，向眼球内注射 50μl 瘤细胞悬液（约 $2 \times 10^5$ 个细胞），于不同时间取出眼球，矢状剖开，按常规组织学方法制备切片，观察癌细胞浸润行为。

## 四、人癌转移模型

免疫缺陷动物的出现使人们得以进行人癌转移模型（model of human tumor metastasis）的实验研究。国内外相继报道人表达转移模型的人肺癌、胃癌和鼻咽癌细胞系。

高转移人肺巨细胞癌系 PG 裸鼠皮下接种淋巴结转移率可达 100%，肺转移为 83%，长期传代高转移特性不变；而且在不同遗传背景的宿主均表达高转移性。人肺腺癌 AGZY-83-A 接种于腹腔形成腹水瘤，反复传代 9 次以后，接种动物 100%出现纵隔和肺转移，继续传到第 12 代，腹腔接种引起的肺转移程度增高，皮下接种所发生的再发性肺转移及静脉注射后的实验性肺转移也较母系增多。人卵巢癌裸鼠皮下移植瘤转移模型（NSMO），成瘤率为 100%，肺转移率为 79%，淋巴结转移率为 50%。

综上所述，有裸鼠体内表达转移模型的人癌细胞均为未分化或低分化肿瘤，多来源于体外培养的肿瘤细胞系。肿瘤接种部位不同对肿瘤转移率有明显的影响。鉴于自发性转移代表了转移的全过程，应为研究肿瘤转移的首选模型；作为分阶段研究转移过程的实验性转移模型，静脉内注射肿瘤细胞等也有其实用价值。但在分析实验结果时，应注意到实验转移模型与自发转移模型的区别。

# 第十二章　感染性疾病的比较医学

人类感染性疾病的病原体（包括病毒、细菌等病原微生物和寄生虫）可以在人与人之间、人与动物之间或动物与动物之间进行传播，这是不同于其他疾病的根本特征。人类与动物界在生物学上有不同程度的亲缘关系，这使得人类和多种动物对很多病原体都有不同程度的易感性，因此可以利用动物进行各种感染性疾病的研究。以能导致感染性疾病的病原感染动物，或人工导入病原遗传物质，使动物发生与人类相同或类似的疾病，或者使动物机体对病原产生反应、部分疾病改变，用于疾病系统研究，比较医学研究，以及抗病原药物和疫苗等研制、筛选和评价等制作的动物模型，称为人类感染性疾病动物模型（animal model of human infectious disease），简称感染性疾病动物模型。目前动物在病毒和细菌感染性疾病研究中的应用十分广泛，并且做出了突出的贡献。近年来，在全球暴发的新冠疫情中，我国率先建立起了新冠病毒受体人源化的转基因小鼠模型和新冠感染实验猴模型，为新冠疫苗和药物的研发奠定了重要的基础，中医药治疗新冠感染的经验也为国际社会疫情防控提供了"中国经验"和"中国智慧"。

## 第一节　人类感染性疾病的敏感动物

### 一、病毒感染性疾病的敏感动物

（一）DNA 病毒的敏感动物

**1. 痘病毒科-天花病毒**

天花病毒的敏感动物包括猴、家兔、小鼠、大鼠、松鼠等。猴子在腹部皮肤上作划痕接种，感染后出现典型皮疹，如雄猴则可同时作睾丸内接种，导致睾丸炎发生。家兔可作皮肤划痕接种、角膜划痕接种、睾丸内接种等，感染后家兔皮肤上出现明显的皮疹，局限于皮肤划痕处，角膜炎轻微，无睾丸炎。

**2. 疱疹病毒科-单纯疱疹病毒**

单纯疱疹病毒的敏感动物包括家兔、豚鼠、小鼠、地鼠等，其中家兔是最敏感的动物。家兔角膜接种后可导致角膜结膜炎；颅内接种后则出现脑炎症状，最终死亡。豚鼠角膜接种后病变与家兔相似；颅内接种后有发热，偶有脑炎症状。若采用皮肤接种途径，则最好在动物足部皮内作划痕，接种后皮肤可出现皮疹，最后可能死亡。新生小鼠经颅内或腹腔接种后，呈脑炎症状，最终死亡。

**3. 嗜肝 DNA 病毒科-乙肝病毒**

乙肝病毒（hepatitis B virus, HBV）的敏感动物包括黑猩猩、狨猴、树鼩、小鼠、美洲旱獭（土拨鼠）、地松鼠和鸭等。其中，黑猩猩是唯一对 HBV 感染完全敏感且具有免疫能力的宿主。黑猩猩在注射人类 HBV 携带者的血清后，可诱导急性肝炎，是研究 HBV 的最佳动物。狨猴虽可感染 HBV，但不如黑猩猩敏感。树鼩静脉及腹腔注射人 HBV 后，不仅发生急性感染，而且能形成慢性感染。高压尾静脉注射 HBV 质粒可导致小鼠发生急性肝炎，且其免疫应答机制与人自然感染一致。

美洲旱獭自然感染旱獭肝炎病毒，该病毒结构和生物学特征类似人 HBV。樱桃谷鸭通过足静脉感染鸭 HBV 后易形成肝纤维化，与人 HBV 感染后继发的肝纤维化相似。

### （二）RNA 病毒的敏感动物

**1. 黄病毒科**

（1）黄热病毒　黄热病毒的敏感动物包括非人灵长类和小鼠。所有非人灵长类都能感染黄热病毒，其中非洲种类抵抗力较高，只有隐性感染或很轻的非致死症状。最为敏感的动物是恒河猴，也可用中国猴及短尾猴。小鼠感染黄热病毒时，纯血清接种的小鼠尚能很好存活，而以稀释血清接种的小鼠却在较短时期内死亡。这可能是由于患者体内血清抗体早期出现之故。应用纯血清时，这些抗体中和了病毒的作用，而当应用稀释的血清时，抗体浓度不足，但病毒在稀释后仍保持活性。

（2）登革病毒　登革病毒的敏感动物包括小鼠、仓鼠和非人灵长类等。小鼠是最常被应用的动物，尤其是初生小鼠。1～2 日龄乳鼠和仓鼠颅内接种后约 1 周动物发生脑炎而死亡。成年小鼠对病毒不敏感，但病毒经鼠脑传代成为适应株后，可使 3 周龄小鼠发病。灵长类动物对登革病毒易感，猕猴、食蟹猴、长尾猿、猩猩、长臂猿、狒狒都可经蚊虫叮咬或注射病毒感染，基本是无症状的隐性感染，但接种后 1～7 天有病毒血症及轻度白细胞减少，常用于疫苗研究。

（3）乙脑病毒　乙脑病毒的敏感动物包括小鼠、仓鼠、非人灵长类和蝙蝠等。乳鼠和成年小鼠颅内接种后也可发生致死性脑炎，乳鼠腹腔内接种后也可发生致死性脑炎。恒河猴、食蟹猴和成年仓鼠颅内接种后发生致死性脑炎，但周围途径接种时只发生无症状的病毒血症。蝙蝠可保持感染，经过冬眠后重新发生病毒血症。

（4）丙肝病毒　丙肝病毒（hepatitis C virus，HCV）的敏感动物是黑猩猩。黑猩猩感染 HCV后，其病毒清除率高达 61%，显著高于人类，可用作 HCV 感染后的临床结果及免疫反应在清除病毒中的作用等的研究。

**2. 沙粒病毒科**

（1）胡宁病毒　是阿根廷出血热致病因子，它的敏感动物有豚鼠、小鼠。豚鼠感染病毒时产生类似人类阿根廷出血热的致死性疾病，接种后 5～8 天动物开始发热，在 11～15 天时因体温过低，休克而死亡。乳鼠感染时产生典型的病毒性脑炎，死亡率在 95% 以上，成年小鼠有抵抗力。

（2）拉沙病毒　拉沙病毒的敏感动物是小鼠。新生小鼠脑内接种此病毒无症状，成年小鼠脑内接种后 5～7 天出现致死性疾病，有痉挛发作，最后后腿强直，呼吸停止。

（3）淋巴细胞脉络丛脑膜炎病毒　淋巴细胞脉络丛脑膜炎病毒的敏感动物包括小鼠、豚鼠及猕猴。其中小鼠脑内接种尤其敏感，豚鼠及猕猴接种后也有致病性。小鼠感染后表现多变：①急性疾病并死亡；②急性疾病，恢复并产生抗体；③形成持久的耐受性感染，携带病毒，不产生抗体；这与感染的病毒株、动物年龄及接种途径有关。小鼠一般在感染后 4～7 天出现弓背、竖毛、嗜睡、眼睑炎等急性疾病体征。豚鼠脑内接种感染的发病率远比经腹腔内接种者高。

**3. 小 RNA 病毒科**

（1）脊髓灰质炎病毒　脊髓灰质炎病毒的敏感动物包括猕猴、猩猩、狒狒及啮齿类动物。1908年，实验者成功地把脊髓灰质炎病毒传染给猕猴；猩猩感染脊髓灰质炎病毒后能发生与人类相似的疾病；各种不同的狒狒对脊髓灰质炎病毒亦有感受性。棉鼠、小鼠、田鼠等啮齿类动物可经颅内接种感染此病毒。

（2）柯萨奇病毒　柯萨奇病毒的敏感动物是小鼠。乳鼠经颅内、腹腔内或皮下接种感染病毒后会产生弥漫性心肌炎，伴有肌纤维的坏死或大脑局部退行性病变等，并在症状出现后 24h 内死亡。

（3）甲肝病毒　甲肝病毒（hepatitis A virus，HAV）的敏感动物包括猕猴、黑猩猩、红面猴、恒河猴、豚鼠等。1967 年首次证明 HAV 可在猕猴体内增殖。此后从猕猴体内发现人类 HAVCR326株。猕猴、黑猩猩、红面猴等对 HAV 均易感且能传代，经口或静脉途径接种病毒后，可产生肝炎。肝组织呈现肝炎的病理改变，肝细胞内可检测到 HAV 抗原，恢复期血清中可检测出相应的抗体，粪便中可排出 HAV 颗粒。1979 年，已适应在狨猴传代的 HAV 毒株被成功培养于原代肝细胞或恒河猴胚肾细胞（FRhK-6）株中。狨猴胃肠道接种感染后，其血常规及血清生化酶测定结果与人类相似；接种方式也与人类甲肝的自然感染途径一致。恒河猴接种甲肝疫苗后的潜伏期、抗体阳转率与人都一致。豚鼠感染 HAV 后，在该动物的粪便和血清中检测到 HAV，且动物肝功能受到损伤，肝脏组织发生相应的病理变化。

（4）口蹄疫病毒　口蹄疫病毒的易感动物种类繁多，主要是偶蹄类动物。黄牛、奶牛最为易感，其次是水牛、牦牛和猪，绵羊、山羊和骆驼又次之。鹿、野牛、黄羊和野猪也感染发病。近 10 年来，口蹄疫病毒易感动物发生一定变化，在欧洲和亚洲许多地区的口蹄疫暴发中，仅有猪感染发病，自然条件下很少传染给牛、羊。上皮细胞是口蹄疫病毒的主要靶细胞。病毒通常首先在侵入部位的上皮细胞内增殖，引起浆液性渗出物而形成原发性水疱。1～3 天后，病毒侵入血流，引起动物体温升高。病毒随血液到达口腔黏膜及蹄部和乳房皮肤的表层组织，继续增殖，并形成继发性水疱。

### 4. 正黏病毒科-流感病毒

流感病毒的敏感动物以雪貂最为易感，小鼠、金黄地鼠、豚鼠、猴及猪次之。雪貂对甲型、乙型流感病毒均敏感，是较为理想的流感动物模型，白色皮毛的雪貂较杂色雪貂更为敏感。病毒经鼻腔内接种即能对雪貂致病，并易传播给其他雪貂和人。用 H5N1 滴鼻接种雪貂，感染后发现雪貂体温升高，出现鼻塞、打喷嚏、呼吸困难等症状，同时发生肺炎及死亡等，其症状与人相似，发热并伴上呼吸道感染，痊愈个体血清中可产生高滴度抗体。小鼠对流感病毒亦敏感，但发病后症状与人不同，主要表现为下呼吸道感染，并死于肺炎。金黄地鼠常用于研究流感病毒温度敏感变异株。地鼠的体温和鼻部温度与人相似，接种后多为隐性感染，但可在鼻、肺部测出病毒。2001 年，用 H5N1 感染食蟹猴后出现发热、咳嗽及急性呼吸窘迫综合征，其症状和体征及病理学等与人类比较相似。

### 5. 副黏病毒科

（1）麻疹病毒　麻疹病毒除灵长类、部分啮齿类外，一般动物均不易感染。1911 年该病毒首次成功地传给猕猴。此后研究发现，猿类、恒河猴、爪哇猴、倭猴等其他种类的灵长类也易感。感染后症状类似人类麻疹，潜伏期为 4～15 天，约一半动物有皮疹、结膜炎、卡他症状和发热。此外，适应在组织培养的病毒还可在乳鼠或者地鼠体内繁殖，脑内接种可引起脑膜炎症状。

（2）呼吸道合胞病毒　呼吸道合胞病毒的敏感动物包括猩猩、猴、雪貂、地鼠及棉鼠等。猩猩感染后可产生与人相似的上呼吸道临床症状。卷尾猴感染此病毒后 4～6 天，病毒复制可达高峰，并出现肺炎的临床症状，在肺和支气管都可以检测到呼吸道合胞病毒抗原。雪貂对此病毒亦敏感，且年龄越小，病毒复制量越大。此外，地鼠和棉鼠对呼吸道合胞病毒较敏感，感染后，在其细支气管及肺可以检测到呼吸道合胞病毒。

### 6. 弹状病毒科-狂犬病毒

狂犬病毒的敏感动物有家兔、中国地鼠、小鼠、豚鼠等，感染时颅内接种比皮下或肌内注射更有效。1987 年首先用家兔进行了实验，培育了对犬致病力减弱而对家兔具有固定潜伏期的毒株。小鼠的狂犬病潜伏期一般为 8～14 天，很少超过 20 天。之后表现为竖毛、弓背、活跃兴奋或淡漠无力，进而战栗，后肢瘫痪，死亡。家兔感染狂犬病毒后初始症状为瞳孔扩张，数小时后呼吸困难、瘫痪。豚鼠接种病毒后常有兴奋期，性情凶暴，最后瘫痪。

### 7. 布尼亚病毒科-汉坦病毒

汉坦病毒的敏感动物有多种，如黑线姬鼠、长爪沙鼠、金黄地鼠、大鼠、小鼠、裸鼠等。其中，经肌肉、皮下、肺内、鼻内或经口等多种途径接种均可使黑线姬鼠感染，接种后 10 天左右肺部出现病毒，肾、肝、颌下腺中可检出病毒，20 天时肺中病毒滴度最高。1983 年我国科技工作者发现长爪沙鼠对汉坦病毒敏感，第 1 代即可感染，无须传代适应。1981 年将汉坦病毒接种到 Wistar 和 Fisher 大鼠 3 周后，血清中可检出特异性抗体，与黑线姬鼠脏器的抗原分布相同。乳小鼠脑内接种病毒后第 7 天开始发病，表现为蜷缩、活动减少、耸毛、弓背、尾强直、后肢麻痹，直至死亡。Fisher 乳大鼠颅内接种汉坦病毒 76/118 株和 B-1 株的死亡率分别为 18.8%、42.9%，腹腔分别接种上述两种毒株 50 天未见死亡。金黄地鼠注射环磷酰胺后接种该病毒，绝大多数动物在感染后 7～9 天病死，各器官的病理变化类与人体出血热病相似，且各器官均发现并分离到该病毒。裸鼠脑内接种后 40 天，表现为体重减轻、活动减少、站立不稳、嗜睡等，最后全部死亡。许多研究在家兔和非洲绿猴、猕猴、恒河猴和树鼩等非人灵长类中进行汉坦病毒的感染实验，但未得到明确的临床症状及病理变化结果，有待进一步研究。

**8. 逆转录病毒科-艾滋病病毒**

HIV（human immunodeficiency virus）的敏感动物为非人灵长类，如黑猩猩、猪尾猴、长臂猿及恒河猴等。研究发现 HIV 感染黑猩猩后出现短暂且低水平的病毒血症，但不出现艾滋病（AIDS）临床症状和免疫学改变。HIV 也可以感染猪尾猴，但需要较大的接种剂量，也没有 AIDS 表现。长臂猿也能成功感染 HIV，感染后可检出高滴度的抗体，但同样缺乏 AIDS 临床症状出现。有报道发现 HIV-2 可以感染恒河猴，但感染率差异大。

**9. 丝状病毒科-埃博拉病毒**

埃博拉病毒病（Ebola virus disease，EVD）是由埃博拉病毒（Ebola virus）感染引起的传染性疾病。各种非人灵长类动物如黑猩猩、大猩猩、猴等对埃博拉病毒普遍易感，羚羊、豪猪、豚鼠、仓鼠、乳鼠、果蝠等也是其敏感动物。

**10. 冠状病毒科-冠状病毒**

严重急性呼吸综合征（SARS）、中东呼吸综合征（MERS）及近年来流行的新冠感染等皆是由冠状病毒感染导致的。SARS 是由严重急性呼吸综合征冠状病毒（SARS-CoV）感染导致的，MERS 是由中东呼吸综合征冠状病毒（MERS-CoV）感染导致的，新冠感染是由新型冠状病毒（SARS-CoV-2）感染导致的。SARS-CoV 的敏感动物为果子狸、马蹄蝙蝠、猴。其中，SARS-CoV 接种猴子出现与人类相似的临床表现和病理改变。MERS-CoV 的敏感动物有猴、蝙蝠、骆驼等。SARS-CoV-2 的敏感动物包括猴、猫、犬类、水貂等动物，此外，研究也证实雪貂、家兔有感染的可能性。

## 二、细菌感染性疾病的敏感动物

### （一）鼠疫耶尔森菌

鼠疫耶尔森菌的敏感动物有小鼠、豚鼠、大鼠、松鼠、南非多乳头鼠、雪貂等啮齿类动物。而鼠疫耶尔森菌吸入感染动物模型有小鼠、大鼠及非人灵长类动物模型。小鼠自 1950 年即作为鼠疫耶尔森菌吸入感染、免疫及治疗等研究中最常用的动物，目前用于鼠疫耶尔森菌吸入研究的小鼠模型多选择 BALB/c 小鼠和 Swiss Webster 小鼠，大鼠的肺鼠疫模型虽有报道但数量不多，仅以 Brown Norway 大鼠构建肺鼠疫模型。非人灵长类吸入感染鼠疫耶尔森菌的动物模型大多选择食蟹猴和非洲绿猴。

豚鼠作为鼠疫研究的动物模型在鼠疫耶尔森菌研究的早期阶段被广泛应用，特别是针对肺鼠疫的研究。大鼠作为鼠疫耶尔森菌动物模型进行研究的报道相对较少。鼠疫耶尔森菌在非人灵长类的研究起源于 19 世纪，当时用鼠疫耶尔森菌感染三种猴类并发现这三种猴类都是极其易感的。到 1933 年，鉴定了这些猴类为斯里兰卡猕猴、放射猕猴和叶猴。非人灵长类对于气溶胶型鼠疫耶尔森菌是易感的，其引发的快速致死性疾病与人类发生的原代肺鼠疫是相似的。综合早期及近期的研究，很多科学家认为非人灵长类模型在评价鼠疫耶尔森菌的肺部反应、疫苗效果及治疗方案选定等方面都是最佳的选择。

### （二）霍乱弧菌

霍乱弧菌的敏感动物有豚鼠、犬、家兔、小鼠等。针对霍乱的研究，一个良好的实验动物模型应当具备以下条件：能模拟人体霍乱的临床症状；免疫学方法是成熟、有效的；发病过程至少有数天；用最低限度的人工操作，可以引起实验性霍乱。

犬霍乱模型几乎能满足上述的所有条件，由于实验成本较高其应用受到限制。而秘鲁兔体形小，价格比犬便宜，且对霍乱弧菌敏感，可作为一个良好的动物模型，进行霍乱弧菌相应的研究。而小鼠普遍用于霍乱毒素效应和在肠道中保护性抗体的研究。

（三）炭疽芽孢杆菌

炭疽芽孢杆菌的敏感动物包括小鼠、大鼠、豚鼠、家兔和恒河猴等，其中家兔对炭疽芽孢杆菌较为敏感。人类自然感染的炭疽绝大多数为皮肤型炭疽，而少见致死性最强的吸入性炭疽。家兔对不同炭疽毒株的病理都非常相似，大多数毒株经呼吸道攻毒后，1～2 天导致死亡。家兔吸入性炭疽病理学模型与人和非人灵长类都非常相似，主要组织器官的病理损伤是出血、水肿和坏死，有时出现一定的白细胞浸润，大多数病例最后都发展成菌血症。家兔脾、肺、肠道等器官的病理与人和猴基本一致，只在脑组织病理有区别，家兔一般出现的是非炎性的中枢神经损伤，猴和人一般出现炎性的中枢神经损伤。

（四）结核分枝杆菌

结核分枝杆菌最常用的动物感染模型为小鼠模型，豚鼠、家兔和非人灵长类等哺乳动物和斑马鱼等非哺乳动物亦是研究结核分枝杆菌的敏感动物。豚鼠结核感染模型能够形成与人结核病非常相似的中央干酪样坏死性肉芽肿，因此成为研究肺结核肺部组织病理学的热门选择。家兔在结核分枝杆菌感染后也会形成与人类结核病结构相似的肉芽肿结构。非人灵长类具有与人类相似的结核肉芽肿结构，可模拟人类结核病自然潜伏感染的过程，重现人类潜伏性结核感染的临床特征。斑马鱼是海分枝杆菌的天然宿主，其感染海分枝杆菌后可形成与人类相似的肉芽肿结构并形成干酪样坏死。

（五）沙门氏菌

豚鼠、小鼠、家兔、猴和犬均易感。豚鼠对沙门氏菌高度敏感，感染后可发生严重的临床疾病。小鼠和大鼠也很敏感，并常以亚临床感染的形式长期带菌。

（六）白喉杆菌

敏感动物有豚鼠、小鼠等。除了最早使用的经典白喉杆菌豚鼠模型外，还包括白喉杆菌感染性关节炎小鼠模型，该模型可用于研究毒素产生以外的致病性和毒力因子的特性。

（七）流感嗜血杆菌

常用的实验动物有大鼠、小鼠、仓鼠等。大鼠模型可用于研究流感嗜血杆菌脑膜炎，3 周龄以下大鼠鼻内接种 B 型流感嗜血杆菌可引起软脑膜炎。有报道在小鼠中使用流感嗜血杆菌感染模型评估抗生素。此外，在莫西沙星对肺气肿仓鼠流感嗜血杆菌实验性肺部感染和定植的活性研究中，证明流感嗜血杆菌在急性感染后能够持续存在并在肺气肿仓鼠的下呼吸道中定植较长时间。

## 三、真菌感染性疾病的敏感动物

（一）念珠菌病

白色念珠菌动物感染模型常用小鼠、大鼠、家兔等啮齿类哺乳动物和果蝇、斑马鱼、秀丽隐杆虫等非哺乳动物。研究采用的小鼠模型多使用免疫抑制剂和抗生素等造成免疫抑制状态，而无胸腺或患有细胞因子缺乏症小鼠可在不使用免疫抑制剂的情况下感染白色念珠菌。

大鼠和小鼠在进化上与人类较接近，而且可以通过特定的接种途径进行精确接种，许多研究者利用这两种动物开发的口腔念珠菌模型都真实模拟了人类口腔念珠菌感染，已成为研究黏膜白念珠菌感染的标准工具。真菌载量一般随时间递增，慢性义齿性口炎模型菌量一般在 2～8 周维持较高水平。我国科技工作者构建了蜡螟的念珠菌属真菌动物模型并探究真菌对蜡螟的细胞、组织、器官的影响。

（二）石膏样毛癣菌

敏感动物有小鼠、大鼠、豚鼠、地鼠、家兔、犬、灵长类等，其中家兔对毛癣菌最易感。对健康家兔人工接种须癣毛癣菌，已成功构建出须癣毛癣菌皮肤病家兔动物模型。

（三）石膏样小孢子菌

敏感动物有家兔、豚鼠、大鼠、小鼠，其中小鼠最为敏感。在研究石膏样小孢子菌经皮肤感染小鼠后，皮肤损伤组织中模式识别受体及细胞因子动态变化规律研究中，通过皮下接种石膏样小孢子菌，小鼠皮肤处易形成脓肿，在脓肿处皮肤的角质层增厚，炎性细胞大量浸润，病灶处模式识别受体 Dectin-1、TLR-2 和 TLR-4 的转录表达显著增加，从而发挥抗石膏样小孢子菌的作用。

（四）隐球菌

小鼠、大鼠、家兔、豚鼠及灵长类动物均可感染，其中小鼠最易感。豚鼠是最早被用于研究隐球菌感染的动物模型，同时它也被广泛应用于其他侵袭性真菌感染动物模型的研究，如接合菌病、曲霉病、念珠菌病等。早期研究中，因为家兔的睾丸部位温度较低，因而可接种产生隐球菌病，但由于该模型不能反映自然感染的传播途径，所以临床意义很小。家兔也用于眼部隐球菌感染模型和皮肤感染模型的研究。大鼠模型已在多种免疫和病理研究中得以使用，以阐明隐球菌病的某些特征。大鼠可被很好地用来构建肺部隐球菌慢性感染和潜伏感染模型，这种感染动物模型可经糖皮质激素处理后激发。常用的小鼠近交品系主要有 A 系、AKR 系、BALB/c 系、CBA 系、C3H 系、C57BL/6系、DBA/1 系、DBA/2 系、NZB 系、SJL/N 系、AFB 系、C3HA 系。目前在隐球菌研究中最重要的是通过基因敲除的方法产生不同的基因敲除小鼠，因此近交系小鼠是目前研究隐球菌感染最普遍应用的实验动物。隐球菌病小鼠模型不仅在研究隐球菌致病机制中得到广泛的应用，其在抗真菌药物和免疫调节剂的早期对照研究试验中发挥重要的作用。

## 四、寄生虫感染性疾病的敏感动物

（一）疟原虫

疟原虫的敏感动物包括鸟类、小鼠、金黄地鼠、大鼠等啮齿类动物和枭猴、黑猩猩、狨猴、恒河猴、猕猴、树鼩等非人灵长类动物等。1966 年以前，人们就利用鸟类、猴子及啮齿类动物作为人类疟疾模型研发抗疟药物。人类第一个人工合成的抗疟药物"扑疟母星/扑疟喹"，就是利用黄莺作为动物模型而筛选出来的。

啮齿类动物中，如鼠柏（格）氏疟原虫和鼠约氏疟原虫对药物的反应和人类疟疾比较接近，且来源容易，价格便宜，又易于维持。目前所知，至少有 37 种哺乳动物（主要是啮齿类动物）对柏（格）氏疟原虫敏感。药物筛选中，常以小鼠和幼龄大鼠作为宿主，以血液接种柏（格）氏病原虫，接种后 7～14 天几乎所有动物均死于疟疾原虫血症。用金黄地鼠进行接种感染时，接种后 2～3 周动物死于原虫血症。此外，用孢子接种时，幼龄大鼠最为敏感，金黄地鼠次之，而小鼠的敏感性较差。大鼠对柏（格）氏鼠疟原虫和文（可）氏鼠疟原虫亦敏感，在幼龄大鼠中，这两种疟原虫通常为致死性感染，但在成熟的大鼠中通常为非致死性感染。

非人灵长类动物中，人类疟原虫对某些灵长类是具有感染性的。如在枭猴中，研究最为普遍的是恶性疟原虫；在黑猩猩中是三日疟原虫；在狨猴中为间日疟原虫。研究发现，切除脾的枭猴可被间日疟原虫和恶性疟原虫感染，且其感染特征与人类疟疾极为相似。三日疟原虫很容易由人传播给夜猴属，也可以经人工感染 6 种天然宿主的猴类。西半球（美洲）猴类也可被巴西疟原虫和猴疟原虫天然感染。1907 年发现食蟹猴间日疟原虫，它对药物的反应也与人类间日疟原虫相似。食蟹猴间日疟原虫通过按蚊感染恒河猴，引起感染的病程与人类间日疟原虫的某些型十分相似。

（二）血吸虫

寄生于人体的血吸虫种类较多，主要有日本血吸虫、曼氏血吸虫、埃及血吸虫、间插血吸虫和湄公血吸虫五种，钉螺、蜗牛等为中间宿主。感染血吸虫后常导致血吸虫病肝纤维化，而依据动物种属、性别及其感染的虫株不同，其肝纤维化程度也不同。有许多啮齿类动物和灵长类动物适用于作为血吸虫病肝纤维化动物模型，常用的有家兔、大鼠、小鼠、猩猩和猴等。家兔慢性血吸虫病动物模型的病理学表现更类似于人类血吸虫病。一系列动物实验表明血吸虫病肝纤维化的程度取决于血吸虫的品种和宿主的种系，感染相同数量日本血吸虫尾蚴的不同纯种小鼠的肝纤维化也有不同。比较感染日本血吸虫的大鼠与其他动物的肝纤维化程度发现，有"大鼠型"和"家兔型"两种不同的肝脏病理表现。前者表现为门脉间纤维化，后者由纤维间隔形成，各叶间有桥接静脉。此外，雄性大鼠很少肝纤维化，而雌性大鼠非常容易形成肝纤维化。

（三）阿米巴原虫

**1. 福（勒）氏耐格里阿米巴**

福（勒）氏耐格里阿米巴原虫感染可导致阿米巴脑膜炎。阿米巴脑膜炎是人类的一种原发性、致命性中枢神经系统疾病，敏感动物为小鼠。第一例阿米巴脑膜炎动物模型即是经由小鼠接种成功而报道的。小鼠感染阿米巴原虫后，具有和人感染相同的潜伏期和侵入途径。从人体分离得到阿米巴经鼻滴注给小鼠，可以有规律地诱发同样的感染。大约45%的小鼠发病并在5～7天死亡。阿米巴侵袭具有灰色和白色的脓液，其感染的急性炎症反应包括出血、水肿、神经组织崩溃及大范围的发病，且可以观察到许多阿米巴原虫。

**2. 肠道原虫溶组织内阿米巴**

肠道原虫溶组织内阿米巴感染可导致人类阿米巴病（阿米巴痢疾），它是寄生虫感染死亡的第三大常见原因（仅次于血吸虫病和疟疾）。阿米巴原虫的敏感动物包括豚鼠、大鼠、小鼠、猫、家兔、猴等。阿米巴原虫最初的感染实验是在犬体内进行的，之后猫、猴、家兔、鼠及其他鼠类都有应用，均在不同程度上展现了类似人肠阿米巴病的病理变化。幼年犬对阿米巴易感，但个体差异较大。猫一般无自然感染，人工接种后死亡率高。豚鼠类对阿米巴均易感，接种后起病急，以感染后3～10天的肠道病变最重，尤其是豚鼠及大鼠盲肠接种后感染率高，易出现肠壁溃疡。使用无菌培养的溶组织内阿米巴接种于无菌豚鼠盲肠内，未产生阿米巴病，仅接种部位偶见有病灶。但与某些细菌一同接种，则会产生黏膜病变。将来源于人的溶组织内阿米巴接种于无菌豚鼠盲肠内，接种后7～12天可见小者如针头、大者呈融合状溃疡的典型病变，病灶边缘隆起肿胀，有水肿和炎性细胞。对 Wistar 大鼠进行经口腔接种阿米巴，成功地诱发了肠道病变，而同时对豚鼠的实验也获成功。近年来在蒙古沙土鼠的盲肠内接种溶组织内阿米巴，可同时产生肠道和肝脏的病变，与人阿米巴肝脓肿的播散途径相同，症状及病理变化类似，是目前较理想的动物。在调查一些与人类接触比较密切的动物体内自然存在的种属特异性阿米巴感染时，发现鼠类的自然感染率最高（31.9%）。C3H/mg 和 CBA/ca 小鼠对心内接种溶组织阿米巴敏感。接种溶组织阿米巴到剖腹的 ICR 远交系小鼠和 BALB/c×B10*D2、AKR、CBA、C57BL、DBA/2J、NMRI 等近交系小鼠的肝脏右腹侧叶，发现小鼠在遗传学和免疫学上可能存在差异，但只有 3.8%有损害且肝脏中有活阿米巴。

（四）弓形虫

弓形虫可寄生于多种宿主的有核细胞内，人、哺乳动物、家禽等都是易感的中间宿主。先天性弓形虫病可通过母婴垂直传播，引起流产、早产、畸胎或死产。小鼠、地鼠、短尾猴等动物对弓形虫都是敏感的。

啮齿类动物是研究弓形虫最常用的实验动物。速殖子、缓殖子或在接种物中卵囊的存在，是小鼠最敏感的生物指示器。弓形虫感染后结果可能是致死性感染、慢性脑炎，或在生物学上可检测的亚临床感染。已有调查研究证实，1 种远交系和 6 种近交系小鼠对鼠弓形虫在两种不同剂量上的滋养体感染敏感。在敏感性和随剂量变化的敏感性中，曾观察到攻击性品系在遗传控制之下的差异。此外，有研究者曾在小鼠中研究了其免疫学的发展。不过，在比小鼠更加敏感的地鼠中研究其免疫抑制更为有用，免疫淋巴细胞的适当转移表现很有成效。

非人灵长类中，旧大陆灵长类对于弓形虫的感染具有相对的抵抗力，而新大陆灵长类则比较敏感，有些欧洲猴种很易感染此原虫但很少出现症状，这与人类感染弓形虫后也很少出现发病的症状相一致。残尾猴对弓形虫是敏感的，感染后 15 周，皮肤试验全部呈阳性。将感染后 10 周扑杀的 1 只猴和感染后 30 周死于其他原因的一只猴的脑和心脏，接种给小鼠，随后在小鼠中检出了异地弓形虫。弓形虫在感染的急性期之后，仍能以隐性感染形式继续存在于组织。弓形虫除隐性感染的阶段外，可以潜伏的形式在组织中持续。

（五）丝虫

对人致病的丝虫有 8 种，包括寄生于淋巴组织的班氏丝虫、马来丝虫和帝汶丝虫，寄生于皮下组织的盘尾丝虫、罗阿丝虫和链尾丝虫，寄生于浆液腔的常现丝虫、欧氏丝虫等。丝虫病的敏感动物包括淡色库蚊、致倦库蚊、中华按蚊和猫、犬、猴、长爪沙鼠、仓鼠等动物。

**1. 马来丝虫和彭亨丝虫**

寄生于淋巴系统的马来丝虫和彭亨丝虫可以感染啮齿类动物长爪沙鼠。前者在沙鼠体内已连续传代至 8 代，后者则已达 10 代。接种 50～1000 条感染性幼虫的沙鼠，马来丝虫阳性鼠各周期微丝蚴密度的变动无彭亨丝虫明显，其感染后需 10 个月以上的时间，血内微丝蚴方能超出 100 条/200mm$^3$，而其微丝蚴密度始终低于彭亨丝虫感染。成虫的检获率为 13%。沙鼠感染彭亨丝虫的观察结果，一般接种 50～80 条幼虫的沙鼠，其感染率很高，当接种的虫体数量少时，则其变动很大。一般认为，与沙鼠感染程度有关的重要因素是接种的幼虫数、幼虫接种的部位及宿主的性别。接种 75 条感染期幼虫的沙鼠，其产生的感染最为一致。雄性沙鼠感染的成功率比雌性沙鼠高。曾以激素为基础，对增加雄鼠易感性因素进行了实验研究，结果证明了雄性激素能增加彭亨丝虫的敏感性。马来丝虫感染还在非人灵长类中有叶猴属和非洲狒狒等敏感动物。

**2. 魏氏盖头丝虫**

魏氏盖头丝虫的敏感动物为大沙土鼠或利比亚沙鼠。这种丝虫寄生于沙鼠的皮下，以塔氏钝缘蜱为传播媒介。最早建立的模型是棉鼠丝虫动物模型，后来被纳塔尔多乳鼠取代，提高了丝虫对药物的敏感性。

**3. 班氏丝虫**

班氏丝虫的敏感动物有长爪沙鼠、恒河猴、叶猴。1970 年以来，以 3 种班氏丝虫感染长爪沙鼠，为淋巴寄居性丝虫建立了小型动物模型，成为实验丝虫病研究的有用工具。非人灵长类中，以周期型班氏丝虫感染恒河猴，虽未发现微丝蚴血症，但在检出的雄性成虫子宫内有活微丝蚴。实验结果证明泰国的银叶猴和黑脊叶猴对班氏丝虫都易感，可用作班氏丝虫实验动物模型。近年来，在班氏丝虫动物模型的研究方面取得了很大进展，发现台湾猴和叶猴对班氏丝虫具有较高的易感性，可作为动物模型。

（六）锥虫

**1. 布氏锥虫**

小鼠、大鼠、家兔等动物是布氏锥虫感染的敏感动物。小鼠不同品系间的敏感性有差异，其中 C3H/He 对大多数锥虫敏感，而 C57BL/6 小鼠则对锥虫具有耐受性。低反应小鼠对更短期存活时间的感染更敏感，死亡率增加，有更高的寄生虫血症和更低的 LD$_{50}$；此品系小鼠也产生更低的抗布氏锥虫抗体效价。布氏锥虫在小鼠中通常引起急性感染并迅速致死；偶然发生慢性感染，但是很少具有如在人类中发现的脑膜炎。布氏锥虫还容易引起大鼠感染，且易致死，死亡时间依分离的虫株而定。大鼠的高度敏感性已应用于家畜中的该类寄生虫感染疾病的诊断。此外，家兔也是很好的宿主，其感染累及中枢神经系统。

**2. 枯氏锥虫**

枯氏锥虫，亦作克氏锥虫，是 Chaga（夏格氏）病原体。该病原体可在组织中增殖，具有嗜褐色脂肪组织特性，通常以寄生虫血症和在心肌的效应来测定感染的严重性，其敏感动物包括小鼠、毛丝鼠、秘鲁兔、非人灵长类等。用巴西人分离的虫株交叉感染小鼠时，其发病范围从 C3H 小鼠的暴发性感染并在 3～4 周致死，到 C57BL/6 小鼠的低程度的无症状感染，在感染的小鼠品系之间有或多或少的连续性耐受力。用比较温和的虫株感染敏感的 C3H 小鼠时，发现在存活至 180 天以上的小鼠中，半数以上有心肌炎和心脏衰竭的右肌室扩张及壁血栓，感染后主要为运动性损害。研究非人灵长类夜猴感染的锥虫对各种实验动物的毒力，发现毛丝鼠对于克氏锥虫的一个株易感，同时秘鲁兔也显示出高度敏感性。

（七）钩虫

钩虫包括十二指肠钩虫和美洲钩虫。对于十二指肠钩虫，犬和猫是敏感的宿主，而美洲钩虫的研究，最好是在幼龄的犬和金黄地鼠中进行研究。把犬钩虫的丝虫蚴引入大鼠，不论经皮肤还是经皮下途径，大多数蚴虫迁移到骨髓肌组织，它们在那里保持休眠状态，但仍然是存活的；某些蚴虫进入大鼠的肠道，但是未到发育成熟很快就被排出。钩虫蚴虫侵入大鼠骨髓肌前的倾向可模拟用犬钩虫感染，甚至可能与人体钩虫感染的情形是相似的。巴西钩虫在大鼠中作为类钩虫感染曾有广泛的研究，其优点可胜过上述的其他动物模型。巴西钩虫的生活史类似于人体钩虫，其差异是在大鼠的小肠中。成熟的巴西钩虫生活史仅为 14～16 天，其病理学上与人体钩虫病患者并不类似，如巴西钩虫主要以血液和其他组织液为食物。因为大鼠肠道中迅速的免疫介导驱除这种寄生虫，不少研究曾集中在测定宿主与涉及寄生虫因子的相互关系上。

（八）卡氏肺孢子虫

卡氏肺孢子虫寄生在人和多种哺乳动物的肺内，属机会致病性寄生原虫。目前卡氏肺孢子虫的敏感动物有仓鼠、鼠、家兔、裸鼠和犬等。大多采用感染动物或患者肺匀浆制备的含虫液，经鼻感染动物，以确定该虫的感染性。有关小鼠感染模型的研究，分别有经鼻感染和激素皮下注射法等，但呈现不同的结果。采用皮下注射激素诱导小鼠感染发现，卡氏肺孢子虫感染程度与鼠的品系有关。C3H/HeN 感染较重，BALB/cAnN、C57BL/6N 为中度感染，CBA/2N 感染较轻。报道较多的是以激素诱导大鼠感染的模型，但从经济和操作便利角度来看，仍存在缺点。目前卡氏肺孢子虫感染动物模型的建立方法已相当成熟，只要给予实验动物一定量的类固醇皮质激素作为免疫抑制剂抑制其免疫系统，在一段时间内（平均 3～8 周）就可以诱发感染。

（九）利什曼原虫

利什曼原虫的敏感动物为啮齿类动物。有研究对小鼠感染利什曼原虫的先天敏感性和耐受性进行了测定，结果表明小鼠对利什曼原虫的感染存在品系间差异。对于用低剂量热带利什曼原虫的前鞭毛虫接种、皮下感染，小鼠 12 个品系出现不同程度差异，表明宿主对原发性感染的耐受范围，趋向与对利什曼原虫抗原获得性或延迟过敏的停滞相似。BALB/c 小鼠对感染表现出很强的剂量依赖性和极度敏感性，其损害持续发展，感染至内脏并在感染后 12 周开始死亡，在感染中早期迟发性超敏反应消失。

（十）旋毛虫

人类中，旋毛虫病是由于吞食了具有虫感染而未煮熟的猪肉，而从猪传播到人。大多数大鼠都可以定性地感染旋毛虫，其生活史非常一致。大鼠已用作这种疾病的生化、病理组织学及血液方面的动物模型。小鼠对旋毛虫感染的敏感性和接种后保护再感染的能力，在近交系中存在品系间的差异。

（十一）蠕虫

用束状囊尾蚴、细粒棘球绦虫及猫后睾吸虫感染小鼠，已观察到小鼠品系间敏感性的差异。用曼（森）氏裂体吸虫感染小鼠，其诱发的抵抗力也在品系间变化。远交系小鼠 CF1 和近交系 C57BR、C57BL 及 DBA/2 小鼠之间对蠕虫感染的敏感性中，未观察到明显的差异，但 C3H 小鼠显示出蠕动负荷量减少。

（十二）梨浆虫

根据在四个近交品系小鼠进行感染试验发现，C3H/He 为敏感品系，C57BL/6J 为耐受性品系，而 BALB/c 和 CBA/J 为中度敏感的品系。在感染中，各品系有早期性变化，但是所有品系最终都成功清除寄生虫。在先天性敏感中，这种品系间的差异是不是在单基因控制之下，尚未进行遗传分析。

（十三）鼠贾第虫

鼠贾第虫感染的敏感动物为小鼠。对不同品系进行研究发现 BALB/c 小鼠出现自身有限性感染。在 C3H/He 和裸鼠中，感染后数周在其粪便有脱落的包囊，胃肠外给予不能进行免疫。鼠贾第虫在人、犬及其他动物十二指肠寄生，曾引起水传播性流行病。

（十四）体外寄生虫

对各种近交系小鼠中虱的感染敏感性观察发现，C57BL/6J 小鼠敏感性最强，而 CFW 小鼠最弱；虱子感染性最强的小鼠品系，死亡率也最高。采用耐受性和敏感性的品系互交实验发现，遗传机制随着双亲的性别而影响子代的反应。有人认为小鼠的皮毛色泽可能影响虱子的感染，但尚无明确的结论。

# 第二节　人类感染性疾病的诱发性动物模型

比较病理学是着重研究各类动物疾病的病理过程并与人类疾病病理过程进行比较研究的一个病理学分支。其任务在于用各类动物疾病病理过程研究中所获得的知识，来阐明人类疾病的病理过程及其本质，为防治疾病和增进人类健康服务。随着科技的发展，比较病理学得到了广泛的应用和发展。现代比较病理学结合了分子生物学、遗传学、生物信息学等多个学科的知识，可以更加深入地研究不同物种之间疾病的相似性和差异性。在人类感染性疾病方面，比较病理学可以通过对不同物种和人类感染性疾病的比较研究，揭示病原体在不同宿主之间的适应性和病原性的差异，为人类感染性疾病的防治提供重要的科学依据。此外，比较病理学还可以研究不同宿主的免疫反应差异，探索宿主免疫系统对病原体的应对方式，为新型疫苗和药物研发提供新的思路与方法。比较病理学诱发性动物模型为人类感染性疾病的研究提供了有效的研究手段和平台。通过人工手段在动物体内诱发人类感染性疾病，模拟人类感染性疾病的病理过程，可以研究人类感染性疾病的发病机制、病理变化、免疫反应、新型疫苗和治疗方法的效果，评估传染病控制措施等。

# 一、人类病毒感染性疾病的诱发性动物模型

## （一）流行性出血热动物模型

### 1. 流行性出血热病毒亚临床感染动物模型

目前有非疫区黑线姬鼠、大鼠、长爪沙鼠、家兔等，实验动物感染后为亚临床感染，无明显病理变化，主要用于病毒的分离和传代，为病毒性发热提供理化检测指标。非疫区黑线姬鼠是最早用于病毒分离和实验研究的动物。肌肉、皮下、肺脏、鼻腔、腹腔或经口等接种途径均可使动物感染。长爪沙鼠接种病毒后，第1代即可感染，无须传代适应；脏器内检出特异性荧光部位与黑线姬鼠相同，接种病毒后4天，肺组织中查见病毒抗原，5~7天达高峰，通常于10~14天消失。接种后8天，可查到抗体，14天达高峰。病毒感染的家兔，与长爪沙鼠成鼠一样，亦为无症状短期自限性隐性感染。

（1）造模方法　选用体重30~50g的长爪沙鼠，雌雄不限，根据接种途径的不同每只鼠注射或滴入不同量的病毒悬液，肺内0.1ml，皮下0.3ml，腹腔0.5ml，肌肉0.2ml，口腔0.1ml，鼻腔0.05ml。

选用未经疫苗免疫的非疫区德国纯种成年白毛家兔，体重（2.3±0.20）kg，雌雄不限，基础体温（38.5±0.3）℃，腹腔注射病毒悬液1ml。

（2）模型特点　肌肉、皮下、肺脏、鼻腔、腹腔及经口6种途径接种第1代即可感染，脏器内检出特异性荧光，有明显抗体反应，排泄物和血液中均可分离到病毒。

家兔接种后22~24h出现发热，平均发热高峰为40.12℃，持续5~7h，脑脊液前列腺素E2、环核苷酸等中枢发热介质上升，脏器中可检测到病毒抗原。

### 2. 流行性出血热病毒致病动物模型

目前使用的模型动物有小鼠乳鼠、大鼠乳鼠、裸鼠和环磷酰胺处理的金黄地鼠等，实验动物感染后为显性感染甚至死亡，主要用于流行性出血热的发病机制研究、药物筛选等。小鼠乳鼠是第一个被报道的肾综合征出血热病毒的模型动物，CD-1、ICR、BALB/c等品系乳鼠均对病毒敏感，颅内、腹腔、肌肉、皮下接种等途径均可使其感染。颅内、腹腔联合接种与单纯颅内接种相比，在发病时间、抗原分布上无明显差别。除以上提及的实验动物外，据报道，猕猴可能有望成为更理想的致病动物模型。

（1）造模方法　选用出生后2~4天的纯种BALB/c乳鼠，将来自感染细胞的培养物或感染动物的肺和脑悬液，经-70℃交互冻融3次后，4℃、3000r/min离心30min，取上清液用滤菌器过滤，在乳鼠脑内接种0.02~0.03ml滤液。

（2）模型特点　接种后多数乳鼠有耸毛、个体瘦小、动作迟缓等表现，继而出现后肢麻痹，直至死亡。部分乳鼠接种后13~15天发病，表现为活动减少，精神萎靡，皮毛耸起，蜷缩和昏迷，但无后肢麻痹现象，一般在发病后1~2天死亡。5天后脑切片、肺切片检查，可见散在的特异性荧光颗粒，至第9天，进展为灶性感染，第14天时，病毒感染范围进一步扩大，同时在心、脾、肝、胸腺、肾等组织中亦可检出病毒抗原。死亡后的病理改变：脑表现为脑膜及脑实质的毛细血管扩张充血，血管内皮细胞肿胀，管外淋巴间隙增大，有时可见微血管内红细胞互相黏集而成血液淤滞状态，血管周围淋巴细胞、单核细胞浸润，偶有坏死灶；肺泡壁毛细血管高度扩张、充血、水肿渗血及微血管内血液淤积，均有程度不等的间质性肺炎改变，浸润细胞以淋巴细胞、单核细胞为主；肾脏均表现为皮质部肾小球毛细血管扩张充血，间质内大小血管扩张充血及灶性出血，近曲小管上皮细胞混浊或滴状玻璃样变性，髓质部主要为间质毛细血管充血及血管内血液淤滞，并可见有红细胞漏出，未见大片出血的病变。在病死小鼠脏器组织中，可检测并分离到病毒，其中以脑和肺最多，另外可见肾脏充血，部分肾小管上皮细胞变形、坏死等。

（二）甲肝病毒感染动物模型

随着甲肝病毒抗原及其抗体检测技术的发展，测试猩猩对甲肝病毒的敏感性研究成为可能。先筛选出抗甲肝病毒抗体阴性的猩猩，然后再通过静脉或口服途径接种甲肝病毒，在病程的潜伏期或隐性期内，可在动物粪便中排出病毒样颗粒，类似于在人类患者粪便中所见到的微小病毒样颗粒。随着病程的发展，猩猩可表现出肝炎的生化和组织学证据。典型者从接种后至血清转氨酶开始升高的间隔期为 15～30 天。尽管猩猩不会发生黄疸，但急性期动物肝脏活检标本的组织病理学变化与人类肝炎患者所表现的情形相同。其病理特征是肝细胞坏死，炎症以肝小叶周围为主，与人类感染甲肝病毒后病变相似。但必须注意的是从野外捕获的猩猩，大多数体内具有抗甲肝病毒抗体，对实验室感染具有免疫性，因此不适宜做感染性试验。经饲养后出生的猩猩，其血清中抗甲肝病毒的抗体一般表现为阴性，对病毒易感。由于猩猩数量少，来源困难，价格昂贵，不容易维持和操作，不适宜用作大规模的实验研究，因此不是一种很现实的动物模型。用甲肝患者急性期血清或粪便提取液经静脉、肌肉或口服接种至某些品种的狨猴，如髭狨（*Saguinusmystar*）、鞍背狨（*S. fuscicollis*）的亚种、红狨（*S. nigricollis*）及棉顶狨（*S. oedipus*）等均可诱发病毒性肝炎，并能从一个动物传播至另一个动物。不同品种的狨猴敏感性存在一定的差异，髭狨最为敏感，棉顶狨的敏感性最差。

（1）造模方法　选用年龄 10 个月至 1.5 岁、体重 1.5～2.6kg 的恒河猴，或年龄 8 个月、体重 1.3 kg 的红面猴，抗甲肝病毒抗体均为阴性，实验前观察 2 周。造模时应用从感染的红面猴粪便中分离到的甲肝病毒株，经静脉注射和口服途径接种病毒 0.4ml 于待造模实验动物，静脉注射的动物在接种后立即肌内注射庆大霉素 2 万 U，每天 2 次，连续注射 3 天。

（2）模型特点　接种后一段时间动物食欲减退，活动减少，从接种后 7 天或 11 天开始，动物粪便中排出一种能与典型甲肝患者恢复期血清发生免疫学反应的抗原物质。血清丙氨酸转移酶一度升高，恢复期血清出现较高滴度的免疫粘连抗体。肝组织有些区域有大小不等的空泡样变。有些区域肝细胞肿胀，有气球样变、水样变、嗜酸性变。有的汇管区有炎症变化，主要表现为单核细胞浸润。本模型适用于对甲肝病毒感染机制的研究。

尽管国内外应用狨猴、黑猩猩等感染甲肝病毒已获成功，但其资源稀少，难以广泛应用，亟须在我国动物资源中寻找来源丰富的动物模型。

（三）乙肝病毒感染动物模型

有研究者发现在野外捕获的猩猩，25%血清中已有抗乙肝病毒表面抗原的抗体，且阳性率随年龄增大而增高，表明其曾接触乙肝病毒且获得了免疫力。有报道称在猩猩家族中存在着乙肝的家庭集聚性，认为猩猩传播乙肝的方式可能与人类相似，但是并无乙肝病毒在人与猩猩之间传播的报道。迄今猩猩仍被看作在体乙肝病毒研究的可靠动物模型。利用猩猩模型进行乙肝病毒的研究，已获得了许多重要的科研成果。例如，乙肝病毒仅在肝细胞中复制，将病毒放入口中可以造成传播，而放入肠道中则不引起传播；乙肝病毒的传染性可以与乙肝 E 抗原共存；乙肝疫苗的抗原性和效果的研究等。已发现美洲东部的土拨鼠体内存在类似于乙肝病毒的病毒（Woodchuck hepatitis virus, WHV）。感染 WHV 的土拨鼠除可发生急性肝炎外，可长期携带病毒并伴慢性肝炎，还可导致肝细胞癌变。因此可利用土拨鼠建立研究人类乙肝和原发性肝癌的动物模型。此外，鸭子和树鼩等在实际工作中也常常被用来制作乙肝病毒感染的动物模型。

（1）造模方法　选用血清乙肝病毒 DNA 阴性的麻鸭作为种鸭饲养，收集产蛋、孵化的雏鸭作为实验动物，将 1～2 日龄雏鸭经腹腔接种 0.1～1ml 鸭乙肝病毒血清；或选用体重 100～130g 的成年树鼩，雌雄各半，通过股静脉注射接种人乙肝病毒血清 1ml，3 天后经腹腔再次接种 1ml。

（2）模型特点　经腹腔感染的雏鸭感染率约为 82.9%，并可持续 2 个月左右。肝脏有不同程度的病变，病理切片可见肝细胞空泡变性、肝胀肿，汇管区及小叶间隔炎症细胞浸润等；肝细胞形态基本正常者，在电镜下可见细胞核及胞质内有直径 20～30nm 的不完整病毒颗粒，仅裸露出致密核心而无外膜包绕，少数扩张的内质网中，则见到直径 45～60nm 的空心病毒颗粒。树鼩接种后 3～4 周起出现乙肝表面抗原血症，肝脏形态学检查可见病毒性肝炎变化。

（四）单纯疱疹病毒感染动物模型

人群中单纯疱疹病毒感染十分普遍，人初次感染后多数无明显临床症状，少数表现为口腔、齿龈和口唇局部疱疹，严重者可引起肝炎、脑炎等。建立单纯疱疹病毒致病模型有实际应用意义。另外，角膜病中最重要的致盲原因之一是单纯疱疹病毒 1 型（herpes simplex virus type 1，HSV-1）引起的单纯疱疹病毒性角膜炎。HSV-1 原发感染后的潜伏感染反复发作是致盲的主要原因。因此，探讨 HSV-1 的潜伏部位并阐明其潜伏和复发的机制是防治单纯疱疹病毒性角膜炎的焦点。

（1）造模方法　将 HSV-1 与 Hela 细胞共培养 48h，测定病毒的 50%组织细胞感染量（$TCID_{50}$）。选用体重（15±1.6）g 的 KM 小鼠，感染部位常规消毒后，每只用 4 号针头经右侧脑室内注射 0.02ml HSV-1，病毒滴度为 $10^2$ $TCID_{50}$。动物室保持空气新鲜，维持相对湿度 60%，温度（20±4）℃。若制备单纯疱疹病毒性角膜炎模型，则选用体重 2.0～2.5kg 健康纯系新西兰家兔，在手术显微镜下，在家兔右眼角膜中央做 4mm "+++" 划痕达基底膜，滴入 HSV-1 stokek 株病毒混悬液 25μl 后，按摩 30s。

（2）模型特点　用 KM 小鼠建立单纯疱疹病毒致病模型后，动物表现为耸毛、蜷缩、消瘦、肢体麻痹等，最后衰竭、死亡，感染鼠血液、心、脑、肝、神经节等处可分离到病毒，电镜下模型鼠以上脏器可观察到超微结构变化。新西兰家兔接种后 3 天，可发生典型的树枝状角膜炎。

（五）巨细胞病毒感染动物模型

人类巨细胞病毒是造成新生儿先天畸形的主要病原体之一，也是艾滋病患者最常见的机会性感染性病原体之一。此外，该病毒还具备潜在的致癌能力，严重威胁着人类健康。豚鼠巨细胞病毒感染与人类巨细胞病毒感染相似，且可经胎盘垂直传播导致宫内感染，是研究人类巨细胞病毒感染的实验模型。

（1）造模方法　选用受孕 Hartley 豚鼠制作模型，在接种病毒以前，首先测定豚鼠血清中是否携带抗巨细胞病毒的抗体，血清抗体阴性者方可用于实验。造模时在豚鼠右腋窝皮下接种病毒 0.1ml（滴度为 $10^2$ $TCID_{50}$）。

（2）模型特点　豚鼠接种病毒后，病毒很快进入其血液循环并扩散到全身。接种后 7 天豚鼠出现病毒血症，第 10 天可从豚鼠肺、脾和唾液腺中查出病毒，接种后第 3 周豚鼠病毒血症检查为阴性，而第 4 周又有个别豚鼠出现病毒血症，且个别孕鼠发生流产。

（六）病毒性心肌炎感染模型

50%以上的病毒性心肌炎由柯萨奇 B 组病毒引起，在疾病早期主要是病毒直接侵犯心肌细胞，后期则由病毒或受损心肌组织引起免疫病理过程。通过柯萨奇 B3 病毒感染 BALB/c 小鼠，建立病毒性心肌炎感染模型。

（1）造模方法　选用 8～9 周龄 BALB/c 小鼠，将柯萨奇 B3 亲心肌病毒株经 Hela 细胞增殖后，经腹腔接种 0.1ml $10^2$ $TCID_{50}$ 的病毒悬液。

（2）模型特点　小鼠接种病毒后第 3 天开始发病，出现病毒血症，心、肝、脑、肾等脏器中可检测到病毒，接种后第 5 天小鼠产生抗体，病毒血症迅速消失。心脏局灶性病变最早出现于第 5 天，第 8～9 天心肌病变达到高峰，此后心肌内病毒消失，但病变仍然持续直到第 17 天。发病小鼠病死率高达 50%，大部分小鼠存活 12 天左右，雌性小鼠病死率高于雄性小鼠。

（七）轮状病毒感染动物模型

轮状病毒是秋冬季婴幼儿腹泻的主要病原体，主要发生在 2 岁以下的婴幼儿中，尤以 1 岁半以下的婴儿多见。小儿发病季节多在 9～11 月份，故称为秋季腹泻。多数患儿在 1 周左右会自然止泻，但呕吐、腹泻严重时，如果补液不及时，患儿很快出现脱水，其后果就比较严重。可用含有轮状病毒的患儿粪液灌注给成年树鼩建立轮状病毒模型。

（1）造模方法　选用体重 93～140g 的健康成年树鼩，雌雄各半，建模前用电镜检查其粪便，明确所用树鼩粪便中无轮状病毒颗粒。取含有轮状病毒的患儿粪液，加青霉素和链霉素抑制细菌生长，将粪便原液和稀释液各 1ml 经动物口咽部灌注入树鼩胃内。

（2）模型特点　模型动物表现为体毛蓬松、食欲减退、腹泻频繁、体重减轻、眼窝凹陷，处于严重脱水状态。其粪便标本处理后用电镜检查可检出轮状病毒颗粒，病理切片见树鼩肠腔内有肠上皮细胞和肠绒毛脱落，上皮细胞有不同程度的退行性变，表现为细胞肿胀，分界不清，或有胞质溶解和淡染等。黏膜层和黏膜下层血管扩张充血，个别区域坏死可累及肌肉层。电镜下十二指肠病变上皮细胞内可见较多轮状病毒颗粒。

## 二、人类细菌感染性疾病的诱发性动物模型

（一）慢性胃炎动物模型

自 1983 年首次从人胃黏膜成功分离幽门螺杆菌（*Helicobacter pylori*，*Hp*）后，大量研究已证实 *Hp* 是人类慢性胃炎的病原菌，并与消化性溃疡尤其是十二指肠溃疡的发生和复发关系密切。通过 *Hp* 的近缘菌猫胃幽门螺杆菌（*Helicobacter felis*，*Hf*）的 SPF 级 BALB/c 小鼠模型，发现此细菌可在其体内长期定植并引起与人类 *Hp* 相关胃炎的组织学改变。

（1）造模方法　将 Hf 标准株在固体或液体培养基中培养 48h，经微生物方法鉴定后，收入 30% 甘油布氏肉汤保存液中，-70℃ 保存待用。选择 6～8 周龄 BALB/c 小鼠，禁食禁水 12h 以上，然后灌喂 Hf 菌液，于灌喂后 1 周、4 周、6 周、8 周、16 周分批处死小鼠。

（2）模型特点　小鼠灌喂 Hf 菌液后 4 周，胃内逐渐出现慢性胃炎的病理改变，主要表现为以淋巴细胞浸润为主的慢性炎症；胃肠组织标本可培养出 Hf。本模型可用于 Hp 致病机制的研究、疫苗的研制及抗菌药物的筛选。

（二）痢疾动物模型

犬的消化和神经等系统的生理特点与人类接近，可被用来制备痢疾模型。

（1）造模方法　选用体重 13～23kg，年龄 2～3 岁的健康犬，在灌菌前 5min，将临时配制的 10% NaHCO$_3$ 溶液，按 4ml/kg 注入犬胃内以中和胃酸，以胃腔保持 pH 6.0 的条件。采用胃管插入法和直肠灌入法两种接种途径。前者用成人胃管，以犬白齿后隙缝插入胃腔。后者用导尿管经肛门插入犬直肠内 20cm。接种菌量为 9×10$^{11}$ CFU/kg。

（2）模型特点　接种细菌 5h 后，犬即开始出现精神不振、呕吐、呻吟、狂叫、腹泻等症状，14h 后犬小肠、结肠充血，有节段性出血、坏死和脓性分泌物，肝肿大、淤血，肾包膜紧张、苍白，肺淤血，心脏大、质硬。病理切片见其肠黏膜大片脱落、坏死，覆有假膜，黏膜下充血，并见脓肿形成。

此外，尚可选用体重 2.0～2.5kg 的健康正常家兔，通过肠管结扎法，接种痢疾杆菌，制备痢疾模型。造模时应注意在结扎时绝对不可损伤肠管上的毛细血管；勿伤其周围组织或穿破肠壁；肠管事前应充分洗涤；结扎五段为宜；注入总菌数为 6×10$^8$ CFU，每段注入 0.2ml，1h 完成。

（三）铜绿假单胞菌性角膜炎模型

铜绿假单胞菌性角膜炎是一种严重危害视力的急重眼病，发病迅速，重症可导致失明。可在家兔角膜实质内接种铜绿假单胞菌，制成铜绿假单胞菌性角膜炎动物模型。

（1）造模方法　选用体重 1.5～2.5kg 的新西兰家兔，实验前用裂隙灯显微镜检查明确其两眼正常。将 20% 乌拉坦经腹腔注入兔体内（1g/kg）麻醉动物，然后用微量注射器在兔角膜实质内注射

铜绿假单胞菌菌液，菌量为 100 CFU。分别在接种细菌后的第 2、4、6、8、11 天观察并记录兔结膜和角膜病变。

（2）模型特点　家兔角膜实质内接种铜绿假单胞菌后，结膜水肿并充血且分泌物增多，用棉签轻擦兔角膜囊后接种入 M-H 培养基中，37℃培养 48h 后可观察到所形成的铜绿假单胞菌菌落。

### （四）感染性发热模型

细菌感染性发热模型文献报道较多，但有的模型所需设备较复杂，使用起来欠方便，有的模型发热时间维持较短，不利于进行药效观察。肺炎双球菌感染性发热模型制作相对简单，且发热持续时间较长，更接近临床细菌感染性发热时的疾病状态，是一种较为理想的感染性发热模型。

（1）造模方法　选用健康成年家兔，取肛温低于 39.8℃者用于实验。感染前，肺炎双球菌经增菌、鉴定、再增菌等程序，最后经比浊法定量，分别在兔皮下注射 $2×10^7$CFU、$3×10^7$CFU、$5×10^7$CFU、$6×10^7$CFU 菌液，每隔 4h 测肛温 1 次，持续 24h 以上，记录温度变化。

（2）模型特点　接种 $2×10^7$CFU 的动物，状态良好，不影响活动和饮食，温度上升初期有轻度畏寒呈卷曲状态，升温最高为 1.4℃，无动物死亡；接种 $3×10^7$CFU 的动物，有畏寒、少动，但食欲正常，升温最高为 1.7℃，无动物死亡；接种 $5×10^7$CFU 的动物，有显著感染状态，少动、纳食差、畏寒，升温最高为 1.2℃，无动物死亡；接种 $6×10^7$CFU 的动物，均出现严重的感染状态，除有蜷曲、少动、拒食外，稀便，睾丸红肿，死亡率为 50%，处于衰弱状态，升温最高为 2.1℃。此模型可用于选择轻、中、重症感染性发热动物。

### （五）急性细菌性弥漫性腹膜炎模型

急性细菌性弥漫性腹膜炎模型是腹部外伤、腹膜炎或腹部手术后感染的实验研究必须解决的问题之一。用大肠杆菌及厌氧脆弱拟杆菌经腹腔接种途径感染大鼠，可建立急性细菌性弥漫性腹膜炎模型。

（1）造模方法　实验前先将菌种（大肠杆菌菌种号：*E. coli* O7K28；厌氧脆弱拟杆菌菌种号：*B. fragilis* ATCC 8482）接种至小鼠腹腔内，48h 后，将小鼠腹腔液接种于血琼脂培养基上，37℃培养 12～24h 后，用生理盐水冲洗细菌制成混悬液，经腹腔注入体重 160～200g 的雄性 SD 大鼠体内。

（2）模型特点　注射细菌后大鼠躁动不安，15～20min 后两后肢抽搐，呈后蹬伸直的强直状，1h 后渐转入嗜睡状态，对震动或刺激反应迟钝，不时抽搐，以后呼吸急促加快。本模型适用于研究腹膜外伤、手术及其他原因引起的急性腹膜炎的防治及药物的疗效。

### （六）细菌性支气管肺炎动物模型

用氢化可的松和环磷酰胺抑制小鼠的免疫系统后，以肺炎克雷伯菌攻击小鼠肺脏，可制备小鼠细菌性支气管肺炎模型。

（1）造模方法　选择体重 18～22g 的 SPF 级 BALB/c 小鼠，每日上午注射氢化可的松 0.5mg，下午注射环磷酰胺 0.5mg，连续 3 天。将肺炎克雷伯菌接种于血平板，37℃过夜培养后挑取 4～5 个典型菌落接种入肉汤，菌增 4～5h 后以无菌生理盐水调整细菌浓度至 $10^2$ CFU/ml。在小鼠前背右上部，距右耳根 1cm 左右处消毒，然后以小儿头皮针垂直刺入约 0.5cm，注入菌液 0.1ml。

（2）模型特点　模型小鼠肺脏色泽与正常小鼠明显不同，呈深红色，病理切片检查表现为程度不同的支气管肺炎，即细支气管和支气管周围及肺泡内有渗出和炎性细胞浸润，间质毛细血管充血或出血，病变可呈灶性或片状。死亡小鼠的肺脏肺炎克雷伯菌培养阳性。

### （七）细菌性阴道炎动物模型

阴道炎是女性常见的妇科疾病。导致本病的病原体主要包括金黄色葡萄球菌、大肠杆菌、淋球菌等。可通过接种以上细菌的混合物，制备阴道炎模型。

（1）造模方法　选择体重 190～210g 的雌性 Wistar 大鼠，从其阴道注入金黄色葡萄球菌（1.8×10^9 CFU/ml）、大肠杆菌（1.8×10^9CFU/ml）和淋球菌［（7～8）×10^7CFU/ml］，每种细菌注入量均为 0.025ml/100g 体重。5 天后，取大鼠阴道分泌物做相应检查。

（2）模型特点　大鼠阴道出现充血、水肿、出血等症状，阴道分泌物中可检出金黄色葡萄球菌、大肠杆菌、淋球菌。

### （八）L 型细菌诱发实验性肾小球肾炎模型

采用急、慢性肾小球肾炎患者血细胞破碎滤过后培养出的 L 型细菌，对家兔进行直接注射，建立家兔实验性肾小球肾炎模型。

（1）造模方法　采集临床确诊的急、慢性肾小球肾炎患者的静脉血 3ml，用 0.25%氯化钠低渗处理 4h 后，经 0.2 μm 微孔滤膜进行负压抽滤。将滤过液分别接种于血琼脂培养基、牛肉汤培养基、高渗肉汤培养基上，有阳性结果者再移入 L 型细菌固体培养基中进行培养。选择体重 2.0 ～2.5kg 的健康成年纯种大耳白家兔，经耳缘静脉注入 L 型细菌，隔日 1 次，共注射 8 次，最后一次间隔 1 周。

（2）模型特点　模型兔的尿蛋白均有明显提高。肉眼观察肾脏无明显充血、增大；但病理切片可见肾小球充血，内皮细胞增生，肾小囊腔间隙增宽、渗出增加，尚可见到肾小管上皮细胞浑浊肿胀、小管内有透明管型和颗粒型等病变。荧光显微镜下观察可见基底膜有不规则的颗粒状免疫复合物沉积。

## 三、人类寄生虫感染性疾病的诱发性动物模型

### （一）隐孢子虫模型

微小隐孢子虫是引起人和多种动物腹泻的重要病原体，通过饮水给予免疫抑制剂并用人源隐孢子虫卵囊感染 NIH 小鼠，可建立隐孢子虫感染动物模型。进行隐孢子虫的生活史、生理代谢、致病机制、药物筛选等方面的研究。

（1）造模方法　选用 4 周龄 NIH 小鼠，连续 3 天涂片镜检均显示隐孢子虫感染阴性者用于实验。小鼠饲喂普通饲料，饮水中每升水加入地塞米松 1mg、四环素 1g 和白糖 50g 以诱导免疫抑制状态，1 周后，每只小鼠用 1 号钝针头注射器食管灌注 1.3×10^7 个卵囊。

（2）模型特点　模型鼠卵囊排出数量从接种后第 3 天起逐渐增多，感染后 13 天鼠卵囊排出数量最多，小鼠发生严重腹泻。

### （二）卡氏肺孢子虫肺炎模型

卡氏肺孢子虫为一种特殊类型肺炎的病原体，该病的发生与宿主的免疫功能状态低下有关，是一种严重的机会感染性疾病。患者以处于免疫抑制状态的儿童和成人为主。通过给予大鼠高蛋白饲料，皮下注射醋酸可的松及其饮水中加入四环素的方法，可建立卡氏肺孢子虫肺炎模型，用于对虫体的生长、发育、繁殖、致病和虫体与宿主之间关系等进行动态观察。

（1）造模方法　选择体重 200～250g 的雌性 Wistar 大鼠，于其腹股沟区皮下注射 256mg 醋酸可的松，每周 2 次，同时饮水中加入盐酸四环素 1mg/ml，不限制其饮水量，除普通饲料外，每周加花生仁 2 次。

（2）模型特点　大鼠出现体重下降、呼吸急促等症状，肺切片中有成熟包囊，肺泡壁充血，间质增宽，并有单核细胞和淋巴细胞浸润，肺泡腔内有大量炎性渗出液和许多泡沫细胞。

### （三）阴道毛滴虫模型

阴道毛滴虫集中在阴道上皮表面时，可破坏上皮细胞，形成溃疡或脓肿，造成特异性的滴虫性

病变。

（1）造模方法　收集用肝浸汤培养基进行无菌培养的阴道毛滴虫，用 PBS 离心洗涤 3 次，按 $1 \times 10^7$ 滴虫数接种于 KM 鼠背部皮下。

（2）模型特点　模型鼠皮下形成脓肿，病变部位可见干酪样坏死组织及少量黏稠的黄色脓样液体，显微镜下在脓液中可见到活动的阴道毛滴虫。

（四）福氏纳格勒阿米巴原发性脑膜炎模型

用 Chang 氏培养基繁殖福氏纳格勒阿米巴滋养体，经鼻腔接种小鼠，可作为福氏纳格勒阿米巴原发性脑膜脑炎动物模型，用于探讨该病的发病机制、临床诊断、流行病学及防治措施等。

（1）造模方法　选用体重 10～15g 的杂交小鼠，从在 Chang 氏培养基中繁殖的阿米巴培养液中取出沉淀，用 4 号注射针头将阿米巴的含量调整成每滴含有 1000 个滋养体的浓度，然后经小鼠鼻孔接种阿米巴滋养体 4000 个左右，随后用脱脂棉擦去鼻孔多余的悬液。

（2）模型特点　小鼠朝自己的尾巴方向转圈，全身的毛竖起，失去光泽，发生强直性痉挛，最后四肢向后阵发性抽搐，不能行走。小鼠脑明显肿胀，脑膜小血管高度扩张充盈，兼有出血点。显微镜下在脑组织内可观察到大量阿米巴滋养体。

（五）蓝氏贾第鞭毛虫模型

用长爪沙鼠建立蓝氏贾第鞭毛虫感染动物模型用于其致病性的研究，可获得较满意的实验结果。

（1）造模方法　选用体重 30～60g 的纯系长爪沙鼠，实验前均经食管灌注甲硝唑，每只 20mg，连续 3 天，反复粪检无寄生虫虫体者用于试验，收集不同地区贾第鞭毛虫患者的新鲜粪便，处理后制成 $2 \times 10^4$/ml 的包囊悬液，动物灌注 $1 \times 10^4$ 个包囊。

（2）模型特点　长爪沙鼠体重下降，粪便呈糊状，混有白色黏液。镜检可见大量包囊和运动活跃的滋养体，肠绒毛变宽，有少量淋巴细胞浸润，血管扩张充盈，黏膜下层淋巴小结增生，小肠有卡他性炎症。

（六）猪囊尾蚴病模型

猪囊尾蚴病是一种人兽共患寄生虫病，在我国 20 个省市均有不同程度的流行，有关猪带绦虫囊尾蚴的国内外基础实验研究的资料较少，仅有在猪体内感染的实验报告。鉴于在猪体上囊尾蚴需用量大，实验困难，难于做统计学处理，故主张建立猪囊尾蚴病小型动物模型，用于猪囊尾蚴病的免疫、病理、药理、生化、诊断及治疗等方面的研究。

（1）造模方法　选择体重 18～22g 的雄性 KM 小鼠用于实验。对猪带绦虫病患者，用南瓜子槟榔和 50%硫酸镁驱虫，成虫漂洗后在成熟孕节内分离虫卵，于培养瓶器加入胃液、猪胆汁、胰酶等，置于 37℃温箱孵化。取孵化出的六钩蚴，镜下计数后，用注射器将六钩蚴注入 KM 小鼠尾静脉内。

（2）模型特点　在小鼠肌肉和肺脏中可检出猪囊尾蚴，将猪囊尾蚴置于胃液和胆汁中，37℃孵化 2h，其头节可自动翻出。

（七）疟疾模型

疟疾是一种由原虫引起的全球性急性寄生虫传染病。用恒河猴或小鼠建立疟疾模型，不仅能深入研究疟疾的发病机制，还可筛选抗疟药物和研发相应疫苗。

**1. 恒河猴疟疾模型**

（1）造模方法　选用恒河猴、斯氏按蚊 Hor 株，采用输血感染或子孢子感染途径制备恒河猴疟疾模型，用于抗疟药筛选和疟疾免疫研究。对于输血感染途径，实验时取保种猴静脉血 3～4ml，用枸橼酸钠抗凝，5%葡萄糖生理盐水稀释至约含 $5 \times 10^8$ 个疟原虫后，静脉注射接种至健康恒河猴体内。对于子孢子感染途径，则于清晨 6：00 左右，用斯氏按蚊叮咬血内原虫阳性的恒河猴 30min，叮咬后 6～10 天抽样解剖，14 天时将全部雌蚊经异氟烷麻醉后，用 10%正常猴血清及 5%葡萄糖生理盐水研磨离心取上清液，用（5～7）×10$^6$ 个子孢子静脉接种健康猴。

（2）模型特点　输血感染后 4～5 天恒河猴出现原虫血症，7～14 天原虫密度达到高峰，5～8 个月时血内仍能查见原虫。子孢子感染后 9～10 天出现原虫血症，17～23 天原虫密度达到高峰，8 个月血内仍能查见原虫。

**2. 小鼠疟疾模型**

（1）造模方法　选用体重 18～22g 的小鼠、斯氏按蚊，采用输血感染或子孢子感染途径制备疟疾模型，用于疟疾根治药和病因性预防药等抗疟药的初筛实验。输血感染时，取经稀释的约含 5×10$^6$ 个疟原虫的保种鼠血注入健康鼠腹腔。子孢子感染时，以斯氏按蚊吸血进行人工感染，11～12 天后抽样解剖，从唾液腺感染子孢子阳性率计算吸血雌蚊体中阳性蚊的比例，将全部雌蚊经乙酰麻醉后研磨，按每只阳性蚊用 0.2ml 生理盐水的比例稀释，离心，取上层子孢子悬液注入健康鼠腹腔。

（2）模型特点　小鼠感染后 3～4 天，在其血中可查见疟原虫，6～13 天达到最高峰，随后原虫逐渐减少，21 天血检通常为阴性。

（八）血吸虫病模型

血吸虫病是由血吸虫寄生于门静脉或肠系膜静脉及其分支所致的传染病。通常由皮肤接触含有尾蚴的疫水而受染，虫卵肉芽肿是最基本的病变，为了深入探讨血吸虫病的防治，建立合适的动物模型非常重要。

**1. 血吸虫病皮肤感染模型**

（1）造模方法　取阳性钉螺 30～50 只，放入 150ml 的烧杯中，为阻止钉螺上爬，取大小如烧杯口径的尼龙网，平放在烧杯中部。加清洁水至烧杯口 1cm 左右，水的 pH 以 7.0～7.8 最为适合。将烧杯放入设有灯光照明的逸蚴箱内，保持 25～26℃的适宜温度，经 2～3h 后尾蚴陆续自钉螺体内逸出，浮集于水面。挑选体重 20～24g 的健康小鼠，用刀片将下腹部的毛剃去，范围比普通盖玻片稍大些。感染前将小鼠仰卧于固定板上，以橡皮筋固定四肢。在盖玻片上加水数滴，在解剖显微镜下选取活动完整无损的尾蚴 35～40 条，以接种环或大头针蘸取后置于盖玻片的水滴中。用清洁水将小鼠剃毛部皮肤涂湿，把含有尾蚴的盖玻片贴于小鼠剃毛部，同时计算时间，注意勿使盖玻片滑下。

（2）模型特点　15min 后取下盖玻片，尾蚴经皮肤感染小鼠后，将其放回笼内饲养 28～35 天，即可进行实验治疗。

**2. 血吸虫病肝虫卵肉芽肿模型**

（1）造模方法　选用体重 18～20g 的 C57BL/6J 雌性小鼠，每只鼠先在颈部皮下注射可溶性虫卵抗原（soluble egg antigen，SEA）45μg/0.2ml 进行致敏，11 天后再经脾脏直接注射虫卵混悬液 0.12ml。脾脏注射时，小鼠仰卧位固定，腹部皮肤消毒，乙酰麻醉，在左肋弓下一指与肋弓平行处剖开腹壁皮肤，剪开腹膜，完整地轻拉出脾脏，改变小鼠体位，以 1ml 针筒抽吸预先准备好的虫卵悬液 0.12ml，上连 4 号针头，在距脾下缘 0.3～0.4cm 处刺入脾脏 1.5～2.0mm，缓慢注射（持续 20～30s）。

（2）模型特点　小鼠注射后活动减弱，但很快恢复，第 4 天形成虫卵肉芽肿，无坏死，第 32 天，虫卵有异物巨细胞，纤维母细胞增多，第 64 天，虫卵消失，周围纤维细胞增多。

**3. 血吸虫病眼前房感染模型**

（1）造模方法　选用体重 1.5 kg 以上的家兔，为了利于观察，接种白色雄虫时宜选黑眼球家兔；接种灰黑色雌虫时宜选红眼球家兔。无菌操作从感染血吸虫家兔的肠系膜静脉及门静脉中取成熟活血吸虫体，立即置于装有 37 ℃生理盐水的平皿中，保存于孵箱中备用。家兔用异氟烷麻醉后，消毒双眼，用固定摄夹牢眼球。取消毒针筒吸取无菌生理盐水后，轻轻将活泼虫体 1～2 条吸入针头末端。随即将针头由眼球上方正中角膜外侧约 0.5cm 的巩膜处刺入，经玻璃体前部，穿过睫状小带，再由晶状体与虹膜之间隙，迅速推动针筒，虫体即可注入其中。随即将针头自眼球内拔出。

（2）模型特点　准确而敏捷的操作能保证接种的成功，对虫体及眼球均不会有明显损伤，每只实验兔可行单侧或双侧接种。寄居在眼前房的虫体头部附着在角膜的后方或虹膜及晶状体的前方，体段在前房液内不停地伸缩扭摆。虫体还能借着口、腹吸盘的一吸一离及体段的运动，很灵活地在前房液内游行。雄虫在前房水内能活 9 个月左右。

### （九）丝虫病模型

丝虫病是由丝虫成虫寄生于淋巴系统或其他组织所致的寄生虫病。通常由带有传染期幼虫的蚊子叮咬而感染。

（1）造模方法　从感染丝虫的犬静脉内取一定量的血液，置于加抗凝剂（枸橼酸钠）的生理盐水中，每次接种前，充分摇匀。取儿科静脉滴注注射针，连接 1ml 注射器，用生理盐水洗涤尼龙管 3 次，最后 1 次将生理盐水留于管内，并在针头处留 0.01～0.02ml 空气。选择体重 18～20g 的小鼠用于实验。抽取前期已准备好的加有抗凝剂的感染丝虫的犬静脉血 0.1～0.3ml，连同气泡注入小鼠尾静脉，再推入少量生理盐水冲洗管壁，局部烧灼止血。快速处死小鼠，取其心、肺、肝，放入含有改良格氏液的直径 6cm 的培养皿中。将各脏器表面做十字切开，置于 40℃ 水浴箱中浸泡 1～5h 后收集浸泡液，倒入沉淀管内，以 2500 ～3000r/min 离心 15min，弃去上清液并加入蒸馏水溶血，其后加盐水离心 15min，取全部沉渣镜检，计数丝虫幼虫。建模时特别要注意接种在小鼠体内的微丝蚴宜控制在 1000 条以内，因为接种血量按血中所含微丝蚴多少而定，一般情况下血量应低于 0.3ml，过量时易引起小鼠死亡。含微丝蚴犬血的定量、尾静脉注入体内检虫率的高低，取决于血中微丝蚴是否均匀，因此混匀接种所用的血液时必须将拇指抵住管口，反复颠倒 10 次。

（2）模型特点　在小鼠体内犬微丝蚴分布的特点是心、肺、肝内检获虫数占 99.4%，而脾、肾、肠系膜检获率仅 0.96%，所以用此模型进行筛选时只需检查小鼠心、肺和肝。

### （十）钩虫病模型

钩虫病是由十二指肠钩虫或美洲钩虫寄生于小肠引起的一种寄生虫病。通常通过皮肤接触途径感染，也可经口感染。

（1）造模方法　采用十二指肠钩虫和美洲钩虫混合感染动物粪便中的钩蚴，挑选蚴龄 15～20天、蠕动活泼的钩蚴（每批钩蚴来自同一感染者），体重 20～25g 的小鼠用于建模。剪去小鼠腹部细毛，在剑突中心标记一直径约 2.5cm 的范围，将含钩蚴的水 0.1ml 滴于标记范围内正中，每鼠感染钩蚴 200～300 条，感染 1h。也可用体重 90～110g 的雄性大鼠建模。取已感染巴西日本圆线虫患者的粪便，以粗玻璃管培养钩蚴法进行培养。将发育良好的感染期蚴虫集于小平皿内，于解剖镜下计数，用毛细吸管吸 50 条或 100 条滴于凹玻片内，每片放 400 条钩蚴，用 1ml 的针头在解剖镜下吸取凹玻片内的全部蚴虫。将大鼠仰卧置于固定板上，捆绑四肢；或手持大鼠腹部向上从腹部皮下注入钩蚴，再吸清水 0.2～0.3ml 从另一部位注入，重复 3～4 次。吸少许清水洗涤针筒、针头后，将洗液在解剖镜下检查，计算实际注入钩蚴的数量。建模时需注意钩蚴培养适宜温度为 25～28℃，培养 14 天可接种动物；夏季接种时易被细菌污染，可于每毫升幼虫悬液中加青霉素与链霉素抑制细菌生长。

（2）模型特点　接种后 48h 解剖动物，纵剖腹部取出肠。将小肠分为上、中、下 3 段，并检查大肠。将肠纵剖，于解剖镜下用压片法检查虫体，计算虫数。皮下注射时以见到表皮有小疱隆起为佳，注射深及肌肉或腹腔时，发育虫数显著降低。

# 第十三章  遗传性疾病的比较医学

人类遗传性疾病（human genetic diseases）是由于遗传物质改变所致的疾病，包括单基因病、多基因病和染色体病三类，是医学遗传学和临床遗传学的主要研究内容。动物和人类一样，因遗传物质的异常也导致相同或类似的疾病，因此，具有遗传性疾病的动物模型成为人类研究或治疗该类疾病的重要的活的实验材料。研究比较人类与实验动物的遗传特点，充分利用人类与实验动物遗传性疾病的相同、相似、差异性等，挖掘遗传性疾病的机制，研究或筛选临床治疗方法或药物，对减轻遗传性疾病家族的病痛，造福人类具有重要的意义。

## 第一节  人类与实验动物遗传特点比较

### 一、比较染色体数目

染色体（chromosome）是细胞在有丝分裂或减数分裂时 DNA 存在的特定形式。细胞核内，DNA 紧密卷绕在称为组蛋白的蛋白质周围并被包装成一个线状结构。每条染色体都有一个称作着丝粒（点）的收缩点，它将染色体分成两个部分，即"臂"。短臂为"p 臂"；长臂为"q 臂"。着丝粒（点）在每条染色体上的位置为染色体提供了特有的形状，可用于帮助描述特定基因的位置。染色体有种属特异性，随生物种类、细胞类型及发育阶段不同，其数量、大小和形态存在差异。

遗传物质，基因的载体是染色体，人的常染色体成对存在，体细胞染色体数目为 23 对，男女共有其中的 22 对，称为常染色体（autosome）；另外一对是性染色体（sex chromosome），男女不同，男性为 XY，女性为 XX。在生殖细胞（generative cell）中，男性生殖细胞染色体的组成：22 对常染色体+X/Y。女性生殖细胞染色体的组成：22 对常染色体+X/X。人类会发生先天性染色体数目异常或结构畸变导致疾病，称为染色体病（chromosome disease）。

人和实验动物、各种动物之间染色体，不仅在数目上（2n）不同，而且在形态上也不一样，例如，小鼠、犬均是端着丝粒染色体，大鼠 1 号、3 号、11 号、12 号染色体是亚中央着丝粒；2 号、4 号～10 号染色体、X、Y 是端着丝粒；13 号、20 号染色体是中央着丝粒。实验动物的染色体也会产生染色体畸变（chromosomal aberration），如断裂、重复、倒位、易位等。在显带染色体中，也可清晰地看到许多不同近交品系，它们各自染色体带纹（banding）也不一样。例如，BALB/c 第 7 号染色体的 C 带染色区（size of C banding）比 C57BL/6J 要小得多；而 C57BL/cdJ 第 12 号染色体 C 带染色区则比 C57BL/6J 要大得多。

位于同一染色体上的基因伴同遗传的现象称为连锁（linkage）。由于同源染色体相互之间发生交换而使原来在同一条染色体上的基因不再伴同遗传的现象称为交换（crossingover）。将一条染色体上所有的连锁归并在一起，称为一个连锁群（linkage group），连锁群的数目等于单倍染色体数，例如，小鼠的染色体数是 40，XY，连锁群的数目就是 20。人和各种动物都具有一定数目的染色体（表 13-1、表 13-2）。

表 13-1　人类与实验动物染色体数目比较

| 人和动物种类 | 学名 | 英文名 | 染色体数 |
|---|---|---|---|
| 人 | *Homo sapiens* | human | 46 |
| 小鼠 | *Mus musclus* | mouse | 40 |
| 大鼠 | *Ruttus norvegicus* | rat | 42 |
| 中国地鼠 | *Cricetulus barabensis* | Chinese hamster | 20 |
| 金黄地鼠 | *Mesocricetus auratus* | golden hamster | 44 |
| 豚鼠 | *Cavia porcellus* | guinea pig | 64 |
| 长爪沙鼠 | *Meriones unguiculatus* | milne edwauds | 44 |
| 兔 | *Oryctolagus cuniculus* | rabbit | 44 |
| 猫 | *Felis catus* | cat | 38 |
| 犬 | *Canis familiaris* | dog | 78 |
| 猕猴 | *Macaca mulatta* | monkeys | 42 |
| 黑猩猩 | *Pan troglodytes* | pan satyrus | 48 |
| 猪 | *Sus scrofa* | swine | 38 |
| 牛 | *Bos taurus* | cattle | 60 |
| 马 | *Equus caballus* | horse | 64 |
| 驴 | *Equus asinus* | donkey | 62 |
| 山羊 | *Capra hircus* | goat | 60 |
| 绵羊 | *Ovis* sp. | sheep | 54 |
| 貂 | *Martes* | marten | 30 |
| 狐 | *Vulpes* | fox | 38 |
| 鸽子 | *Columba livia* | pigeon | 80 |
| 鸡 | *Gallus domesticus* | chicken | 78 |
| 火鸡 | *Meleagris gallopavo* | turkey | 82 |
| 鸭 | *Anas platyrhynchos* | duck | 78 |
| 蟾蜍 | *Bufb bufb* | toad | 22 |
| 青蛙 | *Rana nigromculata* | frog | 26 |
| 黑腹果蝇 | *Drosophila melanogaster* | fruit fly | 8 |
| 斑马鱼 | *Brachydanio rerio var* | Zebrafish | 50 |

表 13-2　实验动物染色体（二倍体、单倍体）数目和性染色体比较

| 实验动物 | 染色体数目 | | 性染色体 |
|---|---|---|---|
| | 二倍体 | 单倍体 | |
| 小白鼠 | 40s.m | 20 雄（Ⅰ、Ⅱ） | 雄：XY |
| 大白鼠 | 42m | | 雄：XY |
| 金地鼠 | 44m | | 雄：XY |
| 豚鼠 | 64m | | 雄：XY |

续表

| 实验动物 | 染色体数目 | | 性染色体 |
| --- | --- | --- | --- |
| | 二倍体 | 单倍体 | |
| 兔 | 44s.m | 22雄（Ⅰ、Ⅱ） | 雄：XY |
| 猫 | 38m | | 雄：XY |
| 犬 | 78m | | 雄：XY |
| 猕猴 | 42m | | 雄：XY |
| 牛 | 60m | | 雄：XY |
| 马 | 64m | | 雄：XY |
| 猪 | 38m | | 雄：XY |
| 山羊 | 60s | 30雄（Ⅰ、Ⅱ） | 雄：XY |
| 绵羊 | 54m | | 雄：XY |
| 鸽子 | Ca.80 | | 雄：XY；雌：XX |
| 鸡 | Ca.78 | | 雄：XY；雌：XX |
| 鸭 | Ca.78；Ca80m | | 雄：XY；雌：XX |
| 蟾蜍 | 22m | | |
| 青蛙 | 26s | 13雄（Ⅰ、Ⅱ） | |

s，精子内染色体数目；m，体细胞内染色体数目；雄（Ⅰ），初级精母细胞内染色体数目；雄（Ⅱ），次级精母细胞内染色体数目。

　　人类相关物种的染色体比较：每种生物染色体的数目和形态都是相对恒定的，据此可进行物种间的比较。因此分类上常采用核型（染色体组型）分析比较法来鉴定相关物种的亲缘关系。如人、大猩猩、黑猩猩和短尾猿的体细胞染色体十分相似，但每条染色体在形态结构和内容上有所差异，从图 13-1 中可以看出，人的第 7 条染色体上具有的 A、B、C、D、E、F、G 7 个片段，在大猩猩、黑猩猩、短尾猿相关的染色体上都有，但染色体结构以大猩猩和黑猩猩与人染色体最相似，由此得到人与猩猩的亲缘关系如图 13-1 所示。另外，在高等植物中，染色体的多倍化是形成新种的一个重要途径，在这些类群中，经常依照染色体的数目而形成系统。例如，小麦属的染色体基数 X=7，而单粒小麦、二粒小麦和普通小麦的体细胞染色体数分别为 14、28 和 42，这三种模型形成一个系统，后两者皆为多倍体。

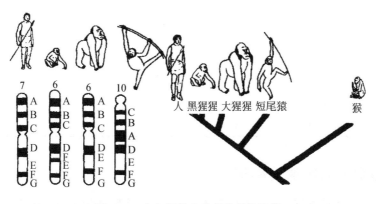

图 13-1　人与相关物种的染色体比较

## 二、比较生化位点遗传概貌

### 1. 小鼠常用品系生化位点遗传概貌（表 13-3）

**表 13-3　常用近交系小鼠的生化标记基因**

| 符号 | 染色体位置 | 中文名称 | A | AKR | C₃H/He | C₅₇BL/6 | CAN/N | BALB/c | DBA/1 | DBA/2 | TA1 | TA2 | 615 |
|---|---|---|---|---|---|---|---|---|---|---|---|---|---|
| Car2 | 3 | 碳酸酐酶-2 | b | a | b | a | a | b | a | b | a | a | a |
| Ce2 | 17 | 过氧化氢酶-2 | a | b | b | a | b | a | b | b | a | b | b |
| Es1 | 8 | 酯酶-1 | b | b | b | a | b | b | b | b | a | b | b |
| Es3 | 11 | 酯酶-3 | c | c | c | a | c | a | c | c | a | c | c |
| Es10 | 14 | 酯酶-10 | a | b | a | b | a | b | a | b | b | b | b |
| Gpd1 | 4 | 葡萄糖-6-磷酸脱氢酶-1 | b | b | b | a | b | b | a | b | b | b | b |
| Gpi1 | 7 | 葡萄糖磷酸异构酶-1 | a | a | b | b | b | a | a | a | a | b | a |
| Hbb | 7 | 血红蛋白 β 链 | d | d | d | s | d | d | d | d | s | d | s |
| Idh1 | 1 | 异枸橼酸脱氢酶-1 | a | b | a | b | b | a | b | b | a | b | a |
| Mod1 | 9 | 苹果酸酶-1 | a | b | a | b | b | a | a | a | a | b | a |
| Akp1 | 1 | 碱性磷酸酶-1 | b | b | b | b | a | b | b | a | b | b | a |
| Pgm1 | 5 | 磷酸葡萄糖变位酶-1 | a | a | b | a | b | a | b | b | a | b | b |
| Trf | 9 | 转铁蛋白 | b | b | b | a | b | b | b | b | b | b | b |

### 2. 大鼠常用品系生化位点遗传概貌（表 13-4）

**表 13-4　常用近交系大鼠的生化标记基因**

| 符号 | 中文名称 | ACI | F344 | LEW/M | LOU/C | SHR | WKY |
|---|---|---|---|---|---|---|---|
| Akp-1 | 碱性磷酸酶-1 | b | a | a | a | a | b |
| Csl | 过氧化氢酶 | a | a | a | a | b | b |
| Es-1 | 酯酶-1 | b | a | a | a | a | a |
| Es-3 | 酯酶-3 | a | a | d | a | b | d |
| Es-4 | 酯酶-4 | b | b | b | b | a | b |
| Es-6 | 酯酶-6 | b | a | a | b | a | a |
| Es-8 | 酯酶-8 | b | a | b | b | b | a |
| Es-9 | 酯酶-9 | a | a | c | a | a | c |
| Es-10 | 酯酶-10 | a | a | b | a | a | b |

## 三、比较血液系统遗传标记

　　随着现代生物技术的发展，发现了越来越多的人类和实验动物血液系统的遗传标志物，尤其是把电泳法、酶染色法等作为探讨异型分类的途径，使一些像血清蛋白型、红细胞酶等类型得到了确认。

人类和实验动物血液系统中蛋白质和酶及红细胞、白细胞的遗传多态性异常丰富，其多态类型可达天文数字。非人灵长类（non-human primate）和人类最为接近，在血液系统遗传标记方面有很多相似之处。有学者用抗体结合反应，推断人和非人灵长类的近缘关系，以高抗体效价的比例作为 I.D.效价（index of dissimilarity），可能与异种抗原结合的量是相等的。以此方法推算的结果见表 13-5。

**表 13-5　用定量微量补体结合反应法得到的免疫学距离的估算值**（引自 Saricii & Wilson，1967）

| 白蛋白的种类 | 相异指数 | | |
| --- | --- | --- | --- |
| | 人 | 黑猩猩 | 长臂猿 |
| 人 | 1.00 | 1.09 | 1.29 |
| 黑猩猩 | 1.14 | 1.00 | 1.40 |
| 大猩猩 | 1.09 | 1.17 | 1.31 |
| 猩猩 | 1.22 | 1.24 | 1.29 |
| 长臂猿 | 1.29 | 1.25 | 1.00 |

另外，猿类和人类的多肽具有相同的氨基酸排列，在 12 种蛋白质多肽中，共有氨基酸残基 2600 多个，其中仅有 19 个是不相同的，这提示即使是在分子水平，人和非人灵长类的遗传差异都是极小的。

用人类的血型判定抗体，采用相同的检测方法，对非人灵长类的血型进行检定。非人灵长类的 ABO 血型：黑猩猩发现 A 型为 85.5%、O 型为 14.5%，没有 B 型和 AB 型；长臂猿 A 型为 18%、B 型为 43%、AB 型为 39%，没有 O 型；猩猩 A 型为 57%、B 型为 20%、AB 型为 23%，没有 O 型。狒狒属动物，其 ABO 式血型按亚种及产地不同，有不同的分布显示。具有 O 型抗原的极少，B 型、AB 型出现的频率要比 A 型高。用人 ABO 式血型判定抗体对猕猴属动物的唾液进行阻止试验，发现猕猴属动物的 ABO 血型的分布是多样化的，各亚种和区域性群体的 O 型、A 型、B 型和 AB 型呈现出不均衡的倾向。

用单克隆抗 A 抗体，进行人和动物红细胞抗原的比较分析，发现猴子的红细胞具有与人的 A 抗原相同的物质。犬的红细胞类型的血型中 DEA1.1 抗原是一种与抗 A 抗体有相似之处，而又本质不同的物质。

犬的红细胞血型系统，分为 Young 系统、J 系统、D 系统、B 系统和 C 系统等，此外还有白细胞表面抗原类型，是组织相容性抗原。特别在最近十来年间，在用于作为兽医和人类医学生物学研究的实验动物输血和移植的适宜标志的评价等方面取得了飞速的发展，伴随这一进展，判别用抗体的鉴定、检查方法的标准化等也发展迅速，从 1973 年开始，关于红细胞和白细胞类型的抗原系统已召开了多次国际专题讨论会。

人类的红细胞血型系统中还有 Lewis 型、MN 型和 Rh 型等，通过比较血型研究，发现非人灵长类中也有相应血型的抗原性。

非人灵长类 Lewis 血型的抗原性和人 MN 式血型判定用抗体对非人灵长类动物血细胞的反应见表 13-6。

表 13-6 显示，30 例黑猩猩中有 8 例，猩猩 26 例全部为 Lewis 抗原阳性，白掌长臂猿的 8 例全为阴性。白额卷尾猴和狨猴属新大陆猴类，全呈阴性反应，狒狒属和猕猴属动物大多数呈现阳性型的倾向。黑猩猩经多种抗 M 血清试验，几乎都与抗 M 血清发生凝集反应。猩猩约 50% 抗 M 血清发生凝集，大猩猩有 75% 抗 M 血清发生凝集，白掌长臂猿约 40% 抗 M 血清发生凝集。

用恒河猴红细胞免疫兔或豚鼠，发现了可使人类红细胞凝集的抗体，从而发现了 Rh 血型。用研究人的 Rh 血型检查方法检出猿猴类动物的 Rh 血型。

人类红细胞抗原的血型系统中，I-i 血型是根据红细胞与抗 I 冷沉淀凝集反应的情况来区分的，成人多为 I 型，新生儿多为 i 型，i 型一般含有一些自然抗体。非人灵长类大多缺乏 I 抗原，详见表 13-7。

黑猩猩和狒狒都有较高的抗 i 频率，尤其是狒狒与人类新生儿的水平相同，除兔外，动物大都缺乏抗 I 抗原。

**表 13-6　人和非人灵长类动物不同血型的血红细胞免疫反应**

| 种 | Lewis 型 | | | M 类似因子 | | |
|---|---|---|---|---|---|---|
| | Les | nL | 合计 | 阳性 | 阴性 | 合计 |
| 黑猩猩（Pan troglodytes） | 8 | 22 | 30 | 130 | 0 | 130 |
| 白掌长臂猿（Hylobates lar） | 0 | 8 | 8 | 21 | 31 | 52 |
| 猩猩（Pongo pygmaeus） | 26 | 0 | 26 | 24 | 24 | 48 |
| 大猩猩（Gorilla） | — | — | — | 3 | 1 | 4 |
| 黄狒（Papio cynocephalus） | 31 | 8 | 39 | — | | — |
| 赤猴（Erythrocebus patas） | 16 | 10 | 26 | — | | — |
| 恒河猴（Macaca mulatta） | 38 | 8 | 46 | — | | — |
| 食蟹猴（Macaca fascicularis） | 8 | 0 | 8 | — | | — |
| 平顶猴（Macaca nemestrina） | 10 | 0 | 10 | — | | — |
| 白额卷尾猴（Cebus albifrons） | 0 | 4 | 4 | — | | — |
| 狨猴（Saimiri sciureus） | 0 | 4 | 4 | — | | — |

注："—"表示未检出，未发生凝集反应。

**表 13-7　人抗 I、i 抗体对动物红细胞的反应**（引自 Moor-Jankowski 等，1972）

| 种类 | 抗体价 | | 种类 | 抗体价 | |
|---|---|---|---|---|---|
| | 抗 I | 抗 i | | 抗 I | 抗 i |
| 人类 | | | 其他哺乳类 | | |
| 新生儿 | 0 | 64 | 山羊 | 0 | 0 |
| 成人 I | 32 | 0 | 绵羊 | 0 | 0 |
| 成人 i | 0 | 16 | 猫 | 0 | 0 |
| 非人灵长类 | | | 猪 | 0 | 0 |
| 黑猩猩 | 0 | 16 | 兔 | 512 | 0 |
| 长臂猿 | 0 | 0 | 大白鼠 | 0 | 0 |
| 猩猩 | 0 | 4 | 鹿 | 0 | 0 |
| 狒狒 | 0 | 64 | 松鼠猴 | 0 | 16 |

除了红细胞类型的血型系统外，还有血清蛋白和血清酶型等众多血系统。对非人灵长类中的猕猴属动物进行研究，发现该属动物的血清蛋白、红细胞酶系统呈现多态现象，从而展开了人类与非人灵长类动物的血液系统遗传标记深入的比较研究。

转铁蛋白（Tf）属β-球蛋白，有转移铁离子的能力，分子量约为 80kDa。发现至今已有 20 种变异型被报道。通过淀粉凝胶电泳的方法，区分人类有 TfB、TfC、TfD 3 种表现型，而在猕猴表现为丰富的多态性，有 50 种表现类型。犬的 Tf 型有 6 种变异类型，这些变异类型受常染色体的共显基因所控制，并向后代遗传。

白细胞表面抗原的研究，在近十多年来进展迅速。在输血后发热的患者血清中，发现了对白细胞有特异反应的抗体，随着器官、组织的移植与组织相容性，以及与疾病间关系的揭示，引起了人们极大的重视。1975 年世界卫生组织（WHO）把这种抗体定名为 HLA。现在已知，HLA 在 A、B、C、D、DR 五个位点有各自对应的抗原。HLA-A、B、C 位的抗原物质是分子量 44 000Da 的糖蛋白，与$\beta_2$-微球蛋白结合而存在，在有核细胞和血小板中可以检出。HLA-D 及 HLA-DR 分别是由分子量 3500Da 的 a 链和分子量 2700Da 的β链组成，可从淋巴细胞、单核细胞和精子及表皮等检出。

有研究表明人类的 HLA-DR 抗原与小鼠的 H-2 抗原系中的 Ia 抗原相当，认为两者在细胞种类和化学结构等方面都有很高的相似性。黑猩猩有与人类相同的 HLA-B5 抗原，并推断 HLA 的进化过程，发生了由 HLA-BW15 至 HLA-B5 的变换。

HLA 抗原除了与组织相容性有密切关系，关系到器官及组织的移植、法医学的应用及亲子鉴定的遗传标记等之外，还与疾病有相应的关系（表 13-8）。

**表 13-8　HLA 与疾病的关系**

| HLA 抗原 | 疾病名称 | 相对风险率（%） |
|---|---|---|
| DR4 | 寻常型天疱疮 | 14.4 |
| $B_{27}$ | 强直性脊椎炎 | 55～376 |
| $B_{27}$ | 急性前葡萄膜炎 | 10.0 |
| DR2 | 肾小球性肾炎咯血综合征 | 15.9 |
| $DR_4$ | 类风湿关节炎 | 4.2 |
| $DR_5$ | 淋巴瘤性甲状腺肿 | 3.2 |
| $DR_3$ | 系统性红斑狼疮 | 5.8 |
| $DR_2$ | 多发性硬化症 | 4.8 |
| $DR_3/DR_4$ | 胰岛素依赖型糖尿病 | 25.0 |

# 第二节　人类遗传性疾病的动物模型

人类遗传性疾病往往是多基因复杂性疾病，借助于与人类相似的动物遗传性疾病模型，以其为对象,研究和探讨人类遗传性疾病的机制和治疗方法,可为临床治疗提供新的诊疗技术和理论依据。动物模型与人类疾病之间不是简单的对应关系，而是具有不同基因组合的一组 （或一系列）动物模型，动物的遗传性疾病模型中，或与人类遗传病完全对应的模型，或与人类相似的模型［如牛、水貂、小鼠的先天性白细胞颗粒异常综合征（Chediak-Higashi syndrome，CHS）；绵羊的杜宾-约翰逊（Dubin-Johnson）综合征；犬的红斑狼疮和 B 型血友病；牛和猪的血卟啉］。虽然目前有很多遗传性疾病的机制还不十分清楚，但其共同特征是这些疾病或缺陷可以遗传，其原因有基因突变或染色体的增加（如 ZYY，XXY）或减少或畸变等；或者基因突变导致酶丢失或异常，引起宿主代谢异常；人与动物在解剖学和生理学上的缺陷是先天性或遗传性失调的主要特征。利用动物模型对人类疾病背后的病理生理学有更全面的了解，可以获得治疗或潜在治愈该疾病的新的或改进的诊疗方法。动物模型为探索疾病机制和新的临床疗法提供了有用的系统性理论依据。如犬、猫及水貂的遗传性聋症，小鼠的发育不全性侏儒症。目前，尽管还有不少遗传性疾病的机制尚未清楚，但是其根本原因是以遗传传递为特征的。

遗传性疾病动物模型（animal model of hereditary disease）在各种实验动物中，有多种遗传性疾病发生，其中一些可以作为人类遗传性疾病的模型（表 13-9）。

表 13-9　用于遗传性疾病研究的动物模型

| 疾病模型 | 动物种类 | 人类相应的疾病 |
|---|---|---|
| 软骨发育不全 | 牛、家兔、小鼠 | 侏儒症 |
| 侏儒症 | 小鼠 | 侏儒症 |
| 矮小症 | 小鼠 | 侏儒症 |
| 苯丙氨酸羟酶缺陷 | 小鼠 | 苯酮尿 |
| 淋巴样肿瘤（脂类不正常） | 小鼠 | 尼曼-皮克（Niemann-Pick）病 |
| 缺少皮脂腺 | 小鼠 | 角化过度 |
| 氨基酸尿 | 小鼠 | 氨基酸尿 |
| 胱氨酸尿 | 犬 | 胱氨酸尿 |
| 再生障碍性贫血 | 大鼠、小鼠、兔 | 再生障碍性贫血 |
| 家族性贫血 | Basenji 犬 | 遗传性球形红细胞症 |
| 遗传性溶血性贫血 | 小鼠 | 地中海贫血、溶血性贫血 |
| 家族性肥胖症 | 小鼠 | 肥胖症 |
| 自体免疫病 | 小鼠 | 全身性红斑狼疮 |
| 畸形足 | 小鼠 | 畸形足 |
| 尿崩症 | 小鼠 | 尿崩症 |
| 无毛症 | 小鼠 | 脱毛、秃头 |
| 遗传性肾盂积水 | 大鼠 | 肾盂积水 |
| 肾囊泡性或缺陷 | 大鼠 | 囊泡样肾 |
| 免疫增生症 | 小鼠 | 淋巴细胞脉络丛脑膜炎（LCM） |
| 遗传性胰岛素耐受性 | 小鼠 | 胰岛素耐受性 |
| 多肌炎 | 兔、仓鼠 | 肌肉营养不良 |
| 遗传性青光眼 | 兔子 | 青光眼 |
| 新生期低糖化酶 | 兔子 | 低糖化酶症 |
| 瓦登伯革氏（Waardenburg）症候群 | 猫 | 瓦登伯革氏（Waardenburg）综合征 |
| 性染色体异常（玳瑁雄猫） | 猫 | 克兰费尔特综合征 |
| 先天性红细胞性血卟啉病 | 短角牛、荷兰乳、猪、黑松鼠 | 先天性红细胞性血卟啉病 |
| 血卟啉病（显性遗传、卟啉代谢障碍） | 猫 | 血卟啉病［红细胞生成和（或）非红细胞生成性的肝型］ |
| 血卟啉病（隐性遗传） | 牛 | 血卟啉病 |
| 遗传性骨质疏松 | 家兔 | 骨质疏松 |
| 家族性骨质疏松 | 犬 | 成骨不全 |
| 神经节苷脂病 GM2 | 德国短毛猎犬 | 神经节苷脂病 GM2 |
| 神经元糖蛋白病 | 犬 | 进行性家族性肌阵挛性癫痫；拉福拉病（Lafora） |
| 脂肪代谢障碍 | 犬 | 家族性黑蒙性痴呆 |
| 类血友症 B | 犬 | B 型血友病（血浆凝血激酶缺陷） |
| 血友病-A | 犬 | 经典性血友病（抗血友病因子） |
| 遗传性稀毛症 | 牛 | 遗传性稀毛症 |
| 埃莱尔-当洛（Ehlers-Danlos）综合征 | 犬 | Ehlers-Danlos 综合征 |
| 先天性视网膜炎 | 犬 | 视网膜发育异常 |
| 遗传性虹膜异色 | 牛 | 虹膜异色 |
| 先天性白内障 | 犬 | 先天性白内障 |
| 遗传性白内障 | 犬、小鼠 | 白内障 |
| 周期性中性粒细胞减少症 | 犬 | 周期性中性粒细胞减少症 |
| 房间隔缺损 | 黑猩猩 | 房间隔缺损 |
| 先天性非结合型胆红素血症 | 南丘羊、Gunn 大鼠 | 吉尔伯特综合征 |

续表

| 疾病模型 | 动物种类 | 人类相应的疾病 |
|---|---|---|
| 先天性结合型胆红素血症 | 绵羊 | 杜宾-约翰逊综合征 |
| 遗传性小脑索退化 | 马 | 小脑退化 |
| 遗传性耳聋 | 水貂、犬、猫、小鼠 | 耳聋 |
| 先天性心脏病 | 牛、犬、猫 | 先天性心脏病 |
| 先天性甲状腺肿 | 牛 | 甲状腺肿 |
| 脑积水和脑穿孔 | 胎羊 | 先天性畸形 |
| 遗传性疾病代谢功能不良 | 牛 | 遗传性代谢功能不良 |
| 脂肪沉积新生儿肠道 | 小鼠、绵羊、猴、灵长类 | 先天性肠变性、肝病 |
| 全身性先天性畸形 | 哺乳动物（许多动物种类） | 维生素 A 引起的先天性畸形 |
| 先天性干皮病 | 牛 | 先天性干皮病 |
| 脊柱裂 | 小鼠、家兔 | 脊柱裂 |
| 遗传淋巴水肿 | 猪 | 淋巴水肿 |
| 先天愚型 | 黑猩猩 | 唐氏综合征 |
| 先天性肌阵挛 | 猪 | 先天性肌阵挛 |
| 甘露糖苷过多症（假性脂沉积症） | 安格斯牛 | 甘露糖苷过多症 |
| 肌肉营养不良 | 小鼠、鸡、鸭 | 肌肉营养不良 |
| 先天视网膜发育异常 | 犬 | 视网膜发育不全 |
| 白斑病 | 马 | 白斑病 |

# 一、遗传性代谢疾病的动物模型

## （一）遗传性高脂血症的动物模型

遗传性高脂血症，也称家族性高脂血症（familial hyperlipidemia），呈先天性血中甘油三酯异常增高状态，是先天性脂蛋白异常的脂质代谢异常症的一种。分成 I 型：呈现乳糜微粒增加的家族性脂蛋白酯酶缺损症；II$_a$ 型：LDL 增加的家族性高胆固醇血症；II$_b$ 型：低密度脂蛋白（LDL）及高密度脂蛋白（VLDL）增加的家族性混合型高脂血症；III 型（家族性高脂蛋白血症III型）：表现为 LDL 及 VLDL 的脂质组成异常；IV 型：出现 VLDL 的增加（家族性高甘油三酯血症）；V 型：乳糜微粒和 VLDL 增加的家族性高脂蛋白血症等六型。

作为遗传性高脂血症的动物模型有 SHC 大鼠、THLR 大鼠、Fatty（fa/fa 大鼠、JW/HLR 兔、WHHL 兔）等，其中 WHHL 兔在研究中最常用。这种兔可以自然产生与人类的家族性高胆固醇血症（familial hypercholesterolemia）相类似的症状，并伴发高甘油三酯血症、LDL 受体缺损。因其 LDL 代谢途径障碍与人类疾病相似，所以作为模型动物被予以利用。

## （二）遗传性糖尿病的动物模型

遗传性糖尿病是遗传性自然发病的糖尿病，人类的糖尿病大体分为胰岛素依赖型（IDDM，青年型）和非胰岛素依赖型（NIDDM，成年型）两大类，后者被视为遗传性的，但其相关基因结构尚未完全明晰。在实验动物中存在着较多的遗传性糖尿病模型，主要有青年型糖尿病模型、成人型糖尿病模型、突变型糖尿病模型。这些模型大部分为小鼠及大鼠。

遗传性青年糖尿病模型有消瘦型糖尿病小鼠（NOD）、BB 大鼠等；成年型糖尿病模型有 KK 小鼠、N2 obese 小鼠、Welseley hybrid 小鼠、Sping 小鼠、Sand 大鼠、ZDF 大鼠等。这些均为遗传性自发性糖尿病，但相关遗传机制尚未完全清楚；大部分伴有肥胖和高胰岛素血症，并不一定形成完整的 NIDDM 模型，但俊藤等开发的自然发病糖尿病大鼠与人的 NIDDM（成年型糖尿病）极其相似；盐野义等历经 15 年开发的 NOD 小鼠为非肥胖糖尿病模型，具有糖尿病特征性胰岛炎（胰岛被白细胞浸润所致），胰岛β细胞选择性破坏，雌性小鼠 12 周龄左右胰腺胰岛素含量显著下降（雄性则会晚几周发生），形成低胰岛素血症和高糖血症。值得注意的是，NOD 小鼠在糖尿病发病率上存在性别差异，雌性小鼠发病早，发病率高，30 周龄时的发病率为 90%～100%；而雄性 NOD 小鼠到 30～40 周龄时的发病率也只有 40%～60%。NOD 小鼠就是一款自发 1 型糖尿病模型，其培育成功不仅为研究自身免疫性糖尿病和胰岛细胞损伤提供了不可替代的模型工具，同时也促进了 1 型糖尿病早发现、预防和治疗的进展。

突变型糖尿病模型有先天性肥胖小鼠（obese 小鼠，*ob/ob*）、糖尿病小鼠（diabetes 小鼠，*db/db*）、黄色小鼠（Ay）、Zucker fatty 大鼠（*fa/fa*）等。这些模型都伴有肥胖，从其单一的糖尿病发病基因致病来看，作为人类的糖尿病模型还有其不适之处。然而，在从基因水平对糖尿病发病机制进行分析方面却属非常理想的糖尿病模型动物。

### （三）遗传性肥胖症的动物模型

人类呈明显的遗传性异常肥胖症状。在实验动物中也已发现了较多的这种遗传性肥胖症，其中有遗传性单一基因的和复合基因的；有只显示肥胖的和肥胖加尿糖的（表 13-10、表 13-11）。这些肥胖者产下后代除肥胖以外，其他各种症状也会发生变化。肥胖的成因有很多。实验动物中除了表中所列的以外，叙利亚大鼠的近交系 B104、24 的雌性也呈肥胖症表现。

**表 13-10　实验动物的遗传性肥胖症**

| 动物群 | 基因或品系 | 染色体号码 | 肥胖程度 | 尿糖程度 |
|---|---|---|---|---|
| [单一基因] | | | | |
| 显性基因 | | | | |
| 小鼠 | $A^y$（$A^{vy}$，$A^{iy}$，$A^{sy}$） | 第 2 染色体 | + | ± |
| 小鼠 | Ad | 第 7 染色体 | 纯合++ | 杂合+- |
| 隐性基因 | | | | |
| 小鼠 | ob | 第 6 染色体 | ++++ | + |
| 小鼠 | db（$db^{ad}$，$db^{2J}$，$db^{3J}$） | 第 4 染色体 | ++++ | ++ |
| 小鼠 | tub | 第 7 染色体 | ++ | - |
| 大鼠 | fa（$fa^k$） | | +++ | - |
| [复合基因] | | | | |
| 近交系 | | | | |
| 小鼠 | NZO 系 | | ++ | ♀+ |
| 小鼠 | KK 系 | | + | ♂++ |
| 小鼠 | KK-Ay 系 | | ++ | ++ |
| 小鼠 | PBB/Ld 系 | | ++ | - |
| 近交系间 F1 | | | | |
| 小鼠 | （C3Hf×1） | + | ♀- | ♂+ |

注："+"表示阳性；"-"表示阴性；"+"个数代表阳性程度。

### （四）氨基酸代谢异常症的动物模型

氨基酸代谢病（aminoacidopathy）或称为氨基酸尿症（aminoaciduria），是指先天性酶缺陷、酶转运系统障碍，或后天性肝、肾疾病所致氨基酸代谢紊乱的病症。可分为两大类：一类是酶缺陷，使氨基酸分解代谢阻滞，另一类是氨基酸吸收转运系统缺陷。在罗森伯格和斯克里弗列举的 48 种遗传性氨基酸病中，至少有一半有明显的神经系统异常，其他 20 种氨基酸病导致氨基酸的肾脏转运缺陷，后者可导致继发性神经系统损害，如苯丙酮尿症、枫糖浆尿病（MSUD）。

**表 13-11　遗传性肥胖症动物的肥胖及其他症状**

| 品系 | 肥胖 | 高血糖 | 高胰岛素血症 | 胰岛的变化 | 脂肪细胞数的增加 |
|---|---|---|---|---|---|
| $A^y/+$ | + | ± | - | ± | - |
| ob/ob | ++++ | +++ | ++ | ++ | ++ |
| db/db | ++++ | ++++ | ++ | +++ | ± |
| fa/fa | +++ | | ++ | - | + |
| NZO | ++ | ± | + | + | - |
| KK | + | ++ | + | + | - |
| PBB | ++ | - | + | - | + |

注："+"表示阳性；"-"表示阴性；"±"表示弱阳性，存疑；"+"个数代表阳性程度。

枫糖浆尿病又称槭糖尿病（maple syrup urine disease）或支链-α-酮酸尿症，是一种遗传性支链氨基酸代谢病，为常染色体隐性遗传病，由支链酮酸脱氢酶（BCKDH）复合物功能障碍引起分支氨基酸分解代谢受阻，因患儿尿液中排出大量α-酮-β-甲基戊酸，带有枫糖浆的香甜气味而得名（2018 年 5 月 11 日，国家卫生健康委员会等 5 部门联合制定了《第一批罕见病目录》，枫糖浆尿病被收录其中）。该病目前主要通过饮食限制支链氨基酸（BCAA）治疗。该病被认为是氨基酸代谢最重要和最严重的遗传性疾病之一，是一种泛种族疾病，在普通人群中的发病率为 1∶185 000，是一种由 BCKDH 复合物缺陷引起的常染色体隐性代谢疾病。这种缺陷导致无法正确处理支链α-酮酸（BCKA）。

澳大利亚短角牛和赫里福德牛中发现了枫糖浆尿病的自然发生牛模型，其特征是中枢神经系统损伤迅速发生，BCAA 水平及其相关代谢物增加，BCKDH 酶活性降低，小牛死产或出生后几天内死亡。与人类疾病一样，牛枫糖浆尿病是由编码 BCKDH 酶的基因的多重突变引起的，并以常染色体隐性方式遗传。牛枫糖浆尿病表型的最常见突变对应于 E1α 亚单位第 2 外显子中的过早终止密码子，这是由于在赫里德无角牛的残基 248 处发生了单碱基对变化，并且很可能在赫里福德短角牛的 E1α 中发生了类似的突变。然而，死胎的大脑病理学研究表明，疾病发生在产前，与人们认为的人类疾病相反，目前多以基因工程小鼠为枫糖浆尿病疾病模型。

**（五）甘露糖苷过多症的动物模型**

甘露糖苷过多症（甘露糖苷贮积症，mannosidosis）是一种因α-甘露糖苷酶缺乏所引起的全身性疾病。本病多见于婴幼儿及少年。临床可出现进行性面容丑陋、巨舌、扁鼻、大耳、牙缝宽、头大、手足大、四肢肌张力低下并运动迟钝等表现。无粘多糖尿，但组织中甘露糖的成分增加。

曾有报道，在安格斯牛中发现类似儿童的甘露糖苷过多症的牛，是一种常染色体基因的遗传性神经疾病，其症状以共济失调、头震颤、意向散乱、攻击趋势、发育衰竭及死亡为特征。生命周期短，出生后的头一年内死亡。正常动物的大脑和淋巴结中不能提取到由甘露糖和氨基葡萄糖组成的低聚糖，但患病动物中可以提取，认为这种失调是糖蛋白分解代谢异常的结果。研究表明，它与患病动物的 L-甘露糖酶缺乏有关，并为遗传性贮积病。或许在某些细胞的类溶酶体液泡中发现有含甘露糖和氨基葡萄糖的贮积物，因为，在正常的情况下，所存在的溶酶体酶将降解贮积物。现在已知糖蛋白的异种糖化物部分含有甘露糖并具有各种侧链的 N-乙酰氨基葡萄糖的核心。这些异种糖化物的降解是从非还原末端的糖相继分裂而引起的。

在有关病理学、贮积物性质及特异性酶缺陷方面，安格斯牛的甘露糖苷过多症与儿童的甘露糖苷过多症是相似的。由于大多数遗传性溶酶体贮积症在生物学上是相似的，因此，牛的甘露糖苷过多症及其他由溶酶缺陷所引起的疾病有许多共同之处。关于溶酶体贮积症生物学特性的研究，尤其是关于某些酶缺乏治疗问题的研究，甘露糖苷过多症可作为一般性模型进行研究。当然，对于人类甘露糖苷过多症的研究，又可用作一种特异性模型。此外，对于糖蛋白分解代谢异常问题，它可以用作糖蛋白生物学与结构的研究。

（六）遗传性血卟啉病的动物模型

血卟啉病原称紫质病（hematoporphyrin），属少见病，大多是因遗传缺陷造成血红素合成途径中有关的酶缺乏导致卟啉代谢紊乱而发生的疾病。临床表现主要有光感性皮肤损害、腹痛及神经精神症状和血压增高。根据卟啉代谢紊乱的部位，分为红细胞生成性血卟啉病、肝性血卟啉病。

猫的红细胞生成性血卟啉病，卟啉产生的数量异常，并在牙、骨、血及内脏沉淀；在粪便和尿中也有过量产生；贫血、脾大、肝大。在猫中，其与人类的造红型（erythropoetic type）和肝型各种类型的生化特征部分相符。

猫血卟啉病的许多临床特征和生化特性与先天性造红血卟啉病相似。在患血卟啉病的猫中，黄齿和骨有黄褐色色素沉着，尿的颜色变为暗棕色至红色，并有不同程度的贫血。当接触紫外线时，其齿、骨及尿显示鲜艳的粉红色，其属于血卟啉和粪卟啉产生过多所致，主要是在血红素生物合成途径中不能进一步利用的Ⅰ型异构体。这些强荧光色素频繁地沉积在骨组织和分泌到尿液中。对于原卟啉积累，过量及红细胞不成熟的人类造红原卟啉病，猫的血卟啉病亦有相似之处。患病猫是以胆色素原过量的尿分泌为特征，而人的肝血卟啉病也具有这种特征。

在其他显性遗传的血卟啉病动物种类中，牛的发生率相对高，而猪则很少。患病的牛表现出与人类的先天性造红血卟啉病相似的疾病，是作为常染色体隐性特性遗传的。猪的血卟啉病所表现出来的特征较少，为造红型，是以常染色体显性特征遗传的。猫的血卟啉病也是以常染色体显性特征遗传的。

人类中有关血卟啉代谢缺陷的遗传疾病：血卟啉生化合成缺陷发生在造红型，而血卟啉代谢失调则出现在肝型。在人类中，造红型有两种形式，而肝型则有3种形式。但是，在显性动物的血卟啉病中，猫可能有例外。猫血卟啉病可用作卟啉代谢先天性缺陷和血卟啉代谢调控机制研究的动物模型。

（七）淀粉样变性的动物模型（animal model of amyloid degeneration）

淀粉样变性是由于多种原因造成蛋白质代谢障碍导致出现一种生理上不存在的均质性蛋白性物质，即淀粉样物质在体内各脏器细胞间沉积，致使受累脏器功能逐渐衰竭的一种临床综合征。组织内有淀粉样物质沉着称为淀粉样变性，也称淀粉样物质沉着症。有的出现于局部，但更多的是系统地出现于全身各种器官，特别是存在于脾脏、肝脏、肾脏等处的间质中，细胞虽因此受压而萎缩，但并不出现细胞浸润；淀粉样物质是蛋白样物质，由于遇碘时，可被染成棕褐色，再加硫酸后呈蓝色，与淀粉遇碘时的反应相似，故称为淀粉样变性。

犬、猫、小鼠及鸟类有自发性淀粉样变性。尽管各种动物及各种品系对诱发淀粉样蛋白的生物敏感度有所不同，用小鼠、地鼠、豚鼠及家兔都可以诱发淀粉样变性。A/HeN、C57L、N、NH/LwN及NZW/N为自发性淀粉样变性的小鼠品系。在小鼠中，虽然该病的临床症状不是特异性的，其一般可表现为体质虚弱和体重下降。动物可发生与肾脏有关的疾病，由于氮质血症，可能发生死亡。其主要病理特征是存在细胞内淀粉样蛋白沉积，通过高倍镜可以看到有透明性嗜酸性现象。用刚果红染色后，在偏振光下，可显示出特征性绿色双折射。其PASA为阳性，结晶紫罗兰和甲基紫罗兰为异染色。在电镜下，淀粉样蛋白由宽度约为$10^{-8}$m（100A）的特征性原纤维所组成，其长度、硬度及是否分枝尚未明确，常常为无规则地随机排列。沉淀常常首先在脾脏的滤泡周区出现；然后是肝脏的迪塞间隙和肾脏的肾小球及肾小球膜区域。当动物长期维持在诱发淀粉样蛋白的生活条件中（如饮用 5%～10%酪蛋白溶液），其所发生的沉淀可普遍出现在各种器官包括血管之中。

动物中，由实验诱发的淀粉样蛋白变性，以组织学和电镜检查的水平，其所有方面都可与人体淀粉样蛋白变性相比较。因此，这种动物模型可用于人体淀粉样蛋白变性疾病的发生、发病机制及治疗的研究。

## 二、先天性胆红素血症的动物模型

遗传性高胆红素血症（hereditary hyperbilirubinemias）又称家族性高胆红素血症，是由遗传缺陷致肝细胞对胆红素摄取、转运、结合或排泌障碍而引起的一组疾病。胆红素由生成部位通过血液循环至肝脏后，于肝细胞内在胆红素葡糖醛酸转移酶的催化下，与葡糖醛酸结合，形成胆红素-葡糖醛酸酯。后者称为结合胆红素，前者称为非结合胆红素。根据胆红素的性质分为两类：①非结合性高胆红素血症，包括吉尔伯特（Gilbert）综合征、克里格勒-纳贾尔（Crigler-Najjar）综合征、暂时性家族性高胆红素血症（Lucey-Driscoll）和旁路性高胆红素血症；②结合型高胆红素血症，包括杜宾-约翰逊（Dubin-Johnson）综合征、遗传性结合胆红素增高Ⅱ型（Rotor）综合征和良性家族性肝内胆汁淤积症。

以原产新西兰和澳大利亚的羊毛和肉食两用羊——考力代羊（Corriedale sheep）作为人类先天性胆红素血症的动物模型。其以先天性肝脏分泌缺陷为特征，如胆红素（偶合的和直接的）、四溴酚酞磺酸钠（BSP）、叶赤素等呈先天性排泄功能缺陷。其可作为单一常染色体的隐性基因遗传。具有这种综合征的羊肝，其在功能上和形态学上均显示与人类患者相同。与人类不同的是，在野外患有这种疾病的羊，因摄取绿色食物叶绿素有感光性并发症，成为致死因子。人和动物在室内的突变体可以防止光敏感性。在患畜中，发现其血浆中直接发生反应的胆红素水平增高，但是，无黄疸存在。其主要的病理现象为显著的暗棕色至黑色，并属于在肝溶酶体中黑色素聚集所致。

在南丘羊中，属于肝脏胆红素吸收缺陷的先天性非结合高胆红素血症与人类的吉尔伯特（Gilbert）综合征，即体质性肝功能障碍相似。Gilbert 综合征是以许多有机离子，如胆红素、叶赤素、四溴酚酞磺酸钠（BSP）及二碘曙红等先天性肝吸收障碍为特征。在羊中，其亚致死特性是属于常染色体隐性单基因作用。在这种综合征中，一般表现为非结合性胆红素显著升高（50%～60%），并无黄疸出现。在断奶时，羊表现为急性畏光和光致敏作用，这是由于摄食绿色食物中的叶绿素所致。在反刍动物中，叶绿素在其肠道被转变成叶赤素，而在突变体，叶赤素通过肝门静脉血液，不适当地分泌。在患畜的肝脏中，以显微镜检查时，往往表现为正常的；其主要病理变化为肾有扩散性纤维变性，往往由于肾功能障碍而引起死亡。

在南丘羊突变体和 Gilbert 综合征患者中，发现胆红素从初期的混合库（mixing pool）（最初的血浆）到贮积库（storage pool）（最初的肝脏），具有更低的去除率。南丘羊突变体不像人类 Gilbert 综合征的是，除具有胆红素吸收缺陷外，不少其他有机离子的吸收也有显著的缺陷，如 BSP、二碘曙红及吲哚菁绿等。在南丘羊中，肝胆红素葡萄糖苷酸转移酶的活性正常，而在 Gilbert 综合征的患者中，其活性可低于正常值。人类的 Gilbert 综合征为非致死基因，其原因是无大量的肠叶赤素由肝门静脉分泌。

基于上述南丘羊的这种突变体可以作为 Gilbert 综合征研究的一种很好的动物模型，对于了解胆红素和其他有机离子由肝脏有效运转的机制是很有帮助的。

在 Gunn 大鼠中，遗传性非溶血、非结合性高胆红素血症是由于肝脏尿苷二磷酸（UDP）葡糖苷酸转移酶活性缺乏所引起，患病大鼠表现为黄疸症。其作为常染色体隐性特征转录缺陷而遗传。杂合的 Gunn 大鼠表现为正常，无黄疸，其肝脏在体内或体外均显示出葡糖苷酸的形式，在遗传学上，正常的与黄疸型纯合体交配，可从其后代中观察到处于两者之间的中间体。在杂合的大鼠中，酶缺陷对于导致血浆中胆红素停留并非严重不足。在纯合子中，葡糖苷酸转移酶活性缺陷包括肠部、肾部及肝部。在这种动物中，其胆红素产生是在正常速度上，在血清和组织上，定量的非结合性胆红素是相对不变的，与肝脏对结合胆红素的能力没有关系。在突变体 Gunn 大鼠中，其主要的胆红素蛋白被分解为重氮阴性（diazo-negative）、极性胆红素衍生物，并在胆和尿中排泄。少量非结合性胆红素穿过黏膜转入小肠。

根据该酶缺乏的程度，分为Ⅰ型和Ⅱ型。克里格勒-纳贾尔（Crigler-Najjar）综合征（CNS）Ⅰ型由 Crigler-Najjar 于 1952 年报道，系常染色体隐性遗传，父母多为近亲婚配。由于尿苷二磷酸葡萄糖醛酸转移酶（UGT）1 基因位移突变，引起羧基端氨基酸缺失致使 UGT 活性完全丧失，不能形成结合胆红素（CB），血中非结合胆红素（UCB）明显增高，过高的脂溶性 UCB 经尚未发育成熟的血-脑脊液屏障，扩散入脑脊液及脑实质内，引发胆红素脑病。临床表现为显著、持续的重度黄疸，患儿可在 2 周内出现痉挛、角弓反张等症状，并在短期内死亡。此型患者胆汁中无胆红素葡萄糖醛酸化合物，苯巴比妥钠等酶诱导剂治疗无效。CNS-Ⅱ型由 Arias 于 1962 年发现，故又称 Arias 综合征。一般认为系常染色体显性遗传，伴不完全外显。父母罕有近亲婚配。患儿肝细胞内葡萄糖醛酰转移酶部分缺乏，致使胆红素结合障碍，引起 UCB 增高。由于可产生少量 CB，故较少发生胆红素脑病。此型患者胆汁中有部分残留胆红素葡萄糖醛酸化合物，多见于年轻患者（包括儿童和婴儿），常有家族史。临床上多表现为中度黄疸，除少数可引起核黄疸外，症状多缺如或轻微，无须治疗，预后良好。苯巴比妥、苯乙哌酮能降低血清中胆红素浓度，这有助于与Ⅰ型相鉴别。Gunn 大鼠模型可用作胆代谢、肠葡萄糖苷酸形成、黄疸、大脑损害(核黄疸)及药物代谢研究的动物模型。

在 j/j 大鼠中，由于 UDP 葡糖苷酸转移酶缺乏导致血和组织非结合型胆红素积累。患鼠表现不同程度的共济失调，且一些大鼠小脑严重发育不全；浦肯野细胞含有奇特的膜体，并增大，经常形成泡状的线粒体。

## 三、遗传性溶血性贫血的动物模型

溶血性贫血的根本原因是红细胞寿命缩短。造成红细胞破坏加速的原因可概括分为红细胞本身的内在缺陷和红细胞外部因素异常。前者多为遗传性溶血，后者引起获得性溶血。红细胞内在缺陷包括红细胞膜缺陷（如遗传性红细胞膜结构与功能缺陷、获得性红细胞膜锚链膜蛋白异常）、红细胞酶缺陷（如遗传性红细胞内酶缺乏）、珠蛋白异常（如遗传性血红蛋白病）等。

在阿拉斯加雪橇犬（Alaskan malamute）中，具有裂口红细胞症的遗传性溶血性贫血，类似于人类的先天性溶血性贫血。在纯种的阿拉斯加雪橇犬中，短肢性矮小（软骨发育异常）是作为常染色体隐性基因遗传的。软骨生成始终与红细胞性大红细胞症和轻微贫血有关。在这种犬病中，至少与人类中两种已描述的疾病之间有密切的相似性（表 13-12）。

表 13-12　阿拉斯加雪橇犬和人的遗传性溶血性疾病的比较

| 特点 | MCHC | 渗透脆性 | 红细胞钠 | 遗传特征 |
|---|---|---|---|---|
| 阿拉斯加雪橇犬（dan/dan） | 减少 | 增加 | 增加 | AR |
| 人类疾病 | | | | |
| 　Zarkowsky 等（1968） | 减少 | 增加 | 增加 | AR |
| 　Oski 等（1969） | 减少 | 增加 | 增加 | AD |
| 　Miller 等（1971） | 正常 | 减少或正常 | 增加 | AD |

MCHC，平均红细胞血红蛋白浓度。AR，常染色体隐性遗传；AD，常染色体显性遗传。

这种疾病的动物模型可用于阐明维持正常哺乳动物红细胞电解质平衡的代谢过程。这种犬病的研究，对了解类似的人体失调、人与小鼠的球形红细胞症及人类的椭圆形红细胞症是有帮助的。由 dan 基因引起的红细胞缺陷的解释，也可从正常的骨发育中获得有用的资料。

### 四、遗传性血红蛋白过少性贫血的动物模型

遗传性贫血有三型：①小鼠的性连锁贫血（基因代号 sla）；②小鼠遗传性小红细胞性贫血（基因代号 mk）；③贝尔格莱德实验大鼠贫血（基因代号 b）。这些啮齿类动物贫血的表现，已超出了研究人的正常和异常铁代谢、血红蛋白合成和其他过程的有限意义的动物模型，人类还没有与小鼠的性连锁贫血或是遗传性血红蛋白过少性贫血相应的疾病。与这两种小鼠的贫血情况完全相反，在人的地中海贫血及家族性血红蛋白过少性贫血，其组织中铁离子上升，这些情况还与高铁血症有联系。大鼠的遗传性血红蛋白过少性贫血可能是人类地中海贫血的模型。

用来研究铁和血红蛋白的代谢，这些遗传性贫血的啮齿类动物是良好的动物模型，在铁离子的肠吸收中，即在 *mk* 基因型黏膜的吸收和在 *sla* 基因型黏膜浆膜转运中，遗传上可测定的缺陷有两种独立和显著的动物。

对于三种啮齿类动物的遗传性贫血，其共同的特点是血红蛋白过少。其主要的血液学和生化特征如表 13-13 所示。这些遗传性贫血动物对于研究铁离子代谢和血红蛋白代谢是很有用的模型。

**表 13-13　遗传性血红蛋白过少性贫血的血液和生化特征**

| 特征 | 失调 | | |
|---|---|---|---|
| | sla | mk | b |
| 血清铁离子浓度 | 减少 | 减少 | 增加 |
| 血清中的铁离子结合力 | 增加 | 增加 | 增加 |
| 游离红细胞原卟啉浓度 | 增加 | 增加 | 未定 |
| 组织化学研究的组织铁分布： | | | |
| 　脾脏 | 减少 | 减少 | 减少 |
| 　十二指肠 | 增加 | 减少 | 未定 |
| 铁离子清除 | 快 | 不变 | 未定 |
| 铁离子利用 | 增加 | 不变 | 未定 |
| 肠铁离子吸收： | | | |
| 　体内 | 减少 | 减少 | 未定 |
| 　体外 | 从黏膜到浆膜的转运减弱 | 黏膜吸收减弱 | 未定 |
| 肠内外治疗反应 | 完全 | 不完全 | 不完全 |
| 粪便尿胆素原排泄 | 增加 | 增加 | 未定 |

### 五、血友病 A 和 B 的动物模型

血友病为一组遗传性凝血功能障碍的出血性疾病，其共同特征是活性凝血活酶生成障碍，凝血时间延长，终身具有轻微创伤后出血倾向，重症患者没有明显外伤也可发生"自发性"出血。根据凝血因子缺乏不同分为三类：①血友病 A（血友病甲），即凝血因子Ⅷ（FVⅧ）质或量的异常。是一种性连锁隐性遗传疾病，女性传递，男性发病。②血友病 B（血友病乙），即凝血因子Ⅸ缺乏症，又称血浆凝血激酶（PTC）缺乏症、凝血活酶成分缺乏症，亦为性联隐性遗传，其发病数量较血友病 A 少。血友病 B 患者的出血症状多数较轻。③血友病 C（血友病丙），即凝血因子Ⅺ（FⅪ）缺乏症，又称血浆凝血活酶前质（PTA）缺乏症、凝血活酶前质缺乏症。为常染色体不完全隐性遗传，男女均可患病，是一种罕见的血友病。

2018 年 5 月 11 日，国家卫生健康委员会等五部门联合制定了《第一批罕见病目录》，血友病被收录其中。

患有血友病 A 的犬，具有凝血时间延长，自发的或由创伤引起的出血，各种组织和器官呈现局部出血，关节积血，可与典型的人类血友病相比较应用。在爱尔兰塞特种犬的血友病 A 及其与

**表 13-14　各实验室发现的人和犬血友病 A 和 B 的同一性**

| 试验 | 血友病 A | 血友病 B |
|---|---|---|
| 凝固时间 | 延长 | 延长 |
| 流血时间 | 正常 | 正常 |
| 继发性流血时间 | 延长 | 延长 |
| 凝血酶原时间 | 正常 | 正常 |
| 血小板 | 正常 | 正常 |
| 部分凝血激酶时间 | 延长 | 延长 |
| 凝血酶生成试验: | | |
| 用正常血清制止 | 无 | 有 |
| 用 $BaSO_4$ 吸附血浆制止 | 有 | 无 |
| Ⅷ因子分析 | <1% | 正常 |
| Ⅸ因子分析 | 正常 | <1% |

贝格犬杂交中产生的血友病 B 犬也有类似症状。

在人类与犬的血友病中,实验室检测发现的同一性如表 13-14 所示。犬的血友病可作为人类严重血友病(hemophilia)状态研究的良好动物模型。在症状学、遗传学及凝血激酶缺陷等方面,犬的血友病与人类血友病是相同的。

## 六、周期性中性粒细胞减少症的动物模型

周期性中性粒细胞减少症为常染色体显性遗传病,多于婴儿或儿童期发病。发作呈周期性,间隔为 15～35 天,大多为 19～21 天。随着年龄的增长,发作逐渐减轻,有的可于 5～10 年后恢复正常。35%～50% 的患儿做脾切除后有所改善。

周期性中性粒细胞减少症的牧羊犬临床症状与人类疾病的临床表现相似。为单基因常染色体隐性,毛稀少,并与银灰色皮毛有关。其大多数在出生后数天内死亡;在早龄期死亡的犬中,病犬并不出现人类患者的特征。中性粒细胞减少症周期性发作,继之以中性粒细胞增多和单核细胞增多;发热是由于中性粒细胞减少期间感染所致。中性粒细胞减少症发生期间,其具有严重的感染,如不予以细心的治疗,患畜通常活不到一年。给予充分药物治疗的患畜,大多数还是在 1～2 年死亡。

犬周期性中性粒细胞减少症是由于其骨髓的细胞成熟周期性地发生障碍所致。红细胞和白细胞的繁殖被中断,由于其繁殖的短期中断,影响到外周血液中众多的红细胞寿命,这种红细胞繁殖缺陷并未在临床上表现出来。当骨髓细胞繁殖发生障碍时,其所保留的部分中性粒细胞迅速被耗尽,接着引起严重的白细胞减少症 [中性粒细胞(3.62～12.3)×10⁹L]。

在人类的中性粒细胞减少症中,其周期之间的时间间隔是可变的,大多数为 21 天,但是,14～28 天的也有报道。尽管本病在人和犬的最初症状是相似的,而犬的继发性效应要比人体严重得多。在人类患者中,引起生长发育和性成熟迟滞尚未有报道。犬的差异,是由于其具有更短暂的白细胞减少的失调周期;也可以局部地归因于其内脏器官的淀粉样沉淀的效应,尤其是在所有成熟前的犬中,其肾脏都存在有淀粉样变性。

不管中性粒细胞减少症的动物模型与人类患者之间有何差异,牧羊犬的周期性中性粒细胞减少症对于人类的中性粒细胞的发生及其机制的研究是很有价值的动物模型。

## 七、严重的先天性畸形的动物模型

畸形(malformation)是胚胎发育期在人体结构和功能上产生的缺陷所致的某些器官的严重异常;是器官或组织的形态、大小、部位或结构异常或缺陷的一种病理状态。原因有先天性和后天性两种。先天性畸形又可因遗传缺陷(染色体畸变或基因突变)或环境因素(病毒感染、植物或药物等致畸生化原因引起,如脑畸形、先天性心脏病、肾畸形、唇裂和腭裂)等。

严重的先天性畸形可以用维生素 A 诱发。在各种实验动物中,在其妊娠期给予大剂量的维生素 A,可以诱发各种类型的严重结构性畸形。畸形的影响范围及类型,依给药时的妊娠时间和剂量大小而定,并取决于动物的品种和品系。在大鼠、小鼠、金黄地鼠、豚鼠、家兔及有限的猴、猪、犬的实验中,单独使用大剂量的维生素 A,已发现有高发生率的畸形。而且,由维生素 A 过多所引起的动物畸形,酷似于人类中由基因、环境及各种未知因素所引起的畸形。由维生素 A 引起的畸形有 70 种以上,在地鼠中,其发生率为 90% 以上的有 18 种,发生率在 10%～90% 的有 28 种。

受害的结构（与某些人体畸形相似的）包括脑（无脑）、脊髓（脊柱对裂）、面部（唇裂、腭裂、小颌）、眼（小眼）、耳、牙齿、唾液腺各部分；肺、肠道（无肛门及脐突出）；心（室中隔缺陷）；肝和胆囊；泌尿系统（肾发育不全、肾盂积水）；生殖器；垂体；甲状腺；脑壳；脊椎；肋骨；肢体（短肢畸形、指或趾畸形）；肌肉及内脏左右易位。在畸形的形态发生连续阶段的研究中，维生素 A 过多症的动物模型是有用的。

## 八、神经节苷脂贮积病的动物模型

神经节苷脂贮积病（gangliosidosis）是常染色体隐性遗传性疾病，是由 3 种酸性β-半乳糖酶同工酶 A、B 和 C 在身体各组织中明显缺乏，或氨基己糖酶缺乏而引起，其机制是神经节苷脂水解过程中，不同酶的缺乏，引起不同物质在神经组织的沉积，而导致疾病发生，临床症状、体征多种多样，如智力发育迟缓、癫痫、失明等。

神经节苷脂为脑酰胺与一个低聚糖（oligosaccharide）分子和涎酸（sialic acid）结合而组成的葡萄糖脂，分布于神经组织的神经细胞膜上。酸性β-半乳糖苷酶的原发性缺乏引起上述分解过程的第一步不能进行和单涎脑酰胺四己糖苷在神经元中的沉积，产生婴儿性家族性黑蒙性痴呆，称为 GM1 沉积病，此型患者小脑损害较重，视网膜变性，脊髓和周围神经均有不同程度的髓鞘脱失。氨基己糖酶的缺乏引起上述第二步分解不能和单涎脑酰胺三己糖苷在神经组织的沉积产生 GM2 沉积病。其中 I 型为婴儿型，称为泰伊-萨克斯二氏病；II 型为急性早期婴儿型，称为桑德霍夫（Sandhoff）病。主要病理改变为大脑皮质中神经细胞内有大量类脂沉积，细胞变性、消失，晚期有髓鞘脱失和胶质细胞增生。电镜检查可见沉积物为圆形分层结构，称为膜状胞质小体。除大脑受累外，小脑和脑干均有普遍萎缩，脑室扩大。

Sandhoff 病是由于己糖胺酶 A 和 B（HexA 和 HexB）的活力均缺乏，这不仅使 GM2 神经节苷脂在脑中沉积，而且其他β-氨基己糖最终产物糖脂、糖蛋白及低聚糖也在脑与内脏中沉积。临床表现类似黑蒙性痴呆，但有内脏受累。Sandhoff 病患者脑组织中 GM2 含量超出正常 100~200 倍；GA2 亦达正常的 50~100 倍。肝、肾、脾中则以红细胞糖苷脂沉积为主。Sandhoff 病临床表现与 Tay-Sachs 病极相似，但有肝、脾肿大，起病年龄和病情进展速度个体差异较大。婴儿期起病者病情多较严重，患儿在出生后数月内大多正常，仅惊跳现象较多，至 6 个月左右逐渐出现肌张力降低，不能坐、站，失明，惊厥，轻度肝脾肿大等症状。

在英国塞特种猎犬中有神经节苷脂贮积病，Gm-3 又称"肌阵挛性变异体"，其类似于人类神经节苷脂贮积病的"肌阵变性变异体"，神经组织中没有不溶解的 PAS 阳性颗粒；部分属于 Gm-3 神经节苷脂贮积，并未完全阐明贮积产物和缺乏的酶。

德国短毛向导猎犬的 GM2 神经节苷脂贮积病类似于人类的 GM2 神经节苷脂贮积病的晚期幼型；其遗传方式诊断是常染色体缺陷性。该病的临床体征大约在 6 月龄出现，其表现为训练效率下降和神经质增加，达到 1 岁龄之前，即出现共济失调，并成为一般进行性神经削弱的最为显著的特征；其视力下降，但是，大多数犬并未发展到全盲；偶然可见癫痫发作。大多数在 2 年龄前死亡。该病犬神经元具有神经节细胞气球样膨胀；酶缺乏。其特有的组织胞质蚀斑（histoplasmic lesions）实际上影响所有含有其包浆颗粒物的中枢神经，并扩大至各种程度。其严重地波及视网膜神经节细胞层及脊神经节的神经元，而生长性神经元仅轻度受影响。大脑皮质的神经节苷脂含量约增加 5 倍，其主要原因是 GM2 积累所致，在犬的 GM2 神经节苷脂贮积分子与由氨基己糖苷酶（hexosaminidase）缺陷所引起的人类患者大脑中的情形相同。它可作为人类的 GM2 神经节苷脂贮积病研究的动物模型。

在德国短毛向导猎犬中，GM2 神经节苷脂贮积病与内脏的组织细胞无关，因而，其与人类 GM2 神经节苷脂贮积病 II 型（婴儿期 Sandhoff 病）不同；但是，认为其处于人体 GM2 神经节苷脂贮积病的 I 型和III型之间，是以组织胞浆的损害（主要为对神经元变性的程度）而论。对于人类 GM2 神经节苷脂贮积病的研究，德国短毛向导猎犬的 GM2 神经节苷脂贮积病是一种特有的、遗传学上明确的实验动物模型。

## 九、球形细胞脑白质病的动物模型

球形细胞脑白质病为常染色体隐性遗传性疾病，是β-半乳糖苷酶的缺乏或其活性减低所致脑脂质沉积病，即小儿球形细胞脑白质营养不良、球形细胞型脑白质营养不良（GLD），又名 Krabbe 白质营养不良症、克拉伯病、Krabbe 急性婴儿型脑硬化、球形白细胞发育障碍症、先天性全身肌发育不全、类球状细胞型白质脑病、类球状细胞型弥漫性硬化症、Krabbe 综合征等。

在卡尼姆猎犬（Canim terriers）和西高地猎犬（West highland terries）中有报道发生球形细胞脑白质营养不良［克拉伯（Krabbe）病］，并可作为人类 Krabbe 病的动物模型。其疾病表现为肢体共济失调进行到麻痹，小脑共济失调也有发生，2～3 月龄发病，由于体内半乳糖脑苷-β半乳糖苷缺乏，导致脑白质内有许多半乳糖脑苷的沉积而发病。有患畜早期即产生严重的后肢麻痹，而在另外一些病犬中，其病初期时，从进行性后肢共济失调到轻度瘫痪比较明显，并牵涉脊髓和末梢神经，随后发生前肢伸展过度和头震颤（表明大脑已损害）。由于大脑损害，最终导致放置反应（placing reactions），视觉、辨认行为及各种变化的故障，最后表现为衰弱、健忘、厌食、恶病质及对继发性感染高度敏感。重大的病理学变化是对神经系统的限制。其脑脊液的蛋白质数量增加。与正常的蛋白质比较，所累及的白质区为灰色，并作柔滑状，从组织病理学上看，中枢神经系统的白质有退化性蚀斑，但是，在灰质中的变化是极少的。GLD 特有的特点是 PAS 阳性，并偶然有多核形式的球样型巨噬细胞。这些泡沫型、球样型巨噬细胞在白质毁坏区的血管周围积累。

在具有 GLD 的儿童中，与 GLD 幼畜比较，其气质和精神活动失调明显，早期即引起步态缺陷，并容易早期诊断。在两者中，其组织病理学、显微结构及生化上都是相似的。因而，犬的 GLD 对于人类的 GLD 是一种很好的酶病理学模型。

## 十、拉福拉病的动物模型

拉福拉病别名 Lafora 病，属常染色体隐性遗传性疾病。好发于儿童晚期和青春期。最早属于家族性肌阵挛性癫痫。病理检测发现患者大脑皮质丘脑、黑质、苍白球及齿状核等部位的神经细胞胞质内含有嗜碱性包涵体（Lafora 小体）。

在 1970～1973 年有学者报道至少在两种犬，即 Bassett 犬和 Poodle 犬中，发现其自发地产生 Lafora 病，即"进行性肌阵挛性癫痫"，与在人类患者中出现伴随肌阵挛性症状相似，患者在其生命的前 20 年通常表现出共济失调、肌强直及癫痫发作的病史，为该病最初的明显症状。患畜的临床体征，在发作时有失神的嗜睡症，接着为共济失调，内分泌异常，睡眠期间痉挛及神经功能进行性退化。由大脑活组织检查可以明确诊断，在大脑皮质的神经中，具有特征性 PAS 阳性包涵体。Lafora 病是一种罕见的家族性神经代谢失调，其与一种不溶性糖蛋白质复合物的积累有关。该病为进行性，并可致命。

其准确的诊断依靠活组织检查，并证明有特征性包涵体存在于神经元内。在人类患者和病犬中所看到的包涵体在其组织化学的分布和超微结构上是相似的。它们有很强的 PAS 阳性，抗淀粉酶及对糖原、脂质、矿物质及核酸为阴性。这种包涵体是胞质内的，并且主要与其神经元或其轴突有关。犬的 Lafora 病可为研究人类 Lafora 病的生化和遗传学基础提供有价值的动物模型，可用于治疗药物的筛选。

# 第十四章　药理、毒理学中的比较医学

## 第一节　药理、毒理学研究中实验动物的选择

现代研究证明动物和人共用一套遗传密码系统。动物实验作为医学研究中必不可少的研究工具，在新产品研发和基础研究中具有重要的地位。依据动物与人类进化上的同源性和遗传上的同质性，在实验动物体上复制具有人类疾病模拟表现的模型，可较系统地全面观察、分析、研究各种疾病的发生、发展转化机制，进而开发出有效的防治措施。药理、毒理学研究中实验动物选择是最重要的一环，正确合理地选择实验动物，不仅能保证实验数据的可靠性，同时也能充分发挥动物实验在医学研究中的价值。实验目的不同，实验动物的选择亦有差异。实验动物的种属、品系和个体合适与否，是动物实验研究成败的关键。一般用于研究的实验动物应具备个体间的均一性、某些遗传性能的稳定性和来源较为充足等基本要求。此外，实验动物的选择还应遵循以下原则。

### 一、实验动物的选择原则

**1. 与人体结构、功能、年龄及疾病特征相似**

利用实验动物与人类某些相似的特性，通过动物实验对人类疾病的发生和发展规律进行推断和探索。如在结构与功能方面，哺乳动物之间存在许多相似之处，从解剖学上看，除体形大小、比例存在差异外，身体各系统的构成和功能基本相似。长期实验或观察动物的生长发育，应选择幼龄动物。老年医学研究中，常选用老龄动物，因其机体代谢和各种功能接近老年人群。一般情况下，实验应优先选用成年动物。

**2. 结构简单且能反映观察指标**

进化程度高或结构功能复杂的动物，会给实验条件的控制和实验结果的获取带来困难。在能反映实验指标的情况下，尽量选用结构功能简单的动物，例如果蝇有生活史短（12 天左右）、饲养简便、染色体数目少（只有 4 对）和唾液腺染色体制作容易等优点，所以是遗传学研究的理想对象，而同样方法若以灵长类动物作为实验材料，则难度较大。

**3. 易获得、经济实用且易饲养管理**

在不影响实验结果的前提下，尽量选用易繁殖、经济实用的实验动物。当前"3R"原则已经在国际上被接受和推广，3R 是指 reduction（减少）、replacement（替代）和 refinement（优化），即尽量减少动物实验的次数和使用动物数量，尽可能使用替代物，完善实验设计。所以能用小动物不用大动物，能用低等动物不用高等动物。

### 二、药理学实验动物的选择

临床前药效评价（preclinical pharmacodynamic evaluation）需要通过动物实验确定。动物和人对药物的反应有相同性，也有差异性。这种相同性和差异性，对药效评价有重要意义。因为相同性，动物实验结果对推论临床情况才有意义。如氯化苯甲酸酯诱导的干眼症在啮齿类动物、兔子和狗身上易被复制，并被证明能够模仿人类干眼症的特征。动物和人对药物反应的差异性必须要有充分估

计；如二硝基酚对动物毒性很小，但用于人类肥胖症治疗时能引起白内障；苄基青霉素对动物感染有效，对人的效果较差；环丝氨酸对动物感染无效，但对结核病患者有效。

不同种属动物对药物的反应也有明显的差别。如吗啡能够抑制犬和猴，但对猫具有兴奋作用；啮齿类动物（大鼠、家兔、豚鼠）不易产生变性血红蛋白；家兔注射组胺后血压非但不降，反而上升。啮齿类动物没有呕吐反应，在药效学评价中对种属差异要给予重视。药理学实验中使用多种动物的原因就是为了探讨相同性与差异性问题。一般来说，一个药物在多种动物身上的效应一致，说明该药的相同性越大，人体出现相同效应的机会就越多。反之，一个药物对几种动物的作用不一致，说明该药的相同性越少，对人体出现相同作用的概率就越小。

同一种属动物不同品系之间对药物的反应也有差异。为严格控制条件，比较两种处理之间的变化，往往采取同一品系动物。动物品系之间存在差异，人种之间也存在差异，现有各种特殊品系的动物供实验选用，通过长期定向培育出来的小鼠品系越来越多。1972 年以前国际上公认的小鼠近交系已有 252 个品系，目前则更多。现今世界各国使用的大鼠都是 Wistar 品系，但为适应各种实验需要已培育出 200 多个品系；豚鼠和家兔目前也都有数十个品系，用于构建某些特殊的病理模型。

药物效应有昼夜变化。时间药理学（chronopharmacology）就是研究生物体的昼夜节律对药物作用或体内过程影响的药理学分支。机体有昼夜节律变化，因此在昼夜节律的不同时间，给药以后生物利用度、排泄、血药浓度等方面常呈现周期性变化，在药效和毒性上也会出现节律性变化。如急性毒性试验中，于昼夜不同时期给某种药物，其作用或毒性可相差数倍、数十倍甚至上百倍。慢性毒性试验中，如以巴豆油在夜间涂擦小鼠皮肤，可得较高的肿瘤发生率；但中午（小鼠休息期）给药，虽反复涂擦也很难获得预期效果。多数药物如麻醉药、镇静药、安眠药、安定药、抗惊厥药、中枢兴奋药、解热消炎药、自主神经药、强心药、激素类、抗生素及抗肿瘤药等在药效反应上呈现昼夜节律变化。除有昼夜节律变化外，还有呈现周、月甚至季度性节律变化，不同种属动物表现不尽相同。

**1. 中枢神经系统药理学实验**

中枢神经系统药理学实验常用两个种属动物。一种是啮齿类动物，如小鼠、大鼠；另一种是非啮齿类动物，如猴或猩猩等。选择动物时应注意各品系动物的特点，如大鼠适用于刺激研究，因大鼠视觉、嗅觉较灵敏，做条件反射等实验反应良好，但大鼠对许多药物易产生耐药性；猫和犬的自然行为多样且稳定，常用于神经药理、生理及行为观察的补充实验。猴子或猩猩则更接近于人类；大鼠和小鼠的活动因夜间比白天多，故研究中枢神经抑制药在夜间进行实验较好。

**2. 传出神经药理学实验**

传出神经药理学（efferent nerve pharmacology）实验中除血压实验外，可采用猫瞬膜、猫（或犬）在体肠活动等实验。可采用体外实验分析拟交感药的作用部位，大鼠胃底条是最敏感的部位，此外有兔乳头肌、离体兔耳、豚鼠气管链、豚鼠回肠和鸡盲肠等。用已知的α或β受体激动药作为标准，观察它们与α或β受体阻滞药的相互作用，确定其作用部位。在测定新药的急性毒性实验（$LD_{50}$）时，动物如出现竖毛、活动增加、激动兴奋，甚至强直阵挛性抽搐，可初步考虑为拟交感药，进而可观察其他动物（如猫）血压反应，如只兴奋α受体，则对血压影响较大，并反射地使心率减慢；如兴奋β受体，可见血压下降和心率明显增快。为明确区分α和β受体的作用，还可采用α受体阻滞药酚妥拉明、β受体阻滞药普萘洛尔等作为工具来研究。

**3. 心血管系统药理学实验**

刺激中枢神经可建立实验性高血压模型，一般采用电刺激大鼠或猴等。神经反射性隔离高血压一般采用大鼠或小鼠。大鼠适用于降压药的筛选。去抑制性高血压常选家兔，肾性高血压常选犬、家兔和大鼠。内分泌型高血压选犬和大鼠。心肌缺血实验结扎豚鼠、家兔、猫、犬、猴、猪等的左冠状动脉前支造模，其中选用家兔和犬最多。心肺灌流一般用犬或猫，研究强心苷可采用豚鼠，研究心肌耐缺氧则宜选用大鼠。器官或局部血管恒速灌流泵法常选犬，采用颈内动脉灌流法、椎动脉灌流法、后肢血管灌流法等来测定血管阻力。离体后肢交叉灌流法常选大鼠。

**4. 消化系统药理学实验**

胃液分泌实验常选犬和大鼠；胰液收集可选犬、兔或大鼠；慢性实验可选犬收集胰液；胆囊瘘常选犬、猫、兔和豚鼠进行，而以犬为最佳；观察胆汁分泌常选大鼠。

消化系统运动实验离体标本制备多选兔、豚鼠、大鼠等的组织。兔、豚鼠等的胆囊较小，取材时常与胆管一起摘下。兔的胆囊可沿其长轴一剖为二，豚鼠则可以整个胆囊进行实验。胆管离体实验通常取犬的胆总管进行。

消化器官运动在体实验选犬、猫或兔，择其健康成年者，性别不限；而观察胆管系统的运动则以雌犬为佳，因为肋弓角较大容易暴露，一般在禁食 12~24h 后进行实验。进行胆管内压测定时，可选犬或猫，也可选择家兔。犬的胆道位置较深，要求有良好的手术暴露。猫的胆总管相对较粗，操作较容易，但手术耐受稍逊于犬。兔的胆总管容易辨认。

催吐和镇吐实验常选犬、猫和鸽等；因兔、豚鼠、大鼠无呕吐反射，故不选用。厌食实验可选犬、猫、大鼠、小鼠等；猴因有颊囊及精神因素影响，故选用较少；犬容易呕吐，一般多选犬。

**5. 呼吸系统药理学实验**

豚鼠是筛选镇咳药最常用的动物。猫在机械刺激或化学刺激后易诱发咳嗽，故适用于刺激喉上神经诱发的咳嗽模型。犬在清醒或麻醉条件下，采用化学、机械及电等刺激胸膜、气管黏膜或颈部迷走神经均能诱发咳嗽，其中反复应用化学刺激所引起的咳嗽反应较其他动物变异少，故适用于观察药物的镇咳作用及持续时间。从经济和来源上犬不如豚鼠、猫，因此，犬只用于进一步的药物的镇咳作用研究。呼吸道平滑肌离体气管法常用豚鼠；肺支气管灌流法常选豚鼠和兔，也可用小鼠；药物引喘实验常选豚鼠。

**6. 泌尿系统药理学实验**

利尿实验一般选大鼠、小鼠、猫或犬进行，其中以大鼠较为常用；菊糖清除率实验常选大鼠进行；游离水清除率实验常选健康成年犬；对氨基马尿酸清除率实验常选大鼠或犬，但以大鼠更为常用；截流分析实验常选犬；肾小管微穿刺实验常选大鼠或犬进行。如欲穿刺集合管，可用幼年大鼠或金地鼠；如欲穿刺肾小球，常用大鼠，因其肾小球位置表浅，易于穿刺。

**7. 其他药理学实验**

镇痛实验常用小鼠、大鼠、豚鼠、家兔、犬、猴等。解热、抗炎实验常用大鼠、小鼠和家兔等。中枢兴奋实验常选猫，观察食欲抑制药物有无耐药性及其发生速度，亦可选小鼠。骨骼肌松弛实验常选猫和犬，也可选择兔、豚鼠、大鼠等。

## 三、毒理学实验动物的选择

毒理学研究通过检测实验动物的各种毒性反应来模拟人的毒性反应，药物在类似人的动物体内进行代谢等过程，对后期药物安全性具有较好的预测价值。急性及长期毒性实验最好使用同一种系的动物，前期的实验数据可为后期实验设计提供参考，互相印证，互相补充，便于更好地分析和认识实验结果。

反复给药毒性实验是毒理学研究的常用方法，至少用两种动物，一种是啮齿类，另一种是非啮齿类。啮齿类动物首选大鼠，其次是小鼠，也有用豚鼠或地鼠；非啮齿类动物常用犬，其他如猴、猫、兔等也可根据需要选用，还可用小型猪。大鼠和犬的毒性反应中，犬与人有更多的相似之处，但有一些毒性反应只发生于人和大鼠，另一些毒性反应只发生于人和犬。两种动物共用，可提高药物安全性预测。反复给药毒性实验所用的鼠类，年龄最好是 6 周龄，一般不宜大于 8 周龄，体重一般不作具体规定，但要求其差异不超过 20%，雌鼠要求未产无孕，犬常用 6~10 个月龄。

实验组及对照组动物只数的选择，在许多国家和毒性实验指导原则中要求不一致。应充分考虑已进行过的急性毒性实验，探索剂量的预实验结果、给药时间的长短、实验中间是否打算处死动物、处死的批次及数量、最后要留多少动物作恢复性观察等。慢性和终生实验还要考虑自然死亡数。一般毒性实验周期较短，啮齿类动物每组数量为雌、雄各 10~30 只，非啮齿类动物要求每组雌雄最少各 3~5 只。

**1. 急性毒性实验**

急性毒性实验常用小鼠、大鼠及豚鼠等啮齿类动物和犬、兔、猫及猴等非啮齿类动物。在选用实验动物时常根据经济、易得、易于操作、便于管理等原则，同时也要考虑与其他实验的联系与衔接和特殊需要。

**2. 长期毒性实验**

长期毒性实验一般连续给予受试药物。需两种以上动物才能较正确地预示受试药物在临床上的毒性反应，常用大鼠，也可用犬、猴、小型猪等。

**3. 致突变及致癌、药物依赖性和生殖毒性实验**

长期致癌实验对动物要求高，常用 F344 大鼠、A 系小鼠、基因敲除小鼠。药物依赖性实验观察期较长，指标较多，一般采用大鼠、小鼠及猴。生殖毒性实验设置 3 个独立实验，致畸敏感期毒性实验、围生期毒性实验等。不同种属动物对药物敏感性不同，应用两种以上动物。啮齿类动物一般选用小鼠、大鼠、仓鼠；非啮齿类动物一般选用兔、犬、灵长类等。

**4. 其他毒性实验**

给药途径须与临床一致是药物毒性实验的重要原则。外用药毒性实验无论急性、长期，皮肤给药一般用兔、豚鼠、大鼠；血管、肌肉刺激性实验首选家兔，也可选用大鼠；皮肤刺激性实验首选家兔，也可用豚鼠或大鼠；眼刺激性实验通常选用家兔；直肠刺激性实验通常选用兔或犬；阴道刺激性实验通常选用大鼠、兔或犬；滴鼻剂和吸入剂刺激性实验选用家兔、豚鼠或大鼠；眼科实验以兔为宜；口腔用药实验一般用金黄仓鼠。

# 第二节　药理、毒理学实验中不同动物的剂量及换算

评价药物疗效和毒性离不开剂量。药效是指在人体所能接受的剂量下药物所产生的作用。因此剂量应有限制，尤其是在离体实验中，如果剂量和浓度不受限制，那么药物可能产生多种特殊作用，而这些作用没有实际意义。如氯丙嗪在动物身上可引起多种药理反应，如抑制卵泡刺激素、黄体生成素、促肾上腺皮质激素及甲状腺刺激素等 40 多种药理、毒理作用，但在人用剂量下这些作用均无意义。研究人员常从整体条件出发，观察接近治疗剂量时所出现的作用。一切分析性实验所得到的结果，不论是在什么水平、什么层次上的观察，都必须要能在整体条件下得到反映才有意义，否则往往会得出片面的结论。

## 一、人与实验动物药效剂量换算

观察一个药物的作用时，给动物多大剂量是实验开始前应确定的一个重要问题。剂量太小作用不明显，剂量太大又可能引起动物中毒致死。一般按下述方法确定剂量。

（一）动物给药量的确定

1）先用小鼠粗略地探索中毒剂量或致死剂量，然后用小于中毒量的剂量，或取致死量的若干分之一为应用剂量，一般可取 1/10~1/5。

2）植物药粗制剂的剂量多按生药折算。

3）化学药品可参考化学结构相似的已知药物，特别是结构和作用都相似的药物剂量。

4）中药有临床应用经验，可根据临床用药量折算。

5）确定剂量后，如第一次实验的作用不明显，动物也没有中毒的表现（体重下降、精神不振、活动减少或其他症状等），可加大剂量再次实验。如出现中毒现象，作用也明显，则应降低剂量再次实验。一般情况下，适宜的剂量范围内，药物的作用常随剂量的加大而增强。因此，实验中应对

同一药物的不同剂量进行预实验，以便迅速获得关于药物作用较完整的资料。如实验结果出现剂量与作用强度之间毫无规律时，则更应慎重分析。

6）对大动物进行实验时，开始的剂量可采用鼠类给药剂量的 1/5～1/2，以后可根据动物的反应调整剂量。

7）确定动物给药剂量时，要考虑给药动物的年龄大小和体质强弱。一般确定的给药剂量是指成年动物的剂量，幼小动物应减量。以犬为例：6 个月以下的犬给药量可为成年犬的 1/6。

8）确定动物给药剂量时，要考虑给药途径，以口服量为 100 时，灌肠量可为 100～200，皮下注射量为 30～50，肌内注射量为 25～30，静脉注射量为 25。

（二）实验动物用药量的计算方法

动物实验所用剂量，一般按 mg/kg 或 g/kg 计算，应用时需从已知药液浓度换算出相当于每千克体重应注射药液量（毫升数），以便给药。

举例：体重 22g 的小鼠，注射盐酸吗啡 15mg/kg，溶液浓度为 0.1%，应注射多少毫升？

计算方法：小鼠每千克体重需吗啡的量为 15mg，则 0.1%盐酸吗啡溶液的注射量应为 15ml/kg，现小鼠体重为 22g，应注射 0.1%盐酸吗啡溶液的用量＝15×0.022＝0.33ml。

（三）人与动物及各类动物间药物剂量的换算

### 1. 人与动物用药量换算

人与动物对同一药物的耐受性相差较大。一般来说，动物的耐受性比人高。人的各种药物用量在书上可以查得，但动物用药量可查到的较少，一般动物用药种类远不如人多。需将人用药量换算成动物的用药量。一般可按以下比例换算：人用药量为 1，小鼠、大鼠为 10～30，兔、豚鼠为 5～20，犬、猫为 1～5。此外，可采用人与动物的体表面积计算法换算。

1）人体的体表面积计算法：计算国人的体表面积，一般认为许氏公式较适用，即体表面积（m²）＝0.0061×身高（cm）＋0.0128×体重（kg）-0.1529。举例：某人身高 168cm，体重 55kg，试计算其体表面积。

解：0.0061×168＋0.0128×55-0.1529＝1.5759m²。

2）动物的体表面积计算法：有许多种，在由体重推算体表面积时，一般认为 Meeh-Rubner 氏公式较为适用，即

$$A（体表面积，以 m^2 计算）= K \frac{W(体重以 g 计算)^{2/3}}{10\,000}$$

式中，的 K 为常数，随动物种类而不同：小鼠和大鼠为 9.1、豚鼠为 9.8、家兔为 10.1、猫为 9.0、犬为 11.2、猴为 11.8、人为 10.5（上列 K 值各家报道略有出入）。此公式计算出的体表面积是一种粗略的估计值，不一定完全符合每个动物的实测数值。

### 2. 人及不同种类动物之间药物剂量的换算（表 14-1～表 14-3）

1）直接计算法：即按 $A=K（200^{2/3}/10\,000）$ 计算。

举例：某利尿药大鼠灌胃给药时剂量为 250mg/kg，试粗略估计犬灌胃给药的剂量。

解：实验用大鼠的体重一般在 200g 左右，其体表面积 $A$ 为：$A=9.1×（200^{2/3}/10\,000）=0.0311m^2$
250mg/kg 的剂量如改以 mg/m² 表示，即为（250×0.2）/0.0311＝1608mg/m²

**表 14-1　基于体表面积将动物剂量转换为人体等效剂量**

| 物种 | 重量（kg） | 体表面积（m²） | Km 因子 |
|---|---|---|---|
| 人 | | | |
| 成人 | 60 | 1.6 | 37 |

续表

| 物种 | 重量（kg） | 体表面积（m²） | Km 因子 |
|---|---|---|---|
| 儿童 | 20 | 0.8 | 25 |
| 狒狒 | 12 | 0.6 | 20 |
| 犬 | 10 | 0.5 | 20 |
| 猴 | 3 | 0.24 | 12 |
| 兔 | 1.8 | 0.15 | 12 |
| 豚鼠 | 0.4 | 0.05 | 8 |
| 大鼠 | 0.15 | 0.025 | 6 |
| 仓鼠 | 0.08 | 0.02 | 5 |
| 小鼠 | 0.02 | 0.007 | 3 |

表 14-2　人和动物间按体表面积折算的等效剂量比值表

| 物种 | 人（70kg） | 小鼠（20g） | 大鼠（200g） | 豚鼠（400g） | 家兔（1.5kg） | 猫（2.0kg） | 犬（12kg） | 猴（2.0kg） |
|---|---|---|---|---|---|---|---|---|
| 小鼠（20g） | 387.9 | 1.0 | 7.0 | 12.25 | 27.8 | 29.7 | 124.2 | 64.1 |
| 大鼠（200g） | 56.0 | 0.14 | 1.0 | 1.74 | 3.9 | 4.2 | 17.8 | 9.2 |
| 豚鼠（400g） | 31.5 | 0.08 | 0.57 | 1.0 | 2.25 | 2.4 | 4.2 | 5.2 |
| 家兔（1.5kg） | 14.2 | 0.04 | 0.25 | 0.44 | 1.0 | 1.08 | 4.5 | 2.4 |
| 猫（2.0kg） | 13.0 | 0.03 | 0.23 | 0.19 | 0.92 | 1.0 | 4.1 | 2.2 |
| 猴（2.0kg） | 6.1 | 0.016 | 0.11 | 0.19 | 0.42 | 0.45 | 1.9 | 1.0 |
| 犬（12kg） | 8.1 | 0.008 | 0.06 | 0.10 | 0.22 | 0.23 | 1.0 | 0.52 |
| 人（70kg） | 1.0 | 0.0026 | 0.018 | 0.031 | 0.07 | 0.078 | 0.82 | 0.16 |

表 14-3　不同种类动物间剂量换算时的常用数据

| 物种 | Meeh-Rubner 公式的 K 值 | 体重（kg） | 体表面积（m²） | mg/kg-mg/m² 转换因子 | 每千克体重占有体表面积相对比值 |
|---|---|---|---|---|---|
| 小鼠 | 9.1 | 0.018 | 0.0063 | 2.9（粗略值3） | 1.0 （0.02kg） |
|  |  | 0.020 | 0.0067 | 3.0（粗略值3） |  |
|  |  | 0.022 | 0.0071 | 3.1（粗略值3） |  |
|  |  | 0.024 | 0.0076 | 3.2（粗略值3） |  |
| 大鼠 | 9.1 | 0.10 | 0.0196 | 5.1（粗略值6） | 0.47 （0.20kg） |
|  |  | 0.15 | 0.0257 | 5.8（粗略值6） |  |
|  |  | 0.20 | 0.0311 | 6.4（粗略值6） |  |
|  |  | 0.25 | 0.0461 | 6.9（粗略值6） |  |
| 豚鼠 | 9.8 | 0.30 | 0.0439 | 6.8（粗略值8） | 0.40 （0.40kg） |
|  |  | 0.40 | 0.0532 | 7.5（粗略值8） |  |
|  |  | 0.50 | 0.0617 | 8.1（粗略值8） |  |
|  |  | 0.60 | 0.0697 | 8.6（粗略值8） |  |
| 家兔 | 10.1 | 1.50 | 0.1823 | 11.3（粗略值12） | 0.24 （2.0kg） |
|  |  | 2.00 | 0.1608 | 12.4（粗略值12） |  |
|  |  | 2.50 | 0.1860 | 13.4（粗略值12） |  |

续表

| 物种 | Meeh-Rubner 公式的 K 值 | 体重 (kg) | 体表面积 (m²) | mg/kg-mg/m² 转换因子 | 每千克体重占有体表面积相对比值 |
|---|---|---|---|---|---|
| 猫 | 9.0 | 2.00 | 0.1517 | 12.7（粗略值 14） | 0.22 (2.5kg) |
| | | 2.50 | 0.1324 | 13.7（粗略值 14） | |
| | | 3.00 | 0.2059 | 14.6（粗略值 14） | |
| 犬 | 11.2 | 5.00 | 0.3275 | 15.3（粗略值 19） | 0.16 (10.0kg) |
| | | 10.00 | 0.5199 | 19.2（粗略值 19） | |
| | | 15.00 | 0.6812 | 22.0（粗略值 19） | |
| 猴 | 11.8 | 2.00 | 0.1873 | 10.7（粗略值 12） | 0.24 (3.0kg) |
| | | 3.00 | 0.2455 | 12.2（粗略值 12） | |
| | | 4.00 | 0.2973 | 13.5（粗略值 12） | |
| 人 | 10.5 | 40.00 | 1.2398 | 42.2（粗略值 35） | 0.08 (50.0kg) |
| | | 50.00 | 1.4386 | 34.8（粗略值 35） | |
| | | 60.00 | 1.6246 | 36.9（粗略值 35） | |

实验犬的体重一般在 10kg 左右，其体表面积 $A$ 为：$A=11.2 \times 10\,000^{2/3}/10\,000=0.5198m^2$
于是，$1608 \times 0.5198/10 \approx 84mg/kg$（犬的剂量）。

2）按 mg/kg 折算 mg/m² 转换因子计算，举例同上。

解：按［剂量（mg/kg）×甲动物转移因子］/乙动物转移因子计算出犬的适当剂量。mg/kg 的相应转移因子可由"每千克体重占有体表面积相对比值表"查得。（即为按 mg/m² 计算的剂量）

3）按"每千克体重占有体表面积相对比值表"计算各种动物的剂量。
［250×0.16（犬的体表面积比值）］/0.47（大鼠的体表面积比值）$\approx 85mg/kg$（犬的剂量）

4）按"人和动物间按体表面积折算的等效剂量比值表"计算。12kg 犬的体表面积为 200g 大鼠的 17.8 倍。该药大鼠的剂量为 250mg/kg，200g 大鼠需给药 250×0.2=50mg。于是犬的剂量为 50×17.8/12$\approx$74mg/kg。

5）按人与各种动物及各种动物之间用药剂量换算。

已知 A 种动物每千克体重用药量，欲估算 B 种动物每千克体重用药剂量时，可查"动物与人体每千克体重剂量折算系数表（表 14-4）"，找出折算系数（W），再按下式计算：B 种动物的剂量（mg/kg）=W×A 种动物的剂量（mg/kg）。

表 14-4　动物与人体每千克体重剂量折算系数表

| 折算系数 W | | A 种动物或成人 | | | | | | |
|---|---|---|---|---|---|---|---|---|
| | | 小鼠 (0.02kg) | 大鼠 (0.2kg) | 豚鼠 (0.4kg) | 兔 (1.5kg) | 猫 (2kg) | 犬 (12kg) | 成人 (60kg) |
| B 种动物 或成人 | 小鼠 (0.02kg) | 1.0 | 1.4 | 1.6 | 2.7 | 3.2 | 4.8 | 9.01 |
| | 大鼠 (0.2kg) | 0.7 | 1.0 | 1.14 | 1.88 | 2.3 | 3.6 | 6.25 |
| | 豚鼠 (0.4kg) | 0.61 | 0.87 | 1.0 | 1.65 | 2.05 | 3.0 | 5.55 |
| | 兔 (1.5kg) | 0.37 | 0.52 | 0.6 | 1.0 | 1.23 | 1.76 | 2.30 |
| | 猫 (2kg) | 0.30 | 0.42 | 0.48 | 0.81 | 1.0 | 1.44 | 2.70 |
| | 犬 (12kg) | 0.21 | 0.28 | 0.34 | 0.56 | 0.68 | 1.0 | 1.88 |
| | 成人 (60kg) | 0.11 | 0.16 | 0.18 | 0.304 | 0.371 | 0.531 | 1.0 |

上述动物用药剂量的折算，只是一种供参考的方法，不是绝对的。具体药物的动物用量，最好根据折算后，按不同的剂量进行预试，根据预试结果确定相应用药量。

## 二、人与实验动物毒理用量及换算

（一）急性毒性实验

急性毒性实验的目的是为了解外源性物质急性毒性的强度，确定 $LD_{50}$ 及其 95%可信区间，包括急性阈剂量，进行急性毒性分级，以初步估计该化合物急性毒性的大小和强度，了解外源性化学物质毒理性质、毒效特征及可能的毒性靶器官，初步评价外源性化学物质的危险性。探求外源性化学物质剂量-反应关系，为慢性毒性实验及其他毒理实验提供剂量和指标选择的依据。初步了解动物致死的原因，为研究毒理作用机制提供线索，为制订中毒救治措施提供依据。

**1. 急性毒性实验一般方法**

1）致死量法：药物毒性的大小，可用动物的致死量（lethal dose，LD）来表示，因为动物生与死的生理指标较其他指标明显、客观、容易掌握。在测定致死量的同时，还应仔细观察动物死亡前的中毒反应情况。致死量的测定主要包括最小致死量（MLD）、半数致死量（$LD_{50}$）和最大致死量（$LD_{95}$）。由于 $LD_{50}$ 的测定较简便，故致死量的测定一般采用 $LD_{50}$。

2）最大耐受量实验：最大耐受量（maximal tolerance dose，MTD）是指动物能够耐受的而不引起动物死亡的最高剂量。从获取安全性信息的角度考虑，对实验动物异常反应和病理过程的观察、分析，较单纯死亡指标更有毒理学意义。

3）最大给药量实验：最大给药量指单次或 24h 内多次（2～4 次）给药所采用的最大给药剂量。最大给药量实验是在合理给药浓度及合理给药容量的条件下，以允许的最大剂量给予实验动物，观察动物出现的反应。许多中药、天然药物毒性较低，如单次给药量远远大于药效学实验等效剂量时，可不必进行更大剂量的观察。

4）其他方法：固定剂量法（fixed dose procedure）、近似致死剂量法（approximate lethal dose，ALD）、剂量探测实验法、扩展实验法、剂量累积实验法等。

**2. 剂量选择**

剂量选择一般最少有四种：参考新化学物的理化性质；参考相关资料；先用少量动物，以较大的剂量间隔染毒，找出 10%～90%（或 0%～100%）的致死剂量范围，然后设计正式实验的剂量和分组；根据实验所选的 $LD_{50}$ 计算方法确定剂量组数。各组剂量的计算：

$$i = (\lg LD_{90} - \lg LD_{10}) / (n-1) \text{ 或 } i = (\lg LD_{100} - \lg LD_0) / (n-1)$$

式中，$i$ 为组距，$n$ 为设计的剂量组数。以最低剂量值（$LD_0$ 或 $LD_{10}$）的对数剂量加上一个 $i$ 值，即是第二个剂量组的剂量对数，依次类推直至最高剂量组。

**3. $LD_{50}$ 的几种计算方法**

1）寇氏法：各组动物数量相等，死亡率呈常态分布，最小剂量组死亡率为 0，最大剂量组死亡率为 100%。

预实验：求出死亡率为 0%或<10%，死亡率为 100%或>90%的剂量作为正式实验的最高与最低剂量。设置 5～10 个剂量组，每组 10～20 只动物，一般雌雄各半。剂量：最高与最低剂量的对数差，按照所需组数分成几个对数等距或不等距的剂量组。

$$\lg LD_{50} = X_m - i \left( \sum p - 0.5 \right)$$

式中，$X_m$ 为最大剂量的对数值；$i$ 为相邻剂量比值的对数；$\sum p$ 为各组死亡率的总和（小数）。$\lg LD_{50}$ 的 95%可信限=$\lg LD_{50} \pm 1.96SE$。

2）改进寇氏法：小剂量组死亡率<20%，最大剂量组死亡率>80%，各剂量组间距等比或剂量对数等差。

3）概率单位：各组动物数量不要求相等，组间距不要求成等比级数。

4）霍恩法：四个染毒剂量组，每组动物数量相等，剂量组距 2.15 倍和 3.16 倍。

预实验：一般采用 10、100、1000mg/kg 的剂量各以 2～3 只动物预试，根据 24h 内死亡情况，估计 $LD_{50}$，确定正式实验剂量。也可采用一个剂量，使用 5 只动物预试，观察 2h 内中毒情况。动物数：一般每组 10 只。剂量、组距：2.15/3.16。

正式实验：观察 3～5 天，随机分组，给予受试物观察 7～14 天，记录死亡数，查表求得 $LD_{50}$，记录死亡时间和中毒表现。

**4. 急性毒性分级和评价**

根据急性毒性实验求出 $LD_{50}$（$LC_{50}$）值，通过 $LD_{50}$ 值进行急性毒性分级（acute toxicity grading），评价毒物的急性毒性强弱，比较毒物的急性毒性大小（表 14-5）。

表 14-5　外源性化合物的急性毒性分级

| 急性分级 | 大鼠经口 $LD_{50}$ (mg/kg) | 6 只大鼠吸入 4h,死亡 2～4 只浓度 (ppm) | 兔经皮 $LD_{50}$ (mg/kg) | 对人可能致死的估计量 | |
|---|---|---|---|---|---|
| | | | | (g/50kg) | (g/60kg) |
| 剧毒 | <1 | <10 | <5 | <0.05 | 0.1 |
| 高毒 | 1 | 10 | 5 | 0.05 | 3 |
| 中等毒 | 50 | 100 | 44 | 0.5 | 30 |
| 低毒 | 500 | 1000 | 350 | 5 | 250 |
| 微毒 | 5000 | 10000 | 2180 | >15 | >1000 |

**（二）长期毒性实验**

长期毒性研究（重复给药毒性研究）是反复多次给药的毒性实验的总称，描述动物重复给予受试物后的毒性特征。长期毒性研究的主要目的应包括以下五个方面：发现受试物可能引起的临床不良反应，包括不良反应的性质、程度、量效和时效关系和可逆性等；推测待测化合物重复给药的临床毒性靶器官或靶组织；判断临床试验的起始剂量和重复用药的安全范围；提示临床试验中需重点监测的安全性指标；对毒性作用强、毒性症状发生迅速和安全范围小的化合物，长期毒性研究还可以为临床试验中的解毒或解救措施提供参考依据。

1）剂量设计原则：长期毒性实验一般至少设高、中、低三个剂量给药组和一个赋形剂对照组，必要时还需设立正常对照组或阳性对照组。因为理论上群体中毒性反应的发生率随暴露量的增加而增加，所以高剂量原则上应使动物产生明显的毒性反应。低剂量原则上应高于同种动物药效学实验的有效剂量或预期临床治疗剂量的等效剂量，并不使动物出现毒性反应。为考察毒性反应量效关系，应在高剂量和低剂量之间设立中剂量。

剂量应以 mg（ml，U）/kg 或 mg（ml，U）/m$^2$ 为单位。一般以不同浓度等容量给药。设低剂量组的目的是寻找动物安全剂量范围，为临床剂量设计提供参考，一般应高于整体动物有效剂量，且此剂量下不出现毒性反应；中剂量组应使动物产生轻微的或中等程度的毒性反应；设高剂量组的目的是为寻找毒性靶器官、毒性反应症状及抢救措施提供依据，也为临床毒副作用监测提供参考，故应使动物产生明显的或严重的毒性反应，或个别动物死亡。空白对照组给予溶剂或其他赋形剂，若所用溶剂或赋形剂有毒性时则增加正常对照组剂量。

2）剂量设计方法：长期毒性的剂量设计是实验能否成功的关键。在选择剂量时，不仅要参考急性毒性和药效学实验的结果，有条件时还应参照药动学结果和国外同类药物的毒性资料，另外还要参考拟推荐临床试用剂量、临床拟用频率等，最后通过预试才能较有把握地选准剂量。

A. 根据急性毒性 $LD_{50}$ 值：大鼠高、中、低三个剂量分别用 $1/10LD_{50}$、$1/50LD_{50}$、$1/100\ LD_{50}$，犬应用更小的剂量，一般可使用相应大鼠剂量的一半。

B. 根据最大耐受量（MTD）推算：根据大鼠急性毒性的 MTD、1/3MTD 和 1/10MTD 分别为大鼠长期毒性的高、中、低三个剂量组；犬和猴可以考虑用大鼠剂量的一半左右。或者用大鼠的高剂量为最大剂量依次降低几个剂量给犬单次口服，测定犬单次口服的 MTD，再以 MTD、1/3MTD 和 1/10MTD 分别为高、中、低三个剂量进行实验。

C. MBS（metabolic body size）推算：主要根据药动学结果，了解最大有效浓度（$C_{max}$）和半衰期（$t_{1/2}$）来设计高、中、低三个剂量，一般以最大有效浓度的剂量为低剂量组，中、高剂量分别往上增加若干倍。半衰期可考虑给药间隔时间的长短。

D. 拟用临床剂量推算：根据同类型药物或国外资料的药物临床剂量，结合急性毒性实验结果，预测新药可能用的临床剂量。一般来讲，大鼠实验低剂量选用临床剂量的 10～20 倍（6 个月用 5～10 倍），中剂量用 30～50 倍（6 个月用 15～25 倍），高剂量用 50～100 倍（6 个月用 30～50 倍），犬低、中、高剂量组则分别用 2～5 倍（6 个月用 2～3 倍）、15～30 倍（6 个月用 15～20 倍）、30～50 倍（6 个月用 15～25 倍），此法较常用。

E. 体重和体表面积换算：体表面积的计算公式一般有 3 种计算方法。一是经验公式为 $S = \dfrac{KW^2}{3}$（$S$：体表面积；$K$：系数；$W$：体重）；二是通用公式为 $\lg S = 0.8762 + 0.698 \lg W$；三是按照 mg/kg 固定倍数。经验公式中不同文献对于同一动物的 $K$ 值不尽相同，如犬有的 $K$ 值定为 0.104，有的为 0.112；小鼠有的 $K$ 值定为 0.06，有的为 0.0913。利用经验公式计算剂量一般会造成剂量计算误差；利用 mg/kg 的固定倍数计算时，在动物体重较小时尚可，但在动物体重变化较大时，不合理性也越大。如将小鼠、大鼠和犬的 mg/kg 分别扩大为 3、6、20 倍，就分别成为小鼠、大鼠和犬的 mg/m²。而用通用公式推导，20g 小鼠、200g 大鼠和 10kg 犬的体重和体表面积之比分别为 3.3、6.6 和 21.5。而大鼠 120g 时比值为 5.5，3 个月时（雄）可达 400g，其比值就达其 2 倍。因此，以体表面积给药时，建议用通用公式计算体表面积。

3）长期毒性研究高剂量的设计：毒性实验的高剂量设计一直是毒理学研究中的重点问题，同时也是比较困惑的问题。该剂量水平设计需遵循毒理学的常规研究目的，但同时也要结合临床试验目的和具体情况来考虑。

# 第三节　不同药理、毒理学研究中实验动物的应用

## 一、毒理学研究中的应用

新药在进入临床使用前均需经过安全性评价，即毒理学（toxicology）评价。这对上市新药在临床剂量下，保证患者安全用药具有重要意义。药品临床前毒理学评价的基本手段是动物毒性实验，我们将按照临床前毒性评价方法，分别介绍动物实验在毒性研究中的应用。

### 1. 急性毒性研究

急性毒性实验是临床新药安全性评价的第一步，和其他毒性实验相比，具有简单、经济、易行等特点。急性毒性实验是观察动物接受单次或短时间内给药后，动物出现的急性毒性反应，包括定性及定量实验。定性实验主要观察给药后动物有哪些中毒表现，出现和消失的时间过程，可能涉及哪些组织和器官，可能的靶器官，分析中毒死亡原因等。定量实验主要是以死亡为评价的终点，测定药物引起动物死亡的剂量，包括致死量、近似致死量和半数致死量，特别是半数致死量（$LD_{50}$）。

### 2. 慢性毒性研究

当一个候选新药经药效学评价和急性毒性实验，认为有进一步研究价值时，才考虑进行反复给药的毒性实验。其主要目的有：一是观察在长期给药情况下，实验动物出现的毒性反应、反应的剂量-效应关系、涉及哪些组织、主要的靶器官、损害程度及其可逆性等；二是观察在长期给药情况下，实验动物能耐受的剂量范围及完全无毒的安全剂量，以判断候选新药是否能进行临床试用，着

重观测某些生理生化指标，为选择临床初始剂量等提供动物实验参考材料。

**3. 生殖畸形形成、产期及产后研究**

生殖的畸形形成、产期及产后的研究在发育病理学和毒理学中更有意义，其研究目的是评价实验药物在雌雄动物生殖系统方面的毒性效应。雌性动物在妊娠期间给药，研究药物对胎儿发育的影响；接近妊娠末期服药，评价药物对幼仔的潜在效应。

**4. 致癌性实验**

致癌性实验用于检验外来化合物及其代谢物是否具有致瘤作用。在进行药物致癌性实验时，应模拟人体接触的方式。实验大鼠在大约 2 年的整个寿命期间均需给药，如进行病理学评价，则需要增加给药时间。为达到比较的目的，实验大鼠 1 个月给药期相当于人类服药 34 个月。

**5. 局部刺激性实验**

局部刺激性实验是考察动物的血管、肌肉、皮肤、黏膜等部位接触受试药物后是否引起红肿、充血、渗出、变性或坏死等局部毒性反应。局部刺激性实验方法一般包括血管刺激性实验、肌肉刺激性实验、皮肤刺激性实验、黏膜刺激性实验。

**6. 光敏、光过敏反应**

过敏反应指变态反应，又称超敏反应，是指机体受同一抗原再次刺激后产生的一种异常或病理性免疫反应。按抗原与抗体或细胞反应的方式和补体是否参加等，将过敏反应分为 Ⅰ、Ⅱ、Ⅲ、Ⅳ四型。光过敏反应为 Ⅳ 型过敏反应的特殊类型，是局部给药或全身给药后，分布在皮肤中的药物所含的感光物质与光线产生复合作用后皮肤对光线产生的不良反应。原则上使用健康白色豚鼠。皮肤光敏性实验根据比较对照组和给药组反应进行评价。

## 二、在药理评价中的应用

实验动物常用于药物疗效评价，主要包括发现新药和评选新药。通过各种手段将原来作用不明的化合物的有效药理作用暴露出来。通过一系列实验明确有效化合物的优缺点，决定弃取，这是评选新药的任务。评选新药一般从评价它的主要药效作用及用于临床目的的预期药理作用开始。在评价主要药效的同时，如有可能还应阐明药物的作用部位和作用机制。药效评价工作中实验动物是强有力的实验工具，下面通过动物实验研究分别讨论。

**1. 神经系统药效评价**

实验动物在神经系统药效评价中主要应用于解热镇痛抗炎药物评价、镇静催眠药物评价、抗精神病药物评价、抗惊厥和抗震颤麻痹药物评价、中枢兴奋和骨骼肌松弛药物评价等。抗惊厥和抗震颤麻痹药物评价一般分为化学物质引起惊厥实验、听源性发作实验、慢性实验性癫痫实验等。

**2. 心血管系统药效评价**

实验动物在心血管系统药效评价中主要应用于高血压药物评价、抗心肌缺氧缺血和抗血管阻力药物评价等。高血压药物评价实验动物模型一般包括中枢性高血压模型、神经原发性高血压模型、肾性高血压模型、内分泌性高血压模型等。抗心肌缺氧缺血和抗血管阻力药物评价实验动物模型主要包括急性心肌供血不足模型、心律失常模型、心肌梗死模型等。心肺灌流是分析药物对心脏作用的经典方法，常采用颈内动脉灌流法、椎动脉灌流法、后肢血管灌流法等来测定药物对血管阻力的影响。

**3. 消化系统药效评价**

实验动物在消化系统药效评价中主要应用于消化系统分泌实验，消化系统运动实验，肌部胆管内压测定实验，催吐、镇吐和厌食药物评价等。消化系统分泌实验一般分为胃液分泌实验、胰液分泌实验和胆汁分泌实验，消化系统运动实验一般分为离体胃肠运动实验、在体胃肠运动实验和胆管内压测定实验等。

**4. 呼吸系统药效评价**

实验动物在呼吸系统药效评价中主要应用于镇咳药物筛选实验、筛选平喘药实验、肺支气管灌流、药物引喘实验等。镇咳药物筛选实验一般采用化学刺激物或机械刺激诱发动物咳嗽,进一步验证药物的镇咳作用。离体气管法是常用的筛选平喘药的实验方法之一。肺支气管灌流法是测定支气管肌张力的主要研究方法。药物引喘实验常以气管法观察药物的支气管平滑肌松弛作用。

**5. 泌尿系统药物评价**

实验动物在泌尿系统药效评价中主要应用于筛选利尿药实验、肾清除率实验、菊糖清除率实验、游离水清除率实验、氨基马尿酸清除率实验、截流分析实验等。筛选利尿药实验多采用大鼠,观察给药后动物尿量等指标。肾清除率表示肾对血液里某物质的清除能力。菊糖清除率实验可观察肾小球滤过率。游离水清除率实验可衡量肾对尿液浓缩和稀释的能力。氨基马尿酸的清除率可作为有效肾血浆流量的客观指标。截流分析实验可对利尿药作用部位进行初步分析。

**6. 其他药效实验评价**

除了上述各大系统的药效评价外,实验动物还被广泛用于脑血管疾病药物评价、抗肿瘤药物的药效评价,精神科、妇科、男科、儿科、皮肤科等治疗药物的药效评价等。

# 第十五章　中医病证模型的比较医学

## 第一节　中医证候动物模型与比较医学

中医证候动物模型是以中医学整体观念及辨证论治思想为指导，运用藏象学说和病因病机理论，综合物理、化学、生物等多种应激手段建立的具有人类病证模拟性表现的动物实验对象。自20世纪60年代初肾阳虚证动物模型问世以来，中医证候动物模型经历了60多年的发展，逐步形成了独特的方法体系。例如，其独特的理论体系为辨证论治；独特的评价标准包括证、病、症；独特的观察指标涵盖舌、脉、汗、神、色；独特的认识特色为审证求因等。中医证候动物模型的创建是以中医理论和实验动物学为指导，并作为评价判断模型的理论依据；而实验动物学则具体地指导着动物模型的创建。

中医证候动物模型的分类包括：①中医病因动物模型：其包括单一因素模型和复合因素模型两种，如用猫吓鼠制作的"恐伤肾"肾虚模型属于单一因素模型；采用苦寒泻下、饮食失节加劳倦过度法创建脾气虚动物模型属于复合因素模型。②西医病理动物模型：尾静脉注射醋酸铅、5-羟色胺后，灌胃内毒素/脂多糖E创建肠热腑实动物模型；腹腔注射抗原液致敏，卵蛋白吸入诱喘创建寒哮动物模型等。③病证结合动物模型：其包括抑郁症肝郁脾虚证动物模型、帕金森病肾精亏虚证动物模型等。中医证候动物模型的制备方法应当以藏象学说和病因病机理论为准则，原则上既要符合中医的致病因素，又要符合临床自然发病的实际过程。目前中医证候动物模型的制备方法主要有以下几种：利用致病因素造模，通过改变动物的生理状况造模，采用人工方法改变动物的生活环境造模，以及利用过量中药造模。

## 第二节　中医肾虚证动物模型的比较医学

### 一、肾虚证动物模型的比较医学

肾虚证是中医的主要证候类型之一，为素体亏虚，年高肾亏，房劳过度，久病及肾等所致，主要有肾阳虚、肾阴虚、肾气虚、肾精虚。表现在肾主藏精、主水、生髓、主骨、开窍于耳等方面功能的障碍。肾虚证的实质研究发现其与多个内分泌轴的功能低下、DNA合成障碍、实质脏器萎缩等因素有关。

**1. 造模方法**

1960年研究人员从复方治疗结果区分出实验性肾上腺再生型高血压和肾血管性高血压，并将两者分属为阳虚证和阴虚证；1963年研究人员发现过度服用肾上腺皮质激素的小鼠有肾虚表现；至今已有下丘脑损伤、肾上腺皮质功能改变、甲状腺功能改变、性腺功能改变、DNA合成抑制、衰老、肾脏功能损害、恐伤肾、膀胱排尿无力、胎儿宫内发育迟缓、骨髓造血功能障碍、外伤及肾、缺铁等各类肾虚证模型，以及多种肾虚病证结合模型。肾上腺皮质激素模型主要从应用时间、激素的长效与短效，以及通过是否停药来区别肾阴虚证与肾阳虚证。在骨髓抑制肾虚证模型中，放射线损伤一般属热，化学损伤一般属寒。临床肾虚证有 DNA 合成抑制改变，衰老则属生理性肾虚证。肾阳虚病因模型的建立，可应用药物造模（如糖皮质激素、抗甲状腺药物、性激素、羟基脲、腺嘌呤等）、手术造模（大鼠双侧 3/4 肾上腺切除、双侧甲状腺切除、双侧睾丸切除，旨在切除器官以抑制相应的下丘脑-垂体-靶腺轴，使动物表现出肾阳虚的症状）及多因素造模方法（1%腺嘌呤+1%地塞米松饲料喂养、切除单侧肾并注射多柔比星 2 次、地塞米松肌内注射+双侧卵巢切除诱导肾阳虚子宫发育不良模型等）。相关文献表明：当实验动物出现爪甲与耳廓颜色变淡、体毛枯疏并失去光泽、活动减少、反应迟钝、弓背蜷缩、食量及饮水量减少、体温及体质量显著下降等表现时，即评价造模成功。肾阴虚病因模型建立方法主要有长期激怒法造模和温燥药造模。长期激怒法常用于肝肾阴虚模型建立。中医理论认为"怒伤肝""肝郁化火""肝肾同源"，故长期激怒则必伤肾阴而致肾阴虚。比较公认的方法是采用双后肢束缚悬吊、夹尾等方式。单一方式造模易伤害实验动物，因此有学者采用 2 种方式交替造模。此模型表现为形体消瘦、竖毛少泽、活动减少、饮食减少、尿少、易激怒，但体温相对恒定。一般认为，血浆 cAMP 或 cAMP/cGMP 升高为肾阴虚证的共有规律，而 E2/T 升高则定为肾虚证。因此动物实验经常以 cAMP 或 cAMP/cGMP 作为肾阴虚证模型建立的评判标准。

**2. 生物学特点**

各模型的生物学特征仍缺乏不同造模方法间的比较。与所有证候一样，应注意区别以解剖上的肾脏为依据和以临床肾虚表现为依据的两种肾虚证模型的本质不同。如基于肾脏调节钙磷代谢而影响骨骼的肾虚证与基于肾虚证候和腰膝酸软的肾虚证在逻辑上是两个概念。定位于骨髓抑制的"肾主骨"肾虚证模型和定位于钙磷代谢障碍的"肾主骨"肾虚证模型又有本质不同。

**3. 应用**

肾虚证模型已广泛用于肾虚证和衰老的病理与药理研究中。大补阴丸全方对甲亢阴虚证大鼠的钠泵活性有明显抑制作用，其作用优于单用知母、黄柏或龟板、熟地黄，说明该方以滋阴为主、清热为辅的功效，体现配伍的科学性。肾虚证模型在应用上还可与其他形式的动物实验结合形成一个有机的实验体系，如可配合正常动物实验、小鼠胸腺萎缩实验、生殖实验、游泳实验、能量代谢实验、常压与低压耐缺氧实验、抗衰老实验等。

## 二、模型举例一：肾阳虚证动物模型

**1. 雄性大鼠雌激素应用法肾阳虚证模型**

（1）模型简述　临床冠心病、高血压、糖尿病、病态窦房结综合征和急性心肌梗死等与阳虚有关的疾病，其男性患者存在性激素内环境的改变，表现为血浆 $E_2$（雌二醇）/T（睾酮）增高，但肾虚证患者也有同样改变。

（2）造模方法　雄性 Wistar 种大鼠，体重 160～260g。苯甲酸雌二醇，腹腔注射，用药量 2mg/（kg·d），用药天数 10 天。

（3）模型特点和应用　模型动物常见竖毛，毛色无光泽，消瘦，拱背，反应迟钝，阴囊皱缩，睾丸回缩，睾丸重量减轻，包皮腺重量减轻，肾上腺重量下降，睾丸乳酸脱氢酶（LDH）总活性、乳酸脱氢酶-X（LDH-X）活性降低等现象。但运用附子、肉桂、淫羊藿、肉苁蓉、补骨脂组方能改善外观，增加体重，增加睾丸重量、包皮腺重量、肾上腺重量，升高睾丸 LDH、LDH-X 活性。

**2. 肾上腺皮质再生肾阳虚型高血压模型**

（1）模型简述　肾上腺皮质再生型高血压模型用温补肾阳方药能降低血压，而用滋补肾阴方药无显著作用，所以认为它属于肾阳虚型高血压模型。模型原理是肾上腺皮质功能减退。

（2）造模方法　Wistar 大鼠，雌性或雄性，体重 105～230g，或 2～3 个月龄。手术切除一侧肾脏及肾上腺，另一侧肾上腺剔除髓质及大部分皮质，术后饮 1%食盐液。术后约 8 周成模，成模率约 74%。

（3）模型特点和应用　模型动物尿醛固酮排出量增加，尿激肽释放酶含量减少。脑干、下丘脑、纹状体亮脑啡肽（LEK）含量明显降低。胸主动脉内膜内皮下层增厚，其结缔组织细胞间隙明显增大、增多，内皮细胞向管腔突起，甚至脱落，细胞外形不规则且界限模糊。使用附子加肉桂及单味肉桂均可降低血压。

### 三、模型举例二：肾阴虚证动物模型

#### 1. 氢化可的松灌胃法肾阴虚证模型

（1）模型简述　中医认为肾为先天之本，藏精气，主骨、生髓、化血，主持人体生长发育、生殖和调节机体代谢，为元气之根。现代研究进展表明，肾虚者往往表现为神经内分泌免疫调节网络（NIM）中的内分泌系统功能障碍，即下丘脑-垂体-肾上腺（HPA）轴功能失调、下丘脑-垂体-性腺（HPG）轴和下丘脑-垂体-甲状腺（HPT）轴功能紊乱，此种肾阴虚证造模方法依据《中药药理研究方法学》（人民卫生出版社，2006）。

（2）造模方法　KM 小鼠，雌性或雄性，体重（20±2）g，每天按 0.02ml/g 灌胃蒸馏水，连续6 天，第 7～10 天，按 50mg/kg 给予灌胃氢化可的松，自由饮水、饮食连续 4 天。

（3）模型特点和应用　肾阴虚证模型组小鼠出现烦躁、易激怒、拱背扎堆、毛发枯槁易脱落、大便干结、饮食增多等症状。血清中促肾上腺皮质激素（ACTH）、皮质醇（cortisone）、甲状腺激素（TSH）、三碘甲腺原氨酸（$T_3$）、甲状腺素（$T_4$）显著升高。并且均存在 HPG 轴功能紊乱，且不同性别的小鼠性激素也具有不同的表现，而肾阴虚证模型小鼠血清 FSH 含量降低，雌鼠血清 $E_2$含量及雄鼠血清雄激素（T）含量降低。

#### 2. 甲状腺素混悬液灌胃法肾阴虚证模型

（1）模型简述　"肾主水"功能失职，可累及肺脏"宣发肃降""通调水道"的功能。依据《动物实验方法学》（孙敬方主编，人民卫生出版社于 2001 年出版），以甲状腺素混悬液灌胃法制备肾阴虚证模型。

（2）造模方法　雄性 SD 大鼠，体重（220±30）g。给予甲状腺素混悬液灌胃 30mg/kg，每天1 次，连续 4 周。

（3）模型特点和应用　甲状腺素组大鼠形体消瘦，竖毛拱背，毛发无光泽，易怒多动，呼吸较急促，体重增长缓慢，肺、肾组织水通道蛋白 1（AQP1）基因表达显著升高。

## 第三节　中医脾虚证动物模型的比较医学

### 一、脾虚证动物模型的比较医学

脾为后天之本，脾病变以虚证为主，故有"虚则太阴"之说。脾虚证由饮食失调、劳倦损伤、吐泻太过、过服寒凉食物、久病体弱、禀赋不足等所致，主要有脾气虚、脾阳虚、脾阴虚、脾不统血等；表现为脾主运化、升清、主肌肉四肢、主统血、开窍于口、其华在唇等相关功能障碍。现代研究表明脾虚证与副交感神经功能亢进、交感与副交感神经应激能力低下、细胞免疫功能下降、慢性炎症、实质脏器萎缩、消化功能障碍、营养不良等病理有关。

#### 1. 造模方法

1977 年北京中医学院建立限量饮食脾气虚证模型；1979 年北京师范大学生物系消化生理科研组、北京中医研究所病理生理研究室创立大黄苦寒泻下脾虚证模型；至今已形成苦寒或苦寒泻下、限量营养、限量营养加邪侵、副交感神经功能亢进、饮食失节、耗气破气、胆汁氢氧化钠、环磷酰胺、气候法伤湿、秋水仙碱、复合因素等各类脾虚证模型及多种脾虚病证结合模型。造模要素包括苦寒泻下、耗气破气、限量营养、劳倦过度、利血平五大类。以大黄苦寒泻下模型使用率最高。现有脾虚证模型无"限量营养"的各造模要素中，除溃疡性结肠炎、寒冷、噪声、劳倦，青皮、厚朴

三物汤外，大黄、大承气汤、番泻叶、芒硝、利血平、新斯的明、限量营养、饮食失节、饥饱失常、内伤脾胃等均在本质上有明显强制性营养不良作用。劳倦过度以游泳方法较为可靠。苦寒药物法脾虚证模型与苦寒药物法寒证模型在造模方法上尚难分清。脾虚证模型动物的选择可根据自主神经功能和细胞免疫功能情况做体质筛选。造模可采用先大剂量顿伤，再采用正常量造模的分阶段方法。有文献报道采用化学药物、手术损伤等现代医学方法制备脾虚证动物模型。例如，使用利血平可以耗竭中枢及外周的儿茶酚胺递质，促使副交感神经功能亢进，用以复制脾虚证动物模型。家兔肌内注射 0.3g/kg 利血平注射液，连续 3 天后，给予四君子汤治疗，2 天后再次同时肌内注射利血平，结果发现四君子汤降低了利血平造模家兔的离体空肠平滑肌异常增加的收缩力，可能存在一定程度的胆碱能神经递质对抗作用。大鼠肩胛骨棕色脂肪切除手术，损耗产热物质，手术后以高脂饲料喂养 1 周，隔日在 19℃低温环境饲养，连续 3 周后，大鼠表现出蜷卧懒动、进食减少、大便稀溏、肛周污秽、毛发枯槁、肛温下降、扎堆寒战等脾阳虚症状。该方法将中医脾阳虚生内寒等同于现代医学的产热低下，但其机制还有待于深入研究探讨。

对于脾虚证动物模型的评价一般从以下 4 个方面进行：①一般行为指标：从动物毛发、自主行为、活跃度、睡眠情况、精神状态、对外界刺激的响应、大便次数与性状等症状进行观察和评价。②脾虚证动物易出现毛发枯涩、扎堆嗜睡、活跃度差、情绪不稳、饮食饮水减少、大便稀溏等症状。③消化系统指标：肝主疏泄，脾升胃降，两者在生理功能和病理表现上密切相关，相互影响。常用的指标包括 $D$-木糖排泄率、胃肠道激素、胃排空率、肠道推进率等。④免疫功能指标：如淋巴细胞 CD4$^+$/CD8$^+$、IL-6 和 TNF-α 等细胞因子、免疫器官指数等。

**2. 生物学特点**

脾虚证模型的诊断仍呈现敏感度高、特异度低的"弱"规范性特点，即一方面对脾虚证模型的规定性不足，另一方面对非脾虚证模型的排除性也不足。总结以往经验，理想的脾气虚证模型应尽量满足以下条件：①慢性形成；②符合脾气虚证症状；③体重增长减慢或下降，体表温度不变或略有降低，肠胀气，游泳时间减少，舌淡嫩；④血糖吸收率下降；⑤细胞免疫功能下降；⑥副交感神经功能亢进，副交感和交感神经应激能力低下；⑦病理形态上慢性炎症，实质脏器特别是内分泌腺萎缩、退变；⑧上述各指标于相应负荷后测定；⑨缓慢恢复；⑩鉴别诊断：从肾上腺皮质功能状况与肾虚证鉴别，从体表温度与脾阳虚证鉴别。

**3. 应用**

脾虚证模型已被用于健脾灵、四君子汤、绞股蓝总皂苷等 70 余种中药新药的药理研究；研究人员利用偏食酸味加饥饱失常加应激加冷刺激脾虚证模型，克服幽门螺杆菌感染的困难；利用偏食酸味脾气虚证模型对主要补气药人参、黄芪、党参、白术、山药、大枣健脾益气功能进行系统比较；开展脾虚证模型药动学研究。在实际应用上，常以不同造模方法形成的不同脾虚证模型组成实验体系，如以大黄、阿托品、新斯的明三种脾虚证模型同时进行理中汤药理研究；以利血平和大黄两种脾虚证模型同时进行康胃冲剂药理研究。

## 二、模型举例：脾虚证动物模型

### 1. 苦寒泻下加饥饱失常脾虚证动物模型

（1）模型简述 《景岳全书》云："若饮食失节，寒温不适，则脾胃伤。"现代流行病学调查结果也表明饥饱失常是脾虚证的主要病因之一。《脾胃论》云："大忌苦寒之药伤其脾胃。"本模型属脾阳虚证。

（2）造模方法 雄性 Wistar 大鼠，体重 206～246g。大黄水煎剂灌胃。用药量约 13.3g/（kg·d）。同时隔日喂饲，喂饲日饲料量不限。造模天数 20 天。

（3）模型特点和应用 模型动物体重停止增长，口腔温度降低，夜间活动频率减少，大便溏稀，每日喂饲造模剂后 6～8h 便溏次数增多。造模第 9 天起被毛开始明显疏散、枯槁少华。从造模第 6 天起喂饲当日进食减至与对照组相当。心率基本无改变，电-机械延迟时间（EML）、电-机械收缩时间（EMT）、机械收缩时间（MST）、排血前期（PEP）均增加，说明模型动物的心脏活动周期中，由于收缩期延长，舒张期缩短，在收缩期中，由于 PFP 延长，使左心室排血时间（LVET）相对缩短，双侧颈动脉流量减少。调脾益心汤使 PEP/LVET 显著减少，说明心脏功能改善。但双侧颈动脉血流量增加，LVET、PEP 指数、心率有增加趋势。

**2. 环境与饮食因素干预结合三硝基苯磺酸（TNBS）与乙醇复合物建立脾虚湿困型溃疡性结肠炎（UC）大鼠模型**

（1）模型简述　《脾胃论》云："饮食失节，甘肥过度，脾胃乃伤。"外感湿邪，常困阻脾胃；饮食不节，饥饱无常，嗜食肥甘厚味，可致脾胃受损，湿从内生；若素体虚弱，或劳倦过度，则损伤脾气；情志不遂，则气机不畅，导致脾运化水湿功能低下，水湿停滞，形成脾虚湿困证。采用饮食、环境因素结合 TNBS 加乙醇的方法复制脾虚湿困型 UC 大鼠模型，通过在大鼠饥饿状态下灌服冰水，在饱食状态下灌服猪油，形成"饥饱无常，嗜食肥甘厚味，过食生冷"的病理因素，并将大鼠每天置于浅水中 8h，控制睡眠时间，模拟外湿环境，造成劳倦过度，情志不遂等，使模型尽可能符合人类自然发生的 UC 病变特点和中医证候特点，探讨出更适合于药物的药效观察和评价的动物模型。

（2）造模方法　Wistar 大鼠，体重 180～220g，TNBS 模型组大鼠正常喂养 20 天；第 21 天禁食不禁水 24h，用 10%水合氯醛（3ml/kg）麻醉后，将聚丙烯管插入大鼠肛门上段 8cm，注入 5%TNBS 与 50%乙醇以 12∶5 比例混合的复合物（其中 TNBS 120mg/kg）0.8ml。提起大鼠尾部持续倒置 1min，使造模剂充分渗入大鼠肠腔内，使大鼠头部倾斜向下躺至自然清醒，自由饮食。内外因+TNBS 模型组大鼠单日禁食，并给予 4℃冰水（2ml/只）灌胃 1 次，双日供应充足饲料并给予猪油（4ml/只）灌胃 1 次；每日 8:00～16:00 强迫大鼠站在 2cm 深的水中，控制睡眠时间 8h，连续 20 天；第 21 天处理同 TNBS 模型组。

（3）模型特点和应用　通过饮食、环境因素干预，可见大鼠出现嗜睡懒动、蜷缩、饮少纳呆、精神萎靡、毛发疏松粗糙、腹泻等类似人体脾虚湿困证候的表现，模型复制后大鼠体重明显下降，摄食饮水量降低，小便量明显减少，大便湿重增加，自发活动次数明显减少。在脾虚湿困模型的基础上，利用 TNBS 和乙醇灌肠，使结肠黏膜在慢性免疫反应损伤的基础上出现急性损伤加重，形成溃疡，最终造成脾虚湿困型 UC 大鼠模型。造模成功后大鼠的粪便性状可与人体 UC 粪便性状相当，出现黏液血便与稀便。结合结肠黏膜是否出现弥漫性糜烂、溃疡等病理改变，结肠中毒性扩张及肠粘连等并发症，可佐证脾虚湿困型 UC 的形成。

# 第四节　中医肝脏证候动物模型的比较医学

## 一、肝脏证候动物模型的比较医学

肝为刚脏，肝脏证候以实证为主。肝脏病变由情志郁结，郁怒伤肝或肝郁化火；生血不足，失血太多；肝肾阴虚，不能制约肝阳；感受湿热之邪等所致。临床主要有肝气郁结、肝火上炎、肝血不足、肝阳上亢、肝胆湿热、肝肾阴虚等证型。表现为肝主疏泄、主藏血、主筋、其华在爪、开窍于目等方面功能的障碍和肝经循行部位的异常。且气为血帅，肝气不疏，肝郁乘脾，故易兼见血瘀证和脾虚证。肝郁证的现代研究认为，肝郁证与精神情绪相关的激素，以及与神经递质改变及应激病理有关。在与解剖学肝脏的关系上，研究人员发现部分肝胆疾病可从中医肝病辨证施治；肝郁证与虚证在病理上有良好的对比性。

**1. 造模方法**

1979 年湖南医学院建立艾叶注射肝郁证模型；至今已有埋针、四氯化碳（CCl₄）注射法、艾叶注射、急性激怒、慢性激怒、颈部带枷单笼喂养法、束缚法等单因素肝郁证模型；束缚法+饮食失节法、束缚法+乙醇灌注法、束缚法+母婴分离法、束缚法+CCl₄注射法、束缚法+醋酸刺激法、束缚法+番泻叶灌胃法、乙醇灌注法+饮食失节法、夹尾法+盐酸肾上腺素注射法、夹尾法+乙醇灌注法、夹尾法+醋酸刺激法、夹尾法+CCl₄注射法等双因素肝郁证模型；CCl₄急性和慢性损伤、饥饱失常加逃避训练法肝郁脾虚模型；CCl₄损伤加甲状腺素和利血平肝肾阴虚模型；大肠杆菌内毒素注射法肝火证模型；破坏膈区法怒伤肝模型；雌性动物雌激素注射乳癖模型。

**2. 生物学特点**

模型一般会出现体重增长变慢、肝脏指数变化、糖水偏好率、旷场实验中总路程、中央路程、平均速度等变化；肝脏病理损伤；血清中 AST 和 ALT 的水平改变，免疫抑制等变化。肝郁证病理改变中，怒与郁的平衡需加以掌握。应注意从行为学方面评价造模结果。惊伤心、怒伤肝、恐伤肾等情志病因模型应加强比较研究。

**3. 应用**

肝郁证模型可用于应激学说和精神医学的研究；也常用于与虚证模型作对照；在消化系统疾病、妇产系统疾病、男性生殖系统疾病及五官、皮肤疾病中的应用也较为广泛。CCl₄致肝郁脾虚证模型用于猪苓多糖、痰饮丸、柴芷注射液和强肝软坚汤的药理研究。

## 二、模型举例：肝脏证候动物模型

### 1. 夹尾法急性激怒肝郁证动物模型

（1）模型简述　《临证指南医案》谓："外感六气著人，皆能郁而致病，今七情之郁居多，情志不遂则郁而成病矣，郁则气滞，升降之机失度，初伤气分，继则延及血分。"本模型属肝郁气滞血瘀证。

（2）造模方法　雄性 Wistar 大鼠，体重 300～400g。每 3 只大鼠同笼，笼的尺寸为 20cm×20cm×20cm。用尖端包裹纱布的止血钳夹其中一只动物尾巴，令其与其他大鼠厮打，间接激怒全笼其他大鼠。以间接激怒大鼠为实验用鼠。每次刺激 30min，以不破皮流血为度。每隔 3h 刺激一次，每天 4 次，造模天数 2 天。

（3）模型特点和应用　模型动物血中肾上腺素、去甲肾上腺素、多巴胺含量明显增高。连续刺激 1h，血液流变学各指标无明显改变。刺激 1 天，复钙时间延长，其他指标无明显改变。刺激 2 天，全血黏度低切变明显升高，血浆黏度显著增高，血浆热沉蛋白含量明显增高，复钙时间明显延长，其相应的黏度上升率则明显减小。血细胞比容明显减少，红细胞聚集指数有升高趋势；血小板聚集率明显升高，扩大型血小板数量明显增多，圆树型血小板数量明显减少；血浆比黏度明显升高，血沉显著加快。

### 2. 经前烦躁症（PMDD）肝气郁证动物模型

（1）模型简述　"月经前后诸症"是 PMDD 所归属的中医学疾病范畴，因中医学中有女子以肝为先天且肝有"主藏血，主疏泄"的生理功能论述，故历代医家对于该症多从肝论治。通过中医学理论中对肝"主疏泄"的功能描述，我们可以发现肝疏泄不及是 PMDD 亚型——PMDD 肝气郁证的主要发病机制。本模型属 PMDD 肝气郁证。

（2）造模方法　采取受孕期分析法（阴道电阻检测法）对大鼠进行基于动情周期规律与否的筛选操作。每日 13:00～15:00 使用大鼠受孕期分析仪来测量阴道电阻。大鼠动情周期可分为接受期（receptive phases，R）和非接受期（non-receptive phases，NR），R 期约为 1 天，包括动情前期（proestrus，P）、动情期（estrus，E）两个阶段；NR 期持续约 3 天，包括动情后期（metestrus，M）、间期 1 期（diestrus 1，D1）、间期 2 期（diestrus 2，D2），各为 1 天，仪器显示电阻值大于 3kΩ时，表示为接受期；仪器显示电阻值小于 3kΩ时，表示大鼠处于非接受期；后续的实验操作即建立在具有规律动情周期大鼠的基础之上。连续两个动情周期及两个动情周期以上的阴道电阻检测值规律者为符合 PMDD 肝气郁证模型条件的大鼠，只有符合动情周期规律的大鼠才可以纳入并进行后续的实验操作。随之利用强迫游泳实验筛选 PMDD 肝气郁证模型大鼠，且 PMDD 肝气郁证模型大鼠应满足以下条件：有动情周期规律；且反复在经前（NR 期）出现抑郁情绪，经后（R 期）抑郁样情绪消失。利用强迫游泳实验中受试大鼠悬浮不动时间反映抑郁样情绪及抑郁程度的特点。

**3. 模型特点和应用**

强迫游泳实验与悬尾实验是评价实验小鼠抑郁症肝气郁症状的主要方法之一，在评价药物治疗效果及抑郁程度方面具有较高的信度和效度。两种行为学实验方法均通过对动物施加难以挣脱的应激刺激以造成行为绝望，从而模拟人类临床上表现出的抑郁情绪。PMDD 肝气郁证的临床表现以抑郁样情绪为主要特征之一。通过强迫游泳中的悬浮不动时间、悬浮不动潜伏期，以及悬尾实验中的绝对静止时间，可以直观地看出各组小鼠抑郁样情绪的表现差别。

# 第五节　中医心虚证动物模型的比较医学

## 一、心虚证动物模型的比较医学

心虚证由久病、暴病伤阳耗气，年高脏气衰弱，或血之化源不足，失血，热病伤阴等所致。临床主要有心气虚、心阳虚、心血虚、心阴虚等证型。表现为心主血脉、藏神、其华在面、开窍于舌等方面功能障碍。心虚证与心血瘀阻病机关系密切。心虚证的实质研究在心气虚证及其与心功能的关系方面较多，但在心血虚、心阴虚、心火旺、心肾不交、心脾两虚证及心虚证与精神的关系方面较少。

**1. 造模方法**

1987 年研究人员建立睡眠剥夺法心虚证模型；1989 年研究人员建立高胆固醇性免疫损伤加慢性放血心虚证模型。1995 年研究人员建立急性心肌缺血法心虚证模型。同年建立睡眠剥夺法心气阴两虚型心律失常病证结合模型、高胆固醇性免疫损伤加慢性放血心气虚型心律失常病证结合模型。

**2. 生物学特点**

目前的模型尚不能表现心神方面的心虚证，在反映心脉功能方面也需进一步完善。以心功能作为衡量心虚证的主要指标，可以理解为对传统意义上的心虚证的进一步发展。

**3. 应用**

心虚证模型已用于参葛胶囊、舒心宝等中药新药的研究。视其造模方法可用于中医心理性病因及心理性证候体系研究，或与心脏疾病相关的研究。

## 二、模型举例：心虚证动物模型

**1. 高脂性免疫损伤加慢性放血法心气虚证模型**

（1）模型简述　在免疫损伤合并高胆固醇性家兔动脉粥样硬化模型基础上，根据中医气血相关理论，又多次采用少量放血以耗气的方法，复制出基本定性定位的心气虚证动物模型。

（2）造模方法　雄性家兔，体重 2.0～2.5kg。喂饲胆固醇粉末每只 1g/d，喂饲时间 8 周。在第 3 周第 1 日一次性耳静脉注射牛血清蛋白 250mg/kg，注射后 3 天起耳动脉放血，每周 2 次，每次每只 10ml，首次每只 20ml，至 8 周结束。

（3）模型特点和应用　模型动物左心室功能下降，心电图示心肌有缺血缺氧表现，全血黏度、血浆黏度均升高，血细胞比容增大，红细胞电泳时间延长，血沉加快。主动脉尤其在主动脉瓣环处及冠状动脉均可见不同程度脂质斑块沉着。血 cAMP/cGMP 有减少趋势。食量减少，活动减少。舌淡，舌质出现斑点。体重下降，血清总胆固醇升高。黄芪生脉液治疗可增加动物食量及活动度，改善舌淡及舌质瘀点情况，增加每分钟心搏血量，降低低切黏度比及血浆黏度比，缩短红细胞电泳时间，降低血细胞比容，升高血红蛋白含量，降低血清总胆固醇，减少主动脉瓣脂质斑块沉积。

**2. 左冠状动脉结扎术加升压药冠心病心气虚证模型**

（1）模型简述 冠心病（CHD）是临床上最常见和多发的疾病之一，是指因冠脉血管发生动脉粥样硬化病变，使心血管管腔逐渐狭窄甚至阻塞，增大了血流阻力，引起心肌及其细胞组织的缺血、缺氧甚至坏死，造成心肌的能量代谢障碍，从而导致心功能减退的一种心脏疾病，而能量代谢的实质其实是中医学"气"的功能范畴，可见心功能的减退与"气"的亏虚密切相关，且心气虚证是 CHD 的主要证型，《素问·生气通天论》中谓："凡阴阳之要，阳密乃固……阳强不能密，阴气乃绝。"人体的阳气是生命之基，若是阳气虚衰，必然会使其固摄失司，阴血和阴津便会损耗，甚至衰竭，从而导致疾病的发生。就 CHD 而言，心气的亏虚自然会影响其固摄之功，当粥样硬化斑块破裂，内膜受损之时，必然会因为心气失于固摄，造成凝血障碍，导致内膜受损后得不到有效的修复，从而加重动脉粥样硬化的程度。依据此理论，采用"左冠状动脉结扎术加升压药"法制备冠心病心气虚证大鼠模型。

（2）造模方法 雄性 Wistar 大鼠，无菌情况下先行气管切开术，再行气管插管术，手术期间以动物呼吸机辅助呼吸。剔除大鼠胸腹部的毛发，消毒手术区皮肤。随后沿左锁骨中线纵行切开皮肤 2cm，于第 4、5 肋间打开胸腔，剪开心包，轻压右侧胸廓，迅速将心脏挤压出来。在左冠状动脉前降支中上 1/3 处行动脉结扎术后放回心脏。最后逐层关胸，待大鼠苏醒后拔气管插管。CHD 大鼠模型评价标准：24h 后心电图 ST 段下移和 T 波改变。术后每只大鼠肌内注射青霉素 10 万 U/d 以预防感染，并于常规饲养 7 天后，手术组大鼠以左旋硝基精氨酸 15mg/（kg·d）两次腹腔注射，持续 4 周，空白对照组大鼠和假手术组大鼠则以生理盐水 1ml/d 腹腔注射，持续 4 周。

（3）模型特点和应用 心肌细胞 $Ca^{2+}$ 浓度的升高可通过造成心肌兴奋-收缩耦联功能的异常、心肌损伤和加重动脉粥样硬化的程度这三个方面来引发 CHD 心气虚证，并能加重 CHD 心气虚证患者的病情，说明心肌细胞 $Ca^{2+}$ 浓度的变化可以作为 CHD 心气虚证的评价指标之一，CHD 心气虚证的证候实质在一定程度上，可以用心肌细胞 $Ca^{2+}$ 浓度的变化来揭示。

# 第六节　中医肺脏证候动物模型的比较医学

## 一、肺脏证候动物模型的比较医学

肺脏居人身高位，与外界大气相通，其证候多见于外感之初，内伤虚证之渐。肺脏证候为劳损，感受外邪，久喘伤肺所致。主要有肺气虚、肺阴虚、肺卫不固、风寒犯肺、热邪壅肺、燥邪犯肺、痰湿阻肺等证型。临床表现在肺主气，司呼吸；主宣发，外合皮毛；主肃降，通调水道；开窍于鼻等方面功能障碍。肺虚证的现代研究主要从肺通气功能及免疫功能改变来理解。要区别以解剖上的肺脏为依据（主要见于对"肺主通调水道""肺与大肠相表里"理论的论证性研究）和以临床症状为依据的两种肺脏证候的本质不同。肺气虚证又有三类相对独立的病理：肺通气功能降低、肺卫不固和以语音低微、呼吸无力为主的宗气不足的病理表现。

**1. 造模方法**

1976 年山西中医研究所内科呼吸组建立甲状腺功能低下或肾上腺皮质功能低下 $SO_2$ 熏法肺虚寒证模型、甲状腺功能亢进加 $SO_2$ 熏法肺阴虚证模型。1981 年天津市和平医院病理科建立刨花烟熏法肺气虚证模型、氢化可的松、利血平和甲状腺素应用加刨花烟熏法肺阴阳两虚证模型。迄今已有慢性支气管炎肺虚（痰阻）证、急性呼吸窘迫综合征肺虚证、内分泌功能改变加慢性支气管炎肺虚证、气候因素加慢性支气管炎肺虚证、风寒犯肺证等各类肺脏证候模型。烟熏是形成呼吸道炎症而导致肺气虚的主要造模方法，呼吸道细菌黏附试验可用于模拟"肺卫不固"的病机。

**2. 生物学特点**

以慢性支气管炎法建立肺虚证模型应有足够的造模时间以使炎症转为慢性，但也要注意太过则可能出现临床慢性阻塞性肺疾病从肺气虚→脾阳虚→肾阳虚的发展过程。肺气虚造模上应注意全身性气虚指征的观察，如临床发现有严重肠道功能异常的患者，常伴发急性呼吸衰竭及成人型呼吸窘迫综合征。

**3. 应用**

肺脏证候模型已用于补肺止咳方、养阴止咳汤等中药新药研究，其也用于按摩治疗肺脾气虚复感儿的原理研究，以及用于"肺与大肠相表里"和"肺主通调水道"的理论研究。

## 二、模型举例：肺脏证候动物模型

**1. 肺脏证候大鼠模型**

（1）模型简述　肺间质纤维化是多种肺疾病和肺损伤发展到晚期的一种常见的病理变化和共同结局，中医学中肺间质纤维化属于"肺痿"范畴，病性为本虚标实，病机涉及虚、滞（痰、瘀）、毒三个方面，并且早期以痰、瘀、毒实邪为主，晚期则表现为虚实夹杂之证。因此以肺纤维化为病理基础构建肺气虚证模型。

（2）造模方法　SD 大鼠，体重（200±10）g，模型组气管内注射博来霉素 5mg/kg 溶液构建肺纤维化动物模型，并于造模后当天给予生理盐水 1ml/100g 灌胃，每天 1 次，直到处死时。

（3）模型特点和应用　博来霉素造模组大鼠在注射博来霉素后，即出现呼吸急促，口唇紫绀，少量大鼠口角出血，心率加快，呼吸频率增加，精神疲惫，活动较少，行动迟缓，拱背蜷卧，饮食明显减少等表现，直至 7 天后大鼠一般状态渐有好转。早期肺组织病理以中性粒细胞为主，其次为嗜酸性粒细胞浸润，后期以淋巴细胞、成纤维细胞增生为主。血清中 IgG、IFN-γ 表达在各时期呈逐渐下调趋势。

**2. COPD 肺气虚证动物模型**

（1）模型简述　慢性阻塞性肺疾病（COPD）是具有气流受限特征的慢性支气管炎或肺气肿；其慢性气道阻塞呈进行性发展，与肺部对有害气体或有害颗粒的异常炎症反应有关，主要累及肺脏。COPD 多属于中医学的"咳嗽""喘病""肺胀"等范畴。肺气虚证贯穿 COPD 整个病程，是稳定期的主要证型。

（2）造模方法　SD 大鼠，雌雄各半，体重 150～200g，于实验第 1、14 天，采用 6% 水合氯醛麻醉后，手术暴露气管，注入 LPS（1g/L）200µl 至气管内；LPS 滴入的次日，将大鼠置于烟室中，用锯末 50g 加 10 支香烟烟丝混合点燃烟熏，每日烟熏 1 次，每次 30min，造模周期 28 天。

（3）模型特点和应用　肺气虚证模型大鼠逐渐出现蜷伏少动，拱背蜷卧，撮毛，食量减少，毛色失光泽、发黄、易脱落，大便稀溏等表现，而且其体重较正常对照组减轻；通过观察发现：呼吸急促，呼吸道有分泌物从口鼻流出，偶可闻及咳嗽及气道痰鸣音；随着造模时间的延长，上述症状逐渐加重。模型大鼠肺功能参数：FEV0.3 与 FVC，其 FEV0.3/FVC 降低，并出现细支气管壁炎性细胞重度浸润、上皮坏死、脱落，纤毛减少、倒伏，杯状细胞增生；肺泡间隔变薄或断裂，扩张成大小不等的囊泡，部分呼吸细支气管及肺泡管扩张呈不规则气腔，部分肺泡相互融合形成肺大泡等肺组织形态学变化。依据"虚则补之"，治疗气虚证选用补气药。而补气药大多具有提高免疫功能、增强机体抵抗各种应激及抗氧化能力、改善包括呼吸系统在内的多系统功能的作用。

# 第七节　中医气血虚证动物模型的比较医学

## 一、气血虚证动物模型的比较医学

气血是中医生理学的一对概念。气虚证是机体虚证的基础，"百病皆生于气也"，气虚证和血虚证关系密切。气虚证由久病、年老体弱、饮食失调、用药不当等所致，表现为推动、温煦、防御、固摄、气化等功能障碍。血虚证由失血过多；或脾胃虚弱，生化不足；或七情过度，暗耗阴血；或用药不当所致，表现为机体各脏器失于濡养之症状及神志改变。主要有气虚、血虚、气血两虚等证型。脾为气血生化之源，气虚证与脾虚证密切相关。血为气母，血虚常兼见气虚。气虚发热是与气虚证相关的主要理论问题。现代研究主要从生理功能减退理解气虚证，目前主要从红细胞、血红蛋白减少理解血虚证。贫血应以血虚为主要病机。

**1. 造模方法**

1964 年上海医学院附属广慈医院舌象研究小组建立慢性失血气虚证模型。1977 年上海中医研究所建立失血加限量营养血虚证模型；同年研究人员建立乙酰基苯肼溶血性贫血血虚证模型。1989 年研究人员建立吗啡成瘾法气虚证模型。至今已有慢性失血法气虚证、吗啡成瘾法气虚证、低压缺氧法气虚证、过劳法气虚证、小剂量 γ 射线照射气虚证、禁食加寒冷虚损、胶体碳粒封闭机体网状内皮系统致正气虚、溶血性贫血血虚证、失血性贫血血虚证、失血性贫血加营养不良血虚证、失血性贫血加饥饱失常血虚证、再生障碍性贫血血虚证等各类气血虚证模型。

**2. 生物学特点**

气虚证模型要注意与各脏腑气虚证模型的关系，比较不同造模方法气虚证模型的病理特点。慢性失血法气虚证模型可见体温稍高，耳根稍热；而临床贫血患者也可见发热，且这种发热应以甘温除热法治疗。上述慢性失血法气虚证模型也有血细胞比容降低的表现。应探讨非贫血性血虚证模型的研制，如临床以夜盲为主要表现的维生素 A 缺乏症即与肝血虚关系密切。模型的观察指标除血液系统外，应着重于机体各脏器失于濡养表现及历时性改变，特别是血虚对心神的影响。延长自然恢复期是气虚证和血虚证模型发展的重要方向。

**3. 应用**

气虚证模型可用于探讨中医"百病皆生于气也"的部分发病学理论，以及气虚证与阳虚证的关系。血虚证模型可用于探讨"血为气母"的机制。血虚证模型已用于气血注射液、当归补血汤、痛经Ⅰ号等中药药理研究。

## 二、模型举例：气血虚证动物模型

**1. 低压缺氧法气虚证模型**

（1）模型简述　依据海拔高度与气虚证发病的相关关系建立。

（2）造模方法　SD 大鼠，雌性或雄性，体重 120～140g，中国科学院动物所提供（平原大鼠）。带至昆仑山（海拔 4475m）停留 2 天，处死观察。

（3）模型特点和应用　心、肺组织心钠素（ANP）含量下降，心肌细胞线粒体明显增生，肌原纤维中明带、暗带模糊，肌丝排列扩散。核周多见不规则腔隙和髓鞘样小体，即所谓"缺氧性线粒体"，肺毛细血管收缩变窄，血细胞阻塞管腔，血流不畅，局部见红细胞渗出到肺泡。Ⅱ型上皮中板层小体增多，小体空化，肾上皮细胞线粒体呈典型髓样变。生脉饮治疗使心、肺组织中 ANP 含量增加，脏器超微结构损害减轻，心肌细胞中线粒体无明显增生，肌原纤维中明带、暗带清晰。肺毛细血管基本无收缩，血流畅通。Ⅱ型上皮细胞板层小体内容物丰富，未出现空化，肾上皮细胞未见髓鞘样小体。

**2. 溶血性贫血血虚证模型**

（1）模型简述　乙酰基苯肼（APH）是一种强氧化剂，对红细胞有缓慢的进行性氧化损伤作用，尤其是干扰红细胞内的红细胞葡萄糖-6-磷酸脱氢酶缺乏症（G-6-PD），促进血红蛋白变性形成海氏小体，使红细胞易于崩解。

（2）造模方法　雄性大鼠，体重 180～230g。2%APH 生理盐水液，皮下注射。用药量第 1 次为 0.2g/kg，第 2、3 次为 0.1g/kg，分别于第 1、4、7 天注射。注射 3 次后 15 天内观察。

（3）模型特点和应用　注射 APH 第 2 天后见精神萎靡，行动迟缓，喘促心悸，毛蓬竖少光泽，闭目，面、眼、耳、尾苍白发凉，唇绀，消瘦，易惊。多数于末次注射后 4 天开始恢复，

7 天后趋于正常。脾脏异常增大，色暗红；注射 APH 24h 后血红蛋白量急剧下降，至第 3～4 天达最低点。注射 APH 后第 3～4 天红细胞计数减少到最低，末次注射后第 4 天开始回升。注射 APH 24h 后红细胞出现海氏小体，出现率于第 3 天最高，于末次注射后第 5 天消失。气血注射液有治疗作用。

**3. 氯苯丙氨酸（PCPA）+环磷酰胺（CTX）失眠血虚证动物模型**

（1）模型简述　中医学认为心生血，肝藏血，脾统血。肝血虚则口唇、爪甲淡白；心血虚则失眠、心悸；脾统血失司则易倦怠、乏力、摄食量较少。气血相互化生，血虚致气虚，则行动倦怠；血虚不能濡养毛发，则易脱毛且干枯无泽。在现代血虚证模型研究中，动物皮毛色泽、精神状态、活动情况、体重变化、摄食饮水改变等是评价血虚证动物模型的基本要素。腹腔注射 PCPA 具有操作简单、可行性高等优点，是制备失眠模型的常用方法。CTX 是常用的抗肿瘤药物与免疫抑制剂。其作用机制是抑制骨髓功能，使造血细胞生成减少，减少外周血白细胞和血小板的数目，因 CTX 可使动物全血减少，故用于血虚证动物模型的建立。

（2）造模方法　KM 雄性小鼠，腹腔注射 350mg/（kg·d）PCPA、250mg/（kg·d）CTX 制备失眠血虚证复合动物模型。腹腔注射 50mg/kg 戊巴比妥钠，记录 120min 内小鼠睡眠潜伏期和睡眠时间。

（3）模型特点和应用　小鼠的睡眠时间显著缩短，睡眠潜伏期延长，昼夜节律消失；小鼠血虚体表表现为口唇、爪甲淡白或苍白，毛发易脱落，行动倦怠、精神不振，白细胞（WBC）、红细胞（RBC）、血小板（PLT）、血红蛋白（HGB）减少；胸腺指数、脾脏指数显著下降；体重减轻、饮水量与摄食量减少等。

# 第八节　中医血瘀证动物模型的比较医学

## 一、血瘀证动物模型的比较医学

血瘀证由于气虚、气滞、热毒、血寒等原因，使血液运行受阻，瘀积于经脉或器官之内；或各种原因使离开经脉的血液不能及时排出消散而瘀滞于某一处所致。因为所瘀阻部位不同而产生不同的症状，其共同特点有刺痛、紫绀、肿块、出血，以及肌肤甲错、脉细涩等。李景德归纳传统血瘀证的定义：积血为瘀，内结为瘀，久病入络为瘀，旧血即是瘀血，污秽之血为瘀血，内溢为瘀血等。血瘀证的病理包括：①血液循环障碍，特别是静脉血和微循环障碍造成的缺血、瘀血、出血、血栓、水肿等病理变化；②炎症所致的组织渗出、变性、坏死、萎缩、增生等病理变化；③代谢障碍引起的组织病理变化；④组织异常增生或细胞分化不良等。

**1. 造模方法**

1974 年山西医学院建立家兔腹腔内自身血凝块血瘀证模型。1975 年山西省中医研究所报道异丙肾上腺素所致心肌梗死血瘀证模型；同年上海第一医学院病理生理教研室建立高分子右旋糖酐静脉注射微循环障碍血瘀证模型。至今已有全身性血液循环系统改变、腹腔血凝块、血栓形成、局部血液循环障碍、高脂性疾病、骨折及外伤、心脏移植、衰老、胎儿宫内发育迟缓、辐射骨髓损伤、心肌缺血性改变、脑血管疾病、肺脏疾病、肾脏疾病、肾血管性高血压、肠粘连、肝硬化、盆腔静脉系瘀血、子宫内膜异位、慢性肾衰竭等各类血瘀证模型，以及血瘀证病证结合模型。近年来血瘀证模型有回归复合模型，即"××（证候）血瘀证模型"的趋势。如肝郁气滞血瘀证模型、阳虚血瘀证模型、寒凝血瘀证模型、气虚血瘀证模型、气阴两虚血瘀证模型、热毒血瘀证模型、气分血瘀证模型、阴虚火旺血瘀证模型等。

**2. 生物学特点**

对临床各类血瘀证和不同造模方法建立的血瘀证模型的病理认识，均要强调区别和比较的观念。如江苏省中医药研究所在国家"七五"攻关项目中，系统复制了外伤、热毒、寒凝、气滞、血虚等五种血瘀证动物模型,探讨不同血瘀证模型的各自特征性改变及发病机制。有研究发现大肠杆菌内毒素法血瘀证模型为低凝高黏模型,金黄色葡萄球菌法血瘀证模型为高凝高黏模型,地塞米松加大肠杆菌内毒素法血瘀证模型为高凝模型。

**3. 应用**

血瘀证模型已用于冠心Ⅱ号、异位妊娠Ⅱ号、川芎注射液、丹参注射液、麝香酮、水蛭等多种中药或中成药的药理研究,以及用于异位妊娠、动脉粥样硬化、心肌梗死、颅内血肿、器官移植等疾病的治疗研究。冰浴加肾上腺素气滞寒凝血瘀证模型被用于丹参、当归、赤芍、鸡血藤、川芎、红花、桃仁七种活血化瘀药物的药理比较研究。

## 二、模型举例:血瘀证动物模型

**1. 自然衰老血瘀证模型**

(1)模型简述　《内经》云:"六十岁,心气始衰,苦忧悲,血气懈惰。"临床常见老年病如冠心病、脑血栓、糖尿病、肿瘤等多属血瘀证范畴,多在围绝经期以后发病。本模型属气阴两虚夹瘀证。

(2)造模方法　雌性或雄性 Wistar 大鼠,鼠龄 2 年以上。雄性大鼠血瘀病理发展较早且较明显。

(3)模型特点和应用　大鼠随鼠龄增长,血液流变学逐渐发展为黏、浓、凝、聚的特性。全血黏度和血浆黏度升高,血细胞比容增大,纤维蛋白原黏度增大。红细胞电泳时间延长。红细胞大小不一,膜表面缩减,变形细胞比例增加。红细胞膜渗透脆性增大,红细胞膜微黏度增高。老年雄鼠血浆纤维蛋白原和血浆胆固醇含量明显增高。电刺激颈动脉后,体内血栓易于形成。三参汤使红细胞滤过指数、血细胞比容、血浆纤维蛋白原含量、血浆总胆固醇含量、血小板 1min 聚集率及最大聚集率均明显下降;而且使体内血栓形成时间延长,体外血栓的长度、湿重、干重明显减少。

**2. 多柔比星应用加衰老法气虚血瘀型慢性伤口模型**

(1)模型简述　老年人是伤口慢性不愈合的高危人群。慢性伤口中医辨证为气虚血瘀证;故本模型以多柔比星应用模拟气虚证,衰老则有明显血瘀病理。

(2)造模方法　雌性 24 个月龄 Wistar 大鼠,体重 302～380g。麻醉下背部去毛消毒,用自制取皮器切取直径为 1.5cm 的皮肤;实验前 4 天尾静脉注射多柔比星,用量 8mg/kg,观察时间自切皮起 21 天。

(3)模型特点和应用　模型动物经多柔比星攻击后一般情况差:倦怠,毛发不泽,大便稀溏,同时剃毛区毛发生长缓慢,体重降低;白细胞和血小板有先降低后升高再恢复的过程,血浆 TXB2 显著升高,6-酮-PGF1α明显降低;伤口组织抗断裂强度降低,伤口愈合时间明显延长。

# 第九节　中医温病动物模型的比较医学

## 一、温病动物模型的比较医学

温病是由温热病邪引起的热象偏重、易化燥伤阴的一类外感疾病。主要有卫气营血辨证和三焦辨证。卫气营血辨证和三焦辨证的统一、寒温统一是主要理论问题。研究人员总结现代温病范围有传染病、感染性疾病、免疫性疾病、肿瘤、物理性疾病。重庆、成都等地在对流行性乙型脑炎、流行性脑脊髓膜炎、钩端螺旋体病和败血症患者尸体进行病理解剖时,发现卫气营血各阶段的病理特点:不同的病原微生物和病种与温病辨证有关。

**1. 造模方法**

1983 年研究人员建立大肠杆菌注射复制温病卫气营血证候模型。1985 年卫生部科教司报道用20%啤酒酵母混悬液复制表证模型、用百日咳和大肠杆菌内毒素混合液建立温病邪陷心包证模型。

至今已有大肠杆菌注射，大肠杆菌内毒素注射，巴氏杆菌注射，肺炎双球菌接种，肺炎双球菌注射加次碳酸铋，兔瘟病毒注射，伤寒三联菌苗，疫苗感染，暑热、湿热加饮食失节，湿热、饮食失节加 $CCl_4$，湿热、饮食失节加鼠伤寒杆菌，湿热加鼠伤寒沙门氏菌，盐酸 D-氨基半乳糖注射，仙台病毒接种，热病伤阴红舌证，猪流行性腹泻华株病毒，牛血清白蛋白注射系膜增殖性肾炎，大肠杆菌内毒素加呋塞米等各类温病模型，分属温病卫、气、营、血分证，营分先兆证，气血两燔证，热毒血瘀证，阴虚热瘀证，热病伤阴红舌证，表证，温病发热证，邪热壅肺证，阳明热盛证，阳明热结证，暑热动风证，邪陷心包证，湿热气分证，湿阻证，湿热中阻证，湿热下注证，肾炎湿热证，瘟疫（高热）等诸多证候模型。

**2. 生物学特点**

大肠杆菌静脉注射法温病模型辨证要点为恶寒与寒颤、发热渴饮、神志改变、斑疹出血。邪热壅肺证模型辨证要点为发热、气喘、鼻煽、舌红、肺部湿啰音。肺炎双球菌鼻腔接种法卫分证模型持续时间可达 20h；肺炎双球菌气分阳明热盛证模型持续时间可达 36h；次碳酸铋加肺炎双球菌皮下注射气分阳明热结证模型持续时间可达 40h；大肠杆菌静脉及皮下注射法热灼营阴证模型持续时间可达 26h。

**3. 应用**

温病动物模型已用于养阴生津法治疗阴虚热瘀证，解表泄热法治疗表证、温病先兆证，活血化瘀法治疗营分证等温病理论问题研究，以及用于凉营化瘀方、解毒凉营护阴注射液、复方五参冲剂等方药药理研究中。

## 二、模型举例：温病动物模型

巴氏杆菌注射法温病气营传变模型

（1）模型简述　营分先兆证既有气分热毒炽盛，又有营分邪热，同时兼有营阴亏损。

（2）造模方法　日本大耳白种家兔，雌性或雄性，体重 2.32～2.60kg。807 系弱毒巴氏杆菌菌液，颈根部皮下注射。用菌量 $3×10^3$ 个活菌/kg。攻毒后 18h 内观察。本模型攻毒后 10h 为气分证，18h 为营分证，10～18h 为气营传变过程。

（3）模型特点和应用　攻毒后 2～4h 体温开始上升，10h 达到高峰，持续 8～10h 后开始下降。脑脊液前列腺素 $E_2$（$PGE_2$）含量显著升高。血清总补体减少，红细胞 C3b 受体花环率下降，免疫复合物花环率有下降趋势。全血黏度和血浆黏度升高。纤维蛋白原含量增加，脑脊液 LDH 活性显著升高。大体病检见肺脏充血明显，有大片出血斑块，肝脏瘀血明显，并可见粟粒状弥漫性化脓灶，肝压片检查见大量巴氏杆菌。镜下肺泡腔内有大量红细胞及浆液渗出、间质出血严重等表现。解毒凉营护阴注射液使体温下降提前，恢复较快。

# 第十节　中医痹证动物模型的比较医学

## 一、痹证动物模型的比较医学

凡因人体体表经络遭受风寒湿邪侵袭，使气血运行不畅引起筋骨、肌肉、关节等处的疼痛、酸楚、重着、麻木和关节肿大、屈伸不利等症，统称为痹证。其病机和证候主要关系到风寒湿邪、气血、肾等方面。主要分为行痹、痛痹、着痹、热痹、骨痹、肾虚痹证。中西医结合所称"风湿四病"为风关痛、风湿性关节炎、类风湿关节炎、强直性脊柱炎。其中"风关痛"（风湿寒性关节痛）病为我国命名，指人体感受风湿寒邪后引起的肌肉、关节疼痛为主要表现的疾病。

**1. 造模方法**

1986 年研究人员建立气候因素风关痛模型。1988 年研究人员建立气候因素与免疫因素结合痹证模型。至今已有风寒湿损伤法痹证、免疫损伤加气候因素痹证、类风湿关节炎性痹证、肾虚痹证、关节软骨机械损伤法痹证、胶原诱导性关节炎风寒湿痹证、弗氏完全佐剂加人工气候法痹证等各类痹证模型。痹证模型制作应考虑气候及体质因素，虚体不与风寒湿合则不为痹。

**2. 生物学特点**

风寒湿损伤法风关痛模型以关节滑膜炎症及局部神经-肌肉电生理改变，血管舒缩改变为主；免疫损伤加气候因素痹证模型关节病理变化可分为滑膜受损期和关节损伤期两个阶段；研究人员用新西兰小黑鼠与昆明小白鼠第 5 代杂交小灰鼠建立的类风湿关节炎痹证模型具有自身 IgG 抗体升高，除关节病变外，尚有心、肺、肝、肾、脾、骨骼肌、骨髓等的病理变化；肾虚痹证模型有相应内分泌改变。痹证模型之难点在于痹证各具体证型的复制及确认问题。

**3. 应用**

痹证模型已用于益肾蠲痹丸等方药的药理研究。痹证模型的建立对骨关节疾病的发病及治疗研究有较大意义。

## 二、模型举例：胶原诱导性关节炎风寒湿痹模型

**1. 模型简述**

风寒湿痹是类风湿关节炎的基本证型，本模型在单纯胶原诱导性关节炎模型基础上以人工气候法复制风寒湿痹模型。葡萄球菌肠毒素 B（SEB）协同风寒湿因素加重关节病变。

**2. 造模方法**

雄性 Wistar 大鼠，体重 120～170g。每只大鼠于尾根部、颈背部皮内多点注射小牛 II 型胶原（弗氏完全佐剂乳化液）500μg，7 天后再于尾根部及背部皮内注射胶原 200μg 催化加强免疫。从第 1 次胶原注射起，每天在造模箱中给予风寒湿刺激 1 次，每次持续 1h，刺激条件为风速 18m/s，相对湿度 100%，温度为 7～10℃，共刺激 9 天。于实验第 7～9 天，每只鼠双后肢踝关节以下均匀涂抹 SEB 的羧甲基纤维素糊 30μl，含 SEB10μg，涂抹后再进行风寒湿刺激，观察至第 30 天。

**3. 模型特点和应用**

胶原诱导性关节炎风寒湿痹模型发病率与单纯关节炎组没有差异，但炎症关节数增加，炎症踝关节表面温度显著降低；单个关节炎症程度、迟发性超敏反应程度、血清抗 II 型胶原抗体水平无差异；血清 IgG 型类风湿因子水平显著提高。

# 主要参考文献

请扫二维码阅读